PFLANZENSOZIOLOGIE UND LANDSCHAFTSÖKOLOGIE

BERICHT ÜBER DAS
7. INTERNATIONALE SYMPOSION IN STOLZENAU/WESER
1963

DER
INTERNATIONALEN VEREINIGUNG FÜR VEGETATIONSKUNDE

HERAUSGEGEBEN VON

REINHOLD TÜXEN

Springer-Science+Business Media, B.V

ISBN 978-94-015-7181-4 ISBN 978-94-015-7180-7 (eBook)
DOI 10.1007/978-94-015-7180-7

Ursprünglich erschienen bei *Dr. W. Junk N.V. Publishers, The Hague 1968.*
Reprint of the original edition 1968
by
Koninklijke Drukkerij Van de Garde N.V., Zaltbommel

Die Teilnehmer am Internationalen Symposion für Landschaftsökologie

INHALT

TEILNEHMERVERZEICHNIS

ČSSR

BALÁTOVÁ-TULÁČKOVÁ, Dr. Emilie, Brno 16, Geobotanická laboratoř ČSAV, Stará 18.

Deutschland

ALTEHAGE, Karl, Mittelschullehrer i. R., Bezirksbeauftragter für Naturschutz, 45 Osnabrück, Lerchenstr. 101.

ANT, Dr. Herbert, 47 Hamm, Wielandstr. 17.

BARZ, Walter, ADL, 5 Köln-Mühlheim, Münstererstr. 15.

BERGER-LANDEFELDT, Prof. Dr. Ulrich †, Berlin.

BILLIB, Prof. Dr. Herbert, 3 Hannover, Institut f. Wasserbau u. landw. Wasserbau, Technische Universität, Welfengarten 1.

BITTMANN, Ernst, Dipl. rer. hort., 54 Koblenz, Bundesanstalt für Gewässerkunde, Kaiserin-Augusta-Anlagen 15.

BLUME, Friedrich, Dipl. rer. hort., 3005 Westerfeld, Kuckuckstr. 7.

BOMMER, Prof. Dr. Dieter, 643 Bad Hersfeld, Eichhof, Staatl. Lehr- und Versuchsanstalt.

BRAHE, Peter, Dipl. rer. hort., 532 Bad Godesberg, Südstr. 121.

BROIHAN, Dr. Friedrich, Oberstudienrat, 3 Hannover-Waldheim, Roßkampstr. 69.

BUCHWALD, Prof. Dr. Konrad, 3 Hannover, Institut für Landschaftspflege und Naturschutz, Techn. Universität, Herrenhäuserstr. 2.

BURRICHTER, Dr. Ernst, Oberkustos, 44 Münster i. W., Bot. Institut der Universität, Schloßgarten 3.

BUSCHBOM, Dr. Uwe, 87 Würzberg, Botanisches Institut II der Universität, Mittlerer Dallenbergweg 64.

BUTZKE, Hartmut, Dipl. Forstwirt, 415 Krefeld, Geologisches Landesamt, Steinstr. 203.

CZAJKA, Prof. Dr. Willi, 34 Göttingen, Geographisches Institut der Universität, Herzberger Landstraße.

DAMMANN, Dr. Hildegard, 314 Lüneburg, Wilschenbrucher Weg 87.

DANCAU, Dr. Barbu, Oberregierungsrat, 8 München 38, Bayerische Landesanstalt für Bodenkultur, Postfach.

DARMER, Prof. Gr. Gerhard, 3 Hannover, Institut für Landschaftspflege und Naturschutz, Techn. Universität, Herrenhäuserstr. 2.

DIEKMANN, Willi, Mittelschullehrer i. R. †, Hamburg.

DIERSCHKE, Dr. Hartmut, 34 Göttingen, Geobotanisches Institut der Universität, Untere Karspüle 2.

ERNST, Dr. Wilfried, 44 Münster, Bot. Institut der Universität Schloßgarten 3.

ERNSTING, Walter, Dipl. Biologe †.

ESKUCHE, Dr. Ulrich, (Münster/W.) z. Zt. Fac. de Cienc. Exact Fis. y Naturales, Sgto. Cabral 2105, Corrientes, Argentina.

EVERS, Rolf, Dipl. rer. hort., 3 Hannover, Institut für Landschaftspflege und Naturschutz, Techn. Universität, Herrenhäuserstr. 2.

FEISE, Frau Irmgard, 29 Oldenburg, Sodenstich 115.

FEISE, Dr. Jürgen, Oberlandwirtschaftsrat i. R., 29 Oldenburg, (Landwirtschaftskammer) Sodenstich 115.

FOERSTER, Dr. Ekkehard, 419 Kleve-Materborn, Breslaustr. 3.

FRIEDRICH, Günther, Stud.-Ass., 4153 Hüls, Krefelderstr. 155.

FRITSCHE, Heinz, Dipl. rer. hort., 1 Berlin 31, Detmolderstr. 4 III.

FRUCHT, Christoph, cand. forest., 8 München 13, Schellingstr. 46.

GÖRS, Dr. Sabine, 714 Ludwigsburg, Landesstelle für Naturschutz und Landschaftspflege, Favoriteschloß.

GRAČANIN, Dr. Zlatko, 78 Freiburg, Institut für Bodenkunde, Bertholdstr. 7.

GROSSE-BRAUCKMANN, Dr. Gisbert, 61 Darmstadt, Bot. Institut der Techn. Hochschule.

GRUPE, Prof. Dr. Hans, 314 Lüneburg, Pädagogische Hochschule.

HABER, Prof. Dr. Wolfgang, 805 Freising-Weihenstephan, Institut für Landschaftspflege, Technische Hochschule München.

HANNEMANN, Frank, Garten-Architekt, 3071 Erichshagen über Nienburg/Weser, Obsthof.

HARTMANN, Prof. Dr. Friedrich-Karl, 351 Hann.-Münden, Institut für Waldbaugrundlagen der Universität Göttingen, Männchesberg 1.

HERMS, Raimund, Dipl. rer. hort., 242 Eutin, Plönerstr. 73.

HÖLL, Dr. Karl, Regierungsrat, 325 Hameln, Laboratorium f. Wasseruntersuchungen, Kreuzstr. 16.

HÜBSCHMANN, Alexei von, 532 Bad Godesberg, Bundesanstalt f. Vegetationskunde, Naturschutz und Landschaftspflege, Heerstr. 110.

JAHNS, Werner, 532 Bad Godesberg, Bundesanstalt für Vegetationskunde, Naturschutz und Landschaftspflege, Heerstr. 110.

KLINK, Dr. Hans-Jürgen, 532 Bad Godesberg, Institut für Landeskunde, Michaelshof.

KOHLER, Dr. Alexander, 805 Freising-Weihenstephan, Institut für Landschaftspflege der Technischen Hochschule München.

KRAGH, Gert, Landesoberverwaltungsrat, 5023 Köln-Deutz, Landeshaus, Constantinstr. 2.

KRANICH, Dr. Wilfried, 3051 Bad Rehburg, Alte Parkstr. 64.

LAMPERT, Frau Dr. Käte †, Lüneburg.

LIMPERT, Knut, Dipl. Ing., 44 Münster/W. Landesamt Westfalen für Flurbereinigung und Siedlung.

LÖTSCHERT, Prof. Dr. Wilhelm, 6 Frankfurt, Botanisches Institut für Universität, Siesmayerstr. 70.

LOHMEYER, Dr. Heinrich, 532 Bad Godesberg, Bundesanstalt für

Vegetationskunde, Naturschutz und Landschaftspflege, Heerstr. 110.

LOHMEYER, Dr. Wilhelm, 532 Bad Godesberg, Bundesanstalt für Vegetationskunde, Naturschutz und Landschaftspflege, Heerstr. 110.

LUCHTERHANDT, Johannes, Bundesbahn-Abt.-Präsident i. R., 56 Wuppertal, Müllerstr. 107.

LÜDERWALDT, Dietrich, Dipl. rer. hort., 3 Hannover, Nieders. Landesverwaltungsamt, Abt. Naturschutz und Landschaftspflege, Leisewitzstr. 2.

MARTIN, Frl. Dr. Helke, jetzt: Frau BOSSE, 3253 Hess. Oldendorf, Forstamt.

MASCHMANN, Klaus, Stud.-Ass., 46 Dortmund-Kirchhövede, Weiße Taube 34.

MATTICK, Prof. Dr. Fritz, 1 Berlin, Botanisches Museum, Königin-Luisestr. 8.

MEISEL, Dr. Klaus, 532 Bad Godesberg, Bundesanstalt für Vegetationskunde, Naturschutz und Landschaftspflege, Heerstr. 110.

MITTELHÄUSSER, Rudolf, Oberstudienrat, 3 Hannover, Roßkampstr. 69.

MONTAG, Alfred, Dipl.-Biologe, 3 Hannover, Landesverwaltungsamt, Abt. Naturschutz und Landschaftspflege, Leisewitzstr. 2.

MRASS, Walter, Dipl. rer. hort., 532 Bad Godesberg, Bundesanstalt für Vegetationskunde, Naturschutz und Landschaftspflege, Heerstr. 110.

MÜLLER, Dr. Konrad, 63 Gießen, Ludwigstr. 23.

MÜLLER, Dr. Theo, 714 Ludwigsburg, Landesstelle für Naturschutz und Landschaftspflege, Favoriteschloß.

NIENSTEDT, Ernst-Friedrich, Ing. agr., 63 Gießen-Kleinlinden, Pfingstweide 10.

OBERDORFER, Prof. Dr. Erich, Direktor, 75 Karlsruhe, Landessammlungen für Naturkunde, Erbprinzenstr. 13.

OFFNER, Dr. Herbert, Oberlandesforstmeister, 53 Bonn, Ministerium für Ernährung, Landwirtschaft und Forsten.

ONNEN, Johann, Regierungsdirektor, 3 Hannover, Regierung.

PFEIFFER, Dr. Hans, 28 Bremen, Pagentornerstr. 7.

PIETSCH, Rudolf, Dipl. Landw., Max-Planck-Institut f. Züchtungsforschung, 5 Köln-Vogelsang.

POHL-LIEBER, Dipl. rer. hort. H., Gartenbaurat, Hannover, Niedersächs. Landesverwaltungsamt, Abt. Naturschutz und Landschaftspflege, Leisewitzstr. 2.

PREISING, Prof. Dr. Ernst, Baudirektor, 3 Hannover, Niedersächs. Landesverwaltungsamt, Abt. Naturschutz und Landschaftspflege, Leisewitzstr. 2.

PRENK, Dr.-Ing. J., 44 Münster, Wasserwirtschaftsamt, Wasserwirtschaftsstelle, Stubengasse 34.

RABELER, Dr. Werner, 532 Bad Godesberg, Bundesanstalt für Vegetationskunde, Naturschutz und Landschaftspflege, Heerstr. 110.

REHAGEN, Dr. Hans-Wolfgang, 415 Krefeld, Geologisches Landesamt, Steinstr. 203–5.

RODI, Dozent Dr. Dieter, 707 Schwäb.-Gmünd, Hochbergweg 8.

RUNGE, Dr. Fritz, 44 Münster/W., Museum für Naturkunde, Himmelreichallee 50.

SCHÄFER, Dr. Ernst, Kustos, 3 Hannover, Niedersächs. Landesmuseum, Am Maschpark 5.

SCHAFFER, Priv.-Doz. Dr. Gerhard, 33 Braunschweig, Leichtweiß-Institut der Techn. Hochschule.

SCHAPER, Berend, Dipl. rer. hort., 3 Hannover, Meldaustr. 3.

SCHLÜTER, Dr. Uwe, 3 Hannover, Institut für Naturschutz und Landschaftspflege, Techn. Universität, Herrenhäuserstr. 2.

SCHMITHÜSEN, Franz, cand. forest, 66 Saarbrücken, Trillerweg 40.

SCHMITHÜSEN, Prof. Dr. Joseph, 66 Saarbrücken, Geograph. Institut der Universität.

SCHNEIDER, Peter, cand. rer. hort., 3 Hannover, Ricklingerstr. 27.

SCHWERDTFEGER, Dr. Georg, Landes-Oberbaurat, 3113 Suderburg, Staatl. Ingenieurschule.

SCHWICKERATH, Prof. Dr. Dr. h. c. Matthias, 51 Aachen, Lothringerstr. 19.

SCHWIND, Prof. Dr. Martin, Oberstudiendirektor, 3004 Isernhagen-Süd, Große Heide 14.

SEIBERT, Dozent, Dr. Paul, Oberregierungsrat, 8 München, Bayer. Landesstelle für Gewässerkunde, Höslstr. 9.

SIEDE, Dr. Eva, 8411 Undorf, Ludwigstr. 2.

SIOLI, Prof. Dr. Harald, Hydrobiolog. Anstalt d. Max-Planck-Ges. 232 Plön/Holst. Postfach 89.

SPEIDEL, Dr. Berthold, Wiss. Rat, 643 Bad Hersfeld, Staatl. Lehr- und Versuchsanstalt Eichhof.

STÄHLIN, Prof. Dr. Adolf, 63 Gießen, Institut für Grünlandwirtschaft und Futterbau der Universität, Ludwigsstr. 23.

STEUBING, Prof. Dr. Lore, 63 Gießen, Bot. Institut der Universität, Senckenbergstr. 17–21.

STURM, Dozent Dr. Helmut, 29 Oldenburg, Pädagogische Hochschule.

SUKOPP, Dr. Herbert, 1 Berlin, Institut f. Angewandte Botanik der Techn. Universität, Rothenburgsstr. 12.

SUKOPP, Frau Inge, Lehrerin, 1 Berlin, Erfurterstr. 1.

TANTZEN, Richard, Landesminister a. D. †.

TRAUTMANN, Dr. Werner, Direktor, 532 Bad Godesberg, Bundesanstalt für Vegetationskunde, Naturschutz und Landschaftspflege, Heerstr. 110.

TRAUTWEIN, Elisabeth, cand. rer. hort., 63 Gießen, Stephansstr. 4.

TRETER, Uwe, cand. rer. hort., 294 Wilhelmshaven, Herm. Ehlersstr. 1.

TROLL, Prof. Dr. Drs. h. c. Carl, 53 Bonn, Geographisches Institut der Universität, Rheinbacherstr. 55.

TÜXEN, Dr. Jes, 29 Oldenburg, Haarenfeld 26a.

TÜXEN, Prof. Dr. Drs.h.c. Reinhold, 3261 Todenmann üb. Rinteln, Arbeitsstelle für Theoretische und Angewandte Pflanzensoziologie.

ULLRICH, Prof. Dr. Christian, 58 Hagen, Pädagogische Hochschule.

UTZ, Reinhold, Dipl. rer. hort., 3 Hannover-Buchholz, Osterfeldstr. 98.

VOLLRATH, Dr. Heinrich, 8051 Unterzolling, Palzingerstr. 16.

WALSEMANN, Eckhard, Dipl. rer. hort., 2161 Hollenbeck, Kreis Lauenburg.

WEIMANN, Dr. Reinhold, Oberregierungsrat i.R., 4 Düsseldorf, Ministerium f. Ernährung, Landwirtschaft und Forsten, jetzt: 5331 Heisterbacherrott üb. Königswinter, Ölbergstr. 74.

WERNER, Dietrich, cand. phil., 34 Göttingen, Rohnsweg 33.

WILDENHAIN, Dr. Joachim, 8051 Freising-Weihenstephan, Inst. für Landschaftspflege der Technischen Hochschule München.

Frankreich

DURIN, Dr. pharm. Lucien, Le Cateau (Nord), 19, Grand Place.

GÉHU, Prof. Dr. Jean-Marie, Besançon Université, École Nationale de Médecine et de Pharmacie, Place St. Jacques.

LINDER, Prof. Dr. Robert, Lille, Institut Botanique de l'Université, Faculté des Sciences, Boite Post. 36.

ROBERTY, Prof. Dr. Guy, Bondy/Seine, C.S.T.-80 route d'Aulnay, Sév. 24–52.

VOISIN, Prof. Dr. Dr.h.c. André †.

Iran

AKBARI, Dr. Seifollah, Teheran.

Irland

O'SULLIVAN, Dr. Austin, M., Wexford, The Agriculture Institute/ Johnstown Castle Agriculture College.

Italien

FENAROLI, Prof. Dr. Luigio, Bergamo, Stazione Sperimentale di Maiscoltura, Casella Postale Nr. 164.

Japan

KATO, Prof. Naoshi, Tsuiido, 7.422, Fujisawa-chi.

SUZUKI, Prof. Dr. Hyoji, Hiroshima, Botanical Institute, Faculty of Science, University, Higashi-senda-cho.

Jugoslavien

BURLICA, Č., Sarajevo Zagrebačkaul 20, Forstliche Fakultät der Universität.

FABIJANIĆ, Branko, Sarajevo, Zagrebačka ul 20, Forstliche Fakultät der Universität.

JOVANOVIĆ, Frau Dr. Rajna, Belgrad, 29 november br. 100, Bioloski Institut NRS.

Niederlande

BAKKER, Arie, Ing., Wageningen, Sportparksweg 4.

BARKMAN, Dozent Dr. J. J., Wijster (Dr.) Biologische Station, Kampsweg 29.
PLASTERK, K. J., Direktor, Den Haag, Van Stolkweg 13, Verlag Dr. W. Junk N.V.
POEL, A. VAN DER, Ing., Zwolle, Hardesteinstr. 37.
SCHROEVERS, Drs. P. J., Zeist, RIVON, Laan van Beek en Royen 40–41.
SMIDT, Drs. J. DE, Utrecht, Lange Nieuwstraat 106, Instituut voor Systematische Plantkunde.
TIDEMANN, Ing., Bilthoven, Mozartlaan 23.
TOUW, Drs. D., Wageningen, Diedenweg 107.
WESTHOFF, Prof. Dr. V., R.I.V.O.N., Zeist, Laan van Beek en Royen 40–41.
ZONNEVELD, Dr. I. S., Sleeuwijk, Vlietstr. 7.

Schweden

GILLNER, Dr. Vilhelm, Lektor, Göteborg S., Påskbergsgatan 9.

Schweiz

ELLENBERG, Prof. Dr. Heinz, Geobot. Institut Zürich, jetzt: 34 Göttingen, Institut für Geobotanik, Untere Karspüle 2.

Türkei

GÜRSES, Dr. Ismet, Ankara.

USA

OLSON, Jerry S., Oak Ridge, Tennessee 37832, 110 West Farragut Rd.
OLSON, Mrs., Oak Ridge.

ERÖFFNUNG

von

REINHOLD TÜXEN

Meine sehr verehrten Damen und Herren, liebe Kollegen, meine lieben Freunde!

Im Auftrage unseres hochverehrten Präsidenten, Herrn Dr. W. C. DE LEEUW, Leiden, habe ich die Ehre das 7. Internationale Symposion der Internationalen Vereinigung für Vegetationskunde über das Themengebiet „Pflanzensoziologie und Landschaftsökologie" zu eröffnen. Ich darf Sie alle, die Sie aus 12 Ländern wieder zu uns gekommen sind, auf das herzlichste Willkommen heißen. Es bedeutet mir eine große Freude und hohe Genugtuung, daß die meisten von Ihnen nun schon zum wiederholten Male hier in Stolzenau zusammen gekommen sind, um mit uns ein Symposion zu begehen über einen Problemkreis, der uns allen am Herzen liegt. Wir bedauern darum umso mehr das Fernbleiben mancher verehrter Kollegen und lieber, alter Freunde, die aus verschiedensten Gründen nicht kommen können. Aus den Briefen, die uns erreichten, möchte ich eine Absage zitieren, weil sie bezeichnend für viele ist: „Das Programm ist ungemein verlockend. Es erweist sich aufs Neue, daß Stolzenau gleich einem kräftigen Magnet seine Strahlen in alle Welt aussendet und wiederum eine große Schar geistig Schaffender zusammenruft. Obwohl es eigentlich ganz überflüssig ist, weil der Erfolg außer Zweifel steht, möchte ich doch meine besten Wünsche zum Gelingen darbringen." — Traurig schreibt unser lieber und verehrter Freund IVO HORVAT, der bis Weihnachten in Deutschland als Gastprofessor war, der dann erkrankte und hoffte, hierher kommen zu können. Er mußte zu Hause sofort operiert werden, und er liegt dort auf das schwerste erkrankt. Wir können nur tief bedauern, daß gerade dieser außerordentliche Mann, der soviel für unsere Wissenschaft getan hat, dem wir so viel verdanken und der z.Zt. an einem dreibändigen Werk über die Vegetation Südosteuropas arbeitet, von dem der erste Band nahezu druckreif ist und die beiden anderen Bände weit fortgeschritten sind, nicht hier sein kann. — Ein anderer Freund aus dem östlichen Europa schreibt: "Ich bitte bei Eröffnung des heutigen Symposion Grüße von uns allen, welche wir Gelegenheit hatten, die Arbeitsatmosphäre in Stolzenau kennenzulernen, zu übermitteln. Wir werden alle an Euch denken!"

Ich bin sicher, daß auch dieses 7. Symposion wieder ein engeres Band unter uns und unter unseren Ländern knüpfen wird, und daß unsere Besprechungen, unsere Diskussionen und unser Gedankenaustausch in diesem Geiste der Freundschaft geführt werden wird. Wie könnte es anders sein! Und gerade in diesem Sinne darf ich die Jugend begrüßen, die so zahlreich heute erschienen ist, denn ein Examen können Sie, meine jungen Freunde, mit dem, was wir hier behandeln, wohl nirgends machen. Sie kommen also aus wirklichem Interesse, wie wir wissen.

Unsere bisherigen Symposien haben die Themen gehabt:

1. Pflanzensoziologie als Brücke zwischen Landwirtschaft und Wasserwirtschaft,
2. Pflanzensoziologie und Bodenkunde,
3. Vegetationskartierung,
4. Biosoziologie,
5. Anthropogene Vegetation,
6. Pflanzensoziologie und Palynologie, und jetzt haben wir uns dem Thema,
7. Pflanzensoziologie und Landschaftsökologie zugewandt.

Ich habe lange geschwankt, ob ich dieses Thema vorschlagen dürfte; es ist ja aktuell genug. Und doch war ich nicht ganz sicher, ob ich es wagen dürfte, und bei keinem unserer Symposien habe ich so viel Sorge gehabt, ob jemand kommen würde wie dieses Mal. Und ganz unberechtigt waren diese Sorgen ja nicht, denn aus dem Auslande sind es so viele Besucher nicht, wie es sonst wohl der Fall gewesen ist.

Als Geschenk darf ich Ihnen das heute erschienene Heft der Zeitschrift Vegetatio überreichen, für das ich in Ihrem Namen dem Verlag Dr. Junk herzlich danken möchte.

Wir selbst dürfen unsere letzte Vegetationskarte hinzufügen. Das ist eine Karte der realen Vegetation in einem Ausschnitt aus dem Meßtischblatt Stolzenau (1 : 5000), die vor allem die Geographen unter Ihnen interessieren dürfte.

H. Ellenberg:
Ich glaube in Ihrer aller Namen zu sprechen, wenn ich Herrn Prof. Tüxen herzlich danke. Wir wissen, was in der Zwischenzeit an drohenden Gewitterwolken über Stolzenau und über die Zukunft dieser Stelle hinweggezogen sind. Wir wissen es darum ganz besonders zu schätzen, daß er und seine Mannschaft dieses Symposion trotz aller Schwierigkeiten in der altgewohnten Weise vorbereiten konnten.

Für unser Symposion ist es von besonderen Wert, daß der Schöpfer des Begriffes „Landschaftsökologie" Herr Professor Troll hier zugegen ist und als erster das Wort ergreifen wird.

LANDSCHAFTSÖKOLOGIE

von

C. TROLL, Bonn

Das Wort Landschaftsökologie beinhaltet zwei Begriffe, die – für sich allein und in ihrer Verknüpfung – aus dem Bestreben der Wissenschaft erwachsen sind, gegenüber der immer stärkeren Spezialisierung und Aufsplitterung der Forschung und der damit zusammenhängenden Vorkehrung der analytischen Behandlung von Naturerscheinungen und Naturvorgängen auch der synthetischen Schau der Natur wieder stärkere Geltung zu verschaffen.

Der Begriff „Landschaftsökologie" kann in diesem Jahr (1963) sein 25-jähriges Jubiläum begehen. Ich habe ihn erstmals 1938 in die wissenschaftliche Terminologie eingeführt, und zwar im Zusammenhang mit der wissenschaftlichen Luftbildinterpretation.[1] Das Wort hat in den letzten Jahren eine wachsende Beliebtheit gefunden, bei Geobotanikern und Pflanzensoziologen, Limnologen und Pedologen, ganz besonders in der Sprache der Landschaftsplanung und der Naturschutzbewegung. 1961 ist sogar auf Anregung des Deutschen Wissenschaftsrates von den Kultusministern der Bundesrepublik eine Anfrage an die Hochschulen ergangen, ob man nicht an die Errichtung von Lehrstühlen der Landschaftsökologie denke – eine Anfrage, deren Vorgeschichte mir nicht näher bekannt geworden ist. Zwei sind inzwischen errichtet worden.

Beide Begriffe, Landschaft und Ökologie, haben es mit der Umwelt des Menschen zu tun, mit der außerordentlich vielfältig differenzierten Gestaltung der Erdoberfläche, die der Mensch als Land- und Forstwirt für seine Ernährung und für die Gewinnung von Rohstoffen zweckmäßig und sinnvoll zu nutzen hat, aus der er auch durch Bergbau und Ausbau der Wasserkräfte die wichtigsten Energien für den Betrieb seiner gewerblichen Wirtschaft schöpft – eine natürliche Umwelt, die er durch seine wirtschaftliche Tätigkeit mehr und mehr von Naturlandschaften zu Wirtschafts- und Kulturlandschaften umgestaltet.

I. LANDSCHAFT UND LANDSCHAFTSKUNDE

Der Begriff „Landschaft" ist von der neueren Geographie, etwa seit einem halben Jahrhundert, zum besonderen Forschungsobjekt erhoben worden. Das Wort „Landschaftskunde" taucht erstmals 1884 als Titel

[1] TROLL, C.: Luftbildplan und ökologische Bodenforschung. – Z. Ges. f. Erdkunde Berlin 1939 (7/8): 297.

eines Buches von A. OPPEL [1] auf, das den Untertitel „Versuch einer Physiognomie der gesamten Erdoberfläche" trägt. Es war dann der Hamburger Geograph S. PASSARGE, der seit 1919 den von ihm früher gebrauchten Begriff der „Landschaftsgeographie" durch „Landschaftskunde" ersetzte und der in den folgenden Jahren mit beträchtlichem Aufwand an landschaftskundlichen Büchern, Aufsätzen und Schülerarbeiten versuchte, der Landschaftskunde als einem neuen Zweig der Erdkunde Geltung zu verschaffen.[2] Er definierte: „Landschaftskunde ist die Lehre von der Anordnung und Durchdringung der Räume und ihrer Verschmelzung zu einheitlichen Bestandteilen einer Landschaft" – eigentlich keine Definition, jedenfalls keine klare und logische, denn Räume, die sich durchdringen, können schwerlich zu einheitlichen Bestandteilen einer Landschaft verschmelzen. Immerhin zeigen die Worte, was dem Autor dabei vorschwebte.

Leo WAIBEL [3] erblickte in PASSARGES Landschaftskunde den Versuch biologisch-geographischen Denkens, dem allerdings wirklich biologische Fundierung fehle; heute können wir sagen, die ökologische Fundierung. PASSARGE suchte auch die bodenständigen Wirtschaftsformen des Menschen, ja sogar die ganze Völkerkunde in direkter Beziehung zur Landschaft zu sehen,[4] was bis zu einem gewissen Grade bei vorsichtiger Handhabung auch fruchtbringend sein mag. Aber er verfiel dabei in ein stark deterministisches („environmentalistisches") Denken, das sich auch auf Schülerarbeiten übertrug.[5] Die historische Kulturlandschaftsforschung, die in Deutschland unter der Führung von R. GRADMANN und O. SCHLÜTER bereits große Erfolge gezeitigt hatte, wurde von PASSARGE bei der Analyse von Kulturlandschaften fast völlig vernachlässigt.[6] Der Versuch, Kulturerscheinungen einseitig von den natürlichen Grundlagen der Landschaft her zu beleuchten, muß als ein später Nachklang einer positivistischen Geschichtsbetrachtung bezeichnet werden, die schon im Aufklärungszeitalter ansetzend in erster Linie von SPENCER über F. RATZEL zu

[1] OPPEL, A.: Landschaftskunde. Versuch einer Physiognomie der gesamten Erdoberfläche. – Breslau 1884. – WIMMER, I.: Historische Landschaftskunde. – Innsbruck 1885.

[2] PASSARGE, S.: Die Grundlagen der Landschaftskunde. I–III. – Hamburg 1919 u. 1920. – Ders.: Vergleichende Landschaftskunde. 1–5. – Berlin 1921–1930. – Ders.: Landschaft und Kulturentwicklung in unseren Klimabreiten. – Hamburg 1922. – Ders.: Landschaftsgürtel der Erde. 2. Aufl. – Breslau 1929. – Ders.: Wesen, Aufgaben und Grenzen der Landschaftskunde. – Hermann Wagner-Gedächtnisschrift. Peterm. Geogr. Mitt., Erg. H. **209**. Gotha 1930.

[3] WAIBEL, L.: Besprechung von K. BÜRGER „Der Landschaftsbegriff". – Deutsche Literatur-Zeitung 1936: 1457–59. – Ders.: Was verstehen wir unter Landschaftskunde? – Geogr. Anzeiger 1933 (7/8).

[4] PASSARGE, S.: Geographische Völkerkunde. **2** Afrika. – Frankfurt a. M. 1933.

[5] Z.B. AHRENS, R.: Wirtschaftsformen und Landschaft. – Hamburgische Universität, Abh. a. d. Geb. der Auslandskunde, **24**, Reihe C, **9**. Hamburg 1927. Dazu Kritik von WAIBEL, L.: Beitrag zur Landschaftskunde. – Geogr. Z. **34**. 1928: 475–86.

[6] PASSARGE, S.: Einführung in die Landschaftskunde. – Leipzig u. Berlin 1933. Dazu TROLL, C.: Zur Kenntnis der Meraner Landschaft. – Geogr. Z. **40**. 464 ff. 1933.

E. SEMPLE führt und in der neueren amerikanischen Literatur noch bei E. HUNTINGTON und GRIFFITH TAYLOR zu verspüren ist.[1]

Zweifellos sind von PASSARGE aber auch beträchtliche Anregungen für die Entwicklung der Geographie ausgegangen. Die Landschaftsforschung, das Studium des Zusammenspiels und Wechselspiels der Erscheinungen und Kräfte in einer Landschaft, wurde in den Mittelpunkt der geographischen Forschung gerückt. H. HASSINGER[2] stellte 1919 fest, daß die Geographie mit den Landschaften als den natürlichen Regionen auch ihr eigenes Objekt gefunden hätte, das ihr keine andere Wissenschaft streitig machen kann. Das gilt schon deshalb, weil keine andere Wissenschaft den vielfältigen Beziehungen nachspürt, die zwischen den Erscheinungen der unbelebten und belebten Natur und den gesellschaftlich gegliederten und wirtschaftlich tätigen Menschen bestehen, Beziehungen, die im Laufe des historischen Geschehens einer ständigen Veränderung unterworfen sind, selbst in der kurzen Zeitspanne eines Menschenlebens.

Das Wort Landschaft hat schon in seiner allerältesten Bezeugung den räumlichen Sinn von „Regio". In der althochdeutschen Übersetzung der Tatianischen Evangelienharmonie von 830, in der das Wort mehrfach gebraucht wird, ist z.B. „omnia regio circum Jordanem" wiedergegeben mit „a thiu landscaf umgi Jordanem".[3]

In der Zeit der Renaissance wird der Begriff Landschaft auch auf den sichtbaren Inhalt einer Gegend und das „Landschaftsbild" ausgedehnt, so bei Albrecht DÜRER, der bereits von Landschaftsmalerei spricht, und bei Hans SACHS. Auch A. OPPEL hatte 1884 in seiner „Landschaftskunde" den physiognomischen Charakter einer Landschaft allein im Auge, wenn er eine Landschaft definiert als „Erdraum, welcher sich von irgend einem Punkte aus dem Blick als Ganzes darbietet".

Diesen, dem Wortsinn der Umgangssprache zugrundeliegenden physiognomisch-ästhetischen Landschaftsbegriff, der ja bereits das Wirkliche und gemeinsam Wirksame eines Landstrichs im Auge hat, hat die Geographie zu ihrem wissenschaftlichen Landschaftsbegriff umgeprägt, indem sie die dingliche Erfüllung der Erdräume und das hinter ihrer Erscheinung stehende Wirkungsgefüge zum Forschungsziel erhob. Carl SAUER führte 1925 den Begriff „landscape" in die amerikanische Geographie ein und definierte ihn als „areal unit of interdependent phenomena".[4] In FINCH a. TREWARTHA's „Elements of Geography" lesen wir: „The total assemblage of interrelated natural features within a region is called its natural landscape".[5] Eine Naturlandschaft kann nur mit Einbeziehung biologischer Prozesse verstanden werden, mit Ausnahme etwa

[1] TAYLOR, GRIFFITH (Edit.): Geography in the Twentieth Century. New York and London 1951 (bes. darin: TATHAM, G.: Environmentalism and Possibilism. 128–162). – SPATE, O. H. K.: Toynbee and Huntington: A study in determinism. – Geogr. J., **118**: 406–428. 1952.

[2] HASSINGER, H.: Über einige Aufgaben geographischer Forschung und Lehre. – Kartograph. u. Schulgeogr. Z. **8**, Wien 1919.

[3] TRÜBNERS Deutsches Wörterbuch, hrsg. v. H. GÖTZE. – Berlin 1943.

[4] SAUER, C.: The Morphology of Landscape. – Univ. Calif. Publ. in Geography **2**: 19–53. 1925.

[5] FINCH, V. C. and TREWARTHA, G.: Elements of Geography, Physical and Cultural. – New York, Toronto, London 1949.

von absoluten Wüsten oder Inlandeisgebieten, bei denen ausschließlich physikalische Prozesse im Spiele sind.

In der naturlandschaftlichen Gliederung der Erde – wir pflegen heute gewöhnlich von „naturräumlicher" Gliederung und von naturräumlichen Einheiten zu sprechen – spielt die Größenordnung der Betrachtung eine entscheidende Rolle. Es existiert eine ganze Hierarchie von Landschaftseinheiten verschiedener Dimension, von den großen, die Kontinente durchziehenden Landschaftsgürteln (wie etwa Taiga, Prärie, Sahel, Wüste) über immer kleinere Landschaftseinheiten bis zu den kleinsten Bausteinen, die wie Mosaiksteine das Raumgefüge einer Einzellandschaft zusammensetzen. K. H. Paffen hat in seiner methodologischen Studie zur Landschaftsforschung [1] acht Stufen unterschieden: Landschaftsgürtel, Landschaftszone, Landschaftsregion, Landschaftsgruppe, Großlandschaft, Kleinlandschaft, Landschaftszelle.

Als „geographische Landschaft" habe ich definiert „einen Teil der Erdoberfläche, der nach seinem äußeren Bild und dem Zusammenwirken seiner Erscheinungen sowie den inneren und äußeren Lagebeziehungen eine Raumeinheit von bestimmtem Charakter bildet, und der an geographischen, natürlichen Grenzen in Landschaften von anderem Charakter übergeht".[2]

Die Objekte einer geographischen Landschaft, deren geographische Substanz,[3] gehören drei Seinsbereichen an, die ganz verschiedener Gesetzlichkeit unterliegen:

1. die abiotische, rein physikalisch-chemische Welt, die nur der physikalischen Kausalität im Verhältnis von Ursache und Wirkung unterliegt. Dabei ist allerdings zu unterstreichen, daß auch die abiotische Umwelt mit den Methoden der Geophysik allein nicht erfaßt werden kann, da der abiotische Komplex das Ergebnis von vergangenen Perioden der Erdgeschichte mit beinhaltet, wie es etwa in den in verschiedenen Formgenerationen entstandenen Landformen zu sehen ist.
2. die belebte, vitale Welt, die den besonderen Gesetzlichkeiten des Lebens unterworfen ist, wie Wachstum, Reizbarkeit, Vermehrung, Ausbreitung, Anpassung, Vererbung. Die Lebenserscheinungen sind in allen übrigen Naturlandschaften entscheidend mit am Werke, im Sinne der biologischen Kausalität.
3. die geistbestimmte Welt des Menschen, die sich dem rein kausalen Verständnis entzieht und sehr wesentlich auch Motivationen von Individuen und Gesellschaftsgruppen und damit sozial-ökonomischen Ordnungsprinzipien unterliegt, die mit den naturräumlichen interferieren.

[1] Paffen, K. H.: Ökologische Landschaftsgliederung. – Erdkunde **2**. Bonn 1948. – Ders.: Die natürlichen Landschaften und ihre räumliche Gliederung. – Forsch. z. Dt. Landesk. **68**. Remagen 1953.

[2] Troll, C.: Die geographische Landschaft und ihre Erforschung. – Studium Generale **3**: 163–181. Heidelberg 1950.

[3] Bobek, H. u. Schmithüsen, J.: Die Landschaft im logischen System der Geographie. – Erdkunde **3**: 112–120. Bonn 1949.

Für alle Naturlandschaften handelt es sich um das Verhältnis der Lebewesen untereinander, die sogenannten Biozönosen, und um ihre funktionale Bindung an die physikalisch-chemischen Faktoren der Umwelt. Hierfür haben wir in der Wissenschaft seit langem den Begriff der Ökologie. Das Wort ist bekanntlich von Ernst HAECKEL (1866) geprägt worden im Sinne von Naturhaushaltslehre,[1] worunter er zunächst nur die Beziehungen eines Lebewesens zu seiner Umwelt verstand, also das, was man heute als Autökologie bezeichnet. Als man später zum systematischen Studium der Lebensgemeinschaften oder Biozönosen überging (MÖBIUS 1877),[2] entwickelte sich die Synökologie, d.h. das Studium der funktionalen Abhängigkeiten im Sinne von wechselseitigen Bindungen zwischen den Lebewesen einer solchen Biozönose und ihrer Umwelt. Eugen WARMING verschaffte dem Begriff der Ökologie durch sein Werk „Ökologie der Pflanzen" [3] internationalen Gebrauch.

Unter der Führung zweier Botaniker in Chikago, A. C. COWLES und F. T. CLEMENTS,[4] wurde Chikago das Zentrum der amerikanischen Schule der Pflanzenökologie. Heute umfaßt die American Ecological Society Botaniker, Zoologen und Limnologen, die Lebewesen und Lebensgemeinschaften in ihren Beziehungen zur Umwelt studieren. Ein wichtiger Gedanke von CLEMENTS [5] war die Beobachtung der „Successionen", der natürlichen Folge von Pflanzengesellschaften von der Neubesiedlung von Gelände (Pionierstadium) bis zum sogenannten Klimax- oder Endstadium. Dies war die Lehre von den biologischen Zyklen. In der 1904 gegründeten Association of American Geographers bestand eine Verbindung der ökologischen Schule von Chikago mit der geomorphologischen Schule von W. MORRIS DAVIS in Harvard.[6] 1899 hatte COWLES die Sukzessionen der Vegetation der Sanddünen des Michigansees beschrieben,[7] im gleichen Jahre DAVIS seine Arbeit über den geographischen Zyklus veröffentlicht,[8] worunter er die Abfolge von Landformen verstand, die bei der Abtragung einer gehobenen Landscholle vom Stadium der jugendlichen Zerschneidung bis zur greisenhaften Wiedereinebnung zur Fastebene (Peneplain) entstehen. Die Zyklenlehre der Formengenese verschaffte der Geomorphologie einen großen Auftrieb. Sie wurde international mit Begeisterung aufgenommen, schließlich aber auch wegen ihrer rein deduktiven Ab-

[1] HAECKEL, E.: Generelle Morphologie der Organismen. **1.** – Berlin 1866.

[2] MÖBIUS, K.: Die Auster und die Austernwirtschaft. – Berlin 1877.

[3] WARMING, E.: Plantesamfund. Grundträk af den ökologiske Plantegeografi. – København 1895. – Ders.: Ecology of Plants. – London – Oxford, Univ. Press, 1909.

[4] CLEMENTS, F. T.: Research Methods in Ecology. – Lincoln 1905.

[5] CLEMENTS, F. T.: Plant Succession. An Analysis of the Development of Vegetation. – Carnegie Inst. Washington Publ. **242.** 1916. – Ders.: Plant Succession and Indicators. – New York 1928.

[6] FUCHS, G.: Das Konzept der Ökologie in der amerikanischen Geographie. Am Beispiel der Wissenschaftstheorie zwischen 1900 und 1930. – Erdkunde **21**: 81–92. Bonn 1967.

[7] COWLES, H. C.: The ecological Relations of the Vegetation of the Sand Dunes of Lake Michigan. – Botanical Gazette **27.** Chicago 1899.

[8] DAVIS, W. MORRIS: The Geographical Cycle. – Geograph. J. 1899.

leitungen starker Kritik unterworfen. Unter dem Einfluß der Geographie ersetzte COWLES sogar seinen Sukzessionsbegriff durch den des Zyklus.[1]

3. HUMAN ECOLOGY

Schließlich war es ein Geograph der Universität Chikago, H. H. BARROW, der in seiner Presidential Address an die Association of American Geographers 1922 die Geographie als Human Ecology definierte.[2] Er sagte voraus – und die spätere Entwicklung bestätigte teilweise seine Vorhersage, – daß die Sozialwissenschaften äußerst wichtige Hilfswissenschaften der Geographie würden. In seiner Vorliebe für die neuen sozialen Aspekte der Geographie vernachlässigte BARROW die naturwissenschaftliche Seite der Geographie. Er ging so weit, die Geomorphologie, Klimatologie, Hydrologie und Biogeographie vollständig aus der Geographie auszuschliessen und ihr nur drei Zweige zu belassen, Wirtschaftsgeographie, politische Geographie und Sozialgeographie. Unter Human Ecology verstand er die Beziehungen zwischen den Menschen untereinander, aber auch die Wechselbeziehungen zwischen Mensch und Umwelt.[3]

Nur zwei Jahre später (1924) schrieb R. D. MCKENZIE, ein Soziologe der berühmten Schule von ROBERT EZRA PARK in Chikago,[4] über „the ecological approach to the study of human communities". Er erklärte: „Human ecology is a study of the spatial and temporal relations of human beings as affected by the selective distribution and accomodative forms of the environment".[5] Er übernahm von CLEMENTS die Sukzessionslehre und übertrug sie auf die menschliche Gesellschaft. Die menschliche Gesellschaft neige zu einer zyklischen Entwicklung, zu einem Zustand des Gleichgewichts zwischen Bevölkerung und Produktion, zu einem „Klimax der Gesellschaft". Unter dem Begriff der Human Ecology wurden von der amerikanischen Soziologie vor allem städtische Gesellschaften ohne jede Naturbeziehung analysiert, z.B. einzelne Stadtviertel von Chikago (Hobohemia, Little Sicily, Black Belt, Gold Coast),[6] erst in zweiter Linie wurden auch Probleme der ländlichen Soziologie in das Konzept der Human Ecology einbezogen. Es ist unmöglich, hier auf eine Diskussion der umfangreichen Literatur zur Human Ecology der letzten 30 Jahre einzugehen. James A. QUINNS Lehrbuch von 1950 [7] faßt die Gedanken zusammen. Viele amerikanische Soziologen stimmen überein, daß das Konzept der Human Ecology den wesentlichen Teil der Soziologie ausmacht. Bei QUINN lesen wir: „Human Ecology is a study of sub-

[1] COWLES, H. C.: The Causes of Vegetation Cycles. – Ann. Ass. Amer. Geographers **1**, 1911.

[2] BARROW, H. H.: Geography as Human Ecology. – Ann. Ass. Amer. Geographers **13**: 1–14. 1923.

[3] Vgl. dazu neuerdings FUCHS, G., a.a.O., 89. 1967.

[4] PARK, R. E.: Human Ecology. – Am. J. of Sociology. 1936.

[5] MCKENZIE, R. D.: The Ecological Approach to the Study of Human Communities. – 1924.

[6] ANDERSON, N.: The Hobo. – Chicago, The Univ. of Chicago Press. 1923. – ZORBAUGH, H. W.: The Gold Coast and the Slum. – Ebenda 1929. – FRAZIER, E. F.: The Negro Family in Chicago. – Ebenda 1932.

[7] QUINN, JAMES A.: Human Ecology. – New York 1950.

social relations among men." „Human Ecology is the study of spatial distributions." „Human Ecology is the study of social cultural areas." „Human Ecology is conterminous with studies of communities and regions." In all diesen Formulierungen sehen wir den tiefen Einfluß geographischen Denkens.

Ich selbst trete mit Entschiedenheit dafür ein, das Wort Ökologie im Sinne seines Erfinders auf die Beziehungen im Naturhaushalt, also auf das Wirkungsgefüge im biologischen Bereich zu beschränken und nicht auf einen ganz anderen Seinsbereich, nämlich den sozial-ökonomisch-kulturellen Bereich auszudehnen. Denn in der geistbestimmten Welt werden die rein kausalen Beziehungen, mit denen es die physikalische und biologische Welt zu tun hat, von psychologischen Motivationen und Reaktionen, auch geistig-traditionellen Gegebenheiten und intentionalen Handlungen überdeckt. Die Verwendung des Wortes Ökologie auch für solche Beziehungen würde den Begriff praktisch mit raumzeitlichen Beziehungen überhaupt gleichsetzen.

Wohl aber kann man von den ökologischen Grundlagen der menschlichen Tätigkeit sprechen, wenn wir die gesamten physikalisch-biologischen Voraussetzungen im Auge haben, denen die menschliche Tätigkeit unterliegt. So spricht man z.B. mit Recht von Agrarökologie oder von Forstökologie und meint damit nur den Naturhaushalt, dem auch die Kulturpflanzen und die Bodenkultur unterliegen, nicht aber die agrarsoziologischen und betriebswirtschaftlichen Verflechtungen.[1] Auch bodenständige menschliche Siedlungen unterliegen gewissen ökologischen Voraussetzungen. So sollte sich etwas die Prähistorie viel mehr, als es bisher geschah, auch dem Studium der ökologischen Grundlagen der vorgeschichtlichen Siedlung und Wirtschaft annehmen.

4. LUFTBILD UND ÖKOLOGISCHE LANDSCHAFTSFORSCHUNG

Der Begriff der Landschaftsökologie ist, wie eingangs gesagt, aus der wissenschaftlichen Luftbildinterpretation erwachsen. Die großen Möglichkeiten, die sich dem Studium der Erdoberfläche durch die Aerophotographie darbieten, gehen darauf zurück, daß man aus der Luft einen größeren Raum als bei der terrestrischen Betrachtung zu über-

[1] Von ökologischer Agrargeographie hatte als erster R. Krzymowski gesprochen: „Die Agrargeographie", in: Landwirtsch. Jb., **50**: 407–431. Dessau 1917. – Ders.: Philosophie der Landwirtschaftslehre. – Stuttgart 1919.

Ein Jahrzehnt später taucht der Begriff „Agrarökologie" erstmals in Italien auf: Azzi, Girolamo: Ecologia Agraria. – Nuova Enciclopedia Agraria Ital., pt. 2. Torino 1928 (engl. Ausgabe: Agricultural Ecology. – London 1956).

Offenbar ohne Kenntnis dieses Werkes schrieb Karl Friederichs 1930 sein zweibändiges Werk über die Ökologie im Agrar- und Forstwesen: „Die Grundfragen und Gesetzmäßigkeiten der land- und forstwirtschaftlichen Zoologie" (**1.** Ökologischer Teil, **2.** Wirtschaftlicher Teil. Berlin 1930), der erste große Wurf in der Anwendung der Ökologie auf die Agrar- und Kulturlandschaften.

Die neueste Zusammenfassung ist das Werk von W. Tischler: „Agrarökologie". Jena 1965.

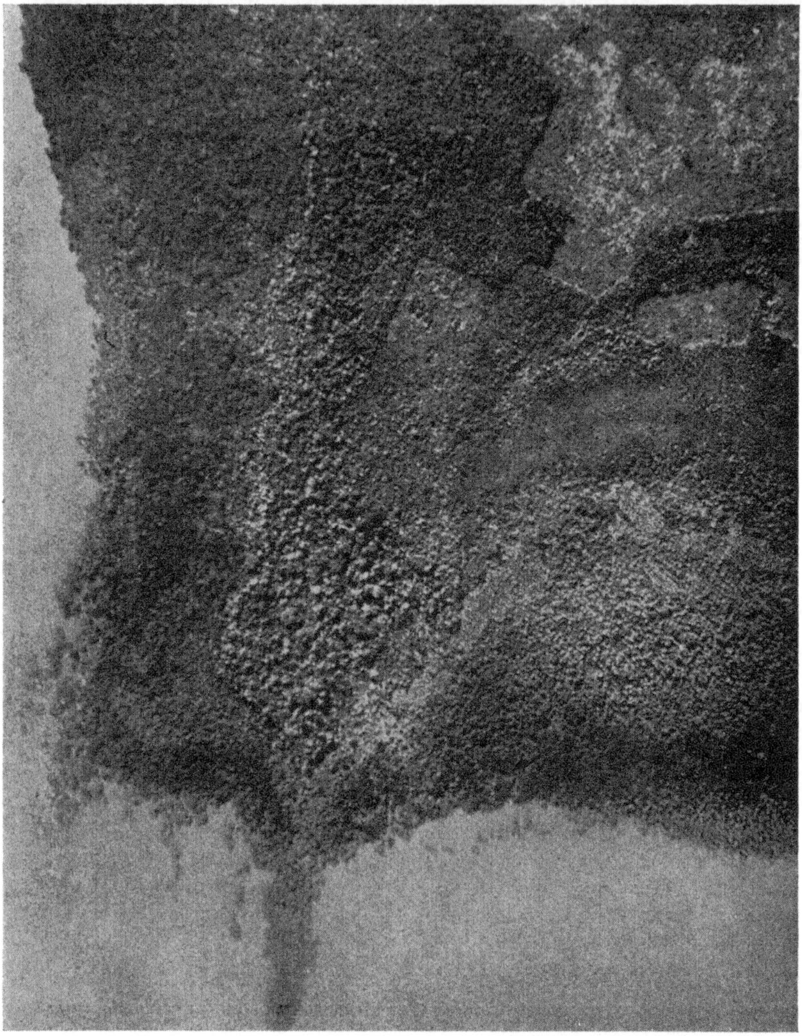

Abb. 1a. Gezeitenwälder an der Küste von Tandjonk Tada (Bangka) 1:15000. Man unterscheidet deutlich den gemischten Wald des trockenen Landes und die verschiedenen Zonen der Gezeitenwälder (nach A. KINT).

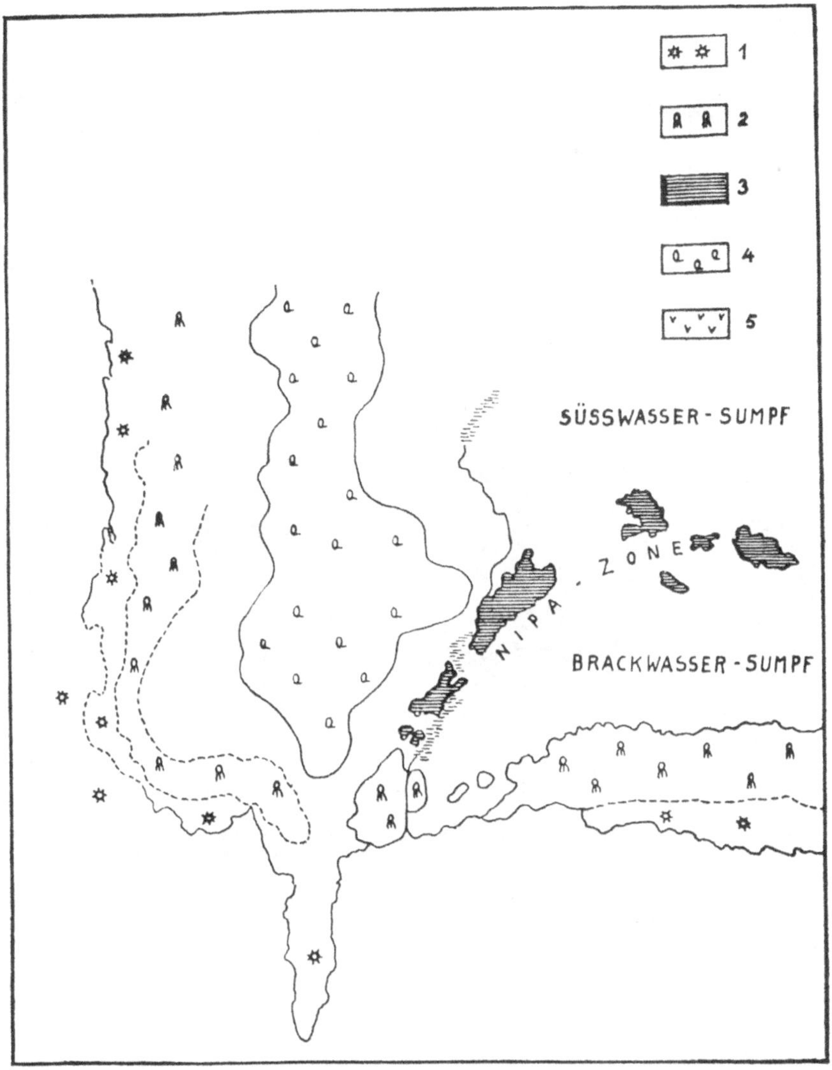

Abb. 1b. (Erläuterung von Luftbild Abb. 1a). Aus den Luftbildern erkennbare Pflanzenbestände. 1. *Sonneratia alba*-Bestände. 2. eigentliche Mangroven (*Rizophora*-Arten). 3. Bestände der *Nipa*-Palme. 4. Regenwald des trockenen Bodens. 5. Grasland und Gebüsch des trockenen Bodens. Der *Sonneratia*-Gürtel an der Außenküste deutet auf regelmäßige Überflutung durch Salzwasser, seine Ausbreitung gegen das Meer auf fortschreitende Anschwemmung. Die Grenze zwischen *Sonneratia* und *Rizophora*wald ist die mittlere Hochwasserlinie; die *Nipa*zone trennt den Brackwassersumpfwald vom Süßwassersumpfwald.

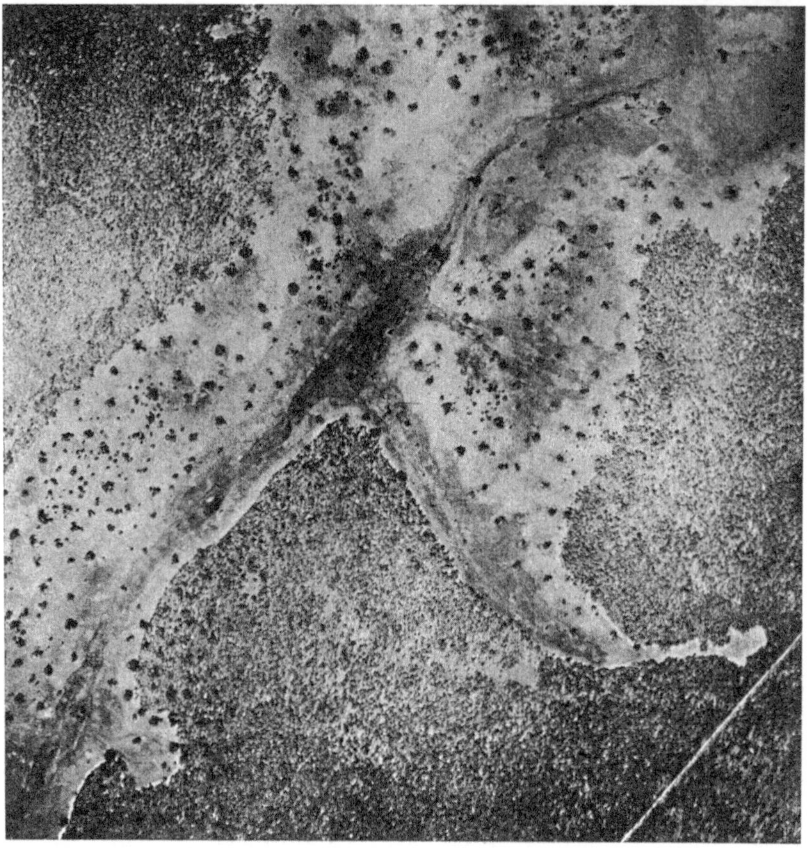

Abb. 2a. Trockenwald (Miombo-Wald) und Überschwemmungs-Savanne in Nordrhodesien, 160 Meilen SW Mpika (Luftbild S. Afr. Aircraft Ltd.).

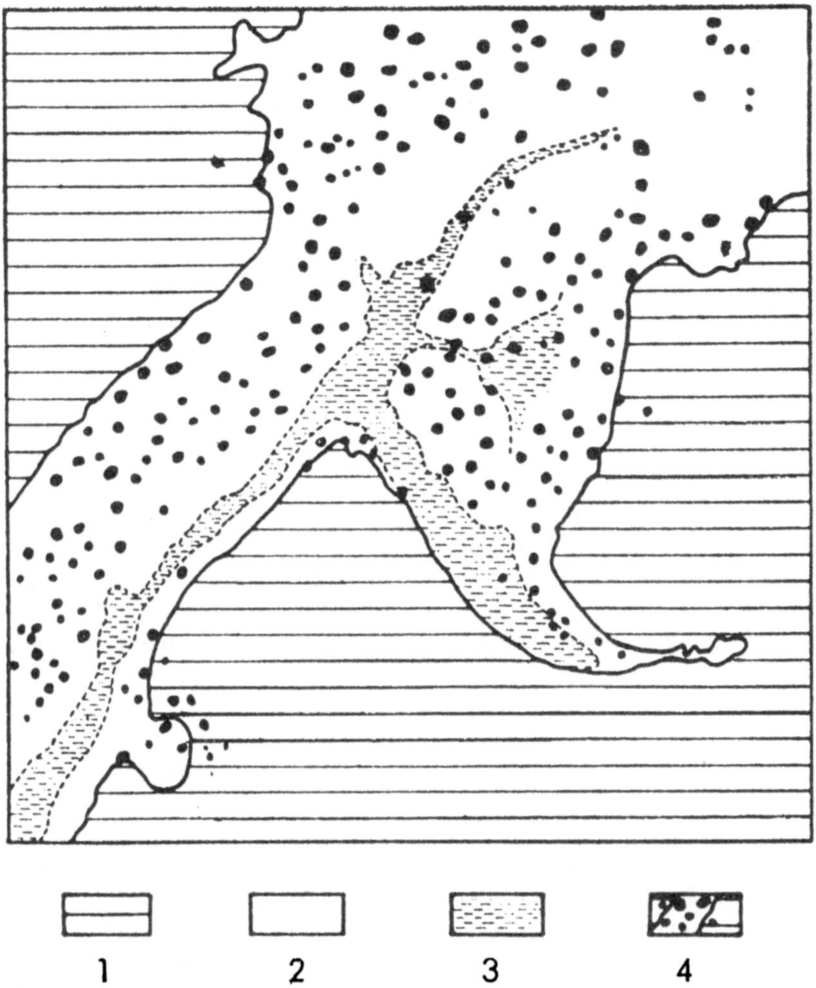

Abb. 2b. Die Anordnung der edaphischen Varianten auf Grund der Flugaufnahme 2a. 1. Miombowald auf trockenem Boden; 2. Periodisch überschwemmtes Grasland (Dambo); 3. Sumpfsavanne (Dambosumpf); 4. Immergrüne, hygrophile Termitengehölze.

blicken vermag und daß dieser Raum in der der naturräumlichen Gliederung der Erdoberfläche angepaßten senkrechten Perspektive sichtbar wird. Es ist der Vorteil der besseren Übersicht, der umfassenderen Aussicht, zum Teil auch der Einsicht und der Durchsicht gegenüber der Beobachtung von der Erdoberfläche. Diesen Vorteil haben in den 20er und 30er Jahren die verschiedensten Wissenschaften zu nutzen gelernt.[1] So entstanden die ersten systematischen Arbeiten zur Luftbild-Archäologie, besonders in England (O. G. S. CRAWFORD) und im Orient (R. P. A. POIDEBARD), weiter die Luftbildforschung für das Forstwesen und für die forstwirtschaftliche Vegetationskunde (in Deutschland besonders durch R. HUGERSHOFF, in Kanada durch das Department of Lands and Forests, in Großbritannien durch R. BOURNE, C. W. SCOTT und C. R. ROBBINS im Rahmen des Imperial Forest Institute). Die ersten photogeologischen Studien gingen von den Vereinigten Staaten aus, auf Grund der Erfahrungen im Militärflugwesen im ersten Weltkrieg in Frankreich (A. H. BROOKS). Am meisten haben sich die Vorteile der Luftbildinspektion die Ölprospektierung und die Ölgeologie zunutze gemacht, ganz besonders die Bataafsche Petroleum Maatschappij (J. KREBS) und die Nederlandsch-Nieuw Guinea Petroleum Maatschappij (W. C. KLEIN). H. HELBING hat daraufhin die gesamte Luftbildinterpretation unter dem Begriff der Photogeologie zu fassen versucht. Aber auch die Geomorphologie und die Bodenkunde haben die Vorteile der Luftbildforschung sehr bald kennengelernt.

Es handelt sich aber bei der Luftbildinterpretation, auch wenn sie etwa für die Archäologie oder Bodenkunde eingesetzt wird, in Wirklichkeit um die Erfassung der geographischen Landschaft und des ökologischen Wirkungsgefüges in der Landschaft. Denn meist sind im Luftbild nur ein oder zwei Landschaftselemente sichtbar, ganz besonders das Pflanzenkleid, in stark reliefiertem Gelände auch die Formentypen. Die übrigen Merkmale müssen aus dem Verbreitungsbild (landscape pattern) erschlossen werden, etwa die Abgrenzungen des Gesteinsuntergrundes oder die Wirkungsbereiche des Bodenwassers. Das Luftbild allein kann uns kaum die gesamten Standortsbedingungen einer bestimmten Erdstelle vermitteln, dazu ist die terrestrisch-ökologische Inspektion unentbehrlich. Es liefert uns aber Verbreitungsbilder etwa von Pflanzengesellschaften, von bestimmt gefärbten Böden, von geomorphologischen Einheiten usw., aus denen man gewisse Zusammenhänge der Landschaftsfaktoren erschließen oder wenigstens vermuten kann, die es dann durch terrestrische Rekognoszierung klarzustellen gilt. In diesem Sinne ist in Rußland auch der Begriff „Aerolandscape" gebraucht worden (A. V. HAVEMANN).[2]

Ein relativ einfaches Beispiel sind die tropischen Gezeitenwälder oder Mangroven. Die verschiedenen Typen der Gezeitenwälder, die im Luft-

[1] TROLL, C.: a.a.O. 1939. Dort die weitere Literatur bis 1939. Fortsetzung in: TROLL, C.: Fortschritte der wissenschaftlichen Luftbildforschung. – Z. Ges. Erdk. Berlin 1943 und in: SCHMIDT-KRAEPELIN, E.: Methodische Fortschritte der wiss. Luftbildinterpretation. – Erdkunde **12** (1958), **13** (1959), **14** (1960).

[2] HAVEMANN, A. V. and FAAS, V. A.: On the Development of the Study of Aerolandscape. – Doklady Acad. Sciences USSR 26, 1940.

bild gut unterschieden werden können, geben uns unmittelbaren Aufschluß über die Verteilung des Salz-, Brack- und Süßwassers in den Schwemmlandgebieten und Deltas tropischer Küstentiefländer.[1] Ein gutes Beispiel gibt Abb. 1a u. b von der Küste der Insel Bangka in Indonesien, in der man deutlich den hellen Außengürtel mit *Sonneratia*-Beständen, die dunkle Zone der *Rhizophora*-Mangroven, den gemischten Brackwassersumpfwald, die Reinbestände der *Nipa*-Palmen und schließlich den festländischen Regenwald mit seinem mächtigen Kronendach unterscheiden kann.

Ein anderes Beispiel sei aus den Savannenwaldgebieten Ostafrikas genommen. Die Trockensavannenwälder vom Typus des Miombo-Waldes, die weite Plateaugebiete und Felsrumpfflächen Ostafrikas überziehen (Tanganyika, Katanga, Nord- und Südrhodesien, Mozambique), sind von ganz flachen Muldentalsystemen durchzogen, den sogenannten Mbugas oder Dambos. Es sind Entwässerungsbahnen, die in der Regenzeit überschwemmt werden und daher auch von dunklen Schwemmlandböden eingenommen sind. In diesen Dambos ist der Wald durch offenes Grasland ersetzt (Abb. 2a u. b zeigt ein Beispiel aus Zambia, ehemals Nordrhodesien). Der Rand der Dambos gegen den Wald ist durch die Überflutungsgrenze scharf gezeichnet. Innerhalb der Dambos verläuft mit unscharfer Grenze, im Luftbild durch die dunklere Tönung erkennbar, ein bachbettloser Entwässerungsstreifen, in dem die Überflutung und die Bodenfeuchtigkeit besonders stark und lange wirksam sind, so daß Sumpfsavanne entsteht. Über das Grasland sind häufig scharf abgesetzte, runde, dunkle Flecken gestreut. Es sind Inseln immergrünen Waldes, die jeweils auf kleinen Hügeln stocken, die Termitenbauten darstellen.[2] Diese Bauten inmitten der schweren Tonböden der Dambos stellen als Folge der geologischen Tätigkeit der Termiten besonders günstige Standorte für die Vegetation dar (gut durchlüftete, gedüngte und über das Überschwem-

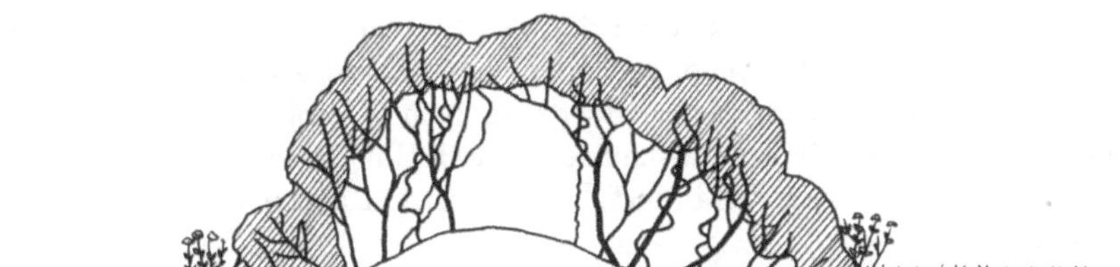

Abb. 3. Querschnitt durch eine Termiten-Waldinsel. An der Grenze des gebrannten Graslandes gegen den immergrünen Feuchtwald eine Zone von Kräutern (Pyrophyten).

[1] Stamp, L. D.: The Aerial Survey of the Irrawadyd Delta Forests (Burma). – J. Ecol. **13**: 262–270. 1925. – Kint, A.: De Luchtfoto en de topografische terreingesteldheid in de Mangrove. – De Tropische Natuur **23**: 173–189. 1934. – West, R. C.: Mangrove Swamps of the Pacific Coast of Colombia. – Ann. Ass. Am. Geographers **46**: 98–121. 1956.

[2] Vgl. dazu Troll, C.: Termiten-Savannen. – In: Länderk. Forsch., Festschrift N. Krebs. Stuttgart 1936; 275–312. – Robbins, C. R.: Northern Rhodesia: an Experiment in the Classification of Land etc. – J. Ecol. **22**. London 1934.

mungsniveau aufragende, aber auch in der Trockenzeit unter günstigen Bodenwasserbedingungen stehende Hügel), auf denen daher, edaphisch bedingt, Wälder gedeihen können (Abb. 3). Die scharfe Grenze zwischen den Termitenwäldchen und dem Grasland wird durch das Grasfeuer verstärkt, das in den feuchten Wald nicht eindringen kann.

5. ÖKOSYSTEM, ÖKOTOP, LANDSCHAFTS-SUKZESSION

Eine kleine geographische Raumeinheit, wie ein bewaldeter Termitenhügel in dem gegebenen Beispiel, ist in der Sprache des Biologen eine Lebensstätte oder ein Biotop (A. THIENEMANN),[1] der Termitenbau mit dem Feuchtwald und sonstigen Lebewesen eine Biozönose. Für das Verständnis der räumlichen Verteilung dieser Biotope innerhalb der Dambo-niederung und im weiteren innerhalb des Miombo-Waldgebietes ist die Betrachtung der gesamten Landschaft und des landschaftlichen Erscheinungskomplexes notwendig. Der Termitenhügel mit seinen tierischen Bewohnern (auch wenn es sich etwa um verlassene Termitenbauten handelt) und dem darauf gedeihenden Feuchtwald ist ein „Ecosystem" im Sinne von A. G. TANSLEY.[2] Er definiert das Ecosystem als „the whole complex of organisms and factors of environment in an ecological unit of any rank". Die Glieder eines solchen Systems, die wieder unter sich in gegenseitiger Abhängigkeit stehen, sind etwa Makro- oder Landschaftsklima, Ausgangsgestein, Bodenwasser und Wasserregime, Oberflächenformen, Geländeklima (Topoklima), Verwitterungsboden, Vegetation, Mikroklima, Tierwelt und Bodenklima (vgl. Abb. 4). In einem solchen Ökosystem ist die Pflanzengesellschaft abhängig vom Klima, vom Ausgangsgestein und seinem Verwitterungsboden und vom Bodenwasser. Die Pflanzengesellschaft ihrerseits verändert das Landschaftsklima zum Mikro- oder Bestandesklima mit seinen verschiedenen Stockwerken und ebenso das Bodenklima, durch die Verdunstung auch den Grundwasserstand und durch ihre Rückstände den Verwitterungsboden (Humus). Das Bodenklima und damit auch die Bodenlebewelt sind beherrscht vom Verwitterungsboden, vom Bodenwasser und vom Mikroklima. Wird durch den Menschen die Pflanzendecke oder – durch Entwässerung – der Grundwasserstand künstlich verändert, so ändert sich automatisch auch das ganze Ökosystem.

Geographisch-landschaftskundlich handelt es sich bei dem gezeigten Luftbild aus Afrika um eine naturräumliche Gliederung von dreierlei Ausmaßen. Der ganze Landschaftsausschnitt gehört zu einer bestimmten Einzellandschaft, die nach dem Klima und der geologisch-morphologischen Situation als eine von Miombowald eingenommene Plateaulandschaft bezeichnet werden kann. Die Dambo-Niederungen sind innerhalb dieser Landschaft Teillandschaften mit besonderen pedologischen, hydrologischen und Vegetationsmerkmalen. Innerhalb dieser Teillandschaft

[1] THIENEMANN, A.: Leben und Umwelt. – Bios 12, Leipzig 1941. – Ders.: Leben und Umwelt. Vom Gesamthaushalt der Natur. – Rowohlts Dt. Encyklop. Hamburg 1956.

[2] TANSLEY, A. G.: The British Isles and their Vegetation. – Cambridge 1939.

sind die einzelnen Termitenwäldchen kleinste Landschaftsteile, für die ich den Begriff „Ökotop" eingeführt habe. R. BOURNE spricht in diesem Fall von „site", K. H. PAFFEN von „Landschaftszelle". In Rußland sprach I. V. LARIN von „Mikrolandschaften", L. G. RAMENSKIJ von „Epifazies", V. N. SUCAČEV von „Biogeozönosen", andere von „Elementarlandschaften" oder „Geoform".[1] Englische Pedologen gebrauchen neuerdings den Begriff „Fazette".[2] Das Wort Ökotop, dem lange gebrauchten „Biotop" nachgebildet, soll den Zusammenhang des ganzen Ökosystems zum Ausdruck bringen.

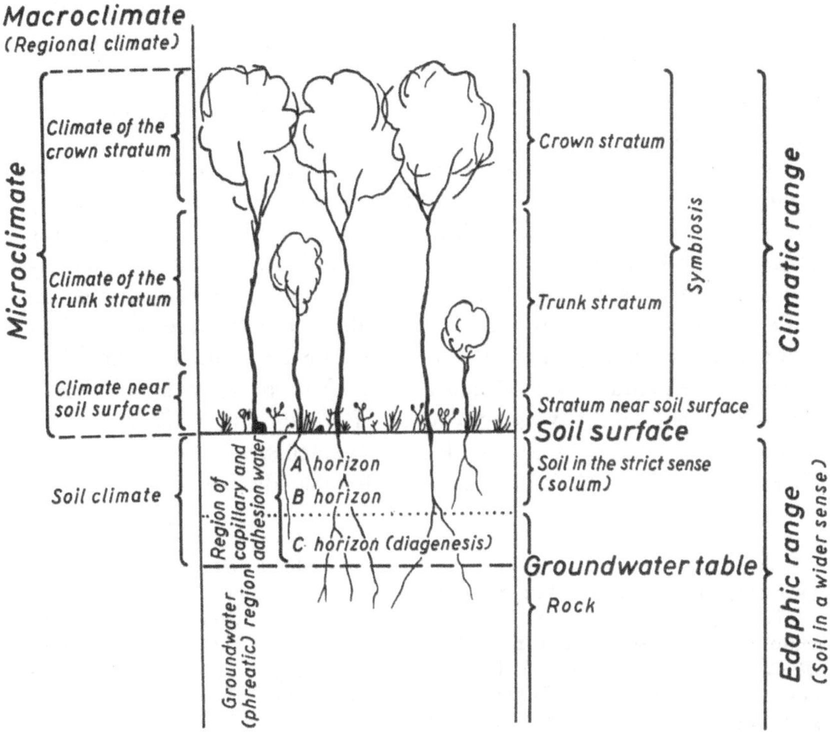

Abb. 4. Schema des landschaftsökologischen Aufbaues eines Standorts im Sinne des „Ökosystems".

Deutsche Geographen (H. BOBEK u. J. SCHMITHÜSEN) [3] haben für die kleinsten Standortseinheiten unter Beschränkung auf die abiotischen Grundlagen auch von „Fliese", SCHMITHÜSEN – unter Beschränkung auf die abiotischen Elemente der Landschaft – auch von „Physiotopen" [4]

[1] BILLWITZ, K.: Die sowjetische Landschaftsökologie. – Peterm. Geogr. Mitt. **107**: 74–79. 1963.

[2] WEBSTER, R.: The Use of basic Physiographic Units in Air Photo Interpretation. – Transact. Symposium on Photo Interpretation Intern. Archives of Photogrammetry **14**: 143–148. Delft 1963.

[3] BOBEK, H. u. SCHMITHÜSEN, J.: a.a.O. 1949.

[4] SCHMITHÜSEN, J.: „Fliesengefüge der Landschaft" und „Ökotop". – Berichte z. deutsch. Landeskunde **5**: 74–83. Bad Godesberg 1948.

gesprochen, ebenso E. NEEF.[1] Dazu ist allerdings zu sagen, daß es viele Fälle gibt, wo auch die physikalischen Grundlagen eines Ökotops erst von der Lebewelt geschaffen sind, z.B. bei einem Hochmoor oder auch in dem vorliegenden Fall einer Termitenwaldinsel, weiter, daß damit die Zuordnung des von der Pflanzendecke erst erzeugten Mikroklimas und Bodenklimas zweifelhaft wird. Es widerspricht eben den wechselseitigen Abhängigkeiten eines Ökosystems, zwischen seinen abiotischen und biologischen Elementen eine mehr als gedankliche Trennung zu versuchen.

Der Ausgangspunkt jeder Pflanzensukzession ist allerdings eine abiotische Landschaft, bei der der Ausdruck Physiotop voll gerechtfertigt ist. Erst mit der pflanzlichen Pioniersbesiedlung beginnt sich ein volles Ökosystem zu entwickeln. Dabei entstehen aber gleichzeitig und in Wechselwirkung die Lebewelt, der Verwitterungsboden und das Kleinklima, weshalb ich für den ganzen Vorgang die Bezeichnung „Landschaftssukzession" vorgeschlagen habe.[2]

Neuere landschaftsökologische Analysen* deutscher Landschaften entstanden einerseits aus der Schule von E. NEEF, andererseits auf Anregung von W. CZAIKA. NEEF selbst suchte besonders eine Vertiefung durch zahlenmäßige Erfassung des Bodenwasserhaushalts in seiner Beziehung zu den Bodentypen.[3] Seine Schüler haben die landschaftsökologische Methode vor allem für die praktische Aufgabe der naturräumlichen Gliederung zur Anwendung gebracht, G. HAASE für die Oberlausitz im Übergang vom Bergland in die Bördenzone,[4] H. HUBRICH für das nordsächsische Flachland im Übergang von der Börden- und Lößzone in das sandige Flachland.[5] G. HAASE hat bei einer gemeinsamen Forschungsreise mit H. RICHTER und H. BARTHEL in die Mongolei die Gesichtspunkte der

* Hier und gelegentlich an anderen Stellen ist die Literatur um Arbeiten erweitert worden, die seit dem Symposium 1963 erschienen.

1 NEEF, E., SCHMIDT, G. u. LAUCKNER, M.: Landschaftsökologische Untersuchungen an verschiedenen Physiotopen in Nordwestsachsen. – Abh. Sächs. Akad. d. Wiss. Leipzig **47** (1), Berlin 1961. – NEEF, E.: Landschaftsökologische Untersuchungen als Grundlage standortgerechter Landnutzung. – Die Naturwissenschaften **48** (9), Berlin 1961.

2 TROLL, C.: Über Landschafts-Sukzession. – Vorwort zu: Arbeiten z. Rheinischen Landeskunde **19** (BAUER, H. J.: Landschaftsökologische Untersuchungen im ausgekohlten rheinischen Braunkohlenrevier auf der Ville). – Bonn 1963.

3 NEEF, E.: a.a.O. 1960 u. 1961. Dazu: Der Bodenwasserhaushalt als ökologischer Faktor. – Ber. z. dt. Landesk. **25**: 272–282. Bad Godesberg 1960.

4 HAASE, G.: Hanggestaltung und ökologische Differenzierung nach dem Catena-Prinzip. – Peterm. Geogr. Mitt. 1961: 1–8. – Ders.: Landschaftsökologische Detailuntersuchung und naturräumliche Gliederung. – Peterm. Geogr. Mitt. Gotha 1964: 8–30.

5 HUBRICH, H.: Die Physiotope der Muldenaue zwischen Püchau und Gruna. – Wiss. Veröff. Dt. Mus. f. Länderk. N.F. **21/22**: 177–217. Leipzig 1964. – Ders.: Die Bedeutung äolischer Decken für die ökologische Differenzierung von Sandstandorten in Nordwest-Sachsen. – Peterm. Geogr. Mitt. Gotha 1964: 31–44. – Ders.: Die Physiotope am Rande der nördlichen Lößgrenze in Nordwest-Sachsen. – Wiss. Veröff. Dt. Mus. f. Länderkunde N.F., **23/24**: 87–183. Leipzig 1966. – Ders.: Die landschaftsökologische Catena in reliefarmen Gebieten, dargestellt an Beispielen aus dem nordwestsächsischen Flachland. – Peterm. Geogr. Mitt. Gotha 1967: 13–18.

Landschaftsökologie auch auf ein größeres Gebiet mit Hochgebirgserstreckung, das Changai-Gebirge, angewandt.[1] In der Bundesrepublik ist die bisher gründlichste und ausgewogenste, auf den Zusammenhang von Oberflächenformen, Klima, Böden und Pflanzengesellschaften ausgerichtete landschaftökologische Einzeldarstellung eines Raumes H. J. KLINK zu danken.[2] Die topoklimatische Differenzierung mit Hinblick auf landschaftsökologische Einheiten hat erstmals M. BJELANOVIĆ an Beispielen aus dem Rheinischen Schiefergebirge untersucht.[3]

6. LANDSCHAFTSÖKOLOGIE UND PFLANZENSOZIOLOGIE

Aus dem Gesagten ergibt sich dann von selbst auch die Definition des Begriffes Landschaftsökologie. **Sie ist das Studium des gesamten, in einem bestimmten Landschaftsausschnitt herrschenden komplexen Wirkungsgefüges zwischen den Lebensgemeinschaften (Biozönosen) und ihren Umweltbedingungen. Dies äußert sich räumlich in einem bestimmten Verbreitungsmuster (Landschaftsmosaik, landscape pattern) oder einer naturräumlichen Gliederung verschiedener Größenordnung. Diese Anordnung ist meist von der geologischen Struktur und dem geomorphologischen Entwicklungsstadium bestimmt. Die dingliche Erfüllung der kleinsten in sich homogenen Raumeinheiten (Physiotope, Biotope, Ökotope) ist der Ausdruck einer Wechselbeziehung zwischen Makroklima, Ausgangsgestein, Relief, Bodenwasser, Topoklima, Verwitterungsboden, Vegetation, Tierwelt, Kleinstklima und Bodenklima (Landschaftshaushalt).** Der Landschaftshaushalt kann, wenn kein Glied in dem gesamten Wirkungsgefüge einer zeitlichen Veränderung unterworfen ist, stationär sein. **Veränderungen des geomorphologischen Zustandes, seien sie langsam fortschreitend oder plötzlich, aber auch künstliche Eingriffe des wirtschaftenden Menschen lösen Veränderungen des Landschaftshaushaltes aus, die wir unter dem Begriff der Landschaftssukzession zusammenfassen.** Die Landschaftssukzession kann ein natürlicher Vorgang sein, der mit der Erstbesiedlung des Bodens durch Pflanzen und Tiere und mit der ersten Bildung eines Verwitterungsbodens beginnt (Pionierstadium) und zu einem ausgereiften Endstadium (Landschaftsklimax) hinführt. Veränderungen des Landschaftshaushaltes durch Eingriffe des Menschen in die Pflanzendecke, in die Wasser- und Bodenverhältnisse durch Beweidung, Brand, Entwässerung, Düngung, Bewässerung, Streuentnahme, Rodung etc. rufen Veränderungen hervor, die wir mit W. LÜDI als Sekun-

[1] HAASE, G.; RICHTER H. u. BARTHEL, H.: Zum Problem landschaftsökologischer Gliederung, dargestellt am Beispiel des Changai-Gebirges in der Mongolischen Volksrepublik. – Wiss. Veröff. Dt. Mus. f. Länderk. N.F. **21/22**: 489–516. Leipzig 1964.

[2] KLINK, H.-J.: Landschaftsökologische Studien im südniedersächsischen Bergland. – Erdkunde **18**: 267–284. Bonn 1964. – Ders.: Naturräumliche Gliederung des Ith-Hils-Berglandes. Art und Anordnung der Physiotope und Ökotope. – Forsch. z. Dt. Landeskunde **159**. Bad Godesberg 1966. 257 S.

[3] BJELANOVIĆ, M.: Mesoklimatische Studien im Rhein- und Moselgebiet. Ein Beitrag zur Problematik der Landesklimaaufnahme. – Diss. Bonn. Math. Naturw. Fak. 1967. 232 S.

där-Sukzessionen bezeichnen wollen.[1] Der Begriff der Landschaftsökologie deckt sich nach Inhalt und Zielsetzung weitgehend mit dem sechs Jahre später (1944) von V. N. SUCAČEV geprägten Begriff „Geobiozönologie".[2]

In welchem Verhältnis aber steht die Landschaftsökologie zur Pflanzensoziologie im Sinne von J. BRAUN-BLANQUET und R. TÜXEN? Die Pflanzensoziologie sucht die Vergesellschaftung der Pflanzen (Pflanzenassoziationen) nach ihrer floristischen Zusammensetzung, nach Artenbestand, Mengenanteil und Gesellschaftstreue zu erfassen. Sie nimmt dabei mit Recht an, daß – innerhalb eines bestimmten Florengebietes – an Standorten gleichen ökologischen Charakters auch die gleichen Pflanzengesellschaften gedeihen. Ihr letztes Ziel ist die Ordnung der Pflanzengesellschaften in Einheiten verschiedenen Grades, Subassoziationen, Verbände, Ordnungen und Klassen, und zwar wiederum nach der floristischen Zusammensetzung und der Gesellschaftstreue. Dabei wird die räumliche Anordnung der Vegetation nach ihren ökologischen Voraussetzungen verlassen. Das Gesellschaftssystem verschiedener Rangstufen ähnelt der Systematik der Pflanzensippen, wobei, wie die Erfahrung lehrt, auch ökologisch sehr nahestehende Pflanzengesellschaften in ganz verschiedene Ränge höherer Ordnung geraten können.

Demgegenüber geht die Landschaftsökologie von der Synoptik aller in der Natur geographisch-räumlich geordneten Erscheinungen aus, und zwar von dem funktional-ökologischen Zusammenklang von Boden, Wasser, Luft und Lebewelt. Die verschiedenen Rangstufen landschaftsökologischer Einheiten sind Landschafts- und Lebensräume verschiedener Größenordnung von der kleinsten Einheit, dem Ökotop, bis zur größten, der Klima-, Vegetations- und Landschaftszone. In dieser Form ist die Landschaftsökologie die umfassendste Betrachtungsweise der Naturlandschaftsforschung, sie ist synoptische Naturbetrachtung schlechtweg. Für die Kulturlandschaftsforschung (Agrar- und Siedlungslandschaften) hat sie diejenigen Zusammenhänge aufzudecken und bereitzustellen, die die Natur den Menschen an Möglichkeiten bietet. Wie der Mensch die landschaftsökologischen Gegebenheiten ausnützt, unterliegt dann allerdings sozialen, wirtschaftlichen, auch psychologischen und politischen Bedingungen, die bekanntlich einem steten geschichtlichen Wandel unterworfen sind. Landschaftsökologie und Pflanzensoziologie stellen aber trotz dieser verschiedenen Zielsetzung keine Gegensätze dar. Die pflanzensoziologische Assoziationsanalyse hat auch im Rahmen der Landschaftsökologie durchaus ihren Platz, nämlich bei der Analyse der Pflanzengesellschaften der einzelnen Ökotope. Sie müßte für diese Aufgabe dann allerdings noch erweitert werden von der Vegetationsanalyse auf die Analyse der gesamten Biozönosen.

[1] LÜDI, W.: Die Sukzession der Pflanzenvereine. – Mitt. Naturf. Ges. Bern 1919.

[2] SUCATJEV, V. N. (SUKATSCHEW, W. N., SUCAČEV, V. N.): On the Exploration of the Vegetation of the Sowjet Union. – Proceed. 7th Intern. Botanical Congr. Stockholm 1950. pp. 659–660. Uppsala 1953.

Das Wort Landschaftsökologie beinhaltet die beiden Begriffe Landschaft und Ökologie. Das Wort Landschaft ist erstmals belegt im 9. Jahrhundert im Sinne von Region, später in physiognomischem Sinn (z.B. Landschaftsmalerei) gebraucht, seit 1885 auch als wissenschaftlicher Terminus („Landschaftskunde"). Eine geographische Landschaft (früher auch „natürliche Landschaft") ist ein Ausschnitt der Erdoberfläche, der nach seinem äußeren Bild und dem Zusammenwirken seiner Erscheinungen (Landschaftselemente, Geofaktoren) eine Raumeinheit von bestimmten Charakter bildet. Diese Elemente gehören drei Seinsbereichen an, der abiotischen Welt, der belebten Welt und – im Falle von Kulturlandschaften – auch der geistbestimmten, kulturell-sozialen Welt.

„Ökologie" (E. Haeckel 1866) ist das Studium der Beziehungen der Organismen, der Pflanzengesellschaften und Biozönosen zu ihrer Umwelt. „Ökosystem" (nach A. G. Tansley 1935) ist der ganze Komplex von Organismen und Umweltfaktoren in einer ökologischen Raumeinheit irgendeiner Größenordnung. „Landschaftsökologie" (C. Troll 1938) ist das Studium des gesamten, in einem bestimmten Landschaftsausschnitt herrschenden komplexen Wirkungsgefüges zwischen den Lebensgemeinschaften und ihren Umweltbedingungen. Sie soll keine neue Wissenschaft sein, sondern lediglich ein besonderer Blickpunkt der Betrachtungsweise komplexer Naturerscheinungen. Mit Landschaftsökologie identisch ist der von V. N. Sucatjev 1943 geprägte Begriff „Geobiozönologie".

Für die kleinsten Einheiten eines Landschaftsmosaiks hat der Autor den Begriff „Ökotop" vorgeschlagen, in Erweiterung von „Biotop", synonym mit den Begriffen Site, Fazette, Geoform, Landschaftszelle, Fliese etc. anderer Autoren.

„Landschaftssukzession" (C. Troll 1963) ist die Aufeinanderfolge von Ökosystemen von einem Pionierstadium zu dem Reifestadium („Klimax"), und zwar die Aufeinanderfolge von Pflanzenbeständen, Bodenbildungsstadien, Mikroklima, Bodenklima und Bodenwasserverhalten, also eine fortlaufende Folge von Beziehungssystemen aller Geofaktoren.

Amerikanische Soziologen dehnten den Begriff Ökologie auf soziale Gruppierungen aus. „Human ecology" wurde definiert als „das Studium der räumlichen und zeitlichen Beziehungen menschlicher Wesen als beeinflußt durch die selektive Verteilung und die Anpassungsformen der Umwelt". Der Verfasser möchte aber den Begriff Ökologie auf seine eigentliche und ursprüngliche Bedeutung beschränken, nämlich auf das Studium des natürlichen physikalisch-biologischen Komplexes und – bei Kulturlandschaften – auf die Umweltbedingungen menschlicher Aktivitäten (Agrar- und Forstökologie, ökologische Siedlungsbedingungen etc.).

Die Landschaftsökologie erwuchs aus der Aufgabe der wissenschaftlichen Luftbild-Interpretation für die verschiedenen Aufgaben (Vegetationskartierung, Waldtaxation, Lagerstätten-Prospektierung, Bodenforschung, Archäologie, Hydrologie etc.). Diese erfordert die Erfassung des gesamten Landschaftsgefüges und der Beziehungen der Landschaftselemente untereinander. Beispiele werden gegeben von tropischen Gezeitenwäldern mit ihrer hydrochemischen Zonierung und von tropischen

Trockenwald-Savannenländern mit jahreszeitlicher Überschwemmung und Termiten-Waldinseln.

Im letzten Kapitel wird die Beziehung von Landschaftsökologie und Pflanzensoziologie diskutiert. Die pflanzensoziologische Analyse der verschiedenen Ökotope ist für eine volle landschaftsökologische Erforschung eines Gebietes unentbehrlich. In der Zukunft sollte sie aber zu einer vollen biozönologischen Analyse vervollständigt werden.

SUMMARY

The term ,,Landscape ecology'' embraces two concepts, which, each by itself and both in combination, arose from the effort of scientists to call more attention to the synthetic views of spatial phenomena in our epoch of scientific specialization.

The german word ,,Landschaft'' is first documented in the 9th Century in the sense of ,,region'', later it was used in the sense of landscape physionomy (e.g. landscape painting). Since 1885 it is used in a consciously scientific sense as landscape science (,,Landschaftskunde''). A landscape region is a part of the earth's surface, which by physionomy and by the mutual interrelations of its elements forms an areal unit. These elements are abiotic, biotic and – in case of humanized landscapes – also mental-cultural-social.

Ecology (E. HAECKEL 1866) is the research dealing with the relation of organisms or biocenosis to their environment. ,,Ecosystem'' (A. G. TANSLEY 1935) is ,,the whole complex of organisms and factors of environment in an ecological unit of any rank''. ,,Landscape Ecology'' (C. TROLL 1938) is the ,,analysis of a physico-biological complex of interrelations, which govern the different areal units of a region''. It is not meant to be a new science, but a specific outlook of integrated research. With landscape ecology nearly synonymous is the term ,,Geobiocenology'', coined by V. N. SUCATJEV in 1943).

,,Landscape Succession'' (C. TROLL 1963) is the sequence of eco-systems from a pioneer stage to the state of maturity, called ,,climax'', i.e. the succession of plant cover, of stages of soil formation, microclimate, soil climate and soil water conditions, or a continuous sequence of interactions of all geofactors.

For the smallest unit area of a landscape mosaic or landscape pattern the term ,,Ecotope'' was proposed by the author, synonymous with site, facette, geoform, microlandscape, Fliese etc. of other authors.

American sociologists extended the term ecology to human social groupings. ,,Human Ecology'' was declared as ,,a study of the spatial and temporal relations of human beings as affected by the selective distribution and accomodative forms of the environment''. The present author finds it more reasonable to restrict the term ecology to its genuine original meaning, the study of the physico-biological complex or – in cultural landscapes – to the environmental foundations of human activities (agrarian ecology, forestry ecology, ecological conditions of settlement etc.).

The concept of landscape ecology accrued from the task of air foto interpretation for different purposes (vegetation mapping, forestry taxation, oil prospecting, soil mapping, archaeology, hydrology etc.), which demands the comprehension of the complete landscape pattern and of the mutual interrelations of landscape elements. Examples are given from tropical tidal swamps with their hydrochemical zonations and from tropical termite-savannas.

In the last chapter the relation of landscape ecology and plant sociology is discussed. The analysis of the plant associations of the different ecotopes is indispensable for a full landscape-ecological research. For the future it should be supplemented to a full biocenolgical analysis.

GANZHEITLICHES ERFASSEN UND ERLEBEN DER LANDSCHAFT AUF WISSENSCHAFTLICHER UND KÜNSTLERISCHER GRUNDLAGE, DARGETAN AN DER EIFEL UND DEM HOHEN VENN

von

M. SCHWICKERATH, Aachen

Da der Inhalt inzwischen in der Schriftenreihe der Landesstelle für Naturschutz und Landschaftspflege in Nordrhein-Westfalen, Bd. 2. Recklinghausen 1966 erschienen ist, wird hier auf Wunsch des Verfassers nur ein Auszug aus dem Vorwort dieses Buches wiedergegeben:

„Das vordringlichste Anliegen des Verfassers ist grundsätzlicher Art. Zurückgreifend auf seine 1928 als 8. Beiheft zu den Annalen der Philosophie und philosophischen Kritik [1] erschienenen Studie mit dem Titel: „Exaktwissenschaftliches, philosophisches und künstlerisches Welterkennen und Weltbegreifen," soll die Wesensverwandschaft des exaktwissenschaftlichen und künstlerischen Erfassens und Erlebens der Landschaft erörtert werden.

Das geschieht in einer systematisch-stufigen Entwicklung der beiden Erfassungswege.

Die einzelnen Stufen des wissenschaftlichen Erfassens werden auf geobotanischer und geographischer Grundlage – einerseits unter besonderer Berücksichtigung der florengeographischen Eigenarten der Landschaft und ihres Gesellschaftsgefüges, andererseits unter Benutzung der landschaftsgeographischen Grundbegriffe und deren Verknüpfung mit den geobotanischen [2] – bis zur Kleinstlandschaft durchgeführt.

Danach werden an den großen landschaftlichen Schöpfungen eines Albrecht DÜRERS, Paul RUBENS und Jakob van RUISDAELS die entsprechenden Stufen des künstlerischen Erfassens unter Beweis gestellt. In der einmaligen Erscheinung der „spira mirabilis" Jakob BERNOULLIS (1691/92) erhalten die verwandten exaktwissenschaftlichen und künstlerischen Stufen ein ebenmäßiges und bedeutungsvolles Symbol.

Zuletzt folgt als „Probe auf das Exempel" die eingehende Behandlung der fünf Kleinstlandschaften des Hohen Venns und der Nordeifel in begrifflicher und bildlicher Darstellung. – Es sind fünf Variationen über ein und dasselbe Thema.

Die gesamten landschaftlichen Abbildungen im „Besonderen Teil" sollen stufenweise immer umfassender die einzelnen Kleinstlandschaften zur Darstellung bringen".

[1] Herausgegeben von Hans VAIHINGER, Josef PETZOLDT und Raimund SCHMIDT (Felix Meiner-Verlag, Leipzig), 1928.

[2] vgl. SCHWICKERATH, M.: Die Landschaft und ihre Wandlung auf geobotanischer und geographischer Grundlage entwickelt und erläutert im Bereich des Meßtischblattes Stolberg, 1954 (Verlag Dr. Georgi, Aachen).

DER WISSENSCHAFTLICHE LANDSCHAFTSBEGRIFF

von

JOSEF SCHMITHÜSEN, Saarbrücken

„Laß daher zuvörderst über diese Gegenstände eine nähere Übereinkunft uns versuchen, indem wir es ja längst empfunden haben, daß es nur eine Wahrheit geben könne, und Verschiedenheit der Meinungen nur auf Umhüllung des Erkenntnisvermögens beruht, welche früher oder später fallen wird und muß." Carl Gustav CARUS in: Neun Briefe über Landschaftsmalerei, geschrieben in den Jahren 1815 bis 1824 (Dritter Brief).

„Pflanzensoziologie und Landschaftsökologie" ist das Thema dieses Symposions. Bei der schillernden Bedeutung des Wortes Landschaft in der Umgangssprache liegt die Frage nahe, ob es eindeutig ist, was im wissenschaftlichen Bereich unter Landschaft zu verstehen ist. Denn eine Diskussion unseres Hauptthemas kann ja nur Sinn haben, wenn wir darüber einig sind, was für ein Objekt das ist, über dessen „Ökologie" die Rede sein soll.

Daß der Geograph bei der Frage nach dem Landschaftbegriff ein gewichtiges Wort hat, wird kaum jemand bestreiten. Denn abgesehen davon, daß der wissenschaftliche Landschaftsbegriff von der Geographie erfunden bzw. geschaffen worden ist, gibt es auch kein anderes Wissenschaftsfach, in dem dieser Begriff eine ähnliche zentrale Stellung hat. Wir fassen ja heute die Geographie geradezu als die Wissenschaft von den Landschaften und Ländern auf.

Es dürfte daher kaum unbescheiden sein, wenn die Geographie hier das beansprucht, was jede andere Wissenschaft für ihren Bereich mit Selbstverständlichkeit verlangt, nämlich bei der Begriffsbestimmung ihres Kernobjektes an erster Stelle gehört zu werden. Zu entscheiden, was eine Biozönose ist, überlassen wir der Biologie, den Begriff der Pflanzengesellschaft bestimmt die Pflanzensoziologie, und was im wissenschaftlichen Sinne unter Boden zu verstehen ist, kann nur die Pedologie definieren. Sinngemäß das gleiche sollte man für den wissenschaftlichen Landschaftsbegriff der Geographie zugestehen.

Prüfen wir, wie das Wort Landschaft in der gegenwärtigen wissenschaftlichen Geographie normalerweise, das heißt in der weitaus überwiegenden Mehrzahl aller Fälle verwendet wird, dann können wir feststellen, daß damit etwas sehr Ähnliches oder sogar ziemlich genau dasselbe gemeint ist, was Alexander VON HUMBOLDT „Totalcharakter einer Erdgegend" nannte.

Meine im wesentlichen den gleichen Sinn fassende und, wie mir scheint, eindeutige und ausreichend vollständige Nominaldefinition lautet: „Eine

Landschaft ist die Gestalt eines nach seinem Totalcharakter als Einheit begreifbaren Teiles der Geosphäre von geographisch relevanter Größenordnung".

Es würde zu weit führen, Form und Inhalt dieser Definition hier im einzelnen zu begründen. Nur ein Hinweis sei mir gestattet zu dem Wort Gestalt, an dem vielleicht der eine oder andere Anstoß nehmen könnte. Das Wort meint in diesem Zusammenhang den Inbegriff der Beschaffenheit des geosphärischen Wirkungsgefüges, also das Zusammenbewirkte oder den Synergismus der Geosphäre, um einen neuen Ausdruck hier wenigstens zu erwähnen, den ich in diesem Zusammenhang kürzlich gemeinsam mit Erich NETZEL in die Literatur eingeführt habe (Geographisches Taschenbuch 1962/63).

Von dem Synergismus der Geosphäre her gewinnen wir auch ein bisher noch niemals verwendetes und daher unbelastetes und unverbrauchtes Wort für die internationale Bezeichnung des wissenschaftlichen Landschaftsbegriffes, nämlich das Wort Synergie (mit der Nebenform Geosynergie) für Landschaft im weitesten Sinne und das Wort Synergose für die einzelne landschaftliche Grundeinheit (sprachlich in Analogie zu Biozönose). Das Bemühen, unserem deutschen Wort Landschaft diese internationale Funktion zu übertragen, muß ja wohl als gescheitert angesehen werden.

Ich wiederhole also meine Definition jetzt in der Fassung für den internationalen Gebrauch: **„Eine Synergose (deutsch: Grundeinheit der Landschaft) ist die Gestalt eines nach seinem Totalcharakter als Einheit begreifbaren Teiles der Geosphäre von geographisch relevanter Größenordnung."**

Als nächstes wollen wir uns die Frage nach der Aufgabe des wissenschaftlichen Landschaftsbegriffes stellen. Sein eigentlicher Sinn und der Zweck, für den er geschaffen wurde, ist es, den Geographen und den Forschern anderer Wissenschaftsbereiche ihre Arbeit zu erleichtern. Mit Hilfe des Landschaftsbegriffes wird es nämlich möglich, über eine größere Zahl von Örtlichkeiten der Geosphäre gemeinsame Aussagen zu machen, anstatt alle Orte oder Geotope einzeln, einen nach dem anderen beschreiben zu müssen. Der Landschaftsbegriff setzt uns in die Lage, mit Hilfe der einzelnen Synergosen, die wir durch anschauliche Abstraktion des Totalcharakters unterscheiden können, ein Land oder einen Erdteil für die wissenschaftliche Untersuchung und Darstellung sachgemäß zu zerteilen. Das heißt, wir können Landeinheiten abgrenzen, die dieselbe Landschaft haben, und so die Geosphäre oder ein einzelnes Land für Forschung und Darstellung rationell in handliche Teile gliedern. Diese nennen wir Landschaftsräume (Synergochore).

Landschaft (Synergose) und Landschaftsraum (Synergochor) sind demnach zwei grundverschiedene Begriffskategorien. Man darf sich darüber nicht dadurch hinwegtäuschen lassen, daß vor allem in der älteren Literatur auch der Landschaftsraum oft einfach Landschaft oder wie z.B. bei Robert GRADMANN, der beide Begriffe scharf unterscheidet, „natürliche Landschaft" genannt wird.

Landschaftsräume sind z.B. das Ruhrgebiet, der Raum von Großberlin, der Harz, die Lüneburger Heide, das Ries und viele der französischen kleinen „pays", denen oft der Volksmund schon einen eigenen Namen gegeben hat. Landschaft ist demgegenüber im Französischen „le paysage", wonach diese pays als Einheiten erkannt und abgegrenzt werden. Hier ist im Sprachlichen der Unterschied der beiden Begriffskategorien Landschaft und Landschaftsraum von vornherein besser gewahrt als in der deutschen Umgangssprache.

Die Beispiele von Landschaftsräumen habe ich absichtlich in dieser Reihenfolge mit dem Ruhrgebiet an der Spitze genannt, und damit von vornherein die Gleichberechtigung der anthropogenen und der physischen Kriterien zu betonen und nochmals zu unterstreichen, was mit dem Stichwort Totalcharakter gesagt ist. Es bedeutet, daß die methodische Grundlage für das Erkennen der einzelnen Landschaften und damit auch für die Gewinnung der Landschaftsräume die Totalbetrachtung ist, d.h. die vergleichende Betrachtung der geosphärischen Gesamtwirklichkeit.

Unser Landschaftsbegriff bezieht sich also keineswegs nur auf die Landesnatur, woraus sich folgerichtig auch ergibt, daß der nach der Landschaft abgegrenzte Landschaftsraum nicht dem nur nach der Landesnatur abgegrenzten Naturraum entspricht.

In einem Erdteil wie Europa dürfte es kaum nötig sein, besondere Argumente dafür anzuführen, daß wir diese scharfe begriffliche Scheidung zwischen Landesnatur und Naturraum einerseits und Landschaft und Landschaftsraum andererseits notwendig brauchen, wenn wir zu vernünftigen Aussagen über die räumliche Wirklichkeit und die darin stattfindende Auseinandersetzung des Menschen mit den Naturbedingungen gelangen wollen.

Von der europäischen Geographie aus und zwar vor allem von der mitteleuropäischen Kulturlandschaftsforschung wurde daher diese begriffliche Unterscheidung zuerst gefordert und mit einiger Mühe erarbeitet, während sie in anderen Erdteilen, wo der geosphärische Totalcharakter noch nicht in dem gleichen Maße vom Wirken des Menschen mit bestimmt ist, nicht immer verstanden und deshalb oft auch nicht berücksichtigt wird. Das sollte uns aber nicht darin beirren, an dieser einmal gewonnenen klaren Unterscheidung festzuhalten.

Aus ähnlichen Gründen sind auch in der älteren deutschen Literatur Landesnatur und Landschaft oft noch nicht unterschieden. Manche Geographen der Jahrhundertwende beschäftigten sich nur mit Problemen überseeischer Länder, wo das Wirken des Menschen weniger augenfällig war. Dazu versperrte oft noch deterministisches Denken die unbefangene Sicht auf das Phänomen Kulturlandschaft. Wie sehr dabei die Wirklichkeit gelegentlich verkannt wurde, mag durch das Beispiel der tropischen Grasländer in Erinnerung gebracht werden. Nicht zuletzt infolge der Gleichsetzung von Landesnatur und Landschaft hielt man die Savannen früher allgemein für ursprüngliche Landesnatur. Jetzt wissen wir nicht nur mit Sicherheit, daß sie zum größten Teil durch menschliches Wirken bedingte Charakterzüge der Landschaft sind, sondern wir können dieses auch begrifflich und sprachlich klar ausdrücken.

Teile der Geosphäre, in denen der Mensch nicht an der Gestaltung des Totalcharakters beteiligt ist, sind heute schon die leicht aufzählbaren Ausnahmen, und sie schrumpfen täglich mehr und mehr zusammen. Nur dort ist die landschaftsräumliche Gliederung identisch mit der naturräumlichen Gliederung.

In den reinen Naturlandschaften liegen aber auch die Probleme der „Landschaftsökologie" wesentlich einfacher als überall sonst auf der Erde. Denn dort besteht tatsächlich für die räumliche Ordnung der Lebewelt eine Determination von den anorganischen Faktoren und der Biogenese her. Die ganz andersartige Problematik der Auseinandersetzung des Menschen mit der Landesnatur tritt dort nicht auf.

Im Ruhrgebiet ist die Landschaft etwas völlig anderes als die Landesnatur, und der Landschaftsraum deckt sich dort ganz und gar nicht mit einem Naturraum. Die Problematik, die man Landschaftsökologie nennen kann, ist dort etwas grundsätzlich anderes als in einer Naturlandschaft.

Es dürfte somit, wie ich meine, unwiderlegbar sein, daß die beiden Grundbegriffe Landschaft und Landesnatur für die Wissenschaft unentbehrlich und beide gleich wichtig sind. In der Divergenz oder dem Spannungsbereich zwischen der Landschaft, als der realen Gesamtwirklichkeit einerseits, und der Landesnatur, als einer aus der Gesamtwirklichkeit der Landschaft zu erarbeitenden Abstraktion andererseits, in diesem Divergenzbereich liegen die Forschungsaufgaben

1. der Ökologie der menschlichen Lebensformen
2. der Synökologie der menschlich beeinflußten pseudo- oder quasinatürlichen Lebensgemeinschaften
3. der Genese bzw. Geschichte unserer Kulturlandschaften
   und schließlich auch
4. der auf die praktische Anwendung und die bewußte Landschaftsgestaltung zielenden Raumforschung.

Es kann daher im Interesse der Gesamtwissenschaft und aller an den eben umrissenen Forschungsaufgaben beteiligten Einzelwissenschaften nicht scharf genug betont werden, wie wichtig es ist, sich um eine eindeutige Fassung der Begriffe zu bemühen und diese so einheitlich wie möglich zu verwenden. Glücklicherweise ist, wie schon eingangs angedeutet, in einigen der für diese Fragen wichtigsten Fachbereiche die Uneinheitlichkeit in der Auffassung der Begriffe, die noch vor kurzem geradezu verwirrend war, schon weitgehend überwunden.

Daher sind wir jetzt auch in der Lage, die Geschichte der etwa einhundertundfünfzigjährigen Diskussion über den Inhalt des Landschaftsbegriffes mit anderen Augen zu sehen als bisher, jedenfalls klarer als noch vor wenigen Jahrzehnten, als man noch mitten in der Grundlagendiskussion stand. Rückblickend bemerken wir jetzt mit einem gewissen Erstaunen, wie trotz so viel Verworrenheit in der früheren Auseinandersetzung, die geistige Genese des wissenschaftlichen Landschaftsbegriffes sich als eine zwar nicht kontinuierliche, aber im Grunde doch sehr konsequente Entwicklung präsentiert.

Die Kenntnis dieser Entwicklung ist geeignet, uns in dem Gefühl der Sicherheit zu bestärken, daß wir mit unserer gegenwärtigen Auffassung auf dem richtigen Wege sind. Aus diesem Grunde möchte ich in dem restlichen Teil meines Referates versuchen, Ihnen die Hauptphasen der Geschichte des wissenschaftlichen Landschaftsbegriffes aufzuzeigen, und zwar mit folgenden vier Abschnitten:

1. Die Vorgeschichte des wissenschaftlichen Landschaftsbegriffes
2. Der wissenschaftliche Ursprung des wissenschaftlichen Landschaftsbegriffes
3. Bedeutungsverlust und Verfall des wissenschaftlichen Landschaftsbegriffes in der 2. Hälfte des 19. Jahrhunderts
4. Wiederbelebung und Klärung des wissenschaftlichen Landschaftsbegriffes seit der Jahrhundertwende

Einen Abschnitt, den man noch vor die genannten setzen könnte, nämlich über das Wort Landschaft, seine Herkunft, seine sprachliche Bedeutung und seinen Bedeutungswandel in der Geschichte der normalen Umgangssprache, lasse ich hier aus Zeitmangel weg. Diese Fragen sind für unser Problem nicht sehr wichtig. Ich möchte sie aber doch wenigstens hier erwähnen, damit Sie nicht meinen, ich würde diese Seite des Gesamtproblems übersehen oder unterschätzen. Eine saubere Abtrennung dieser mehr sprachlichen und sprachgeschichtlichen Fragen von dem Kernproblem unseres Themas erscheint mir auch für die Sache hilfreich. Denn früher hat das Ausgehen von dem Wort und das Kleben an der Wortgeschichte in der Diskussion oft die freie Sicht auf das begriffliche Problem gehemmt und den geschichtlichen Vorgang der Begriffsentwicklung eher verdunkelt als aufgehellt.

Nun aber zu den vier vorhin genannten Hauptphasen der Geschichte des wissenschaftlichen Landschaftsbegriffes.

I. DIE VORGESCHICHTE DES WISSENSCHAFTLICHEN LANDSCHAFTSBEGRIFFES

Damit meine ich jenen Vorgang, bei dem noch außerhalb der wissenschaftlichen Fragestellung ein Begriffsinhalt sich abzeichnet, der dem Inhalt unseres heutigen wissenschaftlichen Landschaftsbegriffes sehr ähnlich und nahe verwandt ist. Wenn wir die Frage so stellen, wäre es im Grunde gar nicht wichtig, unter welchem Namen dieser Begriffsinhalt ursprünglich entstanden ist. Aber gerade hier zeigt sich eine überraschende Konsequenz der sprachlichen Entwicklung und damit auch schon von der ältesten Wurzel des Begriffes her eine Bestätigung unserer Auffassung. Wo in der abendländischen Geistesgeschichte zum erstenmal und zwar noch außerhalb der Wissenschaft eine Idee deutlich wird, die unserem wissenschaftlichen Landschaftsbegriff gleicht, ist diese von Anfang an mit dem Wort Landschaft verbunden. Es handelt sich um die Entstehung des Landschaftsbegriffes der Malerei im 15. und 16. Jahrhundert. Das Wort Landschaft war damals in der deutschen Sprache schon seit mindestens einem halben Jahrtausend in Gebrauch gewesen, und zwar für das Bedeutungsfeld: Gebiet, Territorium, Gegend, historischer Bezirk usw.

Den Vorgang, der im Zusammenhang mit der Malerei zu der Konzeption eines neuen Begriffsinhaltes „Landschaft" geführt hat, kann ich hier nicht in seinen historischen Einzelheiten behandeln. Ich möchte nur das Wesen dieses geistigen Prozesses andeuten. Äußerlich präsentiert er sich zunächst in dem Wechsel von dem Goldgrund der mittelalterlichen Malerei zu dem gemalten gegenständlichen Hintergrund in den Gemälden der beginnenden Neuzeit. Der Vorgang läßt sich an den Dokumenten der

Kunst, zum Teil aber auch in zeitgenössischen literarischen Zeugnissen ziemlich genau verfolgen. Seine tieferen geistesgeschichtlichen Ursachen können wir hier außerachtlassen. Wir halten uns lediglich an die greifbaren Tatsachen. Offenbar um die dargestellten Personen oder Handlungen nach ihrem Schauplatz zu lokalisieren, begann man, ihnen einen Hintergrund zu geben, der den Raum kenntlich machte, in dem die dargestellten Motive gesehen werden sollten. Mit einer Auswahl typischer Gegenstände bzw. mit einem typischen oder charakteristischen Ausschnitt des Geländes kennzeichnet man das Gebiet, also die „Landschaft" in der bis zu dieser Zeit vorherrschenden Wortbedeutung.

Bei dem Gewicht, das bildliche Darstellungen im Geistesleben jener Zeit hatten, und bei der geringen und wenig spezifischen Bedeutung, die das Wort Landschaft bis dahin hatte (für den Gebietsbegriff waren ja noch andere Wörter verfügbar), erscheint es kaum besonders verwunderlich, daß der auf die eben erwähnte Art neu entdeckte Begriff „charakteristischer Inhalt einer Erdgegend" nun das Wort Landschaft für sich in Anspruch nahm. Andersherum ausgedrückt, das Wort Landschaft bekam in diesem Zusammenhang neben oder an Stelle seiner alten Bedeutung Gebiet die Bedeutung Charakter einer Erdgegend. Aufgenommen und dargestellt wurde dieser Charakter selbstverständlich über seine physiognomische Ausprägung, als Bild. Aber gemeint war die dahinterstehende Wirklichkeit. Wir sehen das deutlich daran, daß diese Wirklichkeit dann zum selbständigen Darstellungsobjekt wird in der „Landschaftsmalerei", ein Wort, das übrigens schon Albrecht Dürer 1521 gebraucht hat. Von der Malerei geht das Wort Landschaft dann in seiner neuen Bedeutung vor allem im 18. Jahrhundert auch in die Literatur über.

Ungefähr gleichzeitig vollzieht sich aber auch, vielleicht in Verbindung mit dem Erwähnten, möglicherweise aber auch unabhängig, eine ähnliche Begriffsfindung im Zusammenhang mit Beobachtungen auf Reisen. Wenn z.B. Albrecht von Haller (1768) von einer Höhenstufe der Schweizer Alpen unter dem Stichwort „Kuhweiden mit den obersten Holzgewächsen" spricht, so darf man darin wohl die Konzeption eines Landschaftsbegriffes sehen. Bei näherer Betrachtung dieser Formulierung „Kuhweiden mit den obersten Holzgewächsen" findet man darin eine Kulturlandschaft gekennzeichnet und zugleich gewisse Züge ihrer Landesnatur angedeutet. Das Wort Landschaft erscheint allerdings dabei nicht. Ähnliche nuclei der gleichen Begriffsbildung finden wir bei anderen Autoren. Insbesondere die beiden Forster müssen wohl in diesem Zusammenhang genannt werden.

Einen vergleichbaren Entwicklungsprozeß eines komplexen Begriffes für den typischen Inhalt einer Gegend kann man auch in der Kartographie und in der Kartenbeschriftung verfolgen. Es würde aber zu weit führen, darauf hier einzugehen.

2. DER WISSENSCHAFTLICHE URSPRUNG DES WISSENSCHAFTLICHEN LANDSCHAFTSBEGRIFFES

Mit dieser Formulierung „der wissenschaftliche Ursprung" soll schon angedeutet sein, daß der allgemeine Ursprung der Begriffsidee, die unserem

Landschaftsbegriff zugrundeliegt, bereits in dem vorigen Abschnitt behandelt worden ist. Hier geht es jetzt um die Frage, aus welcher wissenschaftlichen Problemstellung es zu der Bildung des wissenschaftlichen Landschaftsbegriffes gekommen ist, und wie dieser in seinen Anfängen gefaßt wurde.

Zur Kennzeichnung der historischen Situation ist daran zu erinnern, daß wir bei VARENIUS, dem bedeutendsten Geographen des 17. Jahrhunderts, noch nichts entdecken können, was als Andeutung des wissenschaftlichen Landschaftsbegriffes ausgelegt werden könnte, ebensowenig bei KANT und den übrigen Geographen des 18. Jahrhunderts. Wo das Wort Landschaft gebraucht wird, erscheint es, soweit ich sehe, in der alten Bedeutung Gebiet, Herrschaftsbereich oder historisches Territorium.

Trotzdem haben wir den Ursprung des wissenschaftlichen Landschaftsbegriffes in einem Problem zu suchen, welches die Geographen des 18. Jahrhunderts sehr stark beschäftigte und um die Wende zum 19. Jahrhundert geradezu aufregte. Sie empfanden in steigendem Maße das Bedürfnis, den Erdbeschreibungen nicht mehr die Staaten, sondern dauerhafter abgegrenzte Landbegriffe zugrundezulegen. Schon 1726 hatte LEYSER Berge und Gewässer als Grenzen für solche „Länder" vorgeschlagen. Auch BUACHE, GATTERER, BÜSCHING und andere bemühten sich um dieses Problem.

Um die Jahrhundertwende brachte HOMMEYER eine neue Note in diese Diskussion. Auch er grenzte „Länder", von denen er ausdrücklich sagte, daß man sie nicht mit den „Staatsländern" verwechseln dürfte, mit Hilfe der Wasserscheiden ab. Als Militärgeograph legte er aber Wert darauf, die Größe solcher Landeinheiten von deren Inhalt her zu bestimmen, damit es möglich sei, „den physisch-geographischen Charakter eines solchen Abschnittes, so speziell es für den verlangten Überblick nötig ist, zu erkennen."

Der „physisch-geographische Charakter", der hier als Kriterium des Inhaltes von Landeinheiten auftritt, kann wohl als die erste formulierte Vorstufe des wissenschaftlichen Landschaftsbegriffes aufgefaßt werden. Dabei ist es wichtig festzuhalten, daß hier mit „physisch" nicht Landesnatur in unserem heutigen Sinne, sondern im Sinne der damaligen Zeit, ebenso wie bei KANT, GOETHE oder HUMBOLDT, die reale Gesamtwirklichkeit, die „erscheinende Wirklichkeit" gemeint ist.

HOMMEYER gab auch die Methode an, den Landescharakter zu erfassen, nämlich den Vergleich von Gegenden. Das Wort Landschaft erscheint bei ihm als der Begriff für eine „Menge von Gegenden," die von andersartigen Terrainteilen umgeben ist. Wir sehen darin eine Vorstufe unseres Begriffes Landschaftsraum. Die nächsten Autoren, die wenig später dasselbe Problem aufnehmen, sind schon von Alexander von HUMBOLDT beeinflußt, wie deutlich aus ihrem Wortschatz zu sehen ist. Auch bei HOMMEYER, dessen Buch 1805 erschienen ist, ist ein Einfluß HUMBOLDT's möglich.

Was HOMMEYER noch etwas schüchtern mit dem „physisch-geographischen Charakter" angedeutet hatte, war in der Konzeption sicherlich schon vorher von HUMBOLDT auf seiner Reise mit der Untersuchung und Darstellung der Llanos des Orinoco beispielhaft zu einem konkreten Begriffsinhalt erhoben worden, dem Begriff eines in seiner Dynamik erfaßten Wirkungsgefüges. HUMBOLDT hatte dafür verschiedene Namen, unter denen „Totalcharakter einer Erdgegend" uns als der treffendste erscheint. Damit dürfen wir HUMBOLDT als den Schöpfer des wissenschaftlichen Landschaftsbegriffes ansehen, auch wenn der Name Landschaft noch nicht von Anfang an ausdrücklich damit verbunden wurde. Nach der vorher dargelegten, durch die Malerei ausgelösten Begriffsentwicklung, die zu HUMBOLDT's Zeit literarisch äußerst populär war (z.B. CARUS!), lag es nahe, den Namen Landschaft auf den HUMBOLDT'schen Begriff Totalcharakter zu übertragen. Doch ist mir nicht bekannt, wer das zuerst getan hat.

BUCHER schlug 1812 die Brücke von dem wissenschaftlichen Landschaftsbegriff HUMBOLDT's zu HOMMEYER's methodischen Bemühungen um die Abgrenzung dauerhafter „Länder". Nach BÜCHER sollten in einem solchen Land alle Gegenden vereinigt werden, die „in ihrem physischen Totalcharakter wirklich mehr Ähnlichkeit miteinander haben als mit den nächstgelegenen". Damit ist eindeutig der Begriffsinhalt definiert, den wir heute Landschaftsraum nennen. Denn auch hier ist „physisch" noch nicht in unserem eingeschränkten Sinne zu verstehen, sondern mit real oder erscheinend zu übersetzen.

Carl RITTER's Auffassung der Landschaft ist von derjenigen HUMBOLDT's begrifflich nicht grundsätzlich verschieden. Ihn interessieren daran nur etwas andere Seiten.

Die Auffassung des wissenschaftlichen Landschaftsbegriffes der ersten Hälfte des 19. Jahrhunderts erscheint am besten zusammengefaßt in dem 1850 erschienenen Buch des Königsberger Philosophen ROSENKRANZ über das System der Wissenschaft.

ROSENKRANZ gibt unter Berufung auf persönliche Gespräche mit vier führenden Geographen eine Formulierung des wissenschaftlichen Landschaftsbegriffes, die wir, wenn auch nicht als ausreichende Nominaldefinition, so doch als eine klassische Interpretation auch heute noch gelten lassen können. Er schrieb: „Landschaften sind stufenweise integrierte Lokalsysteme von Faktoren aller Naturreiche". Unter „alle Naturreiche" ist auch das menschliche Wirken eingeschlossen, wie der Satz zeigt: „Durch die Einheit des Lokalsystems erreicht die erscheinende Wirklichkeit in der Kreuzung ... der Naturprozesse und menschlichen Handlungen ... die Entwicklung einer in sich zusammenstimmenden Totalität".

Diese Sätze sind aufschlußreich. Nach Inhalt und Form repräsentieren sie unverkennbar die Geisteswende der Mitte des vorigen Jahrhunderts. In der Betrachtungsweise und der begrifflichen Konzeption spricht noch die Zeit von GOETHE und HUMBOLDT mit einer noch freien Sicht auf die Totalität der erscheinenden Wirklichkeit und mit dem Bemühen, die Mannigfaltigkeit in Einheiten zu begreifen: Landschaften als stufenweise integrierte Lokalsysteme! In der sprachlichen Form dieser Sätze dagegen ist der Unterschied zum Anfang des Jahrhunderts klar sichtbar. An der Stelle des Wortes „physisch" der früheren Zitate steht jetzt die „erscheinende Wirklichkeit". Den menschlichen Handlungen sehen wir die Naturprozesse gegenübergestellt, Natur hier jetzt in dem engerem Sinne der modernen Naturwissenschaft verstanden.

3. BEDEUTUNGSVERLUST UND VERFALL DES WISSENSCHAFTLICHEN LANDSCHAFTSBEGRIFFES IN DER 2. HÄLFTE DES 19. JAHRHUNDERTS

Während bei ROSENKRANZ die „erscheinende Wirklichkeit" als Einheit noch die erste Stelle einnahm, stand die Wissenschaft der zweiten Hälfte des 19. Jahrhunderts fast ganz unter der Herrschaft des Janushauptes mit der Alternative, entweder Naturprozesse oder menschliche Handlungen zu sehen. Geographie wurde damit entweder Naturwissenschaft oder „Magd der Geschichte". Der unbefangene Blick auf den Totalcharakter der erscheinenden Wirklichkeit war verloren, und damit trat auch der totalinhaltliche Landschaftsbegriff, wie ihn GOETHE, HUMBOLDT und RITTER verstanden hatten, in den Hintergrund. Für das rein physikalische Denken war dieser Begriff in seiner vollen Bedeutung gar nicht mehr zugänglich. Man benutzte zwar den davon abgeleiteten Ausdruck Landschaftsbild weiter, aber was die Landschaft, also das Objekt, das sich in dem Bilde präsentiert, eigentlich sei, blieb unerörtert. Man sah primär nur die elementaren Bestandteile, nach denen sich ja auch die Geographie innerlich in ihre systematischen Zweige aufspaltete. RICHTHOFEN sieht „ein Agglomerat von Bestandteilen der sechs Naturreiche", wo ROSENKRANZ im Sinne des HUMBOLDT'schen Totalcharakters die Einheit stufenweise integrierter Lokalsysteme aller Naturreiche gesehen hatte. Für ROSENKRANZ war es das Ideal einer vollendeten Beobachtung auf Reisen: „das Totalbild einer Lokalnatur ... im Verschmelzen zur landschaftlichen Einheit" zu erfassen. In NEUMAYER's Anleitung zu wissenschaftlichen Beobachtungen auf Reisen (2. Aufl. 1891) ist dagegen von etwas ähnlichem keine Rede mehr. Es gibt darin nicht einmal eine Stelle, wo etwas derartiges gesagt werden könnte, weil sämtliche Kapitel beider Bände nur einzelnen Objektkategorien gewidmet sind. Das rein analytische Denken ließ ein unbefangenes Sehen der komplexen Wirklichkeit gar nicht mehr zu, und damit war der wissenschaftliche Landschaftsbegriff, so wie ihn die erste Hälfte des Jahrhunderts konzipiert hatte, uninteressant und entbehrlich geworden. Bei manchen Autoren verkümmerte er zu dem rudimentären Begriff Landschaftsbild. Andere engten das Wort Landschaft jetzt auf die Bedeutung Landesnatur ein oder übertrugen es, wie z.B. HETTNER, auf den Sinn „kleines Land", benutzten es aber zum Teil daneben mehr oder weniger unbewußt in indirekter Form über das Wort Landschaftsbild im alten Sinne weiter.

Hier liegen die Gründe für die allgemeine Sprachverwirrung, die in den ersten Jahrzehnten unseres Jahrhunderts zuerst überwunden werden mußte, als man den wissenschaftlichen Landschaftsbegriff wieder notwendig brauchte.

4. WIEDERBELEBUNG UND KLÄRUNG DES WISSENSCHAFTLICHEN LANDSCHAFTSBEGRIFFES SEIT DER JAHRHUNDERTWENDE

Die Wiederbelebung des wissenschaftlichen Landschaftsbegriffes hat ihren Ausgang genommen von der französischen Länderkunde, der historischen Geographie und der Erforschung der mitteleuropäischen Kulturlandschaft und ist an die Namen VIDAL DE LA BLACHE, WIMMER und SCHLÜTER geknüpft.

VIDAL DE LA BLACHE schrieb in dem Vorwort zum Historischen Atlas von Frankreich (1894), man müsse die Gesamtheit der Erscheinungen, die eine Gegend charakterisieren, ins Auge fassen und geistig vereinigen. Er war der Meinung, der wesentliche Beitrag der Geographie im Kreise der Wissenschaften sei ihre Fähigkeit, das nicht zu zerstückeln, was in der Wirklichkeit vereint ist. Aus dieser Sicht erkannte VIDAL DE LA BLACHE, daß in Frankreich viele der von der Bevölkerung mit einem Namen versehenen kleinen „pays" nach dem Totalcharakter abgegrenzte Einheiten sind, also Landschaftsräume in unserem Sinne.

WIMMER verfolgte um dieselbe Zeit als historischer Geograph in Deutschland ähnliche Ziele. In seinen beiden Werken von 1895 und 1905 finden wir eine ganze Serie klarer begrifflicher Unterscheidungen. Diese bleiben zwar teilweise unbenannt oder tragen andere Namen. Doch lassen sie sich eindeutig unseren Begriffsinhalten Landschaft, Landschaftsraum, Kulturlandschaft, Urlandschaft, Landesnatur und Naturraum zuordnen.

SCHLÜTER sah sich bei Forschungen über die Siedlungen Thüringens vor die Notwendigkeit gestellt, die Landschaft, so wie sie sich als ein Ganzes darbietet, in den Mittelpunkt der geographischen Fragestellung zu rücken. Er wandte sich ausdrücklich gegen die blickhemmende Überbetonung der einseitigen Kausalanalyse: „Es wird sich nicht allein darum handeln, Ursachen und Wirkungen klarzulegen, sondern überhaupt das Wirkliche sinnvoll zu erfassen" (1919). Das Wirkliche ist die reale Gestalt aus Natur und Menschenwerk. Der Beobachtung zugänglich ist es zunächst über seine Physiognomie. Daher gewinnt in SCHLÜTER's „Landschaftsgeographie" die Physiognomie eine maßgebliche Stellung neben seinem Forschungsschwerpunkt, der Klärung des historischen Werdens der Landschaft.

Einen weiteren Schritt zu klarerer Sicht auf das Wesen der Landschaft hat WAIBEL getan. Bei ihm war der Ausgangspunkt die Problematik der Lebensformen und der Wirtschaftsformationen, die er als die Gestalten funktionaler Systeme sah. Während SCHLÜTER gefragt hatte: Wie sieht die Landschaft aus, und wie ist sie geschichtlich entstanden, fragte WAIBEL außerdem: Wie funktioniert sie, und wie prägt sich die räumliche Organisation ihrer Dynamik in ihrer Gestalt aus? Damit wurde der Charakter der Landschaft als Prozeß, als räumliches Wirkungsgefüge betont. WAIBEL sprach dabei von der Physiologie der Landschaft. Dieses Wort ist, wohl um der Gefahr einer organismischen Auslegung auszuweichen, später vermieden worden, man sprach dann von der Ökologie. Ich möchte aber TROLL zustimmen, daß man Landschaftsökologie auf die Problematik des Naturhaushaltes und die Beziehungen zu diesem beschränken sollte, und verwende deshalb für das Wirkungsgefüge der Kulturlandschaft lieber den Ausdruck Synergismus.

Zu der Sicht auf das landschaftliche Wirkungsgefüge waren gleichzeitig auch andere Forschungsbereiche vorgedrungen, so z.B. THIENEMANN von der Hydrobiologie und Limnologie aus, FRIEDERICHS und STOCKER von der terrestrischen Tier- und Pflanzenökologie aus und mit theoretischen

Studien über allgemeine Ökologie. Dazu kamen Einsichten aus der Forstwissenschaft und der Pflanzensoziologie, z.T. in Verbindung mit fachlich übergreifenden Studien, die aus der Problematik des Naturschutzes erwuchsen. Ferner sind in diesem Zusammenhang Agrarklimatologie und Bodenkunde und von wirtschaftlichen Interessen ausgelöste Untersuchungen über Wasser- und Energiehaushalt und ähnliches zu nennen.

Unter den Namen Raumforschung und Landesplanung sind schließlich, von Bedürfnissen der praktischen Landesgestaltung aus, viele der genannten Forschungszweige untereinander in stärkeren Kontakt und zum Teil auch mit ganz anderen Fachbereichen in Verbindung gebracht worden, so insbesondere mit den Ingenieurwissenschaften und mit den Wirtschafts- und Sozialwissenschaften.

Es wäre aber wohl falsch, die zunehmende Zusammenarbeit nur als durch Zweckbestimmung erzwungen anzusehen. Symposien wie dieses und viele ähnliche der letzten Jahre sind sicher nicht in erster Linie von pragmatischen Zielen her getragen, wenn schon solche auch nicht geleugnet werden sollen. Primär liegt doch wohl dabei eine in den jüngeren Erkenntnissen über den Zusammenhang der Dinge begründete wissenschaftliche Notwendigkeit vor.

Es ist das dieselbe Notwendigkeit, die uns auch zwingt, uns um die Eindeutigkeit und Einheitlichkeit der gemeinsamen Begriffe zu kümmern. Wenn wir uns die Art der fachlich übergreifenden Zusammenarbeit nur mit ein paar Stichworten wie z.B. Quartärforschung, Allgemeine Ökologie, Verhaltensforschung, Soziologie, geschichtliche Landeskunde, Kulturphänomenologie in Erinnerung rufen, so sehen wir, daß fast alle diese Bereiche es in irgendeiner Weise auch mit der Landschaft zu tun haben. Umgekehrt, wenn wir die Landschaft, so wie wir den Begriff gefaßt haben, verstehen wollen, haben wir es zum mindesten in den Kulturlandschaften notwendigerweise auch mit Gesichtspunkten und Ergebnissen der meisten der eben genannten Forschungsbereiche zu tun.

Sobald diese Einsicht gewonnen war, und das war in weitem Umfang in den dreißiger Jahren schon der Fall, war auch der Boden bereitet für eine inhaltliche und formale Einigung über den wissenschaftlichen Landschaftsbegriff. Die klare Absonderung der Begriffskategorien Landesnatur und naturräumliche Gliederung einerseits, und die Klärung des menschlichen Wirkens in der Landschaft durch Sozialgeographie und allgemeine Kulturgeographie andererseits waren weitere wichtige Beiträge. Es konnten damit viele alte Mißverständnisse und manche lästige Scheinprobleme beseitigt werden. Wir haben daher jetzt wohl mit Recht das Gefühl, durch das gröbste Dickicht hindurch zu sein, und wir sehen unter der überwiegenden Mehrzahl der Forscher, die sich ernsthaft mit diesen Problemen auseinandergesetzt haben, ein erfreuliches Maß an Übereinstimmung.

ZUSAMMENFASSUNG

Für die Definition des wissenschaftlichen Landschaftsbegriffes ist in erster Linie die Geographie zuständig. Es wird eine Formulierung des Begriffes vorgelegt und zugleich auf die Aufgaben hingewiesen, die der

Begriff in der Wissenschaft hat. Abschließend wird die geschichtliche Entwicklung des Landschaftsbegriffes dargelegt.

SUMMARY

The scientific notion „Landschaft" is primarily a geographic term. It is the task of Geography to formulate this concept, so that it can be used in other disciplines, too. This paper gives an interpretation of the term „Landschaft" and indicates the functions assigned to it in Science. Finally it traces back the historical development of the conception „Landschaft".

K. BUCHWALD:
Zu Beginn der Diskussion der drei Vorträge wäre es wohl nützlich, noch einmal den Wortlaut der Definition der Landschaft zu hören und diese dann vielleicht an einem Beispiel zu erläutern.

J. SCHMITHÜSEN:
Ich weiß nicht, ob ich das Beispiel so schnell geben kann, das ist nicht so einfach. Ich darf daher zunächst den Wortlaut der Definition wiederholen: „Eine Landschaft ist die Gestalt eines nach seinem Totalcharakter als Einheit begreifbaren Teiles der Geosphäre." Ich darf daran jetzt, was ich vorhin vermieden habe, eine Interpretation anschließen. „Geosphäre" ist der in der Geographie seit 2 Jahrzehnten eingebürgerte Ausdruck, der an die Stelle des HETTNER'schen Ausdrucks „Erdhülle" getreten ist. Einen ähnlichen Begriff können wir finden etwa bei RICHTHOFEN, der von den sechs Sphären spricht, die miteinander vereint das Objekt der Geographie darstellen. Mit diesem Begriff ist aus der Betrachtung das Erdinnere ausgeschlossen und das, was außerhalb der Erde liegt, was ja zu KANT's und HUMBOLDT's Zeit noch in die Geographie im damaligen Sinne mit eingeschlossen war. Darin liegt die Schwierigkeit, daß wir in den verschiedenen Zeiten eine verschiedene Fassung der Wissenschaftsbereiche haben. Das muß man sorgfältig beachten, wenn man begriffliche Klarheit herstellen will. Die Geosphäre oder Erdhülle können wir auf zwei verschiedene Weisen begreifen.

Einmal, wie es RICHTHOFEN getan hat, indem er die Geosphäre als den räumlichen Rahmen des Objektes der Geographie zerlegt in die Schichten der verschiedenen Seins-Bereiche, nämlich drei Anorganische: das Feste, das Flüssige und die Atmosphäre, und außerdem die Pflanzen und die Tiere und das Menschliche. Das sind die 6 Sphären, von denen RICHTHOFEN gesprochen hat, und deren Vereinigung ergibt das Räumliche, mit dem wir es in den geographischen und auch in anderen Wissenschaftsbereichen zu tun haben. Es gibt zwei Annäherungsmöglichkeiten an diesen Gesamtinhalt. Die eine Annäherungsmöglichkeit ist die, diese einzelnen Bereiche voneinander getrennt zu erfassen. Auf diese Weise kommen wir zu den Zweigen der „allgemeinen" Geographie im üblichen Sinne, also Geomorphologie, Hydrographie, Klimatologie, Pflanzen- und Tiergeographie und schließlich Kulturgeographie. Damit nehmen wir aber die Gesamtwirklichkeit auseinander. Wenn wir im Stil des Anfangs dieses

Jahrhunderts eine landeskundliche Beschreibung verfassen und die einzelnen Objekte in der Reihenfolge, wie sie (im Sinne der damaligen Auffassung) in kausaler Abhängigkeit voneinander stehen, getrennt betrachten, dann nehmen wir das räumlich Vereinte auseinander und überlassen es dem Leser, sich daraus die Wirklichkeit wieder zusammenzudenken.

Der andere Weg geht davon aus, daß die Geosphäre ein Kontinuum ist, und zwar ein heterogenes Kontinuum, in dem jeder Ort von jedem anderen Ort verschieden ist. Diese Wirklichkeit wollen wir rational bewältigen. Dabei wird der Landschaftsbegriff zu unserem wichtigsten Instrument. Der Vorgang, der sich dabei vollzieht, wenn wir den Begriff einer bestimmten Landschaft bilden, ist der, daß wir die einzelnen Orte – oder wie wir in der Geographie zu sagen pflegen: Örtlichkeiten oder Geotope – miteinander vergleichen und durch Betrachtung ihrer Gesamt-Wirklichkeit zu erfassen versuchen, welche dieser Örtlichkeiten zusammen eine als Einheit begreifbare Gestalt bilden. Das ist, logisch gesprochen, ein Vorgang der anschaulichen Abstraktion, bei dem wir aus der Anschauung der Örtlichkeiten und über den Vergleich ihres Gesamtcharakters eine gewisse Zahl von Örtlichkeiten erkennen, die zusammen als eine Einheit aufgefaßt werden können. Wir konzipieren damit einen Begriff des inhaltlichen Charakters einer gewissen Anzahl von Örtlichkeiten, und wir nennen diesen Begriff eine Landschaft. Das ist der Ausgangspunkt. Jetzt können wir – und darin liegt der große Gewinn, den man mit der Erfindung dieses Begriffes um die Jahrhundertwende vom 18. zum 19. Jahrhundert errang, was praktisch die Begründung der modernen Geographie bedeutete – die Geosphäre nach der Landschaft in rationelle Teile teilen, von denen wir sagen können: dieser Ausschnitt hat in allen seinen Teilen dieselbe Landschaft, oder die Teile dieses Raumes gehören zu derselben Landschaft, sie haben die gleiche Gestalt. Der Begriff einer Landschaft wird aus dem Vergleich gewonnen. Wenn ich mit einem Eisenbahnzug durch eine Gegend fahre, dann sehe ich: hier bin ich noch in derselben Landschaft, hier in einer anderen. Das ist der Vorgang, den ich anschauliche Abstraktion nenne. Wir untersuchen dann die Landschaften, d.h. wir untersuchen Teile der Geosphäre, von denen wir auf Grund dieses methodischen Arbeitsvorganges sagen können, sie sind dasselbe Objekt. Ich kann dieselbe Sache dann an verschiedenen Stellen studieren. Aus Beobachtungen in der gleichen Landschaft komme ich zu Aussagen über diese, brauche aber dabei noch gar nicht zu wissen, wie weit diese Landschaft reicht. Wir können über die Landschaft der Lüneburger Heide an 7 oder 8 oder 10 Stellen intensive Studien und dann generelle Aussagen machen über deren Landschaftsinhalt, ohne zu wissen, wie weit die Lüneburger Heide reicht. Hier liegt der Unterschied zwischen dem einen Gestaltbegriff „Landschaft", dessen wir uns üblicherweise laufend bedienen, und jenem anderen Begriff, den ich sauber davon abtrennen möchte, nämlich dem nach der Landschaft abgegrenzten „Landschaftsraum".

Jetzt das Beispiel: Ich gehe ins Ruhrgebiet. Dessen Landschaft ist uns allen ja ein Begriff durch anschauliche Abstraktion – sei es direkt, daß wir einmal da waren, oder nach Vorstellungen aus der Literatur. Wir alle haben durchaus eine geläufige Vorstellung, was in dieser Landschaft dem Wesen nach darin steckt. Wir können also – und es gibt Dutzende Dissertationen dieser Art – in einem beliebigen Teil diese Landschaft studieren und wesentliche Züge von ihr erkennen. Das ist aber eine ganz andere Frage als die Frage: wie grenzen wir den Landschaftsraum Ruhrgebiet ab. Dazu muß ich zuerst die Landschaft erkannt haben. Dann kann ich überall hinfahren und sehen, wie weit diese reicht und kann so den Landschaftsraum Ruhrgebiet abgrenzen.

Dieses ist, von der Geographie aus gesehen, bis zu einem gewissen Grade das Hauptziel, obwohl keineswegs die Hauptmasse aller Arbeiten sich darauf richtet. Die meisten, ich möchte glauben 95% aller Arbeiten, die über Landschaft geschrieben werden, zielen nur auf die Landschaft selbst. Da wird in irgendeinem Ausschnitt das Wirkungsgefüge, die Physiognomie oder die Struktur der Landschaft studiert. Dabei braucht man sich gar nicht unbedingt darum zu kümmern, wie weit diese Landschaft verbreitet, d.h. wie der Landschaftsraum begrenzt ist.

Aber der Sinn dieses ganzen Unternehmens (deswegen wurde das erfunden, ich habe Ihnen ja den Vorgang geschildert) war es doch letztlich, die Geosphäre in – wie man ursprünglich sagte – „natürliche Länder" einzuteilen, wobei „natürlich" hier nicht Natur im üblichen Sinne bedeutet. Gemeint sind geosphärengerechte Teile, d.h. solche, die dem Gesamtinhalt gerecht werden. Das gibt uns dann die Möglichkeit, wenn wir eine Landeskunde etwa von Europa schreiben wollen, statt mit Hunderttausenden von Örtlichkeiten operieren zu müssen, das Gesamtobjekt in eine rationelle Anzahl von Teilen, die nach ihrem Charakter als gleichartig gelten können, zu gliedern. Ein solcher Teil ist das Ruhrgebiet, ein solcher Teil ist das Ries. In dem einen Fall schlägt für die Abgrenzung die Kultur, in dem anderen die Natur stärker durch. Beispiele des zweiten Falls sind etwa auch der Harz oder manche Landschaftsräume von großen Stromniederungen, wobei wir aber immer, und hier muß ich das Wort Totalcharakter wieder in den Vordergrund schieben, den Gesamtinhalt meinen, was ja auch in den Ausführungen von Herrn Troll zum Ausdruck kam, als er der Karte der naturräumlichen Gliederung des Rheinlandes Ausschnitte aus topographischen Karten gegenüberstellte und aus den topographischen Karten Landschaften demonstrierte, die charakterisiert wurden durch große, weit verstreut liegende Dörfer und ein bestimmtes Verkehrsnetz. Dabei wurden also Landschaften erfaßt durch kulturelle Kriterien, die auf der Karte in Erscheinung treten. Im Hintergrund war dabei selbstverständlich auch an die naturräumlichen Zusammenhänge gedacht, die hinter diesen Objekten stehen.

Als Landschaft bezeichnen wir das Ganze, und die Landschaftsräume grenzen wir nach dem Totalcharakter, also nach dem gesamten Inhalt ab. Das hat auch Gradmann schon getan in seiner Landeskunde von Süddeutschland. Er nannte die Landschaftsräume „Natürliche Landschaften". Er unterschied Landschaft genau in dem Sinne, wie ich es hier vertrete, und hatte daneben einen zweiten Begriff „Natürliche Landschaft", mit dem genau dasselbe gemeint ist, was wir Landschaftsraum nennen. Das ist nur ein anderes Wort dafür. Wenn man sich durch solche Unterschiede der Benennung den Blick nicht trüben läßt, ist die Sache gar nicht mehr so sehr schwierig. Ich weiß nicht, ob ich damit Ihren Wunsch ausreichend erfüllt habe.

Eben wird mir hier noch ein Beispiel vorgelegt, für die Betonung des Unterschiedes zwischen Landschaft und Landesnatur. Das ist der entsprechende Inhalt zu Landschaft. Diese Profile, die vielen von Ihnen bekannt sind, hat mir Herr BUCHWALD gerade hierher gelegt. Sie sind von PREISING und TÜXEN seinerzeit publiziert worden in der Angewandten Pflanzensoziologie *8*. Stolzenau/Weser 1954. Es sind landschaftliche Profile durch verschiedene Naturräume dargestellt. Mit dem, was hier unterschieden wird, ist durchaus klar die ganze Landschaft gemeint. Denn in dem, was hier „Birken-Erlenwald-Niederungslandschaft" heißt, sind Einheiten dargestellt, die zum großen Teil durch den Menschen geschaffen sind, nämlich überall da, wo keine natürliche Vegetation mehr vorhanden ist. Sie sehen, hier ist der Begriff Landschaft durchaus richtig angewandt. Darunter steht dann in den anderen Profilen das Wort „Naturlandschaft" Dieses ist nach meiner Terminologie und auch nach der späteren Terminologie von TÜXEN hier nicht mehr am Platze. Damit gemeint ist die potentielle Naturlandschaft, d.h. die Landschaft, die vorhanden wäre, wenn nur die Landesnatur allein den gegenwärtigen Zustand bestimmen würde, oder andersherum ausgedrückt: die Grundlage für die potentielle Naturlandschaft ist die Landesnatur. Wir erfassen die räumliche Gliederung der potentiellen Naturlandschaft mit der „Naturräumlichen Gliederung". Auf dieses Problem hat schon TROLL in seinem Vortrag hingewiesen. Ich glaube, auf Einzelheiten sollten wir uns hier nicht einlassen, sondern beim Kern der Sache bleiben.

W. CZAJKA:
Wir haben soeben drei Referate gehört, die sich zwar in der Theorie bewegten, aber doch letzten Endes auf der praktischen Geländearbeit der drei Herren während vieler Jahrzehnte beruhen. Das Anschauliche kam in den Referaten am meisten mittels der Bilder zur Geltung. Dennoch ist hier die Reaktion der Zuhörer der Wunsch nach mehr konkreten Beispielen. Ich bitte um Nachsicht, wenn ich gleichwohl nochmals einige theoretische Ausführungen mache. Denn wir dürfen annehmen, daß im Laufe der Tagung konkrete Dinge aus der Geländeforschung uns noch häufig beschäftigen werden.

Herr Kollege SCHMITHÜSEN hat eben gesagt, die Diskussion dürfe nicht in einen Streit um Worte ausarten. Wir stehen naturgemäß unter dem Eindruck, daß alle drei Referenten in irgendeinem Sinne eine verschiedene Sprache redeten. Aber ich möchte Herrn SCHMITHÜSEN recht geben, daß hinsichtlich des Landschaftsbegriffes im Laufe der letzten zwei Jahrzehnte eine weitgehende Annäherung erreicht werden konnte. Diese Annäherung macht sich darin geltend, daß man sich darum bemüht, obgleich verschiedene Wörter gebraucht werden, den untersuchten Gegenstand als solchen für das Wesentliche innerhalb der Diskussion zu halten. Man sieht die Inhalte und bemüht sich davon abzusehen, daß verschiedene Termini gebraucht werden. Die Sprache ist für die verfeinerte wissenschaftliche Untersuchung ein unvollkommenes Hilfsmittel. Wir haben in dem Bereiche der Landschaftsökologie jedenfalls nur geringe Möglichkeiten, uns auf formelhafte kurze Ausdrücke zurückzuziehen, die schnell von den sachlich etwas anders eingestellten Gesprächspartnern konzipiert werden können. Im Bemühen um Verbesserung der sprachlich-terminologischen Fassung entstehen neue Ausdrücke für Begriffszusammenhänge. Das bedeutet jedoch nicht, daß wesentliche Differenzen hinsichtlich des Forschungsgegenstandes vorliegen.

Bedenklicher wird in der Diskussion ein anderer Umstand. Die komplexen Zusammenhänge, die zu untersuchen sind, verleiten dazu, sich die Einheit des Gegenstandes der Analyse im voraus mit Mitteln der Philosophie versichern zu lassen. Damit wird die konkrete Forschung verlassen. Sowohl in dem Referat von Herrn SCHWICKERATH wie stellenweise auch in den Ausführungen von Herrn SCHMITHÜSEN scheinen solche theoretische Vorwegnahmen enthalten zu sein. Beispielsweise wird von der „Integrierung" im Falle der Landschaft gesprochen. Das bedeutet, es gibt einfachere und komplexere Stufen der Erkenntnis. Anders ausgedrückt: Es bestehen Gegenstände, bzw. kleine Landschafts- oder Vegetationseinheiten niederer und höherer Ordnung.

Mit solchen Vorgaben wird jedoch das Ergebnis der konkreten Untersuchung präjudiziert. Die Philosophie, bzw. der philosophische Voransatz beeinflußt auf diese Weise die konkrete Beweisführung. Bekennt man sich zur Geltung des Begriffs der „Ganzheit" im Falle der Landschaftsökologie, wenn die kleinen räumlichen Einheiten erkannt werden sollen, so existiert der komplexe Gegenstand schon durch diese Annahme. Die Untersuchung illustriert dann nur noch den Zusammenhang, statt ihn wirklich zu beweisen.

Zwar darf man jedem Forscher die Orientierung unter philosophischen Gesichtspunkten zugestehen, aber die Philosophie, bzw. die Theorie nach philosophischer Art konzipiert, darf nicht das Resultat schon vorgeben, indem die landschaftskundlichen Einheiten von vornherein als „Gegenstände höherer Ordnung", als „vollintegriert", als „Ganzheit" oder auch „Gestalt" angesetzt werden. Der Zusammenhang der Einzelelemente muß vielmehr erst erwiesen werden.

Hierbei kann es verschiedene Stufen der Erkenntnis geben. Aber die sukzessive Verbesserung der Einsichten berechtigt nicht dazu, den gesamten qualitativen Zusammenhang schon vorher als existierend anzusetzen. Man könnte im Falle der konkreten Untersuchung die soeben erwähnten Ausdrücke im Sinne von „höheren Integrationsstufen" zwar mit didaktischer Absicht gebrauchen, jedoch wird an sich hierdurch für den Nachweis der Zusammenhänge nichts erbracht.

Herrn SCHMITHÜSEN sei daher konkret folgende Frage gestellt: Was bedeutet „Wiederbelebung des Landschaftsbegriffes" im vierten Abschnitt seiner wissenschaftlichen Geschichte im Rückblick auf den zweiten Abschnitt derselben? Im zweiten Abschnitt liegt doch wohl ein Landschaftsbegriff vor, der in „romantischer" Art (historisch als Denkrichtung gemeint) die Ganzheit ansetzt. Das müßte also bedeuten, daß im vierten Abschnitt der Wissenschaftsgeschichte wiederum über den philosophisch-romantischen Ansatz des Zusammenhanges nicht hinausgegangen wird. Aber vielleicht gibt Herr SCHMITHÜSEN auch eine gegenteilige Antwort, nämlich daß ihm „Wiederbelebung" nicht bedeutet, daß jetzt in der Theorie nur das Modewort „Integration" an die Stelle des Ansatzes der „Ganzheit" getreten sei.

J. Schmithüsen:
Ich versuche, mich kurz zu fassen. Erkenntnistheoretische Erörterungen wollen wir hier doch wohl ausschalten. Ich möchte nur eines klarstellen, was oft verwechselt wird und zu Scheinproblemen und Mißverständnissen führt. Ich spreche als Wissenschaftler und nicht als Philosoph. Unser Objekt ist die reale Wirklichkeit. Der Sinn unserer Tätigkeit in der Wissenschaft ist die Fortsetzung des ganz normalen Bemühens der Menschen, sich in der Umwelt zu orientieren. Die Wissenschaft tut dieses nur auf einer ganz anderen Ebene. Sie bedient sich dabei bestimmter Instrumente, die sie sich selbst schafft. Dieses sind die wissenschaftlichen Begriffe. Sie dienen dem Zweck, einen Teil der Wirklichkeit zu begreifen. Was damit begriffen werden soll, muß definiert werden. Das hat mit einer philosophischen Interpretation des Begriffsinhaltes zunächst noch gar nichts zu tun, sondern es hat nur damit etwas zu tun, daß ich meinem Gesprächspartner begreiflich machen kann, was ich mit diesem Begriff meine, d.h. was ich damit aus der Gesamtwirklichkeit sozusagen geistig herausgeschnitten und mit einem Namen versehen habe. Dieses hat mit der Frage, was ich an diesem Objekt, das ich mit dem Begriff erfasse, im einzelnen alles erkennen kann, noch nichts zu tun. Der Begriff ist ein methodisches Hilfsmittel, weiter nichts. In dieser Weise ist der Landschaftsbegriff gefaßt, und ich wehre mich gegen jene Auffassung, die immer wieder auftaucht in der Frage: ist denn eine Landschaft überhaupt in der Wirklichkeit vorhanden oder nicht? Eine Landschaft ist genau so viel und so wenig in der Wirklichkeit vorhanden wie eine Kuh oder dieses Pult. Denn das sind alles nur Begriffe, die wir uns geschaffen haben, um einen bestimmten Teil der realen Wirklichkeit dem anderen zur Kenntnis zu bringen und ihn abzugrenzen als ein Objekt, mit dem wir uns befassen. In diesem Sinne steht also hier gar nicht zur Diskussion – und ich habe das Wort auch gar nicht gebraucht – die Frage nach der „Ganzheit". Das ist eine Frage der Stufe 3 (philosophische Interpretation). Hier steht nur ein methodisches Forschungsprinzip zur Diskussion. Dabei stellt sich nicht die Frage nach Ganzheit, sondern es dreht sich hier um die Methode der Totalbetrachtung. Totalcharakter heißt nichts anderes als daß wir das Ganze, was in der realen Wirklichkeit zusammen ist, auch zusammen sehen wollen. Mehr soll das nicht heißen. Wissenschaftsmethodisch gesehen steht der Begriff am Anfang aller methodischen Hilfsmittel so wie die Wörter in unserer Sprache. Entscheidend für die Wissenschaft ist die Eindeutigkeit und die Vollständigkeit der Definition, die ich dem Wort an die Seite stelle. Das Zweite sind die Methoden, damit zu arbeiten, die Klärung der Gesichtspunkte, die bei der Begriffsbildung zu berücksichtigen sind. In diesen Zusammenhang gehört das Stichwort Totalbetrachtung. Denn einerseits kann man einen Gegenstand von vornherein analytisch betrachten und sieht dann nur das Anorganische darin oder das Biotische oder das menschlich Bewirkte. Andererseits kann man aber auch z.B. einen Acker von vornherein als ein Ganzes sehen (das ist das, was wir methodisch unter Totalbetrachtung verstehen) und dann erst die Analyse ansetzen. Wenn ich nur analytisch beginne, ist der Begriff Acker gar nicht existent, kann gar nicht existent werden, weil er weder nur anorganisch noch nur biotisch noch nur menschlich ist, sondern eben eine

Integration aus diesen drei Schichten, ein Gebilde, in dem diese drei Schichten vereint sind. Wir konzipieren also zuerst einmal von der Totalbetrachtung her den Begriff, ohne überhaupt die Frage nach einer „Ganzheitlichkeit" im organismischen Sinne zu stellen. Das liegt auf einer ganz anderen Ebene. Ich für meine Person lehne das mit FRIEDERICHS, mit dem wir ja hier über dasselbe Thema vor zwei Jahren diskutiert haben, ab. Ich bin absolut nicht der Meinung, daß man da „Ganzheiten" im organismischen Sinne findet. Aber das ist die Frage Nr. 3, und die Frage der Begriffsbildung steht für unsere Wissenschaftstheorie völlig unabhängig davon am Anfang. Natürlich steckt hinter einem Begriff wie Gesamtwirklichkeit und der ganzen Ausdrucksweise, die ich verwende, um zu den Begriffen zu kommen, auch eine philosophische Anschauung. Das läßt sich nicht vermeiden.

C. TROLL:
Ich glaube, ich habe die Forderung, die in der Diskussion erhoben wurde, nämlich ein Beispiel zu zeigen, erfüllt. Ich habe es absichtlich vermieden, ins Philosophische abzuschweifen, weil uns sonst die Anschauung verloren geht. Meine wissenschaftliche Betrachtungsweise schließt unmittelbar an A. v. HUMBOLDT an. Für mich ist die Anschauung der Natur der erste Schritt, die Analyse der Vorgänge und Zusammenhänge erst der zweite. Ich meine wie Herr SCHMITHÜSEN Totalbetrachtung, ich habe dafür Gesamtschau gesagt.

Zum Begriff Landschaftsökologie: Ich habe dazu erst den Begriff der Landschaft erläutert, wie er allmählich in die Wissenschaft eingeführt wurde – historisch nicht so vollständig, wie Herr SCHMITHÜSEN das getan hat – und dann den Begriff der Ökologie, auf E. HAECKEL zurückgehend. Daraus habe ich die Landschaftsökologie abgeleitet, die Aufgabe meines Vortrags.

Landschaftsökologie ist also das Studium der gesamten Lebewelt einer Örtlichkeit in ihrer wechselweitigen Verflechtung (mutual interrelations) mit den abiotischen Naturbedingungen. Das ist es, was auch in TANSLEY's Begriff „Ecosystem" liegt. Man vergleiche dazu die spätere Kritik des schwedischen Botanikers Hugo SJÖRS zu der Verwendung des Ausdrucks Ecosystem (Bot. Tidskrift 1955). Ich schließe mich in meiner Definition der Landschaftsökologie unmittelbar an TANSLEY an; Wenn er sagt „ecological unit of any rank", so meint er damit die Größenordnungen. Es ist klar, daß bei der Erfassung großräumiger Einheiten, also bei den klimatischen Landschaftsgürteln, Generalisierungen zugrundeliegen. Z.B. finden wir im borealen Nadelwaldgürtel (Taiga) neben den herrschenden Nadelwäldern auch Sümpfe und Moore, Gehölze von Erlen, Weiden, Birken und Pappeln usw. und zwar handelt es sich dann um kleinräumigere, edaphische, standörtliche Differenzierungen in dem klimatisch recht einheitlichen Gürtel. Das sind ja Grundtatsachen der Geographie und der Geobotanik. Aber von diesen großen Einheiten bis zu den kleinsten, den Ökotopen oder Fliesen, existiert eine ganze Skala von Verbreitungsgefügen verschiedener Größenordnung.

Die einzelnen Faktoren, die in einem solchen Ecosystem zusammenwirken, habe ich aufzuzeigen versucht. Vielleicht wäre es nützlich noch hinzuzufügen, daß auch die Epidemiologie oder besser gesagt, die Krankheitsüberträger mit ihren pflanzlichen und tierischen Wirtsorganismen eine wichtige Rolle spielen können. Also nicht nur die Pflanzen, wie wir sie in der Landschaft wachsen sehen und die Tiere, die ja meist wegen ihrer Beweglichkeit weniger leicht faßbar sind als die Pflanzen, sondern auch die mit dem unbewaffneten Auge unsichtbaren Mikroorganismen wie etwa die Trypanosomen. Ich habe in früheren Jahren die großräumigen landschaftsökologischen Probleme des tropischen Afrika gerne am Beispiel von Tanganjika erläutert. Für die Möglichkeiten der Besiedlung und der Bodennutzung durch die Eingeborenen ist dort weithin das Vorkommen der Tsetse-Fliegen von entscheidender Bedeutung. Deren Existenz hängt wieder weitgehend von dem Vorhandensein von geschlossenem Wald ab. Wegen der perniziösen Krankheiten, die sie durch die Übertragung der Trypanosomen bei Menschen und Großvieh hervorrufen, ist für die Siedlung offenes Land, Savannenland, erforderlich. Dieses kann der Mensch durch Rodung oder Schlagen des Waldes erzeugen (Kultursavanne oder Kultursteppe). Seßhafte Besiedlung für Ackerbau und Weidewirtschaft hat aber auch die ganzjährige Versorgung mit Wasser zur Voraussetzung, also erreichbares Grundwasser. So sind dort Pflanzenkleid, Insektenfauna, Trypanosomen, Gesteinsuntergrund, Bodenwasser, Mensch und Vieh Bestandteile eines landschaftsökologischen Komplexes. Zur landschaftsökologischen Forschung zählen daher z.B. auch die umfassenden Arbeiten der geomedizinischen Schule von Ernst RODENWALDT in Heidelberg, von dem der große vierbändige Atlas der epidemischen Krankheiten herausgebracht wurde. Der Ansatz des RODENWALDT'schen Werkes waren landschaftsökologische Erfahrungen an der Guinea-Küste, im Mündungsgebiet des Mäander in Kleinasien und in Indonesien.

Bei meinen eigenen vegetationskundlichen Arbeiten gehe ich von zwei Erfahrungen aus, einmal von dem Verbreitungsgefüge der Pflanzengesellschaften im Vergleich mit der abiotischen Umwelt, also auf kleinem Raum, sodann von der Physiognomie der Pflanzen in ihrem Verhältnis zur Umwelt, also von den sog. Lebensformen oder Anpassungsformen und zwar im weltweiten Vergleich. Wir kennen von ihnen meistens weder die autökologischen Ansprüche mit ausreichender Genauigkeit, noch weniger ihre phylogenetische Vorgeschichte. Wir können aber ihr Verbreitungsareal mit den ökologischen Bedingungen, großräumig den klimatischen und kleinräumig den edaphischen, in Vergleich setzen. Dabei reichen allerdings die viel benutzten RAUNKIAER'schen Lebensformen nicht aus, weil RAUNKIAER nicht mit der ganzen Klaviatur der klimatischen Differenzierung der Erde, sondern nur mit den winterkalten Klimaten und den Überwinterungsformen gearbeitet hat (vgl. meine kleine Schrift über die Physiognomik der Tropengewächse, 1959). Das vergleichende Studium der Lebensformen und ganz besonders der Lebensformen-Gemeinschaften oder Pflanzenformationen gibt dabei eine sichere Richtschnur ab, etwa der Vergleich der Dorn- und Sukkulenten-Gehölze in den Tropen der Alten und Neuen Welt. Aus diesen durch die Anschauung der Natur gewonnenen Erfahrungen ergibt sich dann von selbst der zweite Schritt der landschaftsökologischen Forschung: die Analyse der funktionalen Beziehungen der Lebewesen untereinander und zu den Umweltbedingungen.

Zu den Bemerkungen von Herrn Kollegen SCHMITHÜSEN: Wir beide haben gemeinsam, daß wir von der Botanik zur Geographie gekommen sind. Ich selbst habe nach meiner Promotion in Botanik beruflich in die Geographie hinübergewechselt, Herr SCHMITHÜSEN war auf der höheren Schule als Schüler von M. SCHWICKERATH zur Pflanzensoziologie angeregt und hat von dieser Basis aus sofort das Studium der Geographie begonnen. Zu den Ausführungen von Herrn SCHMITHÜSEN zur Geschichte der Landschaftslehre möchte ich ergänzend nur S. PASSARGE nennen, der der „Landschaftskunde" als Zweig der Geographie einen festen Platz in der Wissenschaft zu geben versuchte. PASSARGE hat in dieser Richtung ein großes Verdienst. Er war aber zu wenig Biologe, um die Landschaftskunde ökologisch unterbauen zu können. Auch sah er im Geiste des damals noch verbreiteten einseitigen Beziehungsdenkens der Geographie die Kulturlandschaften zu einseitig mit den Augen des Naturgeographen. Das hat Mitte der 30er Jahre zu unserer heftigen Auseinandersetzung über die Landschaft von Meran geführt (Geogr. Z. 1935).

Sicher besteht noch eine gewisse Verwirrung in der Terminologie der Landschaftsforschung. Ich möchte diese aber nicht so tragisch nehmen wie Herr SCHMITHÜSEN. Schon auf dem Int. Geographenkongress in Amsterdam 1938 ist über die geographische Seite das Wesentliche gesagt worden. Es fehlte allerdings damals noch der ökologische Blickpunkt. Erst dadurch erfährt die Landschaftskunde ihre endgültige Abrundung. Den Anstoß dazu gab die Luftbildinterpretation. Landschaftsforschung als Totalbetrachtung der räumlich differenzierten Erdoberfläche, als Erklärung des vielfältigen Wirkungsgefüges zwischen der belebten und unbelebten Welt ist die zentrale Aufgabe der Geographie. Wer sie betreibt, von welcher besonderen Erfahrung aus auch immer, ist in meinen Augen Geograph, z.B. auch Biologen wie K. HUECK oder H. WALTER.

Zur Terminologie: Für die ganze Betrachtungsweise wie für einzelne Begriffe werden immer wieder neue Termini geprägt. Ich plädiere dabei sehr stark für die Verwendung des international verständlichen und auch weitgehend eingebürgerten Wortes Oikos (Öko-, Eco-). Deshalb habe ich den Begriff „Landschaftsökologie" geprägt, der mir besser zu sein scheint, als der 5 Jahre später geprägte russische Ausdruck „Geobiozönologie" oder „Biogeozönologie". Wenn man aber das Wort Landschaft vermeiden will, wäre noch die Möglichkeit gegeben „Geoökologie" zu sagen. Für besondere Betrachtungsweisen besteht dann die ebenfalls schon praktizierte Möglichkeit, von Agrarökologie, Bodenökologie, Klimaökologie zu sprechen, während das bloße Wort „Ökologie" seit seiner Prägung vor 100 Jahren für die speziell biologische Ausrichtung zur Verfügung steht. Das gleiche gilt für die Begriffe Ökosystem (Ecosystem) und Ökotop (Ecotop). Das von Herrn SCHMITHÜSEN geprägte Wort „Fliese" (anstelle von Ökotop) halte ich für wenig geeignet, weil es außerhalb der deutschen Sprache schwer begriffen und außerdem auch wegen des gedehnten *ie* von des Deutschen Unkundigen kaum richtig ausgesprochen werden kann.

Die Landschaftsökologie möchte ich aber – das sei zum Abschluß ausdrücklich gesagt – nicht als einen besonderen Wissenszweig betrachtet wissen, sondern nur als eine wissenschaftliche Betrachtungsweise, die von

Geographen, Biologen aller Richtungen, Pedologen, Hydrologen, Klimatologen etc. gepflegt werden kann und gefördert werden sollte.

R. TÜXEN:
Die Kennzeichnung der Pflanzensoziologie und ihrer Ziele durch Herrn TROLL (p. 18) weicht von dem Vortrag (1963) ab, wie dessen Bandaufnahme beweist. Darum scheint hier die folgende Bemerkung geboten.

Prof. TROLL stellt noch immer als das „letzte Ziel" der Pflanzensoziologie im Sinne BRAUN-BLANQUET und TÜXEN „die Ordnung der Pflanzengesellschaften in Einheiten verschiedenen Grades, Subassoziationen, Verbände, Ordnungen und Klassen" dar, (wobei die Assoziationen nicht genannt werden). BRAUN-BLANQUET formuliert in seiner Pflanzensoziologie die „Hauptprobleme der Pflanzensoziologie" in der 1. Aufl. 1928 (p. 2): „Im Brennpunkt pflanzensoziologischen Bestrebens steht heute ... die Untersuchung des Gesellschaftsgefüges. Es bildet die unumgängliche Grundlage einer einwandfreien Behandlung aller übrigen Teil-Probleme" (Gesellschaftsgefüge, Gesellschaftshaushalt, Gesellschaftsverbreitung, Klassifikation). In der 2. Aufl. (p. 4) werden sechs Hauptprobleme aufgezählt: Neben den genannten noch die Gesellschaftsfunktion. In der 3. Aufl. 1964 (p. 2) sind nur noch vier Hauptprobleme (1. strukturelle und taxonomische Pflanzensoziologie, 2. Synoekologie, 3. Syndynamik, Gesellschaftsgeschichte und 4. Synchorologie genannt.

Im Laufe der letzten 40 Jahre hat sich das Gewicht der einzelnen Teilprobleme mit den gewonnenen sachlichen und methodischen Erkenntnissen gegeneinander verschoben. Aber vollgültig geblieben ist der Satz: „Die Gesellschaftslehre der Pflanzensoziologie umfaßt alle das Zusammenleben der Pflanzen berührenden Erscheinungen und Befunde". (BRAUN-BLANQUET: Pflanzensoziologie, 3 Aufl., p. 2).

GRUNDLAGENFORSCHUNG ZUR LANDSCHAFTSÖKOLOGIE IM INTERNATIONALEN BIOLOGISCHEN PROGRAMM

von

HEINZ ELLENBERG, Göttingen

Die Gesamtleistung und der innere Leistungs-Zusammenhang der Lebewesen, die unsere Wälder, Wiesen, Weiden, Pflanzenkulturen und andere Biozönosen unseres Lebensraumes aufbauen, sind trotz aller technischen Fortschritte auch heute noch Grundlagen unserer Ernährung und vieler Industriezweige. Unser Wissen über die Ökologie, den Lebenshaushalt, vieler dieser natürlichen Produzenten steht aber in einem geradezu erschreckenden Mißverhältnis zu ihrer Bedeutung für unser gegenwärtiges und zukünftiges Dasein. Hier Abhilfe zu schaffen, ist das Hauptziel des sogenannten *Internationalen Biologischen Programms* (IBP), das unter dem Rahmenthema „Biologische Grundlagen der Produktivität und der menschlichen Wohlfahrt" am 1. Juli 1967 offiziell eröffnet wurde.

Eigentlich müßte das IBP als internationales Bemühen zur *Förderung der experimentellen Ökologie und Landschaftsökologie* bezeichnet werden, denn fast alle seine Sektionen sind ökologisch orientiert, streben exakte Meßdaten über den Haushalt von Lebensgemeinschaften an und möchten ihre Erkenntnisse zugleich auch in überörtliche Zusammenhänge einfügen.

Sektion PT (*P*roductivity of *T*errestral biological communities) behandelt in diesem Sinne Wälder, Grünland-Gemeinschaften, Äcker und andere Formationen des Festlandes. Sie wird dabei von der *Sektion PP* (*P*roduction *P*rocesses) unterstützt, die sich den grundlegenden physiologischen Vorgängen der Kohlendioxid-Assimilation und der Stickstoff-Bindung widmet. *Sektion CT* (*C*onservation of *T*errestrial biological communities) erstrebt eine Koordination des Schutzes charakteristischer Lebensgemeinschaften und Landschaften in allen Ländern der Erde.

Die *Sektionen PF* (*P*roductivity of *F*resh water communities) und *PM* (*P*roductivity of *M*arine communities) konzentrieren sich auf Lebensgemeinschaften des Süß- und Salzwassers, die schon länger als die Land-Lebensgemeinschaften produktionsbiologisch untersucht werden.

Sektion UM (*U*se and *M*anagement of natural resources) ist vorwiegend auf praktische Fragen verbesserter Nutzung der natürlichen Hilfsquellen ausgerichtet und steht in engstem Kontakt mit der FAO (Food and Agriculture Organisation).

Sektion HA (*H*uman *A*daptability) studiert gemeinsam mit der WHO (World Health Organisation) die Anpassungsfähigkeit des Menschen an extreme Umweltbedingungen, z.B. in tropischen Gebirgsländern.

Der Landschaftsökologie dient vor allem die Sektion PT, deren Arbeit in der Bundesrepublik Deutschland von der Deutschen Forschungsgemeinschaft im „*Schwerpunktprogramm experimentelle Ökologie*" seit Frühjahr 1967 gefördert wird. Über 30 Forschungsvorhaben sind im sogenannten „*Sollingprojekt*" vereint, über das eine Broschüre der DFG im einzelnen unterrichtet.[1]

Durch enge Zusammenarbeit von Forschern verschiedener Fachrichtungen aus mehreren Universitäten und anderen Forschungsstätten wird hier versucht, das Funktionieren und Produzieren einiger für große Teile Westdeutschlands typischer Lebensgemeinschaften so vielseitig wie möglich zu erfassen. Man wählte folgende bei Neuhaus im Solling liegende Probeflächen auf gleichem Standort, einem sauren Lößlehm:

- naturnahe *Buchenwälder* (Luzulo-Fagetum) in verschiedenen Altersstadien,
- vergleichbare *Fichten-Kunstbestände,*
- landesübliche *Wiesen* (Festuca rubra-Agrostis tenuis-Fazies des Trisetetum flavescentis) und deren durch gesteigerte Düngung bedingte Abwandlungen (mit dem Ziel, die höchstmögliche Produktionsleistung des betreffenden Standortes zu ermitteln),
- *einjährige Ackerfrüchte*, z.B. Mais oder Welsches Weidelgras (bei denen die unterirdische Jahresproduktion an organischer Substanz leichter zu bestimmen ist als bei ausdauernden Beständen zahlreicher Pflanzenarten).

In allen diesen Lebensgemeinschaften werden nicht nur Inventare der in ihnen vorkommenden Pflanzen- und Tierarten und ihrer mit den Jahreszeiten wechselnden Rolle aufgenommen, sondern vor allem die *Energie- und Stoffumsätze* der wichtigsten Partner gemessen.

Zur Bestimmung des Strahlungs- und Wasserumsatzes dienen Instrumenten-Türme, die z.B. das Kronendach des Buchen-Altholzes bis zu 10 m überragen. Alle meteorologischen Registrierungen werden erstmalig nicht nur durch Punktschreiber lesbar gemacht, sondern auch auf Lochstreifen und Magnetbändern gespeichert, um den mitwirkenden Biologen jederzeit und rasch die gewünschten Mittel- oder Extremwerte für die gemeinsam geplanten Meßstellen geben zu können.

Auch der Wasserhaushalt der Böden, ihr Nährstoffangebot und Stoffumsatz, ihre für die Wurzelentwicklung und das Tierleben wichtige Feinstruktur sowie andere Umweltfaktoren werden so oft und so genau bestimmt, wie es für die Analyse der Lebens- und Produktionszusammenhänge notwendig erscheint.

In den Pflanzenbeständen mißt man die Assimilationsleistung, die Größe der arbeitenden Blattfläche im Verhältnis zur Bodenfläche, den Verlauf des Jahreszuwachses an organischer Masse über und unter der Erde (was methodisch besondere Schwierigkeiten bereitet) sowie den Energiegehalt der produzierten Organe oder Organteile. Die vom Forstmann als Holz genutzte oder vom Landwirt geerntete Pflanzenmasse ist oft nur ein geringer Teil der gesamten Jahresproduktion, deren Höhe bei den verschiedensten Pflanzenbeständen unter gleichen Standortsbedingungen annähernd gleich groß zu sein scheint.

[1] H. Ellenberg. Internationales Biologisches Programm. Beiträge der Bundesrepublik Deutschland. Bad Godesberg (Deutsche Forschungsgemeinschaft) Mai 1967.

Wie die Primärproduktion der grünen Pflanzen durch pflanzenfressende Tiere, insbesondere Schädlinge, umgesetzt wird und wie diese Sekundärproduktion von weiteren Tieren genutzt wird, untersuchen eine Reihe von Zoologen. Andere studieren vor allem die Leistung der Bodentiere, die sich zusammen mit Bakterien, Pilzen und sonstigen heterotrophen Pflanzen am Abbau der Streu, der abgestorbenen Wurzeln und anderer organischer Substanzen beteiligen.

Aus dem Vergleich eng benachbarter naturnaher Wälder, Kunstforsten, Wiesen und Ackerkulturen, also sehr verschiedenartiger Lebensgemeinschaften, werden sich wichtige Erkenntnisse über deren Rolle im Landschaftsganzen ergeben. Besonders aufschlußreich werden diese Auswertungen aber dadurch, daß ähnliche Forschungsvorhaben *gleichzeitig auf anderen Standorten*, z.B. in Belgien, Dänemark, Ostdeutschland, der Tschechoslowakei, Ungarn, Polen und weiteren europäischen Ländern, sowie in verschiedenen Teilen Rußlands, Japans und Canadas begonnen wurden und im Laufe des (zunächst auf 5 Jahre geplanten) IBPs auch an anderen Stellen der Erde hinzukommen werden.

Die experimentell-ökologische Forschung verdankt also dem IBP einen erfreulichen Aufschwung. Das ist umso mehr zu begrüßen, als es der Landschaftsökologie bisher an exakten Grundlagen mangelte und dieser neue und notwendige Wissenszweig mehr und mehr in die Gefahr geriet, spekulativ zu werden.

ZUSAMMENFASSUNG

Das Internationale Biologische Programm (IBP), das von zahlreichen Ländern in den Jahren 1967 bis 1971 durchgeführt wird, hat sich zum Ziel gesetzt, die „biologischen Grundlagen der Produktivität" zu untersuchen. Besonders eine seiner 7 Sektionen, die sich mit der „Produktivität von Land-Lebensgemeinschaften" befaßt, hat viele Berührungspunkte mit der Landschaftsökologie.

In Westdeutschland werden diese Untersuchungen durch die Deutsche Forschungsgemeinschaft gefördert, und zwar im Rahmen ihres „Schwerpunktprogrammes Experimentelle Ökologie." Im sog. „Sollingprojekt" haben sich Botaniker und Zoologen verschiedener Richtungen mit Mikrobiologen, Meteorologen, Bodenkundlern, Forst- und Landwirtschaftswissenschaftlern zusammengefunden, um einige Lebensgemeinschaften und ihre Leistungen so gründlich und vielseitig wie möglich zu studieren. Als Untersuchungsobjekte dienen Hainsimsen-Buchenwälder (als häufigste naturnahe Waldgesellschaft Westdeutschlands), und an deren Stelle gesetzte Fichtenforsten sowie eine Reihe von Wiesengesellschaften und Ackerbeständen auf gleichem Standort.

Das Sollingprojekt ist ein „Pilotprojekt", nach dessen Vorbild später weitere Lebensgemeinschaften untersucht werden sollen. Ähnliche Vorhaben sind in Belgien, Japan und Rußland bereits im Gange und in vielen europäischen Ländern sowie in anderen Erdteilen geplant. Die Landschaftsökologie darf viele gesicherte Unterlagen von ihnen erwarten.

SUMMARY

The International Biological Programme (IBP) which is carried out by many countries during the period 1967–1971 aims to study „the biological basis of productivity and human welfare." Especially one of its sections, concerning „productivity of terrestrial biological communities" (PT) has much contact to landscape-ecology.

In Germany (-West) these investigations get financial aid by the German Research Association (Deutsche Forschungsgemeinschaft) in a „central programme" called „experimental ecology". In the socalled Solling-Project botanists and zoologists are working in a team together with microbiologists, meteorologists, pedologists, foresters and agriculturists to study some communities and their productivity as thoroughly as possible. Objects are red beech forests with acid humus (Luzulo–Fagetum), the dominant natural forest community in western Germany, plantations of red spruce (*Picea abies*) on the same site, furthermore meadow-communities and arable field also in these site conditions.

The Solling-Project is a pilot-project. Later on also other biological communities will be investigated like this model. Similar projects are already going on in Belgium, Japan and Russia; they are planned in many european countries and in other continents. Landscape-ecology will get from there many ensured basic informations.

GESELLSCHAFTSRING UND GESELLSCHAFTSKOMPLEX IN DER LANDSCHAFTSGLIEDERUNG

von

PAUL SEIBERT, München

In seiner Arbeit „Die Landschaft und ihre Wandlung" hat SCHWICKERATH (1954) die Gesamtheit der auf einem bestimmten Standortstypus vorkommenden bzw. möglichen Pflanzengesellschaftseinheiten als dessen „Gesellschaftsring" bezeichnet. Ein Gesellschaftsring umfaßt die Schlußgesellschaft des betreffenden Standortes mit allen Ersatz-Gesellschaften die an ihre Stelle treten können, und allen Initial- und Folge-Stadien primärer und sekundärer Sukzessionsserien, die zu ihr hinführen.

Fig. 1

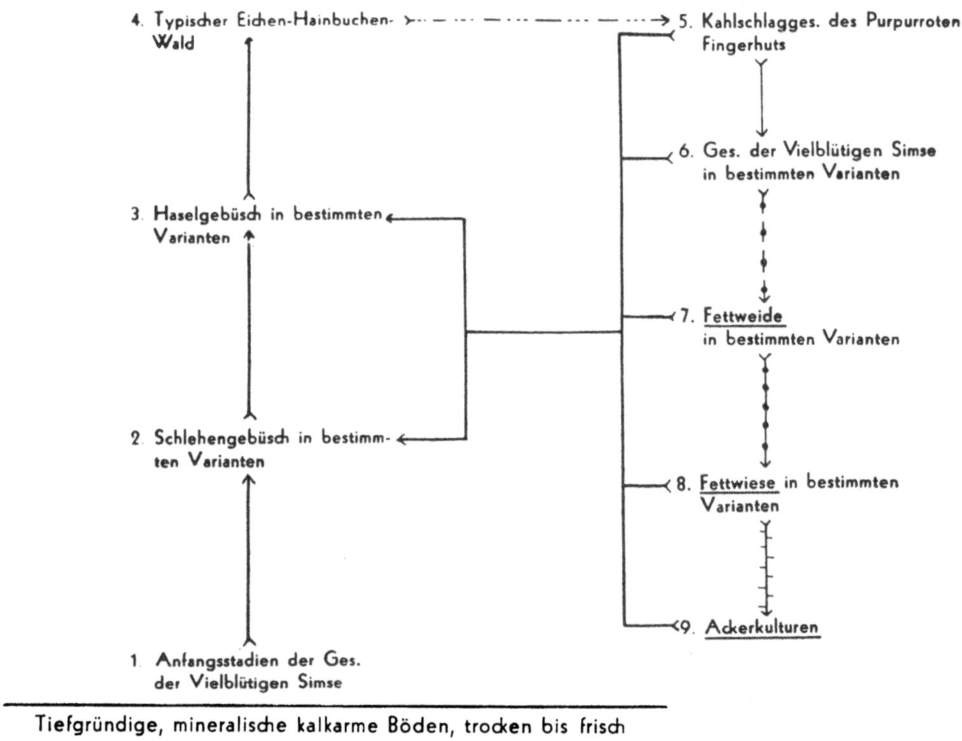

Als Beispiel sei der Gesellschaftsring der tiefgründigen Hochflächen des Wuchsbezirks Venn-Fußfläche angeführt (Fig. 1). Die primäre Sukzession verläuft hier von Anfangsstadien der Gesellschaft der Vielblütigen Simse über ein Schlehen- und ein Haselgebüsch zum Typischen Eichen-Hainbuchenwald, der die Schlußgesellschaft darstellt. Durch anthropogene Einflüsse wie Kahlschlag, regelmäßige Mahd oder Weide, Düngung und schließlich Ackerbau bedingt, treten an seine Stelle bestimmte Ausbildungen der Kahlschlag-, Wiesen-, Weiden- oder Ackerunkrautgesellschaften. Die sekundäre Sukzession schreitet über Schlehen- oder Haselgebüsch schließlich wieder zum Typischen Eichen-Hainbuchenwald voran.

Der Gesellschaftsring wird demnach als Ausdruck gleicher oder nahe verwandter Standortsfaktoren aufgefaßt.

Bei der naturräumlichen Gliederung der Landschaft bilden die Landschaftsfliesen die Grundeinheiten. Auch sie sind Einheiten gleicher Standortsqualität (SCHMITHÜSEN 1948, 1959). Gesellschaftsring und Landschaftsfliese sind also „beide in ihrer begrifflichen Fassung äquivalent und in ihrem Wesen identisch. Nur der Gesichtspunkt, von dem aus sie betrachtet werden, und die Sprache, in der sie geformt werden, sind... andere" (SCHWICKERATH 1954).

SCHMITHÜSEN bringt in seiner „Allgemeinen Vegetationsgeographie" nicht nur das Beispiel der Landschaftsgliederung von SCHWICKERATH, sondern wendet den Gesellschaftsring auch bei der Erörterung der Vegetationsgliederung am Beispiel der Karte der potentiellen natürlichen Vegetation des Gebietes beiderseits der Mittelweser von LOHMEYER (1952) an.

Fig. 2

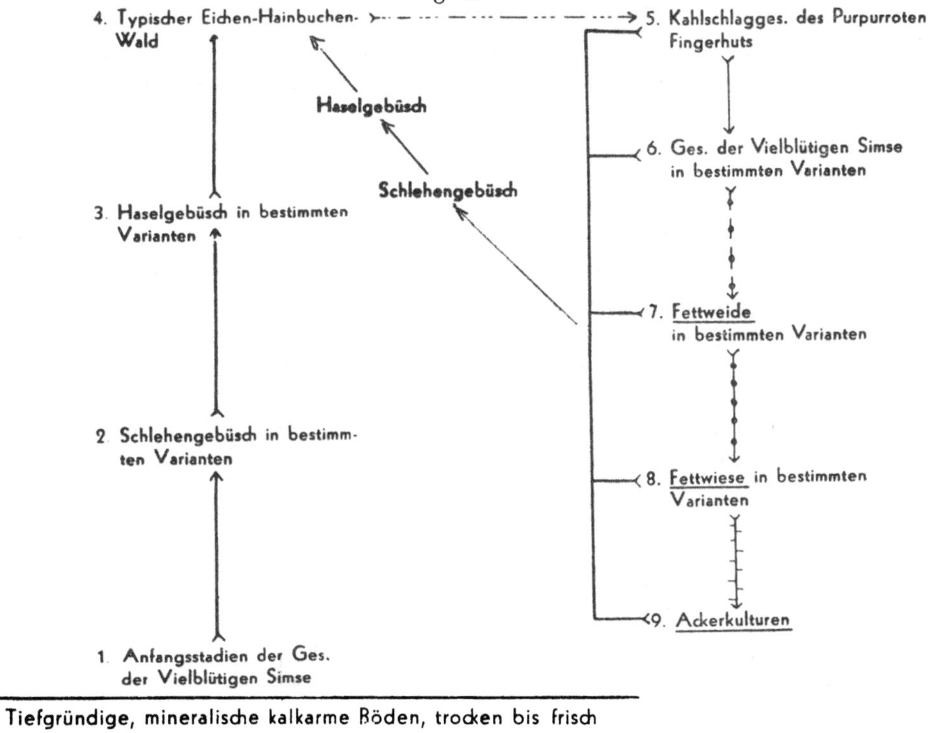

Bei der Anfertigung einer Karte der potentiellen natürlichen Vegetation des Isargebietes zwischen München und Moosburg unternahm ich ebenfalls den Versuch, die dort verbreiteten Pflanzengesellschaften in Gesellschaftsringen zusammenzustellen. Das Mißlingen dieses Versuches zeigte, daß

1. die Zusammenfügung von Pflanzengesellschaften zu Gesellschaftsringen gedanklich falsch ist, und
2. die Landschaftsgliederung nach Gesellschaftsringen in manchen Gebieten zu einer Zusammenfassung von verschiedenartigen Landschaftsfliesen führt, die für einen Geographen zu weit geht.

Schon die genauere Betrachtung des bereits als Beispiel angeführten Gesellschaftsringes von SCHWICKERATH weckt gewisse Zweifel an seiner Richtigkeit. Wir können uns nicht vorstellen, daß die sekundäre Sukzession von den Ersatzgesellschaften zur Schlußgesellschaft über Stadien der primären Sukzession, nämlich Schlehen- und Haselgebüsch verlaufen soll, die ja auf weniger entwickelten Böden stocken als die aus der Schlußgesellschaft abgeleiteten Ersatzgesellschaften. Diese mögen bei ihrer Entwicklung zur Schlußgesellschaft durchaus ein Schlehen- oder Haselgebüsch-Stadium durchlaufen. Dieses kann aber keineswegs identisch sein mit den gleichnamigen Gebüschen der primären Sukzession, selbst wenn sie sich floristisch noch so nahe stehen (vergl. Fig. 2). Eine sekundäre Sukzession von Ersatzgesellschaften zur Schlußgesellschaft über Stadien der primären Sukzession ist nur denkbar, wenn die Besiedlung mit Ersatzgesellschaften gleichzeitig eine Bodenverjüngung durch Erosion oder Sedimentation mit sich gebracht hat.

Am Beispiel des Isargebietes, in dem wegen einer äußerst langsam verlaufenden Bodenentwicklung auch die Vegetationsentwicklung sozusagen im Zeitlupentempo abläuft, läßt sich mein Gedankengang besser erläutern und der Nachweis erbringen, daß die sekundäre Sukzession nicht über Stadien der primären Sukzession verlaufen kann.

An der Isar schreitet die Sukzession von der Barbarakraut-Flur über Silberweiden-Au, Erlen-Au, Reine Eschen-Au, Perlgras-Eschen-Au, Eschen-Ulmen-Au zum Eichen-Hainbuchenwald voran (Tabelle). Zwischen Silberweiden-Au und Erlen-Au kann unter gewissen Bedingungen die Reitgras-Flur eingeschaltet sein. Parallel dazu verläuft die Bodenentwicklung vom Rohboden über Kalk-Rambla, Hellgrauer, Grauer, Graubrauner Paternia und Mull-Kalkauenboden zur schwach entwickelten Braunerde hoher Basensättigung. Die einzelnen Sukzessionsstadien, besonders die älteren, haben infolge sehr langsamer Bodenreifung eine lange Lebensdauer nämlich

Barbarakraut-Flur	5	Jahre
Silberweiden-Au	25	,,
Erlen-Au	25	,,
Reine Eschen-Au	50	,,
Perlgras-Eschen-Au	100	,,
Eschen-Ulmen-Au	>4000	,,

Auf die Ermittlung dieser Daten kann hier nicht weiter eingegangen werden. Es sei auf meine Untersuchungen über die Auenvegetation an der Isar nördlich von München verwiesen (SEIBERT 1962).

Die Grenze der Eschen-Ulmen-Au landeinwärts ist an der Isar nicht, wie in anderen Flußgebieten, hochwasserbedingt. Vielmehr verhindert die langsame Bodenentwicklung die Sukzession zum Eichen-Hainbuchenwald auch in den jahrhundertelang hochwasserfreien Gebieten. Erst wenn nach 4000–5000 Jahren die Bodenreife ausreicht, stellt sich der Eichen-Hainbuchenwald ein.

Die Entwicklung zu Ersatzgesellschaften verschiedenen Grades wird durch normalen und extremen Niederwaldbetrieb, durch Kahlschlag, Grasnutzung im Wald, regelmäßige Mahd, regelmäßige Mahd mit Düngung, Weide und Düngung und Ackerwirtschaft hervorgerufen. Wie die Übersicht zeigt, hat jedes Stadium der primären Sukzession seine eigene Serie von Ersatzgesellschaften. Bei einzelnen Nutzungsweisen kann zwar eine Vegetationseinheit auch in zwei verschiedenen Sukzessionsstadien vorkommen. So sind z.B. viele Ersatzgesellschaften von Eschen-Ulmen-Au und Perlgras-Eschen-Au identisch. Doch stimmt keine Serie als Ganzes mit einer anderen überein. Eine Zurückentwicklung zu Stadien der primären Sukzession durch die verschiedenen anthropogenen Nutzungsformen ist in keinem Fall zu beobachten. Sie kommt auf andere Weise zustande, nämlich durch hochwasserbedingte Erosion und Sedimentation. Es ist deshalb auch sprachlich falsch, bei Ersatzgesellschaften von regressiver Sukzession zu sprechen, besser wäre es hier, degressive Sukzession zu sagen.

Die Entwicklung der Ersatzgesellschaften zu ihrer Ausgangsgesellschaft (nicht Schlußgesellschaft!), nämlich die sekundäre Sukzession verläuft wahrscheinlich bei den einzelnen Serien über ihre Schlagflur, also der betreffenden Ausbildung der Reitgrasflur und das Buschstadium, das in der Spalte „extremer Niederwaldbetrieb" aufgeführt ist, niemals über Stadien der primären Sukzession. Das Bild des Gesellschaftsringes ist also falsch.

Das gleiche Beispiel aus dem Isargebiet zeigt aber auch, daß die Zusammenfassung aller vegetationsdynamisch miteinander verbundenen Gesellschaften zu einem Ring, in dem alle Glieder nur auf die Schlußgesellschaft bezogen sind, Landschaftsfliesen zusammenfaßt, die nicht nur standörtlich (durch verschiedene Bodenreife) stark voneinander abweichen, sondern auch in ihrem wirtschaftlichen Potential nicht vergleichbar sind. So zeigt die Tabelle, daß auf den Standorten der jüngeren Sukzessionsstadien weder Ackerwirtschaft noch intensive Grünlandwirtschaft getrieben wird, offenbar, weil die Böden sich für diese Nutzungsformen noch nicht eignen.

Wir haben deshalb in der Karte der natürlichen Vegetationsgebiete an der Isar auf die Anwendung der Gesellschaftsringe verzichtet und die vorkommenden Pflanzengesellschaften zu Gesellschaftskomplexen zusammengefaßt. Da es sich um eine Karte im Maßstab 1 : 100 000 handelt, haben wir die Gesellschaften des Alnetum incanae, also Erlen-Au, Reine Eschen-Au und Perlgras-Eschen-Au, das Salicetum albo-fragilis und die Barbarakraut-Flur mit all ihren Ersatzgesellschaften zu einem Gesellschaftskomplex zusammengefaßt, dem die Gesellschaftskomplexe des Fraxino-Ulmetum und des Galio-Carpinetum, beide wieder mit allen Ersatzgesellschaften nebengeordnet wurden. Ausserdem sind auch die kleinflächig verbreiteten Wasserpflanzen-, Röhricht-, Großseggen- u.a. Gesellschaften in die Gesellschaftskomplexe aufgenommen worden, da sie bei dem kleinen Maßstab nicht darstellbar sind.

Diese Gesellschaftskomplexe sind den Landschaftsfliesen der Geographen äquivalent. Sie entsprechen den von TÜXEN (1954) verwendeten Gesellschaftskomplexen der wichtigsten Vegetationsgebiete Nordwestdeutschlands. In ihrer Anwendung sind sie plastischer und weniger hypothetisch als die Gesellschaftsringe. Sie schließen andererseits die Kennzeichnung der einzelnen Gesellschaften als Pionier-, Folge-, Ersatz- usw. Gesellschaft nicht aus, wie TÜXEN gezeigt hat.

Im Gegensatz zu unseren Gesellschaftskomplexen sind diejenigen von TÜXEN aber alle auf Schlußgesellschaften (Klimax, Paraklimax) oder Dauergesellschaften bezogen. In Gebieten, in denen Pionier- oder Folgegesellschaften infolge äußerst langsamer Bodenentwicklung eine lange Lebensdauer haben und großflächig verbreitet sind – innerhalb von Deutschland in den Kalkalpen und auf den Kalkschotterflächen der Alpenflüsse – ist es zweckmäßig, Gesellschaftskomplexe auch auf diese Gesellschaften zu beziehen.

Die Pionier- und Folgegesellschaften – in unserem Beispiel das Alnetum incanae – sind in diesem Fall potentielle natürliche Vegetation, für die schon TÜXEN (1954) fordert, daß sie sich nach Aufhören des menschlichen Einflusses schlagartig einstellen muß, was für die Schlußgesellschaften hier nicht zutrifft.

ZUSAMMENFASSUNG

Der Gesellschaftsring SCHWICKERATHS, der dem vegetationsgeographischen Begriff der Landschaftsfliese äquivalent ist, läßt sich in der Landschaftsgliederung weniger gut anwenden als die freiere Zusammenfassung von Pflanzengesellschaften zu Gesellschaftskomplexen. Das wird am Beispiel des Isargebietes nördlich von München gezeigt:

1. Die Zusammenfassung von Pflanzengesellschaften zu Gesellschaftsringen ist gedanklich falsch, weil eine sekundäre Sukzession von Ersatzgesellschaften zu Schlußgesellschaften nur über Stadien der primären Sukzession verlaufen kann, wenn die Besiedlung mit Ersatzgesellschaften mit einer Bodenverjüngung durch Erosion oder Sedimentation einhergeht.

2. Die Landschaftsgliederung nach Gesellschaftsringen bringt in manchen Gebieten eine zu weitgehende Zusammenfassung verschiedenartiger Landschaftsfliesen zu einem einzigen Gesellschaftsring. An der Isar müßten bei konsequenter Anwendung edaphisch stark voneinander abweichende und in ihrem wirtschaftlichen Potential nicht vergleichbare Landschaftsfliesen in einem Gesellschaftsring vereinigt werden.

SUMMARY

Circle of communities („Gesellschaftsring") and complex of communities („Gesellschaftskomplex") in the division of landscape.

The circle of communities („Gesellschaftsring") of SCHWICKERATH, that is equivalent to the term tile of landscape („Landschaftsfliese") as used by the phytogeographers, is less apt for the division of a landscape than the more free junction of plant communities to complexes of communities. This is demonstrated by the example of the region of the Isar north of Munich:

1. The junction of plant communities to circles of communities is a mental mistake, because a secondary succession of replacement communities to final communities never may pass the stages of the primary succession, unless colonization by replacement communities is accompanied by renovation of soil by erosion or sedimentation.

2. The division of landscape using circles of communities in some regions is resulting in a too extensive junction of different tiles of landscape to one circle of communities. This practice consequently applied to the region of the Isar would result in a junction of tiles of landscape, which are very different edaphically and are uncomparable in their economical potential, to only one circle of communities.

H. ELLENBERG:
Herr Dr. SEIBERT hat in gewisser Weise mir aus dem Herzen gesprochen, d.h. ich würde manches in ähnlicher Form auch gesagt haben. Ich möchte jedoch nicht sagen, daß der Gesellschaftsring falsch sei. Er ist eine andere Darstellungsweise. Sie hat aber eine Gefahr, auf die ich jetzt hinweisen möchte. Die Gefahr liegt darin, daß dort Pfeile eingezeichnet sind. Beide Darstellungsweisen stellen denselben Befund dar, daß auf gleicher Fliese im Sinne von SCHMITHÜSEN im gleichen Ökotop die verschiedensten durch die Tätigkeit des Menschen bedingten Ersatzgesellschaften sein können. Dieser Befund ist objektiv und eine Beobachtungstatsache. Wie diese aber zusammenhängen, ist dann eine Interpretation. Daß sie räumlich nebeneinander liegen, ist klar, daß sie gewisse standörtliche Verwandschaft haben ist auch klar. Und wenn man das etwa durch Striche andeutet und die einzelnen Namen so anordnet, daß das Ähnlichere nebeneinander steht, wie das SEIBERT gemacht hat, wie das aber auch im Gesellschaftsring von SCHWICKERATH der Fall ist, dann ist das ökologisch richtig. Gefährlich ist es dagegen, Pfeile zu setzen, wo man nicht den sicheren historischen Nachweis hat, daß es sich um Sukzessionen handelt. Man schließt aus dem räumlichen Nebeneinander auf das zeitliche Nacheinander, und das ist gefährlich, wie sich immer mehr gezeigt hat. Ich darf vielleicht darauf hinweisen, daß dieses Thema in gründlicher Weise auf der Jubiläumstagung der Britischen Ökologischen Gesellschaft diskutiert wurde. Dort wurde von mehreren Rednern, gerade Nordamerikanern, darauf hingewiesen, daß die Grundlagen der CLEMENT'schen und COWLES'schen Theorie, die ja in erster Linie auf Sukzessionsfragen hingewiesen haben, sich bei näherer Prüfung z.T. als falsch erwiesen haben. Z.B. wurde darauf hingewiesen, daß der berühmte Harvard Forest, der als eine der Grundlagen für die Degradations-Sukzession nach Zerstörung des Waldes immer wieder angeführt wurde, seit Beginn der Besiedlung durch die Weißen, d.h. vor Beginn der großen Erosions-Zerstörungen schon immer so gewesen ist, wie er heute ist. Es gibt viele naturwissenschaftliche Gründe dafür. Das räumliche Nebeneinander wurde fälschlich zu einem zeitlichen Nacheinander umgedeutet. Ich möchte davor warnen,

das zu tun. Wir wissen von sehr wenigen Dingen mit Sicherheit, daß es sich um Sukzessionen handelt. Trotzdem halte ich den Gesellschaftsring für eine gute Darstellungsweise. Sie bringt auf einer Tafel das standörtlich Zusammengehörige; ich möchte nur empfehlen, diesen gefährlichen Pfeil womöglich zu vermeiden.

M. SCHWICKERATH:
Ich möchte den Pfeil nicht vermeiden. Meine Beobachtungen gehen 50 Jahre zurück, und die Beobachtungen sind nicht nebeneinander, sondern sie sind direkt gemacht. Ich möchte drei Beispiele nennen: Das erste Beispiel 1935 auf der KEUDELL'schen Fichtenbereisung Westdeutschlands. Auf Wunsch mußte ich die boden- und vegetationskundlichen Erscheinungen erörtern.

Im Hohen Venn sahen wir Heidegesellschaften der nord-atlantischen Ginsterheiden in allen Varianten und ebenso die der feuchten anmoorigen Heiden, und hier und da ein kleines Gebüsch von *Salix cinerea*. Ich sagte, wenn die Mahdwirkung aufhöre, würde sich sehr bald ein Gebüsch entwickeln, und das müßte an den verschiedenen Stellen diese oder jene Arten enthalten. Es entstanden zwei Lager; die einen meinten, die Heide sei natürlich, die anderen, die Heide sei nicht natürlich. Inzwischen hat die Mahd aufgehört. Jetzt steht der Wald schon vollkommen da, und überall in seinen verschiedenen Variationen, wie es dem Bodenprofil, das da ist, entspricht. Das ist in einer Zeit von 35 Jahren geschehen.

Zweites Beispiel: Unsere Kalktriften, die so sehr geliebten wegen ihrer seltenen *Orchideen* und des ganzen Gefüges der submediterranen und subkontinentalen Arten, wie ich sie darstellen konnte, sind in einem gewaltigen Umbruch. Es wird nicht lange dauern, so ist dieses Landschaftsbild restlos ein anderes. Denn die extensive Weidewirtschaft, die diese weiten Triften und ihre Ausdehnung bedingt hat, ist außer an einigen kleinen Stellen zu Ende. Als zwanzigjähriger Student habe ich von Bonn aus die berühmten wegen ihres Reichtums von *Orchideen* weltbekannten Eschweiler Talhänge besucht. Als ich soziologisch arbeitete, etwa 1935, mußte ich mit Betrübnis feststellen, wie wir das im Naturschutz immer wieder finden, daß dort dichte Hasel-Gebüsche wuchsen. Und das gilt für alle diese Hänge. Und jetzt entwickelt sich dort in den tieferen Lagen der wärmeliebende Eichen-Hainbuchenwald.

Genau so ist es auch in den höheren Lagen, z.B. der Büdesheimer Kalkmulde, wo die verschiedenen Sukzessionsstadien zu beobachten sind, und zwar genau, wie ich sie dargestellt habe.

Ich möchte nebenher erwähnen, daß ich in meinem Text der Assoziationsringe betont habe, die üblichen Bezeichnungen sind an sich viel zu grob, um die Feinheiten, die sich bei dem Relief, Klima, Boden, Kleinstklima usw. herausarbeiten lassen, darzustellen. Aber ich habe absichtlich dennoch diese gewählt. Es steht nichts im Wege, sie dann doch noch – wie ich schon gesagt habe – zu verfeinern.

Man sieht alle diese Stufen. Bei Ahnendorf auf den Triften, wo noch immer geweidet wird, ist alles noch frei. Dagegen von Feusdorf herüber, wo nicht mehr geweidet wird, weil man gute Äcker und gute Wiesen hat, setzt sich der Wald in all den Stufen an, wie ich das 35 Jahre lang beobachtet habe. Es kann da vorkommen – und deshalb sind diese Zeichen auch z.T. so gemacht worden – daß sich direkt in dem Wacholder, wo das Weidevieh nicht hingeht, sofort die Rotbuche einstellt und das Ganze sich zum Rotbuchenwald entwickelt. Das geschah in einer Zeit von 35 Jahren.

Drittes Beispiel: Die Hecken. Unsere westdeutschen Heckenlandschaften zerfallen in die von Herrn TROLL genannten Rotbuchen-Heckenlandschaften in den Höhenlagen von 500 m und in die des Eichen-Hainbuchenwaldes der Venn-Fußfläche. Kein Bauer pflanzt irgendeine Art des Eichen-Hainbuchenwaldes dorthin, oder man müßte *Crataegus* eine bezeichnende Art des Eichen-Hainbuchenwaldes nennen. Sondern er pflanzt *Crataegus* in kleinen Stücken an, und daraus entwickeln sich die Hecken. Aber dabei werden sie meistens jährlich zweimal geschnitten, und zwar seitwärts und stirnwärts. Und trotzdem dauert es nicht lange, bis dann, durch Wind und Tiere verbreitet, die anderen Sträucher und nachher auch die Bäume hineinkommen; und zwar sind das die Sträucher und Bäume des Eichen-Hainbuchenwaldes. In diesen schmalen Streifen wachsen auch alle die Charakterarten des Eichen-Hainbuchenwaldes. Ich habe diese einzelnen Stufen genau von Schülern aufnehmen lassen. Das ist nicht ein Nebeneinander, sondern das ist eine ausgesprochene Sukzessionsfolge.

Bei den Rotbuchen-Hecken ist es z.T. noch eigenartiger. Auch da kommt in den Weißdorn die Rotbuche hinein, wie ich an vielen Stellen nachweisen konnte. Aber der Bauer pflanzt auch sofort die Rotbuche hinein, die er sich in den Wäldern holt. Sie bleibt aber nicht nur auf den Höhen, sondern sie geht dann hinunter, sie geht an die durchsickerten Hänge und unten bis in das Bachtal und wieder hinauf. Und was geschieht dort? An den durchsickerten Hängen kommen – nie hat sie ein Bauer angepflanzt – der Ahorn und die Esche auf.

Ich möchte zu den Prämissen SEIBERTS etwas sagen; das erscheint mir etwas eigentümlich. Nach 5000 Jahren soll aus diesen feuchten Wäldern ein Eichen-Hainbuchen-Wald geworden sein. Wer will sagen, was in der Zeit geschehen ist? Ich glaube, da sind die Prämissen durchaus anders als die, die beim Ringe notwendig sind. Unsere Waldgesellschaften waren ja da, es ist ein Ausgleich da, diese Abwandlungen des Menschen bewegen sich doch nur im Oberflächenbereich. Es ist deshalb sehr verständlich, und die Tatsachen zeigen es auch, daß diese Sukzession verhältnismäßig schnell verläuft.

J. TÜXEN:
Gegen die Darstellung von Gesellschaftsinventaren in Form von „Gesellschaftsringen" sprechen folgende 3 Gründe:

1. Wie Herr SEIBERT schon gesagt hat, ist Erstbesiedlung nicht dasselbe wie Wiederbesiedlung.

2. Menschliche Veränderungen des Standortes sind möglich, so daß die Rückkehr der Vegetation zur ursprünglichen Waldgesellschaft nicht immer gewährleistet ist.

3. Das Bild des Ringes ist unzutreffend. Eher könnte ein Halbkreis angenommen werden, da etwa zwischen der früheren und der heutigen

realen natürlichen Vegetation stets eine gewisse Zeitspanne verstreicht.

M. Schwickerath:
Ich möchte betonen, daß diese Vegetationseinheiten, auch die kleinen, in ihrer Möglichkeit, da zu sein, einen gewissen Schwankungsbereich haben. Daß die Änderungen im Boden sich im Schwankungsbereich besonders äußern, ist im allgemeinen bei uns nicht der Fall. Ich streite nicht ab, daß es auch solche irreversiblen Kreis-Prozesse gibt. Das ist selbstverständlich. Aber sie sind in meinem Untersuchungsbereich überhaupt nicht da. Sie sind auch im allgemeinen die Ausnahme und nicht die Regel.

J. Schmithüsen:
Der Vortrag von Herrn Seibert bestand aus zwei Teilen: einem ersten Teil, in dem angekündigt wurde, daß der Begriff Gesellschaftsring falsch sei, und daß das gezeigt werden solle, und einem zweiten Teil, in dem über Probleme der Auffassung von Sukzessionen die Rede war. Den Beweis dafür, daß der Begriff des Gesellschaftsringes falsch sei, ist uns Herr Seibert schuldig geblieben. Er mußte ihn im übrigen uns schuldig bleiben, da man überhaupt nicht beweisen kann, daß Begriffe falsch oder richtig sind. Begriffe können nur zweckmäßig oder unzweckmäßig sein. In der Diskussion war ebenfalls von dieser Frage gar nicht die Rede, sondern es war nur die Rede von der Frage, wie und in welcher Art man die Sukzessionsvorgänge innerhalb des Gesellschaftsinventars eines bestimmten Standortstypus auffassen kann. Es war aber immer die Rede von dem möglichen Gesellschaftsinventar eines bestimmten Standortstypus. Der Schwickerath'sche Begriff des Gesellschaftsringes ist gar nichts anderes als dieser Begriff des Gesellschaftsinventars eines bestimmten Standort-Typus. Ein solches Gesellschaftsinventar eines bestimmten Standortstypus – oder genannt „Gesellschaftsring" – hat uns Herr Seibert ausgiebig vorgeführt. Damit ist im Grunde ein vielleicht besseres Beispiel und ein besser interpretiertes Beispiel für einen Gesellschaftsring gegeben worden. Ob ich diesen Begriff Gesellschaftsinventar eines bestimmten Standortstypus Gesellschaftsring nennen will oder nicht ist eine reine Nomenklaturfrage. Und bei solchen Nomenklatur-Fragen sollte man sich doch wohl von der Vorstellung lösen, daß man sich immer an das Wort klammert. Das Wort „Ring" sollte man nicht als solchen auffassen. Es ist zwar ursprünglich von einer aufsteigenden und absteigenden Sukzession abgeleitet. Aber schon die Beispiele, die Schwickerath seinerzeit publiziert hat, sind ja nicht einfach Ringe, sondern ausgesprochen komplexe Felder von vielerlei aufsteigenden und absteigenden Sukzessionen. Daß man sie schöner darstellen kann, daß man z.B. in der Form variieren kann, daß man auf der Etage der jeweiligen anthropogenen Stufen erst wieder ansetzt und die Veränderungsstufe darstellt, oder daß man das Bild auf den Kopf stellen kann, wie es Herr Jes Tüxen eben gezeigt hat, und den Halbring nach unten zeichnet, das sind reine Darstellungsfragen und haben mit der Frage des Begriffes überhaupt nichts zu tun. Der Begriff ist einfach definiert: Gesellschaftsring nenne ich das gesamte Gesellschaftsinventar eines bestimmten Standortstypus. Die Frage ist nur, ob dieser Begriff einen Sinn hat oder nicht. Ist er brauchbar

oder nicht? Daß er brauchbar ist, d.h. das Gesellschaftsinventar eines Standortstypus als eine Einheit aufzufassen, die ich mit dem Gesellschaftsinventar eines anderen Standortstypus vergleichen kann, hat uns Herr SEIBERT eigentlich bewiesen oder doch an einem Beispiel gezeigt.

I. S. ZONNEVELD:
Beispiele irreversibler Sukzessionen sind alle Sukzessionen, die zusammen gehen mit *„initialer alluvialer Bodenbildung"* in dem Sinne, wie ich es vor einigen Jahren definiert habe (vgl. ZONNEVELD, I. S. – 1960 – De Brabantse Biesbosch. A study of soil and vegetation of a fresh water tidal Delta. – Wageningen 1960; ZONNEVELD, I. S. – 1963 – Vegetationskartierung eines Süßwassergezeitendeltas (Biesbosch). – Ber. Intern. Sympos. für Vegetationskartierung v. 23.–26.3.1959 in Stolzenau/Weser. Weinheim). Auch Frau WENDELBERGER-ZELINKA beschreibt solche Sukzessionen in den Donauauen als „Bodenreifung", wobei das Salicion in das Alnetum incanae übergeht. Die *irreversible Entkalkung terrestrischer Böden*, die auch eine Art initialer Bodenbildung ist, stellt ein anderes Beispiel dar. In diesen Fällen kann nur Erosion und (oder) Neusedimentation, die allochthone Sukzession (TANSLEY) bewirkt, das Pionier-Stadium wieder hervorrufen. Herr SEIBERT hat offenbar besonders diese Art Sukzessionen im Sinn.

TH. MÜLLER:
Man muß meines Erachtens bei diesen Fragen zwischen primärer und sekundärer Sukzession unterscheiden. Eine Pioniergesellschaft, z.B. in der Aue eine Unkrautgesellschaft, entwickelt sich über irgend ein Weiden-Gebüsch weiter zu der Weiden-Pappelaue und dann schließlich zum Eichen-Hainbuchen-Wald. Bei dieser primären Sukzession, die in vielen Fällen wirklich aus dem Nebeneinander erschlossen wird, muß man Prof. ELLENBERG unbedingt recht geben, der hier zu äußerster Vorsicht rät. Denn diese Pfeile sind manchmal sehr fragwürdig.

Ein anderes Beispiel sind Kalkhänge mit Schutthalden mit *Rumex scutatus*, die sich über ein Hasel-Gebüsch entwickeln zu einem Cephalanthero-Fagetum. Schließlich wäre das Endstadium ein Luzulo-Fagetum. Diese Entwicklungen am Hang sind aber äußerst zweifelhaft. Denn man schließt auch dort aus dem Nebeneinander und glaubt, daß auf Kalk durch die Auslaugung der Oberboden versauert.

Anders ist es dagegen, wenn man die einzelnen Stufen sogenannter sekundärer Sukzessionen betrachtet. Ein Wald oder Gebüsch werden geschlagen. Es entsteht eine Rasengesellschaft. Dieser Rasen wird nicht mehr gemäht. Ein Gebüsch stellt sich ein und entwickelt sich wieder zu irgendeinem Wald. Das wäre eine sekundäre Sukzession, die wir in den meisten Fällen sehr gut überblicken können. Hier kann man Prof. SCHWICKERATH zustimmen, daß man hier die Sukzession sehr gut mit Pfeilen andeuten kann. Diese sekundäre Sukzession kann sich bei den verschiedensten Einheiten wiederholen. Wenn ich Herrn SEIBERT richtig verstanden habe, bezeichnet er diesen Teil als Vegetationskomplex, der nach Prof. SCHMITHÜSEN Gesellschaftsinventar eines Standortes genannt wird. Damit würden sich diese Aussagen decken. Falsch wäre es aber, wenn man das Endstadium in diesem „Gesellschaftring", an den Ausgang einer primären Sukzession anknüpfen würde.

D. RODI:
Im Wesentlichen handelt es ja nur um die Frage der genaueren Fassung des Begriffes „Gesellschaftsring". Wenn Prof. SCHMITHÜSEN sagt, daß ein Gesellschaftsring das Gesellschaftsinventar eines Standortes ist, dann kann man das voll unterschreiben. Aber die Gesellschaftsringe, die Prof. SCHWICKERATH entwickelt hat, sind gar nicht auf einen einzigen Standorttypus beschränkt.

R. TÜXEN
weist auf den Bericht über das Internationale Symposion für Vegetationskartierung 1959, (Weinheim 1963) und seine Schrift: Bemerkungen zu einer Vegetationskarte Europas. – Methodes de la Cartographie de la Végétation. Toulouse 16–21 Mai 1960. Paris 1961 hin, worin Bemerkungen und Kritik über den Begriff des „Gesellschaftsringes" enthalten sind.

P. SEIBERT:
Dr. MÜLLER und Dr. RODI haben schon einen Teil meiner Antwort vorweggenommen. Ich wollte nicht bezweifeln, daß die Gesellschaftsentwicklung im Untersuchungsgebiet von Herrn Prof. SCHWICKERATH so abläuft, wie er es geschildert hat, auch nicht, daß der Begriff „Gesellschaftsring" falsch ist, sondern ich wollte nur zeigen, daß die Zusammenfügung von Gesellschaften zu einem Ring falsch ist. Das Bild des Ringes ist falsch. Es ist undenkbar, daß sich eine Gesellschaft, die einer sekundären Sukzession angehört, über ein Stadium der primären Sukzession zurückentwickelt. Das war das Entscheidende.

Zweitens ist die Zusammenfügung zu einer vollständigen primären Sukzession zu weitgehend. Sie führt zu großen Gesellschaftskomplexen, die standörtlich, wie Herr Dr. RODI gerade sagte, nicht einheitlich sein können. Prof. SCHWICKERATH hat z.B. auf steilen flachgründigen Kalkhängen und -kuppen ein Huflattich-Stadium, das sich schließlich zu einem Kalk-Rotbuchen-Wald entwickelt. Dieses Huflattich-Stadium wächst auf einem Rohboden und der Wald vielleicht auf einer Rendzina. Aber das sind doch keine gleichen Standorte. Prof. SCHMITHÜSEN ist sogar noch weiter gegangen. Er hat in seinem Buch die Einheiten von Herrn Dr. LOHMEYER auf der Weserkarte zu Gesellschaftsringen zusammengefügt und in seinem Gesellschaftsring des Querco-Carpinetum Gesellschaften genannt, die sich niemals zu einem Eichen-Hainbuchenwald entwickeln, z.B. das Potametum lucentis. Diese Verlandungsgesellschaften führen ja zur Entwicklung von anmoorigen Standorten mit Torf, die niemals einen Eichen-Hainbuchenwald, auch keinen feuchten, tragen können. Das sind Gesellschaftskomplexe und keine -ringe. Die Vorstellung vom Ring ist nicht richtig.

Es wurde bezweifelt, daß die Entwicklung (im Isargebiet) nahezu 4000 Jahre dauere. Diese Angabe beruht auf einer C^{14}-Datierung der betreffenden Terrasse. In wenigen Wochen werden diese Untersuchungen publiziert. Sie können sie dann ausführlich lesen: SEIBERT, P. Die Auenvegetation an der Isar nördlich von München und ihre Beeinflussung durch den Menschen. – Landschaftspflege und Vegetationskunde **3**, München 1962. (p. 84).

C. Troll:

Ich stehe auf dem Standpunkt, daß man die Sukzessionslehre von einer Lehre der Pflanzengesellschaften und einer Lehre der Ecosysteme entwickeln muß. Wenn man Bodenentwicklung und Vegetation immer zusammen sieht, auch in den einzelnen Sukzessionsstadien, wie es die Aufgabe der Dissertation über das Braunkohlengebiet ist, von der ich gestern Bilder gezeigt habe, so studiert die Sukzessionslehre die Landschaftsentwicklung. Kleinklima, Bodenklima u.a. gehören natürlich auch dazu.

Daß eine absteigende Sukzession der Pflanzengesellschaften vom Klimax zu früheren Stadien nicht möglich ist, ergibt sich schon aus der Bindung der Assoziationen an die zugehörigen Bodenentwicklungsstadien, wie wir gestern abend wieder in den schönen Profilen von Prof. Tüxen gesehen haben.

Gegen den Begriff des Gesellschaftsringes als „Gesellschafts-Inventar des Standorttypus" ist also nichts einzuwenden, nur die Pfeile im Sinne einer rezessiven Entwicklung sind problematisch. Deshalb erscheint es mir recht wichtig, die pflanzensoziologische Sukzessionslehre zu einer landschaftskundlichen Sukzessionslehre (Boden, Biozönose, Kleinklima, Wasserhaushalt) zu erweitern.

LITERATUR

Lohmeyer, W.: Naturlandschaftskarte des Gebietes beiderseits der Mittelweser zwischen Dümmer, Steinhuder Meer und Bremen 1 : 300 000. – Mitt. Flor.-soz. Arbeitsgem. N. F. **3**. Stolzenau/Weser. 1952.

Schmithüsen, J.: Fliesengefüge der Landschaft und Ökotop. – Ber. dt. Landeskunde **5**. Remagen 1948.

— Allgemeine Vegetationsgeographie. – Berlin 1959.

Schwickerath, M.: Die Landschaft und ihre Wandlung auf geobotanischer und geographischer Grundlage entwickelt und erläutert im Bereich des Meßtischblattes Stolberg. – Aachen 1954.

Seibert, P.: Die Auenvegetation an der Isar nördlich von München und ihre Beeinflussung durch den Menschen. – Landschaftspfl. u. Vegetationsk. **3**. München 1962.

Tüxen, R.: Die heutige potentielle natürliche Vegetation als Gegenstand der Vegetationskartierung. – Angew. Pflanzensoziologie. **13**. Stolzenau/Weser 1956.

— Dasselbe (Erweiterte Fassung). – Ber. dt. Landeskunde 19 (2). Remagen 1957.

DIE GLIEDERUNG VON PFLANZENGESELLSCHAFTEN IN RASSEN UND FORMEN ALS BEITRAG ZUR LANDSCHAFTSÖKOLOGIE, DARGESTELLT AM BEISPIEL VON WÄRMELIEBENDEN EICHEN-HAINBUCHENWÄLDERN IN SÜDWESTDEUTSCHLAND

von

THEO MÜLLER, Ludwigsburg

Verfolgt man eine durch Kenn- und Trennarten abgegrenzte Assoziation innerhalb ihres Verbreitungsgebietes, so fällt sehr bald auf, daß diese bei weitem nicht in ihrem gesamten Verbreitungsgebiet restlos gleich aufgebaut ist. Diese Beobachtung macht man vor allem bei hoch organisierten Pflanzengesellschaften, wie sie unsere Waldgesellschaften darstellen. Es treten dabei gewisse floristische Unterschiede auf, indem einzelne Pflanzenarten fehlen oder andere hinzukommen. Dabei handelt es sich aber um keine wesentliche Änderung der Charakterarten-Kombinationen oder das Hinzukommen bzw. Fehlen von wichtigen Assoziations-Kenn- oder -Trennarten, denn dann würde es sich u.U. um eine eigene Assoziation handeln, sondern lediglich um geringfügige Abweichungen im Artenbestand in einzelnen Teilgebieten der gesamten Assoziationsverbreitung. Solche kleineren Abweichungen in Teilgebieten werden zweckmäßigerweise als Rassen und Formen bezeichnet, während die Untereinheiten Subassoziation, Variante, Subvariante und Fazies der Abstufung der lokalen, ökologisch bedingten Differenzierung vorbehalten werden sollten. Unter einer Rasse soll dabei eine geringfügige Abwandlung einer Assoziation in einem kleineren geographischen Bezirk innerhalb der Gesamtverbreitung der betreffenden Assoziation und unter Form eine geringfügige Abwandlung in einem vertikalen Höhenstufenbereich innerhalb der Verbreitung einer bestimmten Rasse verstanden werden. Man kann daher bei ein und derselben Rasse einer Assoziation u.U. mehrere Formen unterscheiden. Als Bezeichnung für die Rasse wird am besten der Name des betreffenden Gebietes beigefügt, also z.B. Schwarzwald-Rasse, Odenwald-Rasse, Alb-Rasse, während die Formen durch Höhenbeiworte wie planar, collin, submontan, paenemontan, montan usw. gekennzeichnet werden können. Die Rassen und Formen werden durch Trennarten, oder das Vorhandensein bzw. Fehlen bestimmter Arten angezeigt, die alle nicht unbedingt auf eine bestimmte Assoziation beschränkt und für diese charakteristisch sein müssen, sondern nur einen bestimmten geographischen Raum oder eine Höhenstufe charakterisieren. Dabei brauchen solche Arten im Gegensatz zu den Subassoziations- und Varianten-Differentialarten nicht unbedingt hochstet auftreten, sondern es genügt, wenn diese in Aufnahmen aus einem bestimmten Gebiet auftauchen und damit dieses Gebiet charakterisieren.

Wenden wir uns nach diesen mehr theoretischen Ausführungen einem Beispiel zu.

Das Galio–Carpinetum ist gekennzeichnet durch die Assoziationskenn- und -trennarten *Galium silvaticum, Sorbus torminalis* (tritt hier optimal auf und bildet Bäume bis 20 m und mehr Höhe und 30 cm Stammdurchmesser in Brusthöhe), *Convallaria majalis, Carex montana, Festuca heterophylla, Crataegus monogyna* (einschließlich der hier vor allem vorkommenden *Crataegus calycina*) und *Euphorbia dulcis,* sowie durch die Verbandskennarten *Carpinus betulus, Potentilla sterilis, Rosa arvensis, Dactylis polygama, Stellaria holostea, Carex umbrosa, Prunus avium* var. *silvestris* und *Ranunculus auricomus.*

Trägt man nun die Aufnahmeorte dieser Subassoziationsgruppe in eine Übersichtskarte ein und vergleicht diese mit Temperaturwerten, so sieht man, daß diese ausnahmslos innerhalb der 15°-Isotherme der Vegetationsperiode Mai–Juli liegen, d.h. in den wärmsten Teilen Südwestdeutschlands. Leider ist das Aufnahmenetz noch immer nicht dicht genug, so daß in einzelnen Gebieten immer noch gewisse Lücken vorhanden sind. Trotzdem ergibt sich schon ein verhältnismäßig gutes Bild, zumal die Orte der über 700 Aufnahmeflächen gar nicht alle darstellbar sind. Innerhalb ihrer Verbreitung in Südwestdeutschland ist nun diese Subassoziationsgruppe nicht restlos gleich ausgebildet, sondern es kommt zu ausgesprochenen Rassen- und Formenbildungen, die wir nun betrachten wollen.

Wir haben zunächst im Hochrhein- und Bodenseegebiet einschließlich der angrenzenden Teile der Schweiz zwei Rassen, die beide ausgezeichnet sind durch das Vorkommen von *Carex pilosa,* von *Hedera helix,* die bis in die Baumkronen klettert, und durch das subspontane Vorhandensein von *Juglans regia.* Mit Hilfe dieser Arten kann man die beiden Rassen zu einer Rassengruppe zusammenfassen, womit angedeutet werden soll, daß neben der hierarchisch systematischen Gliederung eine ebensolche geographische bestehen kann. Das Klima dieses Gebietes, in dem diese beiden Rassen vorkommen, ist als relativ feucht und mild, d.h. ohne große Winterkälte anzusprechen. Die Hochrhein-Bodensee-Rasse kann nun durch die submediterranen Arten *Euphorbia amygdaloides, Sorbus aria, Melittis melissophyllum* und *Potentilla micrantha* sowie durch die gemäßigt kontinentalen Arten *Lathyrus vernus* und *Anemone hepatica* unterschieden werden, wobei in etwas höheren Lagen eine submontane Form mit *Prenanthes purpurea* und *Poa chaixii* abgetrennt werden kann. Aufgrund dieser Arten, soweit man deren Ansprüche kennt, kann im Gebiet dieser Rasse auf ein etwas sommerwärmeres, winterkühleres, niederschlagsärmeres und daher trockeneres Klima als im Gebiet der Alpenvorlandrasse geschlossen werden. Im Gebiet jener sind dagegen die Niederschläge höher, das Klima also feuchter, weswegen die oben genannten Arten der Hochrhein-Bodensee-Rasse fehlen, dafür aber subatlantisch getönte Arten wie *Ilex aquifolium* und *Abies alba* als Rassen-Differentialarten vorhanden sind.

Gehen wir nun weiter zu der südlichen Oberrheinebene, so finden wir dort wieder zwei Rassen, die eventuell zu einer Rassengruppe zusammengefaßt werden können. Beide sind zunächst durch das Vorhandensein von in die Baumkronen kletternder *Hedera helix* sowie durch die submediterranen Arten *Euphorbia amygdaloides, Sorbus aria, Tamus com-*

munis und das subspontane Vorkommen von *Juglans regia* ausgezeichnet, während gemäßigt kontinentale Arten wie *Lathyrus vernus, Asarum europaeum* und *Anemone hepatica* fehlen. Das Klima ist in diesem Raum als submediterran getönt anzusprechen, d.h. wir haben milde Winter und warme Sommer, was durch die Rassen-Trennarten angedeutet wird. Das Gebiet des Kaiserstuhls und des Isteiner Klotzes mit der dazugehörigen Rasse liegt nun im Regenschatten der Vogesen und zusätzlich im Einflußbereich der warm-trockenen Südwinde aus der Burgunder Pforte. Das Klima ist daher hier besonders sommertrocken, weswegen die Rasse dieses Gebietes durch Arten angezeigt wird, die diese Sommertrockenheit gut ertragen können. So rücken hier *Tilia cordata* und *Ulmus carpinifolia* stärker in den Vordergrund, während *Fagus silvatica*, die in allen übrigen Rassen verhältnismäßig gut vertreten ist, stark zurücktritt. Außerdem ist hier noch *Coronilla emerus* vorhanden, die ebenfalls ein sommerwarmes trockenes Klima anzeigt. Im Markgräfler Hügelland dagegen steigen die Niederschläge mit Annäherung an den Schwarzwaldrand wieder an, weshalb das Klima hier nicht mehr so ausgeprägt sommertrocken, sondern schon etwas feuchter ist. *Tilia cordata, Ulmus carpinifolia* und *Coronilla emerus* fehlen deshalb praktisch, wofür aber *Ilex aquifolium* und *Melittis melissophyllum* als Rassen-Trennarten vorkommen, die einen mehr subatlantisch getönten Klimacharakter dieses Gebietes anzeigen. In den etwas höheren Lagen kann bei dieser Rasse ebenfalls eine submontane Form mit *Poa chaixii* und *Prenanthes purpurea* unterschieden werden. Diese Form liegt in einem besonderen klimatischen Gebiet, das einerseits die Milde und Wärme des südlichen Oberrheingebietes besitzt, andererseits aber auch schon einen Schuß frischer Schwarzwaldluft aufweisen kann. Es ist das Gebiet, in dem Badenweiler liegt, das seine Kurerfolge neben den Thermalquellen gerade diesem warm-milden und doch auch wieder frischen Klima zu verdanken hat.

Für die Rasse des mittleren und nördlichen Schwarzwaldrandes und den westlichen Kraichgau ist das Vorkommen von reichlich *Hedera helix*, die wiederum bis in die Baumkronen steigt, in den bodensauren Ausbildungen von *Teucrium scorodonia* und *Lonicera periclymenum*, sowie das Fehlen von *Lonicera xylosteum, Melica nutans, Pulmonaria obscura* und *Euphorbia dulcis* bezeichnend, die in allen übrigen Rassen mehr oder weniger stet vorhanden sind. Ebenso fehlen die gemäßigt kontinentalen Arten *Lathyrus vernus* und *Asarum europaeum* vollkommen. Das Klima dieses Gebietes ist warm und mild, jedoch ist die Sommerwärme nicht so hoch wie im südlichen Oberrheingebiet. Seinem Charakter nach ist es als mäßig subatlantisch anzusprechen, was auch in den vorhandenen bzw. fehlenden Pflanzenarten dieser Rasse zum Ausdruck kommt. Wieder gibt es in den etwas höheren Lagen eine submontane Form mit *Prenanthes purpurea* und teilweise *Luzula silvatica* (ebenfalls eine subatlantische Art), für die das Gleiche gilt, was über das Klima des Gebietes der submontanen Form der Markgräfler-Hügelland-Rasse gesagt wurde.

Im Neckar- und Taubergebiet begegnen wir schließlich noch zwei weiteren Rassen, die ebenfalls zu einer Rassengruppe zusammengefaßt werden können. Beide besitzen bezeichnenderweise folgende gemäßigt kontinentale Arten *Lathyrus vernus, Asarum europaeum, Ranunculus lanuginosus* und etwas *Anemone hepatica.* Das Vorkommen dieser Arten ist eindeutig durch das Klima bedingt, das in diesem Raum schon als leicht kontinental getönt zu bezeichnen ist. Die Winter sind etwas kühler, die Sommer aber bei annähernd gleicher Wärme vor allem etwas trockener als im Oberrheingebiet. Die Rasse des Muschelkalk-Neckarbecken unterscheidet sich von der Neckar-Taubergebiet-Rasse, bei der in den höheren Lagen noch eine submontane Form mit *Poa chaixii, Prenanthes purpurea* und *Knautia silvatica* abgetrennt werden kann, durch die in die Baumkronen kletternde *Hedera helix,* die in der anderen Neckar-Rasse nur mit verhältnismäßig geringer Stetigkeit in der Krautschicht vorkommt, durch *Euphorbia amygdaloides* und *Sorbus aria.* Diese Arten zeigen an, daß das Gebiet dieser Rasse in einem dem übrigen Neckargebiet gegenüber herausgehobenen wintermilderen Klimagebiet liegt.

Welche Bedeutung hat nun diese Gliederung von Pflanzengesellschaften in Rassen und Formen für die Landschaftsökologie? Da diese bemüht ist, die gesamten standortsbezogenen naturwissenschaftlichen Grundlagen zu erfassen, leistet die geographische Gliederung von Pflanzengesellschaften dazu auch einen nicht zu unterschätzenden Beitrag. Bei genügend genauer Analyse von Pflanzengesellschaften aus einem größeren Gebiete lassen sich nämlich durch die geographische Gliederung einheitliche Landschaftsräume gegeneinander sehr gut abgrenzen. Darüber hinaus lassen sich, soweit man die Ansprüche von gewissen Pflanzen kennt, mit deren Hilfe man die geographische Gliederung durchführt, meist auch gewisse Rückschlüsse auf das Großklima dieser Landschaftsräume ziehen, wobei man damit in manchen Fällen viel feinere Nuancen erfaßt als sie durch metereologische Daten allein gegeben sind. Natürlich kann man hier jetzt einwenden, daß die Rassen nicht so sehr durch das Klima als viel mehr durch areal-geographische Erscheinungen bestimmt werden. Aber werden Pflanzenareale nicht zuletzt in zahlreichen Fällen wieder durch bestimmte Klimafaktoren bedingt, so daß man auch damit schließlich wieder klimatische Phänomene beurteilen kann? Noch manche Fragen über die Gliederung von Pflanzengesellschaften in Rassen, ihre Zusammensetzung und deren Deutung ließen sich hier anschließen, auf die hier aber nicht weiter eingegangen werden kann. Es muß aber unbedingt noch gesagt werden, daß wir heute erst in der Lage sind, nur für verhältnismäßig wenige Pflanzengesellschaften eine klar analysierte geographische Gliederung über größere Gebiete hinweg geben zu können, weswegen in der pflanzensoziologischen Forschung diesem Gebiet weiterhin Beachtung zu schenken ist, da es nebenbei auch von großer praktischer Bedeutung ist.

ZUSAMMENFASSUNG

Zunächst werden die Begriffe der Rasse und Form einer Assoziation erläutert und dann an dem Beispiel des Galio-Carpinetum im Südwestdeutschland dargestellt. Dieses kann hier in mehrere geographische Rassen und verschiedenen höhenzonale Formen gegliedert werden. Zum Schluß wird auf die Bedeutung der Gliederung der Assoziationen in Rassen und Formen für die Landschaftsökologie eingegangen. Durch diese können einheitliche Landschaftsgebiete mit ihren jeweils charakteristischen Komplexen von Standortfaktoren gegeneinander abgegrenzt werden.

SUMMARY

First of all the definitions of race and form of an association are defined and than represented by an example of the Galio–Carpinetum in southwestern Germany. This can be arranged here in several geographical races with different forms of altitude. Finally the importance of the articulation of the associations in race and form for the landscape ecology is explained. By these, homogeneous landscape districts with their specific characteristic complexes of environment can be delimited from each other.

R. TÜXEN:
In dem Bestreben, unsere Ansichten zu einer fruchtbaren Synthese zu vereinigen, möchte ich Herrn TROLL sagen, daß nach meiner Ansicht der Vortrag von Herrn MÜLLER gezeigt hat, daß die *verfeinerte* pflanzensoziologische *Systematik* eine wichtige Grundlage für die tiefere geographische Auswertung der Pflanzensoziologie darstellt.

M. SCHWICKERATH:
Die Rassen-Differentialarten sind die von mir eingeführten geographischen Differentialarten. Es ist zu begrüßen, daß sie an verfeinerten Assoziationen angewandt werden.

TH. MÜLLER:
Die Gliederung der Assoziation in Rassen und Formen entspricht grundsätzlich der SCHWICKERATH'schen Gliederung. Sie ist verfeinert und im Gegensatz zu SCHWICKERATH auf bestimmte geographische Räume bezogen.

C. TROLL:
Der geographische Raum ist dreidimensional und umfaßt die Höhenstufen mit. Gewöhnlich werden ja bei horizontaler Gliederung die Höhenstufen nicht mit dargestellt. Es wäre aber wünschenswert, unter eine Vegetationskarte, wie es die Geologen tun, ein oder einige Profile zu setzen.

DER EINFLUSS DES MENSCHEN AUF DIE VEGETATION UND ZUR TERMINOLOGIE ANTHROPOGENER VEGETATIONSTYPEN

von

H. SUKOPP, Berlin

Über den Einfluß des Menschen auf die Vegetation haben wir erst in den letzten Jahrzehnten größere Klarheit gewinnen können. Wenn auch der anthropogene Ursprung vieler Pflanzengesellschaften bekannt war, so wurde diese Tatsache doch nur selten in den Untersuchungsmethoden konsequent berücksichtigt. Dies hat seinen Grund sicher in den besonderen Schwierigkeiten, die sich in alten Kulturländern einer Lösung dieses Fragenkomplexes entgegenstellen (LINKOLA 1916). Es wird jedoch immer deutlicher, daß eine wesentliche Aufgabe der botanischen Forschung dieses Jahrhunderts in der Aufzeichnung des raschen Wandels von Flora und Vegetation in aller Welt liegt. Das verstärkte Interesse an diesen Problemen zeigte sich in letzter Zeit u.a. darin, daß drei Kongresse sich ganz oder teilweise ihnen gewidmet haben:

1955 in Princeton „Man's Role in Changing the Face of the Earth" (THOMAS 1956).

1959 Symposium on „Man's Influence on Nature in Finland", veranstaltet von der Finnischen Geographischen Gesellschaft (JAATINEN 1961).

1961 in Stolzenau über „Anthropogene Vegetation" (TÜXEN 1966).

Der Fortschritt unserer Erkenntnisse über den Einfluß des Menschen auf die Vegetation hängt ab von dem fruchtbaren Zusammenspiel zwischen empirischen Untersuchungen und theoretischer Durchdringung. Die Pflanzensoziologie allgemein verdankt ihren großen Aufschwung den klaren Konzeptionen ihrer Begründer und der konsequenten Anwendung eindeutig formulierter Begriffe. In den Anfängen der Pflanzensoziologie lag das Schwergewicht auf den naturgegebenen standörtlichen Grundlagen der Pflanzengesellschaften. Es kann aber heute nicht mehr übersehen werden, daß der Mensch eine bedeutende und spezifische Rolle bei der Ausbildung des Vegetationsbildes spielt. Um den Einfluß des Menschen auf Pflanzengesellschaften zu charakterisieren, sind uns als Rüstzeug z.B. Begriffe wie Ersatzgesellschaft oder Forstgesellschaft geläufig. Es fehlt eine umfassende Methodik und eine einheitliche Terminologie für alle Untersuchungen, die den Menschen als gestaltenden Faktor der Vegetation betreffen. Sehen wir uns zum Vergleich die Behandlung desselben Problems in der Floristik an. Hier hat THELLUNG (z.B. 1915) für die Adventivflora schon zu Anfang dieses Jahrhunderts eine umfassende und einheitliche Terminologie vorgeschlagen. Die Terminologie, die begriffliche Fassung hat sich weitgehend bewährt, nicht immer allerdings seine

Nomenklatur. Trotz zahlreicher Schwierigkeiten, die in der Folge durch uneinheitliche Begriffsbildung und Namengebung auftauchten, war doch ein großer Rahmen geschaffen.

Es kann nicht Aufgabe dieses kurzen Referates sein, einen Entwurf für die begriffliche Fassung aller Probleme des menschlichen Einflusses auf die Vegetation vorzulegen. Wohl aber ist ein solches Symposion der Ort, um in einer Diskussion einige Punkte aufzugreifen, die schon bei den vergangenen Stolzenauer Symposien berührt worden sind. Einige Gesichtspunkte hierfür kann vielleicht das Referat liefern.

Zunächst müssen wir eine bestimmte Grundauffassung von der Art des menschlichen Einflusses aufzeigen. Unsere Grundauffassung kann in der Formel vom „Menschen als Gestalter von Vegetation und Landschaft" zusammengefaßt werden. Wir haben diese Position bereits bezogen, wenn wir den Terminus „anthropogen" gebrauchen. Wie Herr Prof. FRIEDERICHS vor zwei Jahren auf dem Symposion über Anthropogene Vegetation ausführte, setzt die Benutzung des Ausdruckes „anthropogen" implizit voraus, daß der Mensch zwar in der Natur verwurzelt ist, ihr aber gegenübersteht. Der Mensch ist der „überorganische Faktor", nicht ein Glied der Lebensgemeinschaft.

Die Beschreibung des menschlichen Einflusses auf die Vegetation erfolgt meist nach seinen einzelnen Erscheinungsformen: Rodung, Brand, Mahd, Beweidung, Waldnutzung, Düngung, Beackerung usw. Neben solche Arten zweckbestimmter planmäßiger Veränderung tritt noch die *Beseitigung* von Vegetation, die als zweckhinderlich empfunden wird (z.B. „Unkrautbekämpfung"), ohne daß eine neue Bestellung oder Nutzung der Vegetation erfolgt. Diese Formen oder Richtungen menschlicher Einwirkungen unterscheiden sich in den verschiedenen Vegetationszonen der Erde beträchtlich. Für einen Vergleich verschiedener Gebiete erscheint es daher angebracht, sie einheitlich nach folgenden Dimensionen des menschlichen Einflusses (ETTER 1954, p. 100; SUKOPP 1957) aufzugliedern: Intensität, Ausmaß und Dauer der Einwirkung.

Als vorläufige Definitionen werden vorgeschlagen:

Intensität soll heißen: die Stärke des Einflusses an einer bestimmten Stelle. Sie kann z.B. in der von TÜXEN (1954, Anm. p. 77) vorgeschlagenen Abstufung als „Ersatzgesellschaften 1. bis 4. Grades" angegeben werden, wodurch sich „Stufen des menschlichen Einflusses" ergeben. Diese Stufen werden durch Zeigerarten, hier synanthrope Pflanzen, gekennzeichnet, über die gleich berichtet werden soll. Speziell für die Intensität des Einflusses auf Wälder und Forsten gibt es differenzierte Schemata von v. HORNSTEIN (1954) und WECK (1956), neben der üblichen, groben Einteilung in Wald- und Forstgesellschaften.

Ausmaß soll heißen: die flächenhafte Ausdehnung. Von diesem Gesichtspunkt des Raumes, der erst in neuester Zeit genügende Berücksichtigung bei den Untersuchungen des menschlichen Einflusses gefunden hat, sind zu unterscheiden: örtliche, regionale und allgemeine Wirkungen.

Dauer der Einwirkung, anzugeben in Zeiteinheiten. Wichtig ist hierbei auch, ob es sich um einmalige oder um wiederholte, auch periodische Eingriffe handelt. Wiederholte und periodische Eingriffe haben meist eine stärkere Wirkung als einmalige. Die Dauer der Einwirkung ist auch deshalb von großer Bedeutung, weil mit dem Eingreifen des Menschen ein neuer historischer Aspekt, eine Beschleunigung und Dynamisierung der Entwicklung in die Vegetation gebracht wird. Aus diesem historischen Aspekt ist es auch zu verstehen, daß der menschliche Einfluß häufig unter den Sukzessionen – als sog. sekundäre Sukzessionen – abgehandelt wird.

Ein Hinweis auf diese drei Dimensionen und auf die Bedeutung einer jeden von ihnen ist vor allem deshalb notwendig, weil die in der botanischen Literatur schwankende Beurteilung des menschlichen Einflusses auf die Vegetation darin begründet liegt, daß man einzelne Dimensionen allein betonte und andere vernachlässigte. In älterer Zeit wurde die Intensität des menschlichen Einflusses oft überschätzt. Man glaubte, daß z.B. die Zusammensetzung von Unkrautbeständen völlig vom menschlichen Einfluß her bestimmt sei, daß solche Bestände keine Abhängigkeit vom Standort zeigten und daß sie nicht als Gesellschaften bewertet werden könnten. Demgegenüber wurde das Ausmaß menschlicher Eingriffe früher vielfach unterschätzt.

Nach neuerer Auffassung ist die Intensität des menschlichen Einflusses begrenzt durch die natürlichen Gegebenheiten des Standortes, das Ausmaß dagegen kann kaum zu hoch eingeschätzt werden. Eine adäquate Einschätzung wird nur bei Berücksichtigung und Kenntnis aller drei Dimensionen möglich sein.

Bevor ich nun auf Zeigerarten für den menschlichen Einfluß eingehe, ist eine Bemerkung vorauszuschicken.

Um eine einfache Maßzahl für den menschlichen Einfluß zu gewinnen, kann man sowohl Verlust wie auch Gewinn von Arten benutzen, in Prozentzahlen ausdrücken und auf bestimmte Vegetationstypen oder auf die gesamte Flora beziehen.

In Berlin gab es (nach SCHOLZ 1960)

1787	20,
1884	51,
1959	79

eingebürgerte neophytische Ruderal-Arten. Für Berlin kann man feststellen, daß die Zahl der eingebürgerten Ruderal-Arten in direkter Beziehung zur Bevölkerungszahl steht. Ab 1860 beginnt die stürmische Bevölkerungszunahme, entsprechend eine verstärkte Zunahme der Ruderal-Arten.

Ähnliches zeigt sich in den Berechnungen über „Verlust und Gewinn der Stuttgarter Flora im letzten Jahrhundert", die KREH (1951) angestellt hat. Der Gewinn an Arten (insgesamt 17%) ist dort ein empfindlicherer Zeiger als der Verlust an Arten (insgesamt 6% des Bestandes).

Es sollen einige Beispiele von Arbeiten folgen, in denen der Anteil synanthroper Arten als Maßzahl für den menschlichen Einfluß auf Pflanzengesellschaften benutzt worden ist. Dazu möchte ich bemerken, daß synanthrop nicht nur Adventive oder eingebürgerte Arten sind, sondern daß auch die heimische Flora durch Differenzierung Sippen stellt, die auf anthropogenem Gelände wachsen (Apophyten).

1. LINKOLA (1916) gab aus Ladoga-Karelien folgende Anteile für Synanthrope an:

Graswiesen	24–45%,
feuchte Wiesen	13–21%,
Brandwälder vom Myrtillus-Typ	16–30%.

2. ZOLLER (1954, p. 257–277) gibt für die Xero- und Mesobromion-Rasen im Schweizer Jura an, daß mit steigendem Kultureinfluß die Prozentzahl der anthropochoren Arten beträchtlich ansteige (von 6% auf 56%).

3. J. TÜXEN (1958) beschreibt Acker- und Gartenstufen von Unkrautgesellschaften als „historische Phasen" und als Spiegel für menschliche Einwirkungen auf diese Standorte. Er gibt 1960 auf dem Symposion über Biosoziologie den Anteil an Neophyten von Verbänden und Klassen der Unkrautgesellschaften an (J. TÜXEN 1965).

4. PASSARGE (1962) charakterisiert die Wirkung des Forst-Einflusses auf Standort und Vegetation durch den Anteil der Forst- und Störungszeiger (stark, mittel, gering, fehlend).

5. Für den Umkreis von Siedlungen läßt sich als Maß der „Ruderalisation" (SCHOLZ 1960) der Prozentsatz der eingebürgerten ruderalen Archäophyten und Neophyten, bezogen auf die gesamte Flora des Gebietes, ermitteln.

Der wichtigste Beitrag zur Beschreibung des menschlichen Einflusses auf die Vegetation besteht in der Kennzeichnung des Verhältnisses zwischen menschlichen Einwirkungen und natürlichen Wuchsbedingungen. In den „Grundlagen der Urlandschaftsforschung" hat TÜXEN 1931 die Entwicklung der gegenwärtigen Kulturlandschaft als Resultante aus den zwei Faktoren: Geschichte des anthropogenen Einflusses auf die Landschaft und der Entwicklung der Naturlandschaft dargestellt.

Die Anwendung dieses Gesichtspunktes auf einzelne Vegetationstypen gelang durch den von TÜXEN geschaffenen Begriff der *Ersatzgesellschaften*. Er ist ein Begriff der Syndynamik und kennzeichnet anthropogene Pflanzengesellschaften durch ihre Zuordnung zu natürlichen Pflanzengesellschaften. In der ursprünglichen Fassung (1942) umfaßten die Ersatzgesellschaften natürliche und anthropogene Pflanzengesellschaften. SCHMITHÜSEN (1959) benutzt einschränkend den Terminus Ersatzgesellschaften nur für anthropogene Vegetationseinheiten. Der Begriff der Ersatzgesellschaft stellt den wichtigsten Fortschritt in der Erfassung des menschlichen Einflusses auf die Vegetation dar. Mit dem Begriff „Ersatzgesellschaft" hat erstmals der spezifisch anthropogene historische Aspekt in die pflanzensoziologische Terminologie Aufnahme gefunden. Ersatz ist – wenn man alle Dimensionen des menschlichen Einflusses berücksichtigt – nicht einfach Sukzession. Zur Kennzeichnung einer Ersatzgesellschaft sind nötig: eine Einordnung in einen Gesellschaftsring mit der Angabe der bisherigen Entwicklung, eine Beschreibung des jetzigen Zustandes und evtl. eine Angabe über die weitere Entwicklung.

Ich will mich abschließend mit einer Gruppe von Gesellschaften beschäftigen, die bisher noch nicht zusammenfassend behandelt worden ist. Es sind dies Gesellschaften, die bei Störungen von Vegetation und

Standort auftreten, sowohl nach der Beseitigung einer Vegetationsdecke ohne neue Nutzung oder Bestellung als auch nach mißglückten Kultivierungsversuchen und anderen tiefgreifenden Standortsveränderungen. Es handelt sich also nicht um Forstgesellschaften. Solche Bestände spielen sowohl bei intensiven als auch bei extensiven Eingriffen in vielen Gebieten der Erde eine große Rolle. In der Literatur sind sie in allgemeiner Form z.B. von BERNÁTSKY (1904) in seiner ,,Anordnung der Formationen nach der Beeinflussung seitens des Menschen und der Weidetiere" als ,,Übergangsformationen" an Stelle einstigen Kulturlandes bei Aufgabe der Kultur beschrieben worden, von ALECHIN (1926, p. 42) als ,,Gesellschaften im gestörten Gleichgewicht", von DU RIETZ (1930, p. 305) als ,,labile Pflanzengemeinschaften", von PFEIFFER (1960) als ,,labile Gesellschaftsgefüge." Diese *Degradationen* sollen alle Fälle umfassen, in denen die Entwicklung noch nicht zu neuen Assoziationen geführt hat (SUKOPP 1959/60, p. 155, vgl. Abb. 1).

In der praktischen vegetationskundlichen Arbeit sind solche anthropogenen Degradationen bisher, wenn sie überhaupt beachtet wurden, sehr verschieden behandelt worden. Auf diese uneinheitliche Behandlung möchte ich hinweisen und hierfür einige Beispiele geben. Bei Waldgesellschaften sind solche Einheiten bisweilen besonders herausgestellt worden, jedoch ohne festgelegte Beziehung zu einer Assoziation: z.B. als Umwandlungsgesellschaften bei FABER (1933), Devastierungsstadien bei HUECK (1943, p. 30), Degradationsreihen bei HAUFF, SCHLENKER u. KRAUSS (1950) oder Degenerationszustände, degradierte Vegetation bei WESTHOFF (1958). Auf dem Grünland wird von besonderen Ausbildungsformen oder Fazies gesprochen. Bei der Beschreibung der durch chemische Unkrautbekämpfung veränderten Ackerunkrautgesellschaften sind für solche Vegetationstypen die Bezeichnungen ,,Verarmungsgesellschaft" (HILBIG 1960, p. 326) und durch BRUN (1961, Symposion) ,,Fragment-Gesellschaften, Restgesellschaften, Assoziationsreste" benutzt worden. Dies ist nur eine kleine Auswahl, die noch um zahlreiche Beispiele vermehrt werden könnte. Da keine einheitliche Terminologie für solche Einheiten besteht, werden also für jeden Fall neue Beschreibungen angefertigt. Es fehlt häufig die wichtigste Angabe: über die Entstehung.

Um zu einer einheitlichen Kennzeichnung und Terminologie für diese Einheiten zu gelangen, sollte man an ihre Beschreibung die gleichen Anforderungen stellen wie an die der Ersatzgesellschaften: Entstehung, jetziger Zustand und weitere Entwicklung. Da es sich bei diesen Degradationen um kleinere Schritte in der Entwicklung handelt, bei denen noch nicht von neuen Assoziationen gesprochen werden kann, wäre ihre Kennzeichnung folgende:

1. Der Entstehung nach gehören sie als Phasen zu den Assoziationen, aus denen sie hervorgegangen sind. Solche Phasen in anthropogenen Sukzessionen sind häufig nicht nur regressiv innerhalb des gleichen (ursprünglichen) Gesellschaftsringes, sondern abgelenkt (im Sinne von GODWIN and TANSLEY), so daß der frühere Gesellschaftsring verlassen wird. Die natürliche Entwicklung wird verhindert und geht in anderer Richtung weiter, z.B. im Falle einer Eutrophierung eines oligotrophen

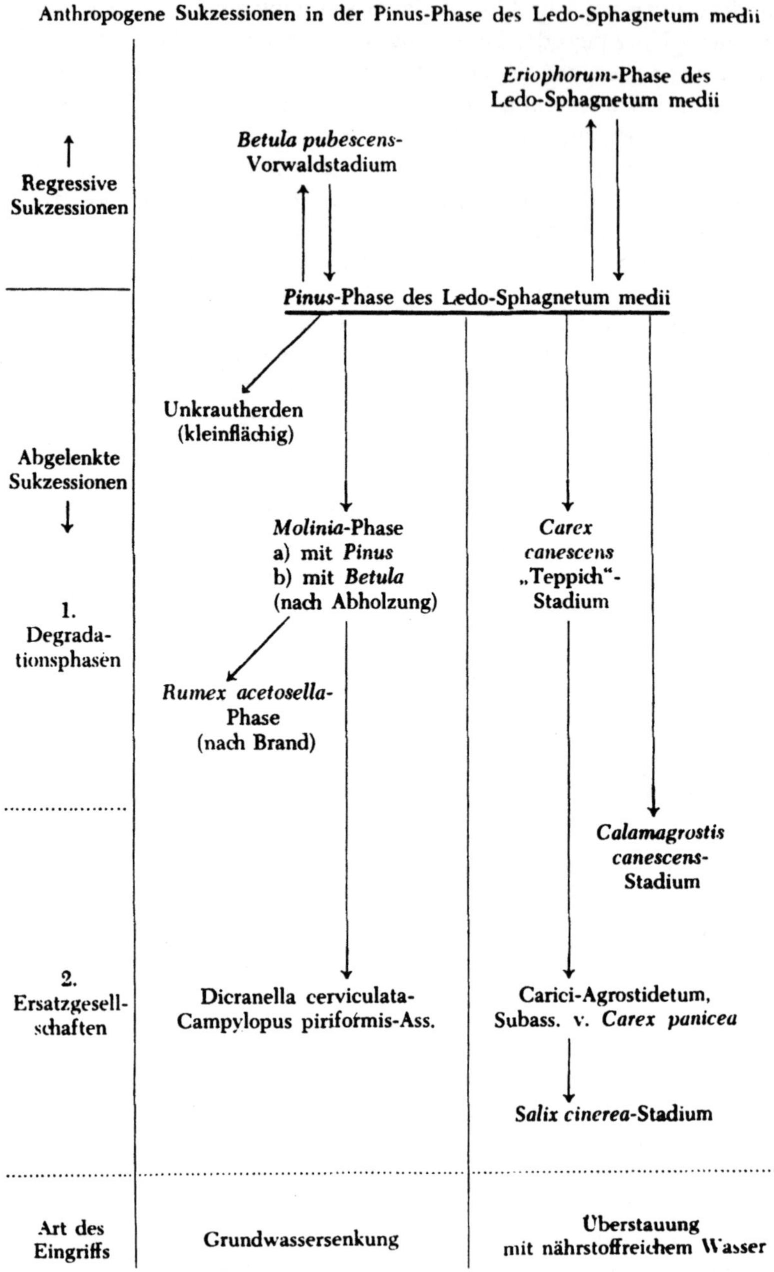

Abb. 1. Anthropogene Sukzessionen in der *Pinus*-Phase des Ledo-Sphagnetum medii (aus Sukopp 1959/60).

Standortes. Solche Phasen können nicht ohne weiteres mit den Terminal- oder Degenerationsphasen einer natürlichen Sukzession gleichgesetzt werden. Für sie erscheint daher der Terminus „Degradationsphasen" angebracht.

2. Der jetzige Zustand ist ein labiler Gleichgewichtszustand. Die Kennzeichnung erfolgt durch Differentialarten.

3. Die weitere Entwicklung wird gerade bei abgelenkten Sukzessionen nur in manchen Fällen abzusehen sein.

Die Degradationen sind nur ein Beispiel für wenig beachtete anthropogene Vegetationstypen. Ebenso wie die Degradationen sind auch die Gradationen, die Fälle der Bildung neuer Pflanzengesellschaften auf Neuland (speziell Ruderalgesellschaften), wenig durchdacht. Aufgabe dieses Referates sollte es sein, auf einige solche Fälle hinzuweisen und die Notwendigkeit einer umfassenden Methodik und einer einheitlichen Terminologie für alle Untersuchungen zu betonen, die den Menschen als gestaltenden Faktor der Vegetation betreffen.

ZUSAMMENFASSUNG

Um unterschiedliche Formen des menschlichen Einflusses auf die Vegetation in verschiedenen Gebieten vergleichen zu können, wird vorgeschlagen, dabei folgende drei Dimensionen zu berücksichtigen: Intensität, Ausmaß und Dauer der Einwirkung. Als einfaches Maß für den menschlichen Einfluß auf die Vegetation kann man Verlust und Gewinn von Arten oder den Anteil synanthroper Arten an Pflanzengesellschaften benutzen.

Der wichtigste Beitrag zur terminologischen Fassung des menschlichen Einflusses auf die Vegetation ist der Begriff der „Ersatzgesellschaft" (Tüxen 1942). Für die Benennung der Stadien bei Gradationen und Degradationen besteht noch keine Einheitlichkeit in den Fachausdrücken.

SUMMARY

Comparing different directions of human influence on vegetation in various regions it is proposed to consider the following three dimensions: intensity, extent and duration of influence. Loss and gain of species or share of synanthropic species in plant communities are a simple criterion for human influence on vegetation.

The most important contribution to terminology of human impact on vegetation is the term „Ersatzgesellschaft" (Tüxen 1942). Concerning naming of stages in gradations and degradations a uniform terminology does not yet exist.

LITERATUR

Alechin, W. W.: Was ist eine Pflanzengesellschaft? – Repert. spec. nov. *Beih.* **37**: 1–51. Dahlem b. Berlin 1926.

Bernátsky, J.: Anordnung der Formationen nach ihrer Beeinflussung seitens der menschlichen Kultur und der Weidetiere. – Engler's Bot. Jb. **34**: 1–8. Leipzig 1904.

BRUN-HOL, J.: Ackerunkraut-Fragmentgesellschaften. – In: R. TÜXEN (Hrsg.): Anthropogene Vegetation: 38–51. Den Haag 1966.

DU RIETZ, C. E.: Vegetationsforschung auf soziationsanalytischer Grundlage. Handbuch biol. Arbeitsmethoden. Abt. 11, **5**: 293–480. 1930.

ETTER, H.: Grundsätzliche Betrachtungen zur Beschreibung und Kennzeichnung der Biochore. – Schweiz. Z. Forstwesen **105**: 93–104. 1954. – Vegetatio **5/6**. Den Haag 1954.

FABER, A.: Pflanzensoziologische Untersuchungen in Süddeutschland. Über Waldgesellschaften in Württemberg. – Bibliotheca Botanica **108**. Stuttgart 1933.

GODWIN, H. a. TANSLEY, A. G.: The vegetation of Wicken Fen. – The Nat. Hist. of Wicken Fen **5**. Cambridge 1929. (Zit. nach J. BRAUN-BLANQUET, Pflanzensoziologie. 3. Aufl. Wien-New York 1964).

HAUFF, R., SCHLENKER, G. u. KRAUSS, G. A.: Zur Standortsgliederung im nördlichen Oberschwaben. – Allg. Forst-u. Jagdztg. **122**: 3–23, 37–53. Frankfurt/M. 1950.

HILBIG, W.: Vegetationskundliche Untersuchungen in der mitteldeutschen Ackerlandschaft. II. Die Ackerunkrautgesellschaften im Gebiet zwischen Huy und Hakel. – Wiss. Z. Univ. Halle. Math. naturw. R. **9**: 309–332. Halle 1960.

HORNSTEIN, F. v.: Vom Sinn der Waldgeschichte. – Angewandte Pflanzensoziologie (Wien). Festschrift Aichinger **2**: 685–707. Wien 1954.

HUECK, K.: Vegetationskundliche Karte des Deutschen Reiches. 1:1 000 000. Blatt Berlin. – Neudamm 1943.

JAATINEN, S. (ed.): Symposium on man's influence on nature in Finland. – Fennia **85**: 1–128. Helsinki 1961.

KREH, W.: Verlust und Gewinn der Stuttgarter Flora im letzten Jahrhundert. – Jh. Ver. vaterl. Naturk. Württemberg **106**: 69–124. Stuttgart 1951.

LINKOLA, K.: Studien über den Einfluß der Kultur auf die Flora in den Gegenden nördlich vom Ladogasee. I. Allgemeiner Teil. – Acta Soc. Fauna Flora Fennica **45** (1): 1–429. Helsingforsiae 1916.

PASSARGE, H.: Zur Gliederung und Systematik der Kiefernforstgesellschaften im Hagenower Land. – Arch. Forstwesen **11**: 275–308. Berlin 1962.

PFEIFFER, H. H.: Labile Gesellschaftsgefüge an einem stratiobotanischen Beispiel. – Phyton **9**: 45–53. Horn (N.-Ö.) 1960.

SCHMITHÜSEN, J.: Allgemeine Vegetationsgeographie. – Berlin 1959. 261 p.

SCHOLZ, H.: Die Veränderungen in der Ruderalflora Berlins. Ein Beitrag zur jüngsten Florengeschichte. – Willdenowia **2**: 379–397. Berlin-Dahlem 1960.

SUKOPP, H.: Der Einfluß des Menschen auf die Vegetation. (Vortragsreferat). – Mitt. Flor.-soz. Arbeitsgem. N.F. **6/7**: 396–398. Stolzenau/Weser 1957.

— Vergleichende Untersuchungen der Vegetation Berliner Moore unter besonderer Berücksichtigung der anthropogenen Veränderungen. – Bot. Jb. **79**: 36–191. Stuttgart 1959/60.

THELLUNG, A.: Pflanzenwanderungen unter dem Einfluß des Menschen. – Bot. Jb. **53**, Beibl. 116: 37–66. Stuttgart 1915.

THOMAS, W. L. jr. (ed.): Man's Role in Changing the Face of the Earth. – Chicago 1956. 1193 p.

TÜXEN, J.: Stufen, Standorte und Entwicklung von Hackfrucht- und Garten-Unkrautgesellschaften und deren Bedeutung für Ur- und Siedlungsgeschichte. – Angewandte Pflanzensoziologie **16**: 1–164. Stolzenau/Weser 1958.

— Zur Entwicklungsgeschichte von Ackerbiozönosen. – In: R. TÜXEN (Hrsg.): Biosoziologie: 323–329. Den Haag 1965.

TÜXEN, R.: Die Grundlagen der Urlandschaftsforschung. Ein Beitrag zur Erforschung der Geschichte der anthropogenen Beeinflussung der Vegetation Mitteleuropas. – Nachr. aus Niedersachsen Urgeschichte **5**. Hildesheim u. Leipzig 1931.

— Ersatzgesellschaften. – Wiss. Rundbriefe d. Zentralstelle f. Vegetationskartierung **12**. Hannover 1942.

— Pflanzengesellschaften und Grundwasser-Ganglinien. – Angewandte Pflanzensoziologie **8**: 64–98. Stolzenau/Weser 1954.
— (Hrsg.): Anthropogene Vegetation. Bericht über das Internationale Symposium in Stolzenau/Weser 1961. – Den Haag 1966. XV, 398 p.
WECK, J.: Entwicklungsstufen und Gefügetypen von Baumbeständen. – Forstwiss. Cbl. **75**: 108–124. Berlin u. Hamburg 1956.
WESTHOFF, V.: Boden- und Vegetationskartierungen von Wald- und Forstgesellschaften im Quercion robori-petraeae-Gebiet der Veluwe (Niederlande). – Angew. Pflanzensoziologie **15**: 23–30. Stolzenau/Weser 1958.
ZOLLER, H.: Die Typen der Bromus erectus-Wiesen des Schweizer Juras. – Beitr. geobot. Landesaufn. Schweiz **33**. Bern 1954. 309 p.

D. BOMMER:
Sie sagten, daß die Intensität des Eingriffes des Menschen begrenzt wird durch die natürlichen Wuchsbedingungen. Das Anliegen der Landwirtschaft und der Forstwirtschaft ist gerade darauf gerichtet, die natürlichen Wuchsbedingungen zu verändern, um eine günstige Pflanzen-Produktion zu erzielen. Beispiele dafür sind die erwähnte Grundwasserabsenkung oder Bewässerung von Wüstengebieten. Solche grundlegenden Änderungen gegenüber den natürlichen Wuchsbedingungen sind das Ziel dieser Wissenschaftszweige.

C. TROLL:
Es ist nicht immer leicht, die Grenzen zwischen anthropogenen und rein natürlichen Einflüssen zu ziehen. Ein großes Beispiel ist der Einfluß des Brandes in den tropischen Grasländern, wo man genau weiß, daß die meisten Grasbrände künstlich angelegt werden. Vielleicht sind sie schon vor Jahrtausenden von den Eingeborenen angelegt worden. Man weiß aber ebenso sicher, daß sie natürlich auch durch Blitzeinschläge entstehen können. Wo ist die Grenze? Versuche haben ja immer gezeigt, daß durch Verhinderung des Brandes eine holzreiche Vegetation entsteht. Wenn auf solchen Versuchsflächen nach vielen Jahren ein Brand durch Blitz entsteht, dann hat sich so viel trockenes Gras angehäuft, daß die Wirkung dieses natürlichen Brandes viel größer war als die der regelmäßig angelegten Feuer, wobei ja immer nur eine kurzfristige Anhäufung von brennbarem Material zur Verfügung stand. Ein anderes Beispiel bietet die Lägerflora der Rinder, Schafe, Ziegen oder Gemsen in den Alpen. Man müßte hier auch zwischen der natürlichen und der anthropogenen Lägerflora unterscheiden. Aber das soll keine grundsätzliche Bemerkung gegen das Referat sein. Ich halte aber eine solche Durchdenkung der ganzen Zusammenhänge und vor allem auch des Terminologischen für außerordentlich fruchtbringend.

F. K. HARTMANN:
Der Forstmann ist an diesen Dingen ganz außerordentlich interessiert und hat immer eine gewisse Tendenz, doch von dem Natürlichen auszugehen, um daran das Degradationsstadium oder das abgewandelte Stadium eines Kunstwaldes oder einer Forstgesellschaft messend verfolgen zu können. Wir haben in unserem Institut eine Dissertation machen lassen (GENSSLER, H., Veränderungen von Boden und Vegetation nach generationsweisem Fichtenanbau. Hann.-Münden 1959), die

der Frage nachgegangen ist: wie wirkt in sauren Ursprungs-Waldgesellschaften, in azidophilen Luzulo-Fageten, Luzulo-Querceten usw. die Fichte in der ersten oder in der zweiten Generation? Wie wandelt sich die Gesellschaft? Wie kann man diese Phasen festlegen? Wie sind sie soziologisch, bodenkundlich, humusbiologisch auf Grund dieses Vergleiches mit der natürlichen Waldgesellschaft auf gleichem Standort daneben messend zu verfolgen mit allen bodenkundlichen und biologischen Maßstäben, in dem Sinne wie Prof. ELLENBERG das auch gern möchte. Wir möchten zu wirklichen exakten vergleichsfähigen Methoden kommen. Dann erst können wir wirklich etwas für die Wirtschaft sagen. Wir können dann erst sagen, ob bei der Fichte nach 2½ Generationen die Abwandlung so stark ist, daß man im Boden eine größere Podsolierung feststellen muß. Das hat sich z.B. in den Gebirgsböden nicht ergeben. Zweieinhalb Fichten-Generationen bedeuten zwar eine Podsolierung, aber noch nicht die Ausscheidung eines alten B-Horizontes, wie man ihn als Orterde unter Heide hat.

H. SUKOPP:
Zu dem, was Herr BOMMER gesagt hat, wäre zu ergänzen: gewiß ist die Intensität des menschlichen Eingriffes immer das Eindruckvollste und Imponierende, darum auch heute noch immer zuerst ins Auge springend. Aber selbst bei den genannten Beispielen möchte ich sagen, daß bei gleichmäßiger Rücksichtnahme auf die anderen Dimensionen, auf Ausmaß und Dauer der Einwirkung, eine gewisse Relativierung eintritt, daß zwar für eine gewisse Zeit und für einen gewissen Ort eine sehr starke menschliche Umformung geschehen kann, aber man möchte auch in diesen Fällen die anderen Dimensionen berücksichtigen, um diese eine Dimension nicht zu stark zu überschätzen.

LA CARTOGRAPHIE BOTANIQUE: DES GRANDES AUX PETITES ÉCHELLES[1]

par

GUY ROBERTY, Bondy

Sur les quelques dizaines de kilomètres carrés pris en compte dans la très belle carte des associations végétales du district forestier de Schlitz (1), à l'échelle de 1/15 000, je relève 134 unités différentes.

Il est hors de doute pour moi qu'effectivement les éminents rédacteurs de cette carte, si j'avais la joie de me trouver aujourd'hui avec vous auprès d'eux, pourraient m'indiquer très clairement sur le terrain toutes les unités de végétation ainsi représentées: chacune ayant une définition statistique, c'est-à-dire à la fois qualitative et quantitative; chacune correspondant à un microclimat principalement déterminé par les caractères, physiques et chimiques, du sol qui la supporte et la nourrit mais dont l'expression végétale actuelle peut aussi résulter, en tout ou partie et plus ou moins directement de l'action des hommes.

Les phytosociologues français, dans leur carte à l'échelle de 1/20 000 (2), admettent à partir de ces mêmes facteurs, l'homme et le sol, des unités d'amplitude équivalente.

On peut en déduire que le nombre total de ces unités cartographiques, pour l'ensemble de la surface terrestre, atteindrait plusieurs dizaines de mille.

A l'extrême opposé, à l'échelle d'une mappemonde, l'école de Zürich (3) reconnait neuf ,,Formations-Klassen" floristiquement et physionomiquement définies mais fondées sur le climat; l'école de Toulouse (4) admet quatorze climats fondamentaux dont chacun s'exprime par une végétation caractéristique. Ici encore, en dépit des divergences de détail, s'établit un accord implicite.

Ainsi les synthèses les plus générales combinées avec les analyses les plus particulières aboutissent aux conclusions suivantes:

a) l'action du climat doit dominer la cartographie à petite échelle,
b) l'action du sol doit dominer la cartographie à grande échelle, sauf
c) action de l'homme qui, nulle aux petites échelles, peut devenir codominante ou même exclusive aux grandes.

Quant à la définition de la végétation résultante, elle peut et donc doit être fondée à la fois:

a) sur sa physionomie,
b) sur sa composition floristique.

Le phytogéographe spécialisé dans les échelles moyennes, en gros de

[1] In Abwesenheit des Autors von Herrn Prof. LINDER gelesen.

1/200 000 à 1/5 000 000, se trouve donc, à première vue, en présence d'un problème très compliqué, portant sur cinq variables et demandant deux solutions, l'une de classement logique et l'autre d'expression cartographique.

A mon avis, le très grand mérite de l'école toulousaine et surtout de son fondateur, H. GAUSSEN, est d'avoir simplifié sans les déformer les données de ce problème (5).

Cartographiquement cette simplification attribue:

a) des couleurs à la définition du milieu: climat et sol, isolément ou conjointement selon l'échelle; chaque teinte ou couleur correspondant à une „série";
b) des dispositions de couleurs à la définition, physionomique, du „paysage"; ainsi en teinte plate pour les forêts, en grisé-pontillé pour les prairies.

Un grand nombre de feuilles établies selon ces conventions, à l'échelle de 1/200 000, a déjà été publié pour la France et l'Afrique du Nord (6). Des conventions analogues, définissant les séries sous leurs paysages principaux, ont été employées dans une carte à l'échelle de 1/1 000 000 dont sont déjà parues deux feuilles, une pour l'Afrique du Nord, l'autre pour le Deccan méridional (7).

La très belle carte géobotanique de l'U.R.S.S. à l'échelle de 1/4 000 000 (8) malgré un moindre souci de logique et donc des conventions moins strictement définies, présente dans son ensemble des couleurs ordonnées et disposées à peu près dans le même esprit que celui des cartes toulousaines.

En revanche d'autres cartes, dont celles très claires et donc très utiles de Suisse à l'échelle de 1/200 000 (9) ou de Malaisie à l'échelle de 1/5000 000 (10), s'inspirent de principes très différents dans le choix des couleurs et leur disposition ou celle des sigles en noir qui les surchargent.

Je sais très bien ne rien vous avoir appris dans cette évocation, sommaire et très incomplète, du merveilleux effort poursuivi par tant de pays en faveur de notre commune discipline. Je devais cependant la faire avant d'en venir à mon problème propre, dont les données sont assez particulières. Ce problème a pour cadre géographique l'Afrique tropicale, entre le 16° parallèle Nord, le méridien de Greenwich et l'Océan Atlantique.

Mes notes de route ont été prises en continu, de 1933 à 1955, sur 42 750 kilomètres et illustrées de 1 356 relevés détaillés, couvrant chacun environ trois hectares.

J'ai constaté peu à peu que la notion d'association végétale était presque toujours d'application facile dans les biotopes extrêmes: Avicennietum nitidae des mangroves septentrionales, Sacharetum (ou Imperatetum) cylindricae des rizières abandonnées, Adansonietum digitatae des villages soudano-sahéliens etc. Toutefois de tels biotopes sont exceptionnels. TROCHAIN (11) l'a fort bien compris en distinguant les groupements végétaux sur lesquels est déterminante l'action du substratum de ceux, beaucoup plus étendus et nombreux, pour lesquels est déterminante l'action du climat.

Les premiers sont aisés à définir mais ils n'occupent presque jamais des surfaces assez étendues pour que leur représentation cartographique à moyenne échelle soit matériellement possible. Il est donc nécessaire de les grouper, ainsi de réunir sous la convention affectée aux marais sahéliens du moyen Niger: les *Nymphaea* de pleine eau, les ,,bourgoutières" (Echinochloetum stagninae) de la marge intérieure durablement inondée, les pelouses à *Cynodon dactylon* de la marge extérieure et aussi les berges basses boisées en Ambatch (*Aeschynomene* ou *Herminiera elaphroxylon*) ou plus hautes et alors susceptibles de porter des Palmiers-Doum (*Hyphaene thebaica*) ou des Sabeï (*Leptadenia pyrotechnica*). Ces regroupements ,,en mosaïque" sont nécessaires pour tous les biotopes extrêmes de littoral et de marais. Ils le sont encore pour divers groupements de montagne et même de simple colline ainsi, vers la limite des forêts denses, dans les savanes à ,,galeries forestières" plus ou moins étroites et voisines.

Beaucoup plus souvent, toutefois, se posera le problème inverse d'une variation continue et non pas abrupte. Alors il devient évident, après 15, 20, 30 ou même 50 kilomètres que la végétation a changé mais dire où elle a changé peut être jugé impossible, surtout dans les pays encore très nombreux à cultures seminomades (shifting cultivation) où l'action présente et passée de l'homme se mêle inextricablement à celle du climat et du sol.

Ni les méthodes classiques de BRAUN-BLANQUET (12), ni celles, un peu trop injustement peut-être tombées dans l'oubli, de RAUNKIAER (13) ou de WILLIS (14) ne m'ont fourni une solution au problème que posent ces modifications, progressives et non pas abruptes, de la végétation tropicale.

En revanche ce problème est bien connu des géographes car il s'apparente exactement à celui que pose le tracé de courbes d'égal niveau, ainsi de 10 en 10 mètres, extrapolées en partant d'un réseau discontinu de valeurs connues, généralement fractionnaires.

En phytogéographie les relevés d'herborisation correspondent à ces mesures géographiques d'altitude. Mon problème, donc, se réduit à leur donner une valeur extrapolable, nécessairement numérique.

Pour analyser puis classer la végétation ouest-africaine, avant et afin d'en dresser la carte à 1/1 000 000, je disposais, en plus des 1 356 établis par moi, d'environ 500 relevés publiés, notamment, par TROCHAIN (11) pour le Sénégal et par SCHNELL (12) pour la Guinée forestière.

Dans cet ensemble d'informations, j'ai reconnu puis mis en oeuvre 1,531 taxa. Leur amplitude (16) est généralement celle d'une ,,grande" espèce; toutefois elle se réduit à la subdivision ou ,,petite" espèce dans certains genres spectaculairement abondants (*Acacia, Combretum*); alors qu'elle s'élargit à la section ou même le genre tout entier dans quelques groupes encore très mal connus quant à la distribution et la variation de leurs formes vivantes (*Liliacées* et *Orchidées* notamment).

Chacun de ces taxa a été affecté à une série en utilisant tout d'abord les appartenances phytogéographiques déjà reconnues (17) puis en les précisant notamment d'un point de vue sommairement pédologique (18). Les 22 séries définitivement admises, 2 littorales et 20 continentales, ont été classées selon

sept indices unitaires de climat: — 3 saharien, — 2 sahélien, — 1 soudano-sahélien, 0 soudanien, + 1 soudano-guinéen, + 2 guinéen, + 3 subéquatorial;

trois indices unitaires de sol : — 1 friables, 0 moyens, + 1 compacts.

Il est ainsi devenu possible de résumer chaque relevé par deux valeurs numériques, l'une de climat et l'autre de sol, en calculant la moyenne des valeurs correspondantes pour chacune des plantes relevées, son taux de fréquence (apprécié de 1 à 5) pris en compte.

Bien entendu, comme je l'ai déjà indiqué plus haut par comparaison avec les méthodes permettant le tracé des courbes hypsométriques, les nombres ainsi obtenus, sauf rarissimes exceptions, sont fractionnaires. Je les reporte comparativement sur un graphique en coordonnées cartésiennes : les sols en xx' et à échelle doublée pour faciliter la présentation et la lecture, les climats en yy'. Ensuite je recherche, par intrapolation, les coordonnées moyennes d'unités phytogéographiques définies par leurs seules plantes caractéristiques.

Le schéma que je me permet de vous présenter symbolise par des ronds de cinq apparences différentes les valeurs effectivement observées et par des croix les valeurs caractéristiques obtenues par intrapolation de leurs groupements présumés, donc après une élimination mathématique des taxa éventuellement aberrants ou accidentels. Le tireté reliant les croix en cinq ensembles, correspondant aux cinq catégories de ronds, définit le profil écopédologique des régions correspondantes.

Ces régions naturelles sont ici des secteurs (paralittoraux), du Nord au Sud: le Cayor (CA), le Wolof (DA), le Rip (EA), le Fouladou (FA), le Balante-Baga (GA). Le carton annexe en donne la localisation géographique. Deux secteurs, DA et FA, sont distingués des autres par un grisé-ligné. Ils correspondent à deux prolongements, plus ou moins ensablés sur de plus ou moins larges étendues mais affleurant ailleurs, du „continental terminal", cette plate-forme de grès sur laquelle repose en majeure partie l'Afrique tropicale occidentale. Ces affleurements atteignent l'océan, dans le secteur Wolof, par le Cap Vert où est situé Dakar et, légèrement au Sud-Ouest, par le massif de Bandia. Ils l'atteignent, dans le secteur du Fouladou, au cap Sainte-Marie près duquel est situé Bathurst, sur l'estuaire de la Gambie. Ces mêmes grès n'existent pas, sinon bien au-dessous du sol arable, dans les trois autres secteurs, constitués par un comblement alluvial relativement récent: au Nord des chenaux, lacs et marais du bas Sénégal; au centre du Sine Saloum; au Sud enfin des estuaires, chenaux et marais des anciennes „rivières du Sud", l'actuelle Guinée portugaise.

Le schéma indique effectivement des paysages à sol caractéristiquement compact dans les seuls secteurs du Wolof et du Fouladou. Il indique en outre une moindre variation générale du climat dans ces deux secteurs, ce qui, également, est conforme à la réalité géographique.

Une hirondelle ne fait pas le printemps! Il est certainement trop tôt pour déduire de cette très satisfaisante coïncidence que le problème d'une expression numérique de la végétation tropicale aux moyennes échelles se trouve ainsi résolu. Toutefois cette solution, si l'expérience ultérieure ne vient pas la contredire, présenterait l'avantage supplémentaire de relier effectivement, reposant moitié sur le climat et moitié sur le sol, par les échelles moyennes: les échelles petites à indice numérique surtout de climat, aux échelles grandes à indice numérique surtout de sol.

Certes, „c'est l'échelle d'observation qui crée le phénomène" (19) mais le rôle de la science est justement de découvrir sous les apparences actuelles des réalités permanentes.

BIBLIOGRAPHIE

1. Seibert, P.: Die Wald- und Forstgesellschaften im Graf Görtzischen Forstbezirk Schlitz. – In Tüxen, R. (ed.): Angewandte Pflanzensoziologie **9**. Stolzenau/Weser 1954.
2. Emberger, L. et Braun-Blanquet, J.: Carte des groupements végétaux de la France, publiée par le Centre National de la Recherche Scientifique.
3. Brockman-Jerosch, H.: In Rübel, E.: Pflanzengesellschaften der Erde – Bern u. Berlin 1930.
4. Cure, P.: Les essais de représentations synthétiques des climats pour la géographie botanique. – Doc. cartes prod. végét. G, III, 1. Paris 1943.

5. Bibliographie exhaustive et conclusions fondamentales in REY P.: Essai de phytocinétique biogéographique. Publ. C.N.R.S. Gap 1960.
6. GAUSSEN, H. et REY, P.: Carte de la végétation de la France, publiée par la Centre National de la Recherche Scientifique; Carte de la végétation de l'Algérie, publiée par le Gouvernement Général; Carte de la végétation du Maroc, publiée par l'Institut Scientifique Chérifien.
7. GAUSSEN, H.: Carte internationale du tapis végétal: Tunis-Sfax, 1958, publiée par le Gouvernement Tunisien; Cape Comorin, 1961, published by the Indian Council of Agricultural Research.
8. LAVRENKO, E. M. et SOCHAVA, V. B. (ed.): The Geobotanical Map of the U.R.S.S. (traduction anglaise de sa légende). – Leningrad 1956.
9. SCHMID, E.: Carte de la végétation de la Suisse, publiée par la Société Helvétique des Sciences Naturelles.
10. STEENIS, C. G. G. J. VAN: Vegetation map of Malaya. – U.N.E.S.C.O. 1958.
11. TROCHAIN, J.: Contribution à l'étude de la végétation du Sénégal. – Mém. I.F.A.N. n' **2**. Paris 1940.
12. BRAUN-BLANQUET, J.: Pflanzensoziologie, Grundzüge der Vegetationskunde. – 2. ed. Wien 1951.
13. RAUNKIAER, C.: Planterigets Livsformes og deres Betydning for Geografien. – Copenhague 1907.
14. WILLIS, J. C.: Age and area. – Cambridge 1922. – The birth and spread of plants. – Genève 1949.
15. SCHNELL, R.: Végétation et flore de la région montagnarde du Nimba. – Mém. I.F.A.N. n' **22**. Paris 1952.
16. ROBERTY, G.: Proposition sur la nomenclature des groupements systématiques de rang inférieur à l'espèce. – Candollea **10**: 293–344. Genève 1946.
— General principles and rules in biosystematical phanerogamy. In: RAGHU VIRA: Advancing frontiers of plant sciences **1**: 169–179. – New Delhi 1962.
17. Bibliographie très abondante et conclusions générales: In: MONOD TH.: Les grandes divisions chorologiques de l'Afrique. C.S.A. n' **24**. Yangambi 1956. Londres 1957.
18. ROBERTY, G.: Les cartes de la végétation ouest-africaine à l'échelle de 1/1.000.000. – Bull. I.F.A.N. **14**: 686–694. 1952.
— Les régions naturelles de l'Afrique tropicale occidentale. – Bull. I.F.A.N. **22**: 95–136. 1960.
— La notion de „série" dans la végétation ouest-africaine. – C. R. Acad. Sc. **256**: 494–496. 1963.
19. LECOMTE DU NOUY: L'homme et sa destinée. – Paris 1948: p. 24.

C. TROLL:
Man kann zwischen einem sudanesischen Klima und einem Sandstein – die durch Symbole ausgedrückt werden – nicht das Mittel nehmen. Wenn es Laterit-Boden heißen würde, so wäre das eher möglich, weil das ein klimatischer Bodentyp ist. Aber Gestein und Klimatyp kann man nicht mitteln.

H. ELLENBERG:
Man hat hier Symbole für qualitativ Verschiedenes errichtet, um das qualitativ Verschiedene quantitativ auszuwerten. Ich sehe darin eine große Gefahr, das zu tun. Es ist eine Tendenz, die dort häufiger in solcher oder auch verfeinerter Form besteht. Immer wird als Ausgangspunkt für diese Arbeitsweise die Behauptung verwendet, die Vegetation bilde in den Tropen und Subtropen ein solches Kontinuum, daß es nicht möglich sei,

mit Hilfe von Vegetationsaufnahmen und der klassischen Vergleichsmethode von Tabellen zu Einheiten zu kommen. Das wird immer wieder als Begründung gegeben und einem immer wieder entgegengehalten. Auch darüber hatten wir in London eine fruchtbare Diskussion im kleinen Kreise. Ich kann vielleicht darüber referieren, daß einer der guten Kenner der Tropen-Vegetation, Herr DUNCAN POORE, eine große Anzahl Aufnahmen im Tropenwald gemacht hat, wo er unter der Riesenzahl allein von Holzarten sehr zu leiden hat, und wo man das Minimum-Areal sicher größer als 10 ha, ja als mehrere km² annehmen muß. Trotzdem kommt er zu einer floristischen Gliederung der Vegetation. Es ist etwa dasselbe, nur in einen Riesen-Maßstab übertragen, was uns begegnet, wenn wir in einem Hochmoor die Vegetationseinheiten erfassen wollen. Da sind zum Teil die einheitlichen Flecke kleiner als das Minimum-Areal. Trotzdem können wir an den Fragmenten ein Bild der Assoziation entwickeln. So kann man auch an der Tropenvegetation, selbst wenn es sich überall nur um Fragmente handeln sollte, also wenn keine zusammenhängende Fläche wirklich so groß ist wie das Minimum-Areal, floristische Vergleiche anstellen. Wenn wir nämlich verschiedene Standorte aufnehmen, sind sie in charakteristischer Weise floristisch verschieden, man kann Differentialarten aus den Tabellen herausarbeiten, wahrscheinlich sogar Charakterarten erkennen, wenn man alles übersieht. Man kann also mit dem BRAUN-BLANQUET'schen System grundsätzlich dort arbeiten. Es kostet nur sehr viel mehr Mühe. Und deshalb sollte man endlich dazu kommen, diese Mühe auf sich zu nehmen. Das Internationale Biologische Programm wird vielleicht dazu führen, daß man diese Vorarbeiten in dieser Richtung intensiviert.

R. TÜXEN:
Hier muß ich an die Arbeiten der Belgier im Congo (LEBRUN und Mitarbeiter) erinnern, die ganz in der Richtung liegen, wie eben von Prof. ELLENBERG angedeutet wurde. Auch in den Tabellen von WEBB aus Australien gibt es keine Schwierigkeiten, Differential- und wohl auch Charakterarten zu erkennen.

W. LÖTSCHERT:
Wie geht die dritte Dimension, die Höhendimension, in diese kartographische Übertragung ein?

H. ELLENBERG:
Das ist ja alles flach.

C. TROLL:
Von Dr. ROBERTY wurde gesagt, daß weder die klassische Methode von BRAUN-BLANQUET noch das RAUNKIAERsche System der Lebensformen im Sudan anwendbar sei. Über die erste wurde schon gesprochen. Das RAUNKIAERsche System, das ein System der Überwinterungsmöglichkeiten ist, kann man natürlich nicht im Sudan anwenden, weil es keine kalte Jahreszeit gibt. Dagegen hat ja ein anderer dänischer Botaniker, HAGERUP, im Sudan gearbeitet – als Däne natürlich mit dem RAUN-

KIAERschen Gedanken im Hintergrund. Hier handelt es sich um die Dauer der Trockenheit, die Überdauerung einer zwar auch warmen, aber einer regenlosen Zeit. Deshalb klassifizieren wir in der heutigen Geographie diese Gebiete nach der Dauer der Aridität und der Humidität. Dann stellt sich heraus, daß in dieser Zone eine ganz klare Beziehung der Lebensformen vorhanden ist; da haben wir als Anpassung an die Trockenheit die Dorngewächse und die wasserspeichernden Gewächse. Dann folgen die laubwerfenden, nicht wasserspeichernden, nicht verdorrenden, feuchteren Typen und schließlich der Regenwald. Diese Lebensformen bewähren sich auch beim Vergleich der alten und der neuen Welt. Deshalb lege ich immer großen Wert auf den Vergleich. Nach meinen Erfahrungen in der alten Welt, Ost-Afrika, Süd-Asien und Süd-Amerika kommen genau dieselben Lebensformen auf beiden Seiten vor, obwohl es hier *Cacteen* sind und dort *Euphorbien*, hier *Agaven* und dort *Aloen*, die ganz verschiedenen Familien angehören.

Das ist ja eigentlich das Große, was ja HUMBOLDT, der noch nicht Afrika oder Amerika vergleichen konnte, aus der Literatur schon gefühlt und deutlich ausgesprochen hat, daß man mit diesen Lebensformen arbeiten kann, und daß es die großen Anpassungen hier gibt. Und das bewährt sich dann auch bei den anthropogenen Veränderungen. Es ist nämlich nicht so, daß durch starke Beweidung etwa dieser für die sudanesische Zone existierende Typ durch einen trockeneren ersetzt wird. Es gibt nur eine Verarmung, die Lebensformen bleiben, wenn auch noch so starker menschlicher Einfluß da ist, dieselben, nur daß nicht mehr alle da sind, daß vieles ausfällt und degradiert. Aber der Klimatyp bleibt auch bei der stärksten Veränderung immer wieder zu erkennen.

Etwas anderes ist es natürlich, auf einem ganz extrem trockenen Standort etwa von durchlässigem Kalk in dieser Zone. Dort kommen Lebensformen zur Entwicklung, die sonst nur in der trockeneren Klimazone vorhanden sind. Das sind die Grundtatsachen. Ich glaube, man sollte nicht so komplizierte und doch sehr angreifbare Zahlen-Kalkulationen machen, sondern die Natur anschauen und aus der vergleichenden Betrachtung dann die Schlüsse ziehen.

R. LINDER:
Gerade das sagte Dr. ROBERTY in seinem letzten Satz auch!

G. ROBERTY: Pour ce qui concerne la remarque de MM. LÖTSCHERT et ELLENBERG sur l'absence d'une représentation particulière du relief, j'y ai déja répondu dans l'introduction à ma carte au 1/1.000.000° (1965). J'ai en face de moi ces trois feuilles et, à parler franc, j'en lis très nettement le relief... Mais il est vrai que je serais inexcusable de ne pas savoir lire une carte que j'ai moi-même dessinée!

Il est toujours: „très difficile d'introduire une idée neuve dans un milieu intellectuel déja et légitimément fier de son passé". J'en trouve une preuve nouvelle dans les autres critiques et même dans la façon dont vous avez essayé de me défendre.

EIN BEITRAG ZUR LANDSCHAFTS-ÖKOLOGISCHEN GLIEDERUNG BOSNIENS UND DER HERCEGOVINA AUF PFLANZENSOZIOLOGISCH-BODENKUNDLICHEN GRUNDLAGEN

von

ČEDOMIR BURLICA und BRANIBOR FABIJANIĆ, Sarajevo

EINLEITUNG

Bosnien und Hercegovina (Volksrepublik Bosna i Hercegovina) liegt zwischen 42°26′ und 45°15′ n.Br. und 15°44′ und 19°41′ ö.L. und erfüllt den nordwestlichen Teil der südosteuropäischen Raumes, der unrichtig „Balkanhalbinsel" genannt wird. Das Land ist ein Übergangsgebiet zwischen der griechischen Halbinsel und dem mitteleuropäischen Raum. In Rahmen Jugoslaviens nimmt die Volksrepublik Bosnien und Hercegovina eine zentrale Stellung ein; sie grenzt im Osten an Serbien (VR. Srbija), im Südosten an Montenegro (VR. Crna Gora), im Norden, Westen und Südwesten an Kroatien (d.h.: Slavonien, Kroatien und Dalmatien im Rahmen der VR. Hrvatska).

Im allgemeinen ist Bosnien und Hercegovina ein Bergland, das sich vom Savetal gegen Süden langsam ansteigend erhebt, wo es dann in einem steilen, von Terrassen und Hochplateaus gegliederten Abfall zur Adria abbricht. Die Grenze Bosnien und der Hercegovina mit Dalmatien ist von der Adriaküste zwischen 5 km (Umgebung von Dubrovnik) bis 60 km (Plješivica-Gebirge) entfernt. Nur in einem kleinen Korridor bei Neum-Klek schiebt sich die Grenze des Landes bis zur Adriaküste vor. Dieses Bergland Bosniens und der Hercegovina setzt sich mit gleichem Charakter nach Kroatien (nach Nordwesten und Westen), Serbien und Montenegro (nach Osten und Südosten) fort.

Von der Gesamtfläche (51 129 km^2) entfallen nur 5% auf die Niederungen (am meisten auf die Niederungen an der Save), 24% auf das südlich an das Savetal angrenzende Hügelland. Den Rest des Landes nehmen Karstgebiete (29%) und Hochgebirge (42%) ein. Alle diese Gebirge gehören zu den Dinariden, die von Nordwesten nach Südosten verlaufen. Die mittlere Seehöhe des Landes beträgt 500 m, von 0 m an der Adriaküste bis zu 2387 m im Maglić-Gebirge an der Grenze zwischen Bosnien und Montenegro.

Die nördlichen und mittleren Teile des Landes stehen unter kontinentalem und die südlichen und westlichen Teile unter mediterranem und submediterranem Klima-Einfluß. Die Grenze zwischen diesen zwei Klima-Gebieten stimmt ungefähr mit der Wasserscheide zwischen dem Adriatischen und dem Schwarzen Meer überein. Naturräumlich (I. HORVAT 1961, 1962) gesehen fällt die Grenze zwischen diesen zwei Klima-Gebieten mit der Grenze zwischen Hopfenbuchen- und orientalischen Hainbuchen-

Wäldern (Ostryo–Carpinion orientalis dinaricum–Gesellschafts-„Wohnraum") und den illyrischen Buchen-Tannen-Wäldern (Fagion illyricum–Gesellschafts-„Wohnraum") zusammen. (vgl. auch F. MARKGRAF 1948, E. OBERDORFER 1948, C. REGEL 1947).

Die langen und breiten Täler der Flüsse in den nördlichen Landesteilen, die von Süden nach Norden verlaufen und in die Save münden (Una, Vrbas, Bosna, Drina), begünstigen einen Durchbruch des kontinental-pannonischen Klimas, während das lange und tiefe Neretvatal im südlichen Teil des Landes, das in Nord-Süd Richtung verläuft, dem mediterranen Klima einen tiefen Einbruch in das Hinterland gestattet.

Geologisch sind die Dinariden in zwei Hauptregionen gegliedert: die äußere dinarische Region oder die Region des Hochkarstes und die innere dinarische Region oder die Region der klastischen Sedimente mit Radiolariten und Ophyoliten. Die erste Region hat drei paläozoische Kerne: Paläozoicum Westbosniens, Mittelbosnisches Schiefergebirge und Paläozoicum Ostbosniens. Das Paläozoicum Ostbosniens ist mit mächtigen Kalkgestein-Mantel der zur Kreide-, Jura- und Trias-Formationen gehört, umgeben.

Die innere dinarische Region umfaßt das bosnisches Serpentin-Massiv mit einem zur Diabas-Hornstein-Formation gehörenden Mantel.

Die Gebirge im zentralen Teil der Dinariden, die eine Höhe von ca. 2000 m haben, trugen in der Eiszeit kräftige Gletscher.

Nordbosnien (Flach- und Hügelland, das nicht zu den Dinariden gehört) ist mit diluvialen Tonen des Eozän- und Oligomiozän bedeckt.

Floristisch ist Bosnien und Hercegovina ein sehr reiches Land: insgesamt kommen hier ca. 3700 Arten vor. In geobotanischer Hinsicht ist das Land sehr charakteristisch: ein kleiner Teil der Süd-Hercegovina gehört zur eumediterranen Region (ostmediterrane Provinz); Nord-, Mittel- und Ost-Bosnien gehören zur eurosibirischen Region (illyrische Provinz); andere Teile des Landes haben einen Übergangscharakter vom mitteleuropäischen zum mediterranen und submediterranen Vegetationsraum (West- und Süd-Bosnien und Hercegovina). Charakteristisch für das Land ist das illyrische Florenelement. Es umfaßt 170 Arten, unter denen sich viele Tertiärrelikte und illyrische („balkanische", „balkan-apenninische", balkan-pontische" u.a.). Endemiten befinden, wie z.B.: *Picea omorica* (Panč.) Purk., *Pinus heldreichii* Christ, *Acer heldreichii* Orph. in Boiss., *Petteria ramentacea* Sieb., *Geum bulgaricum* Panč., *Senecio carpaticus* W.K., *Telekia speciosa* Baum., *Moltkea petraea* Gris., *Viburnum maculatum* Pant., *Amphoricarpus neumayeri* Vis., *Symphyandra hofmannii* Pant., *Saxifraga prenja* Beck und viele andere.

Das mediterrane Florenelement ist auch zahlenmäßig gut vertreten. In Bosnien entfallen darauf 6,6% und in der Hercegovina 19,1% aller vorkommenden Arten. Die wichtisten sind: *Quercus ilex* L., *Olea europaea* L., *Phillyrea media* L., *Celtis australis* L., *Pistacia terebinthus* L., *Salvia officinalis* L., *Inula candida* L. Cass., *Euphorbia myrsinites* L., *Orobus venetus* Mill., *Eryngium amethystinum* L. und andere, die durch das Neretva-Tal bis nach Südbosnien tief in das Hinterland vordringen. Mit Ausnahme der letzten zwei Arten kommen die anderen nur in der Hercegovina vor.

Die anderen Florenelemente sind wie folgt verteilt: mitteleuropäisches 51,6% in Bosnien, 42% in der Hercegovina; alpines und arcto-alpines 12,5% in Bosnien, 10,1% in der Hercegovina; pontisches 2,2% in Bosnien, 1,1% in der Hercegovina (vgl. P. FUKAREK 1959). Mitteleuropäische Arten sind im ganzen Land (besonders in Bosnien) allgemein verbreitet.

Die Vegetation Bosniens und der Hercegovina haben viele Autoren bearbeitet, wie z.B.: G. BECK-MANNAGETTA 1901, 1903, L. ADAMOVIĆ 1909, 1912, I. HORVAT 1938, 1946, 1949, 1954, 1958, 1959, 1960, 1963, P. FUKAREK 1956, 1957, 1958, 1963, V. STEFANOVIĆ 1963, P. FUKAREK u. V. STEFANOVIĆ 1958, H. RITTER-STUDNIČKA 1958, E. SCHMID 1939 (für das ganze Land). Einzelne Teile des Landes oder einige Probleme haben auch viele Autoren bearbeitet, wie z.B.: S. HORVATIĆ 1957 (Karstgebiet), H. RITTER-STUDNIČKA 1956, 1957, 1959 (Dolomitgebiete), W. KRAUSE u. W. LUDWIG 1957 (Serpentinmassiv), I. HORVAT u. B. PAWŁOWSKI (Vranica-Gebirge), P. FUKAREK u. V. STEFANOVIĆ 1958 (Perućica-Urwald), P. FUKAREK u. B. FABIJANIĆ 1958 (Velež-Gebirge), V. TREGUBOV 1941 (Klekovača-Massiv und *Picea omorica*-Wälder), M. WRABER 1961 (*Castanea*-Wälder), N. MURAVJOV 1940, V. STEFANOVIĆ 1958, 1960 (*Pinus silvestris*-Wälder), P. FUKAREK 1956c (*Fraxinus angustifolia*-Wälder), 1956b (*Pinus mugo*-Gürtel), M. GLIŠIĆ 1956 (*Quercus conferta*-Wälder), B. FABIJANIĆ 1960, 1962 (Buchen-Wälder), F. KUŠAN 1958 (Kamešnica-Gebirge), K. MALY (zahlreiche floristische Angaben), I. HORVAT (zahlreiche pflanzensoziologische Angaben), F. MARKGRAF 1948, E. OBERDORFER 1948 (Grenze zwischen der mitteleuropäischen und der Mittelmeer-Vegetation) u.s.w. Auf der Grundlage einiger Arbeiten wurden auch Vegetationskarten Bosniens und der Hercegovina bearbeitet (Vegetationskarte der illyrischen Länder von G. BECK-MANNAGETTA 1901, 1 : 1 500 000, Waldkarte Bosniens und der Hercegovina von L. ADAMOVIĆ u. K. PETRASCHEK 1909, 1 : 200 000, Vegetationskarte der Waldgesellschaften Westbosniens und der Hercegovina (bosnisch-hercegovinisches Karstgebiet) von P. FUKAREK, 1957, 1 : 500 000). P. FUKAREK hat auch viele „Gebietskarten" 1 : 25 000 gemacht und arbeitet jetzt an der Vegetationskarte Bosniens und der Hercegovina 1 : 500 000 (Vgl. P. FUKAREK 1961).

Die nördlichen und nordwestlichen Teile von Bosnien gehören zur Regional-Gesellschaft* der kroatischen Eichen-Hainbuchenwälder (Querco–Carpinetum croaticum Horv.). Die nordöstlichen Teile gehören zur Regionalgesellschaft der pannonischen- und Zerreichen-Wälder (Quercetum confertae–cerris serbicum Rudski). Die südlichen und westlichen Teile des Landes gehören zu den submediterranen Regionalgesellschaften der Hopfenbuchen- und orientalischen Hainbuchen-Wälder (Verband Ostryo–Carpinion orientalis dinaricum Horv.). Ein kleiner Teil der Süd-Hercegovina bei Neum-Klek an der Adriaküste gehört zur ostmediterranen Regionalgesellschaft des Orno–Quercetum ilicis H-ić. Der Rest des Landes gehört zum

* Wir sprechen hier von „Regional-Gesellschaften" in Sinne von R. TÜXEN (potentielle natürliche Vegetation, 1956). In die Vegetationskarte von Jugoslavien von I. HORVAT (1949) sind diese Gesellschaften als „Klimax-Gesellschaften" eingezeichnet worden.

„Regional-Verband" (Unterverband?) der mesophilen Buchen-(Tannen-) Wälder des Fagion illyricum Horv.

Das Gebiet der Fagion illyricum–Gesellschaften ist sehr gut in vertikale Höhenstufen gegliedert: Fagetum montanum, Abieti-Fagetum (Fagetum abietetosum Horv.) und Fagetum subalpinum. Über der Fagetum subalpinum–Stufe liegen das Pinetum mugi dinaricum Horv. (in West- und Süd-Bosnien) und das Pinetum heldreichii Horv. (in der Hercegovina).

Im Nordbosnien, im Gesellschaftsgebiet des Querco–Carpinetum croaticum Horv., sind Kastanienwälder (Querco-Castanetum croaticum Horv.) und Stieleichenwälder (Genisto elatae–Quercetum Horv.), in Ost-Bosnien, im Gesellschaftsgebiet des Fagetum montanum illyricum Fk. et St., sind auch Kastanienwälder (Luzulo–Fagetum castanetosum Wrab.) edapho-orographisch verbreitet. Das sind nur einige aus vielen Beispielen der Verbreitung lokalbedingter Dauergesellschaften in Bosnien und der Hercegovina.

Bodenkundlich sieht das Land wie ein buntes Mosaik aus: Auf Karbonatgestein ist das Relief der Hauptfaktor der Pedogenese. Kuppen und Rücken sind mit Rendzinen (auf Diluvialschotter und Moränen mit braunisierten Rendzinen, auf erodierten diluvialen Rücken mit mullartigen Rendzinen) bedeckt. Auf Hängen findet man Braunerden (auf tertiärem Kalkstein Terra fusca, auf triadischem- und Kreide-Kalkstein Terra rossa); an Hangfüssen und in Mulden findet man tiefe, lessivierte Braunerden.

Die unteren Teile der größeren Flußtäler sind mit Alluvium und Aueböden, Karstpoljen mit Alluvium, Auen-, Schwarz- und Torf-böden bedeckt. Auf neogenen Tonen in Karstpoljen und im Nordost-Bosnien kommt auch Smonitza vor.

Eine Besonderheit in Nordwest-Bosnien ist das Vorkommen von Edelfarn-Heidekrautböden („Nordwestbosnische Heideböden).

Auf Silikatgestein beginnt mit Humus-Silikatböden (Ranker) eine pedogenetische Serie von Waldböden (auf dichtem Muttergestein). Über dem zerstreuten Muttergestein liegen saure Braunerden mit zwei Varianten: eine mit hohem Basengehalt und die andere mit schwachem Basengehalt. Die saure Braunerde auf Sandstein und die auf Tonen sind auch zwei verschiedene Varianten der sauren Braunerden.

Eine Besonderheit auf Silikatgestein in Nord- und Nordost-Bosnien sind die Böden auf Serpentin und Peridotit. Auf Serpentin findet man Braunerde, auf Peridotit Ranker. Auf Serpentin verläuft die Pedogenese zu lessivierter Braunerde und auf anderen Silikaten, im Gebiet mit warmtrockenem Klima bis zum Pseudogley, im Gebiet mit kaltem, humidem Klima bis zum Podsol. Podsol ist nur in Bosnien als ein pedogenetisches Stadium und nur auf reinem Quarzsandstein (meistens Werfensandstein) und unter natürlichen Piceetalia–Gesellschaften verbreitet. Unter Fagetalia–Gesellschaften geht die Pedogenese bis zur Podsol-Braunerde.

Auf neogenen Sedimenten in Nord- und Nordost-Bosnien, d.h. auf karbonathaltigen Sand- und Schiefergesteinen, auf Löß und Gabbro, kommt Gajnjatscha vor. Das Initialstadium der Pedogenese in diesem Gebiet ist Syrozem.

Auf Grundlage der bisherigen pflanzensoziologischen Angaben für Bosnien und die Hercegovina (I. HORVAT 1938 u.w., P. FUKAREK 1954 u.w.) und bodenkundlichen (M. ĆIRIĆ 1961) hat B. FABIJANIĆ (1962) alle bekannten Buchen- und Buchen-Tannenwaldgesellschaften Bosniens und der Hercegovina beschrieben. V. STEFANOVIĆ (1963) hat die Eichen-, Kiefern- und Fichtenwälder Bosniens und der Hercegovina in Kategorien von Waldtypen gegliedert. Diese Gliederung hat praktische Bedeutung besonders für die Forstwirtschaft. Dieselbe Bedeutung haben auch die Serien von Bodentypen Jugoslaviens, die M. ĆIRIĆ (o.c.) bearbeitet hat. Die systematische Stellung dieser Wald- und Bodentypen ist in diesen Arbeiten nicht untersucht worden.

1. Die Eichenwälder sind in zwei große Kategorien gegliedert:
1A) thermophile Eichenwälder mit zwei Sub-Kategorien:
1Aa) submediterrane Eichenwälder (inkl. Kiefernwälder auf Kalkstein) gehören zum Verband (Unterverband) Ostryo-Carpinion orientalis dinaricum Horv. (Syn. Orno-Ostryon Tomaž. p.p.)
1Ab) kontinental-pontische Eichenwälder gehören zum Verband Quercion confertae Horv.
1B) mesophile Eichenwälder mit zwei Sub-Kategorien:
1Ba) Der Komplex von Eichen-Hainbuchenwäldern (Querco-Carpinetum auct.) gehört zum Verband (Unterverband) Carpinion betuli illyrico-podolicum Horv.
1Bb) azidophile Eichenwälder (ohne Hainbuche) gehören zum Verband Quercion robori-petraeae Br.-Bl.

Hygrophile Eichen- und Eschenwälder (Genisto elatae-Quercetum Horv., Leucoio-Fraxinetum angustifoliae Glav. u.a.) gehören zum Verband Alno-Quercion roboris Horv. (Syn. Alno-Ulmion Br.-Bl. et R. Tx.). Sie wurden gesondert bearbeitet.

2. Die Kiefernwälder sind in zwei große Kategorien gegliedert:
2A) thermophile Kiefernwälder gehören zum Verband Orno-Ericion Horv. (Syn. Orno-Ostryon Tomaž., p. max. p.) mit zwei Subkategorien:
2Aa) Kiefernwälder auf Dolomitgestein gehören zum Unterverband Orno-Ericion dolomiticum Horv.
2Ab) Kiefernwälder auf Serpentingestein gehören zum Unterverband Orno-Ericion serpentinicum Horv. apud Krause et Ludwig.
2B) mesophile und azidophile Kiefernwälder (vor allem Waldkiefernwälder, auch mit Fichte) gehören zum Verband Vaccinio-Piceion Br.-Bl. mit zwei Subkategorien:
2Ba) Kiefernwälder als Dauergesellschaften und
2Bb) Kiefernwälder als Sekundärgesellschaften.

Thermophile Kiefernwälder auf Kalkstein (Protorendzinen und Rendzinen auf Kalk): Ostryo-Ornetum pinetosum nigricantis

Fk. et St., gehören zum Verband der thermophilen Eichenwälder, dem Ostryo–Carpinion orientalis Horv. (s. oben 1Aa!).

3. Fichtenwälder sind in zwei große Kategorien gegliedert:

3A) Fichtenwälder auf Kalkstein und

3B) Fichtenwälder auf Silikatgestein.

Beide Kategorien der Fichtenwälder gehören zum Verband Vaccinio–Piceion und jede Kategorie umfaßt zwei Subkategorien:

3Aa) und 3Ba) Fichtenwälder ... als Dauergesellschaften und

3Ab) und 3Bb) Fichtenwälder ... als Sekundärgesellschaften.

4. Buchenwälder

4A) Thermophile und mesophile, basi–neutrophile (meso- bis eutrophe) Buchenwälder. Sie gehören zum Verband (Unterverband) Fagion illyricum Horv. (Cephalanthero–Fagion R. Tx. und Eu–Fagion R. Tx. et Diem.?).

4Aa) Reine Buchen- und Edellaubwälder: Fagetum montanum illyricum Fk. et St. (Fagetum seslerietosum autumnalis Horv., Fagetum cardaminetosum auct., Fagetum melicetosum nutantis Fk. et Fb., Fagetum carpinetosum, aceretosum und viele andere Varianten); Aceri–Fraxinetum auct. sowie Fagetum subalpinum auct. (Fagetum subalpinum croaticum Horv. und Aceri–Fagetum subalpinum Fk. et St.).

4Ab) Buchen-Tannenwälder: Abieti–Fagetum illyricum Fk. et St. (Abieti–Fagetum piceetosum Fb. prov.); Abieti–Fagetum submediterraneum und subpannonicum Fb. prov. (Abieti–Fagetum abietetosum Fk. prov.).

4B) Mesophile, azidophile (meso- bis oligotrophe) Buchenwälder. Sie gehören zum Verband (Unterverband) Luzulo–Fagion Lohm. et R. Tx.

4Ba) Reine Buchen- und Eichenbuchenwälder: Luzulo–Fagetum (Wrab.) Fb., Fk. et St. (Fago–Blechnetum Horv., Fago–Muscetum B. Jov., Fagetum luzuletosum Jank. et Miš., Fagetum leucobryetosum Miš.); Querco–Fagetum R. Tx. sowie Castano–Fagetum Gliš. (Luzulo–Fagetum castanetosum Wrab.).

4Bb) Buchen-Tannenwälder auf Silikatgestein: Abieti–Fagetum auct. (Fagetum abietetosum Horv. p.p.; Luzulo–Fagetum auct. abietetosum, Galio–Abietetum u.a.).

Die Bodentypen wurden von M. Ćirić (1961) für forstwirtschaftliche Zwecke wie folgt eingeteilt:

1. Bodentypen, die eine sehr intensive Wirtschaft begünstigen, mit zwei Sub-Kategorien:

1a) solche die keiner Melioration bedürfen: Alluvium, Smonitza, lessivierte Braunerden, nordwestbosnische Heideböden;

1b) solche bei denen eine Melioration erforderlich ist: Pseudogley, Auenböden, hydrogene Schwarzböden.

2. Bodentypen, die einen hohen Produktionswert für die Forstwirt-

schaft haben: saure Braunerden, Rendzinen auf Löß und neogene Sedimente (Pararendzina), Braunerden auf Kalkstein, diluviale und Torfböden.

3. Bodentypen, die einen begrenzten Produktionswert für die Forstwirtschaft haben: Podsol, Podsol-Braunerden, Rendzinen auf Kalk- und Dolomitgestein, Ranker, podsolige Braunerden, Syrozem auf Sandstein und Grus.

4. Unproduktive oder in der Forstwirtschaft schützende Böden: Syrozem auf Kalk- und Serpentingestein, Rendzinen auf Kalkschutt, organogene Rendzinen und Hochmoorböden.

DIE EINZELNEN LANDSCHAFTEN

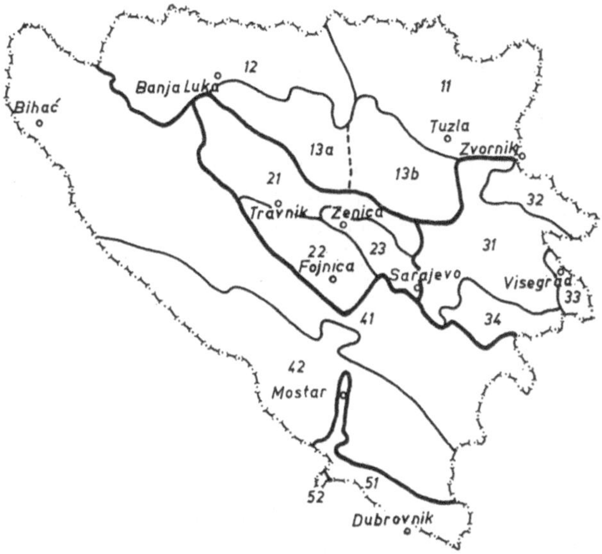

Abb. 1. Die einzelnen Landschaften Bosniens und der Hercegovina auf pflanzensoziologisch-bodenkundlicher Grundlage (Versuch nach Č. Burlica u. B. Fabijanić)

11. Nordostbosnisches Flach- und Hügelland,
12. Nordwestbosnisches Flach- und Hügelland,
13. Bosnisches Serpentinmassiv,

21. Mittelbosnische Kalk-Gebirge,
22. Mittelbosnische Schiefer-Gebirge,
23. Mittelbosnisches Flyschgebiet,

31. Ostbosnisches Kalkgebiet,
32. Ostbosnisches Paläozoicum,
33. Ostbosnisch-serbisches Serpentinmassiv,
34. Südostbosnisches Paläozoicum,

41. Kontinentales bosnisch-hercegovinisches Karstgebiet,
42. Submediterranes bosnisch-hochhercegovinisches Karstgebiet,

51. Submediterranes niederhercegovinisches Karstgebiet,
52. Eumediterranes Gebiet.

Viele Autoren haben Bosnien und die Hercegovina für sich oder im Rahmen von ganz Jugoslavien in eine Menge von Einzellandschaften, in geographischer, anthropogeographischer, kulturhistorischer oder geographisch-ökonomischer Hinsicht (J. Cvijić 1922, Y. Chataigneau 1934, R. Marek 1931, A. Melik 1949, B. Ž. Milojević 1949, D. Paunković 1954, A. N. Gracianski 1955, J. Rogljč 1955, I. Rubić 1956, R. Petrović 1957, T. Kanaet 1959 u.a.), klimatisch (J. Moscheles 1918, P. Vujević 1936, M. Vemić 1959 u.a.), landwirtschaftlich und bodenkundlich (A. Stebut 1926, M. Ćirić 1961), pflanzensoziologisch (s. oben!) usw. gegliedert. Besondere Aufmerksamkeit wenden viele Autoren auf das Problem der Grenze zwischen Karstgebiet und anderen dinarischen Gebieten sowie zwischen Hoch- und anderem Karstgebiet (F. Holl 1901, F. Koch 1928, P. Fukarek 1958, S. Djikić 1958, Z. Gračanin 1960 u.a.) oder auf das Problem der Grenze von Gebieten, die unter kontinentalen und mediterran-submediterranen Klima-Einflüssen stehen (s. oben!).

Wir möchten mit diesem Vortrag auch einen Beitrag zur Lösung des Problems der landschaftsökologischen Gliederung Bosniens und der Hercegovina liefern. Unseren Begriffen der Einzellandschaften liegen nicht die Gliederung aller zitierten Autoren zugrunde, sie fußen vor allem auf pflanzensoziologischen und bodenkundlichen Untersuchungen in Bosnien und der Hercegovina. An Hand dieser Grundlagen haben wir hier Bosnien und die Hercegovina in folgende Einzellandschaften gegliedert:

1. Nord-Bosnien
   - 11. Nordostbosnisches Flach- und Hügelland (Deluvium und Flysch)
   - 12. Nordwestbosnisches Flach- und Hügelland (Deluvium, Flysch und nordwestbosnisches Paläozoicum)
   - 13. Bosnisches Serpentinmassiv
2. Mittel-Bosnien
   - 21. Mittelbosnische Kalkgebirge (Vlašić und Zvijezda)
   - 22. Mittelbosnische Schiefergebirge (Vranica)
   - 23. Mittelbosnisches Flyschgebiet (Sarajevo-Zenica Becken)
3. Ost-Bosnien
   - 31. Ostbosnisches Kalkgebiet (Romanija und Javor)
   - 32. Ostbosnisches Paläozoicum (Drinjača-Tal)
   - 33. Ostbosnisch-serbisches Serpentinmassiv (Zlatibor)
   - 34. Südostbosnisches Paläozoicum (Prača-Tal)
4. West-Bosnien – Hoch–Hercegovina
   - 41. Kontinentales bosnisch-hercegovinisches Karstgebiet („Grüner" oder „Bedeckter" Karst, Dinarische Hochgebirge)
   - 42. Submediterranes westbosnisch-hochhercegovinisches Karstgebiet (Echter oder „Nackter" Karst, Gebiet der bosnisch-hochhercegovinischen Karstpoljen)
5. Nieder–Hercegovina
   - 51. Submediterranes niederhercegovinisches Karstgebiet (Neretva-Tal und niederhercegovinische Karstpoljen)
   - 52. Eu-mediterranes Gebiet (hercegovinisches Küstenland)

Diese Einzellandschaften sind durch folgende Merkmale charakterisiert

1. Nord-Bosnien

11. Nordostbosnisches Flach- und Hügelland

Das wärmste Gebiet des gemäßigt-kontinentalen Klimas in Bosnien. Der Mitteltemperaturwert beträgt 21,3–21,7° C (Juli). Der Mittelwert des Niederschlags 700–800 mm mit Hauptmaximum im Monat Juni und Sekundärmaximum im Monat Oktober. Die Temperaturwerte werden immer höher und die Niederschlagswerte immer niedriger von Westen gegen Osten (von den Gebieten, die unter kontinental-atlantischen gegen die Gebiete, die unter kontinental-pontischen Klima-Einflüssen stehen).

Im westlichen Teil der Einzellandschaft ist die Regionalgesellschaft der subkollinen und kollinen Stufe ein Querco-Carpinetum auct., der submontanen Stufe ein Fagetum montanum Ht. Im östlichen Teil ist die Regionalgesellschaft der subkollinen Stufe das Quercetum confertae-cerris (Knapp) Rudski ruscetosum aculeati B. Jovan., die der kollinen und submontanen Stufe das Quercetum montanum quercetosum cerris prov. Mikroklimatisch und edaphisch ist das Carpino-Abietetum Fab. prov. (Fagetum subpannonicum Fab. 62 abietetosum oder Abieti-Fagetum dinaricum Treg. quercetosum petraeae Wrab.) verbreitet.

12. Nordwestbosnisches Flach- und Hügelland

Klimatisch ist das Gebiet niederschlagsreich. Der Mittelwert des Niederschlages beträgt ca. 1000 mm, der Mitteltemperaturwert (im Juli) ist 20–21° C.

Die Regionalgesellschaft der subkollinen und kollinen Stufe ist das Querco-Carpinetum croaticum Ht., der montanen Stufe ist das Fagetum silvaticae croaticum (montanum und abietetosum Ht.) Ht. Edaphisch sind in diesem Gebiet das Querco-Castanetum croaticum Ht. und Calluno-Genistetum croaticum Ht. verbreitet.

13. Bosnisches Serpentinmassiv

Der Mitteltemperatur beträgt 20–21° C (Juli), der Mittelwert des Niederschlages 850–1200 mm mit Hauptmaximum im April und Sekundärmaximum im Oktober.

Die Regionalgesellschaft der subkollinen und kollinen Stufe ist ein Querco-Carpinetum nordbosnische Rasse (St. prov.) und Quercetum montanum illyricum St., besonders Querco-Carpinetum aceretosum tatarici St. auf Pseudogley und Quercetum montanum ericetosum prov. auf Ranker. Auf Braunerde aus Peridotit auf lessivierter Braunerde kommen Schwarzkiefernwälder (Erico-Quercetum Krause et Ludw. apud Ht. und Asplenio-Pinetum nigrae Kr. et Ludw. prov.) oder Waldkiefernwälder (Erico-Pinetum silvestris St. prov.).

2. Mittel-Bosnien

Klimatisch das kälteste und niederschlagreichste Gebiet des bosnisch-hercegovinisches Klimas. Der Mitteltemperaturwert beträgt 14,8–16,9° C

(Juli) und —3,5 bis —6,8° C (Januar); der Mittelwert des Niederschlages 1000–1200 mm.

21. Mittelbosnische Kalkgebirge (Vlašić und Zvijezda)

Die Regionalgesellschaft der kollinen und submontanen Stufe ist das Querco–Carpinetum (croaticum) Ht., der montanen Stufe das Fagetum silvaticae (croaticum) montanum und abietetosum Ht., der subalpinen Stufe das Fagetum silvaticae (croaticum) subalpinum Ht. Im östlichen Teil der Einzellandschaft sind auf Podsol und podsoligen Braunerden aus Hornstein und Quarzsandstein (lokal im Zvijezda-Gebirge) edaphisch bedingte natürliche Fichtenwälder (Piceetum montanum Ht.) verbreitet.

22. Mittelbosnische Schiefergebirge (Vranica)

Die charakteristische Gesellschaft der kollinen Stufe ist ein Luzulo–Fagetum (Lohm. et R. Tx.) (Syn. Blechno–Fagetum Ht.), die der montanen Stufe ein Abieti–Fagetum silicolum coll. (Blechno–Abietetum Ht., Galio rotundifolii–Abietetum Wrab., mittelbosnische Rasse), die der subalpinen Stufe ein Piceetum subalpinum (Br.-Bl.) Ht. (Luzulo silvaticae–Piceetum Wrab., mittelbosnische Rasse?) und das Pinetum mugi dinaricum (illyricum) Ht. auf sauren und podsoligen Braunerden. Die obere Waldgrenze wird nur hier in Bosnien von natürlichen Fichtenwäldern als Regionalgesellschaft gebildet. Über der Piceetum subalpinum–Stufe liegt hier das Pinetum mugi und in einem Teil der Gebirge kommt auch Alnetum viridis (Br.-Bl.) Fk. vor.

23. Mittelbosnisches Flyschgebiet

Das Sarajevo-Zenica Becken ist mit seiner geringen Seehöhe etwas wärmer und trockener als das übrige mittelbosnische Gebiet. Die Regional gesellschaft der subkollinen Stufe ist ein Querco–Carpinetum, mittelbosnische Rasse und, edaphisch bedingt, ein Fago–Quercetum (R. Tx.) (Querco–Betuletum), die der kollinen Stufe ein Luzulo–Fagetum, mittelbosnische Rasse (Syn. Blechno–Fagetum Ht.). Auf steilen, kalkhaltigen Hängen kommen thermophile Buchenwälder (Melico nutantis-Fagetum prov.) die zum Cephalanthero–Fagion–Unterverband gehören, und xerotherme orientalische Hainbuchenwälder mit *Fraxinus ornus* (Carpinetum orientalis illyricum prov.) vor. Edaphisch bedingt (auf Dolomit) sind auch thermophile Buchenwälder mit *Acer obtusatum* und *Daphne blagayana*, verbreitet. (Aceri obtusati–Fagetum daphnetosum blagayanae B. Fabijanić, P. Fukarek und V. Stefanović 1963).

3. Ost-Bosnien

Der Mitteltemperaturwert beträgt 20–21° C (Juli), der Mittelwert des Niederschlages 900–1000 mm.

31. Ostbosnisches Kalkgebiet

Auf typischen und lessivierten Braunerden und Rendzinen aus Kalkstein ist die Regionalgesellschaft der montanen Stufe das Abieti-Fagetum illyricum Fk. et St. Eine Besonderheit im diesen Gebiet sind Waldkiefern-Fichtenwälder (Piceo-Pinetum silvestris illyricum St.) die durch Waldbrand entstanden sind mit mehreren Sukzessions-Stadien (vgl. V. Stefanović 1959). In diesem Gebiet sind auch die Fundorte von reliktischen *Omorica*-Wäldern (Piceetum omoricae Treg.). Als Dauergesellschaften auf steilen Hängen sind im diesen Gebiet die Schwarzkiefernwälder (Ostryo-Ornetum pinetosum nigricantis Fk. et St.) und Waldkiefernwälder (Pinetum silvestris illyricum St.) aus orographischen Gründen verbreitet.

32. und 34. Ost- und Südostbosnisches Paläozoicum (Drinjača- und Prača-Tal)

Die Gesellschaft der subkollinen und kollinen Stufe ist das Quercetum confertae-cerris (Knapp) Rudski, die der kollinen und submontanen Stufe das Quercetum montanum quercetosum cerris prov. die der montanen Stufe das Luzulo-Fagetum (Lohm. et R. Tx.) Wrab. typicum (auf Sandstein) oder castanetosum (auf Andesit), die der subalpinen Stufe das Aceri heldreichii-Fagetum (B. Jovan.) prov. und Piceetum subalpinum illyricum Fk. (nur in Einzellandschaft 34.).

33. Ostbosnisch-serbisches Serpentinmassiv

Vorkommende Gesellschaften sind noch nicht genug untersuchte Kiefernwälder. Im Zlatibor-Gebirge (im West-Serbien) sind das Pinetum silvestris-nigrae Z. Pavl. (Z. Pavlović 1951) der montanen Stufe und das Potentillo-Quercetum (Z. Pavl.) Ht. (Syn. Quercetum sessiliflorae Z. Pavl.) der submontanen Stufe verbreitet.

4. West-Bosnien – Hoch-Hercegovina

Dieses Gebiet ist bekannt als Gebiet der charakteristischen vertikalen Gliederung der dinarischen Gebirge: an der Südseite der dinarischen Gebirge (Einzellandschaft 42, Echter Karst) ist die Regionalgesellschaft der collinen Stufe das Carpinetum orientalis croaticum Ht., die der montanen Stufe das Seslerio-Ostryetum carpinifoliae, die der hochmontanen (bis subalpinen) Stufe das Seslerio-Fagetum auct. (Fagetum croaticum seslerietosum Ht.) und an der oberen Waldgrenze das Pinetum mugi dinaricum Ht. (im Gebiet des Dinara-Gebirges an der dalmatinischen Grenze); an der Nordseite des dinarischen Gebirges (Einzellandschaft 41, Grüner Karst) ist die Regionalgesellschaft der submontanen Stufe das Fagetum montanum illyricum Fk. et St., die der montanen Stufe das Abieti-Fagetum illyricum Fk. et St., die der subalpinen Stufe das Fagetum subalpinum illyricum Fk. Über dem Fagetum subalpinum liegt das Pinetum mugi illyricum (Ht.) Fk. (im Gebiet 41a) und das Pinetum heldreichii Ht. (im Gebiet 41b).

Die Einzellandschaft 41 ist klimatisch durch kontinentales, die Einzellandschaft 42 durch submediterranes Klima charakterisiert. Im ersten Gebiet beträgt der Mitteltemperaturwert 14,8–16,9° C (Juli und –3,5 bis –6,8° C (Januar); im zweiten 15–19° C (Juli) und –1,8 bis –6,0° C (Januar). Temperaturmaximum ist 30–40° C im August und Temperaturminimum ist –14 bis –25 im Januar. Im ersten Gebiet beträgt der Mittelwert des Niederschlages 1000–1200 mm; im zweiten 1000–1500 mm, an einigen Stellen bis 1800 mm. Aber von der Jahressumme des Niederschlages fallen in den Monaten Juli/August nur 30–45 mm und in den Monaten September/Dezember oder Februar/April ca. 150 mm.

5. Nieder-Hercegovina

Der Mitteltemperaturwert im Neretva-Tal beträgt im Sommer 24,2° C, im Januar 4,6° C, in den Karstpoljen im Januar 4,3° C. Der Mittelwert des Niederschlages liegt zwischen 1000–1500 mm. Nur das sehr enge Küstengebiet bei Neum-Klek hat echtes mediterranes Klima. In diesem Gebiet ist die Regionalgesellschaft ein Quercetum ilicis Br.-Bl., ostadriatische Rasse, d.h. Orno-Quercetum ilicis H-ić. Den Rest des Gebietes nimmt das Carpinetum orientalis croaticum H-ić. als Regionalgesellschaft der subkollinen und das Quercetum confertae hercegovinicum Fk. mnsc. der kollinen und submontanen Stufe ein, mit Ersatzgesellschaften, die unter den Namen „Šibljak" bekannt sind (L. Adamović 1901, P. Fukarek 1960).

ZUSAMMENFASSUNG

An Hand pflanzensoziologischer und bodenkundlicher Grundlagen haben die Autoren Bosnien und die Hercegovina (eine von den sechs Republiken Jugoslaviens) in folgende Einzellandschaften gegliedert (s. Abb. 1, p. 89).

SUMMARY

By use of the vegetation and soil elements Bosnia and Hercegovina (one of the six republics of Yugoslavia) has been divided into the following ecologic areas (see Fig. 1, p. 90).

LITERATUR

Adamović, L.: Die Vegetationsverhältnisse der Balkanländer (Mösische Länder). – Vegetation der Erde **11**. 576 pp. Leipzig 1909.

— Bilijnogeografske formacije zagorskih krajeva Dalmacije, Bosne, Hercegovine i Crne Gore. I, II. – Rad Jazu Knj. 194: 104 pp., Knj. 195: 120 pp. Zagreb 1912, 1913.

Beck-Mannagetta, G.: Die Vegetationsverhältnisse der illyrischen Länder. – Vegetation der Erde **4**. 534 pp. + Karte. Leipzig 1901.

Ćirić, M.: Planinsko-šumska zemljišta Jugoslavije. – Jugosl. sav. centar za polj. i šumar. Beograd 1961.

— Ein Beitrag zur Bodenbildung auf Serpentin. – Z. f. Pflanzenernähr. Düng. Bodenkde **96** (2): 115–121. Weinheim/Bergstr. 1962.

Cvijić, J.: Balkansko poluostrvo. I: 45–46. Zagreb 1922.

Đikić, S.: Historijski razvoj devastacije i degradacije krša. – Mater. Sav. sav. o kršu. Krš BiH. Knj. **3**: 125–140. Split 1957.

Chataigneau, Y. et Sion, J.: Géographie universelle **VII**. – Paris 1934.
Fabijanić, B.: Bukove šume Bosne i Hercegovine. – Elaborat (Vervielf. Mnscr.) Sarajevo 1962.
—, Fukarek, P. et Stefanović, V.: Pregled osnovnih tipova šumske vegetacije. – Lepenica Radovi Nauč. društva BiH, poseb. izdanja, knj. **III**: 85–129 + Karte. Sarajevo 1963.
Fukarek, P.: Prilog poznavanju šumske vegetacije nekih zapadnobosanskih i hercegovačkih planina. – Narodni šumar **IX**: 125–134. Sarajevo 1956a.
— Zajednica klekovine bora (Pinetum mugi) i neke njene razvojne tendencije na bosansko-hercegovačkim planinama. – Šumarski list **LXXX** (11–12): 343–357. Zagreb 1956b.
— Prilog poznavanju šumskih zajednica u kojima se javlja poljski jasen. – Šumarski list **LXXX** (1–2): 30–40. Zagreb 1956c.
— Radovi na istraživanju i kartiranju šumske vegetacije Bosne i Hercegovine. – Narodni šumar **XII** (10–12): 359–378. Sarajevo 1957a.
— Fitocenološka raspodjela bosanskog i hercegovačkog krša. – Mater. sav. sav. o kršu. Krš BiH. Knj. **3**: 139–149 Split 1957b.
— Granice krša u Bosni i Hercegovini. – Geografski pregled II (s. Literatur!). Sarajevo 1958.
— Die Ausarbeitung einer detaillierten Waldkarte Bosniens und der Herzegowina auf pflanzensoziologischer Grundlage. – In: Tüxen, R. (Edit.) Bericht Intern. Symposium f. Vegetationskartierung v. 23–26. 3. 1959 in Stolzenau/Weser. p. 363–368. Weinheim/Bergstr. 1963.
— et Fabijanić, B.: Prilog poznavanju šumskih zajednica planine Veleži u Hercegovini. – Rukopis (Mnscr.). Sarajevo 1958.
— et Stefanović, V.: Prašuma Peruçica i njena vegetacija. Radovi Polj.-šumar. fak.-Šumarstvo. Knj. **2**: 93–146. Sarajevo 1958.
Glišić, M.: Prilog poznavanju areala šuma hrastova sladuna i cera u severoistočnoj Bosni. – Narodni šumar **X** (1–2): 21–26. Sarajevo 1956.
— Prilog poznavanju fitocenoza pitomog kestena i bukve u Bosni. – Šumarstvo **VII** (3): 115–124. Beograd 1954.
Gračanin, Z.: Die Beziehungen zwischen Roterden und Waldgesellschaften des kroatischen Karstgebietes. – Rapports VIe Congr. Internat. sci. sol. **E**: 547–551. Paris 1956.
Gracianskii, A. N.: Priroda Jugoslavii. Moskva 1955.
Horvat, I.: Pregled šumske vegetacije u Hrvatskoj. – Šumarski list **LXI**: 337–344. Zagreb 1937.
— Biljnosociološka istraživanja šuma u Hrvatskoj. – Glasn. šum. pokuse **6**: 7–279. Zagreb 1938.
— Šumske zajednice Jugoslavije. – Inst. za šumarstvo NRH. (Karte). Zagreb 1949.
— Pflanzengeographische Gliederung Südosteuropas. – Vegetatio **V-VI**: 434–447. Den Haag 1954.
— Laubwerfende Eichenzonen Südosteuropas. – Angew. Pflanzensoz. **15**. Stolzenau/Weser 1958.
— Die Pflanzenwelt Südosteuropa als Ausdruck der erd- und vegetationsgeschichtlichen Vorgänge. – Acta Soc. bot. poloniae **XXVIII** (3): 381–408. Kraków 1959.
— Oekologische und historische Faktoren in ihrer Einwirkung auf die Pflanzenwelt Südosteuropas. – Mitt. flor.-soz. Arbeitsgem. N. F. **8**: 345–346. Stolzenau/Weser 1960.
— Die leitenden Gesichtspunkte für eine pflanzensoziologische Gliederung von Mittel- und Südeuropa. – In: Tüxen, R. (edit.): Bericht intern. Symposion f. Vegetationskartierung v. 23.–26. 3. 1959 in Stolzenau/Weser. p. 61–94. Weinheim/Bergstr. 1963.
Horvatić, S.: Biljnogeografsko razčlanjenje krša. – Mater. sav. sav. o kršu. Knj. **5**. Krš Jugoslavije: 35–65. Split 1957a.
— Pflanzengeographische Gliederung des Karstes Kroatiens und der angrenzenden Gebiete Jugoslawien. – Acta bot. croatica **XVI**: 33–62. Zagreb 1957b.

KANAET, T.: Bosna i Hercegovina. – Enciklopedija Jugoslavije. 2. Zagreb 1956.

KRAUSE, W. u. LUDWIG, W.: Zur Kenntnis der Flora und Vegetation auf Serpentinstandorten des Balkans 2. Pflanzengesellschaften und Standorte im Gostović-Gebiet (Bosnien). – Flora: 78–131. Jena 1957.

KUŠAN, F.: Sastav i raspored vegetacije na planini Kamešnici. – God. Biol. inst. u Sarajevu **IX** (1956) (1–2). Sarajevo 1958.

MALY, K.: Die Ravna Planina (Jahorina) bei Pale-Sarajevo I, II. – Glasn. Zem. muzeja u BiH **L**: 13–35, **LI**: 9–33. Sarajevo 1938, 1939.

MAREK, R.: Südost- und Südeuropa. – Handbuch der geograph. Wissenschaft. Postdam 1931.

MARKGRAF, F.: Die Südgrenze mitteleuropäischen Vegetation auf der Balkanhalbinsel. – Ber. dt. bot. Ges. **60**: 118–127. Stuttgart 1948.

MELIK, A.: Jugoslavija. – Ljubljana 1949.

MILOJEVIĆ, B. z.: Naši predeli. – Beograd 1949.

MOSCHELES, JULIA: Das Klima von Bosnien und der Hercegovina. – Zur Kunde der Balkanhalbinsel **I** (20): 115 pp. + Karte. Sarajevo 1918.

OBERDORFER, E.: Gliederung und Umgrenzung der Mittelmeer-Vegetation auf der Balkanhalbinsel. – Ber. Geobot. Forsch. Inst. Rübel (1947): 84–111. Zürich 1948.

PAUNKOVIĆ, D.: O principima i metodu rejoniranja u geografiji. – III Kongres geografa Jugoslavije. Sarajevo 1954.

PAVLOVIĆ, ZAGORKA: Vegetacija planine Zlatibor. – Zborn. radova Inst. ekol. biogeograf. **2**: 11–183. Beograd 1951.

PETROVIĆ, R.: O problemu geografske rejonizacije Jugoslavije. – Geografski pregled **I**: 104–135. Sarajevo 1957.

REGEL, C.: Zur Frage der Grenze zwischen dem Mittelmeergebiet und Mitteleuropa auf der Balkanhalbinsel. – Ber. Geobot. Forsch. Inst. Rübel (1946): 15–22. Zürich 1947.

RITTER-STUDNIČKA, HILDA: Flora i vegetacija na dolomitima Bosne i Hercegovine I, II, III. – God. Biol. Inst. u Sarajevu **IX**: 73–212, **X**: 129–161, **XII**. Sarajevo 1956, 1957, 1959.

ROGLIČ, J.: Prilog regionalnoj podjeli Jugoslavije. – Geograf. Glasnik **XVI–XVII**: 9. Zagreb 1955.

RUBIĆ, I.: Problem regije u modernoj geografiji. – Izv. o radu IV Kongresa geografa FNRJ. Beograd 1956.

SCHMID, E.: Die Vegetationsstufen der illyrischen Länder. – Ber. schweiz. bot. Ges. **49**: 426 pp. Bern 1939.

— Prinzipien der natürlichen Gliederung der Vegetation des Mediterrangebietes. – Ber. schweiz. bot. Gesell. **59**: 169–200. Bern 1949.

STEBUT, A.: Naši glavni poljoprivredni rejoni. – Beograd 1926.

STEFANOVIĆ, V.: Zajednica bijelog bora (Pinetum silvestris dinaricum prov.) i neke njene karakteristike na podrucju zapadne Bosne. – Radovi polj. šumar. fak. u Sarajevu. – Šumarstvo Knj. **3**: 201–218. Sarajevo 1958.

— Tipovi šuma bijelog bora na području krečnjaka istočne Bosne. – Radovi Knj. **XVI**. Naučno društvo BiH. Odj. privr.-techn. nauka Knj. **4**: 85–142. Sarajevo 1960.

— Tipovi hrastovih i tipovi smrčevih šuma BiH. – Elaborat (Mnscr.) Sarajevo 1963.

TREGUBOV, V.: Piceetum omoricae. – Commun. „SIGMA" **77**. Montpellier 1941.

— Les forêts vierges montagnardes des Alpes dinariques (Massif de Klekovatscha-Guermetch). – Montpellier 1941.

VEMIĆ, M.: Bosna i Hercegovina. – Klima. – Enciklopedija Jugoslavije. **2**. Zagreb 1956. (S. Literatur!).

WRABER, M.: Biljnosociološki prikaz kestenovih šuma Bosne i Hercegovine. – God. Biol. Inst. u Sarajevu **XI** (1958) (1–2): 139–182. Sarajevo 1961.

DIE KARTE DER POTENTIELLEN NATÜRLICHEN VEGETATION 1 : 200 000 UND IHRE AUSWERTUNG ERLÄUTERT AM BEISPIEL DES BLATTES MINDEN

von

W. Trautmann, Stolzenau

(Manuskript nicht eingegangen).

C. Troll:
Der Maßstab 1 : 200 000 ist für solche Karten besonders gut geeignet, wie ja unsere schöne geologische Karte zeigt, die leider nicht fortgeführt wird. Blatt Minden und Detmold sind die letzten Blätter in diesem Maßstab. Nachdem halb Deutschland aufgenommen war, wird jetzt – wie grundsätzlich immer bei uns – gewechselt und 1 : 100 000 aufgenommen, damit wir ja nie zu einer geschlossenen geologischen Karte kommen. Ich hoffe, daß die Vegetationskarte 1 : 200 000 kontinuierlich weiter bearbeitet wird. Das zeigen ja auch die Nachbarländer. In der Schweiz macht man mit 1 : 200 000 in der Vegetations- und der geologischen Karte die besten Erfahrungen. Auch die Vegetationskarte, die Gaussen in S-Frankreich angefangen hat, hat den gleichen Maßstab. So sollte dieser eigentlich zum internationalen Maßstab werden, um möglichst Vergleichbares zu haben.

In den angewandten Karten haben Sie auch eine Karte der Erholungslandschaften gezeigt, die in das heute viel bearbeitete Gebiet der Sozial-Geographie übergreift. Ich würde auch das Weserufer zu den potentiellen Erholungs-Landschaften rechnen. Denn der wichtigste beruhigendste Blick von dem Hause der Bundesanstalt in der Schinnaerlandstr. umfaßt ja auch die Weser, auf der die Schiffe und Kähne so friedlich entlang ziehen. (Zwischenruf: Erholung aber nur aus der Ferne, aus der Nähe stinkt sie!).

K. Limpert:
Aus der Reihenfolge der Bilder glaube ich entnehmen zu können, daß Sie bei der Kartierung ausgegangen sind von den derzeitigen Gegebenheiten, d.h. Sie haben die potentielle Nutzungseignung vorweg und die wasserwirtschaftliche Karte danach gebracht.

Ich komme aus der Praxis der Landeskulturverwaltung, und stehe immer wieder vor der Frage im Rahmen der gesamten Änderung der wirtschaftlichen Verhältnisse das Optimale aus dem Boden herauszuholen, d.h. den Landwirten die optimalen Bodenverhältnisse zu bieten. Dabei ist es natürlich für uns wichtig, daß die wasserwirtschaftliche Karte zur Voraussetzung gemacht wird und anhand dieser wasserwirtschaftlichen Karte dann die möglichen Potentiale entwickelt werden, die darin stecken. Insofern wäre es auch interessant, daß sich z.B. bei der

Karte der extremen klimatischen Bedingungen, die vorhin gezeigt wurde, noch einige Verschiebungen ergeben werden. Denn man kann evtl. den Einfluß des Wassers ausklammern und diese extremen Gegebenheiten nur noch auf die reine Bodenkomponente zurückzuführen, die nur in geringem Umfang veränderlich ist. Es gibt z.B. sehr schwer durchlässige Lößböden, die bei einer ganz bestimmten Niederschlagsmenge nicht mehr genug Durchlässigkeit besitzen, um das Wasser abzuführen, so daß sie also versaufen. Umgekehrt ist es bei den extrem trockenen Standorten. Wir haben auch stark durchlässige Böden. Da ist es immer schwierig in den wasserwirtschaftlichen Wirklichkeiten das richtige Verhältnis zu finden. Z.B. haben Acker und Grünland verschiedenen Wasserbedarf, so daß sich also auch da Verschiebungen ergeben könnten.

Meine Hauptfragestellung ist: Sind Sie von den derzeitigen Gegebenheiten ausgegangen, oder haben Sie schon bedacht, welche Veränderungsmöglichkeiten hinsichtlich des Faktors Wasser, der ja als Hauptfaktor zu betrachten ist, noch darinstecken?

G. KRAGH:

Ich möchte zwei Fragen an den Vortragenden stellen:

1. *Karte der erosionsgefährdeten Gebiete:* Sind in dieser Karte die auf Grund der Standortsverhältnisse schlechthin gefährdeten Gebiete (ohne Berücksichtigung der gegenwärtigen Vegetationsdecke) angegeben? Oder sind die tatsächlich gefährdeten Flächen kartiert, in denen also möglichst bald entsprechende Landschaftspflegemaßnahmen durchgeführt werden sollten?

2. *Karte der Erholungsgebiete:* Sind bei dieser Karte etwaige Störungen durch Siedlung, Industrie, Flugzeuglärm und dergleichen berücksichtigt, die solche Gebiete weniger reizvoll erscheinen lassen als Gegenden etwa des flachen Küstenlandes, in denen allein schon der Faktor Wasser den hohen Erholungswert bestimmt?

H. BUTZKE:

Die Herleitung der potentiellen natürlichen Vegetation setzt ja eine genaue Kenntnis des Gebietes voraus. Wie weit war es möglich, die potentielle natürliche Vegetation aus der augenblicklichen Vegetation abzuleiten, bezw. in welchem Umfange mußte man sich des indirekten Weges über Bodenuntersuchungen dabei bedienen? Ich glaube, daß man in ausgeprägt anthropogenen Gesellschaften ohne zusätzliche und ergänzende Bodenuntersuchungen zur Herleitung der potentiellen natürlichen Vegetation nicht auskommt.

Im geologischen Landesamt Nordrhein-Westfalen besteht ein Arbeitsprogramm, die Meßtischblätter Nordrhein-Westfalens bodenkundlich aufzunehmen, also eine bodenkundliche Aufnahme im Maßstab 1 : 25 000 ähnlich den geologischen Spezialkarten durchzuführen. Ich glaube, daß diese bodenkundlichen Karten 1 : 25 000 eine wunderbare Grundlage sein können für die Herleitung der potentiellen natürlichen Vegetation.

H. ELLENBERG:

Wir haben in Südwestdeutschland und anderen Gebieten Erfahrungen mit Eignungskarten bereits seit kurz nach dem Kriege. Deshalb möchte ich eine Warnung aus Erfahrung aussprechen. Wir haben im Anfang solche Eignungskarten verhältnismäßig grob erstellen müssen. Die meisten Karten, die hier gezeigt wurden, hatten nur zwei oder drei Eignungsstufen. In solchen Fällen begegnete uns sehr häufig von Praktikern der Einwand: das wissen wir schon. Ich denke dabei z.B. an die obstbauliche Eignungskarte, die im wesentlichen drei Stufen zeigte. Die guten Praktiker und auch die Planer auf dem Gebiete des Obstbaues wissen das wirklich schon. Man kann ihnen nur dann Genaueres an die Hand geben, das ihnen weiterhilft, wenn man die Eignungsbeurteilung verfeinert, wie das Herr TRAUTMANN ja zum Schluß andeutete. Auf dieser Grundlage ist 1953 in Südwestdeutschland, in Baden-Württemberg die Forschungsstelle für Obstanbauplanung gegründet worden. Sie arbeitet wesentlich auf der Grundlage der Vegetation unter Mitheranziehung der Bodenverhältnisse und einer sehr verfeinerten Mikroklima-Beurteilung, die sich als unbedingt notwendig erweist. Erst aus der Synthese dieser verschiedenen Verfeinerungsmöglichkeiten, die zum Teil die Vegetationsbetrachtung allein nicht so schnell bietet, – ich will nicht sagen, daß sie sie nicht bietet, aber es ist unter Umständen schneller mit einer Mikro-Klima-Kartierung zu arbeiten, – erst auf dieser Grundlage und einer sehr weitgehenden Erforschung der Beziehungen zwischen den verschiedenen Obstsorten und den Standorten durch Ermittlung aller Erfahrungen und durch Versuche wird man zu einer so verfeinerten Eignungsbeurteilung kommen, daß der gute Praktiker wesentlich mehr erfährt, als er zur Zeit weiß.

F. K. HARTMANN:
Ich möchte dasselbe auch von der forstlichen Seite noch unterstreichen. Es gibt natürliche Waldgesellschaften, die uns ohne weiteres erlauben, die potentiellen Leistungen eines Standortes voll und ganz zu beurteilen, weil sie in dem Kreislauf die natürliche Struktur einer solchen Synökologie einer Gesellschaft widerspiegeln. Es gibt aber Fälle, wo diese Waldgesellschaften durch Holz-Arten, nicht Baum-Arten, die zum Zwecke der wirtschaftlichen Nutzung angebaut sind, verändert worden sind. Solche Holzarten verhalten sich ganz anders in diesem Gefüge und man muß nun wirklich erst Erfahrungen sammeln mit der betreffenden ausländischen Douglasie oder verschiedenen ausländischen Tannen usw., bevor man Eignungsempfehlungen geben kann. Das ist natürlich eine Aufgabe für eine besonders fein differenzierte Standortskartierung immer in Zusammenarbeit mit der Vegetationskartierung. Das möchte ich ausdrücklich betonen, weil ja die Vegetation die deutlich sichtbare Synthese dieses ganzen Gefüges gibt. Das tut die eigentliche reine Standortskartierung, wie sie manchmal forstlich heute noch vom rein Bodenkundlichen und Wasserwirtschaftlichen ausgeübt wird, nicht. Durch diese Zusammenarbeit von wirklicher Standorts- und Vegetationskartierung kann man dieses feine Gefüge auf der Karte darstellen, welches zur Nutzung der vollen potentiellen Leistung eines solchen Standortes führt.

C. TROLL:
Es ist richtig, daß die Böden neben der Vegetation auch beobachtet werden müssen, weil manche Faktoren in dieser eben doch nicht so klar

sichtbar werden, wie es bei Bodenprofilen geschieht. Auch das Klima, vor allem das Geländeklima spielt, wie Herr ELLENBERG andeutete, eine entscheidende Rolle. Es gibt darüber ja eingehende Studien für den Weinbau aus dem rheinischen Schiefergebirge (SCHNELLE u.a.). Die ganze Gelände-Klimatologie ist nach dem Kriege eigentlich von dieser Seite her angeregt worden. Frostgefährdete Gebiete werden vielleicht da und dort auch in der Vegetation zum Ausdruck kommen, aber in der veränderten Kulturlandschaft sieht man sie eben doch nicht. Darum ist es notwendig, auch diese geländeklimatischen Messungen zu machen, oder wie es von Herrn KNOCH vorgeschlagen worden ist, eine geländeklimatische Kartierung Deutschlands, neben der bodenkundlichen und vegetationskundlichen gleichzeitig durchzuführen. Sie kann aber nicht auf Objekte, die man sieht, sondern muß auf solche, die man messen müßte, bezogen werden. Das ist die Schwierigkeit dabei. Geländeklimatische Kartierung würde heißen, daß man an charakteristischen Geländetypen messend die Gesetze verfolgt und dann einfach die Erfahrungen aus dem einen Gebiet auf das andere extrapolierend überträgt. Letzten Endes ist das Ganze immer wieder Landschaftsökologie in vollem Umfang.

W. TRAUTMANN:
Ich darf zunächst die Frage von Herrn Dr. LIMPERT beantworten, wenn ich sie richtig verstanden habe. Bei der wasserwirtschaftlichen Planungskarte gehen wir vom gegenwärtigen Zustand aus, aber wir meinen, die Entwässerungsmöglichkeiten, also das optimale Wasserpotential für die landwirtschaftliche Nutzung. Die Reihenfolge der Karten ist von unserer vegetationskundlichen Überlegung aus bestimmt worden. Wir gehen ja von der Vegetation aus und kommen dann zu den forstwirtschaftlichen Nutzungen, die der natürlichen Vegetation noch am nächsten stehen, dann zu den landwirtschaftlichen, die schon weiter weg sind, dann zu den Eignungskarten, wie der wasserwirtschaftlichen, oder der Karte der Erholungslandschaft, die ja eine sehr stark abgeleitete Karte ist.

Für die wirklichen Erholungsräume spielen noch ganz andere, nämlich menschliche Gesichtspunkte eine Rolle. Damit möchte ich die Frage von Herrn KRAGH beantworten. In dieser Karte der Erholungslandschaft ist nur die naturgegebene Eignung wie bei allen anderen Karten enthalten und nicht etwa berücksichtigt, ob ein Raum in der Nähe einer Großstadt liegt, die ja dann ganz die Akzente verschiebt und Räume für Erholung wertvoll werden läßt, die in einer anderen Landschaft absolut keinen Erholungswert haben. Hier kommen Gesichtspunkte hinzu, die bei dieser Karte nicht berücksichtigt sind. Das gilt auch für die Erosionskarte. Hier müßten für landschaftspflegerische Maßnahmen auch noch Geländeuntersuchungen angestellt werden. Allerdings kann man ja aus der topographischen Karte 1 : 25 000 entnehmen, – dieser Maßstab käme ja auch für eine Auswertung noch in Frage, weil die Feldblätter dazu ja vorliegen – ob das Gebiet bewaldet ist oder nicht, wie es genutzt wird (als Wiese und Acker) usw.

Die Frage, wie wir die potentielle natürliche Vegetation kartiert haben, habe ich bewußt ausgeklammert, um mein Referat nicht zu lang werden zu lassen. Das Gebiet Minden wird zum Teil seit ungefähr 25–30 Jahren von der Bundesanstalt und ihren Mitarbeitern untersucht. Hier lagen also zahlreiche Kartierungen der realen Vegetation vor. Alle Forstämter sind kartiert. Wir hatten hier also das Glück, sämtliche Gesellschaften, die realen sowohl wie die potentiellen, bereits zu kennen. Wir haben aber selbstverständlich alle anderen hier vorliegenden Karten herangezogen, die geologische Karte, die Karte der forstlichen Standortserkundung. Die Bodenkarten gerade vom geologischen Landesamt Nordrhein-Westfalen 1 : 10 000 sind allerdings möglichst wenig bei der Abgrenzung benutzt, denn Böden und Vegetation decken sich doch vielfach nicht in vollem Umfang. Wir haben, um ein Beispiel zu nennen, den artenarmen Buchen-Mischwald, der sehr große Flächen hier bedeckt, sowohl auf Para-Braunerden als auch auf schwach bis mäßig starken Pseudo-Gleyen, d.h. also: auf zwei verschiedenen Bodentypen wächst hier dieselbe Gesellschaft sogar in derselben Variante. Uns kam es ja darauf an, das Vegetations-Potential zum Ausdruck zu bringen. Aus methodischen Gründen brauchen sich Boden- und Vegetationsgrenzen keineswegs zu decken. Die Böden werden ja nach bodenmorphologischen Merkmalen kartiert und die Vegetation nach dem Artengefüge. Uns interessiert aber das Standorts-Potential, das in der Vegetation seinen Ausdruck findet.

Der Einwand oder die Bemerkung von Prof. ELLENBERG und auch von Prof. HARTMANN sind durchaus berechtigt, gerade was eine genaue Bewertung für den Obstbau angeht. Ich habe auch jetzt wieder den Einwand gehört: „Das wissen ja die Leute alles lokal". Das stimmt. Aber ich vermisse dann von der Landwirtschaft Karten, z.B. 1 : 200 000, die das zeigen; die existieren nicht. Hier in Stolzenau weiß jeder, was in seinem Raum möglich ist, auch für den Feldfruchtanbau, in Minden auch, in Bückeburg auch. Aber keiner weiß vom anderen. Und es existieren keine Karten, so daß doch vielleicht die eine oder andere dieser Karten, auch wenn sie sehr grob bewertet sind, einen gewissen Überblick für räumliche Zusammenhänge erkennen lassen.

Eine gewisse Kritik möchte ich an der jüngst von Herrn Prof. ELLENBERG vorgelegten Karte des Landkreises Verden üben. Hier ist eine 10-teilige Bewertungsskala für die einzelnen Vegetationslandschaften, wie er sie nennt, und für die natürlichen Wuchsräume aufgezeigt. Das scheint mir doch etwas weit zu gehen. Mir gefällt die bodenkundliche Karte besser, die für Räume derselben Größenordnung einen Bewertungsmaßstab von Bodenwertzahlen etwa von 30–50 angibt, während hier 9 steht oder 7, also etwas sehr Exaktes, auch wenn es eine Relativskala ist. Jene Skala scheint mir richtiger zu sein. Es sind ja Räume von 10 und 20 km^2, die man m.E. eher als etwa „mäßig bis schlecht geeignet", aber nicht als „schlecht geeignet" und auch nicht als „mäßig geeignet" bezeichnen kann.

DAS VEGETATIONSMOSAIK ALS GRUNDLAGE DER NATURRÄUMLICHEN GLIEDERUNG AM BEISPIEL DES LEINTALES BEI SCHWÄBISCH GMÜND

von

Dieter Rodi, Schwäbisch Gmünd

I. In der modernen Landschaftsanalyse gibt es drei verschiedene Betrachtungsmöglichkeiten:

1. Betrachtung der Landschaft in ihrer heute uns gegebenen Gesamtheit: Landschaftseinheiten.

2. Betrachtung nach den vom Menschen bestimmten Gestaltplänen: Kulturräumliche beziehungsweise sozialräumliche Einheiten.

3. Betrachtung nach dem Naturplan (der Landesnatur) in der Naturräumlichen Gliederung: Naturräumliche Einheiten.

Die Landesnatur eines Teiles der Erdoberfläche ist die Gesamtheit dessen, was nicht durch den Menschen geschaffen oder gestaltet ist. Sie ist ein Wirkungsgefüge aus den Kräften der anorganischen und vitalen Welt (Gestein, Relief, Klima, Boden, Pflanzen- und Tierwelt).

II. Für die Naturräumliche Gliederung ergeben sich nach Schmithüsen (1953) folgende Einheiten:

1. Die Grundeinheit ist die Fliese (räumliche Standortseinheit). Sie ist ein topographischer Bereich mit einem bestimmten ökologischen Potential (z.B. Mergel-Pararendzina aus Lias-Tonen).

2. Einheiten niederer Ordnung sind die Fliesengruppe (Bereich räumlich zusammenhängender, untereinander ähnlicher Fliesen; z.B. Trockene Mergel-Pararendzina aus Lγ und Lε sowie Mergel-Pararendzina aus Lias-Tonen) sowie der Fliesenkomplex (Räumliche Vergesellschaftung verschiedener Fliesen; z.B. Mergel-Pararendzina aus Lias-Tonen und Hangnässe-Gley) (Teillandschaft).

3. Die Naturräumliche Haupteinheit (z.B. Östliches Schwäbisches Albvorland, Nr. 102) ist ein Komplex naturräumlicher Untereinheiten von wesensverwandtem Fliesengefüge (Gesamtlandschaft).

III. Die Abgrenzung des Östlichen Schwäbischen Albvorlandes (102) vom Welzheimer Wald (107) nach allgemein geographischen Methoden (nach Huttenlocher 1955).

In Württemberg wurde früher zur Landschaftsgliederung im wesentlichen die Geologie herangezogen. Das Albvorland ist vor allem durch die tonigen Ebenen (Lias und Dogger α) gekennzeichnet, die von ziemlich steil eingeschnittenen Tälern durchbrochen werden. Die Hochflächen des Welzheimer Waldes bilden langgezogene Rücken aus Buchsandstein. Die Täler des Stubensandsteines sind meist flach und neigen daher zur Versumpfung.

Heute spielt für die Landschaftsgliederung auch das Klima eine entscheidende Rolle. Der Welzheimer Wald erhält mehr Niederschläge (1000 mm) als das Albvorland (850 mm), weil die aus dem Neckarland kommenden Winde dort aufsteigen müssen. Die Sommer sind im Welzheimer Wald etwas kühler als im Albvorland. Insgesamt ist das Klima des Welzheimer Waldes subatlantisch, das des Albvorlandes kontinetal getönt. Pollenanalytische und forstgeschichtliche Studien ergeben für den Welzheimer Wald einen Buchen-Tannen-Wald, für das Östliche Albvorland einen Eichen-Buchen-(Tannen)-Wald als Regionalgesellschaft (nach JÄNICHEN 1956 und nach SCHLENKER u. HAUFF 1960).

Die Physiognomie der Kulturlandschaft des Albvorlandes zeigt Haufendörfer (Beispiel Heuchlingen) mit Gewannfluren, Hecken und Ackerland (Futter-Getreidebausystem). Dazwischen gibt es nur vereinzelte Laubwälder und Fichtenforsten. Im Welzheimer Wald (Beispiel Rotenhar bei Frickenhofen) finden wir Weilersiedlungen und Einzelhöfe mit Block- und Streifenflur. Es gibt mehr Wiesen als Äcker (Futterbausystem) und die Nadelwälder nehmen eine große Fläche ein.

IV. Die Kennzeichnung und Abgrenzung der beiden Landschaften mit bodenkundlichen und pflanzensoziologischen Methoden.

In mehrjähriger Arbeit wurden in den beiden Landschaften durch Untersuchung der Bodenprofile sämtliche vorhandenen Bodentypen erfaßt. Damit die Bodentypen den „Fliesen" entsprechen, wurde bei ihrer Kennzeichnung auch das Relief mitberücksichtigt. Die Bodentypen wurden dann mit dem Handbohrer (im Original im M. 1 : 2 500) in drei Musterquerschnitten kartiert. Ebenso wurden die Gesellschaften der realen Vegetation mit soziologischen Artengruppen gegliedert und Karten der Musterquerschnitte angefertigt.

Mit Hilfe der Boden- und Vegetationskarten sowie durch weitere Beobachtungen im Gelände wurden für die drei Musterquerschnitte auch die Karten der heutigen potentiellen natürlichen Vegetation („Vegetationsfliesenkarte") hergestellt (vgl. R. TÜXEN 1957).

Bei den Untersuchungen wurden folgende Bodenformen erfaßt: (aus Zeitmangel können jeweils nur die höheren Einheiten besprochen werden)

Fliesengruppe a: Rendzinen und Kalkbraunerden
Fliesengruppe b: Mergel-Pararendzinen
Fliesengruppe c: Pelosole (aus Lias- und Dogger-Tonen)
Fliesengruppe d: (Kalk-)Pelosole aus Knollenmergel
Fliesengruppe e: Pelosole aus Stubensandletten
Fliesengruppe f: Para-Braunerden aus Angulatensandsteinmaterial
Fliesengruppe g: Para-Braunerden aus Decklehmen
Fliesengruppe h: Podsolige Braunerden aus Stubensandstein
Fliesengruppe i: Podsolige Braunerden aus Leinhöhensanden
Fliesengruppe k: Podsole (aus Stubensandstein)
Fliesengruppe m: Hangnässe-Gleye
Fliesengruppe n: Aueböden
Fliesengruppe o: Anmoore
Fliesengruppe p: Unterwasserböden

Die Einheiten der Waldgesellschaften entsprechen denen der heutigen potentiellen natürlichen Vegetation. Auch hier können nur die höheren

Einheiten (Assoziationen) genannt werden. Die griechischen Buchstaben bedeuten die Signatur auf den „Naturlandschaftskarten".

Galio-Carpinetum submont. Form
(Poa-Carpinetum Oberd. 57 p.p.)
α Subass. v. Clematis vitalba
β Subass. v. Scilla bifolia
γ Typische Subassoziation

δ Abietetum suevicum submont. Form (= Carici-Abietetum)
ε Melampyro-Abietetum
ϑ Carici-Fraxinetum
η Alnetum incanae und Chaerophyllo-Alnetum (jeweils submont. Form)
ι Pruno-Fraxinetum
κ Carici elongatae-Alnetum
λ Blechno-Alnetum

Bei den Ersatzgesellschaften wurden folgende Assoziationen festgestellt:
Ligustro-Prunetum, Caucalo-Adonidetum, Sedo-Fumarietum, Galeopsido-Matricarietum, Galeopsido-Chenopodietum und Galeopsido-Panicetum, Festuco-Genistelletum, Polygalo-Nardetum, Nardo-Juncetum, Poa-Trisetetum, Festuco-Cynosuretum, Trollio-Cirsietum, Selino-Juncetum acutiflori, Parnassio-Caricetum pulicaris, Carici-Agrostidetum sowie einige Assoziationen aus der Klasse der Phragmitetea und Potametea.

Der Vergleich der Bodenkarten mit den Vegetationskarten zeigt, daß sich die „Bodenfliesen" und „Vegetationsfliesen" meist entsprechen. Außerdem kommen auf den einzelnen Bodenfliesen nur ganz bestimmte Ersatzgesellschaften vor. Die Zusammenhänge zwischen Boden und Vegetation wurden in einer „Übersichtstabelle" dargestellt. Auf jeder Bodeneinheit treten nur ganz bestimmte Vegetationseinheiten auf. Die Gesamtheit der Vegetationseinheiten, die auf einer Bodeneinheit vorkommen, entspricht annähernd den Assoziationsringen bei SCHWICKERATH 1954 oder den „homologen Gesellschaften" bei SCHMITHÜSEN 1961.

Vergleichen wir das „Bodenfliesengefüge" und das „Vegetationsfliesengefüge" (Gesellschaftspulk) vom Östlichen Schwäbischen Albvorland und vom Welzheimer Wald, so ergeben sich für jede Landschaft ganz bestimmte Leitfliesen und Begleitfliesen. Wenn nicht auf den Liasflächen des Albvorlandes stellenweise völlig entkalkte Decklehme sowie Leinhöhensande verbreitet wären, könnten die Unterschiede der beiden Landschaften noch viel schärfer herausgearbeitet werden.

Kennzeichnende Fliesengruppen des Östlichen Albvorlandes:

Lehmige Rendzinen und Kalkbraunerden mit folgenden Gesellschaften: Galio-Carpinetum, Subass. v. Clematis vitalba und Subass. v. Scilla bifolia; Caucalo-Adonidetum, Typ. Subass., Var. v. Camp. rapunculoides; Poa-Trisetetum (trockene Ausbildungen); (Mesobrometum).

Mergel-Pararendzinen mit folgenden Gesellschaften: Galio-Carpinetum, Typ. Subass.; Caucalo-Adonidetum, Typ. Subass. Typ. Var.; Poa-Trisetetum, trockene Ausbildungen; (Mesobrometum).

Pelosole aus Lias- und Doggertonen mit folgenden Gesellschaften: Galio-Carpinetum, Subass. von Carex brizoides; Caucalo-Adonidetum, Subass. v. Raphanus raphanistrum; Poa-Trisetetum, wechselfeuchte Ausbildungen sowie zum Teil Trollio-Cirsietum.

Kennzeichnende Fliesengruppen des Welzheimer Waldes:

Para-Braunerden aus Angulatensandstein mit folgenden Gesellschaften Abieti-Fagetum und Melampyro-Abietetum; Galeopsido-Matricarietum, Typ. Subass.; Poa-Trisetetum; Festuco-Genistelletum und Polygalo-Nardetum sowie Nardo-Juncetum.

Basenarme Braunerden aus Stubensand mit folgenden Gesellschaften: (Abietetum suevicum) und Melampyro-Abietetum, Galeopsido-Matricarietum, Subass. v. Spergula arvensis; Poa-Trisetetum; Festuco-Genistelletum; Polygalo-Nardetum sowie Nardo-Juncetum.

Podsole aus Stubensand mit folgenden Gesellschaften: Melampyro-Abietetum, Polygalo-Nardetum und Nardo-Juncetum Podsolierte Pelosole mit den bei den Podsolen genannten Gesellschaften.

Die restlichen oben schon genannten Bodenfliesen, Vegetationsfliesen und Ersatzgesellschaften sind in beiden Landschaften Begleiteinheiten. Dabei muß aber beachtet werden, daß auf dem ,,Pelosol aus Knollenmergel" im Welzheimer Wald ein Buchen-Tannenwald (Abieti-Fagetum = Abietetum suevicum), im Östlichen Albvorland aber (mindestens in Südlage) ein Eichen-Hainbuchenwald (Galio-Carpinetum) stockt.

ZUSAMMENFASSUNG

Nach einer kurzen Darstellung der Aufgaben und des Systems der Naturräumlichen Gliederung am Beispiel des Leintales bei Schwäbisch Gmünd wurde gezeigt, wie mit den Methoden der Geographie (Geologie, Morphologie, Klimatologie) das Östliche Schwäbische Albvorland (Nr. 102) vom Welzheimer Wald (Nr. 107) abgegrenzt wurde. Anschließend folgte die Erörterung der wichtigsten Bodentypen und Pflanzengesellschaften beider Landschaften. Für das Östliche Albvorland wurde der tannenreiche Eichen-Hainbuchenwald (Galio-Carpinetum bzw. Stellario-Carpinetum) auf Pararendzinen und Pelosolen des Lias α_3 — ϑ und Dogger α, für den Welzheimer Wald der Artenreiche Buchen-Tannenwald (Abieti-Fagetum = Abietetum suevicum) auf basenreichen Braunerden und Para-Braunerden (Hanglehme) und der Artenarme Buchen-Tannenwald (Melampyro-Abietetum) auf podsoligen Braunerden und Podsolen aus Angulatensandstein ($L\alpha_2$) und Stubensandstein (Km_4) als charakteristische Pflanzengesellschaften (Vegetationsfliesengruppen) der potentiellen natürlichen Vegetation herausgestellt. Im wesentlichen stimmen die Grenzen auf der Karte der Naturräumlichen Gliederung (DONGUS 1961) mit denen überein, die wir mit pflanzensoziologischen und bodenkundlichen Methoden gefunden haben (vgl. RODI 1959/60, p. 79). Allerdings rechnet DONGUS (1961) die Frickenhofer Höhe (102.03) noch zum Östlichen Albvorland, während wir dieses Gebiet wegen des Vorkommens von Buchen-Tannenwäldern lieber zum Welzheimer Wald gezählt haben.

SUMMARY

After a short introduction to the tasks and the system of the „Naturräumliche Gliederung" with the example of the „Leintal" near Schwäbisch Gmünd it was shown, in which way the limits between the „Östliche Albvorland (nr. 102) and the „Welzheimer Wald" (nr. 107) could be fixed by the methods of geography (geology, morphology, climatology). In the following part the most important types of soil and plant-communities of both the landscapes were discussed. The „Tannenreiche Eichen-Hainbuchenwald" (Galio–Carpinetum respectively Stellario–Carpinetum) on „Pararendzina"- and „Pelosol"-soils of Lias α_3 — ϑ and Dogger α is the characteristic plant community („Vegetationsfliesengruppe") of the potential natural vegetation for the „Östliche Schwäbische Albvorland". The „Artenreiche Buchen-Tannenwald" (Abieti–Fagetum = Abietetum suevicum) on base-rich „Braunerde"- and „Para-Braunerde"-soils (Hanglehme) and the „Artenarme Buchen-Tannenwald" (Melampyro–Abietetum) on „podsolige Braunerde" and „Podsol" of „Angulatensandstein" (Lias α_2) and „Stubensandstein" (Km_4) signs the „Welzheimer Wald". The boundaries between the two discussed landscapes in the map of the „Naturräumliche Gliederung" (DONGUS 1961) are nearly the same as we found by the methods of plantsociology and pedology (RODI 1959/60, p. 79). Only the „Frickenhofer Höhe" (102.03) is counted to the „Östliche Albvorland" (see DONGUS 1961), while we should have preferred to reckon this area to the „Welzheimer Wald", because there are found „Buchen-Tannenwälder".

LITERATUR

DONGUS, H.: Die naturräumlichen Einheiten auf Blatt 171 Göppingen, Geographische Landesaufnahme 1 : 200 000. – Bad Godesberg 1961.

HUTTENLOCHER, F.: In MEYNEN, E. u. SCHMITHÜSEN, J.: Handbuch der Naturräumlichen Gliederung Deutschlands, Bundesanstalt für Landeskunde. 2. Lieferung. Remagen 1955.

JÄNICHEN, H.: Die Holzarten des Schwäbisch-Fränkischen Waldes zwischen 1650 und 1800. – Mitt. Ver. Forstl. Standortskartierung **5**. Stuttgart 1956.

OBERDORFER, E.: Süddeutsche Pflanzengesellschaften. – Pflanzensoziologie **10**. Jena 1957.

— Pflanzensoziologische Exkursionsflora für Süddeutschland. 2. Aufl. – Stuttgart 1962.

RODI, D.: Die Vegetations- und Standortsgliederung im Einzugsgebiet der Lein. – Veröfftl. Landesst. Natursch. u. Landschaftspfl. Bad.-Württ. **27/28**. Ludwigsburg 1959/60.

SCHLENKER, G. u. HAUFF, R.: Entwurf einer Karte der Regionalgesellschaften für die Wuchsgebiete Neckarland und Schwäbische Alb. – Mitt. Ver. Forstl. Standortskunde und Forstpflanzenzüchtung **9**. Stuttgart 1960.
SCHMITHÜSEN, J.: In MEYNEN, E. u. SCHMITHÜSEN, J.: Handbuch der Naturräumlichen Gliederung Deutschlands, Bundesanstalt für Landeskunde. 1. Lieferung. – Remagen 1953.
— Allgemeine Vegetationsgeographie. Lehrbuch d. Allgem. Geographie **4**. 2. Aufl. – Berlin 1961.
SCHWICKERATH, M.: Die Landschaft und ihre Wandlung auf geobotanischer und geographischer Grundlage, entwickelt und erläutert im Bereich des Meßtischblattes Stolberg. – Aachen 1954.
TÜXEN, R.: Die heutige potentielle natürliche Vegetation als Gegenstand der Vegetationskartierung. – Ber. dt. Landeskunde **19** (2). Remagen 1957.

G. SCHAFFER:
Zunächst möchte ich es begrüßen, daß Herr RODI gerade auf bodenkundliche Gesichtspunkte eingegangen ist, sonst hätte ich mich nahezu in die Rolle gedrängt gefühlt, als Bodenkundler hier wie ein Zahnarzt einem Internistenkongreß beizuwohnen. Nur hätte ich einige Einwände. Der Ausdruck „Bodenfliesen" ist etwas unglücklich, wenn man ihn nur gehört hat. Man kann das Wort ja leicht mit Bodenfließen (Solifluktion) verwechseln. Ich befürchte auch, daß dieser Ausdruck sich in der Bodenkunde nicht einbürgern wird, weil sachliche Gesichtspunkte dagegen sprechen. Wenn ich richtig unterrichtet bin, haben Sie unter Bodenfliesen eine feste Gruppe gemeint, die man besser als Bodengesellschaft bezeichnen sollte. Man hat dadurch eine gewisse Variabilität, die bei verschiedenen Kartierungsmaßstäben notwendig ist. Ich werde je nach dem Kartierungsmaßstab auch eine bestimmte Bodengesellschaft bilden. Diese Bodengesellschaft ist rein zweckbedingt und ergibt sich aus dem Kartierungsmaßstab heraus. Ich brauche mich deshalb auch nicht zu scheuen, beispielsweise Boden-Typen und Subtypen zu einer Gesellschaft zu vereinigen, wobei der Subtyp einem anderen Boden-Typ zugeordnet werden müßte. Also rein aus der Zweckmäßigkeit heraus wird sich die Notwendigkeit ergeben, daß ich hier verschiedene Einheiten zusammenfasse zu einer Bodengesellschaft und diese dann auch kartenmäßig zum Ausdruck bringe.

H. J. KLINK:
Meine landschaftsökologischen Untersuchungen im Ith-Hils-Bergland haben, was die feinere standörtliche Differenzierung innerhalb der morphographischen Einheiten anbetrifft, zu ganz ähnlichen Ergebnissen geführt, wie sie uns Dr. RODI vorgetragen hat.

An den größeren morphographischen Einheiten („Morphotope" nach Vorschlag von Prof. TROLL) mit einheitlichen Gesteinsbedingungen (zerschnittene Schichtstufen) und einer bestimmten Bodengesellschaft sind die verschiedenen Standorte hauptsächlich durch Auswirkungen des Reliefs in jeweils bestimmter Weise angeordnet. Die hauptsächlich ordnenden, ökologischen Faktoren sind: die sich infolge des Reliefs ergebenden verschiedenen Böden – die Bodentypen bilden jeweils eine geordnete Abfolge vom Erosionsscheitel zum Hangfuß (Catena), die sich an den Morphotopen eines Typs z.T. mit dem umlaufenden Streichen regelhaft wiederholt – und die verschiedenen Topoklimate an einer Oberflächenform. Die rein nach makroskopischen Merkmalen ermittelte Verbreitung der Bodentypen braucht sich dabei nicht immer mit den bestimmten Pflanzengesellschaften zu decken. Es treten also an den Reliefeinheiten, die bisher die wesentliche Kartierungsgrundlage unserer Physiotope (nach SCHMITHÜSEN) bildeten, im kleingegliederten Bergland in der Regel mehrere Assoziationen auf. Das Wesentliche dabei ist, daß sie jedoch durch bestimmte Standortsfaktoren räumlich geordnete Abfolgen (Mosaike) bilden. Eine wesentliche Aufgabe der Landschaftsökologie ist es m.E., die jeweiligen Ordnungsprinzipien im natürlichen Landschaftsbau zu ermitteln und die Beziehungen der Anordnungsmosaike zu den jeweils ordnenden ökologischen Faktoren klarzulegen. Eine möglichst gründliche, naturwissenschaftliche Faktorenanalyse ist dabei Voraussetzung.

Einen analogen Fall für die qualitativen Auswirkungen der Nachbarschaftslage zweier Landschaftseinheiten nur mit umgekehrten Vorzeichen für den Basenhaushalt, wie sie Dr. RODI vorgeführt hat, bildet das Stufenvorland des Hils. Das Standortsmosaik ist hier von den Nachbarschaftswirkungen (nach CZAJKA) der Hilssandsteinstufe bestimmt. Im Periglazial-Klima haben sich hier ausgedehnte Solifluktionsströme aus sehr armem, quarzsandreichem Hilssandsteinmaterial, teilweise in mehreren Metern Mächtigkeit, über karbonatreiche Lias- und Doggertone am unteren Stufenhang verbreitet. Dieses Material bildet das Ausgangsgestein für die Bodenbildung und bestimmt durch seine Karbonat-Armut die Standortstypen und die Vegetation. Der karbonatreiche Ton im Untergrund wirkt lediglich auf den Wasserhaushalt ein, indem er einen Staukörper unter dem im Sandsteinmaterial bei entsprechendem Relief fluktuierenden Bodenwasser bildet. Die Art der Bewegung und die evtl. Versorgung mit nährstoffreicherem Hangwasser bestimmt die feinen Standortsunterschiede im Bereich der Hangriedel. Generell muß man von einer Pseudogley-Gesellschaft sprechen, wobei Typen verschiedener Stärke auftreten. Eine gewisse standörtliche Quergliederung des Hanges durch Bach-Eschenwald-Ökotope ergibt sich durch schuttreiche Bachrisse mit rasch fließendem nährstoff- und sauerstoffreichem Wasser.

Das standörtliche Mosaik, seine Karbonat-Armut und sein Wasserhaushalt werden hier mithin hauptsächlich durch die Nachbarschaftslage der Hilssandstein-Stufe bestimmt und als Folge periglazialer Abtragungsvorgänge an der oberhalb gelegenen Stufe nach der Seite minderer Standortsqualität, als sie nach der geologischen Unterlage zu erwarten wäre, verändert. So werden Landschaftsgefüge der verschiedenen Größenordnungen unter dem Gesichtspunkt von Nachbarschaftswirkungen zu sehen sein.

W. LÖTSCHERT:
Ich möchte auch noch einen kleinen ergänzenden Beitrag zu dem geben, was wir bisher gehört haben. Er ist letzten Endes das Verdienst von Herbert LEHMANN in Frankfurt. Er hat 1955 eine Untersuchung in Pinar del Rio in West-Kuba durchgeführt. Prof. LEHMANN als Leiter und Geomorphologe, Herr KRÖMMELBEIN als Geograph und ich als Botaniker waren daran beteiligt. Von einem kleinen Gebiet wurde eine geomorphologische, eine geologische und eine Vegetationskarte hergestellt. Auf die

Böden konnten wir uns nicht konzentrieren, das hätte den Rahmen gesprengt. In diesem Gebiet stehen verschiedene Gesteine an: saurer Pizarras-Sandstein unbekannten Alters, Viñales-Kalke, die wahrscheinlich der oberen Kreide entsprechen, Jagua-Schichten, die einzigen fossilführenden Schichten dieses Gebietes, die mit dem Ober-Oxford identifiziert werden können, und schließlich lateritische Verwitterungsformen, die im wesentlichen aus Viñales-Kalken hervorgehen. Außerdem kommen Alluvionen vor.

Wenn man diese geologische Abfolge auf einer Karte darstellt und unabhängig davon auf Grund von Luftbildaufnahmen eine Vegetationskarte zeichnet, kommt man zu einer sehr frappanten Übereinstimmung. Mit den Pizarras-Sandsteinen koinzidieren ganz regelmäßig, von kleinen Ausnahmen an der Grenze abgesehen, Kiefernwälder aus *Pinus tropicalis* und *Pinus caribaea* und immergrüne Eichenwälder aus *Quercus virginiana*. Auf den Viñales-Kalken ist ein xerophytischer Trocken-Urwald ausgebildet mit zahlreichen Endemismen, darunter auch Bäume mit Tonnen-Stämmen. Auf den Jagua-Schichten ist eine mehr mesophytische Variante dieses xerophytischen Trocken-Urwaldes entwickelt, die durch *Ficus*-Arten ausgezeichnet ist. Auf den verwitterten Viñales-Schichten, die also eine lateritische Verwitterung zeigen und sehr reiche Roterde-Böden liefern, hat man heute im allgemeinen eine Wechselfolge in der Kultur von Tabak und Mais. Auf den Alluvionen an den Flüssen hat sich ein Sekundär-Wald entwickelt, der durch *Eugena jambosa* gekennzeichnet ist. Dies wäre also eine gewisse Parallele in den Tropen zu dem, was wir auf kleinen Flächen pflanzensoziologisch-pedologisch innerhalb Europas gehört haben.

C. TROLL:
Herr KLINK nennt einen Berg ein Physiotop. Herr SCHMITHÜSEN hat das Wort Physiotop geprägt in Anlehnung an Ökotop. Das Physische im Ökotop und das Biologische kommt dann später dazu. Wenn wir jetzt die größere Einheit Physiotop nennen und die kleinere Einheit Fliese oder Ökotop oder Landschaftszelle oder wie sonst, dann gibt das eine Inkongruenz: die Maßstäbe stimmen dann nicht. Das Physiotop ist eine Einheit höherer Ordnung als das Kleinere, denn auf Ihrem Physiotop stehen ja viele Pflanzengesellschaften. Das Ganze nennen Sie eine Bodengesellschaft. Dabei ist die Schwierigkeit, daß die Bodengesellschaft ein Komplex mehrerer Bodentypen und die Pflanzengesellschaft ein Zusammenleben von Einzelpflanzen ist. In dieser Form liegt m.E. eine terminologische Klippe in zweierlei Hinsicht. Darüber sollte man sich ganz klar werden. Lieber nenne ich dann Physiotop eben doch die kleinere Einheit und nenne das Größere eine morphologische Einheit, z.B. Morphotop, das ist ja noch nicht geprägt. Aber wenn Gesellschaft bei den Botanikern und Bodenkundlern etwas ganz verschiedenes ist, nicht nur in der Größenordnung, sondern überhaupt, kann große Verwirrung erzeugt werden. Ich sehe durchaus ein, daß die Hinführung zu den kleinsten Einheiten zu diesen Schwierigkeiten führt.

D. Rodi:

Ich wollte zu dem Diskussionsbeitrag von Herrn Schaffer sagen, daß ich also keineswegs den Begriff Bodenfliesen im Alleingang durchboxen will, sondern ich führte diesen Begriff nur als Arbeitshypothese ein. Ursprünglich hatte ich den ganz neutralen Begriff Bodenform geprägt. „Form" ist ja in der botanischen als auch in der bodenkundlichen Taxonomie ein sehr neutraler Begriff. Außerdem war mir der Begriff Bodengesellschaft als solcher noch nicht richtig bewußt geworden. Bodenform wäre vielleicht der bessere Ausdruck, oder man könnte das, was ich mit Bodenfliese gemeint habe, bei bodenkundlich-taxonomischer Betrachtung als einen Subtyp eines Bodentyps bezeichnen. Die Bodenfliesengruppen wären dann die Bodentypen.

Zu Herrn Klink möchte ich sagen, daß zwischen Böden und Vegetation vor allem im größeren Bereich doch eine ziemlich genaue Übereinstimmung stattfindet. Bei der Feingliederung gibt es je nach den Methoden, welche die einzelnen Abgrenzungen liefern, gewisse Unterschiede. Nur die Exposition wird bei den Boden- und Reliefformen nicht erfaßt, wenn man sie nicht besonders noch herausstellt. Das in meinem Vortrag gestellte Problem, daß Assoziation einerseits und Fliese andererseits nach nicht identisch sind, wäre dann noch nicht gelöst, weil eine Assoziation in ökologische Subassoziationen gegliedert werden kann und eine Fliese, die ökologische Grundeinheit, der letzte Baustein im Gelände sein soll.

ACKERUNKRAUTGESELLSCHAFTEN ALS HILFSMITTEL FÜR DIE LANDSCHAFTSÖKOLOGIE

von

K. MEISEL, Bad Godesberg

Landschaftskundliche Untersuchungen haben die Aufgabe, die in der Landschaft wirksamen Kräfte zu erfassen, wobei nach TROLL (1950) „im Bereich der Natur die ökologischen Funktionen zu erforschen sind". Da die Vegetation ein Bestandteil der Landschaft ist und das Gefüge der Pflanzengesellschaften ein Ausdruck für die Gesamtheit der an ihrem Standort wirksamen Standortsfaktoren, kann die Vegetationskunde zu einem Hilfsmittel für die ökologische Landschaftsforschung werden. Für diese sind nach SCHMITHÜSEN (1942) die Pflanzengesellschaften in erster Linie in ihrer Bedeutung als Glieder und Bestandteile der Landschaft von Interesse, wobei die Klärung folgender Fragen wichtig ist:

1. Wie ist die ökologische Bindung und räumliche Verteilung der Pflanzengesellschaften?
2. Welche Entwicklungsvorgänge spielen sich in der Vegetation ab?
3. Welchen Gestaltungswert haben die Pflanzengesellschaften in der Landschaft?

Eine Antwort auf diese Fragen vermögen nicht nur Wald- und Grünlandgesellschaften, sondern auch Ackerunkrautgesellschaften zu geben. Letztere nehmen allerdings eine Sonderstellung ein, denn sie sind selbst nicht Nutzungsobjekt und müssen sich alljährlich immer wieder neu bilden. Außerdem versucht der Mensch, ihre Entwicklung zu bekämpfen. Diese Bekämpfungsmaßnahmen führen bei den Ackerunkrautgesellschaften zur Abnahme der Artenzahl. Da auf fast allen Äckern gleichzeitig hohe Düngergaben verabreicht werden, nimmt auch auf den von Natur aus nährstoffarmen Böden die Trophie zu. Das hat wiederum zur Folge, daß die floristischen Unterschiede zwischen den Ackerunkrautgesellschaften verwischt werden können, weil anspruchsvollere Arten auf ärmere Böden übergreifen und „Magerkeitszeiger" herausgedüngt werden (MEISEL 1961, TÜXEN 1962).

Unkräuter haben sogar einen Gestaltungswert für die Landschaft, wo sie zur Blütezeit in den Äckern auffallen. Es sei hier an das Rot der Mohn-Arten (*Papaver rhoeas, P. dubium*), an das Weiß der Kamille-Arten (*Matricaria chamomilla, M. inodora*) und das Blau der Kornblume (*Centaurea cyanus*) erinnert.

Die Aussagemöglichkeiten der Ackerunkrautgesellschaften über ihre Standorte, d.h. ihre ökologische Bindung, soll an Hand der Hackfruchtunkrautgesellschaften des nordrhein-westfälischen Flachlandes gezeigt werden. Die durch Geländebeobachtungen festgestellten qualitativen

Angaben stützen sich auf über 1600 Hackfruchtaufnahmen aus diesem Gebiet, d.h. in der Hauptsache aus dem Niederrheinischen Tiefland, der Niederrheinischen Bucht und der Westfälischen Tieflandsbucht. Die in beiliegender Stetigkeitstabelle [1] verarbeiteten Vegetationsaufnahmen stehen im Archiv der Bundesanstalt für Vegetationskunde, Naturschutz und Landschaftspflege, Bad Godesberg, zur Verfügung. Ihre Autoren sind W. ERNSTING, A. v. HÜBSCHMANN, W. JAHNS, N. KNAUER, F. KÖTTER, W. LOHMEYER, K. MEISEL, SOFIE MEISEL, D. NAUMANN, E. PREISING, J. TÜXEN und K. WALTHER.

Während sich im lokalen Bereich mit Hilfe der Koinzidenzmethode bei den Unkrautgesellschaften Zeigerarten für feinere Unterschiede von Bodenart und -typ oder der Nährstoffversorgung finden lassen (MEISEL 1960, J. TÜXEN 1958), müssen solche Feinheiten bei der hier gewählten regionalen Betrachtungsweise aus Gründen der Übersicht unterbleiben. So mußte auch auf die Herausarbeitung der Krumenfeuchtigkeit anzeigenden *Juncus bufonius*-Gruppe verzichtet werden. Die *Juncus bufonius*-Gruppe kommt auf den Hackfruchtschlägen infolge der Bodenbearbeitung weniger häufig vor als auf den „stärker verdichteten" Halmfruchtschlägen, deren Bodenoberfläche nicht so oft gelockert wird.

Stickstoffliebende Arten wie *Urtica urens, Sonchus oleraceus, Solanum nigrum, Galinsoga parviflora, G. ciliata* u.a., die mit höherem Deckungsgrad oft auf gartenmäßig kultivierten, dorfnahen Äckern zu finden sind, kommen in den Feldfluren meist nur einzeln oder mit geringem Deckungsgrad vor, weshalb die Ausscheidung von „Düngerstufen" in der Stetigkeitstabelle gleichfalls unterblieb.

Erläutert werden:
Panicetum ischaemi Tx. et Prsg. 50,
Spergulo-Panicetum cruris-galli (Krusem. et Vlieg. 39) Tx. 50
Spergulo-Chrysanthemetum segeti (Br.-Bl. et De L. 36) Tx. 37,
Veronico agrestis-Fumarietum Tx. 50 und
Chenopodietum polyspermi Siss. 42.

Das Panicetum ischaemi – (Kennart: *Panicum ischaemum*, regionale Ass.-Trennarten: *Setaria viridis, S. glauca*, Stetigkeitstabelle, Spalte 1–5) – besiedelt in seiner Typischen Subass. (Sp. 1, 2) trockene, durchlässige, humusarme, leicht erwärmbare, sehr saure Sandböden armen Ausgangsmaterials (Dünen, Flugdecksand) mit sehr geringem natürlichem Basen- und Nährstoffvorrat und sehr geringer Wasserkapazität vom Bodentyp der Podsole mit und ohne Orterde bzw. Ortstein. Die Gesellschaft zeigt Standorte geringer Eignung für den Intensiv – Ackerbau an.

Bestände mit *Panicum crus-galli* (Subass. v. Panicum crus-galli) (Sp. 3–5) bevorzugen Böden mit etwas besseren Nährstoffverhältnissen als bei den Böden der Typ. Subass. Die Ursachen dieser besseren Trophie können sein: Von Natur aus etwas mineralkräftigere Böden oder Nährstoffanreicherung infolge langjähriger intensiver Düngung. Der Einfluß der Düngung auf die Artenzusammensetzung zeigt sich in der Subass. von Panicum crus-galli im Fehlen der „Nährstoff-

[1] Stetigkeiten von Arten, die in den senkrechten Spalten weniger als 10% betragen, sind nicht angegeben. Stetigkeitsklasse I = 10–20% Stetigkeit.

Zu MEISEL,K: Hackfrucht-Gesellschaften

Stetigkeitstabelle der Chenopodietea

Spalte:	1	2	3	4	5	6	7	8	9	10
Anzahl der Aufnahmen:	188	23	126	84	68	16	38	12	27	18
Charakter- und Differentialarten des Panicetum ischaemi:										
Panicum ischaemum	V	V	III	IV	III	.	.	.	.	.
Setaria viridis	V	III	V	IV	IV	.	.	.	.	.
Setaria glauca	I	.	.	.	I	.	.	.	.	.
Charakterart des Panicetum cruris-galli:										
Panicum crus-galli	.	.	V	V	V	V	V	V	V	.
Charakterarten des Sperguelo-Chrysanthemetum segeti:										
Stachys arvensis	.	.	.	I	.	.	.	.	.	.
Lycopsis arvensis	.	.	.	.	.	I	.	.	.	.
Chrysanthemum segetum	.	.	.	.	.	.	.	.	.	.
Charakterarten des Spergulo-Erodion:										
Spergula arvensis	V	V	IV	V	III	V	IV	II	III	IV
Erodium cicutarium	IV	III	IV	III	IV	III	III	III	I	II
Charakterarten des Fumarietum:										
Fumaria officinalis	.	.	.	.	.	.	.	.	.	.
Veronica agrestis	.	.	.	.	.	.	.	.	.	.
Charakter- und Differentialarten des Chenopodietum:										
Chenopodium polyspermum	.	.	.	.	.	.	.	.	.	.
Oxalis stricta	.	.	.	.	.	.	.	.	.	.
Charakterarten des Eupolygono-Chenopodion:										
Sonchus asper	.	.	I	II	.	II	II	.	II	.
Lamium purpureum	.	.	.	I	.	I	II	.	II	I
Euphorbia helioscopia	.	.	.	.	.	.	.	.	I	.
Veronica persica	.	.	.	.	.	.	.	.	.	.
Euphorbia peplus	.	.	.	.	.	.	.	.	.	.
Geranium dissectum	.	.	.	.	.	.	.	.	.	.
Thlaspi arvense	.	.	.	.	.	.	.	.	.	.
Lamium hybridum	.	.	.	.	.	.	.	.	.	.
Veronica polita	.	.	.	.	.	.	.	.	.	.
Arten mit Schwerpunkt im Fumarietum und Chenopodietum polyspermi:										
Sinapis arvensis	.	.	.	.	.	.	.	.	.	.
Convolvulus arvensis	.	.	.	.	I	.	.	.	.	.
Differentialarten der Untereinheiten:										
Atriplex patula	.	.	.	.	.	.	.	.	.	.
Alopecurus myosuroides	.	.	.	.	.	.	.	.	.	.
Anthemis cotula	.	.	.	.	.	.	.	.	.	.
Sherardia arvensis	.	.	.	.	.	.	.	.	.	.
Euphorbia exigua	.	.	.	.	.	.	.	.	.	.
Rumex acetosella	IV	V	IV	V	.	IV	V	.	.	IV
Scleranthus annuus	IV	IV	III	III	.	III	III	.	.	III
Malachium aquaticum	.	.	.	.	.	.	.	.	.	.
Atriplex hastata	.	.	.	.	.	.	.	.	.	.
Equisetum palustre	.	.	.	.	.	.	.	.	.	.
Rorippa islandica	.	.	.	.	.	.	.	.	.	.
Rorippa silvestris	.	.	.	.	.	.	.	.	.	.
Polygonum lapathif.ssp.lapathifolium	.	.	.	.	.	.	.	.	.	.
Phragmites communis	.	.	.	.	.	.	.	.	.	.
Ranunculus repens	.	II	.	II	.	.	III	.	II	.
Mentha arvensis	.	V	.	IV	.	.	III	.	IV	.
Stachys palustris	.	.	.	.	.	.	II	.	I	.
Chenopodietea-Charakterarten:										
Solanum nigrum	III	II	III	III	IV	V	III	IV	III	I
Chenopodium album	V	V	IV	IV	III	V	V	V	V	V
Polygonum persicaria	II	IV	III	II	II	II	IV	II	IV	III
Capsella bursa-pastoris	III	III	IV	III	III	V	III	V	III	III
Senecio vulgaris	II	.	III	II	III	III	IV	III	III	II
Sonchus oleraceus	.	I	.	II	I	I	I	II	II	.
Galinsoga parviflora	II	II	II	III	II	I	III	III	III	.

ı im nordrhein-westfälischen Flachland

3	14	15	16	17	18	19	20	21	22	23	24	25	26	27	28	29	30	31
4	9	60	36	127	60	13	10	14	92	46	132	101	19	104	50	34	18	55
I	I	.	.	.	.	.	.	.	.	.	.	.	.	.	.	.	.	.
V	V	.	.	.	.	.	.	.	.	.	.	.	.	.	.	.	.	.
.	.	.	.	.	.	.	.	.	.	.	.	.	.	.	.	.	.	.
I	II	I	II	.	I	.	.	.	.	.	.	.	.	.	.	I	III	.
II	V	III	III	IV	IV	I	II	.	I	.	II	.	II	I	.	.	II	.
V	I	IV	III	III	II	.	.	.	.	.	.	.	.	.	.	.	.	.
.	.	.	I	.	.	.	.	.	.	.	.	.	.	.	.	.	.	.
V	III	IV	V	III	III	V	V	V	.	.	.	.	V	.	.	II	V	.
V	III	IV	I	IV	II	II	.	.	.	.	.	.	.	.	.	.	.	.
I	I	.	.	II	.	V	V	V	V	V	V	IV	.	.	I	.	.	.
.	.	.	.	.	.	II	.	.	II	II	II	II	.	.	.	II	.	I
.	.	.	.	.	.	.	.	.	.	.	.	.	II	IV	IV	IV	V	IV
.	.	.	.	.	.	.	.	.	.	I	.	.	V	IV	III	I	.	.
II	II	II	III	III	III	IV	II	III	II	III	III	III	III	IV	III	III	IV	III
I	III	II	III	III	III	IV	III	II	IV	III	IV	III	II	III	II	IV	IV	III
I	II	II	I	III	II	IV	III	III	V	IV	V	V	III	III	II	.	I	III
.	.	.	.	.	.	II	I	II	II	I	II	II	II	II	.	I	.	I
.	.	.	.	.	.	I	I	.	.	II	.	I	.	I	.	I	.	.
.	.	.	.	.	.	II	I	.	.	I	I	.	I	.	.	.	.	.
.	.	.	.	.	.	II	.	I	I	.	I	.	.	I	.	.	.	.
.	.	.	.	.	.	.	I	I	.	.	.	.	.	.	.	.	.	.
.	.	.	.	.	.	.	.	.	I	I	.	.	.	.	.	.	.	.
.	.	.	.	.	.	II	II	II	I	I	III	III	I	II	III	II	.	I
.	.	.	.	I	.	.	III	IV	II	III	II	III	II	II	II	.	.	.
.	.	.	.	.	.	.	II	.	.	.	III	IV	I	III	IV	II	I	III
.	.	.	.	.	.	.	IV	.	.	.	IV	III	I	I	.	.	.	.
.	.	.	.	.	.	.	I	.	.	.	III	II	I	.	.	.	.	.
.	.	.	.	.	.	.	.	.	.	I	I	I	.	.	.	.	.	.
.	.	.	.	.	.	.	I	.	.	.	.	I	.	.	.	.	.	.
II	III	V	V	.	.	I	II	II	.	.	.	.	II	.	.	I	.	.
I	.	III	III	.	.	.	II	II	.	.	.	.	.	.	.	.	II	.
.	.	.	.	.	.	.	.	.	.	.	.	.	.	.	III	I	.	.
.	.	.	.	.	.	.	.	.	.	.	.	.	.	.	II	I	.	.
.	.	.	.	.	.	.	.	.	.	.	.	.	.	.	III	I	.	.
.	.	.	.	.	.	.	.	.	.	.	.	.	.	.	II	IV	.	.
.	.	.	.	.	.	.	.	.	.	.	.	.	.	.	II	II	.	.
.	.	.	.	.	.	.	.	.	.	.	.	.	.	.	II	I	.	.
.	.	.	.	.	.	.	.	.	.	.	.	.	.	.	I	I	.	.
.	II	.	II	.	II	.	II	IV	.	II	.	III	IV	III	III	IV	IV	II
.	IV	.	III	.	III	.	.	III	.	IV	.	IV	IV	IV	III	II	V	III
.	.	.	I	.	II	.	.	IV	.	II	.	III	III	II	II	II	II	I
V	IV	III	II	III	II	IV	I	II	II	II	II	II	II	III	III	II	III	II
V	V	IV	V	V	IV	V	V	V	IV	IV	IV	IV	III	IV	IV	V	V	V
II	IV	III	IV	II	III	II	III	V	II	II	I	II	II	IV	III	III	V	IV
V	III	IV	V	IV	IV	IV	IV	IV	IV	III	IV	IV	IV	IV	III	IV	IV	III
II	II	III	III	III	III	IV	III	II	III	III	III	II	II	III	III	IV	III	III
I	II	II	I	II	II	II	.	II	II	III	II	II	II	III	III	III	II	II
I	III	II	II	I	II	I	.	.	.	I	.	.	.	I	.	II	I	I

Urtica urens	.	I	I	I	I	II	I	.	II	I
Lamium amplexicaule	.	.	I	.	I	I	I	.	II	.
Galinsoga ciliata	.	.	.	.	I	I	I	II	II	.
Conyza canadensis	I	II	II	II	I	.	.	.	.	.
Mercurialis annua	.	.	.	.	I	.	.	.	.	.
Antirrhinum orontium	.	.	.	.	.	.	.	.	.	.
Geranium molle	.	.	.	.	.	.	.	.	.	.
Geranium pusillum	.	.	.	.	I	.	.	.	.	.
Secalinetea-Charakterarten:										
Myosotis arvensis	I	II	III	II	I	I	II	III	III	II
Vicia hirsuta	I	II	II	II	I	II	III	IV	III	II
Centaurea cyanus	.	.	II	I	I	III	II	IV	I	IV
Vicia angustifolia	II	III	II	III	II	II	II	IV	I	II
Apera spica-venti	I	II	II	II	I	I	II	I	I	IV
Matricaria chamomilla	.	.	.	.	.	I	I	.	II	.
Raphanus raphanistrum	I	I	I	I	I	I	II	II	II	II
Papaver rhoeas	.	.	.	.	.	.	.	.	.	.
Aphanes arvensis	.	I	.	.	.	.	I	I	.	.
Papaver dubium	.	.	.	.	.	.	.	.	.	.
Kickxia elatine	.	.	.	.	.	.	.	.	.	.
Begleiter:										
Stellaria media	III	V	IV	IV	II	V	V	V	V	V
Polygonum convolvulus	V	V	V	III	III	V	V	V	IV	V
Viola arvensis	III	IV	III	III	II	IV	IV	IV	IV	IV
Polygonum lapathif. ssp. pallidum	IV	IV	III	III	II	II	III	II	III	II
Poa annua	I	II	III	III	II	III	IV	III	III	I
Agropyron repens	IV	III	III	III	IV	III	III	IV	III	II
Agrostis gigantea	IV	III	III	III	III	III	II	II	III	II
Polygonum aviculare	II	III	III	II	II	II	III	IV	III	IV
Equisetum arvense	.	I	II	II	II	II	II	IV	IV	II
Veronica arvensis	.	III	II	II	.	II	II	III	II	II
Cirsium arvense	.	.	II	I	.	.	II	III	III	II
Taraxacum officinale	.	II	II	II	I	I	II	II	.	II
Sonchus arvensis	.	.	.	I	I	.	I	.	II	I
Galeopsis tetrahit	.	I	.	.	.	I	II	I	II	II
Anagallis arvensis	.	.	.	.	I	.	.	.	.	.
Plantago intermedia	.	.	.	.	.	.	.	.	I	.
Gnaphalium uliginosum	.	.	.	I	.	.	II	.	II	.
Polygonum hydropiper	.	III	.	II	.	I	III	.	II	I
Juncus bufonius	.	I	.	II	.	.	II	.	II	I
Achillea millefolium	II	III	I	II	.	.	I	.	.	I
Galium aparine	.	.	.	.	.	.	.	.	.	.
Rumex crispus	.	.	.	.	.	.	.	.	.	.
Arabidopsis thaliana	.	II	.	I	.	.	.	.	.	I
Arenaria serpyllifolia	.	.	I	.	I	.	.	.	.	I
Polygonum amphibium f. terrestre	.	.	.	.	.	.	.	.	.	.
Tussilago farfara	.	.	.	.	.	.	.	.	.	.
Plantago major	.	.	.	.	.	.	.	.	.	.
Crepis tectorum	.	I	I	I	.	.	.	.	.	.
Matricaria inodora	.	.	.	.	.	.	.	.	.	.
Trifolium repens	.	.	.	.	.	.	.	.	.	.
Poa trivialis	.	.	.	.	.	.	.	.	.	.
Bidens tripartitus	.	.	.	.	.	.	.	.	.	.
Potentilla anserina	.	.	.	.	.	.	.	.	.	.
Lapsana communis	.	.	.	.	.	.	.	.	.	.
Melandrium album	.	.	.	.	.	.	.	.	.	I
Daucus carota	.	.	.	.	.	.	.	.	.	.
Symphytum officinale	.	.	.	.	.	.	.	.	.	.
Glechoma hederaceum	.	.	.	.	.	.	.	.	.	.
Urtica dioica	.	.	.	.	.	.	.	.	.	.

1 Panicetum ischaemi, Typ.Subass., Typ.Var.
2 Panicetum ischaemi, Typ.Subass., Var.v.Mentha
3 Panicetum ischaemi, Subass.v.Panicum crus-galli, Typ.Var., Subvar.v.Rumex acetose
4 Panicetum ischaemi, Subass.v.Panicum crus-galli, Var.v.Mentha, Subvar.v.Rumex ace
5 Panicetum ischaemi, Subass.v.Panicum crus-galli, Typ.Var., Typ.Subvar.
6 Panicetum cruris-galli, Typ.Var., Subvar.v.Rumex acetosella, Ausbildung mit Panic
7 Panicetum cruris-galli, Var.v.Mentha, Subvar.v.Rumex acetosella, Ausbildung mit P
8 Panicetum cruris-galli, Typ.Var., Typ.Subvar., Ausbildung mit Panicum crus-galli
9 Panicetum cruris-galli, Var.v.Mentha, Typ.Subvar., Ausbildung mit Panicum crus-ga
10 Panicetum cruris-galli (Chenopodietalia albi), Typ.Var., Subvar.v.Rumex acetosell
11 Panicetum cruris-galli (Chenopodietalia albi), Var.v.Mentha, Subvar.v.Rumex aceto
12 Panicetum cruris-galli (Chenopodietalia albi), Typ.Var., Typ.Subvar., Reine Ausbi
13 Spergulo-Chrysanthemetum segeti, Subass.v.Setaria viridis, Typ.Var.
14 Spergulo-Chrysanthemetum segeti, Subass.v.Setaria viridis, Var.v.Mentha
15 Spergulo-Chrysanthemetum segeti, Typ.Subass., Typ.Var., Subvar.v.Rumex acetosella
16 Spergulo-Chrysanthemetum segeti, Typ.Subass., Var.v.Mentha, Subvar.v.Rumex acetos

I	III	.	I	I	.	II	.	.	I	.	.	.	.	.	I	I	I	I
I	I	II	II	III	I	V	III	II	II	I	II	I	.	.	.	.	.	.
I	I	.	.	.	I	.	.	.	.	.	.	.	.	.	.	.	I	I
I	.	I	I	.	.	.	.	.	.	.	.	.	.	.	.	I	.	.
.	.	.	.	II	.	.	.	.	II	II	I	II	I	III	III	.	.	.
I	II	II	.	II	.	II	I	.	.	.	.	.	I	.	.	.	.	.
.	II	.	.	.	.	.	I	.	I	.	I	.	.	.	.	.	I	.
.	I	.	I	.	.	II	.	.	.	.	.	.	.	.	.	.	.	.
I	II	II	III	II	III	II	III	IV	II	II	II	II	.	II	III	II	IV	IV
II	II	II	III	II	III	III	I	II	I	I	I	.	III	.	.	II	IV	III
II	II	III	III	III	II	III	III	IV	II	I	II	I	II	.	.	.	II	I
I	II	II	III	I	II	II	.	.	.	.	.	.	III	.	I	I	II	I
I	I	I	III	I	II	I	I	.	.	.	.	.	I	.	.	I	II	I
I	I	II	II	II	III	III	II	III	III	II	II	II	III	II	II	II	III	III
.	.	III	II	.	II	II	II	II	I	.	.	.	II	.	.	.	II	.
.	.	.	.	I	I	I	III	.	I	I	II	II	II	I	.	.	.	.
.	.	.	I	.	.	.	II	.	.	I	I	.	.	.	.	.	I	.
.	I	I	I	.	.	I	.	.	.	.	.	.	.	.	.	.	.	.
.	.	.	.	.	.	.	.	.	.	I	.	I	I	.	.	.	.	.
V	V	IV	V	V	V	V	V	V	V	V	V	V	IV	V	V	V	V	V
V	V	V	V	V	IV	IV	IV	V	IV	IV	V	IV	IV	IV	III	IV	V	V
V	IV	IV	IV	IV	IV	IV	V	V	III	III	III	III	IV	II	I	III	IV	III
I	III	II	III	II	II	III	II	IV	II	II	II	II	III	III	III	IV	V	III
I	III	II	III	II	III	III	I	IV	II	III	II	II	II	II	II	IV .	V	III
II	III	III	IV	III	III	III	II	III	III	III	II	III	I	II	II	II	IV	III
II	III	III	III	II	II	I	I	II	I	I	I	II	II	I	I	I	II	II
II	III	III	III	II	III	III	II	IV	III	III	III	III	III	II	II	III	IV	II
II	V	III	III	III	III	II	III	IV	III	III	II	III	II	III	II	II	III	III
I	II	II	IV	II	III	I	I	III	I	I	II	I	III	I	.	II	IV	II
II	III	III	II	III	III	IV	III	IV	IV	IV	IV	V	IV	IV	IV	IV	III	III
I	II	I	III	.	I	I	I	.	I	I	II	I	I	II	II	III	III	II
.	.	.	II	.	II	.	II	II	I	II	II	III	II	III	III	II	II	II
I	.	.	II	.	II	I	.	I	.	I	.	.	I	I	.	III	III	III
I	.	I	II	II	II	I	IV	III	II	III	III	III	IV	II	II	.	I	II
.	II	.	I	.	I	I	I	II	II	II	II	II	III	III	II	II	I	II
.	II	.	II	I	II	I	.	III	.	I	.	.	IV	II	I	II	II	I
.	III	.	III	.	I	.	.	II	.	.	.	.	III	.	.	II	IV	III
.	.	.	IV	.	II	.	I	II	.	.	.	.	II	.	.	II	II	II
I	II	II	III	II	.	.	.	.	.	I	.	.	.	.	.	.	II	.
.	.	.	.	.	I	.	II	II	I	I	II	II	I	II	II	II	I	III
.	.	.	.	.	.	.	I	.	.	I	I	II	.	II	I	I	I	I
.	I	.	.	I	.	.	I	II	.	.	I	.	.	.	.	.	.	.
.	I	.	.	.	.	.	.	.	.	I	I	II	.	I	.	.	.	.
.	.	.	.	.	.	.	I	I	.	.	.	I	.	I	II	II	I	I
.	.	.	.	.	.	.	I	.	.	I	.	I	.	I	I	I	.	.
.	.	.	.	.	.	.	I	.	.	I	.	I	I	I	.	II	.	.
I	I	.	.	.	.	.	.	.	.	.	.	.	.	.	.	.	.	.
.	.	.	.	.	.	I	I	.	.	.	.	.	.	.	.	I	.	.
I	.	.	I	.	.	.	.	.	.	.	.	.	.	.	.	II	I	.
.	.	.	.	.	.	.	.	.	.	.	I	.	I	.	I	I	.	.
.	I	.	.	.	.	.	.	.	.	.	.	.	.	.	.	I	II	.
.	.	.	.	.	.	.	.	.	.	.	.	.	.	I	I	I	.	.
.	.	.	.	.	.	.	.	.	.	.	.	.	.	I	.	.	I	I
.	.	.	.	.	.	.	.	.	.	.	.	.	.	.	.	.	.	.
.	.	.	.	.	.	.	.	.	.	.	.	.	II	.	III	.	.	.
.	.	.	.	.	.	.	.	.	.	.	.	.	.	.	II	I	.	.
.	.	.	.	.	.	.	.	.	.	.	.	.	.	.	II	I	.	.
.	.	.	.	.	.	.	.	.	.	.	.	.	.	.	.	I	.	.

17 Spergulo-Chrysanthemetum segeti, Typ.Subass., Typ.Var., Typ.Subvar.
18 Spergulo-Chrysanthemetum segeti, Typ.Subass., Var.v.Mentha, Typ.Subvar.
19 Veronico-Fumarietum, Subass.v.Spergula, Typ.Var., Typ.Subvar.
20 Veronico-Fumarietum, Subass.v.Spergula, Subvar.v.Alopecurus
21 Veronico-Fumarietum, Subass.v.Spergula, Var.v.Mentha
22 Veronico-Fumarietum, Typ.Subass., Typ.Var.
lli 23 Veronico-Fumarietum, Typ.Subass., Var.v.Mentha
24 Veronico-Fumarietum, Subass.v.Alopecurus, Typ.Var.
25 Veronico-Fumarietum, Subass.v.Alopecurus, Var.v.Mentha
ldung 26 Chenopodietum polyspermi, Oxalis-Rasse, Subass.v.Spergula
usbildung 27 Chenopodietum polyspermi, Oxalis-Rasse, Typ.Subass.
28 Chenopodietum polyspermi, Oxalis-Rasse, Subass.v.Equisetum palustre
29 Chenopodietum polyspermi, Typ.Rasse, Subass.v.Equisetum palustre
30 Chenopodietum polyspermi, Typ.Rasse, Subass.v.Spergula
31 Chenopodietum polyspermi, Typ.Rasse, Typ.Subass.

mangelzeiger" *Scleranthus annuus* und *Rumex acetosella* in fast 15% der Bestände (Sp. 5), während es in der Typ. Subass. kaum Bestände ohne diese Arten gibt.

Die Mentha-Varianten (Sp. 2, 4) besiedeln vorwiegend wechselfrische Äcker mit verzögerter Versickerung des Niederschlagswassers infolge Pflugsohlenverdichtung oder Stau auf Ortstein bzw. -erde.

Die Aufstellung einer Myosotis arvensis-Subass. sowie einer Variante von Ornithopus perpusillus (apud J. TÜXEN 1958) ist problematisch. Diese Einheiten lassen sich in Tabellen zwar herausarbeiten, ihr ökologischer Aussagewert ist aber regional nicht eindeutig. So ergibt der statistische Vergleich von Beständen mit *Myosotis arvensis* und *Veronica arvensis* gegenüber solchen ohne diese Arten innerhalb des Panicetum ischaemi für die „*Myosotis*-Bestände" höhere Stetigkeiten von *Scleranthus annuus* und *Apera spica-venti*. Da diese Arten in der Hauptsache an die Halmfrüchte gebunden sind, liegt die Vermutung nahe, daß das Auftreten dieser Arten u.U. mehr von der Fruchtfolge beeinflußt wird als von Standortsunterschieden abhängig ist.

Dem Spergulo-Panicetum cruris-galli (Sp. 6–12) sollten auch floristisch ähnliche Bestände zugeordnet werden, die wegen des Fehlens von *Panicum crus-galli* in den Gutachten der Bundesanstalt als „Chenopodietalia-Gesellschaften" (Sp. 10–12) bezeichnet werden, weil sie auf ökologisch entsprechenden Standorten vorkommen und das Vorhandensein von *Panicum crus-galli* z.T. zufallsbedingt ist.

Das Spergulo-Panicetum cruris-galli wächst auf schwach humosen bis humosen, mäßig sauren Sandböden vom Bodentyp der schwachen Podsole, deren natürlicher Basen- und Nährstoffvorrat etwas günstiger ist und die etwas mehr verwitterbare Mineralien und höhere Anteile von Feinsubstanz enthalten als die Böden des Panicetum ischaemi. Das Panicetum cruris-galli ist Zeiger für mäßig ertragsichere, leicht bearbeitbare Böden, auf denen Kartoffeln und Roggen mittlere bis gute Erträge liefern. Es lassen sich ärmere Subvarianten von Rumex acetosella (Sp. 6, 7, 10, 11) von Typ. Subvarianten (Sp. 8, 9, 12) unterscheiden. Letztere umfassen fast 50% aller zum Spergulo-Panicetum cruris-galli gestellten Aufnahmen. Sie zeigen Sandäcker an, die sich in einem guten Kultur- und Pflegezustand befinden. Es ist anzunehmen, daß die Trennarten der Subvarianten von Rumex acetosella mit steigendem Düngeraufwand noch stärker herausgedüngt werden als bisher, und dadurch die Gesellschaft in ihrer Verbreitung weiter zurückgeht.

Die Varianten von Mentha arvensis (Sp. 7, 9, 11) weisen auf Oberbodenverdichtung und eine dadurch zumindest zeitweise verzögerte Versickerung des Niederschlagswassers, stellenweise aber auch auf größere Bodenfrische infolge schwachen Grundwassereinflusses hin.

Von den Kennarten des Spergulo-Chrysanthemetum segeti (Sp. 13–18) *Stachys arvensis*, *Lycopsis arvensis* und *Chrysanthemum segetum* tritt im nordrhein-westfälischen Flachland *Chrysanthemum segetum* fast vollkommen zurück. Ihrer Gesamtverbreitung entsprechend, bevorzugt diese Art in Nordwestdeutschland Gebiete mit mehr ozeanisch getöntem Klima (z.B. Ostfriesich-Oldenburgische Geest, Wesermarsch,

Unterelbeniederung, Schleswig-Holstein). *Stachys arvensis* und *Lycopsis arvensis* verhalten sich dagegen wie folgt: In 45% der untersuchten Bestände dieser Gesellschaft ist *Stachys arvensis* alleinige Kennart, in 30% der Bestände wurde nur *Lycopsis arvensis* als Kennart gefunden und in 25% der Bestände sind beide Arten vergesellschaftet. *Lycopsis arvensis* bevorzugt die etwas trockeneren Böden. Ob die Häufung von *Stachys arvensis* aber ausreicht, eine eigene Gesellschaft (Stachyetum arvensis PASSARGE 1964) abzugrenzen, oder ob es besser ist, nur von einer Stachys-Rasse zu sprechen, mag vorerst unentschieden bleiben.

Das Sperguio-Chrysanthemetum besiedelt hauptsächlich Sandböden bis lehmige Sandböden vom Typ des schwachen Podsols, der podsoligen Braunerde und Braunerde geringer natürlichen Basen- und Nährstoffversorgung. Nur sehr vereinzelt kommt die Gesellschaft auf stark entkalkten, sandigen Lehmböden vor. Gegenüber dem Panicetum ischaemi und dem Panicetum cruris-galli sind ihre Böden durch eine bessere, natürlich bedingte oder z.T. auch durch den Menschen verursachte Basen- und Nährstoffversorgung unterschieden. Die Gesellschaft zeigt überwiegend ertragssichere, zu jeder Jahreszeit leicht bearbeitbare Ackerböden mittlerer Leistungsfähigkeit (Kartoffeln, Futterrüben, Gemenge, Roggen) an.

Der Nährstoffversorgung und Bodengüte entsprechend, lassen sich mehrere Untergesellschaften abgrenzen, von denen in der Typ. Subass. die Subvarianten von Rumex acetosella (Sp. 15, 16) die ärmeren, meist anlehmig-kiesigen Sandböden kennzeichnen, während die Typ. Subvarianten (Sp. 17, 18) die mehr lehmigeren, nährstoffreicheren Böden oder intensiver bewirtschafteten Flächen bevorzugen.

Die Subass. von Setaria viridis (Sp. 13, 14) ist in Sandgebieten auf siedlungsnahe, stark eutrophierte Äcker beschränkt.

Auf frischeren Böden (sei es infolge von Staunässe oder durch Grundwassereinfluß) entwickeln sich Mentha-Varianten (Sp. 14, 16, 18).

Das Veronico agrestis-Fumarietum (Sp. 19–25) ist großflächig auf lehmigen Sandböden bis Lehmböden vom Bodentyp der Braunerde mittlerer bis hoher Basensättigung, die z.T. gleyartig verändert sein können, entwickelt. Ihre Böden besitzen – mit Ausnahme der Mentha-Varianten (Sp. 21, 23, 25) – einen günstigen Wasser- und Lufthaushalt sowie eine tiefe Durchwurzelbarkeit. Nur vereinzelt (2% aller Aufnahmen) findet sich das Fumarietum auf anlehmigen Sandböden, die durch starke Nährstoffzufuhr und lange Kultur angereichert sind. Die Gesellschaft kennzeichnet ertragreiche und ertragsichere, vorwiegend gut bearbeitbare Böden und damit optimale Ackerstandorte.

In den Subassoziationen des Fumarietum spiegeln sich der Basen- und Nährstoffhaushalt der Böden wider.

So weist die Spergula-Subass. (Sp. 19–21) mit ihren weniger anspruchsvollen Arten auf lehmige Sande bis sandige Lehme mit einem weniger günstigen Basen- und Nährstoffhaushalt hin. Die Subvar. v. Alopecurus myosuroides (Sp. 20) bevorzugt dabei schwerere Böden.

Die Böden der Typ. Subass. (Sp. 22, 23) besitzen einen mittleren Basen- und Nährstoffhaushalt, der bei den sandigen Lehm- bis Lehmböden der Alopecurus myosuroides-Subass. (Sp. 24-25) mittel bis hoch sein dürfte. Lokal lassen sich in der Typ. Subass. Subvarianten mit *Stachys arvensis* und *Lamium amplexicaule* auf den stärker sandigen Böden abgrenzen, während das Vorkommen von *Stachys arvensis* in der Alopecurus-Subass. auf lockere Bodenstruktur und gute Bodendurchlüftung des Unterbodens hindeutet.

Bei einer systematischen Bearbeitung des Veronico-Fumarietum über ein größeres Gebiet, wäre es vielleicht zweckmäßig, innerhalb der Alopecurus-Subass. zwischen Beständen zu unterscheiden, in denen *Alopecurus myosuroides* vorkommt und solchen, in denen nur *Atriplex patula* als Trennart der Subass. vorhanden ist, da beide Arten eine unterschiedliche geographische Verbreitung haben (vgl. MEISEL 1967).

Die Wuchsorte der Mentha-Varianten (Sp. 21, 23, 25) sind grundfeuchte sowie dichtgelagerte, lehmig-tonige Böden, die unter periodisch auftretender Staunässe leiden können. Die Arten der *Mentha*-Gruppe finden sich aber auch auf bindigen Böden (bes. Lößlehm) in kleinen Vertiefungen, Dellen und Mulden, in denen bei stärkeren Niederschlägen Bodenmaterial eingeschwemmt wird und Wasseransammlungen vor allem nach der Frühjahrsschmelze nur langsam austrocknen, oder wo sich das nach starken Niederschlägen oberflächlich abfließende Wasser sammelt. Durchlüftung und Versickerungsmöglichkeiten sind auf den Böden der Mentha-Varianten als schlecht bis mäßig gut zu bezeichnen. In ihren Böden sind stärkere Gley-Merkmale als in denen der Typ. Varianten ausgebildet, und die von ihnen besiedelten Bodentypen gehören hauptsächlich zu den gleyartigen Braunerden, Braunerde-Gleyen und Pseudogleyen.

Stärker noch als bei den Mentha-Varianten des Fumarietum sind die Wuchsorte des Chenopodietum polyspermi (Sp. 26-31) durch ein ungünstiges Bodenwasser-/Bodenluftverhältnis gekennzeichnet. Die Gesellschaft lebt auf frischen bis feuchten, zuweilen nassen, grund- oder stauwasserbeeinflußten, lehmigen Sand- bis Lehmböden vom Bodentyp der Gleye und Pseudogleye sowie auf Anmoor und Niedermoor. Die von der Gesellschaft besiedelten Mineralböden sind oft sehr zäh, schwer wasserdurchlässig und schlecht durchlüftet. Oft ist ein Wechsel von zu großer Feuchtigkeit im Frühjahr und nachfolgender Austrocknung im Sommer zu beobachten.

Die Wuchsorte des Chenopodietum polyspermi eignen sich weniger zum Intensiv-Ackerbau und sind in nassen Jahren mit Maschinen oft nur schwer bearbeitbar.

Floristisch ist das Chenopodietum polyspermi im Niederrheinischen Tiefland durch *Oxalis stricta* und *Mercurialis annua* (Sp. 26-28) von dem Chenopodietum polyspermi (Sp. 29-31) in der Westfälischen Tieflandsbucht und den anderen Teilen Westfalens unterschieden (Chenopodio-Oxalidetum strictae bzw. Oxalis-Rasse).

Im Fumarietum und dem Chenopodietum polyspermi kommen *Fumaria officinalis, Veronica agrestis, V. persica, Euphorbia peplus, Thlaspi arvense, Geranium dissectum, Atriplex patula, Sinapis arvensis* und *Convolvulus arvensis* mit höheren Stetigkeiten vor als in den anderen Gesellschaften. Es sind z.T. Arten, die als Verbands-Charakterarten bzw. Differentialarten des Fumario–Euphorbion Görs 66 (nach OBERDORFER 67) bezeichnet werden, dem jedoch nur das Veronica agrestis–Fumarietum zugehören soll.

Standörtlich lassen sich von dem Chenopodietum polyspermi drei Subassoziationen unterscheiden.

So weisen die von der Spergula–Subass. (Sp. 26, 30) eingenommenen Böden in der Regel einen höheren Sandanteil und einen geringen bis mittleren Basen- und Nährstoffhaushalt auf. Sie sind infolge des höheren Sandanteils weniger dicht gelagert und können oberflächlich rascher abtrocknen.

Die Typ. Subass. (Sp. 27, 31) nimmt dagegen vorwiegend lehmige Sand- bis sandige Lehmböden mittlerer Basen- und Nährstoffversorgung ein.

Im grundwassernahen Bereich der Auen findet sich die Subass. von Equisetum palustre (Sp. 28, 29) mit den Trennarten *Rorippa silvestris, R. islandica, Atriplex hastata, Equisetum palustre, Malachium aquaticum, Symphytum officinale* und *Phragmites communis*. Die Gesellschaft zeigt enge ökologische und floristische Beziehung zu den Rorippo–Chenopodietum polyspermi Köhler 1962 in den mitteldeutschen Flußtälern. Vereinzelt kommen die genannten Arten auch außerhalb des Auenbereichs auf Standorten ähnlichen Charakters in Senken und Mulden vor, in denen das Grundwasser längere Zeit hoch ansteht oder die zeitweilig überstaut werden.

Die erläuterten Hackfruchtunkrautgesellschaften sollten als Beispiele dafür genügen, daß sich in den soziologisch-systematischen Untereinheiten der Ackerunkrautgesellschaften durchaus die Dynamik der Äcker widerspiegelt. Die Äußerung: „Die formale Soziologie wird der Dynamik des Ackers und seines Pflanzenbestandes nicht gerecht, und man muß da, wo rein soziologische Angaben vorliegen, diese Bestände umordnen" (BOAS 1958) dürfte daher unzutreffend sein.

Nachdem bisher versucht wurde, die ökologischen Bedingungen für die Hackfruchtunkrautgesellschaften im nordrhein-westfälischen Flachland darzustellen, soll im folgenden die räumliche Verteilung bestimmter Unkräuter und Unkraut-Gruppen in diesem Raum aufgezeigt werden.

So ergibt sich nach den vorliegenden Aufnahmen, daß die wärmebedürftige *Mercurialis annua* besonders in den Hackfruchtgesellschaften westlich der Linie Köln-Duisburg-Wesel-Bocholt vorkommt, was mit der wärmeklimatisch günstigen Lage des Niederrheinischen Tieflandes und der Niederrheinischen Bucht (warme Sommer, milde Winter) gegenüber der Westfälischen Tieflandsbucht zusammenhängt. Das gehäufte Vorkommen von *Oxalis stricta* im Chenopodietum im Niederrhein-Gebiet wurde bereits erwähnt.

Auf beiliegender Karte wurde der prozentuale Anteil folgender Unkräuter – bezogen auf die gesamten Hackfruchtaufnahmen des jeweiligen Untersuchungsgebietes ohne Rücksicht auf die Gesellschaftsbindung – eingetragen, soweit dieser höher als 25% ist.

Es werden dargestellt:

A. *Setaria viridis-Gruppe*. Durch die wärmeliebenden Arten *Panicum*

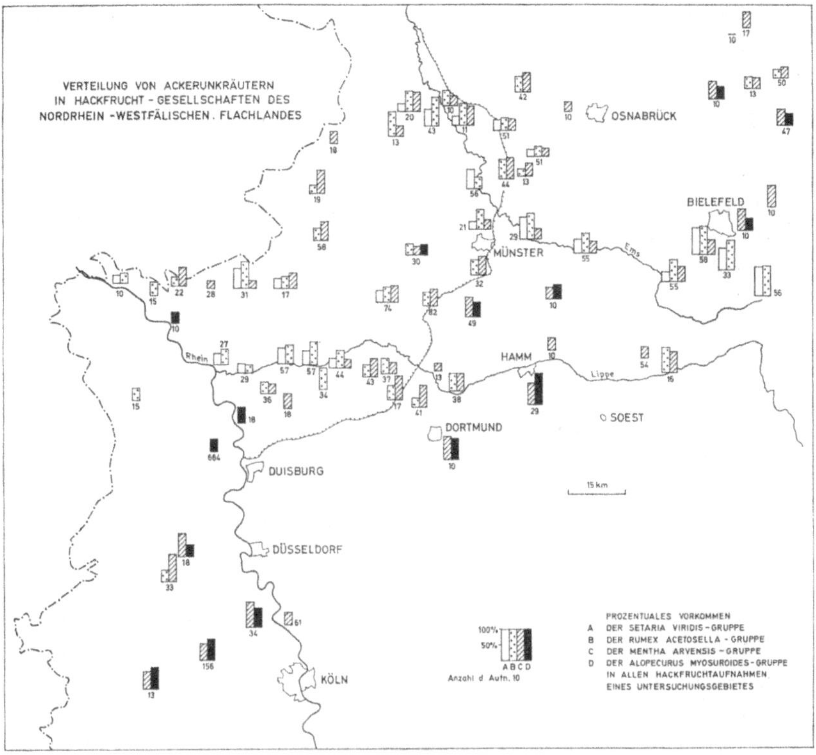

ischaemum, Setaria viridis, S. glauca werden mäßig bis stark saure, nährstoffarme Sande gekennzeichnet, die eine stärkere sommerliche Erwärmung erfahren. Es sind oft dürre- und winderosionsgefährdete Böden.

B. *Rumex acetosella-Gruppe.* Die anspruchslosen Arten der *Rumex acetosella-Gruppe* (*Rumex acetosella, Scleranthus annuus*) meiden die nährstoffreichen Böden und sind in hohem Maße säureertragend. Da sie in verschiedenen Gesellschaften vorkommen können, ist ihr ökologischer Aussagewert im Einzelfall recht unterschiedlich. Auf Sandböden, dem Schwerpunkt ihrer Verbreitung, verraten sie große Basenarmut, hohe Bodenazidität und Durchlässigkeit des Oberbodens; auf Lehm zeigt ihr vereinzeltes Vorkommen beginnende Basenverarmung und zunehmende Bodenversaurung des Oberbodens an, wie sie durch Stauwasserbleichung und extensive Bewirtschaftung hervorgerufen werden können. In jedem Fall bringt das Vorkommen dieser Gruppe weniger günstige Oberbodenverhältnisse und eine dadurch bedingte geringere Ertragsfähigkeit der Feldfrüchte zum Ausdruck.

C. *Mentha-Gruppe.* Hierzu gehören Arten wie *Mentha arvensis, Stachys palustris* und *Ranunculus repens,* die als Feuchtigkeits- und Verdichtungszeiger gewertet werden können. Ihre Wuchsorte sind grundfeuchte sowie dichte, lehmig-tonige Böden, die unter periodisch auftretender Staunässe leiden können. Diese Arten finden sich auch auf bindigen Böden (bes. Lößlehm) in kleinen Vertiefungen, Dellen und Mulden, in denen bei stärkeren Niederschlägen Bodenmaterial eingeschwemmt wird und Wasseransammlungen vor allem nach der Frühjahrsschmelze nur langsam austrocknen, oder wo sich das nach starken Niederschlägen oberflächlich abfließende Wasser sammelt. Im Sand (hoher Anteil der *Rumex acetosella-Gruppe*) können stärker verfestigte Schichten im Oberboden (Ortstein, Pflugsohle) das Auftreten von Ackerminze begünstigen (meist auch hoher Anteil der *Setaria viridis-Gruppe*), oder es handelt sich um grundfeuchte Äcker.

Auf schweren Böden (hoher Anteil der *Alopecurus-Gruppe*) ist auf den Wuchsorten der *Mentha-Gruppe* oft ein Wechsel von zu großer Feuchtigkeit im Frühjahr und starker Austrocknung im Sommer zu beobachten. Trockenrisse kennzeichnen in niederschlagsarmen Perioden solch wechselfeuchte Böden. Zusammenfassend sind Durchlüftung und Versickerungsmöglichkeiten auf den lehmigen Wuchsorten der *Mentha-Gruppe* als schlecht bis mäßig gut zu bezeichnen, auf den grundwasserbeeinflußten Sandböden dagegen kennzeichnet die *Mentha-Gruppe* oft zu nasse Ackerstandorte.

Wenn auch Bodenverdichtung und zeitweilig höhere Bodenfeuchte auf den Wuchsorten der *Mentha-Gruppe* nicht durchweg als ertragsmindernd für alle Kulturpflanzen angesehen werden können, so weist doch besonders ihr Vorkommen auf Lehm vielfach darauf hin, daß eine für optimale Wachstumsbedingungen der Kulturpflanzen erstrebenswerte Höhe der Wasserversorgung bereits überschritten ist. Daher bereitet auch die termingerechte Bearbeitung ihrer Böden teilweise einige Schwierigkeiten, und nasse Jahre können erhebliche Ausfälle mit sich bringen. Es sind Bodenpflegemaßnahmen erforderlich, die den Wasserüberschuß und die ungenügende Bodendurchlüftung beseitigen.

D. Die *Alopecurus myosuroides-Gruppe* (*Alopecurus myosuroides, Atriplex patula, Anthemis cotula*) zeigt Löß- und Lehmböden günstiger Basen- und Nährstoffversorgung an.

Im nordrhein-westfälischen Flachland findet sich in den Hackfruchtunkrautgesellschaften die *Alopecurus myosuroides-Gruppe* häufig auf den fruchtbaren Lehm- und Lößböden des Niederrheinischen Tieflandes und der Niederrheinischen Bucht, den Mergelböden des Kernmünsterlandes, den Lößböden der Hellwegbörden, den Lehmböden der Ravensberger Mulde und im Lübbecker Lößland. Meist tritt in den genannten Gebieten auch die M e n t h a - V a r i a n t e gehäuft auf und weist auf die Verdichtung dieser Böden hin oder verrät eine größere Bodenfeuchtigkeit infolge Grundwassereinflusses wie in den untersuchten Niederungsgebieten westlich von Köln und Düsseldorf.

Der wechselnde Anteil der *Setaria viridis-Gruppe*, der *Rumex acetosella-Gruppe* und der *Mentha-Gruppe* in den übrigen Teilen des nordrhein-westfälischen Flachlandes spiegelt gleichfalls deren naturräumliche Gegebenheiten sehr gut wider: Vorwiegend basenarme, diluviale Sand- bzw. Talsand- und Terrassenböden mit unterschiedlichem Grundwassereinfluß (grundwassernahe Niederungen = hoher Anteil der *Mentha-Gruppe* bei gleichzeitiger Abnahme der *Rumex acetosella-Gruppe*; außerhalb der Niederungen gelegene Sandplatten mit zeitweisem Grundwassereinfluß sowie grundwasserferne, trockene Sande z.T. mit Ortstein = hoher Anteil der *Rumex acetosella-* und der *Setaria viridis-Gruppe*).

Gebiete mit häufigerem Vorkommen der *Setaria viridis-Gruppe* sind das mittlere Emstal nebst angrenzenden Gebieten, die Senne und das untere Lippetal.

Da sich in den Ackerunkräutern das Klima widerspiegelt, und aus der Artenverbindung der Unkrautgesellschaften sowie aus deren räumlicher Anordnung oder der Verteilung von bestimmten Unkraut-Gruppen Rückschlüsse auf den Standort möglich sind, ist auch die Ackerunkraut-Soziologie ein brauchbares Instrument für die Landschaftsökologie.

ZUSAMMENFASSUNG

Es werden die soziologisch-systematischen Untereinheiten der wichtigsten Unkrautgesellschaften der Hackfruchtäcker im nordrhein-westfälischen Flachland und deren Aussagewert für die Landschaftsökologie beschrieben. In einer Karte wird die Verteilung bestimmter Unkraut-Gruppen (*Setaria viridis-Gruppe, Rumex acetosella-Gruppe, Mentha-Gruppe, Alopecurus myosuroides-Gruppe*), durch die verschiedene ökologische Aussagen möglich sind, im Untersuchungsgebiet gezeigt.

SUMMARY

This paper will give a survey of the weed communities growing together with root crops in the north-western lowland of Germany and show their distribution influenced by soil, water and climate.

LITERATUR

Boas, F.: Zeigerpflanzen. – Hannover 1958.

Bundesanstalt für Landeskunde: Handbuch der naturräumlichen Gliederung Deutschlands. **6**. Lfg. – Remagen 1959.

Köhler, H.: Ackerunkrautgesellschaften einiger Auegebiete an Elbe und Mulde. – Wiss. Z. Univ. Halle, Math.-nat. R. **11**: 207–250. Halle (Saale) 1962.

Meisel, K.: Bodenschätzung und Ackerunkrautgesellschaften. – Mitt. flor.-soz. Arbeitsgem. N.F. **8**. – Stolzenau/Weser 1960.

— Ergebnisse von Daueruntersuchungen in nordwestdeutschen Ackerunkrautgesellschaften: In Anthropogene Vegetation. Bericht über das Internat. Symposium Stolzenau 1961. – Den Haag 1966.

— Über die Artenverbindung des Aphanion arvensis J. et R. Tx. 1960 im west- und nordwestdeutschen Flachland. – Schr. Reihe Vegetationskde. **2**. Bad Godesberg 1967.

Oberdorfer, E. u.a.: Systematische Übersicht der westdeutschen Phanerogamen- und Gefäßkryptogamen-Gesellschaften. – Schr. Reihe für Vegetationskde. **2**. Bad Godesberg 1967.

Passarge, H.: Zur geographischen Gliederung der Agrostidion spica-venti-Gesellschaften im nordostdeutschen Flachland. – Phyton **7**: 22–31. Horn, N.-Ö. 1957.

— Pflanzengesellschaften des nordostdeutschen Flachlandes I. – Pflanzensoziologie **13**. Jena 1964.

Schmithüsen, J.: Vegetationsforschung und ökologische Standortslehre in ihrer Bedeutung für die Geographie der Kulturlandschaft. – Z. Ges. f. Erdk. Berlin 1942.

Troll, C.: Die geographische Landschaft und ihre Erforschung. – Studium-Generale **3**. Heidelberg 1950.

TÜXEN, J.: Stufen, Standorte und Entwicklung von Hackfrucht- und Garten-Unkrautgesellschaften und deren Bedeutung für die Ur- und Siedlungsgeschichte. – Angew. Pflanzensoz. **16**. Stolzenau/Weser 1958.
TÜXEN, R.: Grundriß einer Systematik der nitrophilen Unkrautgesellschaften in der Eurosibirischen Region Europas. – Mitt. flor.-soz. Arbeitsgem. N.F. **2**: 94–175. Stolzenau/Weser 1950.
— Pflanzengesellschaften und Grundwasser-Ganglinien. – Angew. Pflanzensoz. **8**: 64–98. Stolzenau/Weser 1954.
— Gedanken zur Zerstörung der mitteleuropäischen Ackerbiozoenosen. – Mitt. flor.-soz. Arbeitsgem. N.F. **9**: 60/61. Stolzenau/Weser 1962.

H. ELLENBERG:
Es besteht noch immer Unklarheit über den Begriff ökologische, soziologische, ökologisch-soziologische Gruppe. Sie werden synonym gebraucht, was zweifellos nicht richtig ist. In meinem ursprünglichen Sinne ist die ökologische Gruppe eine unabhängig von der üblichen pflanzensoziologischen Vergleichs- und Tabellenarbeit gewonnene Begriffseinheit, die von Messungen oder von Beobachtungen im Gelände, welche die Abstufung bestimmter Faktoren betreffen und von dem Verhalten der Pflanzen gegenüber den wichtigen Umweltfaktoren, ausgeht, wie z.B. dem pH, dem Wasserhaushalt, dem Stickstoff. Dann ergeben sich gewisse Beziehungen, und man kann ähnlich sich verhaltende Arten zu Gruppen zusammenstellen. Nur das sind ökologische Gruppen.

Die Gruppen, mit denen vielfach als sogenannte ökologische Gruppen gearbeitet wird, sind eigentlich soziologische Gruppen oder Differentialarten. Die Differentialarten sind die soziologischen Gruppen, wie sie z.B. SCAMONI in der Systematik verwendet. Man kann, wenn man will, auch von soziologisch-ökologischen Gruppen sprechen, die insofern dazwischen stehen als die Differentialarten ökologisch interpretiert werden. Ich möchte darum bitten, in Zukunft sich möglichst dieser ursprünglichen Definition zu bedienen.

Die ökologischen Gruppen können nicht einen selbständigen Wert haben, ganz gelöst von den Formationen oder Gesellschaften, in denen die Pflanzen vorkommen. Denn wir wissen ja, daß das physiologische Verhalten der Arten oft sehr von ihrem ökologischen Verhalten abweicht. Die Konkurrenz der übrigen Arten spielt eine entscheidende Rolle für das Verhalten der Arten in der Natur, wie wir durch viele Experimente immer besser wissen. Dann ist es verständlich, daß z.B. eine Art wie *Ranunculus repens* sich auf einer Wiese anders verhält als auf einem Acker. Mindestens diese großen Gruppen muß man unterscheiden, wenn man ökologische Gruppen aufstellt. Es ist besser, in noch engeren Grenzen zu bleiben, zum Beispiel innerhalb der gedüngten Wiesen, oder innerhalb der Getreideäcker, oder überhaupt des Ackerbaus. Dort kann man ökologische Gruppen aufstellen.

EVA SIEDE:
Ich möchte zur Diskussion stellen, ob neben den Anbaumöglichkeiten, die Dr. MEISEL aus den Ackerunkraut-Gesellschaften ablesen will, auch die zahlenmäßigen Produktivitätsangaben, wie sie Herr Prof. ELLENBERG für die internationale biologische Zusammenarbeit in Aussicht gestellt

hat, noch besser erfaßt werden können. Dr. TRAUTMANN hat auf verschiedenen Karten die Gebiete z.B. für einen wirtschaftlichen Gersten- oder wirtschaftlichen Obst-Anbau dargestellt. Der Begriff der Wirtschaftlichkeit ist aber sehr stark wandelbar. Er ist bei diesen Karten sozusagen eine variable Größe. Denn das was vor 50 Jahren wirtschaftlich war, ist es jetzt in vielen Fällen nicht mehr. In 20 Jahren kann wieder vieles unwirtschaftlich sein, was jetzt noch wirtschaftlich ist. Können wir da nicht durch Zahlenangaben diesen Begriff des wirtschaftlichen Anbaus etwas präziser fassen? Man müßte nicht nur die Masse, sondern auch die Qualität in diesen Begriff einbeziehen. Denn z.B. noch vor 20 oder 30 Jahren waren die Steckrüben oder die Boskoop-Äpfel eine begehrte Marktware, während jetzt die Tendenz zu immer weiterer Verfeinerung geht und viele Sorten des Obstes ihre wirtschaftliche Bedeutung weitgehend verloren haben. In der Beziehung würde also die aus den Unkrautgesellschaften ablesbaren Anbaumöglichkeiben oder die Karten der wirtschaftlichen Anbaumöglichkeiten für die eine oder andere Frucht sich sehr stark gewandelt haben.

W. TRAUTMANN:
Die Bemerkung von Frau Dr. SIEDE ist vollkommen richtig, daß ein großer Teil dieser Auswertungen, die ich gezeigt habe, speziell die Karten der angebauten Feldfrüchte, nur einen gewissen Zeitwert hat, während andere Karten dabei sind, die in 50 oder 100 Jahren noch Gültigkeit haben. Sie brauchen ja nur an die Eingliederung des deutschen Agrarmarktes in die EWG zu denken. Das Anheben oder die Verringerung des Anbaus bestimmter Getreidesorten kann sehr stark die optimalen Bedingungen für den Anbau ändern.

Ich möchte aber in dem Zusammenhang auf ein Beispiel hinweisen, das Herr BOMMER heute morgen nannte. Die Landwirtschaft und die Forstwirtschaft möchten die Standorte verändern oder meliorieren, um sie dann optimal zu nutzen. Von landwirtschaftlicher Seite hört man manchmal die Bemerkung: wir können alles überall machen. Man möchte meinen, daß das heute, wo man alles meliorieren und durch den Düngersack nivellieren kann, tatsächlich der Fall wäre. Ich habe aber im Zusammenhang mit meiner Karte festgestellt, daß z.B. noch 1950 die Kartoffelanbauflächen im Bereich des Blattes Minden zwar nicht gleichmäßig verteilt aber doch mit einem großen Schwerpunkt in den Lößgebieten, überhaupt in den Gebieten mit schweren Böden und auch im Bergland zu finden waren. Sieht man aber die Anbauzahlen von 1960 an, wo die arbeitswirtschaftlichen Schwierigkeiten größer geworden sind, kann man feststellen, daß im Gebiet der schwereren Böden die Kartoffel immer stärker zurückgegangen ist, so daß vereinzelte Betriebe schon ihren Kartoffelbedarf aus den Sandgebieten kaufen. Diese Tendenz scheint sich sehr zu verstärken, d.h. also, daß auch die Landwirtschaft auf die optimalen Standorte für bestimmte Feldfrüchte, und das gälte in gewisser Weise auch für das Obst, zurückgeht. Auf der anderen Seite sind natürlich Geschmackswandlungen in diesen Karten nicht zu berücksichtigen, und insofern haben sie nur einen gewissen Zeitwert.

G. Kragh:
Der Vegetationskundler sollte nicht eine bis zum Letzten gehende Perfektion anstreben und kann sie wohl auch nicht erreichen. Er soll nicht die Planungsämter, die Landwirtschaftsämter, die Obstbau-Institute u.a. brotlos machen wollen. Die sollen auch noch etwas zu tun finden. Auch die Landesplanung, wenn ich noch mal an die Frage der Erholungsgebiete erinnern darf. Insofern glaube ich, daß diesen vielen Ämtern damit gedient ist, wenn grundsätzlich die Eignung der Standorte für gewisse Kulturen oder gewisse Zwecke angegeben worden ist.

C. Troll:
Ich glaube, daß man an diese Ackerunkraut-Gesellschaften doch sehr stark von der landwirtschaftlichen Nutzung herangehen muß. Bloß die Frage nach mehr Nährstoff, mehr Ozeanität usw. läßt das Problem nicht lösen. Ich bin kein Fachmann für Ackerunkraut-Gesellschaften. Ich kenne zwar aus meinem Garten all diese Pflanzen sehr genau. Bei mir kommen sie alle nebeneinander vor. Deswegen kann ich in meinem Intensiv-Garten keine Assoziationen trennen. Aber eine Pflanze habe ich vermißt, das ist *Valerianella*, der Rapunzel-Salat, der ja auch Feld-Salat heißt. Ich erinnere auch sehr gut, daß ich als ganz kleiner Junge immer frühzeitig im Frühjahr auf die Felder gehen mußte, weil mein Vater die Marotte hatte, er sei dort viel besser als im Garten. Und da sammelten wir in den Unkrautgesellschaften *Valerianella*. Heute gibt es sie kaum mehr, weil sie auf Brachäckern wuchs. Eine so praktische Sache wie unser Rapunzel-Salat kommt in so komplizierten Wissenschaften überhaupt nicht vor. Da ist doch etwas nicht in Ordnung.

K. Meisel:
Ihr Rapunzelsalat wäre zweifellos auch erwähnt worden, wenn ich die Halmfrucht-Gesellschaften behandelt hätte. Darin spielt er eine große Rolle. Ich habe mich aber nur auf die Hackfrucht-Gesellschaften beschränken müssen, in denen er fehlt. Sie sagten, daß Sie in Ihrem Garten alles nebeneinander finden. Das ist möglich. Man muß ja nach Jes Tüxen bekanntlich unterscheiden, was in stark eutrophierten Gärten und in der freien Feldflur gefunden werden kann. Meine Untersuchungen bezogen sich im wesentlichen auf die Feldfrüchte, die weit von den Siedlungen entfernt angebaut werden. Ich glaube unser reiches Material ist ein genügender Beweis, daß diese Artenkombinationen bestehen.

Frau Dr. Siede möchte ich sagen, daß wir uns natürlich bemühen, auch die Erträge der Feldfrüchte in den verschiedenen Unkrautgesellschaften kennen zu lernen. Sie wissen alle, wie stark die Erträge von allen möglichen Faktoren beeinflußt werden können. Es ist daher notwendig, daß man sehr viel Material hat. Vielleicht reicht unser Material für solche Feststellungen aus. Wir wollen ja nicht mit Hilfe der Pflanzengesellschaften die Landwirtschafts-Wissenschaft brotlos machen, wir wollen ja nur Hilfsmittel für diese Wissenschaft sein.

ZUR VEGETATIONSGESCHICHTE NW-DEUTSCHER FLIESENTYPEN UNTER MENSCHLICHEM EINFLUSS

von

JES TÜXEN, Oldenburg

Es gehört zu den verlockendsten und schwierigsten Aufgaben eines Pflanzensoziologen, der potentiell natürlichen Vegetation und ihren menschlich bedingten Wandlungen im Laufe der Jahrhunderte nachzugehen. Wir wissen bisher nur wenig von diesen Vorgängen, deren Erforschung die Pflanzensoziologen immerhin seit 25 Jahren beschäftigt (R. TÜXEN 1931, ELLENBERG 1937; vergl. auch SCHMITHÜSEN 1961, p. 150). Um den oft diskutierten Ausdruck „Gesellschaftsring" für einen Begriff, über den wir uns längst einig sind, durch etwas besseres zu ersetzen, wurde 1960 von R. TÜXEN, W. LOHMEYER und mir in der Bundesanstalt für Vegetationskartierung ein einfaches Schema diskutiert, das die Grundlage der folgende Überlegungen sein möge (Abb. 1).

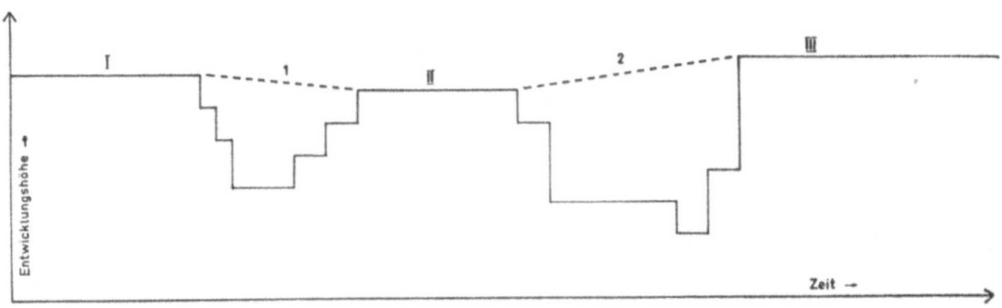

Abb. 1. Schema der Vegetationsgeschichte an irgendeinem Ort.

Das Schema soll die Vegetationsgeschichte irgendeines Geländeteiles mit irgendwelchen Schluß- und Ersatzgesellschaften darstellen. Nach der Zerstörung der Schlußgesellschaft I (= real natürliche Vegetation I) stellen sich verschiedene Ersatzgesellschaften ein, die stufenförmig von der Schlußgesellschaft I weg- bzw. zu einer neuen (II) hinführend gedacht wurden. An ihrer Stelle hat man sich die potentiell natürliche Vegetation 1 vorzustellen. Da wir uns den Standort von I durch die Ersatzgesellschaften dystrophiert dachten, mußten wir nach erfolgter Regeneration der real natürlichen Vegetation eine ärmere Waldgesellschaft (II) annehmen. Zeichnerisch wurde das durch das Tiefersetzen von II ausgedrückt. Entsprechendes muß dann für den umgekehrten Vorgang der Eutrophierung gelten, die in den Standorten der Ersatzgesellschaften von II bewirkt wurde. Die Schlußgesellschaft III muß daher auf einem höheren Niveau als II eingezeichnet werden.

Der noch 1960 verwendete Begriff der Entwicklungshöhe oder Organisationshöhe ist schwierig einzuschätzen und auch nur für höhere Gesellschaftseinheiten anzugeben. Eine Ordnung von Assoziationen und kleineren Einheiten nach der Entwicklungshöhe ist unmöglich. Daher ersetzen wir den Begriff Entwicklungshöhe durch etwas leichter Faßbares, die Trophie, die, wie ich im vorigen Jahre an dieser Stelle begründet habe, sogar „meßbar" ist. Die natürlichen Schlußgesellschaften der mehr oder weniger trockenen, überschwemmungsfreien Böden ordnen sich nach ihrer Trophie in folgende Reihe:

Querco–Carpinetum, reiche Subass.,
Querco–Carpinetum, mittlere Subass.,
Querco–Carpinetum, arme Subass.,
Fago–Quercetum, reiche Subass.,
Fago–Quercetum, arme Subass.,
Querco–Betuletum.

Die Treppenfiguren der Ersatzgesellschaften unter 1 und 2 (Abb. 1) entsprechen nicht der Wirklichkeit. Wenn ein Wald gerodet wird, weil man Häuser bauen will, stellt sich die entsprechende Ersatzgesellschaft der Gärten oder die der Wegränder sofort und nicht erst nach verschiedenen Vorstufen ein. Wir können den Stufen aber einen Sinn geben, indem wir sie mit bestimmten Ersatzgesellschaften gleichsetzen.

An Stelle vieler Ersatzgesellschaften, z.B. aller wiesenartigen, wird sich sehr schnell, d.h. nur mit höchstens einem kurzlebigen Zwischenstadium, die Schlußgesellschaft wieder einstellen. Andere Ersatzgesellschaften werden erst über mehrere Zwischenglieder von ihrer Schlußgesellschaft abgelöst. So teilen wir ein nach der „Entfernung" der Ersatzgesellschaften von der Schlußgesellschaft (nach R. Tüxen 1942) in Ersatzgesellschaften

I. Grades: Heiden, Mager- und Trockenrasen, Wiesen und wohl auch noch (Extensiv)-Weiden
II. Grades: Acker-Unkrautgesellschaften
III. Grades: Trittrasen

Unter den Ersatzgesellschaften der Nadelholz-Forsten sind solche, an deren Stelle eine natürliche Waldgesellschaft sehr leicht und andere, wo sie sehr schwer regeneriert. Je nach Holzart, Dauer der Nadelholz-Wirtschaft und Standort verteilen sich die Nadelholz-Forsten also wohl auf alle drei Grade der Ersatzgesellschaften.

Nach diesen Vorbemerkungen wollen wir ein Beispiel eines solchen auf diese Weise veränderten Schemas betrachten (Abb. 2).

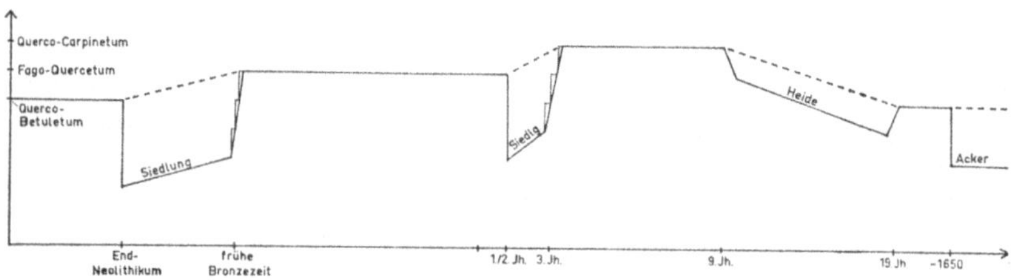

Abb. 2. Schema der Vegetationsgeschichte auf dem Störtkuhlenkamp bei Leese/Kr. Nienburg.

Dargestellt ist die Vegetationsgeschichte eines konkreten räumlichen Bereiches mit einem bestimmten ökologischen Potential, also einer einzigen Fliese (SCHMITHÜSEN 1961, p. 122/123). Die Unterlagen für die Beschreibung des Geschehens an diesem Punkt, dessen Koordinaten auf dem Meßtischblatt angegeben werden könnten, stammen aus meiner Untersuchung der Gemarkung Leese (J. TÜXEN 1958).

Die real natürlichen Waldgesellschaften sind nach ihrer Trophie auf verschiedenem Niveau angeordnet. Ebenso entsprechen die „Entfernungen" der Ersatzgesellschaften von der natürlichen Vegetation ihrer Gruppierung nach Graden.

Schemata dieser Art sind unendlich viele möglich, wenn man nicht nur die Verschiedenheit der wirtschaftlichen Einflüsse, sondern auch den jederzeit möglichen Beginn und die willkürliche Dauer der menschlichen Eingriffe bedenkt. Die großen Schwierigkeiten, solche Schemen zu entwerfen, entbinden uns aber nicht von der Überlegung, wie man diese Unzahl von Schemen ordnen kann. Eine grobe Gliederung nach der real natürlichen Vegetation der Urlandschaft ist leicht möglich. Die weitere Ordnung der Schemata etwa innerhalb des ursprünglichen Eichen-Birkenwaldes dürfte viel mühsamer sein und ist auch hier nicht beabsichtigt.

Schemata der Eichen-Birkenwälder, Buchen-Eichenwälder und der meisten Eichen-Hainbuchenwälder zeigen gewöhnlich die Erscheinung, daß die real natürliche Vegetation nach einem menschlichen Eingriff auf einer höheren oder niedrigeren Trophie-Stufe als die vorangegangene real natürliche Vegetation liegt. Mit anderen Worten hat die Zerstörung und das unbewußte Fernhalten der Schlußgesellschaft durch wirtschaftliche Einflüsse hier eine standortsändernde und damit auch sukzessionsauslösende – oder umgekehrt eine vegetationsverändernde und damit eine standortsändernde Wirkung. Gerade diese Vegetationsveränderung ist heute oft schon durch die Vernichtung der real natürlichen Vegetation allein gegeben. Die völlige Vernichtung eines Waldes zum Zwecke des Ackerbaus bedeutet das Verschwinden aller vorhandenen Sippen. Wenn sich irgendwann später wieder ein Wald einstellt, können entweder alle wesentlichen Sippen der zu bildenden Waldgesellschaft ohne Schwierigkeiten wieder einwandern oder aber sie werden wenigstens zum Teil durch verbreitungsbiologische Hindernisse ferngehalten. In diesem Falle kann es zur Ausbildung einer anderen Waldgesellschaft kommen (vergl. auch R. TÜXEN 1958).

Der gänzlich andere Sippenbestand der Ersatzgesellschaft, die sich nach der Waldvernichtung einstellt, unterliegt im Laufe der Zeit mehr oder weniger deutlichen Verschiebungen. In sehr alten Heiden mit vorgeschrittener Ortsteinbildung verschwinden *Genista anglica* und *G. pilosa*. Eine direkte Folge menschlicher Einwirkungen ist die Unkrautvertilgung auf den Feldern, von der nur wenige Arten verschont bleiben.

Auf der anderen Seite dringen zu allen Zeiten neue Sippen auf das Ackerland ein, die im Chenopodion fluviatile der Flußufer über große Entfernungen wandern und von da auf die Äcker überspringen. Eine ähnliche Erscheinung läßt sich neuerdings in Nadelholz-Forsten beobachten, wo Arten der Vaccinio–Piceetalia wie *Goodyera, Lin-*

naea, Ptilium cristra-castrensis und einige *Pyrolaceae* einwandern (vergl. auch WESTHOFF 1959).

Die Wiederbewaldung wird bei den meisten Ersatzgesellschaften I. Grades durch Beweidung verhindert. Die auf diese Weise hervorgerufenen Standortsänderungen, wie etwa durch Düngung, sind meistens so schwach, daß die ehemalige natürliche Waldgesellschaft ohne weiteres zurückkehren kann.

Sowie aber deutlichere Verschiebungen des Nährstoffhaushaltes der Ersatzgesellschaft in positiver oder negativer Richtung hinzukommen, setzt eine Sukzession zu reicheren oder ärmeren Ersatzgesellschaften ein, die ihrerseits eine reichere oder ärmere Schlußgesellschaft als potentiell oder real natürliche Vegetation bedingen. Beispiele für solche irreversible Eutrophierung sind die Düngung von Äckern mit Plaggenmist, Stallmist, vielleicht auch künstlichen Düngern, die Düngung von Grünland und die Wohntätigkeit des Menschen vor allem im Dorf, aber auch in der Stadt. Irreversible Dystrophierung liegt vor beim düngerlosen Ackerbau, in der Heidewirtschaft, verstärkt durch Plaggenhieb, beim Nadelholzanbau, gewöhnlich schon in jeder Form der Ernte überhaupt.

Nicht wieder rückgängig zu machende Änderungen des Wuchspotentials werden weiter durch Entwässerung hervorgerufen. Eine Absenkung des Grundwasserspiegels in den Gesellschaften der Oxycocco-Sphagnetea läßt Waldgesellschaften entstehen (Betuletum pubescentis und Querco-Betuletum molinietosum). Diese menschlich bedingte Erzeugung von Waldgesellschaften aus Nichtwaldgesellschaften bedeutet gleichzeitig eine Eutrophierung der Standorte.

Schließlich sorgt im Bergland die übermäßige Erosion für einen irreversiblen Wandel der Standorte. Das abgeschwemmte Bodenmaterial bewirkt als Auenlehm eine alljährliche natürliche Düngung der Standorte etwa im Wesertal. Die Abb. 3 zeigt die Vegetationsgeschichte eines Geländeteils der Weser-Aue südlich Wellie, wo STRAUTZ (1959) eine früheisenzeitliche Siedlung im Auenlehm gefunden hat. Die zweite endgültige Rodung des real natürlichen Querco-Carpinetum corydaletosum geschah an dieser Stelle erst im 19. Jahrhundert, nachdem alle anderen Wälder der Wesertals im Kreise Nienburg schon verschwunden waren. Das Querco-Carpinetum corydaletosum gehört zu den reichsten Waldgesellschaften NW-Deutschlands überhaupt. Es kann weder durch Wohntätigkeit noch reicher gemacht werden, noch schadet ihm irgendeine Form des Nährstoffentzuges durch Ernten. Sprünge im Trophie-Grad der natürlichen Vegetation, die bei allen anderen ärmeren

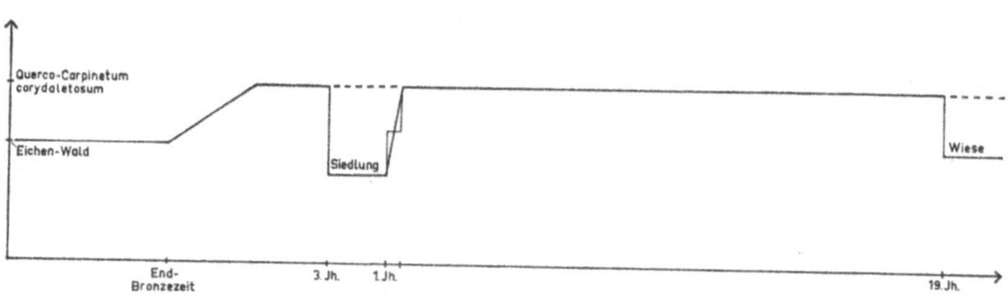

Abb. 3. Schema der Vegetationsgeschichte in der Wellier Aue/Kr. Nienburg. (Datierung z. T. nach STRAUTZ 1959).

Waldgesellschaften fast regelmäßig auftreten, sind darum hier nicht möglich. Das gilt allerdings nur so lange, wie die natürliche Düngung während der Überschwemmungen anhält. Fällt sie aus, ist selbst in reichsten Eichen-Hainbuchenwäldern eine Dystrophierung durch ständigen Nährstoffentzug durch Ernten denkbar, wenn auch noch nicht nachgewiesen.

Vor Beginn der Auenlehm-Ablagerung, also noch in der Bronzezeit, wuchs auf den kiesig-sandigen Ablagerungen des Flußes ein Eichenwald unbekannter Artenzusammensetzung. Durch die alljährlichen, geringen Gaben fruchtbaren Auenlehms wuchs ganz allmählich ein neuer Bodentyp über dem alten und ebenso langsam verwandelte sich die natürliche Vegetation zu dem späteren Eichen-Hainbuchenwald.

Ähnliche säkulare Sukzessionen mit umgekehrten Vorzeichen von reicheren zu ärmeren Gesellschaften haben auch außerhalb der Flußtäler stattgefunden, etwa da, wo Hochmoore sich seitlich ausdehnten und Waldgesellschaften transgredierten.

Wir haben versucht, die durch menschliche Einwirkungen ausgelösten Vorgänge zu diskutieren, nämlich Florenwandel und Standortsänderungen in den Zeitabschnitten, wo die real natürliche Vegetation vernichtet ist, die potentiell natürliche Vegetation gedacht werden muß und schließlich die real natürliche Vegetation sich wieder einstellt.

Das Ergebnis dieser menschlichen Eingriffe in die Landschaft NW-Deutschlands sah noch im 18. Jahrhundert anders aus als heute. Riesige Heideflächen umschlossen verhältnismäßig kleine, mit Nährstoffen ausreichend versorgte Äcker, so daß im Endergebnis diese Landschaft überwiegend dystrophiert erscheint. Die moderne Wirtschaft hat dagegen auf einer viel größeren Ackerfläche als früher, die von den die Heiden ersetzenden Kiefernforsten nicht aufgewogen wird, eine hochgradige Eutrophierung der Landschaft bewirkt, die selbst vor Wasserläufen und den größten Seen nicht halt macht.

Eine Wertung dieser so verschiedenen Landschaftszustände soll hier nicht versucht werden. Es sei nur daran erinnert, daß der Mensch 2000 Jahre und vielleicht länger mit der Wirtschaftsform, die zur dystrophen Landschaft führte, ausgekommen ist. Wir brauchen uns nicht zu wundern, daß unsere moderne Landes-Wirtschaft nach einem Jahrhundert noch manche Kinderkrankheiten durchzumachen hat, ehe sich ein stabiles und dauerhaftes System entwickelt hat, wenn das überhaupt noch möglich ist.

ZUSAMMENFASSUNG

Die Vegetationsgeschichte charakteristischer Geländeteile wird schematisch dargestellt, wobei der Trophie-Grad der natürlichen Vegetation und die Gliederung der Ersatzgesellschaften in solche I bis III Grades berücksichtigt werden. Dystrophierung und Eutrophierung, sowie Entwässerung als Vorgänge, die Änderungen der natürlichen Vegetation zur Folge haben, werden ausführlicher diskutiert.

SUMMARY

The history of vegetation in characteristic sites is schematized; the trophic degree of natural vegetation and the classification of substitutional communities in such of I. to III. stage are taken into consideration by it. Dystrophyzation, eutrophyzation and draining as phenomena, which cause changes of natural vegetation, are discussed in more detail.

LITERATUR

ELLENBERG, H.: Über die bäuerliche Wohn- und Siedlungsweise in NW-Deutschland in ihrer Beziehung zur Landschaft, insbesondere zur Pflanzendecke. – Mitt. Flor.-soz. Arbeitsgem. **3**. Hannover 1937.

SCHMITHÜSEN, J.: Allgemeine Vegetationsgeographie. 2. Aufl. In OBST, E.: Lehrbuch der Allgemeinen Geographie. Berlin 1961.

STRAUTZ, W.: Früheisenzeitliche Siedlungsspuren in einem älteren Auelehm des Wesertales bei Wellie (Kreis Nienburg). – Die Kunde **10** (1/2). Hannover 1959.

TÜXEN, J.: Stufen, Standorte und Entwicklung von Hackfrucht- und Garten-Unkrautgesellschaften und deren Bedeutung für Ur- und Siedlungsgeschichte. – Angewandte Pflanzensoz. **16**. Stolzenau/Weser 1958.

TÜXEN, R.: Die Grundlagen der Urlandschaftsforschung. – Nachr. Nieders. Urgeschichte **5**. Hildesheim 1931.

— Ersatzgesellschaften. – **12**. Rundbrief Zentralstelle f. Vegetationskartierung d. Reiches. Hannover 1942.

— Die heutige potentielle natürliche Vegetation als Gegenstand der Vegetationskartierung. – Ber. dt. Landeskd. **19** (2). Remagen 1957. (Vergl. a. Angewandte Pflanzensoz. **13**. Stolzenau/Weser 1957).

WESTHOFF, V.: The vegetation of Scottish Pine Woodlands and Dutch artificial coastal Pine forests; with some remarks on the ecology of Listera cordata. – Belmontia **2** (5). Wageningen 1960.

H. ELLENBERG:

JES TÜXEN hat mehr oder weniger nebenbei gesagt, daß die Beweidung die Trophie nicht ändere. Da möchte ich nach den Erfahrungen in vielen Erdteilen widersprechen. Die Beweidung im Walde z.B. ändert grundsätzlich, wenn es sich nicht um sehr reiche Standorte handelt, die Trophie negativ, weil das Vieh in die extensiv beweideten Gegenden hineingeht, aber sich nur an gewissen Stellen lagert. Es zieht sich zurück und der Mensch sorgt sehr bald dafür, daß es sich z.B. auf die von ihm absichtlich reicher zu machenden Gegenden in Pferche zurückzieht oder auf den Äckern in der Drei Felder-Wirtschaft geweidet wird. Dann ist das in der offenen Landschaft herumstreifende Vieh ein Nehmer, der nichts oder wenig wiedergibt. So sinkt die Trophie, was am deutlichsten bei der Verheidung auf sehr labilen Böden zu sehen, aber auch z.B. auf den Lößböden Süddeutschlands deutlich zu erkennen ist. Das ist vielleicht gar nicht durchdacht gewesen, sondern nur als Nebenbemerkung geäußert worden. Aber ich möchte gerade, wenn die Trophie als Maßstab benutzt wird, darauf hinweisen, daß das ein wichtiger Punkt ist.

Woher weiß man sicher, daß an einem bestimmten Platz in Leese die Trophie um zwei Stufen gehoben wurde? Woher weiß man, daß hier so lange Zeit ein Eichen-Hainbuchenwald auf dem Standort eines Eichen-Birkenwaldes gestanden hat?

J. TÜXEN:

Für den Hinweis, daß die Beweidung die Trophie negativ verändert, danke ich Herrn Prof. ELLENBERG. Es ist im Grunde auch nur eine Form der Ernte, des Stoffentzuges, die ganz sicher den Standort in seiner Trophie verändert, d.h. dystrophiert.

Zur letzten Frage, woher wir wissen, daß etwa hier ein Eichen-Hainbuchenwald sich eingestellt hat: Vor 30 Jahren wurde im Bereich der Siedlungen im allgemeinen Eichen-Hainbuchenwald kartiert. Man hat daraus geschlossen, daß diese Siedlungen auch im Eichen-Hainbuchenwald angelegt waren. Das waren sie aber gar nicht. Wenn man in diesen Siedlungen nachgräbt und Profile herstellt etwa im Zentrum dieser Dörfer, wo man annehmen kann, daß die Besiedlung da irgend wann einmal begonnen hat, stellt sich heraus, daß dort Profile des Eichen-Birkenwaldes oder des Buchen-Eichenwaldes zu finden sind. Wenn man die potentielle Vegetation von heute nach den bekannten Methoden in den Dörfern kartieren müßte, würde man einen Eichen-Hainbuchenwald feststellen. Das übertragen auf frühere Verhältnisse würde heißen: Warum soll etwa eine bäuerliche mittelalterliche oder eisenzeitliche Siedlung (oder Wüstung) sich anders verhalten haben als heute? Die Bauern haben damals nicht viel anderes getan als heute.

H. Ellenberg:
Dann gilt das also nur für den Siedlungsplatz Leese, nicht für die Feldflur?

J. Tüxen:
Nein. Es ist auf dieses Gebiet der Siedlung ganz eng begrenzt.

H. Butzke:
Aus den Bodenprofilen an den alten Siedlungsplätzen wurde also auf die ehemalige natürliche Vegetation geschlossen? Das halte ich als Bodenkundler doch für sehr gewagt.

G. Schwerdtfeger:
Ist hier nur die Festlegung der Trophierung möglich oder könnte man noch andere Faktoren hereinnehmen, z.B. die mehrfach erwähnte Auswirkung des Feuers, die ja auch zu Ersatzgesellschaften führt, oder eventuell auch die Auswirkung eines Meereseinbruchs mit Versalzung der Böden, die ja auch in einer ganz bestimmten Sukzession nun wieder zu den Ausgangsgesellschaften zurückführt. Für beide Beispiele sagt, glaube ich, die Trophierung nichts. Sondern dafür müßte man versuchen, irgendeinen anderen Maßstab zu finden.

F. K. Hartmann:
Die „Dystrophierung" gewisser Wald-Standorte durch Waldweide (Hinweis Prof. Ellenbergs) läßt sich mutmaßlich relativ schnell regenerieren, wenn bestimmte waldbauliche Maßnahmen wie Herstellung des vertikalen Bestandesschlusses (Windabhaltung, Verbesserung des Wasser- und Humushaushaltes) und die Wiederzufuhr bestimmter verloren gegangener Nährstoffe, (besonders Stickstoff und anderer je nach bodenanalytisch ermitteltem Ausgangsnährstoffgehalt verschieden), schnell einsetzen.

J. TÜXEN:
Man sollte zu dieser Trophie nicht noch einen anderen Wertmaßstab in diese Skala hineinbringen, man würde sie sonst noch mehr komplizieren. Man könnte aber durchaus statt der Trophie etwas anderes wählen. Wenn also eine Meeres-Transgression eine Bedeutung für die Aufgabe von Siedlungen oder sonst irgend welche Veränderungen für die Standorte zur Folge hat, warum sollte man das nicht nehmen? Das Feuer hat auch eutrophierende oder dystrophierende Wirkungen, das könnte man hier mit einbeziehen. Die Angabe der Trophie hat den Vorteil, daß sie eine sehr umfassende Eigenschaft ist und sehr viel sagt. Darum habe ich die Trophie hier eingeführt.

H. SIOLI:
Der ganze Trophie-Begriff ist in der Limnologie sehr unsicher geworden. Die Tendenz geht dahin, ihn zu eliminieren und durch konkrete Einzelangaben zu ersetzen. Wie ist das in der Pflanzensoziologie?

F. K. HARTMANN:
In der Bodenkunde sagt man doch noch oligotroph, dystroph, mesotroph, eutroph. Man kann das übertragen.

H. ELLENBERG:
Ich finde diese Ausdrücke zur ersten Orientierung sehr gut. Diese Rolle haben sie zweifellos auch in Ihrem Wissensgebiet auch gespielt und haben sie für jeden, der sich in der Limnologie orientieren will immer noch. Und so hat es glaube ich JES TÜXEN auch gemeint, als eine Orientierungsgrundlage. Es wäre zweifellos wünschenswert, das viel genauer zu definieren. Ich möchte meiner Hoffnung nochmals Ausdruck geben, daß das Internationale Biologische Programm messend an diese Frage herangeht und endlich einmal genauere Unterlagen für die Frage um wieviel z.B. der Eichen-Birkenwald weniger leistungsfähig ist als der Eichen-Hainbuchenwald geben wird. Dann hätten wir hier keine Relativ-Skala oder angenommene Skala, sondern z.B. die Produktivität könnte als eine Skala dienen. Dann hätten wir eine meßbare Skala. Ein ähnliches Bestreben besteht ja auch in der Limnologie.

H. BUTZKE:
Ich finde die Ausdrücke Oligotrophie, Dystrophie usw. ausgezeichnet, schon aus sprachlichen Gründen. So bedeutet z.B. „dystropher Ranker" aus dem Englischen übersetzt soviel wie „ausgedienter, heruntergekommener Landsknecht".

D. RODI:
Das Schema der Gesellschaftsentwicklung könnte unmißverständlicher dargestellt werden, wenn man für den Grad (Stufe) der Ersatzgesellschaften eine Kurve zieht und darüber (mit eigener Ordinate) den Grad der Nährstoffverhältnisse angibt. Dadurch könnte man in das Schema noch mehrere Faktoren hineinbringen, (evtl. Brand oder Änderung des Wasserhaushaltes).

H. SIOLI:
Ich glaube, das läßt sich machen, indem man die anderen Einheiten durch verschiedene Farben andeutet.

J. FEISE:
Die Verwüstung eines Bodens braucht gar nicht die Zeit vom Neolithikum bis heute, sondern kann viel schneller z.B. von 1918 bis 1945 gehen. Wir haben 1918 Hunger gehabt, und da haben Industrie-Leute, die viel Geld hatten – etwa 1920 – Heide und Moor gekauft und kultiviert. Man setzte tüchtige Leute darauf. Man hatte gewaltige Erträge bis zum Jahre 1928 etwa. Dann war der ganze Humus verbraucht, und dann versuchte man das Gelände für Jugendherbergen, Truppenübungsplätze usw., allenfalls auch zur Aufforstung wieder loszuwerden. Jetzt hat man zur Ansiedlung der ostdeutschen Landwirte versucht auf diesem Gebiete, ich denke z.B. an Klaus-Heide, wieder Fuß zu fassen. Die Pettkuser Saatzucht mit ihren vielen guten Leuten und mit ihren gewaltigen Erfahrungen hat aber dort einen furchtbaren Schiffbruch erlitten, weil der Boden innerhalb der kurzen Spanne, die wir übersehen können, vollkommen verwüstet war. Jetzt muß er ganz allmählich wieder in einen brauchbaren Zustand gebracht werden durch allerhand kostspielige Maßnahmen. So lange braucht man also gar nicht, in ganz kurzer Zeit kann ein Boden vollkommen dystrophiert werden.

R. TANTZEN:
Die Stadt Dortmund hat nach dem 1. Weltkrieg, um Lebensmittel für die Einwohner der Städte zu gewinnen, große Flächen unkultivierter Hochmoore im Oldenburger Land aufgekauft. Sie wurden vorbildlich bewirtschaftet und werden es zum Teil bis zum heutigen Tage noch. Zum Teil sind sie wieder abgestoßen worden. Es ist also nicht überall so, daß unkultivierte Flächen in Angriff genommen, gewisse Zeit bewirtschaftet und dann wieder verlassen worden sind.

J. FEISE:
Nach Tiefumbruch von verschiedenen Mooren treten oft schon nach 12 Jahren Hungerjahre auf, die zur Aufsiedelung der Großbetriebe durch viehreichere Kleinbetriebe führten. Man sollte diesen Vorgang möglichst durch pflanzensoziologische Aufnahmen etwa alle 3–5 Jahre verfolgen, was jetzt bei Moormischkulturen westlich der Ems möglich wäre.

V. WESTHOFF:
Die Schwierigkeiten bei der Anwendung des Trophie-Begriffes bestehen hauptsächlich darin, daß die verschiedenen Nährstoffe sich ungleich verhalten können und die Pflanzen auch verschieden darauf reagieren. Ein Gewässer kann nitrat-eutroph, jedoch kalk-oligotroph sein oder umgekehrt. Wie ist die Limnologie bestrebt dieser Schwierigkeit terminologisch zu begegnen?

H. SIOLI:
Indem man den ganzen Trophie-Begriff aufgibt und Einzelfaktoren dafür analysiert und einsetzt, genau wie Sie gesagt haben; Phosphat vorhanden,

Nitrat fehlt usw., und daß wir dadurch auch ganz andere Gesellschaften in Gewässern bekommen, besonders stark ausgeprägt im Plankton.

V. Westhoff:
Würden Sie die Begriffe phosphat-eutroph oder phosphat-oligotroph noch verwenden?

H. Sioli:
Nein. Der ganze Trophie-Begriff würde dann wegfallen.

H. Ellenberg:
Im Internationalen Biologischen Programm soll nicht der Trophie-Grad verfeinert werden, sondern die einzelnen wichtigen *chemischen Faktoren* sollen getrennt analysiert werden. Mit den anderen Standortsfaktoren zusammen wirken sie sich in der *Produktivität* der Pflanzengemeinschaft aus, die als quantitativer synthetischer Maßstab dienen kann, indem die Vielheit der Faktoren wieder vereinigt wird, die jetzt analytisch auseinander fällt und die vorher in dem Trophie-Begriff kurz als Einheit gefaßt wurde.

D. Bommer:
Es muß darauf hingewiesen werden, daß nach neueren Untersuchungen eine große Unsicherheit über die Beschreibung der mit chemischen Methoden im Boden ermittelten Nährstoffe und ihrer Verfügbarkeit für den Nährstoffhaushalt eines Pflanzenstandortes besteht. Es muß angenommen werden, daß in natürlichen Pflanzenstandorten diese Schwierigkeiten nicht geringer sind.

I. S. Zonneveld:
Zur Trophie des Bodens: Die Agrikulturchemie hat seit Liebig Anlaß gegeben zu ausgedehnten Studien über Bodenchemie. Über Antagonismus und gegenseitigen Ersatz zwischen verschiedenen Elementen ist schon vieles bekannt. Aber was man wirklich erreicht hat, ist fast ausnahmslos mit experimentellen Düngungsversuchen (auch teilweise von der Praxis gemacht) aufgefunden. Also wenn man in natürlicher Vegetation die Trophie näher analysieren will, wird es ohne Experimente nicht gehen. Außerdem ist die klassische Agrikulturchemie entwickelt in Acker- und Fettwiesen- und Weidenboden, die verglichen mit natürlichen Standorten (jedenfalls im humiden Klima) außerordentlich hohe Konzentrationen von (künstlich zugeführten) Nährstoffen enthalten. Die üblichen chemischen Bodenanalysen-Methoden sind außerdem meistens zu grob, um damit im Walde zu arbeiten (z.B. das den Pflanzen verfügbare Phosphat ist da oft schwer signifikant zu bestimmen). Der verfügbare Stickstoff ist ebenso auf dem Acker nicht mit einmaligen oder einfachen Methoden zu messen. Das alles gilt auch für andere natürliche Vegetationen im humiden Gebiet. Es wird also nötig sein, spezielle Methoden zu entwickeln, (die teuer sind!). Nicht nur Chemie, die in vitro messen kann, sondern die ganze biologische Aktivität ist für die Trophie des Bodens wichtig. Das alles völlig in Einzelfaktoren zu analysieren, scheint mir unmöglich zu

sein. Es ist gerade die Vegetation, die durch die Gesamtindikation der Praxis helfen kann, solange die Einzelfaktoren schwer zu messen sind.

C. TROLL:
Ich wollte nur mein Erstaunen darüber ausdrücken, daß man ausgerechnet in der Pflanzensoziologie, wo doch Floristen und Kenner der Flora zusammen sind, zu so vereinfachten Begriffen wie einem Grad der Eutrophie, der Dystrophie, oder besser der Oligotrophie kommt. Schon in meiner Studienzeit unterschieden wir doch zwischen Pflanzen, die nitrophil, die calziphil, die halophil, die azidiphil sind. Das sind doch ganz alte klassische Begriffe. Die Methode Wüstungsforschung zu treiben, ist doch die Phosphat-Methode gewesen. Phosphat hat man gemessen, um alte Siedlungsplätze oder alte Straßen zu finden. Deshalb verstehe ich nicht recht, daß man diese verschiedenen chemischen Anpassungen der Pflanzen nun aufgibt, und daß man diese in eine Reihe zu bringen versucht. Ich meine, daß eine Siedlung nitrophilere und phosphatreichere Standorte schafft, ist ja klar. Aber kann man das als Grad der Eutrophie überhaupt ausdrücken? Ich finde, wenn das richtig ist, was uns Herr SIOLI sagte, daß man dann wieder auf alte Dinge zurückkommt, die längst einmal üblich waren, die nur vorübergehend etwas zu sehr verallgemeinert und zu vereinfacht behandelt wurden.

H. SIOLI:
In der Limnologie war die Entwicklung so, daß man an Hand der Trophie-Stufen (eutroph, oligotroph, dystroph) versuchte, erst einmal eine Ordnung in die verschiedenen Seen zu bringen, die man in der Natur vorfand, daß man sie klassifizieren und damit systematisch erfassen konnte. Die Idee der Eutrophierung, die von THIENEMANN und NAUMANN propagiert wurde, hat außerordentlich befruchtend auf die weitere Arbeit in der Limnologie gewirkt. Inzwischen ist man aber durch die verfeinerten chemischen und anderen Methoden dazu gekommen, diesen Begriff der Trophie in Wirklichkeit aufzulösen. Denn die Trophie setzt sich aus einer derartig großen Zahl von Faktoren zusammen, nicht nur chemischen, auch physikalischen, so daß wir unendlich viele Trophie-Stufen einführen müßten, d.h. alle Kombinations-Möglichkeiten der verschiedenen tatsächlich vorhandenen Faktoren. Durch ein solches System von Trophie-Graden könnte man gar nicht mehr durchsehen.

J. TÜXEN:
Ich habe bewußt vereinfacht. Wir haben es in der Pflanzensoziologie ja nicht mit Kalkpflanzen, mit Säurezeigern, mit Salzpflanzen usw. zu tun, sondern mit Pflanzen-Gesellschaften, die für uns Ausdruck des Leistungs-Potentials eines Standortes sind. Dann brauchen wir nicht mehr die Trophie zu messen, sondern wir können die Pflanzengesellschaften selbst als Maßstab benutzen. Darum habe ich nicht geschrieben: Trophie I, II, III, sondern Eichen-Birken-,Buchen-Eichen- und Eichen-Hainbuchenwald. Es kam mir übrigens nicht darauf an, hier fertige Ergebnisse vorzulegen, sondern ich wollte vielmehr über die Vorgänge, die der Mensch in der real natürlichen und der potentiell natürlichen Vegetation auslöst, nachdenken.

ALTE SIEDLUNGEN DER OBEREN WÜMME-NIEDERUNG IN IHREN BEZIEHUNGEN ZU VEGETATION UND BODEN

von

WILHELM LOHMEYER, Bad Godesberg

In der 1937 erschienenen Arbeit über die bäuerliche Wohn- und Siedlungsweise in NW-Deutschland schreibt ELLENBERG, daß „abgesehen von den Nordseemarschen, den Hochmooren und dem Harz sämtliche Siedlungen, soweit ihr Aufbau nach landwirtschaftlichen Gesichtspunkten und vor der Intensivierung im 19. Jahrhundert erfolgte, auf dem Boden des Feuchten Eichen-Hainbuchenwaldes (Querceto-Carpinetum stachyetosum silvaticae)" liegen. Die zahlreichen Vegetationskarten und Beobachtungen hätten „nicht eine Ausnahme" ergeben. Seine erst 1962 veröffentlichten Untersuchungsergebnisse aus dem Kreise Verden scheinen das früher Gesagte zu bestätigen (vgl. ELLENBERG 1962). Er glaubt auch, diesen Befund hinreichend erklären zu können. Die Großvieh- wie die Schweinehaltung, heißt es, sei abhängig gewesen von einer ausreichenden Hudefläche und der Feuchte Eichen-Hainbuchenwald als die wuchs- und widerstandskräftigste und zugleich nahrungsreichste Waldgesellschaft stelle, namentlich in den Heidegebieten, den wertvollsten Hudewald dar.

BARENSCHEER (1938), der im Kreise Celle siedlungskundliche Forschungen durchgeführt hat, ist zu ganz ähnlichen Ergebnissen gelangt.

Daß ELLENBERG's Angaben über die Wahl der Siedlungsplätze jedoch nicht ohne weiteres verallgemeinert werden dürfen und wenigstens in einigen Punkten der Überprüfung und Ergänzung bedürfen, läßt unsere Karte der heutigen potentiellen natürlichen Vegetation (vgl. TÜXEN 1956) die Teilgebiete der Wümme-Niederung, namentlich des Wümme-Sanders und der Südheide (vgl. MEYNEN u. SCHMITHÜSEN 1953) umfaßt, deutlich erkennen.

Besonders aufschlußreich sind die schon vollständig kartierten Meßtischblätter Ostervesede (2823), Schneverdingen (2824), Wittorf (2923) und Neuenkirchen (2924). Das Gebiet, welches sie begrenzen, entbehrt der hygrophilen Querco-Carpineten so gut wie ganz. Von einer engen Bindung der alten Bauerndörfer und Einzelgehöfte an den Feuchten Eichen-Hainbuchenwald kann hier daher keine Rede sein.

Im Bereich des Wümme-Sanders, aber auch auf der östlich angrenzenden Geestplatte herrschen basen- und nährstoffarme Quarzsand-Böden vor. Ihren natürlichen Bewuchs bilden Stieleichen-Birkenwälder (Querco-Betuletum Tx. 1930), von denen jedoch nur kümmerliche Reste erhalten geblieben sind.

Der Trockene Stieleichen-Birkenwald (Querco-Betuletum typicum) zählt zu den anspruchlosesten, leistungs- und regenerationsschwächsten Waldgesellschaften des nordwestdeutschen Flachlandes. Als ergiebige Nahrungsquelle für Rinder und Pferde schied er aus. Nur seine Eichelmast kam den Schweinen zugute. Hochwertige Futterpflanzen fehlen ihm vollständig. Die häufigsten Arten der Krautschicht: Adlerfarn (*Pteridium aquilinum*), Wiesen-Wachtelweizen (*Melampyrum pratense*), Weiches Honiggras (*Holcus mollis*) und Drahtschmiele (*Deschampsia flexuosa*) werden von Kühen und Pferden entweder ganz gemieden oder doch nur ungern gefressen. Ähnliches gilt für den Fein- und Schafschwingel (*Festuca capillata, F. ovina*), die sich nach starker Auflichtung der Bestände einstellen.

Übermäßiger Holzentzug, Brand und Vernichtung des Jungwuchses durch Viehverbiß und -tritt bewirkten, daß der Trockene Eichen-Birkenwald nach und nach der völligen Zerstörung anheimfiel. An seiner Stelle breitete sich die Heide (Calluno-Genistetum) aus. Sie diente den Heidschnucken als Weide, wurde geplaggt und gebrannt. Diese Einflüsse trugen entscheidend zu ihrer Erhaltung und Erneuerung bei und verhinderten die Wiederbewaldung.

Barenscheer (1938) betont jedoch, daß die Schafzucht für die bäuerliche Wirtschaft nur von zweitrangiger Bedeutung gewesen sei. Lebenswichtiger waren die Großvieh- und Schweinehaltung und nicht zuletzt der Ackerbau.

Wegen ihres geringen Leistungspotentials lohnte es kaum, die Eichen-Birkenwald-Böden oder gar die aus ihnen hervorgegangenen, unter Heide entstandenen stark podsolierten Ortstein-Böden in Kultur zu nehmen. Erst die Verwendung des Kunstdüngers erlaubte, sie in größerem Umfange der ackerbaulichen Nutzung zuzuführen. Aber selbst bei intensiver Bewirtschaftung und Bodenpflege werden auf diesen Standorten nur mäßige Erträge erzielt, und in niederschlagsarmen Jahren leiden Halm- und Hackfrüchte empfindlich unter Wassermangel. Die sommerliche Dürreperiode 1959 verursachte hier erhebliche Ernteausfälle.

Auch der an feuchte, durch Stau- oder Grundwasser beeinflußte oligotrophe Sandböden gebundene Pfeifengras-Stieleichen-Birkenwald (Querco-Betuletum molinietosum) gab den Rindern und Pferden keine ausreichende Nahrung. Wie im Trockenen Eichen-Birkenwald führt hier die Vernichtung der Gehölze zur Verheidung. Nur wenn intensiv beweidet und zusätzlich stark gedüngt wird, vermögen sich Gräser und Kräuter, die dem Großvieh als Futter dienen können, stärker durchzusetzen. Dazu gehören Weißklee (*Trifolium repens*), Sumpf-Schotenklee (*Lotus uliginosus*), Gemeines Straußgras (*Agrostis tenuis*), Rotschwingel (*Festuca rubra*), Kammgras (*Cynosurus cristatus*) und Wiesen-Rispe (*Poa pratensis*), um einige der wichtigsten zu nennen. Diese Arten bilden den floristischen Grundstock der Feuchten Weißklee-Weide (Lolio-Cynosuretum lotetosum), eine der heute im natürlichen Querco-Betuletum molinietosum-Gebiet weitverbreiteten und wirtschaftlich wertvollsten Grünlandgesellschaften.

Für ackerbauliche Nutzung waren die Böden nicht nur zu nährstoffarm, sondern in der Regel auch zu feucht. Durch die während der letzten Jahrzehnte erfolgten Entwässerungsarbeiten sind die Voraussetzungen für die Ausweitung des Ackerbaus freilich etwas günstiger geworden.

Den „nassen" Flügel der Querco–Betuleten nehmen Erlenreiche Eichen-Birkenwälder ein. Sie besiedeln basenarme, grundwassernahe und meist anmoorige Sandböden mit bewegterem Grundwasser und leiten unmittelbar zu den echten Erlenbrüchern (Carici elongatae–Alnetum) über. Wenn regelmäßig Großvieh eingetrieben wird, pflegen die Bestände rasch zu vergrasen. Gemeines Straußgras, Riesen- und Flecht-Straußgras (*Agrostis gigantea, A. stolonifera*), Weiches Honiggras (*Holcus lanatus*), Rotschwingel, Gemeine Rispe (*Poa trivialis*), Rasenschmiele (*Deschampsia caespitosa*) und Wildkräuter wie *Lychnis flos cuculi, Lotus uliginosus* und *Lathyrus pratensis* gewinnen häufig die Oberhand. Daher könnte der Erlen-Eichen-Birkenwald sehr wohl als Rinder- und Pferdeweide gedient haben.

Hingegen waren die nassen und bodensauren Birkenbrücher, *Erica*-Heiden, Gagelgebüsche und Hochmoore für die bäuerliche Wirtschaft in den Querco–Betuletum–Gebieten der Wümme-Niederung wohl ziemlich bedeutungslos.

Die Talsanddecke des fast ebenen Wümme-Sanders wird aber von zahlreichen Geestinseln durchragt. Das sind meist flache Kuppen, Endmoränen und Reste der in der Saale-Eiszeit ausgeräumten Grundmoräne (vgl. MÜLLER 1961). Sie bestehen vorwiegend aus lehmigen Sanden mit örtlich stark wechselnden Grobgeschiebe-Anteilen und haben, bevor der Mensch störend in das Vegetationsgefüge eingriff, Reine Buchen-Traubeneichenwälder (Fago–Quercetum typicum) getragen. Kleine naturnahe Restbestände dieser Gesellschaft findet man noch im Scheeßeler Holz und im Großen Holz nördlich des Dorfes Ostervesede. Die weitaus größte Fläche wird jedoch seit langem ackerbaulich bewirtschaftet und die alten Äcker liegen fast ausschließlich im Wuchsgebiet des Fago–Quercetum. Nach neueren Beobachtungen ELLENBERG's trifft das auch für die Geestlandschaften des Kreises Verden zu.

Die Böden des Fago–Quercetum typicum – meist schwach bis mäßig gebleichte Braunerden – bringen dank ihres größeren Nährstoffreichtums und ausgeglicheneren Wasserhaushaltes im Durchschnitt höhere Feldfrucht-Erträge als die der Querco–Betuleten. Sie sind etwas bindiger, aber dennoch leicht zu bearbeiten und bleiben sowohl vor extremer Austrocknung als auch vor stärkerer Vernässung bewahrt.

Auf den zur Vernässung neigenden sandig-lehmigen Moränen-Böden wird der Reine Buchen-Traubeneichenwald durch hygrophile Buchen-Traubeneichenwälder (Fago–Quercetum molinietosum) ersetzt. Heute überwiegen in ihrem Wuchsgebiet zwar auch Äcker, aber offensichtlich ist hier die Landnahme erst später erfolgt und in niederschlagsreichen Jahren kommt es trotz künstlicher Drainage immer noch häufig zu empfindlichen Ernteausfällen.

Als Hudewald kann der Pfeifengras-Buchen-Traubeneichenwald kaum von Bedeutung gewesen sein, da seine Kraut- und Strauchschicht nur wenige Arten beherbergen, die das Großvieh annimmt. Erst wenn seine Bestände unter dem Einfluß der Beweidung verlichten und lückig werden, vermögen auf den Blößen anspruchslosere Gräser Fuß zu fassen. Zunächst siedeln sich *Agrostis tenuis, Festuca ovina* und *Festuca rubra, Nardus stricta* und *Sieglingia decumbens* an und erst mit zunehmender Eutrophierung dringen *Poa pratensis* und vereinzelt *Poa trivialis* ein.

Eine umso ergiebigere Nahrungsquelle boten die in den Talauen der Wümme und namentlich ihrer aus der Moräne zufließenden Nebenbäche verbreiteten Traubenkirschen-Erlenwälder und Erlenbrücher. Der Traubenkirschen-Erlenwald ist in NW-Deutschland bis vor wenigen Jahren übersehen oder nicht richtig erkannt und dem Querco–Carpinetum filipenduletosum (vgl. TÜXEN 1937) zugeordnet worden. Seiner gesamten Artenverbindung nach steht er jedoch dem Pruno–Fraxinetum Oberdorfer 1953 viel näher, und, soweit sich bis jetzt übersehen läßt, haben wir es hier mit derselben Assoziation zu tun. Gewöhnlich bestimmt die Schwarzerle (*Alnus glutinosa*) das äußere Bestandesbild. Wenn überhaupt, sind Stieleiche (*Quercus robur*) und Esche (*Fraxinus excelsior*) nur einzeln oder truppweise beigemischt, während die für das Querco–Carpinetum bezeichnende Hainbuche (*Carpinus betulus*) ganz ausfällt. Als regionale Kennart kann die Traubenkirsche (*Prunus padus*) dienen. Diese wuchsfreudige und regenerationskräftige Waldgesellschaft bevorzugt eu- bis mesotrophe, anmoorige Naßgleye. Sie ist reich an Futterpflanzen wie Hasel (*Corylus avellana*), Riesenschwingel (*Festuca gigantea*), Gemeine Rispe, Rohr-Glanzgras (*Phalaris arundinacea*), Kohldistel *Cirsium oleraceum*) und noch vielen anderen, von Rindern und Pferden gern gefressenen Kräutern und Gräsern. Auch die aus den Traubenkirschen-Erlenwäldern hervorgehenden Wiesen und Weiden bringen, verglichen mit den entsprechenden Ersatzgesellschaften der Querco–Betuleten, Fago–Querceten und artenärmeren Varianten der Querco–Carpineten weit höhere Wert- und Massenerträge, wenngleich ihre Ertragssicherheit etwas zu wünschen übrig läßt, da länger währende sommerliche Überschwemmungen dem Aufwuchs zuweilen erheblichen und auch nachhaltigen Schaden zufügen.

Das mit dem Traubenkirschen-Erlenwald häufig eng verzahnte oder kleinräumig wechselnde und durch gleitende Übergänge verbundene Erlenbruch nimmt die nassen Torfböden der Talungen ein. Seine Bedeutung für die Großviehwirtschaft sollte nicht überschätzt werden. Wegen des weichen Untergrundes wird die Narbe leicht durchtreten. Wenn der Baumbestand sehr verlichtet und Blößen entstehen, kommt es bei nur extensiver Beweidung und regelloser Mahd nicht selten zur Massenausbreitung von Binsen (*Juncus effusus*), Großseggen (*Carex gracilis, C. acutiformis*), Röhricht-Arten (*Iris pseudacorus, Phragmites communis*) und Hochstauden wie *Lythrum salicaria, Filipendula ulmaria, Lysimachia vulgaris, Valeriana procurrens, Thalictrum flavum* und *Cirsium palustre*, deren Futterwert gleich Null ist. Feldfruchtanbau scheidet hier natürlich ganz aus.

Für die ackerbauliche Nutzung waren demnach nur die Böden des Buchen-Traubeneichen-Waldes einigermaßen geeignet und ihr Vorkommen ist für die Anlage der bäuerlichen Siedlungen offenbar von ausschlaggebender Bedeutung gewesen. Befinden sich doch alle alten Dörfer am Rande oder in nächster Nachbarschaft der ursprünglich mit Fago–Querceten bewachsenen Moräneninseln (vgl. hierzu auch MÜLLER 1961). Man suchte freilich zugleich die Nähe hudefähiger Wälder und bevorzugte als Wohnplätze, was schon ELLENBERG (1937) hervorhebt, die „bequeme Mittellage" zwischen den trockenen Ackerflächen und den feuchten Großviehweiden, verzichtete aber eher auf großflächige optimale Waldweide als auf gutes Ackerland und nahm zuweilen sogar mit futterarmen Eichen-Birkenwäldern vorlieb, wenn es an Erlenbrüchern, Traubenkirschen-Erlen-Wäldern und anderen nahrungsreichen Waldgesellschaften ganz fehlte oder mangelte.

Die Gehöfte selbst mit ihren Gärten und die sie umgebenden Eichen-Kämpe pflegen an keine bestimmte Waldgesellschaft gebunden zu sein. Sie sind meist auf frischen bis mäßig feuchten Querco-Betuletum- und Fago-Quercetum-Böden angelegt worden, wie die Verteilung der alten Höfe im Bereich der Dörfer Zahrensen, Schneverdingen, Insel, Wesseloh, Großenwede, Wittorf, Soehlingen, Hemslingen, Gilmerdingen, Delmsen oder Brochdorf deutlich erkennen läßt. Der Hinweis auf diese Beispiele – übrigens nur einige von vielen – mag hier genügen. Hingegen wurden ausgesprochen trockene Standorte meist gemieden. Die Wasserversorgung mußte gewährleistet sein. Aber auch dauernd oder zeitweise stärker vernäßte grundwassernahe Böden sind in der Regel unbesiedelt geblieben. Bei Hiddingen, Schwitschen und Brockel greifen zwar einige Gehöfte in die natürlichen Wuchsgebiete des Traubenkirschen-Erlenwaldes und einer ihm nächst verwandten Ausbildung des Feuchten Eichen-Hainbuchenwaldes über, doch handelt es sich hierbei um Ausnahmen.

Das Ausmaß der durch Menschen und Haustiere bewirkten Boden-Eutrophierung im Bereich der alten Bauerndörfer und ihre Auswirkung auf den heutigen Pflanzenbestand sind von uns nicht immer richtig eingeschätzt worden – worauf (nach R. TÜXEN mdl.) schon lange H. SPREITZER hingewiesen hat –, was zwangsläufig zu Fehlschlüssen führen mußte, wenn es um die Klärung der Frage nach der hier „ursprünglichen" Vegetation ging. In unmittelbarer Nähe der Gehöfte sorgten Pferde, Kühe und Schafe, namentlich aber Schweine und Geflügel, die dort ihren regelmäßigen Auslauf hatten, für eine stete Düngung. Die kleinen hausnahen Gärten erhielten, verglichen mit den eigentlichen Ackerflächen, im Übermaß Stallmist und Jauche. Auf solche Weise sind, wie man aus den Ergebnissen vergleichender Untersuchungen schließen darf, sogar ärmste, rein sandige Eichen-Birkenwald-Böden derart mit Nährstoffen angereichert worden, daß hier heute künstlich eingebrachte oder auf natürliche Weise angesamte Bäume, Sträucher und Kräuter aus anspruchsvollen Fagetalia-Gesellschaften zu leben und sich aus eigener Kraft zu behaupten vermögen. So verdanken Weißdorn (*Crataegus monogyna* und *C. oxyacantha*), Hasel (*Coryllus avellana*), Schwarzer Holunder (*Sambucus nigra*), Hainbuche (*Carpinus betulus*), Salweide (*Salix capraea*), Efeu (*Hedera helix*), Nelkwurz (*Geum urbanum*), Giersch (*Aegopodium podagraria*) und andere für die Carpinion- oder Alno-Padion-Gebiete NW-Deutschlands bezeichnenden Arten ihr Vorkommen in den Dörfern der oberen Wümme-Niederung (Wümme-Sander) zumeist der starken und nachhaltigen Eutrophierung des Bodens. Auch das auffällig gute Wachstum der gepflanzten Hof-Eichen, Buchen, Linden und Roßkastanien ist häufig genug lediglich Ausdruck für die durch Mensch und Tier bedingte Nährstoff-Anreicherung.

Der derzeitige Artenbestand und Pflanzenwuchs im Weichbild der alten Bauerndörfer geben zwar wichtige Anhaltspunkte für die Beurteilung der heutigen potentiellen natürlichen Vegetation, sie besagen aber wenig über die Vegetation, die vor oder zu Beginn der Besiedlung vorhanden war. Um diese Frage einigermaßen sicher beantworten zu können, muß man von den Bodenprofilen ausgehen, die in ihren tieferen Horizonten in der Regel keine so grundlegende Veränderung erfahren haben, wie die dazu gehörigen ursprünglichen Waldgesellschaften. Sie lassen aber sicher erkennen, daß im Gebiet der oberen Wümme-Niederung die Lage der alten Bauernhöfe nicht mit dem Vorkommen feuchter Eichen-Hainbuchenwälder in Beziehung gebracht werden kann.

ZUSAMMENFASSUNG

Die früher vertretene Meinung (vgl. ELLENBERG 1937), daß sämtliche bäuerlichen Siedlungen der nordwestdeutschen Geestgebiete, soweit ihr Aufbau vor der landwirtschaftlichen Intensivierung im 19. Jahrhundert erfolgte, auf Böden des Feuchten Eichen-Hainbuchenwaldes (Querco-Carpinetum stachyetosum) liegen, haben wir im Bereich der oberen Wümme-Niederung nicht voll bestätigt gefunden. Die alten Bauerngehöfte sind hier an keine bestimmten potentiellen Waldgesellschaften gebunden. Nur extrem nasse oder trockene Standorte wurden in der Regel gemieden. Allem Anschein nach hat bei der Wahl der Siedlungsplätze das Vorhandensein von Moräneninseln den Ausschlag gegeben, die ursprünglich Reinen Buchen-Traubeneichenwald (Fago-Quercetum typicum) trugen und deren Böden für ackerbauliche Nutzung vergleichsweise gut geeignet waren. Man brauchte freilich zugleich auch hudefähige Wälder für das Großvieh und bevorzugte deshalb als Wohnplatz, wie schon ELLENBERG klar erkannt hat, die „bequeme Mittellage" zwischen höher gelegenen trockenen Ackerflächen und feuchten Großviehweiden.

SUMMARY

The old farms in the region of the „Wümme-Sander" and in the direct neighbouring regions are not bound to certain potential wood communities. Only extreme wet or dry stands were generally avoided. It seems that the existence of „Moräneninseln", where soil was fit for agriculture, has determined the choice of the places for settlement. Originally there grew beech-oak-woods (Fago-Quercetum typicum). Because people simultaneously needed damp woods where the cattle could find nutrition, they settled mainly in the boarder zone between the higher situated arable land and the damp pastures.

SCHRIFTTUM

BARENSCHEER, F.: Siedlungskundliches aus der südlichen Lüneburger Heide. – Niedersächs. Heimatbund e. V. **20**. Oldenburg i. Oldb. 1939.

Ellenberg, H.: Über die bäuerliche Wohn- und Siedlungsweise in NW-Deutschland in ihrer Beziehung zur Landschaft, insbesondere zur Pflanzendecke. – Mitt. flor.-soz. Arbeitsgem. Niedersachsen **3**. Hannover 1937.
— Pflanzendecke. – In: Der Landkreis Verden. Bremen-Horn 1962.
Meynen, E., u. J. Schmithüsen: Handbuch der naturräumlichen Gliederung Deutschlands. 1. Lfg. Remagen 1953.
Müller, T.: Wümmeniederung. – In: Meynen u. Schmithüsen, Handbuch der naturräumlichen Gliederung Deutschlands. 7. Lfg., Bad Godesberg 1961
Tüxen, J.: Stufen, Standorte und Entwicklung von Hackfrucht- und Garten-Unkraut-Gesellschaften und deren Bedeutung für Ur- und Siedlungsgeschichte. – Angew. Pflanzensoz. **16**. Stolzenau/Weser 1958.
Tüxen, R.: Die Pflanzengesellschaften Nordwestdeutschlands. – Mitt. flor.-soz. Arbeitsgem. Niedersachsen **3**. Hannover 1937.
— Die heutige potentielle natürliche Vegetation als Gegenstand der Vegetationskartierung. – Angew. Pflanzensoz. **13**. Stolzenau/Weser 1956.

QUANTITATIVE UNTERSUCHUNGEN DER LANDSCHNECKENFAUNA IN EINIGEN NORDWESTDEUTSCHEN PFLANZENGESELLSCHAFTEN

von

H. ANT, Hamm

Quantitative Untersuchungen bei *Mollusken*, speziell Land-*Gastropoden* sind erst in den letzten Jahren bzw. Jahrzehnten durchgeführt worden, so daß erst sehr wenige Arbeiten hierüber vorliegen. Da die *Mollusken* substratabhängig sind, sind solche Untersuchungen nicht überall durchzuführen. Z.B. lassen sich Heide-, Moor- und Dünen-Biotope, die pflanzensoziologisch sehr gut faßbar sind, malakologisch nicht – oder kaum – gliedern. Am günstigsten für Landschnecken sind Gebiete, deren Boden Kalk enthält, oder Lebensstätten mit guter Deckung durch eine Krautschicht und steter hoher Luftfeuchtigkeit in Bodennähe.

Für quantitative Aufsammlungen unter dem Gesichtspunkt einer möglichen soziologischen Gliederung ergeben sich zwei Möglichkeiten: einmal kann man von der Pflanzengesellschaft ausgehen, ein Weg, der von MÖRZER BRUIJNS (1947), THIELE (1956), RABELER (1957, 1960, 1962) und BUTOT (1962) beschritten wurde. Zum anderen kann man sich völlig von der Vegetation lösen und nur die reinen Tiergesellschaften untersuchen, wie es SACCHI (1954) in Italien vorgenommen hat. Zwischen beiden Möglichkeiten vermittelt HÄSSLEIN (1960, 1961).

Es erscheint mir zweckmäßiger, bei tiersoziologischen Aufnahmen zunächst von der Pflanzengesellschaft auszugehen, da hier schon ein reichliches Material auch an ökologischen Erkenntnissen vorliegt. Außerdem stellt die Pflanzengesellschaft eine exakt faßbare Einheit dar. Doch sollte man sich wiederum nicht zu sehr an eine Pflanzengesellschaft als Ausgangspunkt für derartige Untersuchungen klammern, da es viele Pflanzengesellschaften gibt, die sich malakologisch nicht abgrenzen lassen (vgl. auch die Untersuchungen von HAGEN 1952).

PROBLEMATIK TIERSOZIOLOGISCHER AUFNAHMEN

Auf Grund der bisherigen Erfahrungen sind für tiersoziologische Untersuchungen folgende Gesichtspunkte wichtig: einmal ist es erforderlich, nur reine Bestände (d.h. Pflanzengesellschaften) auszuwählen. Mischbestände, die für manche, auch zoologische, Fragestellungen sehr interessant sein können, sollten nur dann untersucht werden, wenn genügend Material vorliegt und ausreichende Vergleichsmöglichkeiten bestehen.

Ein zweiter, wesentlicher Gesichtspunkt ist die Waldgeschichte des Untersuchungsgebietes. Alle Mollusken sind sehr ortsgebunden. Störungen gleich welcher Art werden viel weniger schnell reguliert als bei

Pflanzen. Die Tab. 1 zeigt die Artenzahlen der Landschnecken in einigen von BURRICHTER (1953) untersuchten Pflanzengesellschaften bei Iburg, die sich durch unterschiedliche Waldgeschichte auszeichnen. Die im Mittelalter durch den Menschen erfolgten Störungen sind bislang noch nicht wieder ausgeglichen. Bei Lengerich (Teutoburger Wald) untersuchte ich 1956 eine frisch geschlagene Schneise und stellte dort 29 Wald-

	Artenzahl
Iburg A: Großer Freeden; Südwesthang, Fagetum boreoatlanticum typicum, reichlich Unterholz	30
Iburg B: Langer Berg; Südhang, Querco-Carpinetum primuletosum veris; durch Niederwaldwirtschaft entstanden, im 18. Jahrh. stark verwüstet	26
Iburg C: Kleiner Freeden; Südhang, Buchenmischwald, durch Weidegang, Streunutzung und Plaggenstich früherer Jahrh. Kraut-Strauchschicht vernichtet, Nutzung noch heute	21
Iburg D: Kleiner Freeden; Südwestseite, Querco-Carpinetum typicum, früher mit hohem Buchenanteil, starke Eingriffe des Menschen	21
Lengerich A: Hohnerberge, frischgeschlagene Schneise 1956	29
Lengerich B: Kahlschlag (wie A), aber 1957	13

Tab. 1. Zahl der Landschneckenarten in Pflanzengesellschaften mit unterschiedlicher Waldgeschichte (Vegetationskundliche Angaben nach BURRICHTER 1953).

arten fest. Genau ein Jahr später fanden sich an der gleichen Stelle nur noch 13 Landschnecken-Arten (Tab. 2). Bei Wiederaufforstung bzw. bei natürlicher Wiederbewaldung setzt zweifellos eine Wiederbesiedlung ein, doch setzt dies ausreichend große Relikt-Populationen in entsprechender Entfernung voraus. Da diese nicht immer mehr vorhanden sind, ist der *Mollusken*-Besatz in manchen – zwar natürlichen, nicht immer aber auch ursprünglichen! – Waldgesellschaften heute sehr unterschiedlich. (vgl. ANT 1963).

METHODIK DER QUANTITATIVEN ERFASSUNG UND DARSTELLUNG DES LANDGASTROPODENBESATZES

Hinsichtlich der Methodik bestehen für quantitative Tieraufsammlungen leider noch keine so einheitlichen Verfahren wie in der Pflanzensoziologie. Meine eigenen Untersuchungen fußen auf Vorschlägen von OEKLAND (1929, 1930). In einem einheitlichen Bestand (etwa einer Wiese, einem beweideten Mesobrometum oder in einem Melico-Fagetum) wurden Probequadrate von 25 × 25 cm mittels eines Metallrahmens abgesteckt. Innerhalb eines einheitlichen Bestandes wurden 3, 5, 10 oder 15 Probequadrate (PQ) aufgenommen und zu einer Probefläche (PF) zusammengefaßt. Zur Auszählung gelangten nur lebende Tiere, da die Verwitterung der Gehäuse bei manchen Arten sehr unterschiedlich ist. Mit den quantitativen Aufsammlungen wurden gleichzeitig ökologische Messungen verbunden ($CaCO_3$-Gehalt, pH, Temperatur, Belichtung, rel. Luftfeuchtigkeit).

Geogr. Lage	Kurrickerberg (Hamm)	Dolberg (Hamm)	Brunsberg (Beckumer Berge)	Kurrickerberg (Hamm)	Kurrickerberg (Hamm)	Hardinghauser Knapp (Hamm)
Nr. der Probefläche	392	472	510	549	550	475
Zahl der Probequadrate	10	3	7	6	4	10
A D F						
Pupilla muscorum	17.19.IV	23.16.IV	15.16.IV	14.16.IV	18.23.IV	(2. 4.I)
Vallonia costata	9.10.IV	14. 9.IV	20.20.IV	13.15.IV	15.19.IV	10.21.III
Helicella itala	6. 7.III	17.12.IV	17.17.IV	17.18.IV	15.19.IV	
Cochlicopa lubrica	12.13.III	7. 4.III	7. 8.III	5. 5.III	3. +.I	6.13.II
Carychium minimum	7. 8.II	3. +.II	6. 6.II	3. 4.II	3. +.I	10.21.III
Cecilioides acicula	9.10.III	3. +.II	7. 8.IV	10.11.IV	5. 6.III	
Aegopinella nitidula	4. 4.II	7. 4.III	5. 4.II	5. 5.IV	8.10.III	4. 8.II
Vallonia pulchella	4. 4.I	3. +.II	7. 8.II	3. 4.II	3. +.I	5.10.II
Deroceras reticulatum		17.12.IV				8.17.II
Cochlicopa lubricella	2. +.0	10. 7.IV		3. 4.II	3. 3.I	2. 4.I
Vitrina pellucida	4. 4.II	3. +.II	3. +.II	2. +.I		1. +.0
Helix pomatia		10. 7.IV		1. +.0		1. +.0
Vitrea crystallina	1. +.0			2. +.I	5. +.III	
Candidula unifasciata	3. +.I		3. +.II	5. 6.III		
Discus rotundatus	5. 5.II	7. +.II		2. +.I		
Succinea oblonga	2. +.I	3. +.II		3. 4.II		
Trichia hispida	3. +.I	3. +.II		2. +.I		
Orcula doliolum			6. 6.II			
Vertigo pygmaea				2. +.I	3. +.I	
Nesovitrea hammonis	2. +.I		3. +.II			
Cepaea nemoralis		3. +.II				
Arion subfuscus		3. +.II				
Punctum pygmaeum	1. +.0					
Truncatellina cylindrica						1. +.0
Perforatella incarnata	(1. +.0)					
Cochlodina laminata	(1. +.0)					
Artenzahl	17 (19)	17	12	17	11	10 (11)
Arten/PQ	6,3	10,7	6,4	7,7	5,7	2,8
Individuen/PQ	9	13,6	9,9	9,2	9,1	4,9

Tab. 2. Landschnecken aus dem Mesobrometum typicum (kurzrasig, beweidet, trocken). A = Abundanz, D = Dominanz, F = Frequenz, PQ = Probequadrat. Angaben für nicht lebend gefundene Arten in Klammern.

Von den Charakteristika der Mengenverhältnisse werden die Abundanz und die Dominanz, von den strukturellen Charakteristika die Frequenz und die Konstanz ermittelt. Die Abundanz (A) gibt die Anzahl der Individuen einer Art an, bezogen auf 10 Probequadrate. Die Dominanz (D) oder relative Abundanz ergibt sich als prozentualer Anteil der Individuen einer Art von der Gesamtzahl der Individuen. In den Tabellen werden Werte unter 3,5% durch + dargestellt. Es lassen sich drei Gruppen unterscheiden: subdominante Arten (unter 5%), dominante Arten (5–10%) und eudominante Arten (über 10%). Die Frequenz (F) bezeichnet die Häufigkeit (Stetigkeit) einer Art in den Probequadraten einer Probefläche eines einheitlichen Bestandes. Sie wird in 5 Klassen ausgedrückt (römische Ziffern):

0 = 0–10%, I = 10–25%, II = 25–45%, III = 45–70%, IV = 70–100%. Die Konstanz (C) ist dagegen die Stetigkeit einer Art in den Probeflächen mehrerer unter sich einheitlicher Bestände. Die 5 Klassen werden mit arabischen Ziffern bezeichnet:

0 = 0–10%, 1 = 10–25%, 2 = 25–45%, 4 = 70–100%. Diese Darstellungsweise entspricht in etwa den synthetischen Tabellen der Pflanzensoziologie.

UNTERSUCHTE PFLANZENGESELLSCHAFTEN

Von den Pflanzengesellschaften Nordwestdeutschlands seien die Kalk-Halbtrockenrasen im folgenden näher betrachtet. Als Ersatzgesellschaft sind sie auch für den Zoologen von Wichtigkeit. Von den Waldgesellschaften wurden diejenigen ausgewählt, aus denen die Mesobrometen hervorgegangen sind, bzw. in die sie wieder übergehen. Im einzelnen wurden folgende Pflanzenbestände untersucht:

1. Gentiano–Koelerietum (TÜXEN 1928) KNAPP 1942 (Enzian-Zwenkenrasen, im folgenden kurz Mesobrometum genannt); und zwar:

a) Mesobrometum typicum (im Sinne von BORNKAMM 1960), ein beweideter, trockener und lichter Halbtrockenrasen mit *Linum catharticum* oder *Trisetum flavescens*. Es gehören aber wahrscheinlich nicht alle von mir untersuchten Probeflächen zu dieser Subassoziation.

b) nicht beweidetes Mesobrometum, mit höher stehendem Gras, so daß es am Grunde feuchter und schattiger ist (die höhere Feuchtigkeit bezieht sich nicht auf die Wasserverhältnisse des Bodens). Die untersuchten Probeflächen dürften nur z.T. zur Subass. von Prunella vulgaris gehören.

c) Gebüsch-Stadium: Prunus spinosa–Carpinus betulus–Ass. TÜXEN (1928) 1952 = Prunus spinosa–Crataegus–Ass. HUECK 1931, Beimischungen von *Corylus avellana* (Hasel-Hainbuchen-Gebüsch).

Innerhalb des Gebüsch-Stadiums erwies es sich als zweckmäßig, zwei Ausprägungen zu unterscheiden, die aber pflanzensoziologisch nicht zu fassen waren:

aa) lichte Gebüsche,

bb) schattige und feuchte Gebüsche.

2. Melico–Fagetum (MARKGRAF 1927) KNAPP 1942. Für die vorliegende Untersuchung wurden alle Subassoziationen zusammengefaßt. Der grüne Teppich am Boden dieser Gesellschaft stellt eine gute Deckung für das Mollusken-Leben dar.

3. Cephalanthero–Fagetum (LOHMEYER 1953) OBERDORFER 1957 (= Cariceto–Fagetum MOOR 1952). In dieser Gesellschaft konnten bislang nur wenige Probeflächen aufgenommen werden.

4. Querco–Lithospermetum BRAUN-BLANQUET 1929. Der vor allem in der Diemel- und Oberweser-Talung anzutreffende Eichen-Elsbeerenwald besitzt für die Landschnecken ebenfalls eine sehr gute Deckung und ausgezeichnete mikroklimatische Bedingungen.

Für eine zusammenfassende Auswertung standen insgesamt zur Verfügung: etwa 70 Probeflächen in Mesobrometen (einschließlich Gebüsch-Stadien) mit insgesamt etwa 550 Probequadraten; etwa 20 Probeflächen in den oben genannten Waldgesellschaften mit insgesamt etwa 300 Probequadraten.

In Tab. 2 sind die Aufsammlungen aus typischen, beweideten, lichten und kurzrasigen Mesobrometen angegeben. Als Dominanten der Abundanz, Dominanz und Frequenz heben sich deutlich ab: *Pupilla muscorum, Vallonia costata, Helicella itala, Cochlicopa lubrica, Carychium minimum, Cecilioides acicula, Aegopinella nitidula* und *Vallonia pulchella.* In den nicht beweideten, mit höherem Gras bestandenen und daher am Grunde feuchteren Mesobrometen treten die mehr feuchtigkeitsliebenden Arten in den Vordergrund, doch bleiben alle Arten aus den typischen Mesobrometen erhalten. Es ergibt sich folgende Reihenfolge: *Carychium minimum, Vallonia pulchella, Cochlicopa lubrica, Pupilla muscorum, Vallonia costata, Aegopinella nitidula, Deroceras reticulatum, Helicella itala, Vitrea crystallina, Nesovitrea hammonis, Vitrina pellucida,*

Geogr. Lage	Hennenberg (Hamm)	Brunsberg (Beckumer Berge)	Brunsberg (Beckumer (Berge)
Nr. der Probefläche	471	508	509
Zahl der Probequadrate	5	6	3
A D F			
Discus rotundatus	14.15.IV	9. 7.III	10. 8.III
Pupilla muscorum	6. 7.III	11.10.III	13.11.IV
Vallonia pulchella	12.13.III	9. 7.III	10. 8.III
Trichia hispida	6. 7.III	6. 6.IV	7. 6.II
Carychium minimum	8. 9.IV	6. 6.II	3. +.II
Clausilia bidentata	6. 7.I	3. +.I	7. 6.II
Cochlicopa lubrica	6. 7.III	2. +.I	7. 5.II
Arion subfuscus	2. +.I	5. 4.II	3. +.II
Punctum pygmaeum		2. +.I	26.22.IV
Deroceras reticulatum		9. 7.III	13.11.III
Cepaea nemoralis	8. 9.III	3. +.I	
Vertigo pygmaea		3. +.II	7. 5.II
Aegopinella nitidula	4. 4.II	5. 4.III	
Arion rufus	2. +.I	6. 6.III	
Cochlicopa lubricella	2. +.I	5. 5.II	
Helicella itala	4. 4.II		3. +.II
Vitrina pellucida	2. +.I	5. 4.II	
Orcula doliolum			10. 8.IV
Succinea oblonga		2. +.I	
Arion intermedius		2. +.I	
Vitrea crystallina	2. +.I		
Oxychilus cellarius	2. +.I		
Cecilioides acicula		2. +.I	
Artenzahl	17	21	14
Arten/PQ	7,6	8	7,3
Individuen/PQ	8,6	9,5	11,9

Tab. 3. Landschnecken aus nicht beweideten Mesobrometen (Abkürzungen wie Tab. 2).

Discus rotundatus und *Cecilioides acicula.* Sobald einzelne Büsche im Mesobrometum auftreten, ändert sich das Bild (Tab. 3). Im Hasel-Hainbuchen-Gebüsch (Tab. 4) nehmen die Waldarten schon einen sehr breiten Raum ein. Höchste Abundanz-, Dominanz- und Frequenzwerte erreichen: *Carychium minimum, Vallonia pulchella, Discus rotundatus, Aegopinella nitidula, Cochlicopa lubrica, Cochlodina laminata, Clausilia bidentata, Cepaea nemoralis, Nesovitrea hammonis, Punctum pygmaeum, Deroceras reticulatum, Trichia hispida, Vitrina pellucida* und *Perforatella incarnata*. Die Arten des Typischen Mesobrometum treten nur noch vereinzelt auf (*Pupilla muscorum, Helicella itala, Vallonia costata, Cecilioides acicula*).

Geogr. Lage	Brunsberg (Beckumer Berge)	Zülpich (Voreifel)	Mackenberg (Beckumer Berge)
Nr. der Probefläche	731	1146	1358
Zahl der Probequadrate	5	5	5
A D F			
Carychium minimum	18. 8.IV	10. 5.IV	10. 8.IV
Vallonia pulchella	12. 5.IV	14. 7.IV	12. 9.IV
Discus rotundatus	12. 5.IV	8. 4.IV	16.12.IV
Aegopinella nitidula	16. 7.IV	12. 6.IV	12. 8.IV
Cochlicopa lubrica	16. 7.IV	8. 4.III	12. 9.IV
Cochlodina laminata	6. +.II	10. 5.IV	14.11.IV
Clausilia bidentata	4. +.II	8. 4.IV	14.11.IV
Cepaea nemoralis	16. 7.IV	14. 7.IV	6. 4.II
Nesovitrea hammonis	16. 7.IV	6. +.III	8. 5.III
Punctum pygmaeum	16. 7.IV	6. +.II	4. +.II
Deroceras reticulatum	8. +.III	12. 6.IV	2. +.I
Trichia hispida	12. 5.IV	8. 4.III	4. +.I
Vitrina pellucida	12. 5.IV	4. +.II	4. +.II
Vertigo pygmaea	6. +.II	4. 4.II	4. +.I
Perforatella incarnata	8. +.III	6. +.III	4. +.II
Acanthinula aculeata	4. +.II	2. +.I	2. +.I
Vitrea crystallina	10. 4.IV	6. +.II	
Cecilioides acicula	4. +.II	8. 4.III	
Arion subfuscus	8. +.III	8. +.III	
Arion rufus	8. +.III	6. +.II	
Pupilla muscorum	4. +.II	6. +.III	
Oxychilus cellarius		2. +.I	4. +.II
Helix pomatia	4. +.II	6. +.III	
Helicella itala	6. +.II	6. +.II	
Cepaea hortensis		12. 6.IV	
Euconulus fulvus	8. +.III		
Arion intermedius	2. +.I		
Succinea oblonga		2. +.I	
Vallonia costata		4. +.II	
Orcula doliolum		6. +.II	
Azeca menkeana	2. +.I		
Truncatellina cylindrica	4. +.II		
Artenzahl	27	28	17
Arten/PQ	17,4	16,8	10,4
Individuen/PQ	24,2	20,4	13,2

Tab. 4. Landschnecken aus lichten Gebüschen innerhalb der Mesobrometen (Abkürzungen wie Tab. 2).

In Tab. 5 ist die Konstanz in den nordwestdeutschen Mesobrometen (ohne Gebüschstadien oder fragmentarische Ausbildungen) den Konstanzwerten der Waldgesellschaften gegenübergestellt, aus denen die Mesobrometen hervorgegangen sind, bzw. in die sie sich zurück-

Pflanzengesellschaft	QuLi	CeFa	MeFa	MeBr
Zahl der Probeflächen	3	3	8	40
Zahl der Probequadrate	45	45	110	320
Carychium minimum	4	4	4	4
Deroceras reticulatum	2	3	3	3
Vallonia costata				4
Pupilla muscorum				4
Helicella itala				4
Cecilioides acicula				4
Vallonia pulchella			0	4
Cochlicopa lubrica		2	1	4
Cochlicopa lubricella				3
Candidula unifasciata				2
Succinea oblonga		0		1
Aegopinella nitidula	1	1	3	3
Vitrina pellucida	0	2	3	3
Arion rufus	2	3	3	1
Arion subfuscus	1	3	3	1
Vitrea crystallina	1	1	2	2
Discus rotundatus	4	4	4	2
Punctum pygmaeum	4	4	4	1
Trichia hispida	4	4	4	0
Perforatella incarnata	4	4	4	0
Cochlodina laminata	4	4	4	
Clausilia bidentata	3	3	3	
Helicigona lapicida	2	3	2	
Ena obscura	1	3	2	
Nesovitrea hammonis	2	1	3	
Cepaea nemoralis	1	0	2	
Cepaea hortensis	2	2	2	
+Clausilia parvula	2	2	2	
Acanthinula aculeata	1	2	1	
Arion intermedius	1	2	2	1
Limax cinereoniger	1	1	2	
+Azeca menkeana	2	1	1	
Vertigo pusilla	1	1	1	
+Acicula polita	1	1	1	
Oxychilus cellarius	3	3	3	0
+Ena montana	3	3	2	
+Helicodonta obvoluta	3	3	1	
+Iphigena plicatula	3	3	1	
+Abida secale	3	3		
Limax marginatus	1	0	2	
Oxychilus alliarius		1	1	
Helix pomatia		0	0	2
Columella edentula	0	0	0	
Aegopinella pura	0	0	0	
Euconulus fulvus	0	0	0	
Artenzahl	34	38	37	23

Tab. 5. Konstanz der Landschnecken in verschiedenen Waldgesellschaften und im Mesobrometum. QuLi = Querco-Lithospermetum, CeFa = Cephalanthero-Fagetum, MeFa = Melico-Fagetum, MeBr = Mesobrometum.

verwandeln können (QuLi = Querco-Lithospermetum, CeFa = Cephalanthero-Fagetum, MeFa = Melico-Fagetum, MeBr = Mesobrometum). Die Mesobrometum-Arten heben sich deutlich von einer Wald-Gruppe ab (*Discus rotundatus, Punctum pyg-*

maeum, Trichia hispida, Perforatella incarnata, Cochlodina laminata, Clausilia bidentata). Die beiden Gruppen werden verbunden durch die Arten des Gebüschstadiums. Die Kalkbuchenwälder lassen sicherlich noch eine weitere Unterteilung zu. Doch sind die bisher untersuchten Probeflächen zahlenmäßig noch zu gering. Immerhin lassen sich jedoch schon eine Reihe von Arten erkennen, deren Maximum im Querco-Lithospermetum und Cephalanthero-Fagetum liegt. Diese Arten wie auch einige andere (in Tab. 5 mit + versehen) erreichen in Nordwestdeutschland ihre absolute Nordwestgrenze.

Land-*Gastropoden* lassen sich evt. auch heranziehen zu einer Aussage über die Waldgeschichte eines Gebietes. So lebt in den Spalten mancher Kalk-Klippen im Massenkalk-Gebiet des Sauerlandes eine fragmentarische Waldgesellschaft, während am Fuße der Klippen schon Mesobrometen mit allen typischen Arten ausgebildet sind.

ZUSAMMENFASSUNG

Es wurden in Nordwestdeutschland die Land-*Gastropoden* aus verschiedenen Pflanzengesellschaften quantitativ untersucht. Dabei wurden Probequadrate von 25 × 25 cm abgesammelt und die Probequadrate einheitlicher Bestände zu Probeflächen zusammengefaßt. Die Abundanz (A) gibt die Anzahl der Individuen einer Art an, bezogen auf 10 Probequadrate. Die Dominanz (D = relative Abundanz) ergibt sich als prozentualer Anteil der Individuen einer Art von der Gesamtzahl der Individuen. Die Frequenz (F) ist die Häufigkeit einer Art in den Probequadraten einer Probefläche. Sie wird in 5 Klassen ausgedrückt (O bis IV). Die Konstanz ist die Stetigkeit in den Probeflächen mehrerer unter sich einheitlicher Biotope. Auch sie wird in 5 Klassen dargestellt (0 bis 4). Es kamen folgende Pflanzengesellschaften zur Untersuchung: Gentiano-Koelerietum in verschiedenen Ausprägungen (typisch, nicht beweidet); Prunus spinosa-Carpinus betulus-Ass.; Melico-Fagetum, Cephalanthero-Fagetum; Querco-Lithospermetum. Insgesamt wurden 90 Probeflächen mit 850 Probequadraten ausgezählt. Die einzelnen Pflanzengesellschaften sind durch bestimmte Artengruppen von Land-Gastropoden gekennzeichnet. Hierdurch werden sowohl unterschiedliche ökologische Ausprägungen einer Gesellschaft wie auch nah verwandte Gesellschaften untereinander abgegrenzt.

SUMMARY

The land gastropods in Northwestern Germany were studied quantitatively in different plant associations. Sample squares of 25 × 25 cm were marked out and all the animals collected. The sample squares of several homogeneous stands were treated as a whole called sample area. The abundance (A) means the number of individuals of one species with reference to ten sample squares. The dominance (D), which stands for relative abundance, results from the percentual share of individuals of one species in relation to the total number of individuals. The frequency (F) is defined as the occurence of one species in the sample squares of one sample area. The frequency is represented in five classes by Roman numbers (O to IV). The constancy (C) is the frequency within the sample areas of several homogeneous sites. The constancy is expressed in the same way in five classes by Arabic numerals (0 to 4). The following plant associations were studies: Gentiano-Koelerietum; Prunus spinosa-Carpinus betulus-Ass.; Melico-Fagetum; Cephalanthero-Fagetum; Querco-Lithospermetum.

Altogether 90 sample areas with totally 850 sample squares were examined. The special plant associations treated in this study are characterized by special species groups of land gastropods. Thus diverse ecological qualities of one association as well as related associations in comparison with one another might be differentiated.

LITERATUR

ANT, H.: Faunistische, ökologische und tiergeographische Untersuchungen zur Verbreitung der Landschnecken in Nordwestdeutschland. – Abh. Landesmus. Naturk. Münster **25** (1): 1–125. Münster 1963.

BALOGH, J.: Lebensgemeinschaften der Landtiere. – Berlin und Budapest 1958.

BORNKAMM, R.: Die Trespen-Halbtrockenrasen im oberen Leinegebiet. – Mitt. flor.-soz. Arbeitsgem. N.F. **8**: 181–208. Stolzenau/Weser 1960.

BUDDE, H.: Die Trocken- und Halbtrockenrasen und verwandte Gesellschaften im Wesergebiet bei Höxter. – Abh. Landesmus. Naturk. Münster **14** (3): 1–38. Münster 1951.

BÜKER, R.: Die Pflanzengesellschaften des Messtischblattes Lengerich in Westfalen. – Abh. Landesmus. Naturk. Münster **10** (1): 1–108. Münster 1939.

BURRICHTER, E.: Die Wälder des Meßtischblattes Iburg, Teutoburger Wald. – Abh. Landesmus. Naturk. Münster **15** (3): 1–92. Münster 1953.

— Die Halbtrockenrasen im Teutoburger Wald bei Iburg und Laer. – Natur und Heimat **14** (2): 39–45. Münster 1954.

BUTOT, L. J. M.: Mollusken en vegetatie langs de oostelijke Maasdalhelling bij Gronsveld en Eisden. – Basteria **26** (2/4): 29–46. Lisse 1962.

HAGEN, B.: Die bestimmenden Umweltsbedingungen für die Weichtierwelt eines süddeutschen Flußufer-Kiefernwaldes (Mollusca terrestria in Pinetoericae). – Veröff. Zool. Staatsslg. München **2**: 161–276. München 1952.

HÄSSLEIN, L.: Weichtierfauna der Landschaften an der Pegnitz. Ein Beitrag zur Ökologie und Soziologie niederer Tiere. – Abh. Naturhist. Ges. Nürnberg **29** (2): 1–148. Nürnberg 1960.

— 9. Die Molluskenfauna des Siebengebirges und seiner Umgebung. – In: PAX, F.: Siebengebirge und Rodderberg. – Decheniana, Beih. **9**: 1–28. Bonn 1961.

HESMER, H.: Wald und Forstwirtschaft in Nordrhein-Westfalen. – Hannover 1958.

KOCH, K.: Die Halbtrockenrasengesellschaft am Lengericher Berge unter besonderer Berücksichtigung der geschützten und der schutzbedürftigen Gewächse. – Abh. Westf. Prov.-Mus. Naturk. **2**: 1–8. Münster 1931.

MÖRZER BRUIJNS, M. F.: Over Levensgemeenschappen. – Diss. Deventer 1947.

— On Biotic Communities. – Stat. Internat. Géobot. Médit. Alp., **96**: 1–59. Montpellier 1950.

OEKLAND, F.: Methodik einer quantitativen Untersuchung der Landschneckenfauna. – Arch. Moll. **61** (3): 121–136. Frankfurt (M) 1929.

— Quantitative Untersuchungen der Landschneckenfauna Norwegens. I. – Z. Morph. Ökol. Tiere **16** (3/4): 748–804. Berlin 1930.

Rabeler, W.: Die Tiergesellschaft eines Eichen-Birkenwaldes im nordwestdeutschen Altmoränengebiet. – Mitt. flor.-soz. Arbeitsgem. N.F. **6/7**: 297–319. Stolzenau/Weser 1957.
— Biozönotik auf Grundlage der Pflanzengesellschaften. – Mitt. flor.-soz. Arbeitsgem. N.F. **8**: 311–337. Stolzenau/Weser 1960.
— Die Tiergesellschaften von Laubwäldern (Querco-Fagetea) im oberen und mittleren Wesergebiet. – Mitt. flor.-soz. Arbeitsgem. N.F. **9**: 200–229. Stolzenau/Weser 1962.
Sacchi, C. F.: Contributo alla conoscenza faunistica della Campania. – Annuario Ist. Mus. Zool. Univ. Napoli **6** (5): 1–38. Napoli 1954.
Thiele, H. U.: Die Tiergesellschaften der Bodenstreu in den verschiedenen Waldtypen des Niederbergischen Landes. – Z. angew. Entom. **39**: 316–367. Berlin und Hamburg 1956.
Tischler, W.: Grundzüge der terrestrischen Tierökologie. – Braunschweig 1949.
— Kritische Untersuchungen und Betrachtungen zur Biozönotik. – Biol. Zbl. **69** (1/2): 33–43. Leipzig 1950.
— Synökologie der Landtiere. – Stuttgart 1955.

Anmerkung während der Drucklegung: Das Manuskript zu diesem Vortrag wurde bereits 1962 abgeschlossen. Nachträglich erschienene Arbeiten sowie weitere eigene Untersuchungen und deren Ergebnisse konnten nicht mehr berücksichtigt werden.

H. Butzke:

Zum Vorposten-Vorkommen bestimmter Schneckenarten in den Baumbergen: In den Baumbergen liegen besondere Standortsverhältnisse vor: höhere Niederschläge als im übrigen Kernmünsterland und als Bodentypen kommen Rendzinen (auf Campan-Mergel) vor, die sich im Kernmünsterland erst wieder in den Beckumer Bergen finden. Das könnte das Vorposten-Vorkommen bestimmter Schneckenarten erklären.

REHWILD ALS GLIED DER LANDSCHAFT

von

E. SCHÄFER, Hannover

Wenn moderne Jagd angewandter Naturschutz ist und wir in möglichst gesunder Landschaft eine möglichst gesunde und artenreiche Tierwelt erhalten wollen, so haben wir auch dafür Sorge zu tragen, daß unser Rehwild an Körper und Gehörn gesund und stark bleibt, um nachhaltige Nutzung zu erzielen, wobei forstwirtschaftliche Schäden tunlichst einzudämmen sind. Denn was beim Rotwild, das von sachkundigen Forstleuten und erfahrenen Berufsjägern betreut wird, binnen weniger Dezennien gelang, blieb beim Rehwild aus: seine Qualität sank in erschreckender Weise ab. Hohe Vermehrungsquote, ungeheuerlicher Ausdehnungsdrang und seine schlechthin nicht mehr zu überbietende Anpassungsfähigkeit haben es bewirkt, daß unser gutes deutsches Reh von einem Bewohner des Waldes oder der Waldrandzone zu einer in jedem Kartoffel- und Rübenacker herumstehenden Schalenwildart der sog. „Kulturlandschaft" geworden ist. Bestenfalls imponiert unser Rehwild also noch durch sein durchweg massenhaftes Auftreten. In früheren Jahrhunderten war das anders: Die norddeutsche Landschaft westlich der Elbe und nördlich des Harzes war zu Zeiten, als Luchs und Wolf das Rehwild noch kurz hielten, mit dichten Laubwäldern bedeckt, in denen Eiche und Buche die vorherrschenden Baumarten waren. Südlich dieser Linie in den fruchtbaren Lößebenen und anschließenden Hügellandschaften wurden die Eichen-Birkenwälder von den weit üppigeren Eichen-Hainbuchenwäldern abgelöst. Erst nachmittelalterlich führte man die spröde, doch höchst ertragreiche Kiefer ein, und die Kulissenlandschaft der heutigen „Lüneburger Heide" mit ihren Kartoffeläckern und Roggenschlägen, den Lupinenbreiten und Heideflächen entstand. Mit dem Verschwinden von Wolf und Luchs und dem fortschreitenden Verdrängen der Eiche durch die Kiefer begannen aber auch Massenvermehrung und Verkümmerung unseres Rehwildes.

Das Rehwild reagiert auf zahlenmäßige Überhege mit äußerster Empfindlichkeit. Sogleich nach Überschreiten der biologisch tragbaren Wilddichte zeigt sich als erstes Symptom des gestörten biozönotischen Gleichgewicht das Absinken der Krankheitsimmunität. Die Zahl der Schmarotzer steigt, der Boden wird durch Körperausscheidungen vergiftet, Parasitenbefall (Multiparasitismus), seuchenhafte Infektionskrankheiten nehmen zu, und wie automatisch sinken Wildpret- wie Gehörngewichte ab.

Schließlich lockern sich auf Grund überhöhter Stückzahlen die gesellschaftlichen Bindungen, es kommt außerdem zu Störungen des Hormonhaushaltes; Instinktverkümmerungen mit anomalen Brunft- und Setzzeiten treten auf, und vorzeitige „Vergreisung" (Zurücksetzen in noch jungen Lebensjahren) kommt immer häufiger vor. Außerdem führt der verschärfte Wettbewerb um Deckung und Äsung dazu, daß körperlich schwache Rehe auf äsungsarme Einstände abgedrängt werden und dort noch mehr verkümmern, während die noch gesunden die besten Äsungsgründe für sich erobern und unter dauernder Abwehr gegen andere behaupten.

Daß es aber gerade auch solche durch Überhege hervorgerufenen psychischen Faktoren sind, die zur Verringerung der Körper- und Gehörngewichte bzw. zum Aufhören des Wachstums des Skelettes führen, weiß man, seit erforscht wurde, daß das Rehwild in einem ziemlich starren Raum-Zeit-System eingebettet lebt, also an individuelle Reviere (Territorien), Jahreszyklus und Tageszeiten gebunden ist. Wilddichte und Territoriengröße aber stehen in umgekehrtem Verhältnis zueinander: Je größer die erste, desto mehr schrumpft die letzte zusammen – desto geringer werden aber auch Äsungsangebot, Deckungsfläche und Ausweichmöglichkeiten für jedes einzelne Reh. Die hieraus folgende psychische Belastung hat man „Gedrängefaktor" genannt. Er äußert sich bei zunehmender Wilddichte in immer schärfer werdender innerartlicher Konkurrenz, in Reibungen jeglicher Art, territorialen Kämpfen, Hetzen und Jagen, kurz, in der Eigenbehinderung der Tiere untereinander. Da erwachsene Rehböcke aber ausgesprochene Individualisten sind und sich namentlich während der kritischen Zeit der Einstandskämpfe höchst unverträglich, rücksichtslos und gewalttätig gebärden, kann es zu regelrechten „Neurosen" kommen, welche die Böcke vor lauter reflektorischen Abwehrmaßnahmen gegen wirkliche oder aber auch gegen eingebildete Konkurrenten, also durch das Setzen von Duftmarkierungen und Sichtmarken (d.h. „Plätzen" und „Fegen") überhaupt nicht mehr zur Ruhe kommen lassen.

Die Frage, wieviel gesundes Rehwild auf gegebener Flächeneinheit biotisch tragbar ist, hängt weitgehend von der strukturellen Eigenart der einzelnen Wuchsgebiete ab, zumal da Wildpretgewicht und Gehörnqualität maßgeblich von der Güte des Bodens, dem Feld- und Wiesenanteil und der prozentualen Verteilung der Baumarten (wobei die Eiche den höchsten Bewirkungsgrad erreicht) bestimmt werden. In jedem Rehwildring sollten die von Ueckermann benannten Standortziffern zugrunde gelegt werden, um einen ersten Anhaltspunkt für die angemessene Wilddichte zu erhalten. Hinzufügen möchte ich jedoch, daß die Stückzahl des zu haltenden Wildes ganz besonders auch von der Bereitschaft der Revierinhaber abhängt, Äsungsflächen und vor allem sachgemäß beschickte und daher in jedem Falle sehr kostspielige Winterfütterungen anzulegen. Ein Universalrezept gibt es jedenfalls nicht.

In reinen Nadelwaldbiotopen, die sowohl Strauchwuchs wie Laubholzunterbau vermissen lassen, sind 6 Stück pro 100 ha schon zuviel. Wenn sich ein Rehwildring dagegen aus etwa zwei Drittel landwirtschaftlich genutzter Fläche mit Zuckerrüben, zumindest aber rotkleefähigen Böden und etwa einem Drittel eingestreuter Laubwaldungen mit reicher Kraut-

und Unterholzflora sowie 50 bis 70% Eichenüberbau zusammensetzt, kann die Wilddichte ruhig 12 Stück auf 100 ha im Frühjahrsbestande betragen. Diese Faustzahl allerdings sollte auch bei den allerbesten Deckungs-, Äsungs- und Winterfütterungsverhältnissen tunlichst nicht überschritten werden.

Die ältesten Fossilfunde deuten darauf hin, daß die mitteleuropäischen Rehe um die Wende des subtropischfeuchten Tertiärzeitalters (Pliozän) zur Eiszeit (Pleistozän), also vor rund einer Million Jahren, die Größe jetzt lebender „Sibirier" erreichten. Auch die früheiszeitlichen Rehfunde vom Oberrhein (Mosbacher Sande, Mauer bei Heidelberg) zeigen beträchtliche Formate. Demnach war Mitteleuropa während der ersten Hälfte des Eiszeitalters unzweifelhaft von viel größeren Rehen bewohnt, als sie heute bei uns leben. Allein die von Alpen und Skandinavischem Schild gleichermaßen sich vorwälzenden und periodisch wieder zurückziehenden Gletscherströme wirkten sich auf die mitteleuropäische Tierwelt als vollendete bioklimatische Katastrophe aus. Eine ihrer Folgen war es, daß die Großrehe in Mitteleuropa ausgelöscht oder während des jüngeren Eiszeitalters gen Osten in Richtung auf die innerasiatischen Landmassen abgedrängt wurden.

Erstmalig während der letzten Zwischeneiszeit traten in den Rückzugsgebieten des südlichen Europas Kleinrehe auf, welche die jetzigen an Körpergröße kaum übertrafen. Doch erst nach dem Abschmelzen der Gletscher und dem Abwandern der Rentiere, von denen unsere Vorfahren in der Altsteinzeit lebten, im Alluvium also, rückten diese kleinen Rehe in breiter Front vom Süden vor. Diese biodynamische Tatsache kann man natürlich auch als „Tendenz zur Größenabnahme" interpretieren, zumal es sich ja um geographische Räume handelt, in denen vor den Eisfluten Großrehe beheimatet waren.

Die wichtigsten Voraussetzungen für die Gesundung in einem Rehwildring sind möglichst genaue Feststellung der Wilddichte, des Geschlechterverhältnisses, des zu erwartenden Zuwachses, des auf fünf bis sechs Jahre festzusetzenden Ziel- oder Umtriebalters und die prozentuale Aufgliederung der Böcke nach Gütekategorien und nach Altersklassen.

Diese innigst miteinander verzahnten Faktoren, die wir als die wichtigsten der Schalenwildhege überhaupt erkannt haben, und deren einer den anderen entscheidend beeinflußt, können in der Kulturlandschaft nur durch den Abschuß gesteuert werden. Dabei kommt es nicht so sehr auf das mehr oder weniger richtige „Ansprechen" der Einzeltiere an, sondern in allererster Linie auf die richtige Einschätzung des Gesamtwildbestandes als Glied der übergeordneten Lebensgemeinschaft, der Landschaft.

Wir wissen ja, daß es zu keiner Zeit unserer Geschichte mehr Rehe gegeben hat als heute, daß die Abschußzahlen auf dem Gebiete der Bundesrepublik etwa doppelt so hoch liegen wie vor einer halben Menschengeneration. So sind auch die Wildtier-Eigenschaften der Rehe, zumal ihre Scheu, in der menschengemachten Zivilisations-Landschaft in erschreckendem Maße zurückgegangen. Daher ist auch die Beurteilung oder die „Bewertung" des einzelnen Stückes, gleichgültig ob Bock, Ricke, Schmalreh oder Kitz, von durchaus zweitrangiger Bedeutung, wenn nur der Gesamtbestand als Teil der Landschaft mit ihren sich wechselseitig bedingenden und ergänzenden Faktoren berücksichtigt wird.

Wildtiere, insbesondere aber unser umwelt-labiles und in den Reaktionen seines zentralen Nervensystems überempfindliches Reh, dessen Instinktketten – im Gegensatz zu den Haustieren – noch intakt sind, lassen sich weder „züchten" noch auch in ihrem Nahrungserwerb und ihren Individuen-Zahlen pro Flächeneinheit nach den Maßstaben der Nutztierhaltung „berechnen".

Auf Grund solcher, die Natur des Rehwildes verkennender Vergleiche wurde in der jüngsten Vergangenheit, während der letzten Jahrzehnte, den „Erbfaktoren" ein viel zu hohes Gewicht beigemessen, während umgekehrt die Einwirkungen der Umwelt, also der Landschaft in verhängnisvoller Weise mißachtet wurden.

Worauf es bei der landschaftsgerechten Hege des Rehwildes vorwiegend ankommt, ist neben der Verbesserung der Deckungsverhältnisse und derjenigen des Äsungsangebotes vor allem die Regelung der Wilddichte, des Geschlechterverhältnisses und des biologisch richtigen Altersklassen-Aufbaues.

Wo also die durch den Menschen verwandelte Natur (und die damit in Verwirrung geratenen soziologischen Verhältnisse) unserem Wilde die volle Entwicklung versagt, muß der biologisch geschulte Jäger nachhelfen. Um des Pudels Kern zu erfassen, ist es notwendig, zu wissen, daß das Sozialleben der Rehe durch ein Parlament starrer, Millionenjahre in die Stammesgeschichte der Art zurückreichender Instinkte beherrscht und geregelt wird.

Die natürliche, bestandesregulierende Auslese durch das Großraubwild bewirkte, daß das verbleibende Rehwild nicht nur gesund, sondern auch nach Altersgruppen richtig gegliedert und vor allem an Zahl gering war. Die Folge war, daß allen individuellen Rehen, gleichgültig ob Böcke, Schmalrehe oder Ricken mit ihren Kitzen, nicht nur die durch die ererbte Instinkt-Hierarchie geforderten Eigenreviere zur Verfügung standen, sondern daß sie auch Ruhe hatten! Ruhe vor den eigenen Artgenossen, die die Rehe nun einmal zu ihrer optimalen Entwicklung, erblich festgelegt, – dringend benötigen.

Da in der Kulturlandschaft die am meisten zur Verfügung stehenden Individual-Territorien besetzt oder überbesetzt sind, kommt es allenthalben zu nachhaltigen Störungen in der Instinkt-Hierarchie. Diese Störungen haben die oben schon genannten psychischen und innersekretorischen Anomalien zur Folge.

Also beginnt wie in unseren menschlichen Großstädten das ganze Problem mit der Wohnungsnot. Denn nicht in den „Mietskasernen" eintöniger, individuengesättigter Kieferndickungen fühlen sich die Rehe am wohlsten, sondern im laubwaldumfriedeten, von Wiesen und Feldern umsäumten „Einzelhaus", wo die eigene Intimsphäre durch die Anwohner nicht gestört wird. Dabei sei angemerkt, daß das Rehwild auf Konkurrenz der eigenen Art weit empfindlicher reagiert als auf menschenverursachte Störungen. An letztere passen sich die Rehe leicht an, wie unsere großstadtnahen und unterholzreichen Wälder beweisen. Denn Menschen gab es noch nicht, als die Instinkte der Rehe durch die großen Konstrukteure des Lebens aufgebaut wurden.

Buschreiche Randbiotope wirken auf unsere Rehe als Schlüsselreize: Zu ihnen fühlen sie sich hingezogen! Doch gesunde Rehgemeinschaften müssen aufgelockert sein, gering an Individuenzahl und biologisch richtig gegliedert. Übermäßiger Nachwuchs ist ebenso unerwünscht wie das Vorhandensein allzu vieler bresthafter und Wohnraum bedürfender Altrehe. Die Ruhe vor den eigenen Artgenossen erfordert also eine gewisse „Wilddünne". Diese ist erst gewährleistet, wenn sämtliche zwei- und mehrjährigen Böcke und führenden Ricken eigene Territorien besitzen, und wenn sie in ihrer Gesamtheit dem ein- bis zweijährigen Jungwilde beiderlei Geschlechts zahlenmäßig etwa im Verhältnis 3 : 2 überlegen sind. Derartig ideale Verhältnisse sind in Europa nur vorhanden, wo es den Luchs noch gibt. Bei uns aber wurde diese edle Raubkatze schon im achtzehnten Jahrhundert mit dem schmähenden Beiwort „Schadwild" belegt und im neunzehnten ausgerottet. Also kann nun der Luchs zum Schaden unserer Rehe dem „Nutzwild" nicht mehr „von Nutzen sein".

Das Beispiel ist symptomatisch, es zeigt, wie der Mensch es verstand, die Dinge der Natur in ihr Gegenteil zu verkehren. Vom menschlichen Egoismus gesteuerte Werturteile wurden gefällt und das ganze alsdann in den Kunstbau der Ethik aufgenommen. Nein, nicht der Feind Nummer 1 des Rehwildes ist der Luchs, sondern sein bester Aufartungs- und Erhalhaltungshelfer. Das zeigt am besten unter den Hochkulturländern die Tschechoslowakei, deren Jagdverband es durch systematische Schonung der edlen Wildkatze gelang, Luchse nun auch wieder in ihren mährischen Kulturwäldern heimisch zu machen: „Luchse wissen mit dem Reh besser zu wirtschaften als die Jäger", sagt Bubenik. Und er hat recht! Denn unsere schwachen Sinnesorgane und unsere durch die Selbstdomestikation verlorengegangenen Antennen reichen nun einmal nicht aus, psychisch krankes Rehwild vom gesunden zu unterscheiden. Daher haben wir bisher auch im wesentlichen immer nur die Symptome bekämpft, ohne in der Lage zu sein, das selbstverschuldete Übel an der Wurzel zu packen. Also gleichen wir hinsichtlich der Rehwildseele mechanistischen Schulmedizinern, während der Luchs ein abgefeimter „Tiefenpsychologe" ist.

Um überhaupt eine nachhaltige Gesundung unseres Rehwildes zu erreichen, kommt es, neben der Beeinflussung der Äsung und Deckung hauptsächlich darauf an, den soziologischen Verhältnissen Rechnung zu tragen. Und damit meine ich wiederum die uralte und ererbte Instinkthierarchie, die gemeinsam mit den anatomischen Eigenschaften unserem Rehwilde ja erst die „Planstelle" als Glied der Landschaft verschaffte.

ZUSAMMENFASSUNG

Das europäische Reh, ein an die Waldrandzonen angepaßter, stammesgeschichtlich alter „Schlüpfer", trat erstmalig während der letzten Zwischeneiszeit in Rückzuggebieten des südlichen Europa auf. Nach Abschmelzen der Gletscher rückten die Rehe in breiter Front nach Norden vor. Durch den Eingriff des Menschen sind die Beziehungen der Rehe als natürliches Glied der Landschaft später grundlegend verwandelt worden. Hohe Vermehrungsquote, Ausdehnungsdrang und große Anpassungsfähigkeit haben das Reh zum Zivilisationsfolger gemacht. Die nordwestdeutsche Landschaft war zu Zeiten, als das Großraubwild das Rehwild noch regulierte, vorwiegend mit Eichenwäldern bedeckt. Nach dem Mittelalter wurde die Kiefer eingeführt und die „Kulissenlandschaft" der Lüneburger Heide entstand. Als Folge ergab sich Massenvermehrung und Verkümmerung der nordwestdeutschen Rehe. Zu keiner Zeit hat es mehr Rehe gegeben als heute, doch sind seine Wildtiereigenschaften in der Zivilisationslandschaft in erschreckendem Maße zurückgegangen. Das Reh reagiert auf Landschaftsveränderungen, zunehmende Wilddichte und Störungen des biozönotischen Gleichgewichts äußerst empfindlich. Multiparasitismus, Infektionskrankheiten, Störungen des Hormonhaushalts, vorzeitige Vergreisung und Absinken der Körpergewichte treten auf. In Kiefer-Heide-Biotopen liegt die biotisch tragbare Wilddichte bei ca 6, in Mischwäldern (Eiche) bei etwa 10 bis 12 Stück pro 100 ha. Das Reh reagiert auf Konkurrenz der eigenen Art empfindlicher als auf menschlich verursachte Störungen. Buschreiche Randbiotope wirken als Schlüsselreize. Dort kommt es zu Massenanhäufungen. Gesunde Rehgemeinschaften müssen gering an Induvidienzahl und biologisch richtig gegliedert sein. Übermäßiger Nachwuchs ist ebenso schädlich, wie das Vorhandensein zu vieler Altrehe. Um Qualitätsverbesserung zu erzielen, müssen Nahrungs- und Deckungsverhältnisse und die Soziologie (Instinkthierarchie) des Rehwildes berücksichtigt werden.

SUMMARY

The European roe-deer represents a rather primitive species of big game adapted to the life on the edges of forests. The roe-deer appeared for the first time during the last interglacial in refugial areas of Southern Europe. After the glaciers retreated the roe extended its area in northward direction. Later, through human interference its behaviour and habits have greatly changed. Its high degree of propagation, the faculty of conquering new biotops and its enormous adaptability to new environment conditions made it a typical „follower" of civilisation. At the times when the great carnivorous animals still regulated the roe-deer, the northwest-german landscape was covered with oak- and birch-forests. Later the pinetree was introduced and the so called „Kulissenlandschaft" of the Lüneburger Heide came into being. At the same time the great carnivorous animals were exterminated. The result was not only a mass increase of the roe-population, but also its phenotypical degeneration. At no historical time the density of the roe-deer population was higher than to-day. But its characters of a wildliving species deteriorated as the roe reacts immediately to changes of landscape and population density. The result are multiparasitism, infection-sicknesses, hormonal changes accompanied with diminishing of body-weight. In poor biotops bearable density of population is six animals pro 100 ha, while in oak-forest 10–12 animals may exist. The roe-deer acts on competition of the own species by far more sensitive than to human interference. Sound roe-deer populations must be relatively small and the age-pyramid has to correspond to the biological norm inherited by the species.

In order to obtain a better quality of roe-deer the abundance of food and cover are as important as the sociological factors.

EINFLUSS DER REGENWÜRMER AUF DIE GRÜNLAND-GESELLSCHAFT

von

ANDRÉ VOISIN †
Mitglied der Akademie der Landwirtschaft von Frankreich
Ehrendoktor der Universität Bonn

DER BODEN SCHAFFT DAS TIER, ABER DAS TIER SCHAFFT DEN BODEN

In allen Ländern gibt es ein bäuerliches Sprichwort, das sagt: „Der Boden schafft das Tier" oder anders ausgedrückt:

„Das Tier ist das Produkt der Scholle".

Der Bauer meint damit, daß die Konstitution, die Leistungen und die Gesundheit seiner Tiere vom Boden abhängig sind.

Aber wir können dieses alte bäuerliche Sprichwort umdrehen und sagen: „Das Tier schafft den Boden". Nicht dieselben Tiere sind selbstverständlich gemeint. Aber wir dürfen sagen, wenn der Boden das Rindvieh und das Pferd schafft, schafft auch ein anderes Tier, nämlich der Regenwurm, diesen Boden. Und das ist kein Paradoxon.

KUBIËNA hat zum Beispiel die Rolle der wirbellosen Tiere bei der Bildung des anbaufähigen Bodens gezeigt. Wir werden unter diesen wirbellosen Tieren den Regenwurm auswählen.

Wir werden in diesem Vortrag sehen, wie der Regenwurm, indem er den Boden schafft, umformt und verändert, die Pflanzengesellschaft des Grünlandes bestimmt, was eine wichtige Sache für die Vegetationskunde ist.

Um diesen Einfluß besser zu verstehen, werden wir sehen, welche ungeheure Arbeit die Regenwürmer im Boden des Grünlandes leisten.

DAS BODENLEBEN RUFT DAS LEBEN DER WEIDE ÜBER DEM BODEN HERVOR

Die Grasnarbe hat sich als ein wichtiges Werkzeug für das Studium der (lebenden und toten) Bestandteile des Bodens auf das Tier erwiesen, genauer gesagt auf das Weidetier.

Tatsächlich gestatten uns die Grasnarbe und das Tier, welches sie abweidet, wunderbar zu sehen, wie das Bodenleben die botanische Zusammensetzung und den Nährwert der Weidenarbe verändert und so tiefgreifend die Produktion von Milch und Fleisch, ja selbst die Gesundheit des Weideviehs beeinflußt.

Es ist deshalb nicht übertrieben, wenn man behauptet, daß das Leben im Boden der Weide das Leben über dem Weideboden bestimmt und hervorbringt.

Der „Pflug der Natur"

Im Rahmen eines einstündigen Vortrages kann ich nicht alle Einflüsse der Bodenfaktoren auf den Rasen, auf die Pflanze und durch diese auf das Weidetier analysieren. Ich will mich heute begnügen einige Gesichtspunkte der Aktivität und des Einflusses des Herrn der Mikrofauna, des Regenwurms, den man mit vollem Rechte den „Pflug der Natur" nennt, aufzuzeigen.

Zunahme der Zahl der Regenwürmer und des Viehbesatzes in einer alternden Dauerweide

Eine gut bewirtschaftete Dauerweide erfährt eine fortschreitende Steigerung ihres Reichtums, was sich einerseits in einer Steigerung des Viehbesatzes und anderseits in der Zunahme der Regenwurmzahl je Hektar Weidefläche äußert.

Man stellt z.B. fest, daß eine alte Weide 1000 bis 2000 kg Regenwürmer pro Hektar enthält, was 1 750 000 bis 1 900 000 Individuen pro Hektar entspricht, während auf dem gleichen Boden in einer jungen Weide 5 Jahre nach ihrer Ansaat pro Hektar nur 75 bis 110 kg Regenwürmer leben, was etwa 250 000 Individuen entspricht.

Der Viehbestand („Cheptel") im Boden ist doppelt so schwer als der auf dem Boden

Man versteht nun den Ausspruch unserer normannischen Bauern, wenn sie von einer alten Weide von Qualität sagen, daß sie einen Boden mit einem guten „Fundament" (Grundschatz) besitze. Das gute „Fundament" dieser Weide ist die Mikroflora und Mikrofauna.

In diesem Grundschatz (fond) findet man eine beträchtliche „Herde" von Regenwürmern. Im allgemeinen entspricht der Viehbesatz einer Weide mit 2000 kg Regenwürmern pro Hektar zwei Großvieh-Einheiten gleich 1000 kg/ha. Man sieht somit, daß der Landwirt, dem die Weide gehört, in seinem Boden eine unterirdische Herde von Regenwürmern besitzt, die das Doppelte des Gewichtes der Rinderherde aufweist, die er je Hektar der Weide halten kann.

Man kann sogar sagen, daß die unterirdische Herde das Leben der Herde über dem Boden bestimmt und ihre Güte beeinflußt.

Das Gewicht der Regenwurm-Exkremente ist auf einer alten Weide zehn mal so groß wie auf einer jungen

Wenn eine gut bewirtschaftete Weide altert, dann nimmt nicht nur die Zahl der Regenwürmer zu, sondern auch die Zahl ihrer Exkremente, dieser außerordentliche Dünger, der auf die Oberfläche des Bodens gebracht, oder nahe der Oberfläche abgelagert wird.

Man sieht auf Tabelle 1, daß diese Menge von Exkrementen je ha, die im ersten Jahr nach der Aussaat einer Weide nur 2500 kg betrug, in einer 70-jährigen Dauerweide 25 000 kg (das ist 10 mal so viel) und in einer 300 Jahre alten Weide, deren Fruchtbarkeit man aufrecht zu halten verstand, sogar 62 000 kg erreicht.

Wenn die Regenwürmer jährlich 25 t Erde je ha bewegen, verdauen und ausscheiden, dann entspricht dies annähernd der Menge Stallmist, die wir in 3 Jahren bei der Bestellung des Ackers herbeischaffen.

Tabelle 1. Gewicht der Exkremente, welche die Regenwürmer jährlich an der Bodenoberfläche absetzen, in Abhängigkeit vom Alter der Weide

Alter der Weide in Jahren	Gewicht der Exkremente der Regenwürmer an der Oberfläche (kg/ha)
1	2 500
7	5 000
70	25 000
300	62 300

(Nach A. VOISIN, Die Produktivität der Weide, p. 40)

Wenn man die kollossale Arbeit sieht, die von diesen Heinzelmännchen geleistet wird, dann versteht man besser, daß sie den Namen „Pflug der Natur" verdienen, den wir ihnen eben gegeben haben.

Man kann auch sagen, daß diese 25 t Exkremente je ha für den Zeitraum von 10 Jahren eine Schicht von mehreren mm Dicke darstellen. Man versteht so besser die Rolle der Regenwürmer und die der Mikrofauna im allgemeinen für die Bildung der pflugfähigen Böden im Laufe geologischer Zeiträume.

Die Regenwürmer machen die Mineralstoffe des Bodens aufnehmbar

Der Regenwurm ist nicht nur ein großer Arbeiter, er ist auch ein Chemiker.

Seit den ersten Beobachtungen von WOLLNY im Jahre 1890 haben sich die Beobachtungen vervielfacht, welche die Veränderungen in der Aufnehmbarkeit der Mineralstoffe des Bodens zeigen, wenn sie den Verdauungstrakt der Regenwürmer passiert haben. Die Ergebnisse waren oft ungleich und selbst widersprechend infolge der Schwierigkeiten der Versuchsdurchführung.

Ich glaube, daß uns die vollständigsten Ergebnisse von den Amerikanern LUNT und JACOBSON geliefert wurden, von denen ich eine Tabelle wiedergebe (Tab. 2).

Wenn man die Exkremente der Regenwürmer mit der obersten 15 cm dicken Bodenschicht vergleicht, dann sieht man, daß diese Exkremente im Vergleich mit dem umgebenden Boden

- 5 mal so reich an Nitratstickstoff
- 5 mal so reich an austauschbarem Calcium
- 2½ mal so reich an austauschbarem Magnesium
- 7 mal so reich an aufnehmbarem Phosphor
- 11 mal so reich an austauschbarem Kalium sind.

Die Regenwürmer erhöhen den pH-Wert des Bodens, den sie aufnehmen

Beachten wir auch auf der Tabelle von LUNT und JACOBSON, daß das pH des Bodens steigt, wenn derselbe den Verdauungstrakt der Regenwürmer passiert.

Wie KÜHNELT erwähnt, sind die Regenwürmer in der Lage, die Bodensäure zu neutralisieren. Sie besitzen tatsächlich an jeder Seite ihres Schlundes (Oesophagus) Kalkdrüsen, die in den Verdauungstrakt eine kalkreiche Flüssigkeit abscheiden.

Tabelle 2. Vergleich zwischen den assimilierbaren Mineral-Elementen in den Exkrementen der Regenwürmer und in den oberen Bodenschichten eines Ackers

	In den Exkrementen der Regenwürmer	In der Bodenschicht in einer Tiefe von 0–15 cm	20–40cm
Glühverlust (%)	13,1	9,8	4,9
C/N Verhältnis	14,7	13,8	13,8
Nitratstickstoff (p.p.m)	21,9	4,7	1,7
Calcium Gesamt (%)	1,19	0,88	0,92
Calcium Austauschbar (p.p.m)	2.792	1.993	481
Verhältnis Austauschbares Calcium: Gesamt Calcium	23,5	22,6	5,3
Magnesium Gesamt (%)	0,543	0,511	0,548
Magnesium Austauschbar (p.p.m)	402	162	69
Verhältnis Austauschbares Magnesium: Gesamt Magnesium	7,37	3,17	1,26
Assimilierbarer Phosphor (p.p.m)	150	20,8	8,3
Assimilierbares Kalium (p.p.m)	358	32,0	27,0
pH	7,00	6,36	6,05

NB. 1) Es handelt sich um Berechnungen im Verhältnis zum getrockneten Boden, die entweder in Prozentsätzen (%) ausgedrückt sind oder in Millionstel, die in angelsächsischen Werken mit p.p.m abgekürzt werden.

2) Die Messungen wurden auf einem Boden von Connecticut (U.S.A.) ausgeführt, wo die oberste Bodenschicht von ungefähr 12,5 cm mit einer Scheibenegge geschält war, um die Stoppeln und andere pflanzliche Abfälle mit dieser obersten Bodenschicht zu mischen. Der Boden war nicht gepflügt.

(Nach LUNT und JACOBSON).

(Aus A. VOISIN, Lebendige Grasnarbe, p. 250).

Die Regenwürmer machen vielleicht das Molybdän des Bodens aufnehmbar

Die Tabelle von LUNT und JACOBSON enthält nur Makroelemente, aber es ist durchaus möglich, daß die Spurenelemente gleichfalls (in bestimmten Fällen) bei dem Durchgang durch den Verdauungstrakt der Regenwürmer eine höhere Aufnehmbarkeit erhalten.

Dies scheint durch gewisse neuseeländische Versuche bezeugt zu werden, die dafür mindestens einen indirekten Beweis liefern. Es erwies sich in Neuseeland, daß der Boden in zahlreichen Gebieten unter Mangel an Molybdän litt. Bemerkenswerterweise trat dieser Mangel häufig auf Böden auf, deren Gesamtmolybdängehalt hoch war, was anzeigte, daß nur ein Mangel an aufnehmbarem Molybdän vorhanden war. Die Zufuhr von Regenwürmern zu diesen Böden scheint das vorhandene Molybdän aufnehmbar gemacht zu haben.

Einfluß der Regenwürmer auf die Struktur und den Humus des Bodens

Die Regenwurm-Exkremente sind nicht nur wegen ihres Gehaltes an aufnehmbaren Mineralstoffen bemerkenswert, sie sind es auch infolge ihrer eigenartigen Struktur, die ihnen eine sehr große Stabilität gegenüber dem Sickerwasser gibt.

Es scheint auch, daß die Regenwürmer den Humusgehalt des Bodens steigern können. Gewisse Forscher meinten, daß diese Anreicherung an

Humus dadurch bewirkt wurde, daß der Gehalt des Bodens an Strahlenpilzen (*Aktinomyceten*) im Laufe des Durchganges durch den Verdauungstrakt der Würmer auf das 6–7 fache gesteigert wurde. Zahlreiche Arbeiten haben gezeigt, daß die *Aktinomyceten* als aerobe Organismen bei der Humusbildung eine bedeutende Rolle spielen.

Kubiëna hat beobachtet, daß die Regenwürmer imstande sind, einen Boden mit schwammiger Struktur zu bilden, welche die günstigste Struktur für die Entwicklung der Pflanzen ist. Er hat betont, daß die Regenwürmer nicht bloß eine günstige Bodenstruktur hervorbrachten, sondern daß sie diese Struktur auch stabilisierten, so daß sie durch das Sickerwasser viel schwerer zerstört wurde.

Kubiëna hat festgestellt, daß der Prozeß der Humifizierung sich parallel zur Anreicherung der Exkremente der Mikrofauna im Boden vollzieht. Er fügt sogar hinzu, daß bei diesem Humifizierungsprozeß und bei der Bildung verschiedener Humusformen die Mikrofauna keine sekundäre, sondern eine entscheidende Rolle spielt.

Die Rückkehr der Exkremente der Weidetiere zum Boden erhöht das Gewicht der Regenwürmer um annähernd ein Drittel

Wir sprachen vom Einfluß der Regenwürmer auf die Flora des Grünlandes und dadurch auf die Weidetiere. Es handelt sich jedoch um eine sehr bemerkenswerte Symbiose zwischen den Regenwürmern, der Flora und den Tieren. Wenn einerseits die Regenwürmer einen Einfluß auf das Großtier ausüben, dann übt anderseits das Großvieh über seine Exkremente einen bedeutenden Einfluß auf die Regenwürmer aus. Das zeigt

Tabelle 3. Einfluß der Exkremente des Weidetiers auf den Besatz an Regenwürmern in der Weide

Exkremente	Mineraldünger	Regenwürmer Anzahl je m²	Regenwürmer Gesamtgewicht der Würmer (kg/ha)	Regenwürmer Durchschnittsgewicht eines Wurms (g)
Keine	a) Ohne	664	1.850	0,281
	b) Kohlensaurer Kalk	630	1.915	0,303
	c) Superphosphat	540	1.612	0,298
	d) Kohlensaurer Kalk und Superphosphat	616	1.865	0,302
	Im Mittel	609	1.810	0,296
Alle Exkremente auf den Boden	a) Ohne	810	2.372	0,302
	b) Kohlensaurer Kalk	682	2.283	0,334
	c) Superphosphat	646	2.210	0,342
	d) Kohlensaurer Kalk und Superphosphat	667	2.435	0,366
	Im Mittel	701	2.325	0,336

NB. 1) Diese Versuche wurden durchgeführt in Palmerston-North (Neuseeland).
2) Vgl. Tab. 4.
(Nach Sears und Evans).
(Aus A. Voisin, Lebendige Grasnarbe p. 256).

uns die Tabelle 3 sehr anschaulich. Man sieht, daß die Rückkehr der Exkremente zum Boden:

a) die Zahl der Regenwürmer steigert, so daß diese von 609 auf 701 je m^2 im Mittel steigt, was einer Zunahme um 15% gleichkommt.
b) den Regenwürmern neue Lebenskraft gibt, so daß deren mittleres Gewicht von 296 auf 336 g steigt, was einer Steigerung um 13% entspricht.
c) eine Steigerung des Gesamtgewichtes der Regenwürmer je ha von 1810 auf 2325 kg bewirkt, was eine 28%-ige Steigerung, das heißt um fast $\frac{1}{3}$ bedeutet.

Es sei bemerkt, daß im ersten Falle die Tiere ein Geschirr trugen, welches es gestattete die Exkremente zu sammeln, während im zweiten Falle die Exkremente zu Boden fielen.

Die Regenwürmer scheinen das Weidelgras zu begünstigen

Diese Zunahme der Zahl und vor allem der Lebenskraft (Vitalität) der Regenwürmer, die durch die Rückkehr der Exkremente der Weidetiere bewirkt wurde, übt einen tiefgreifenden Einfluß auf die Flora aus, wie uns das Tabelle 4 zeigt, die denselben Versuch betrifft. Wenn wir nur den einen Fall ohne Zufuhr von Mineraldüngern betrachten, dann sehen wir, daß die Zunahme des Regenwurmgewichtes, die durch die Rückkehr der Exkremente bewirkt wurde, folgende wichtige Wirkungen hat:

- den Rückgang von *Agrostis*, eines Grases von minderem Werte, das verschwindet, während es vorher 11% ausmachte.
- der Anteil des Weidelgrases (*Lolium perenne*) ist mehr als verdoppelt, indem es von 23 auf 49% anstieg.

DIE FLEISSIGEN UND DIE FAULEN REGENWÜRMER

Bisher haben wir von den Regenwürmern im allgemeinen gesprochen. Es ist das eine recht große Familie, deren Mitglieder, obwohl sie im Aussehen nicht sehr stark voneinander abweichen, sehr verschiedene Eigenschaften haben. Eine der wichtigsten Eigenschaften, die sie voneinander trennt, ist ihre Tätigkeit den Boden zu verlagern. Ein aktiver Regenwurm kann in seiner maximalen jahreszeitlichen Aktivität täglich ein Erdgewicht aufnehmen, welches dem seines eigenen Körpergewichtes entspricht. So gefräßig wir immer sein mögen, wir wären alle zu einer solchen Leistung nicht imstande.

Es sind aber nicht alle Regenwürmer so aktiv. Gewisse Arten nehmen täglich während ihrer maximalen Aktivität nur $\frac{1}{4}$ oder weniger ihres Körpergewichtes auf. Ein solches Verhältnis läßt diese in die Kategorie der faulen Arten einreihen.

Die fleißigen Bodendurchmischer

Franz (Wien) hat im Zuge seiner Versuche über die Bodenbiologie in Glasgefäßen eine Schicht von Sand mit Erde, die reich an mehr oder weniger zersetzter organischer Substanz war, überdeckt. Diese Schichten unterschieden sich deutlich durch ihre verschiedene Färbung. Man brachte nun in jedes Gefäß 5 Regenwürmer, jeweils von einer anderen Art.

Tabelle 4. Kombinierte Wirkung einer Gabe von Mineraldünger und Exkrementen auf die Bestandszusammensetzung

Exkremente	Mineraldünger	Deutsches Weidelgras	Strauß-gras	Liesch-gras	Knaul-gras	Kamm-gras	Andere Gräser	Klee	Andere Kräuter
Keinerlei	a) Ohne	23	11	2	3	1	1	58	1
	b) Kohlensaurer Kalk	21	9	3	4	1	1	60	1
	c) Superphosphat	24	7	2	4	2	1	59	1
	d) Kohlensaurer Kalk und Superphosphat	27	4	3	7	1	1	56	1
Alle Exkremente auf den Boden	a) Ohne	49	—	2	2	—	2	42	3
	b) Kohlensaurer Kalk	48	1	2	4	—	1	43	1
	c) Superphosphat	52	1	2	2	—	1	41	1
	d) Kohlensaurer Kalk und Superphosphat	51	—	2	2	—	1	42	2

NB. 1) Die Zahlen bedeuten den Prozentsatz an Trockensubstanz jeder einzelnen Art in der Gesamternte.
2) Diese Versuche wurden durchgeführt in Palmerston North (Neuseeland).
(Nach SEARS und EVANS).
(Aus A. VOISIN, Lebendige Grasnarbe p. 143).

Nach ca. 3 Monaten stellte man fest, daß gewisse Typen von Regenwürmern die verschiedenen Schichten der Erde fast völlig durchmischt hatten, während bei anderen, weniger aktiven, die Schichten kaum durchmischt blieben. Franz hat so einige Würmer nach ihrer Leistung bei der Bodendurchmischung in absteigender Reihenfolge klassifizieren können:

Octolasium lacteum
Allolobophora caliginosa
Allolobophora platyura
Allolobophora rosea
Lumbricus rubellus
Lumbricus polyphemus.

Man sieht, daß *Octolasium lacteum* der fleißigste Bodendurchmischer ist, und daß unmittelbar danach die *Allolobophora*-Arten besonders *Allolobophora caliginosa* kommen, die an zweiter Stelle steht. Erst nach diesen beiden grauen Gattungen kommen die roten *Lumbricus.*

Die Optimaltemperatur für die Entwicklung der verschiedenen Regenwürmer
Es ist nicht allein die Eigenschaft eines fleißigen Bodendurchmischers, die den Beitrag eines Regenwurmes zur Bodenverbesserung bestimmt.

Es ist auch notwendig, daß ein Regenwurm an die Temperaturverhältnisse angepaßt ist, die im Boden herrschen. Die Optimaltemperatur für *Allolobophora caliginosa* ist 12° (Tab. 5), eine Temperatur, die auch für die Entwicklung der Rasen in den gemäßigthumiden Zonen am günstigsten zu sein scheint.

Tabelle 5. Optimale Bodentemperatur für die Entwicklung verschiedener Regenwurmarten

Regenwurmarten	Optimale Bodentemperatur in °C
Eisenia foetida	25
Dendrobaena rubida	18–20
Dendrobaena attemsi	18–20
Lumbricus rubellus	15–18
Octolasium cyaneum	15
Allolobophora chlorotica	15
Allolobophora caliginosa	12
Allolobophora rosea	12

NB. Die optimale Temperatur für *Lumbricus terrestris* ist nicht angegeben. (Nach Graff).
(Aus A. Voisin. Lebendige Grasnarbe, p. 251).

Die vielleicht bedeutenste Eigenschaft der *Allolobophora*-Arten, besonders der *Allolobophora caliginosa,* ist ihre Widerstandsfähigkeit gegen Trockenheit.

Im Gegensatz hierzu widersteht *Octolasium lacteum,* dieser Champion der Bodenbearbeiter, der Trockenheit schlecht, was ihm oft viel von seinem Interesse nimmt. Er hat auch noch einige andere Fehler: so nimmt z.B. Franz an, daß er ein ausgeprägter Humusverzehrer ist und daß er als Nahrung fast nur humose Erde aufnimmt. Übrigens sind die Kalkdrüsen des *Octolasium lacteum* sehr wenig entwickelt. Man findet ihn vorwiegend auf Niedermooren.

Allolobophora caliginosa, ein Elite-Arbeiter

Die *Allolobophora caliginosa* steht nicht immer hinsichtlich der Eigenschaften, die einen Regenwurm zu einem Elite-Arbeiter machen, an der Spitze, sie ist aber immer unter den Ersten bei allen diesen Eigenschaften.

Wenn man Regenwürmer ausschließlich mit Rinderexkrementen (Kuhfladen) ernährte, stellte man fest, daß die von den Würmern aufgenommenen Trockensubstanzmengen für

Allolobophora longa	35–40 g
Allolobophora caliginosa	20–24 g
Lumbricus rubellus	16–20 g betrugen.

Das Wasserhaltevermögen eines Bodens wird durch die Arbeit der Regenwürmer erhöht. Füllte man denselben Boden von einer Wasserretentions-Kapazität (Wasserhaltevermögen) von 25 in Gefäße und setzte in jedes Gefäß eine andere Regenwurmart, so fand man, daß das Wasserhaltevermögen durch die verschiedenen Arten in verschiedenem Maße erhöht wurde. Tabelle 6 zeigt, daß *Allolobophora caliginosa*, wenn sie auch nicht an erster Stelle steht, doch unter den ersten rangiert. Dagegen verbessern Würmer wie *Lumbricus rubellus* und *Dendrobaena subrubicunda* das Wasserhaltevermögen kaum oder überhaupt nicht.

Man hat manchmal vom Regenwurm behauptet, daß er eine Kolloid-Mühle sei, infolge seiner großen Fähigkeit Boden zu zerkleinern und eine sehr fein verteilte Mischung von organischer Substanz, kolloidalem Humus, Ton-Humus-Komplexen etc. herzustellen.

Tabelle 6. Wasserhaltevermögen des Bodens in Abhängigkeit von der Bearbeitung durch verschiedene Regenwürmer

Regenwurm	Wasserretentions-Kapazität
Allolobophora longa	34
Lumbricus terrestris	30
Allolobophora caliginosa	29
Lumbricus rubellus	26
Dendobroena subrubicunda	25

N.B.: Das Wasserhaltevermögen war ursprünglich 25 vor der Regenwurmzugabe.
(Nach Mc. L. GUILD: Soil Zoology, p. 93).

Man stellt fest, daß *Allolobophora caliginosa* in dieser Fähigkeit an dritter Stelle steht, d.h. sehr weit vorn, gleich nach *Lumbricus terrestris* und *Allolobophora longa*.

Hinsichtlich der Stabilität der Aggregate gegen Wasser steht *Allolobophora caliginosa* ebenfalls sehr gut, sie steht an dritter Stelle unter *Allolobophora longa* und *Lumbricus terrestris*, der Zweiter ist.

Diese Summe von Eigenschaften macht *Allolobophora calignosa* zu einem Elite-Arbeiter, der besonders dazu befähigt ist, den Boden der Grasnarben zu verbessern und anzureichern. Wir verstehen auf Grund dieser Tatsache leichter, warum *Allolobophora caliginosa* bei der Verbesserung der Weideflächen und vielleicht sogar der Entwicklung der Zivilisation Neuseelands eine so große Rolle gespielt hat.

Allolobophora caliginosa verbessert die Pflanzenbestände der Weiden

Es ist bemerkenswert, daß man in den Weiden der gemäßigten Zonen auf eine parallele Entwicklung stößt zwischen

- der Verbesserung der Vegetation,
- der Gesamtzahl der Regenwürmer je ha,
- dem Prozentsatz der *Allolobophora caliginosa* in der Regenwurmpopulation.

Es folgt daraus

- eine Erhöhung des Weideviehbesatzes je ha,
- eine Verbesserung der Leistungen und des Zustandes der Tiere.

Dies läßt Tabelle 7 gut erkennen. Es handelt sich um vier verschiedene Weidetypen in der gleichen englischen Landschaft (Stirlingshire), nämlich:

A) Saurer Moorboden, der nie gepflügt wurde. Vegetationsdecke sehr niedrig, 25–150 mm, sehr empfindlich gegen Austrocknung. Die Vegetation besteht aus harten Gräsern und Heidekraut.

B) Saurer Moorboden, analog A, aber mit etwas dichterer Vegetationsdecke. Vegetation vom gleichen Typus wie A, aber etwas weniger schlecht und weniger stark von Heidekraut durchsetzt.

C) Weide, die früher eingezäunt worden war, aber neuerdings degradiert ist. Der Boden war noch recht sauer. Vegetation von besserer Qualität, etwas Klee enthaltend, ohne Heidekraut.

D) Eingezäunte Weide auf nicht saurem Boden. Vegetation hochwertige Gräser und eine beträchtliche Menge von Klee enthaltend. Ohne Heidekraut.

Wir sehen, daß im gleichen Gebiete, wo die Gesamtzahl der Regenwürmer je ha von 61 400 auf 579 800 (das ist beinahe 1 : 10) ansteigt, zugleich die sehr schlechte Vegetation, die von Heidekraut durchsetzt ist, in einen guten Rasen mit guten Gräsern in Weißklee (wohlgemerkt ohne Heidekraut) übergeht.

Von meinem Gesichtspunkt aus ist das Bemerkenswerteste, daß *Allolobophora caliginosa*, die in den Weiden A und B völlig fehlte, in der Weide C auftritt und schließlich in der Weide D 34% der Regenwürmer erreicht, d.h. dort den ersten Platz einnimmt.

Diese englische Untersuchung ist eine lehrreiche Illustration dessen, was der österreichische Forscher Czerwinka sagt: „Parallel zur Verbesserung oder zur Verschlechterung der Pflanzengesellschaft vollzieht sich auch eine Veränderung in der Mikroflora und Mikrofauna des Bodens. Wir müssen daher der Entwicklung dieser lebendigen Bodengesellschaften ebensoviel Aufmerksamkeit widmen wie derjenigen des Weidepflanzenbestandes."

Diese enge Verbindung des Bodenlebens und der Vegetation zeigt schließlich eine enge Verbindung des Lebens im Boden mit dem Leben über dem Boden an, wie ich zum Beginn gesagt habe.

Tabelle 7. Parallele Entwicklung der Qualität des Pflanzenbestandes und des Regenwurmbesatzes

Arten der Regenwürmer	A Hartgräser und Heidekraut		B Hartgräser und etwas Heidekraut		C Verbesserter Bestand mit etwas Weißklee (keine Heide)		D Stark verbesserter Bestand mit guten Gräsern und Weißklee (keine Heide)	
	1.000 Stück je Ha	% des Gesamt-besatzes	1.000 Stück je Ha	% des Gesamt-besatzes	1.000 Stück je Ha	% des Gesamt-besatzes	1.000 Stück je Ha	% des Gesamt-besatzes
Allolobophora longa	—	—	—	—	—	—	11,7	2,0
Allolobophora caliginosa	—	—	—	—	55,6	22,3	197,0	34,0
Allolobophora chlorotica	—	—	—	—	—	—	2,5	0,4
Eisenia rosea	—	—	—	—	5,0	2,0	44,2	7,7
Lumbricus terrestris	—	—	0,8	0,6	26,0	10,4	58,5	10,1
Lumbricus rubellus	10,5	17,1	54,0	42,4	65,0	26,0	154,5	26,6
Lumbricus castaneus	5,2	8,5	1,2	1,0	18,3	7,3	83,0	14,3
Dendobraena rubida	17,0	27,7	20,8	16,6	65,0	26,0	13,0	2,2
Dendobraena octaedra	4,0	6,5	18,3	14,6	2,5	1,0	1,2	0,2
Octocasium cyaneum	—	—	—	—	13,0	5,0	14,2	2,5
Bismatus eiseni	24,7	40,2	31,0	24,8	—	—	—	—
Gesamt	61,4	100,0	126,1	100,0	250,4	100,0	579,8	100,0
Relativ	100		206		210		950	

(Nach Guild).
(Aus A. Voisin, Lebendige Grasnarbe, p. 264).

Allolobophora caliginosa begünstigt die Entwicklung des Weidelgrases

Es ist eigenartig und recht bemerkenswert, daß die *Allolobophora caliginosa* sehr deutlich die Entwicklung des Weidelgrases (*Lolium perenne*) begünstigt.

Tabelle 8. Einfluß des Regenwurms *Allolobophora caliginosa* auf das Weidelgras und den Weißklee

Kulturart	Regenwürmer	Ertrag je Topf Absolut Weidelgras	Ertrag je Topf Absolut Weißklee	Ertrag je Topf Relativ Weidelgras	Ertrag je Topf Relativ Weißklee	Relativer N-Gehalt Weidelgras	Relativer N-Gehalt Weißklee
Weidelgras Allein	ohne	2,8		100		100	
	mit	5,0		177		111	
Weißklee Allein	ohne		49		100		100
	mit		50		102		104
Mischung aus Weidelgras und Weißklee	ohne	1,8	39	100	100	100	100
	mit	3,9	43	213	110	106	103
Weidelgras und Weißklee mit getrennten Wurzeln	ohne	3,2	36	100	100	100	100
	mit	5,0	35	155	97	114	103

NB. 1) Der Autor hat nicht vermerkt nach welcher Einheit die absolute Produktion pro Topf gemessen wurde.
2) Die Hälfte der Töpfe jeder der vier Serien erhielt je 24 Würmer.
3) Im vierten Versuch wurden die beiden Pflanzen im Boden durch eine verzinnte Metallplatte getrennt.
(Nach WATERS).
(Aus A. VOISIN, Lebendige Grasnarbe, p. 263).

Wir sehen auf Tabelle 8, daß in Topfkulturen die Zufügung von 24 Exemplaren von *Allolobophora caliginosa* zu jedem Topf den Ertrag des Weidelgrases erhöhte

- um 77%, wenn dieses Gras allein kultiviert wurde,
- um 113%, wenn es gemeinsam mit Weißklee (*Trifolium repens*) kultiviert wurde.

Im Gegensatz hierzu übte *Allolobophora* keinen Einfluß auf den Weißklee aus.

Wir wollen nun die unglaublichen Folgen der Einführung der *Allolobophora caliginosa* in Neuseeland betrachten.

DIE AUTOCHTHONEN REGENWÜRMER NEUSEELANDS

Vor Eintreffen der Europäer in Neuseeland waren die Regenwurmarten (110 an der Zahl), die dieses Land bewohnten, von den Regenwürmern Europas verschieden.

Man weiß nicht genau, zu welchem Zeitpunkte die von den Kolonisten mitgebrachten europäischen Regenwürmer sich in Neuseeland zu entwickeln begannen.

Das erste genaue Verzeichnis, das wir besitzen, ist das von HUTTON von 1876. Es wurde durch das von BENHAM von 1898 vervollständigt.

Beide zeigen uns an, daß zu dieser Zeit gewisse Teile Neuseelands bereits von europäischen Regenwürmern besiedelt waren, besonders von folgenden drei Arten

Lumbricus rubellus, Allolobophora caliginosa, Eisenia foetida.

Im Jahre 1922 waren in Neuseeland 7 europäische Regenwurmarten gemeldet und im Jahre 1951 gibt NIELSON die Anwesenheit von 12 europäischen *Lumbriciden* an. Weite Gebiete des Hinterlandes hatten sie jedoch noch nicht auftreten sehen. Dieses langsame Vordringen scheint im übrigen nicht dadurch bedingt zu sein, daß die europäischen Regenwürmer Schwierigkeiten hatten sich anzupassen, oder daß die örtlichen Bedingungen für sie ungünstig waren. Die europäischen Regenwürmer schienen vielmehr in Neuseeland besser zu gedeihen als in ihrem Heimatkontinent.

An der „Rukuhia Soil Research Station" hat man häufig in den Dauerweiden Besatzdichten von 10 750 000 Regenwürmern je ha festgestellt, während die Zahl in Europa nur ausnahmsweise 3 000 000 überschreitet.

Es gibt jedoch auch heute noch Teile von Neuseeland, wo sich die europäischen Regenwürmer nicht niedergelassen haben, was sehr wichtige Vergleiche ermöglicht, wie wir nun sehen werden.

Wie die Regenwürmer die Vegetation der elenden Weiden des Herrn ASHMORE *umgestaltet haben*

Es herrschte und herrscht eine Tradition bei den neuseeländischen Landwirten, die besagt, daß sich die Weiden des Hinterlandes in 50–100 Jahren ohne Zufuhr von Mineraldüngern verbessern. Man hat festgestellt, daß diese Verbesserung mit einer sehr großen Aktivität der Regenwürmer verbunden war, ohne daß man dieses enorme Anwachsen der Aktivität erklären konnte. Leider wurden niemals systematische Beobachtungen angestellt, und es ist möglich, daß wir niemals genau wissen werden, wie die europäischen Regenwürmer ehedem die neuseeländischen Weiden zu verbessern ermöglicht haben.

Ein Landwirt des Distrikts von Raetihi (Waimarino County), Herr A. S. ASHMORE, kannte diese bäuerliche Tradition und war von der Bedeutung der Regenwürmer für die Verbesserung der Weiden überzeugt.

Er besaß im Hügelland des Hinterlandes 350 ha nicht kultivierter, schlechter Weiden. Er wählte in einem Tale reiches Grasland aus, wo eine große Aktivität der Regenwürmer herrschte und grub dort Grashorste aus, an denen die Vegetationsschicht anhaftete und welche die Regenwürmer oder ihre Eier enthielten. Er transportierte diese Horste auf seine Weiden des Hügellandes, wo er sie da und dort ganz willkürlich aussetzte. Er führte diese Operation zwischen 1925 und 1930 durch und verfolgte sie bis 1945, wo die 350 ha auf diese Weise mit den Regenwürmern der reichen Weiden besiedelt waren. Zu diesem Zeitpunkt war der Wechsel der Flora frappierend, obwohl alle anderen Bedingungen die gleichen geblieben waren. Die schlechten Weiden dieses Hügellandes bestanden früher aus Straußgras (*Agrostis vulgaris*) und aus *Danthonia* (Armutskraut oder Traubenhafer). Gegenwärtig haben sie sich in Weiden mit vorherrschendem Weidelgras (*Lolium perenne*) verwandelt. Der Viehbestand, die Viehleistungen, und die Gesundheit der Tiere, sowie im Gefolge der ha-Ertrag waren parallel dazu enorm angestiegen.

Die überraschende Verbesserung der Weiden des Herrn ASHMORE *zieht die Aufmerksamkeit auf sich*

Dieses klare und exakte Experiment zog die Aufmerksamkeit der neuseeländischen Agronomen auf sich. Man besaß nun ein genau verfolgtes Experiment, das es gestattete zu sehen, ob die mündliche Überlieferung der Bauern aus dem Hinterlande richtig waren oder nicht. Es war unmittelbar zu sehen, daß die Weiden des Herrn ASHMORE außer Zweifel sehr reich an Weidelgras waren, während die Weiden des Hügellandes, wo sich diese Weideflächen befanden, normalerweise nur eine elende Flora aufwiesen. Die dunkelgrüne Farbe der Weiden des Herrn ASHMORE kontrastierte mit dem gewöhnlichen gelblichen Ton der Weiden dieser Region. Da man keinerlei Mineraldünger zugeführt hatte, mußte man gelten lassen, daß Herr ASHMORE mit seinem Grashorsten aus dem Tale Regenwürmer mit besonderen Eigenschaften eingeführt hatte.

Die Erhebung der neuseeländischen Biologen

Die Spezialisten für Bodenbiologie, unter anderen R. L. NIELSON, nahmen die Untersuchung in die Hand und konnten Beobachtungen machen, die man ohne Übertreibung als sensationell bezeichnen kann.

Als im Jahre 1949 NIELSON und WALSH von der „Soil Research Station" (von Rukuhia) sich auf die Farm des Herrn ASHMORE begaben, war der gesamte Besitz praktisch von *Allolobophora caliginosa* besiedelt.

Alle Weiden hatten eine gleichmäßige Flora von Fazies des Weidelgrases. Glücklicherweise fand man eine Parzelle, welche die alte elende Flora bewahrt hatte. Obwohl sie leicht zugänglich war, hatte Herr ASHMORE dorthin noch keine Grashorste gebracht. Diese Weide (C) im Ausmaße von 1,60 ha war von den anderen Weiden (A) durch eine Straße, durch einen Bach und durch ein wildes Gesträuch getrennt, was anscheinend das Vordringen der Regenwürmer von den übrigen Rasenflächen her verhindert hatte. Man konnte sogar eine intermediäre Zone (B) feststellen, deren Vegetation nicht mehr die der miserablen Weiden war, die aber noch nicht den Typ des vorherrschenden Weidelgrases erreicht hatte. Man machte nun zahlreiche Geländequerschnitte um Würmer zu sammeln. Parallel dazu machte man eine Analyse der Vegetation.

Die Tabelle 9 gibt die Zahl der verschiedenen Würmer je m^2 und die Zusammensetzung der Vegetation der drei Zonen an.

Die Tabelle läßt in frappierender Weise die Korrelation zwischen der botanischen Zusammensetzung und der Entwicklung des europäischen (nicht autochthonen) Regenwurmes *Allolobophora caliginosa* sichtbar werden, des Elite-Arbeiters, dessen bemerkenswerte Eigenschaften wir schon hervorgehoben haben.

Außerordentliche Veränderungen der Weide

Wir sehen, daß der Prozentanteil des Weidelgrases von 2 auf 42% gestiegen ist, während der von *Agrostis* von 55 auf 19% fiel. *Danthonia*, die 21% der Vegetation im ursprünglichen Rasen einnahm und die Moose,

Tabelle 9. Verteilung der Regenwürmer und zusammensetzung des Pflanzenbestands auf den Weiden von ASHMORE

Arten der Regenwürmer	Anzahl der Regenwürmer je m² in den Zonen		
	A	B	C
Allolobophora caliginosa	1.075	110	—
Lumbricus rubellus	166	133	67
Eisenia rosea	11	—	—
Gesamt	1.247	243	67

Pflanzenbestand	Anteil der verschiedenen Pflanzenarten in den Zonen (%)		
	A	B	C
Deutsches Weidelgras	22	13	2
Wolliges Honiggras	18	8	5
Weißklee	3	1	—
Zwergklee	6	8	2
Rotes Straußgras	19	25	55
Traubenhafer (Danthonia)	—	10	21
Andere Gräser	6	4	—
Unkräuter	6	4	5
Moose	—	7	10
Gesamt	100	100	100

NB. 1) A = Weide mit aktiven Regenwürmern seit mehreren Jahren,
B = Zwischenzone zwischen A und C,
C = Weide ohne aktive europäische Regenwürmer
2) Der prozentuale Anteil der einzelnen Art ist bestimmt nach dem Gesamterntegewicht jeder Art.

(Nach NIELSON).
(Aus A. VOISIN, Lebendige Grasnarbe, p. 270).

die 10% ausmachten, sind nach der Einführung und Entwicklung der *Allolobophora caliginosa* vollständig verschwunden. Alle diese Ergebnisse bestätigten die alte Tradition der neuseeländischen Farmer und NIELSON konnte seine Erhebung mit den Worten schließen:

„Wir können demnach mit aller Sicherheit sagen, daß unsere Beobachtungen auf dieser Farm in vollem Umfange die früheren Feststellungen anderer Forscher und auch die des Herrn ASHMORE selbst bestätigen".

Warum besaß Neuseeland selbst keine aktiven Regenwürmer?

Das neuseeländische Experiment zeigt uns in einem gigantischen Maßstabe, wie der Mensch auf die Vegetation des Graslandes und auf das Weidetier einwirken kann, indem er Regenwurm-Arten einführt, die dort früher nicht lebten. Aber es gibt vielleicht eine vermessene Frage, die man sich stellen muß: Warum haben die aktiven und chemisch tüchtigen Regenwürmer nicht in Neuseeland existiert, bevor die europäischen Seefahrer dort hingekommen sind? Die Theorie WEGENERS gibt uns dafür eine Erklärung.

KURZER ÜBERBLICK ÜBER DIE THEORIE WEGENERS VON DER KONTINENTALVERSCHIEBUNG

WEGENER hat angenommen, daß im Laufe der Erdgeschichte die Kontinente ihre Lage verändert haben, indem sie sich verschoben. Anfangs bildeten sie eine einheitliche Masse, die sich zu zerteilen begann, indem sie im Süden einen Block bestehen ließ, der aus S-Amerika, Zentralafrika und S-Afrika, Madagaskar, S-Indien, Australien, Neuseeland und der Antarktis bestand. Später zerteilte sich dieser Block: Australien und Neuseeland blieben mit dem antarktischen Kontinent verbunden. Dieser Komplex zerbrach in der Folge in Stücke, während sich die Masse von Zentral- und S-Afrika von S-Amerika ablöste. Diese Ideen WEGENERS haben viel Tinte fließen lassen und tun es noch, umso mehr als die Theorie behauptet, daß die Kontinente ihre Verschiebung fortsetzen, und daß z.B. Grönland sich noch nach Westen verlagert. WEGENER hat übrigens im Laufe einer seiner Grönland-Expeditionen den Tod gefunden.

Eines der Ziele der Theorien WEGENERS bestand darin, gewisse Besonderheiten in der Entwicklung der Flora und Fauna der Kontinente zu erklären.

Die Flora und Fauna S-Amerikas ist z.B. sehr analog derjenigen S-Afrikas und sehr verschieden von derjenigen N-Amerikas, mit dem es jedoch durch eine Landbrücke verbunden ist. Die Fauna von Madagaskar ist trotz der unmittelbaren Nähe von Afrika derjenigen des südlichen Indien (Dekkan) ähnlich.

Die Regenwürmer als Stütze der Wegener-Theorie

Im Jahre 1921 hat MICHAELSEN in Deutschland gezeigt, daß die geographische Verbreitung gewisser Regenwürmer WEGENERS Theorie gut bestätigt. MICHAELSEN hat auf einem Schema die Verbreitung verschiedener antochthoner *Oligochaeten*-Gattungen angegeben, die er in die Familiengruppe *Megascolecina* stellte. (Es wäre außerordentlich langweilig alle die Benennungen und Gruppierungen zu erklären, die im übrigen häufig von Autor zu Autor und in den verschiedenen Epochen wechseln).

Wir halten fest, daß *Perionys* außerhalb S-Indien nur in O-Australien, Neuseeland und Tasmanien vorkommt. *Megascolex*, ein Regenwurm von sehr bedeutender Größe, findet sich nur in Australien, auf Ceylon, in S-Indien und auf der Nordinsel von Neuseeland.

MICHAELSEN zeigt auf seiner Karte die geographische Verbreitung verschiedener antochthoner Gattungen, die er in die Familiengruppe *Lumbricinae* stellt. Es ist recht bemerkenswert, daß die terricolen *Lumbriciniden*, die unsere häufigen europäischen Regenwürmer einschließen, nicht autochthon auf Neuseeland vorkommen.

Die Hypothese der Kontinentalverschiebung kann kaum allein die Regenwurm-Verbreitung erklären

Der tschechische Forscher ČERNOSVITOV konnte einige Jahre nach MICHAELSEN durch seine Untersuchungen in verschiedenen Kontinenten auf Grund der Verbreitung der *Oligochaeten* einen Beweis für die WEGENER-Theorie liefern. Er hat z.B. in N-Argentinien einen Vertreter der *Enchitraeïden* gefunden, der bis dahin nur in Indien beobachtet wurde.

Er fand weiter einen *Mesenchytraeus*, der nur in Zentral-Afrika und in Brasilien vorkommt, weiter einen neuen Typus, wie *Wagneriella*, der nur in Kamerun und in Englisch Guyana beobachtet worden ist. Weiter eine *Alluroide*, die nur in Argentinien und S-Afrika existierte, d.h. an zwei Punkten, die nach der WEGENER-Theorie lange Zeit in Verbindung gestanden haben. Der tschechische Autor kommt zu dem Schluß: „Die Verbreitung der Gattungen der *Oligochaeten* spricht somit sehr zu Gunsten der WEGENER-Theorie".

DU TOIT studiert in seiner bedeutenden Arbeit über die Kontinental-Verschiebung die Verbreitung der autochthonen *Oligochaeten* auf der Erdoberfläche und schließt daraus: „Man findet nicht viele andere Hypothesen als die der Kontinental-Verschiebung, die diese Verbreitung der Regenwürmer in den verschiedenen Teilen der Erde erklären könnten".

Die aktiven europäischen Regenwürmer scheinen von Natur aus im australischen Kontinent gefehlt zu haben

Es wird somit deutlich sichtbar, daß die europäischen Regenwürmer vom aktiven Typus auf Grund der Tatsache der Abtrennung des australischen Kontinentes zu einem sehr frühen geologischen Zeitpunkte dort nicht existierten. Die Theorie der Kontinental-Verschiebung WEGENERS gibt somit eine Antwort auf die Frage, die wir uns eben gestellt haben und erklärt, warum die aktiven europäischen Regenwürmer, von allen *Allolobophora caliginosa*, nicht in Neuseeland vorhanden waren, bevor die Seefahrer von Westen dorthin gelangt sind. Allein die Einführung dieser wunderbaren Heinzelmännchen durch die europäischen Kolonisten, ohne es zu wissen und zu wollen, hat die Umwandlung der Weiden und die neuseeländische Viehzucht ermöglicht.

DIE IMMENSE ROLLE DER REGENWÜRMER IN DER GESCHICHTE DER ERDE

Wenn Sie es mir gestatten, möchte ich diesen Vortrag durch noch gewagtere Schlußfolgerungen schließen. Ich bekenne, daß ich es nicht wagen würde diese vielleicht zu stark von Einbildungskraft und Phantasie geprägten Hypothesen darzulegen, wenn ich mich nicht durch die Autorität des großen DARWIN unterstützt fühlen würde, der vor mehr als 100 Jahren geschrieben hat: „Es ist wahrhaftig außergewöhnlich, daß die gesamte oberflächliche Schicht des Bodens durch den Körper der Regenwürmer gewandert ist und in einigen Jahren von neuem wandern wird. Der Pflug ist eine der ältesten und wertvollsten Erfindungen des Menschen; aber die Erde wurde schon regelmäßig durch die Regenwürmer bearbeitet, viel früher, bevor der Mensch existierte, und sie wird es seitdem weiter. Man kann sich fragen, ob es viele andere Tiere gibt, die in der Geschichte der Erde eine so große Rolle gespielt haben wie diese niederen Tiere".

VERBREITUNG DER LUMBRICIDEN AM ENDE DES EISZEITALTERS

Stellen wir uns also die Frage: Warum konnte keine Zivilisation in so günstigen Zonen entstehen wie Neuseeland, Nordamerika, dem Rio de la

Plata und Südafrika, Regionen, wo heute der moderne Mensch prosperiert.

Um zu versuchen auf diese schwierige Frage zu antworten, betrachten wir die Verbreitung der aktiven Regenwürmer am Ende des Eiszeitalters, als die ersten Zivilisationen aufzutreten begannen. Das ist es, was der tschechische Forscher ČERNOSVITOV für die endemische Familie der *Lumbriciden*, der unsere aktiven Regenwürmer, wie *Lumbricus*, *Allolobophora* u.a., angehören, tun konnte. Er konnte so eine Karte zeichnen, aus der man sieht, daß die endemischen *Lumbriciden* gleich nach der Eiszeit nur einen schmalen Streifen bevölkerten. Es ist sehr bemerkenswert, daß (abgesehen von einem Teil Ostamerikas) die Zone der Verbreitung der *Lumbriciden* genau der Zone entspricht, wo die ältesten Zivilisationen entstanden sein und sich entwickelt haben müssen. Halten wir zwei Punkte fest:

– Nach MICHAELSEN scheinen die autochthonen *Lumbriciden* der östlichen Vereinigten Staaten relativ wenig aktiven Typen wie *Bimastus* und *Eisenia* anzugehören.

– ČERNOSVITOV gibt nicht die Anwesenheit autochthoner *Lumbriciden* aus dem Nil-Tal an, während dagegen die beiden anderen alten Zivilisationstäler, Mesopotamien und das Tal des Indus davon besiedelt waren.

„DER PFLUG DER NATUR" DER MAORIS WAR NUR EIN MISERABLER RILLENZIEHER

Wir haben gesehen, daß die Regenwürmer auf den Pflanzenbestand des Graslandes und durch diesen auf das Weidetier einen bedeutenden Einfluß ausüben. Neuseeland hat uns gestattet zu zeigen, daß die Weiden dieses Landes und die Herden, die es beweideten, ohne Einfuhr der europäischen Regenwürmer recht elend geblieben wären. Ich glaube jedoch, daß wir nach dem Studium der Karten MICHAELSENS und ČERNOSVITOVS und in Erinnerung an die prophetischen Worte DARWINS das Recht haben noch kühner zu sein und zu sagen: Wenn sich gegenwärtig ein hoher Lebensstandard in Neuseeland entwickeln konnte, dann ist das nicht allein deshalb der Fall, weil der Weiße Mann seine Pferde und Maschinen dorthin gebracht hat, sondern weil er, ohne es zu wissen, die leistungsfähigen europäischen Regenwürmer dorthin brachte, die den Boden durchmischen und anreichern.

Wir haben häufig den Regenwurm den „Pflug der Natur" genannt. Man kann weiter sagen, daß die Eingeborenen Neuseelands bis zu dem Augenblicke, zu dem die Seefahrer des alten Kontinents ihnen diesen hervorragenden vervollständigten Pflug brachten, den der europäische Regenwurm darstellt, nur sehr schlechte Rillenzieher besaßen.

VOM BODENLEBEN HÄNGT DAS LEBEN DES MENSCHEN UND DER KULTUR AB

Man hat häufig den europäischen Seefahrern vorgeworfen den wilden Völkern in erster Linie ihre Krankheiten und den Alkohol gebracht zu haben. Wer weiß, ob ein Konquistador, indem er die *Spirochaeten* der neapolitanischen Krankheit einschleppte, nicht ebenso angeheftet an die Hufe seiner Pferde die Eier europäischer Regenwürmer mit transportierte, die dann intensiv den Boden bearbeiteten und anreicherten?

Das Beispiel der *Allolobophora caliginosa* in Neuseeland läßt uns verstehen, daß die menschlichen Kulturen manchmal von einem so winzigen Lebewesen abhängen, wie es der Regenwurm ist.

Wenn alle diese Überlegungen richtig sind, dann müßten wir die Formel erweitern, die wir am Beginn des Vortrages gegeben haben, die nur das Weidevieh anging. Wir haben gesagt: „Das Leben im Boden der Weide ruft das Leben über dem Boden der Weide hervor." Sagen wir nun in einer allgemeinen, vielleicht ein wenig paradoxeren aber trotzdem vielleicht exakten Weise: „Vom Leben im Boden hängt das Leben des Menschen und der Kulturen ab."

H. Sioli:
Den größten Eindruck von der Tätigkeit der Regenwürmer erhielt ich vor einigen Monaten im Schwemmland am Fuße der Berge nahe der venezolanischen Grenze nördlich vom mittleren Rio Negro. Das Gelände ist bedeckt von den Exkrementhaufen der dortigen Riesen-Regenwürmer, die bis 1,20 m lang werden und deren Exkrementhaufen im Durchschnitt etwa 3–4 kg wiegen. Wenn man morgens über den Boden geht, hört man in den Röhren die Regenwürmer laut schlürfen. Das ist aber natürlich nur ein Zeichen für die quantitative Tätigkeit der dortigen Regenwürmer, nicht für die qualitative. Ich kann keine Aussage machen über die qualitative Bewertung dieser südamerikanischen Regenwürmer.

C. Troll:
Dr. Kollmannsberger in Saarbrücken hat berechnet, daß man mehr Eiweiß als aus der Milch der Weidetiere gewinnen könnte, wenn man die Regenwürmer einer reichen Weide ernten würde. Ich fände es allerdings sehr bedenklich, die Regenwürmer so auszubeuten. Wir sollten die Regenwürmer besser unter dem Boden ihre nützliche Arbeit verrichten lassen.

Die Ausbreitung der *Allolobophora* nach Übersee ist eine Begleiterscheinung der Europäisierung der Erde, die ja sonst keineswegs so negativ zu beurteilen ist, wie man das mit dem Schlagwort vom Kolonialismus heute manchmal hinstellt.

A. Voisin:
Herr Kollege, wir würden sagen, es war eine anthropogene Wirkung der Kolonisatoren, zum Glück eine gute Wirkung. Diese neuseeländischen Forschungen zeigen, daß in Neuseeland 10 Millionen Regenwürmer je ha leben. Als Maximum haben wir in Europa 3 Millionen gefunden. Sie können sehen, wie die Umweltbedingungen in Neuseeland sind und waren. Aus Gründen, die wir noch nicht verstehen, konnten diese Regenwürmer sich nicht entwickeln, nicht, weil die Bedingungen für sie schlecht waren, im Gegenteil, es gibt dreimal mehr pro ha in Neuseeland als in Europa.

Die Arbeiten von Kollmannsberger sind sehr gut. Er hat sogar die

Sprache der Regenwürmer studiert. Die Laute, mit denen sie sprechen, hat er auf Tonband aufgenommen. Er hat auch Psychologie der Regenwürmer studiert. Wenn ein Regenwurm ein Blatt in sein Loch zieht, packt er immer das Blatt am spitzen Ende. KOLLMANNSBERGER hat das Blatt so hingelegt, daß der Stiel in das Loch zeigt. Am folgenden Morgen fand er das Blatt umgedreht wieder.

H. ELLENBERG:
Sind die Regenwürmer aus den Hochkulturen in Peru und in Mexiko bekannt, die es dort vor 2000 Jahren und mehr gegeben hat? Auf Terrassen-Anlagen wurde ein sehr hochentwickelter Ackerbau betrieben.

A. VOISIN:
Ich kenne keine Studien darüber, aber wahrscheinlich werden wir welche bekommen. Mein lieber Kollege, ich bin aus folgenden Gründen nicht ganz mit Ihnen einverstanden. Die alten Kulturen Südamerikas waren nicht so hoch entwickelt wie hier vor 4000 Jahren. Man kannte das Rad nicht, man kannte kein Alphabet usw. Es ist doch erstaunlich. Ein Rad ist nicht so schwer zu erfinden. Deswegen glaube ich noch, daß es an etwas fehlte. Diese hohen Kulturen sind wirklich nicht so hoch entwickelt wie die im Mediterran-Gebiet vor 6000 Jahren. Es wäre sehr interessant, wenn wir Ihre Frage studieren könnten. Aber noch viel interessanter wäre es, die *Erde* der Pharaonen-Gräber zu studieren zur Erkennung der assimilierbaren Elemente. Das gilt auch für die Gräber der Inkas, um zu sehen, wieviel assimiliertes Kalzium, Kupfer, Kobalt usw. darin enthalten ist. Vielleicht könnte das uns etwas erklären. Ich habe nicht von Spuren-Elementen gesprochen. Wir haben nicht genug Erkenntnisse darüber. Aber soweit wir durch die Neuseeländer wissen, scheinen die Regenwürmer besonders spät die Spuren-Elemente assimilierbar gemacht zu haben. Mehr als für die Makro-Elemente, z.B. Kobalt und Molybdän. Sie wissen, wie wichtig Kobalt für das Vitamin B_{12} ist. Es wäre sehr interessant, die Erde, die wir in den Gräbern finden, mit unserer Erde für die assimilierbaren Elemente zu vergleichen.

G. KRAGH:
Mir sind zwei „Propheten" des Regenwurms begegnet. Der eine war der Regenwurm-Major STELLWAG, der über seine Beobachtung in dem anregsamen Heftchen „Kraut und Rüben" berichtete. Der zweite war der Pater AUGUSTIN in Kloster Gerleve bei Coesfeld. Dieser arbeitete mit verschiedenen Regenwurm-Arten. Zunächst wird ganz frischer Stalldünger durch eine bestimmte Regenwurm-Art „vorverdaut". Bei der nachfolgenden Kompostierung stirbt diese Art aus, und es folgt eine andere Regenwurm-Art. Schließlich, wenn der Kompost reif ist und auf das Land gebracht wird, dann mag *Allolobophora caliginosa* in Funktion treten, mit dem wir ja durch den prachtvollen Vortrag unseres verehrten Nachbarn Dr. VOISIN so enge Freundschaft geschlossen haben.

G. SCHAFFER:
Ich hatte erst vor wenigen Wochen Gelegenheit, das Bewässerungsgebiet

des Küstenlandes in Peru zu studieren. Mir ist es trotz zahlreicher Profil-Untersuchungen nicht gelungen, einen Regenwurm oder einen Regenwurm-Gang zu finden. Dieses Bewässerungsgebiet liegt im Bereich der präinkaischen Kulturen und ist mindestens seit der Chimu-Kultur im Betrieb. Es hatte damals einen wesentliche größeren Umfang als heute. Neue Bestrebungen gehen dahin – daher auch unsere Reise – dieses Bewässerungsgebiet durch Wasserleitungen zu erweitern.

MESSUNGEN DES STRAHLUNGSHAUSHALTES

von

U. Berger-Landefeldt †

(Gekürzte Fassung des Referates)

Unter Ökologie versteht man – wenigstens nach deutschem Sprachgebrauch – das Studium des Lebenshaushaltes der Pflanze in Anhängigkeit von ihren Umweltfaktoren wie Wasser, Wärme, Licht, mechanische und chemische Faktoren. Dies gilt sowohl autökologisch für die Einzelpflanze, als auch synökologisch für die Pflanzengemeinschaft.

Die autökologische Analyse hat uns seit den ersten tastenden Schritten vor etwa fünf Jahrzehnten bis heute einen gewissen Überblick verschafft, bei der synökologischen Analyse dagegen befinden wir uns noch in den Anfangsgründen. Trotz aller sich auftürmenden methodischen Schwierigkeiten, die unleugbar weit größer sind als auf dem Gebiete der Autökologie, scheint mir aber die zahlenmäßige Erfassung des Lebenshaushaltes der Pflanzengemeinschaften und deren Umweltfaktoren Voraussetzung und Grundlage für die ökologische Betrachtung einer Landschaft zu sein.

Die Analyse einzelner Faktoren ist heute auf Grund der Geräteentwicklung der letzten Jahre durchaus möglich. Ich möchte daher einen Faktor herausgreifen, der für den Lebenshaushalt nicht ganz unwesentlich ist, und mit dem wir uns in der letzten Zeit beschäftigt haben. Es handelt sich um den Strahlungsfaktor.

Wenn man darangeht, die Strahlungsverhältnisse im Gelände zu betrachten, so fällt sofort auf, daß wir es hier mit zwei sehr verschiedenen Gruppen von Strahlungsströmen zu tun haben, insofern als sie zwei recht verschiedenen Spektralbereichen zugehören. Die eine Gruppe umfaßt den Bereich von 0,3 bis etwa 2,2 μ, die andere den Bereich von 6,8 bis etwa 100 μ Wellenlänge. Der dazwischen liegende Bereich wird kaum benutzt, so daß wir die Strahlungsströme in eine kurz- und eine langwellige Gruppe gliedern können.

Zu der kurzwelligen Gruppe gehört zunächst die direkte Sonnenstrahlung (I), sowie der an Wolken reflektierte, in der Atmosphäre absorbierte oder diffus zerstreute Teil der Sonnenstrahlung, die sogenannte Himmelsstrahlung (H). Sonnen- und Himmelstrahlung, die man als Globalstrahlung bezeichnet, treten verständlicherweise nur am Tage auf. Tag und Nacht wirksam dagegen ist die atmosphärische Gegenstrahlung (G), eine langwellige Strahlung des Wasserdampfes, Kohlendioxydes und Ozons der Atmosphäre. Sonnen-, Himmels- und Gegenstrahlung sind die drei Strahlungsströme, die auf die Oberfläche des Pflanzenbestandes einfallen.

Diesen gegenüber stehen drei andere, die von der Oberfläche des

Pflanzenbestandes ausgehen. Da diese sowohl im kurzwelligen als auch im langwelligen Bereich kein absolut schwarzer Körper ist, findet in beiden Bereichen eine wenn auch geringe Reflexion statt. Wir können daher unterscheiden zwischen dem reflektierten Anteil der Sonnen- und Himmelsstrahlung (R) und dem reflektierten Anteil der Gegenstrahlung (r). Da nun aber jeder Körper eine Strahlung aussendet, geschieht dies auch beim Pflanzenbestand. Diese Temperaturstrahlung des Pflanzenbestandes (E) muß eine langwellige Strahlung sein, da nach dem Gesetz von WIEN das Produkt aus der absoluten Temperatur und der Wellenlänge, bei der die Strahlungsintensität am größten ist, eine Konstante ist. Je kühler also ein Körper ist, desto langwelliger ist seine Strahlung. Gegenüber diesen Werten am Tage verschwindet in der Nacht der reflektierte Anteil der Sonnen- und Himmelsstrahlung und bleibt nur die Temperaturstrahlung und der reflektierte Anteil der Gegenstrahlung übrig.

Fassen wir zusammen, so finden wir tagsüber auf der Zufuhrseite I, H und G, auf der Abfuhrseite R, r und E. Zufuhr und Abfuhr gleichen sich nicht aus, vielmehr überragt wenigstens am Tage die Zufuhr die Abfuhr um einen bestimmten Betrag, die Strahlungsbilanz (Q), so daß wir als Gleichung schreiben können

$$Q = (I + H + G) - (R + r + E) \qquad (1).$$

In der Nacht sieht die Gleichung einfacher aus, weil alle kurzwelligen Strahlungen, also I, H und R null werden. Dann ist

$$Q = G - (r + E) \qquad (2).$$

Dies hat zur Folge, daß in der Nacht die Abfuhrseite überwiegt, die Strahlungsbilanz also negativ wird.

Mit der Strahlungsbilanz haben wir nun eine außerordentlich wichtige Größe erhalten. Denn von dieser Energiemenge leben gewissermassen die Pflanzen, leben die Pflanzenbestände, lebt die pflanzenbestandene Landschaft.

Fassen wir hier die Verhältnisse am Tage ins Auge, so wird von dieser Energiemenge zunächst ein allerdings sehr geringer und nur auf einen engen Wellenbereich beschränkter Teil zur CO_2-Assimilation verbraucht. Größer ist der Teil der Energie, der in den Boden abfließt (B), zu dessen Erwärmung dient und dort für ungünstige Zeiten (Nacht) gespeichert wird. Ein Teil der Energie wird zur Erwärmung der Luft aufgewendet (L) und ein Teil schließlich zur Evapotranspiration, also zur Wasserverdunstung aus dem Boden und zur Transpiration (V) benutzt.

Es ist nun außerordentlich interessant, diese Weiterverwendung der täglich eingestrahlten Energiemenge zu verfolgen. Ich kann hier nicht ins einzelne gehen und muß mich mit wenigen Andeutungen begnügen.

Wenn wir etwa die in den Boden abfließende Energiemenge herausgreifen, so stellen wir fest, daß in schlecht wärmeleitendem Boden die Energiemenge, die tagsüber eingestrahlt wird, in den obersten Zentimetern stecken bleibt, der Boden tags sich oberflächlich stark erhitzt, nachts aber die Energie bald wieder verausgabt ist, der Boden sich also stark abkühlt, d.h. extreme tägliche Temperaturschwankungen zeigt. Im gut wärmeleitenden Boden dagegen dringt die tägliche Energiemenge tief ein, die täglichen Temperaturextreme sind gemildert, auch die aufliegende Luftschicht erhält wenig Energie. Der Boden speichert viel von der zugestrahlten Wärme, deswegen sind die Mitteltemperaturen gut leitenden Bodens höher als die des schlecht leitenden.

Die geschilderten Verhältnisse erklären manche oft bewunderten Phänomene. In jedem Frühjahr erfreut uns der Frühlingsflor des Laubwaldes mit Windröschen und Leberblümchen, die – trotzdem es noch recht kühl ist – aus der Laubstreu hervorsprießen. Aber diese ist ein extrem schlechter Wärmeleiter, der die eingestrahlte Energie nicht in große Bodentiefen abfließen läßt. Durch diese Energieballung in schmaler Zone werden schon im Frühjahr hohe Temperaturen erreicht, welche die Vegetation des Laubwaldes begünstigen.

Gehen wir zu dem Teil der eingestrahlten Energie über, welcher der Erwärmung der Luft dient, so sei nur an die extrem hohen Temperaturen an Trockenhängen erinnert, die dadurch leicht ihre Erklärung finden.

Am erregendsten ist aber zweifellos die Strahlungsmenge, die für die Evapotranspiration verbraucht wird. Der hierfür verwendete Anteil von Q hat offenbar vor B und L den Vorzug. Denn wenn Wasser ausreichend angeboten wird, wird die zur Verfügung stehende Energiemenge weitgehend dafür verbraucht, so daß für Boden- und Lufterwärmung wenig Energie übrigbleibt. Deswegen sind feuchte Standorte kühl und sozusagen von ozeanischem Klimacharakter.

Ein Beispiel möge dies erläutern. Die Strahlungsbilanz eines Sommertages beträgt je nach Monat für eine feuchte Wiese im Raum Hamburg im Mittel etwa 200–270 cal $cm^{-2}d^{-1}$. Da für die Verdunstung von 1 g Wasser beispielsweise bei 20° C 586 cal vonnöten sind, würde diese Energiemenge ausreichen, um $3\frac{1}{2}$–$4\frac{1}{2}$ kg $m^{-2}d^{-1}$ Wasser zu verdunsten. Wirklich gemessen wurde im Mittel $2\frac{3}{4}$–3 kg $m^{-2}d^{-1}$ (Frankenberger 1960).

Aus den Strahlungsmessungen lassen sich aber noch weitere interessante Größen gewinnen, z.B. die Reflexzahl oder Albedo verschiedener Pflanzengesellschaften oder die effektive Ausstrahlung. Selbst über die Temperatur der Bestandesoberfläche lassen sich Aussagen machen. Jede Körperoberfläche sendet eine Strahlung aus, die in einem bestimmten Verhältnis von ihrer Temperatur und ihrem Emissionsvermögen abhängt. Daher kann man aus der Temperaturstrahlung der Bestandesoberfläche Rückschlüsse auf deren Temperatur ziehen und angenähert ein Temperatur-Integral der Vegetationsoberfläche bestimmen, das sonst nur mit zahllosen Thermometern zu gewinnen ist. Allerdings sind nur Annäherungswerte zu erhalten, da die Geräte meist 2 m über dem Bestande stehen und ein Teil der langwelligen Temperaturstrahlung schon innerhalb dieser 2 m absorbiert wird. Die Absorption hängt jedoch von mehreren Variablen ab und läßt sich daher nur schwierig berechnen.

Abschließend soll noch kurz beschrieben werden, wie die einzelnen Strahlungsgrößen gewonnen werden.

Wir verwenden zwei Gerätetypen, einen, der nur die kurzwellige Strahlung, und einen, der auch die langwellige Strahlung miterfaßt. Bei beiden Gerätetypen ist das gleiche Meßprinzip angewendet. Sie enthalten nämlich Thermosäulen, deren aktive Lötstellen geschwärzt sind, alle einfallende Strahlung absorbieren und sich dadurch erwärmen, während die Gegenlötstellen gegen Masse liegen. Der immer herrschende Wind würde aber die Erwärmung der aktiven Lötstellen stören. Um ihn abzuhalten, ist das MOLL-GORCZYŃSKI-Pyranometer (GORCZYŃSKI 1926, 1927a, 1927b) mit zwei ungleich großen Glashalbkugeln bedeckt. Diese Glashauben sind aber für die langwellige Strahlung undurchdringlich, so daß mit diesem Gerät nur die kurzwellige Sonnen- und Himmelsstrahlung und, wenn man mit einer vorgesetzten Scheibe die direkte Sonnenstrahlung abschirmt, die Himmelsstrahlung allein gemessen wird. Mit einem zweiten Gerät in inverser Lage erhält man auch die kurzwellige Reflexstrahlung.

Um auch die langwellige Strahlung zu messen, benutzen wir einen Strahlungsbilanzmesser nach SCHULZE (SCHULZE 1953, 1953–54, 1954, S. 155–160, BOLLE u. FLEISCHER 1953–54, UNGENANNT 1955–56, S. 16–18, SCHIELDRUP PAULSEN 1957–58). Dieser ist gleich als Doppelgerät für den oberen und unteren Halbraum ausgebildet. An Stelle der Glashauben besitzt dieses Gerät halbkugelige Hauben aus dem Kunststoff Lupolen H, der für fast alle Bereiche der langwelligen Strahlung durchlässig ist. Dabei ist allerdings noch zu bedenken, daß jeder Körper strahlt, also auch der Strahlungsbilanzmesser selbst. Entsprechend der Temperatur des Gerätes von etwa 300° K ist diese Strahlung langwellig. Ebenso leicht wie die langwellige Strahlung von außen die Lupolenhauben durchdringt und in das Gerät gelangt, geht aber auch die langwellige Eigenstrahlung des Gerätes hinaus. Um diesen Betrag zeigt also das Gerät zu wenig Strahlung an. Man kann diese Eigenstrahlung aber messen, da sie proportional der vierten Potenz der absoluten Temperatur des Gerätes ist. Hierzu haben wir ein Widerstandsthermometer gebaut, das durch besondere Maßnahmen nicht die Temperatur, sondern gleich die Eigenstrahlung des Gerätes in Calorienmaß angibt und die man den Meßwerten des Strahlungsbilanzmessers zuschlägt. Damit erhält man die gesamte, aus dem oberen Halbraum eingestrahlte Energiemenge und als Abzugsglied die Gegenstrahlung. Aus dem unteren Halbraum mißt man die gesamte ausgehende Strahlung und als Abzugsglied die Temperaturstrahlung der Bestandesoberfläche und die langwellige Reflexstrahlung. Beide Strahlungen lassen sich allerdings gerätetechnisch nicht mehr, aber noch durch Rechnung trennen.

Alle einfallende, abzüglich der ausgehenden Strahlung ergibt schließlich die Strahlungsbilanz.

Die Fühlgeräte stehen im Gelände an Masten und Stativen, die Schaltkästen und Registrier-Galvanometer – alle Werte werden geschrieben – von den Fühlgeräten abgesetzt und durch Kabel verbunden in unserem Meßwagen (BERGER-LANDEFELDT 1955).

Die Untersuchungen, über die hier einiges mitgeteilt wurde, erfordern allerdings einen gewissen Aufwand an Material und Arbeit. Er dürfte jedoch kaum zu hoch sein; denn die energetische Betrachtung des Naturgeschehens, die hier, ausgehend vom Strahlungshaushalt, nur in einigen Zügen angedeutet werden konnte, ist sehr nützlich, um uns tiefe Einblicke in die Umweltverhältnisse zu gewähren, und die inneren Zusammenhänge zwischen den unterschiedlichsten Faktoren und Faktorengruppen aufzuzeigen.

ZUSAMMENFASSUNG

Die Strahlungsströme, die tagsüber auf die Oberfläche der Vegetationsdecke einfallen, sind die direkte Sonnenstrahlung, die Himmelsstrahlung und die Gegenstrahlung der Atmosphäre, während die Reflexstrahlung der Sonnen- und Himmelsstrahlung, die Reflexstrahlung der Gegenstrahlung und die Temperaturstrahlung von der Oberfläche der Vegetationsdecke ausgehen. Zieht man von den zugeführten die abgeführten Strahlungsgrößen ab, bleibt die Strahlungsbilanz übrig. Diese Energiemenge dient verschiedenen Zwecken, die kurz angedeutet werden. Zum Schluß werden die Geräte beschrieben, mit denen sich die einzelnen Strahlungsströme messen lassen.

SUMMARY

The radiation streams which strike the surface of the vegetation cover daily are composed of the direct solar radiation, the sky radiation and the opposing radiation of the atmosphere. The reflex radiation of the opposing radiation and the heat radiation off the surface of the vegetation cover leave simultaneously. If one subtracts the amount of the radiation removed from the amount supplied, a radiation balance is left. This quantity of energy serves several purposes and these will be briefly indicated. Finally, the apparatus will be discussed whereby the different radiation streams may be measured.

LITERATUR

Berger-Landefeldt, U.: Der Pflanzenklima-Meßwagen. – Geofisica pura e applic. **30**: 195–204. 1955.

Bolle, H.-J. u. Fleischer, R.: Der Einfluß der Lupolen-Absorption auf die Messung und Registrierung der Ultrarot-Strahlungsströme. – Ann. d. Met. **6**: 380–381. 1953–54.

Frankenberger, E.: Über vertikale Temperatur-, Feuchte- und Windgradienten in den untersten 7 Dekametern der Atmosphäre, den Vertikalaustausch und den Wärmehaushalt an Wiesenboden bei Quickborn/Holstein 1953/1954. – Ber. dt. Wetterdienstes **20**. 1955.

Gorczyński, L.: Solarimeters and solarigraphs. Simple instruments for direct readings of solar radiation intensity from sun and sky. – Monthly Weather Rev. **54**: 381–384. 1926.

— Über Solarimeter und einige andere thermoelektrische Instrumente für Sonnenstrahlungsmessungen. – Meteorol. Ztschr. **44**: 5–12. 1927a.

— Some results obtained by testing solarimeters with pyrheliometric tubes. – Monthly Weather Rev. **55**: 488–490. 1927b.

Schieldrup Paulsen, H.: Über die Anwendung von künstlichen Belüftungseinrichtungen bei Strahlungsmeßgeräten. – Ann. d. Met. **8**: 337–339. 1957–58.

Schulze, R.: Über ein Strahlungsmeßgerät mit ultrarotdurchlässiger Windschutzhaube am Meteorologischen Observatorium Hamburg. – Geofisica pura e applic. **24**: 10–114. 1953.

— Über die Messung der langwelligen Ultrarot-Strahlung in der Biophysik. – Strahlentherapie **94**: 152–160. 1954.

— Optische Durchlässigkeit von Lupolen-H für Ultraviolettstrahlung, sichtbares Licht und Infrarot-Strahlung. – Ann. d. Met. **6**: 127–128. 1953–54.

UNGENANNT. Zusammenfassung der Berichte I und II über die Vergleichsversuche an Strahlungsgeräten beim Meteorologischen Observatorium Hamburg. – Deutscher Wetterdienst, vom 1.–15.9.1955 und 15.–30.5.1956 zu Händen der Radiation Commission der I.A.M., I.U.G.G., 1956–55. 61 S.

Auf eine Anfrage von J. FEISE nach den Meßgeräten antwortet

U. BERGER-LANDEFELDT:
Wir haben einen Programmgeber, der wechselnd alle 30 Sekunden eine andere Meßstelle angibt, so daß wir unseren Linien-Schreiber beliebig zu einem Meßwert-Schreiber umwandeln können. Punkt-Schreiber haben sich für unsere Messungen nicht bewährt. Diese Schreiber haben eine sehr langsame Punktfolge, so daß die Punkte, die man zur Verwertung braucht manchmal nicht geschrieben sein können.

K. LIMPERT:
Sie sagten, daß Böden, die stark mit Luft durchsetzt sind, schlechte Wärmeleiter seien. In den obersten Schichten sind stark durchlüftete Böden in der Landwirtschaft angestrebt. Der Luftgehalt ist zur Bildung der Bakterien und Krümelstruktur erwünscht. Wie beurteilen Sie nach Ihren Untersuchungen diese Eigenschaften?

Die Verdunstung wird von der relativen Luftfeuchtigkeit, die abhängig ist vom Dampfdruck, wesentlich mitbestimmt. Wie werden die sich auf Grund der Gastheorie ergebenden Überlegungen und Tatsachen bei Ihren Strahlungsuntersuchungen berücksichtigt?

U. BERGER-LANDEFELDT:
Wenn ein Bauer seinen Acker bearbeitet und eine Krümel-Struktur erzeugt und versucht eine Bodenluft-Schicht zu schaffen, tut er das meines Erachtens hauptsächlich aus Verdunstungsgründen. Dadurch wird die Wasserabgabe ganz entscheidend beeinflußt. Wir sprechen in der Landwirtschaft von der unproduktiven Verdunstung. Diese wird auf diese Weise sehr herabgesetzt. Ich empfehle hierzu die letzte Auflage von GEIGER, Klima der bodennahen Luftschicht durchzusehen. Es gibt dort eine Reihe von außerordentlich interessanten Beispielen über die Bodenbearbeitung und ihre Folgen, d.h. einerseits eine Verbesserung des Wasserhaushalts, andererseits eine Verschlechterung des Wärmehaushaltes. Da aber das Wasser der entscheidendere Faktor ist, erscheint es sinnvoller den Wärmefaktor zu verschlechtern und dafür den Wasserhaushalt entscheidend zu verbessern.
Bei der Berechnung der Evapotranspiration nach der Wärmehaushaltsgleichung $Q = B + L + V$ ist die Kenntnis des Temperatur- und Dampfdruckgradienten der Luft über der Versuchsfläche notwendig.

U. ESKUCHE:
Erlauben Sie mir bitte eine ergänzende Bemerkung und eine Frage:

Die temperatur-isolierende Wirkung der Streuschicht begünstigt das Gedeihen der Frühjahrsgeophyten unserer Wälder nicht nur infolge der von Ihnen erwähnten „Wärmeballung" in der obersten Bodenschicht zu

Beginn der Vegetationszeit. Auch die Abkühlung des Bodens in der kalten Jahreszeit wird durch die Laubstreu herabgesetzt. Im vergangenen Winter wurde beobachtet, daß der Frost nur 1 bis 3, höchstens aber etwa 5 cm tief in die von einer Streuschicht bedeckten Waldböden eingedrungen war, in einen Grünlandboden mit gleicher Schneebedeckung dagegen etwa 50 cm tief.

Sie entwickelten die Gleichung der allgemeinen Energiebilanz und bemerkten, daß Sie versuchen, die reale und die potentielle Verdunstung anhand von Messungen der Strahlungsbilanz zu ermitteln. An den Beziehungen zwischen Strahlungsbilanz und Verdunstung der Erdoberfläche kann nicht gezweifelt werden. Welche Aussichten messen Sie der Methode bei, unter Berücksichtigung der seitlichen Zu- und Abfuhr („Advektion") von Energie die Verdunstung eines kleinen Ausschnittes der Erdoberfläche, z.B. einer Pflanzengesellschaft, aus der Strahlungsbilanz zu ermitteln?

U. Berger-Landefeldt:
Ich weiß, daß Sie gut in der Materie stehen. Sie konnten daher den Haken der Methode mir sofort präsentieren. Es ist schwierig zu sagen, ob man 5 ha oder 1 ha gleiche Oberfläche braucht, weil das von der umliegenden Vegetation abhängt. Diese Frage ist wichtig für das Internationale Biologische Programm. Man muß wissen, wie die Umwelt beschaffen sein muß, in der wir unsere Stationen aufstellen. Denn von dieser Umwelt hängt außerordentlich viel ab. Wenn die umliegenden Gesellschaften stark von der Gesellschaft abweichen, die wir untersuchen, wird das Problem sehr schwierig. Ich muß den Temperaturgradienten und den Dampfdruckgradienten über einer Oberfläche bestimmen. Wenn ich über einem Gelände, das etwa so groß ist wie dieser Raum, den Temperaturgradienten bestimmen will, dann wird advektiv aus der Umgebung andere Luft hergeweht. Wenn ich eine Meßstelle in einer bestimmten Entfernung über der Bodenoberfläche aufstelle, dann wird Luft, die aus den benachbarten Beständen kommt, an der oberen Meßstelle vorbeistreichen. Diese Luft wird nicht aus dem Bestande heraufsteigen. Bei der unteren ist es dagegen ziemlich sicher, daß die Luft aus dem Bestande kommt. Bei der oberen ist das nicht der Fall. Ich brauche also, um diese Messungen durchzuführen, ein möglichst homogenes Gelände. Sonst ist also die Gefahr der Advektion gegeben. Herr Frankenberger war in der Pinnau-Niederung in der glücklichen Lage, eine Umgebung zu haben, die verhältnismäßig gleich auf großen Flächen ist. Die Amerikaner haben in der Nevada-Wüste, wo sie auf etwa 4000 km^2 das gleiche Gelände hatten, ein außerordentlich interessantes „field programm" durchgeführt mit kleinklimatischen und klimatologischen Untersuchungen. Die Fläche für ihre Meßstellen war auf etwa 100 km ganz gleichartig.

Man hat die gesamten Universitäten und Meßinstitute Amerikas zusammengebracht. Sie haben alle mit ihren verschiedensten Geräten im gleichen Programm gemessen.

Für kleinräumige Gesellschaften geht so etwas nicht. Die Gesellschaften, die mit Hilfe dieser Methode untersucht werden können, müssen also großräumiger sein. Wie großräumig, das kann niemand sagen. Denn das hängt von den umliegenden Pflanzenbeständen und von dem umliegenden Gelände ab. Wir haben in Berlin Versuche über einem Luzernefeld angestellt. Es lag mitten in der Stadt bei Dahlem, umgeben also von Häusern und Straßen. Dieses Feld hatte eine Größe von etwa 5 ha. Wir glaubten, daß über diesem Luzernefeld sich nun ein Ausgleich einstellen würde. Wir haben wenige cm über der Luzerne eine Meßstelle gehabt und eine zweite 2 m darüber. Wir haben mit Erstaunen feststellen können, daß die untere Meßstelle Luft erhielt, die aus der Stadt, irgendwo aus dem Häusermeer herangeweht wurde, und so die obere Meßstelle trotz der Größe von 5 ha störte; obwohl eine Überstreichfläche von etwa 150 m gegeben war. 150 m haben also nicht ausgereicht, die normale Turbulenz der Advektion zu verhindern, weil das umliegende Gelände zu unterschiedlich war. Ich kann also keine Faustzahl sagen, weil sie immer von der Umgebung abhängt. Wenn die Umgebung nicht sehr unterschiedlich ist, dann kann man getrost auf einem Gelände etwa 1 ha solche Messungen durchführen. Ist das Gelände aber unterschiedlich, dann braucht man 10 oder 20 oder 30 ha.

C. Troll:
Das Problem des Strahlungshaushaltes beschäftigt jetzt Biologen und Meteorologen. Gerade in der Meteorologie ist das ja ein ganz großes Weltprogramm, im Augenblick haben ja die Russen einen ganzen Strahlungsatlas herausgegeben. Es ist außerordentlich schwierig, diese Ergebnisse auf die Pflanzengeographie zu übertragen. Wir müßten dann ja dazu von jedem entsprechenden Ort nicht nur den Tagesgang, den Sie hier gezeigt haben, sondern natürlich auch den Jahresgang haben. Eine Ausnahme bilden höchstens die äquatorialen Gegenden, wo wir ja keine Jahreszeiten-Unterschiede haben, wo man also schon in wenigen Monaten, vielleicht sogar in einem Monat eine überschlägige Messung bekommt. Dann würde also eine geographische Zonierung von den polaren bis zu den äquatorialen Breiten herauskommen. Man müßte das in jeder Zone und in den verschiedenen Meereshöhen machen, um die Ergebnisse dreidimensional zu bekommen, und außerdem müßte man dann noch die Unterschiede des Klimas nach der Bewölkung, nach der Luftfeuchtigkeit, die ja auch sehr unterschiedlich ist, kennen. Aber jedenfalls wäre es ein großer Fortschritt, wenn in diesem biologischen Programm das einmal für die wichtigsten Gegenden der Erde gemessen würde.

Für uns Pflanzensoziologen ist es natürlich besonders wichtig, das Expositionsklima (Nord- und Südseite) auch strahlungsmäßig zu erfassen. Seine Auswirkung kann man ja direkt sehen. In den Polargebieten, wo die Sonne im Sommer zirkuliert, ist der Unterschied gering. Es ist oft geschrieben worden, er sei dort besonders groß. Das ist aber nicht richtig. Er ist bei uns sehr fühlbar. Das Volk im Schwarzwald unterscheidet ja schon „Sonnenhalde" oder „Winterhalde." Im Rhone-Tal, im Wallis, ist er noch stärker. Er nimmt nach den südlichen Breiten hin weiter zu. Meine Beobachtungen haben ergeben, daß in einer Breite von 30–40° die Expositionsunterschiede extrem sind. Wie meine Vegetationskarte des Nanga Parbat zeigt, ist es dort ungeheuer eindrucksvoll zu sehen, wie die Steppen auf den Südseiten hinaufgehen bis zur alpinen Stufe, dagegen alle feuchten Formationen nur auf den Nordseiten zu finden sind. Damit stimmt überein, daß wir z.B. auch im Mediterran-Gebiet, z.B. auf der Insel Cypern, die Feuchtwälder nur auf der Nordseite finden. Auf der Südhalbkugel habe ich die entsprechende Erfahrung gemacht: in Transvaal und Natal z.B. ist dieser Gegensatz extrem, allerdings erst in größeren Höhen stärker als im Tiefland. In Nordwest-Argentinien sind nur die Südhänge bewaldet, die Nordhänge nicht. Man muß dieses Problem aber immer gleich dreidimensional sehen, weil die Strahlungsverhältnisse mit der Höhe zunehmen. Der Himalaja hat im Winter eine Schneebedeckung. Das muß alles zusammen gesehen werden. Deshalb ist eine Geographie der Strahlung noch nicht möglich. Aber wir kommen näher und näher an dieses große Problem heran.

Die Standortswahl ist für den Ansatz solcher Strahlungs-Messungen entscheidend. Möglichst sollte man dann immer Parallel-Messungen machen: einen Südhang und einen Nordhang oder ein Tälchen und einen offenen Hang gleichzeitig. Weil der Pflanzengeograph wenigstens einiges von den Wirkungen unmittelbar sieht, muß er das entscheidende Wort sprechen, wo die entscheidenden Meß-Stellen liegen können.

UNTERSUCHUNGEN ZUM EXPOSITIONSPROBLEM IN DER HEIDELANDSCHAFT

von

W. LÖTSCHERT, Frankfurt/M.

Die Bedeutung der Exposition läßt sich durch Analyse zahlreicher Standortsfaktoren belegen, wie die klassischen Untersuchungen von SCHADE (1917) zeigen. Ihr Einfluß nimmt mit wachsender Höhe über NN zu, da die diffuse Himmelsstrahlung gegenüber der direkten Sonneneinstrahlung relativ abnimmt. Vielfach untersucht wurde das Expositionsproblem in den mittleren Breiten der Erde, doch lassen sich auch in den Tropen Beispiele für die Bedeutung der Exposition finden (Vgl. LÖTSCHERT 1953).

Die Summe aller Standortsfaktoren findet ihren Ausdruck in der Vegetation, die das anschauliche Integral aller Faktoren darstellt. Dies ist selbst in Gebieten mit ausgeglichenem Klimacharakter wie in der subatlantischen Zwergstrauchheide der Fall.

In dem nördlichen von zwei parallel in E-W-Richtung verlaufenden Trockentälern der Naturschutzparks Lüneburger Heide rund 1500 m ene von Niederhaverbeck wurden an einem ca 8–10° geneigten N- und S-Hang Standortsmessungen zum Expositionsproblem durchgeführt.* Der N-Hang trägt ein *Leucobryum glaucum*-reiches, der S-Hang ein *Cornicularia aculeata*-reiches Calluno–Genistetum. Parallel zur Vegetationsdifferenzierung wurden folgende Standortsfaktoren im Hinblick auf das Expositionsproblem untersucht: Bodenprofil und Bewurzelung, Niederschlag, Bodenwassergehalt und Bodenreaktion sowohl der einzelnen Horizonte als auch im Verlauf des Jahres (LÖTSCHERT 1964, LÖTSCHERT und HORST 1962), Bodenbakterien und Pilze nach dem Plattenguß-Verfahren.

Ferner wurden eingehende mikroklimatische Analysen durchgeführt. Sie beziehen sich auf den täglichen Temperaturverlauf in der Kryptogamenschicht (2 cm), *Calluna*-Zwergstrauchschicht (20 cm) sowie der freien Luft über *Calluna vulgaris* (50 cm). Daneben wurden Temperatur-Tagesgänge in 2, 5, 10 und 40 cm Tiefe ermittelt. In diesen Tiefen liegen in der *Leucobryum glaucum*-reichen Calluna–Heide am N-Hang der L-, F_1-, F_2- und B/C-Horizont, in der *Cornicularia aculeata*-reichen Calluna–Heide am S-Hang der L-, H_m/A_e-, B_{hs}- und B_s-Horizont. Hinzu kommen Tagesgänge von Luftfeuchtigkeit und Evaporation in verschiedenen Höhen.

* Auf die zwischen Niederhaverbeck und Wilsede gelegenen Trockentäler wies mich Herr Professor ELLENBERG, Göttingen, hin. Hierfür sei ihm auch an dieser Stelle gedankt.

Es sind für alle genannten Faktoren auch im Verbreitungsgebiet der subatlantischen Zwergstrauchheide deutliche Unterschiede zwischen N- und S-Hang nachweisbar. So liegen die höchsten Temperaturen am S-Hang erwartungsgemäß in Höhe der Kryptogamensynusie (2 cm), am N-Hang hingegen in der *Calluna*-Zwergstrauchschicht (20 cm). Weiterhin wurden die niedrigsten Temperaturen am S-Hang über *Calluna vulgaris* gemessen, am N-Hang jedoch in der Zwergstrauch- und Kryptogamen-Schicht selbst. Die Transpiration von *Calluna* war am S-Hang höher als am N-Hang. In vielen Fällen greift der Wind modifizierend ein. Messungen über Frosttiefe unter Angabe der Exposition finden sich bei HORST (1964). Die Ergebnisse wurden bereits im Rahmen einer eingehenden Darstellung veröffentlicht.

SUMMARY

Investigations in the heather landscape concerning the plant societies at different quarters.

In the Naturschutzpark Lüneburger Heide (national park) in the northwestern region of Germany measurements were conducted on a north and a south slope with 8–10° inclination. The northern slope is covered by a heather (Calluno-Genistetum subatlanticum) rich in *Leucobryum glaucum*, on the southern slope *Cornicularia aculeata* predominates. In these two plant societies we investigated the differences of the soil horizons in respect to the presence of root systems. Furthermore soil humidity and soil-pH of the different layers, soil bacteria and fungi were counted.

Furthermore detailed microclimatic studies were carried out in the surroundings of lichens and mosses (+ 2 cm), *Calluna* dwarf shrubs (+ 20 cm) as well as in the open air above *Calluna vulgaris* (+ 50 cm). Regular temperature readings were taken during the day at depths of 2, 5, 10 and 40 cm. Together with it the relative humidity, evaporation and transpiration of *Calluna vulgaris* were controlled regularly. For all tested parameters significant differences were found between north and south slope. Often wind has a modifying influence. The data have been published elsewhere extensively.

LITERATUR

HARTMANN, F. K., J. VAN EIMERN u. G. JAHN: Untersuchungen reliefbedingter kleinklimatischer Fragen in Geländequerschnitten der hochmontanen und montanen Stufe des Mittel- und Südwestharzes. – Ber. dt. Wetterdienstes **50**. Offenbach 1959.

HORST, K.: Klima und Bodenfaktoren in Zwergstrauch- und Waldgesellschaften des Naturschutzparks Lüneburger Heide. – Naturschutz und Landschaftspflege in Niedersachsen **2**. Hannover 1964.

LÖTSCHERT, W.: Sobre la ecología de la vegetación de los barrancos de El Salvador. – Comun. Inst. Trop. Invest. Cient. San Salvador **2**: 47–53. 1953.

— Beiträge zur Ökologie der subatlantischen Zwergstrauchheide NW-Deutschlands. I. Vegetation und Bodenfaktoren. – Beitr. Biol. d. Pflanzen

37: 331–380. 1962. – II. Mikroklima und Transpiration. – Ebenda **37**: 381–410. 1962a. – III. Niederschlag bei verschiedener Exposition und die CO_2-Abgabe des Bodens. – Ebenda **41**: 359–366. Berlin 1965.

— Neuere Untersuchungen zur Frage jahreszeitlicher pH-Schwankungen. – Angew. Bot. **38**: 255–268. 1964.

— u. HORST, K.: Zur Frage jahreszeitlicher pH-Schwankungen. II. Untersuchungen an Heide- und Waldstandorten. – Flora **152**: 689–701. Jena 1962.

RAABE, E. W.: Auswirkung von Nord- und Südexposition auf die Pflanzendecke. – Mitt. flor.-soz. Arbeitsgem. N. F. **5**: 177–183. Stolzenau/Weser 1955.

SCHADE, A.: Über den mittleren jährlichen Wärmegenuss von Webera nutans und Leptoscyphus taylori im Elbsandsteingebirge. – Ber. dt. bot. Ges. **35**: 490–505. Berlin 1917.

J. J. BARKMAN:

Die schönen Ausführungen von Herrn LÖTSCHERT haben mich sehr interessiert, weil wir an der Biologischen Station in Wijster/Drenthe seit einem Jahr an zwei Tagen pro Woche auch mikroklimatische Messungen ausführen an sechs verschiedenen Stellen in der Heide. Leider haben wir keine Transpirationsmessungen und auch noch keine Bodenuntersuchungen gemacht.

An erster Stelle habe ich auch bemerkt, daß an einem Nordhang von 30° mit lockerer *Calluna* und darunter einer Schicht von Lebermoosen, (die Scapania nemorosa–Barbilophozia–Gesellschaft, die noch nicht publiziert ist), auch die höchsten Temperaturen nicht am Boden, sondern in der *Calluna*-Schicht herrschen. Aber ich habe auch bemerkt, daß in der flachen *Empetrum*-Heide die höchsten Temperaturen nicht am Boden sind, wie in der flachen *Calluna*-Heide, sondern in der *Empetrum*-Kronenschicht, weil *Empetrum* eine ganz dichte Kronenschicht bildet und da also offenbar der effektive Wärmeaustausch stattfindet.

Also in der flachen *Empetrum*-Heide die gleichen Erscheinungen in der Temperatur-Inversion wie am Nordhang. Wir haben im gleichen Gelände ein Corynephoretum und ein Cladonietum mitis, das hervorgeht aus der *Calluna*-Heide, wenn die Heide stirbt. Sie wird ja nicht mehr verjüngt durch Schafe, denn die gibt es nicht mehr. Sie stirbt und dann kommt ein Cladonietum mitis. Das ist eine zyklische Entwicklung, *Calluna* kann dann wieder keimen. Wie ich schon immer vermutete, sind die extremsten Verhältnisse von Temperatur und Feuchtigkeit nicht im Corynephoretum, obwohl es am Südhang von etwa 10° liegt, sondern in diesem flachen Cladonietum. Beide sind offen, haben eine ungehinderte Ein- und Ausstrahlung. Es gibt keine *Calluna*. Aber im Corynephoretum ist Sand, der die Wärme gut in die Tiefe ableitet, während das Cladonietum eine dicke Rohhumusschicht hat. Die Bodentemperaturen im Corynephoretum sind im Sommer am Tage höher, aber die Oberflächentemperaturen sind niedriger. Sie können z.B. bis 57°C steigen an einem ganz heißen Mittag, im Cladonietum aber am gleichen Tag auf 65°C und in der *Calluna*-Heide nur auf 40°C. Wenn aber bei heißem sonnigen Sommerwetter Wind herrscht, dann findet man die höchsten Temperaturen weder im Corynephoretum noch im Clad o n i e t u m, sondern in der trockenen *Calluna*-Heide, weil da der Wind gehemmt wird und die heiße Luftschicht am Boden erhalten bleibt.

Sie haben uns gezeigt daß in der relativen Luftfeuchtigkeit keine Unterschiede sind zwischen Nord- und Südhang. Man müßte wohl besser das Sättigungs-Defizit darstellen. Es ist für die Pflanze wichtiger und man würde dann einen größeren Unterschied zwischen Nord- und Südhang sehen, weil die Temperatur mitspielt, die ja am Nordhang niedriger ist. Deshalb gibt es da im Vergleich mit der relativen Luftfeuchtigkeit ein viel kleineres Sättigungs-Defizit.

G. SCHAFFER:

Meine erste Frage betrifft die Profil-Mächtigkeit auf dem Nord- und Südhang. Kann nicht dabei die Bodenerosion durch den Wind eine wesentliche Ursache sein, so daß das Profil auf dem Nordhang durch Anwehung mächtiger ist? Es ist mir klar, daß sämtliche anderen Faktoren mitspielen. Im Lichtbild sah das Profil aber danach aus, daß die Winderosion eine gewisse Dominanz haben könnte.

Wie kommen Sie zu der Abgrenzung im B-Horizont zwischen B_h und B_s? Ich glaube, daß die Verbreitung der sogenannten Eisenhumus-Podsole doch wesentlich geringer ist, als man immer annimmt. Ich kann das noch nicht stichhaltig belegen. Aber eine Tatsache, die darauf hindeutet, ist folgende: wenn man Proben aus dem B_h- und B_s-Horizont glüht, erscheinen im angeblich mit Eisen angereicherten B_s-Horizont keine rötlichen Farben. Hier handelt es sich wahrscheinlich um eine Fraktionierung der Humus-Sole. Rötlich gefärbte Humussäuren wandern also etwas weiter und täuschen durch ihre Farbe in diesem zweiten optisch gut abgrenzbaren Unterhorizont eine Eisen-Einwaschung vor, die in Wahrheit durch leichter bewegliche Humus-Sole entstanden ist. Haben Sie diese Horizonte auf Grund von analytischen Daten interpretiert?

Haben Sie die Pilz-Bestimmungen genauso gemacht wie die Bakterien-Bestimmungen? Haben Sie die Pilze durch Schütteln und anschließend durch das Plattenguß-Verfahren bestimmt? Es hat sich bei Untersuchungen von SCHMIDT in Hohenheim gezeigt, daß die Pilzzahl proportional der Schütteldauer ist. Das ist für die Relation innerhalb eines Profils nicht von Bedeutung, denn sie stimmt trotzdem, wenn immer gleich lange geschüttelt wird. Es betrifft aber die Relation zwischen Pilzen und Bakterien. SCHMIDT schlägt vor, das Schüttelverfahren zu verlassen. Sein anderes Verfahren möchte ich ganz kurz erläutern. SCHMIDT entnimmt dem Boden mit Rähmchen wie KUBIENA Proben und versieht sie oben mit einer Nährbodenschicht. Er läßt die Pilze durchwachsen und beobachtet sie nach einer bestimmten Zeit mikroskopisch durch Auszählen. Er kommt zu anderen Vorstellungen und Zahlen, die wesentlich unter denen liegen, die das Plattenguß-Verfahren liefert. Diese Arbeit ist im Archiv für Mikrobiologie veröffentlicht.

U. BERGER-LANDEFELDT:

Ich möchte noch zwei ganz kurze Bemerkungen machen zu dem, was Herr BARKMAN und Herr LÖTSCHERT ausführten. HOMÉN, ein Finne, hat schon im vorigen Jahrhundert die ersten Wärmehaushalts-Untersuchungen gemacht. Er fand, daß die täglichen Maximum-Minimum-Temperatursummen an der Bodenoberfläche bei gut wärmeleitenden Böden viel größer als bei schlecht wärmeleitenden sind.

Zur Advektion ist zu sagen, daß diese einen Ausdruck in der Temperatur- und Dampfdruck-Unruhe findet. Temperatur-Unruhe ist eine bekannte Sache. Aber wir können jetzt mit besonders konstruierten Geräten auch die Dampfdruck-Unruhe messen. Dabei ergeben sich über einem Luzernefeld Schwankungen von 11 Torr in wenigen Sekunden.

R. TÜXEN:

Mit Ihren Zahlen allein werden Sie wahrscheinlich nicht die Ursache dieser beiden Ausbildungen finden oder belegen können, die noch durch ganz andere Faktoren, nämlich durch verschieden starkes Plaggenstechen oder durch die Winderosion oder vielleicht auch durch Brand, der in der Heide immer wieder eine Rolle spielt, bedingt sein können. Ich habe aus ELLENBERGS Dissertation (1939) gelernt, daß, wenn man kausal vorgehen wolle, man zunächst eine *qualitative* Analyse der entscheidenden Faktoren machen müsse und diese dann messen solle. Dann hätten wir die synökologische Kausal-Analyse.

Daneben besteht aber auch die Möglichkeit eine Standortsbeschreibung zu machen. Ich halte, vielleicht in einer gewissen Abweichung von ELLENBERG, die Standortsbeschreibung, ich will nicht sagen für ebenso wichtig, aber für ebenso interessant. Ich war besonders darüber froh, in beiden Fällen Standortsbeschreibungen zu hören.

K. LIMPERT:

In den Ausführungen von Prof. LÖTSCHERT habe ich die Schlußfolgerungen aus Ihrer Erforschung der Kausalität vermißt. Nach meiner Auffassung ist das Expositionsproblem ein dynamisches Problem, wobei die Fragestellung jetzt so zu formulieren wäre, welche Bedingungen für die unterschiedliche Bodenentwicklung am Nord- und Südhang maßgebend seien. Waren es klimatische Bedingungen außer denen, die schon angeführt wurden? Ich möchte darauf hinweisen, daß in der Eifel bestimmte Hanglagen zu einer verstärkten Podsolierung neigen. Vielleicht ist dafür eine Erklärung in der Richtung zu finden, daß der Pflanzenbewuchs in einer Abhängigkeit vom Untergrund steht und die Podsolierung wiederum rückwirkend vom Pflanzenbewuchs und von den klimatischen Bedingungen ausgehend zu suchen ist.

Halten Sie die derzeitigen Standort-Gegebenheiten für einen abgeschlossenen Zustand, oder glauben Sie, daß die Podsolierung noch im Fortschreiten begriffen ist?

W. LÖTSCHERT:

Zur Frage von Herrn TÜXEN möchte ich sagen, daß man erkenntniskritisch gesehen diese Untersuchungen wohl letzten Endes als Standortsanalyse bezeichnen muß, die allerdings sehr vieles verständlich macht. Der Humusgehalt, der Bodenwassergehalt und die dichte Bewurzelung im B_h-Horizont sind Faktoren, die koinzidieren. Insofern gibt diese

Standortsanalyse einen recht tiefgreifenden Einblick in das gesamte Beziehungsgefüge zwischen Vegetation und den übrigen Faktoren des Standortes. Die Frage, ob das nun kausal oder analytisch sei, muß man wohl so beantworten, daß es sich um eine Analyse handelt. Denn wenn man eine kausale Fragestellung hat, hat man eine ganz bestimmte Problematik, hält alle Bedingungen gleich und geht damit ins Labor. Dort kann man diese Kausal-Analyse weiterführen.

Zur Bemerkung von Herrn SCHAFFER zur Windabtragung wäre zu sagen, daß sie am Südhang in der *Cornicularia*-Heide heute sehr gering ist. Allerdings möchte ich sie nicht in Abrede stellen. Sie tritt nur zwischen den einzelnen *Calluna*-Horsten auf, wenn einmal etwas breitere Stellen offen sind, aber im allgemeinen sind diese Stellen dann von *Polytrichum piliferum* oder von *Cladonien* besiedelt. Unter den *Calluna*-Sträuchern ist ohnehin eine Akkumulation von Rohhumus usw. vorhanden.

Die Frage, ob man zwischen einem B_h- und einem B_s-Horizont unterscheiden soll, ist schwer zu beantworten. Wir haben in diesen beiden Horizonten den Humusgehalt bestimmt. Er beträgt im B_h-Horizont 18% und im B_s-Horizont 7,5%. Hier ist also ein Unterschied vorhanden und eine gewisse Einwanderung von Humussubstanzen in den B_s-Horizont ist wohl nicht in Abrede zu stellen.

Zu der Keimzahl-Bestimmung wäre zu sagen, daß die Bakterien und die Pilze nach dem gleichen Verfahren bestimmt worden sind. Es wurde immer die gleiche Zeit geschüttelt. Bei der Bestimmung der Pilze mit dem Plattenguß-Verfahren erfaßt man auf einem bestimmten Nährboden ja nur bestimmte Pilze. Auf diesem Nährboden keimen im allgemeinen nur die Zuckerpilze. Jede Methode ist in dieser Hinsicht relativ.

Herrn Prof. BERGER-LANDEFELDT danke ich dafür, daß er noch einmal die Frage der Advektionsströme unterstrichen hat. Ich weiß, wie intensiv die Advektionsströmung gerade in der Heide ist. Es ist praktisch nie windstill, oder doch nur in ganz bestimmten Abschnitten langer Strahlungsperioden. Die Vibration bei der Temperaturmessung kenne ich sehr gut. Ich habe z.B. einmal über einem Lavafeld in Zentral-Amerika solche Messungen gemacht. Über dieser zerrissenen Oberfläche auf schwarzem Gestein sind die Schwankungen ungeheuerlich.

Zu der Frage von Herrn LIMPERT möchte ich sagen, daß für die Auslösung der verschiedenartigen Entwicklung letzten Endes der ganze Faktorenkomplex (Temperatur, Luftfeuchtigkeit usf.) ausschlaggebend ist. Nach dem Wegtauen des Eises haben wir den Beginn dieser Entwicklung anzusetzen. Zunächst gab es nur ganz kleine minutiöse Unterschiede, die einsetzten und sich allmählich sukzessiv verstärkt und zu dieser Differenzierung geführt haben. Es ist natürlich inzwischen Wald da gewesen. Damit wird gleichzeitig die Frage beantwortet, ob es sich um ein abgeschlossenes Stadium handelt. Wenn man diesen Wuchsort sich selbst überläßt, wird er sich sehr schnell wieder bewalden, das ist eine allgemein bekannte Tatsache.

UNTERSUCHUNGEN ÜBER DEN EINFLUSS VON WINDSCHUTZHECKEN AUF DEN WÄRME- UND WASSERHAUSHALT VON PFLANZEN UND DIE RÜCKWIRKUNGEN AUF STOFFWECHSELPROZESSE

von

LORE STEUBING, Gießen

EINLEITUNG

Der Einfluß des Windes auf die Pflanzen ist sehr komplexer Natur. Besonders hervorzuheben sind die direkte, d.h. mechanische Wirkung und die indirekte Windwirkung, die zu einer Veränderung des Wasser- und Wärmehaushaltes von Pflanze und Boden führen. Damit erfolgt zugleich aber auch ein Eingriff in wichtige biochemische Prozesse. Ein Windschutz – sei es in Form von Hecken oder Reihenpflanzungen höher aufragender Kulturen (Mais, Sonnenblumen) oder künstlicher Windschirme – wird demnach Entwicklung und Stoffproduktion der im Windschatten wachsenden Pflanzen in mannigfacher Weise beeinflussen können. (Literaturzusammenstellungen bei KREUTZ 1952, MÜLLER 1956, VAN EIMERN 1961).

Auf die formgestaltende, mechanische Kraft des Windes, die zur Ausbildung windgeschorener und windgepeitschter Bäume führt, möchte ich hier nicht eingehen, ebensowenig auf zellphysiologische Veränderungen, die durch starkes Hin- und Herbewegen bewindeter Pflanzenteile hervorgerufen werden (MÜLLER-STOLL u. MOHR 1958). Beschränken möchte ich mich auf Untersuchungsergebnisse, bei denen durch Windschutz verändertes Mikroklima Rückwirkungen auf die angebaute oder natürliche Vegetation zeigte.

UNTERSUCHUNGEN ZUM WÄRMEHAUSHALT

Großen Einfluß besitzt der Wind für den Wärmehaushalt von Boden und Pflanze. Wird die Windgeschwindigkeit durch einen Gehölzstreifen gebremst, so bleibt der von den Schutzanlagen eingeschlossene Luftkörper länger in seinem Aufbau erhalten als an windoffenen Stellen, an denen der Luftmassenaustausch durch Ventilation sehr viel schneller stattfindet. Bei nicht zu schweren und nassen Böden findet man daher im Lee einer Hecke an Strahlungstagen nachts tiefere, tagsüber höhere Temperaturen als auf der Luvseite (STEUBING 1952/53). Bestimmend für die Pflanzentemperatur sind vor allem der Strahlungsumsatz im Blatt, der Energieverbrauch durch Transpiration und der Wärmeentzug durch den Massenaustausch. Die Atmungswärme braucht seltener berücksichtigt zu werden (BERGER-LANDEFELDT 1958, HUBER 1956, RASCHKE 1956, 1960). Um die Bedeutung verschieden hoher Windgeschwindigkeiten auf den pflanzlichen Wärmehaushalt zu studieren, wurden in meinem Laboratorium

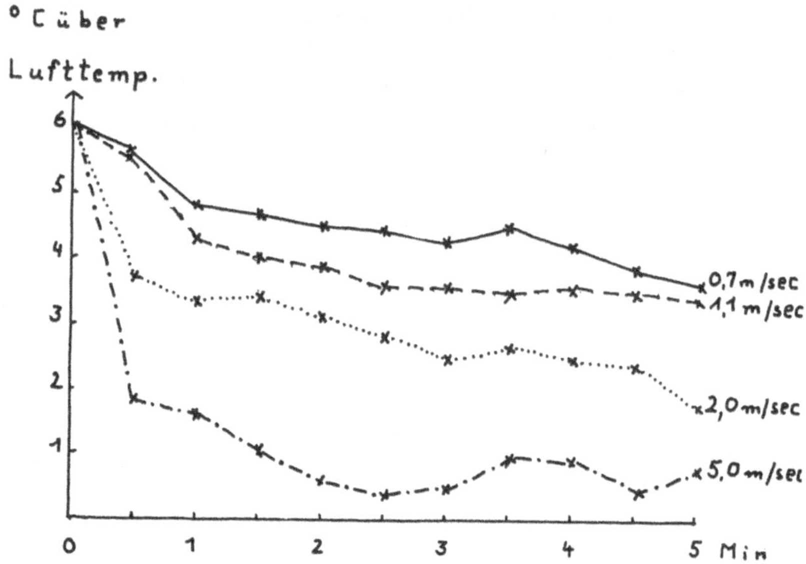

Abb. 1. Einfluß verschiedener Windgeschwindigkeiten auf die Temperaturen an der Blattoberseite von *Kalanchoë bloßfeldiana* bei gleichbleibender künstlicher Bestrahlung (nach CASPERSON 1957).

Modellversuche von CASPERSON (1957) angesetzt. Abb. 1 gibt das Ergebnis eines solchen Versuches wieder. *Kalanchoë bloßfeldiana* wurde zunächst einer konstanten Bestrahlung durch eine 200 Watt-Lampe ausgesetzt. Nach Erreichung einer etwa gleichbleibenden Höchsttemperatur wurde mit verschiedener Stärke bewindet und der Temperaturabfall verfolgt. Dieser fand um so schneller und steiler statt, je heftiger die Ventilation war. Bei einer Windgeschwindigkeit von 5m/sec wurde die durch Strahlungsabsorption hervorgerufene Erwärmung des Blattes über die Lufttemperatur innerhalb weniger Sekunden fast aufgehoben. Der Wind transportierte dann ungefähr den Energiebetrag durch Konvektion wieder fort, der durch Strahlungsabsorption zuvor aufgenommen worden war.

Entsprechend den Laboratoriumsbefunden lagen an Strahlungstagen im Freien die Blat-Temperaturen bewindeter Pflanzen unter denen der windgeschützten Kontrollen. Die Blat-Temperaturdifferenzen zwischen Luv- und Leepflanzen waren sowohl von der Witterung als vom physiologischen Zustand und der untersuchten Pflanzenart abhängig. Bei einer Wasserverknappung, die im Luv schneller als im Lee spürbar wurde, konnten sich die Temperaturunterschiede weitgehend ausgleichen und bei Windstille sogar eine geringfügige Umkehrung der Verhältnisse eintreten, da welke Pflanzen höhere Temperaturen als turgeszente annehmen.

UNTERSUCHUNGEN ZUM WASSERHAUSHALT

Am auffälligsten ist wohl die Bedeutung des Windes für den Wasserhaushalt der Pflanzen (STEUBING 1962). In Abb. 2 ist das Ergebnis von Transpirationsmessungen an abgeschnittenen Blättern von *Chenopodium album* und *Solanum nigrum* dargestellt. Beide kommen an Heckenrändern und auf brachliegenden Äckern in und außerhalb des Windschutzbereiches vor, so daß die nachfolgenden Untersuchungen am natürlichen Standort der Pflanzen stattfinden konnten. Sie wurden im Leeschutz einer etwa 4 m hohen, 2–3 m breiten Strauchhecke sowie in deren Luv, d.h. 20–25 m vor der Hecke vorgenommen. Aus der Abb. 2 geht hervor,

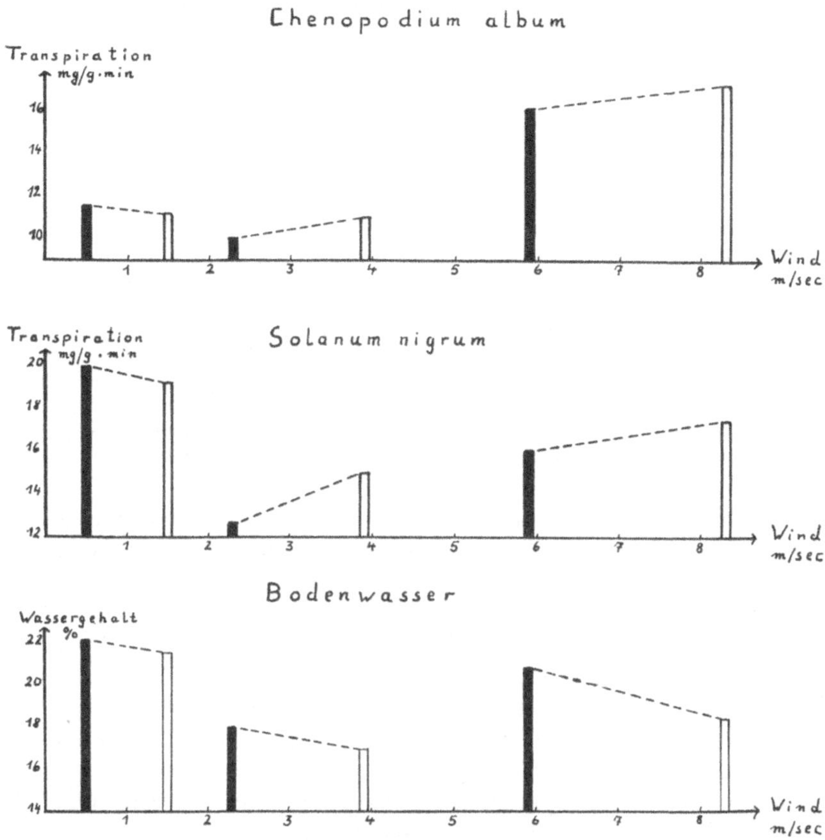

Abb. 2. Bodenwassergehalte und Transpiration von *Chenopodium album* und *Solanum nigrum* bei verschiedener Windgeschwindigkeit. Die gleichzeitig in Lee (schwarze) und Luv (helle Säule) gemessenen Werte sind durch gestrichelte Linien miteinander verbunden.

daß durch die geschilderte Windschutzanlage eine erhebliche Abschwächung der Luftbewegung stattfand, die sich in der unterschiedlichen Höhe der in Luv und Lee gemessenen Windwerte äußerte. Bei geringer Windgeschwindigkeit und guter Insolation war der Einfluß der Strahlung auf die Transpiration größer als der Ventilationseffekt. Daher übertrafen bei einer Windgeschwindigkeit von 0,5 m im Lee und 1,5 m/sec im Luv die windgeschützten Pflanzen die windoffenen in ihrer Transpiration. Bei solcher Witterung war auch das Sättigungsdefizit der Luft während der heißen Tagesstunden auf der Leeseite der Hecke höher als auf der Luvseite. Mit ansteigender Ventilation lag dagegen die Transpiration der windoffenen Pflanzen stets über derjenigen der geschützten, zumindest solange die Bodenwasservorräte noch genügten. Der untere Teil der Abb. 2 zeigt, daß auch die Bodenfeuchtigkeit durch eine Schutzanlage beeinflußt werden kann. Berücksichtigt man, daß die Niederschläge im windstillen Raum verstärkt ausfallen, und die Bodenwasserverdunstung hier weitaus geringer als an windzugängigen Orten ist, so lassen sich eigentlich noch größere Unterschiede zwischen Luv- und Leezone erwarten. Da aber die Wurzeln der Heckengehölze einen erheblichen Anteil der Bodenfeuchtigkeit absorbieren, kommt oft der genannte Unterschied kaum zur Geltung.

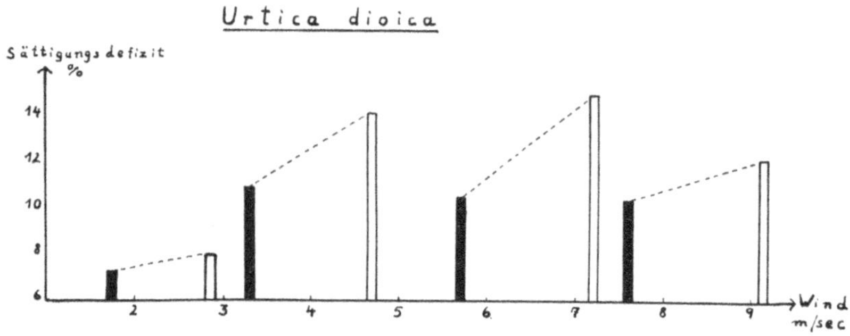

Abb. 3. Wassersättigungsdefizit von *Urtica dioica* bei verschiedener Windgeschwindigkeit. (Leewerte schwarz, Luvwerte hell).

An warmen, windigen Schönwettertagen steigt das Wassersättigungsdefizit in den Pflanzen rasch an. Dieser Anstieg und sein Endwert lagen an den windoffenen Standorten von *Urtica dioica* sehr viel höher als an den geschützten, bei denen der Wasserverbrauch nicht so hoch war (Abb. 3). Aber auch bei *Urtica dioica* konnte an windstillen bzw. windschwachen Strahlungstagen – aus den bereits geschilderten Gründen – die stärkere Belastung des Wasserhaushaltes von der Luv- auf die Leeseite übergehen. Damit wurde vorübergehend das Wassersättigungsdefizit der Leepflanzen größer als das der Luvpflanzen.

Der osmotische Wert gilt als besonders guter Indikator für den Wasserzustand einer Pflanze (WALTER 1961). Messungen an einer Reihe von Unkräutern ergaben stets ein Absinken der Hydratur (= Anstieg des osmotischen Wertes) gegenüber den windgeschützten Kontrollen (Abb. 4).

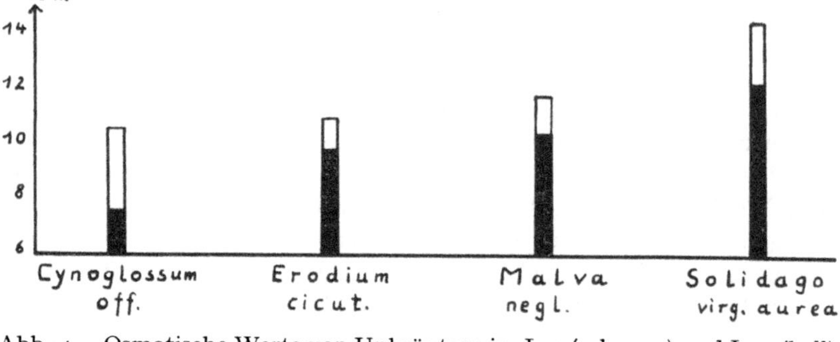

Abb. 4. Osmotische Werte von Unkräutern im Lee (schwarz) und Luv (hell) einer Hecke.

Als Ergebnis der teils gegensinnig verlaufenden physiologischen Prozesse Assimilation, Transpiration und Respiration wird bisweilen die Produktivität des Wasserhaushaltes gewertet (TUMANOW 1927). Ihren reziproken Wert stellt der Transpirationskoeffizient dar, der den Wasserverbrauch pro kg gebildeter Trockensubstanz angibt. Topfpflanzen von *Urtica dioica* und *Pisum sativum* wurden bei einer Bodenwasserkapazität von 45% bzw. 65% im Luv und Lee einer Hecke herangezogen und der Transpirationskoeffizient bestimmt. Nach Abb. 5 liegt dieser erwartungsgemäß bei einer WK von 45% höher als bei 65% und außerdem bei den windoffenen Pflanzen um einen erheblichen Betrag über dem der geschützt aufgewachsenen.

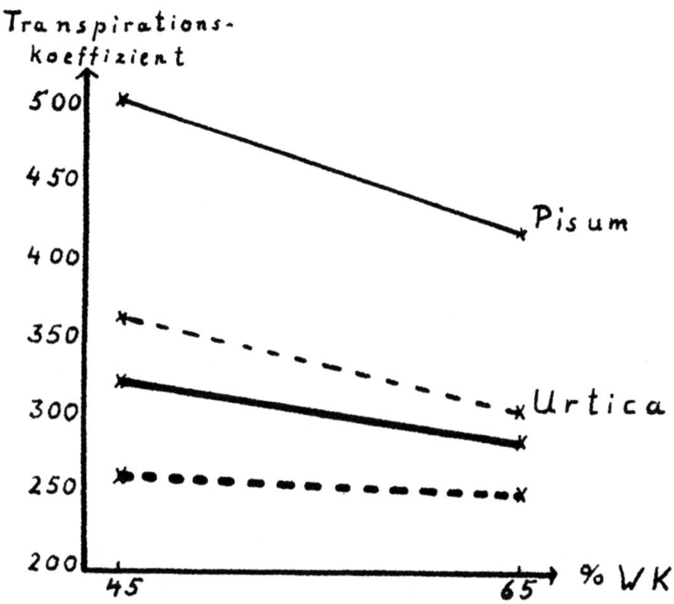

Abb. 5. Transpirationskoeffizienten von *Pisum sativum* und *Urtica dioica* bei verschiedener Bodenwasserkapazität im Lee und Luv einer Hecke. (Leewerte dicke, Luvwerte dünne Linien).

Die stärkere Belastung des Wasserhaushaltes bewindeter Pflanzen prägt sich im Aufbau der Pflanzen aus. Luvblätter sind im allgemeinen kleiner und besitzen ein höheres Gewicht pro Flächeneinheit als die entsprechenden Leeblätter. Diese sich hierbei bereits äußernde Xeromorphie findet einen weiteren Ausdruck in der Veränderung des Gewichtsverhältnisses von Sproß zu Wurzel bei Luv- und Lee-Kulturen.

Nach der Zusammenstellung in Tabelle 1 sind die Anforderungen an die Verankerung im Boden und an die Absorptionsleistung bei den windoffen heranwachsenden Pflanzen höher als bei geschützten. Daher bilden die Luvpflanzen ein stärkeres Wurzelsystem aus, und der Quotient Sproß/Wurzel nimmt geringere Werte an als bei den Leeschutzpflanzen.

Tab. 1. Sproß- und Wurzelgewichte bei windgeschützten und ungeschützten Kulturen

Pflanzenart	Anzucht	
	Lee Sproß Wurzel	Luv Sproß Wurzel
Pisum sat.	20,50	2,97
Rhaphanus raph.	4,69	0,64
Sempervivum tect.	11,29	4,42
Urtica dioica	1,13	0,52
Vicia faba	3,78	2,24

BIOCHEMISCHE UNTERSUCHUNGEN

Das von der offenen Landschaft abweichende Mikroklima innerhalb einer Windschutzanlage scheint den pflanzlichen Stoffwechsel in mehrfacher Hinsicht zu beeinflussen. Einen optischen Hinweis hierfür erhielt ich im Sommer 1957: Während einer sehr warmen und fast windstillen Witterungsperiode machten sich deutliche Unterschiede bei der Tomatenreifung zwischen geschützten und ungeschützten Parzellen bemerkbar. Trotz hoher Temperaturen setzte die Rötung der Früchte im Windschutz nur zögernd ein, während die Reifung in den windoffenen Parzellen schnelle Fortschritte machte. Die Lycopinbildung in der Pflanze ist temperaturabhängig und auf das schmale Temperaturintervall von 10–30° beschränkt. Oberhalb 30° unterbleibt die Lycopinsynthese. Wenn nun die Ausfärbung der Tomaten im Windschutz weitaus langsamer als in den windexponierten Parzellen erfolgte, so war hierfür wohl in erster Linie der unterschiedliche Wärmehaushalt der Luv- und Leepflanzen verantwortlich zu machen.

Auf die zunehmende Xeromorphie bewindeter Pflanzen war bereits hingewiesen worden. Sie findet ihren Niederschlag in einer Steigerung des Rohfasergehaltes bewindeter Versuchsserien, wie sich bei Bohnen, Senf und Raps feststellen ließ. In Tabelle 2 ist das Ergebnis einiger biochemischer Untersuchungen an Rapssamen festgehalten. Neben der Erhöhung des Rohfasergehaltes konnte eine solche für den Aschengehalt der Trockensubstanz und die Aschenalkalität nachgewiesen werden. Der höhere Aschengehalt windoffener Pflanzen läßt sich gut mit ihrem erhöhten Wasserverbrauch in Einklang bringen, wie er sowohl in der Transpirationshöhe als im Transpirationskoeffizienten offenbar wurde.

Tab. 2. Chemische Untersuchungen an windgeschützten und ungeschützten Kulturen von *Brassica napus*. (Die Analysen beschränken sich auf die Samen)

	Anzucht	
	Luv	Lee
Rohfaser	17,6%	16,3%
Aschengehalt	3,9%	3,2%
Aschenalkalität	47,6 ml NaOH	41,4 ml NaOH
Jodzahl	95,3	97,1

Die Aschenalkalität gibt einen Hinweis auf den Säureumsatz, der einerseits vom Entwicklungszustand der Pflanze, andererseits von Boden und Klima abhängig ist. Im vorliegenden Ergebnis entsprechen die Alkalitätsunterschiede zwischen Luv- und Leepflanzen etwa denen der Aschengehalte. Der Anteil an gebundenen organischen Säuren war demnach bei windoffen stockendem Raps höher als bei geschützt stehendem.

Ebenso umweltabhängig wie der Säurestoffwechsel erweist sich die Zusammensetzung der Pflanzenfette. Heiße Sommer und trockene Böden liefern Öle niedriger Jodzahl, d.h. die Bildung gesättigter Fettsäuren wird begünstigt. Eine Verzögerung der Pflanzenentwicklung und Fruchtreife, wie sie z.B. durch hohe Boden- und Luftfeuchtigkeit und niedrige Temperaturen ausgelöst werden kann, führt zu ungesättigten Fettsäuren. Wenn für Raps die niedrigere Jodzahl für Luvpflanzen gefunden wurde, so wird die im Luv besonders spürbare Trockenperiode während der Samenreife zu dem vorliegenden Analysenresultat beigetragen haben.

Die bisher geschilderten ersten biochemischen Ergebnisse erlauben die Schlußfolgerung, daß zahlreiche weitere Stoffwechselprozesse mikroklimatisch durch Windschutz beeinflußbar sind. Da jedoch eine Windschutzanlage je nach der herrschenden Witterung und den Bodenverhältnissen günstig oder ungünstig sein kann (es sei hier nur an die erhöhte Infektionsgefahr im Windschutz in nassen Sommern erinnert), wird eine Qualitätsbeeinflussung angebauter Kulturen durch Windschutz auf mancherlei Schwierigkeiten stoßen.

SUMMARY

Surface temperatures of plants behind shelterbelts are higher as compared with plants grown in a certain distance from those belts. If velocity of wind, combined with good insolation, is rather high, the effect of radiation upon both the energy balance and the water economy is exceeding the influence of wind. Plants exposed to the influence of wind develop more xeromorphic than not exposed plants. Consequently, the relation between weight of shoots to weight of roots is smaller in wind-exposed plants than in not exposed plants. The changed microclimate behind shelterbelts influencing several biochemical processes within the plant body, as for instance: content of ash, composition of fats, synthesis of lycopin etc.

LITERATUR

Berger-Landefeldt, U.: Temperaturbeobachtungen um ein Blatt. – Ber. dt. Bot. Ges. **71**: (22). Stuttgart 1958.

Casperson, G.: Untersuchungen über das thermische Verhalten der Pflanzen unter dem Einfluß von Wind und Windschutz. – Z. f. Bot. **45**: 433. Jena 1957.

Eimern van, J.: Effects of windbreaks and shelterbelts. – World Met. Org. Genf 1961.

Huber, B.: Die Temperatur pflanzlicher Oberflächen. – Handb. d. Pflanzenphysiologie, herausgeg. von W. Ruhland, **3**: 285. Bln-Göttingen-Heidelberg 1956.

Kreutz, W.: Der Windschutz. – Dortmund 1952.

MÜLLER, TH.: Versuche über die Windschutzwirkung von Hecken auf der Schwäbischen Alb. – Umschaudienst Akademie f. Raumforschg. u. Landesplang. **6**. Hannover 1956.

MÜLLER-STOLL, W. u. MOHR, M.: Über die Beeinflussung plasmatischer Zustandsgrößen durch Wind und windbedingte Schüttelbewegungen bei Silene pendula. – Z. f. Bot. **46**: 442. Jena 1958.

RASCHKE, K.: Mikrometeorologisch gemessene Energieumsätze eines Alocasia-Blattes. – Arch. Met. Geophys. u. Bioklim. **78**: 240. 1956.

— Heat transfer between the plant and the environment. – Ann. Review Plant Physiol. **11**: 111. 1960.

STEUBING, L.: Experimentelle Untersuchungen über die Veränderung der Standortfaktoren durch Windschutzanlagen. – Oikos **4**: 118. Copenhagen 1952/53.

— Untersuchungen zum Wasserhaushalt windgeschützter und windexponierter Pflanzen am natürlichen Standort. – Biol. Zbl. **81**: 585. Leipzig 1962.

TUMANOW, J.: Ungenügende Wasserversorgung und das Welken der Pflanzen als Mittel zur Erhöhung ihrer Dürreresistenz. – Planta **3**: 391. Berlin 1927.

WALTER, H.: Einführung in die Phytologie III. Grundlagen der Pflanzenverbreitung. – Stuttgart 1961.

H. ELLENBERG:

Ich glaube, man kann Frau Prof. STEUBING zu solchen Untersuchungen gratulieren, die zeigen, welchen großen Wert die zahlenmäßig exakten Untersuchungen haben, welche die Physiologie und Ökologie mit dem Problem verbinden. Wenn man nun die Auswertung für die praktische Landschaftsökologie ziehen möchte, so darf man aus diesen Untersuchungen ableiten, daß Windschutzanlagen kein Allheil-Mittel sind. Es gibt gewisse Landschafts-Apostel, welche die Windschutzhecken als das Allheil-Mittel für das Klima überhaupt ansehen. Denn wenn man sie nicht anlegt, hat man nichts für die Landschaft getan. Hier zeigt sich sehr deutlich, daß bei geringen Windgeschwindigkeiten, also in Landschaften, in denen, so kann man jetzt praktisch folgern, der Wind nicht immer sehr heftig weht, eher auch die Nachteile überwiegen können. Insbesondere wurde deutlich, daß die Temperaturen im Windschutz sogar ansteigen können und unter windstillen Bedingungen der Wasserverlust der Pflanzen größer wird. Man kann noch einen bekannten Effekt hinzufügen, daß in klaren Strahlungsnächten die Frostgefahr bei geringen Windgeschwindigkeiten, also in windstillen Nächten im Windschutz ebenfalls größer ist. Man muß sehr darauf achten, wo man mit solchen Mitteln arbeitet und sollte, bevor man nicht exakte Untersuchungen gemacht hat, sehr vorsichtig sein im Anwenden eines an sich guten Prinzips auf die verschiedenen Landschaften. Damit sage ich im Grunde nichts Neues. Das ist etwas, was z.B. TÜXEN schon seit Jahrzehnten wiederholt ausgesprochen hat.

C. TROLL:

Auch ich habe mich außerordentlich für diese exakten Untersuchungen auf physiologischem und anatomisch-morphologischem Gebiet interessiert. Nur habe ich einen Wunsch, der den Titel Ihres Vortrags betrifft. Sie sprachen über Windschutzhecken. Wenn wir diese Hecken Windschutzhecken nennen, dann legen wir zwei Dinge hinein: daß der Wind den Anlaß zur Anlage solcher Hecken gegeben hat und zweitens, daß sie einen Schutz darstellten gegen etwas Schädliches, den Wind. Ich würde lebende Hecken sagen, dann ist der Ausdruck ganz neutral.

Die wirkliche Analyse zerfällt in drei Gebiete: Zuerst muß man physiologisch-ökologisch messend feststellen, was die Wirkung einer solchen Hecke ist. Das Zweite ist die Synökologie. Herr TISCHLER in Kiel hat diese Arbeit klassisch durchgeführt. Er hat die Tier- und Pflanzenwelt in ihren vielfältigen Beziehungen studiert, wobei sehr nützliche aber auch sehr schädliche Tiere oder Pflanzen erkannt wurden. Das Dritte ist die Gesamtbetrachtung, die ich als kulturlandschaftlich bezeichnen möchte. Was den Menschen veranlaßt hat, die Hecken anzulegen, ist nämlich ganz unsicher. In den meisten Fällen ist es nicht die Absicht gewesen, den Wind abzubremsen. Die Absicht ist die Einhegung. Die Flurforschung in England, in Frankreich, in Deutschland hat dies als den Sinn der Hecken ganz deutlich gezeigt. Es gibt natürlich auch Windschutzhecken, Windschirme in der Nähe der Häuse, z.B. im Hohen Venn. Aber die Hecken in der Flur sind Einhegungen. In der Wechselwirtschaft muß man die Äcker vor dem Weidevieh schützen.

Wir haben eine große Dissertation machen lassen über die berühmte Landschaft im südlichen Rhône-Gebiet. Die Auswirkung des Mistrals auf den Baumwuchs wurde durch eine detaillierte Geländeaufnahme untersucht, bei der viele tausende von Bäumen dieses Gebietes ohne Ausnahme kartiert wurden. Für die normale Landwirtschaft besteht trotz des enormen Windes keine Voraussetzung dort Windschutzhecken anzulegen. An den Stellen, wo man aber zu Intensivkulturen, Gemüse- oder Obstbau übergegangen ist, hat man Hecken angelegt, die man genetisch auch als Windschutzhecken bezeichnen kann. Kulturlandschaftlich-genetisch gesehen ist das aber bei den meisten Kulturlandschaften gar nicht der Anlaß gewesen.

R. TÜXEN:

Ich bin sehr erfreut gewesen darüber, daß hier vielleicht zum ersten Mal nicht nur auf die Quantitätssteigerung, sondern auf die Qualitätsveränderung hingewiesen worden ist. Dafür bin ich besonders dankbar.

U. BERGER-LANDEFELDT:

Ich möchte hinweisen auf die wohl erste Erwähnung von Hecken in der Literatur, und zwar in Bellum Gallicum von CAESAR (wohl Bd. VI). Schon dort werden bei den Nerviern Hecken als Schutz gegen Feinde – also auch damals schon zur Einfriedung – genannt.

L. STEUBING:

Bei den Windschutzhecken muß man im Sinne von Herrn ELLENBERG die Vor- und Nachteile sehr kritisch gegeneinander abwiegen. Wenn ich davon sprach, daß durch die wechselnde Witterung die Verhältnisse sich weitgehend umkehren können, so möchte ich vor allem noch einmal an feuchte Jahre erinnern, in denen gerade der Pilzbefall und die Infektionsgefahr in Windschutz-Gebieten besonders erhöht ist.

Ich sprach von „Windschutz-Hecken," weil ich Hecken, die in Ost-

West-Richtung verlaufen, für meine Windschutzuntersuchungen nicht hätte gebrauchen können. Denn wir haben ja während der Vegetationsperiode in erster Linie Westwinde. Infolgedessen habe ich mich zwangsläufig auf Hecken beschränkt, die in Nord-Süd-Richtung verlaufen. Daher meine Formulierung, daß die Untersuchungen wirklich hinter „Windschutzhecken" vorgenommen sind, wenn sie auch nicht zu diesem Zwecke angelegt worden sein sollten.

Zu den biochemischen Untersuchungen möchte ich hinzufügen, daß hier erst die ersten Ansätze gebracht werden konnten. Wenn ich das Beispiel mit unseren Jod-Zahlen nannte, muß man sich natürlich davor hüten, diese Ergebnisse zu weitgehend zu verallgemeinern und etwa schon Korrelationen ausrechnen zu wollen zwischen Windschutzgebieten und dem Anfall an ungesättigten Fettsäuren und dem Herzinfarkt.

WINDSCHUTZVERSUCHE IN DER OLDENBURGER WESERMARSCH

von

J. Feise, Oldenburg

Seit 1958 ermöglichte das Nieders. Ministerium für Ernährung, Landwirtschaft und Forsten in Infeld (bei Nordenham), der Grünlandlehranstalt und Marschversuchsstation für Niedersachsen, fünf Windschutzversuche nach dem Verfahren von W. Kreutz und H. Kaiser. Das Wetteramt Bremen beobachtet das Kleinklima, die Landwirtschaftskammer Weser-Ems die Erträge in 12 verschiedenen Entfernungen bei 6-facher Wiederholung, teils auf Ackerland, teils auf Weiden, dränierten und undränierten Flächen.

Nach den ersten 5 Jahren ergab sich: „Durch halbe Windbremsung verwandelt sich ein feuchtkühles Grasflurenklima in ein milderes Heckenklima mit wohltätigen Wirkungen auf Boden, Pflanzen, Vieh und Menschen. Der Einfluß von Zäunen mit Kokosmatten war etwa bis 75 m Entfernung oder der 30-fachen Höhe nachzuweisen, die durchschnittlichen Mehrerträge von 60 Ernten betrugen 12%, der vermutliche Landbedarf durch Doppelreihen von Bäumen dagegen 2%. Die höheren Ernten waren von größerer Güte und Sicherheit, der Aufwand läßt sich senken, der Arbeitsablauf entstören."

A) Wichtige klimatische Veränderungen:

1. Der Wind wurde im Mittel aller Winde und Monate in 30 m Entfernung um 10% abgeschwächt, die Spitze lag bei 25%; bei 75 m = 0.
2. Die Bodentemperatur in 5 und 20 cm Tiefe zeigte von Oktober bis Februar keine Veränderung, im April bis August war am Nachmittag + 1,4°C bzw. + 0,7° zu verzeichnen in der Spitze; in 30 m Abstand etwa die Hälfte. Dabei waren die Leeseiten in 5 cm Tiefe um 2° und mehr im Vorteil. Der Boden speicherte die Wärme. Die Erwärmung begann am 20. März und erhielt sich bis 25. September.
3. Regenmengen waren praktisch unbeeinflußt, auch Unterschiede im Nebel nicht nachgewiesen.
4. Verdunstungsmessungen mit Piche-Rohren in 120 cm über dem Boden folgten der Windabschwächung mit halb so großen Ausschlägen, Messungen in 50 cm Höhe waren noch geringer. Die Nachtwerte waren deutlicher, da am Tag auch die Sonnenbestrahlung höhere Verdunstung bewirkt.
5. Die Bodenfeuchte in 0–10 cm/10–20/20–40 cm Tiefe zeigte keine Beeinflussung durch die Windbremsung in unserem Seeklima. Die größere Erntemenge wird auch mehr Wasser verbraucht haben.

B) Die Mehrerträge fallen schon auf durch die Strohlängen der windgeschorenen Getreidefelder, aber auch durch die Halmlängen von Wiesenfuchsschwanz z.B. beim Blütebeginn. Sie schwanken indessen bei einzelnen Jahren und Früchten, ob in kritischen Zeiten die arteneigene Schwellenwerte durch Windbremsung vermieden wurden. Im Durchschnitt der Jahre waren die Schwankungen im windgeschützten Bereich geringer. – Die im Seeklima beheimateten Pferdebohnen, Runkelrüben und Wintergerste hatten Vorteile vom Windschutz, die aus dem Binnenlande stammenden Sommerweizen und Sommergerste nicht, während Winterweizen eine mittlere Stellung einnimmt. – Schließlich ist die Windschutzwirkung abhängig von der allgemeinen Erntehöhe des Betriebes; je höher schon an sich, desto geringer die weitere Steigerung; jedenfalls im Verhältnis. Die undränierten Felder gaben meist die höheren Ausschläge.

Auf den Weiden wurde 4 mal im Jahr Gras aus Käfigen von 1 qm Größe geschnitten, etwa dem Auftrieb des Viehes entsprechend. Beim 1. Schnitt lag die Spitze auf der Westhälfte, die vor kalten Ostwinden geschützt war, ebenso beim letzten Schnitt. Im 2. und 3. Schnitt lagen die Spitzenerträge dagegen östlich des Zaunes, also vor den starken und häufigen Westwinden geschützt. Die Gesamtsummen zeigen 2 Spitzen in 20 m Abstand beiderseits vom Zaun, nach beiden Seiten fast spiegelgleich abfallend.

Die Windschutzwirkung hat sich im Laufe der Jahre verstärkt und war besonders in Jahren mit schlechten Ernten vorteilhaft.

Die Güte des Futters ist gestiegen, nach E. Klapp errechnet von 5,5 auf 6,0, aber auch in über 60 Heuanalysen sind mehr CaO und P_2O_5 und weniger K_2O im Windschatten als im Freiland vorhanden. Die Bodenproben ergaben um 0,1 höhere pH-Werte, 3 mg mehr laktatlösliche Phosphorsäure, bei verringertem Kaligehalt. Das C/N-Verhältnis war um 0,3 enger. Saccharase-Teste in zwei Tiefen lassen eine Ausbreitung des Bakterienlebens im Windschatten in größeren Tiefen vermuten.

Die Blütezeiten von *Bellis perennis, Cardamine pratensis, Taraxacum officinale, Alopecurus pratensis* und *Rumex acetosa* machen die schnellere Entwicklung der geschützten Fläche deutlich, Weißklee-Blüten die in den Spätherbst verlängerte Vegetationszeit.

Auf dieser typischen Subvariante der Knickfuchsschwanz-Variante reiner Weidelgras-Weißklee-Weiden führte die Windbremsung zur höheren Bodenwärme und größerem Pflanzenwachstum, dadurch zu einer biologischen Entwässerung und Durchlüftung des Bodens, so daß sonst auftretender Gräsertorf sich nicht gebildet hat.

Mit unseren Mitteln konnten wir die Leistungssteigerung des Viehes *nicht nachweisen*: geringere Tuberkulose-Anfälligkeit im Waldklima, weniger Tetanie bei höherem Kräuteranteil im Weidefutter, größere Fruchtbarkeit durch längere Weidezeiten. Baumreihen und die Vogelwelt darin verhindern das Massenauftreten der Mäuse, dieses Schreckens der Brack-Marschweiden, und des Wiesenwurms auf dem Marschmoor-Grünland und schützen das Vieh vor Sonnenbrand und Fliegen.

Aristoteles erklärt die Hoffnung als den Traum der Wachen – wir hoffen, daß unsere Marsch-Landwirte durch Landschaftspflege zu friedlichen und fröhlichen Bauern werden.

ZUSAMMENFASSUNG

Auf Acker leichter Seemarsch und Weiden schwerer Brackmarsch im windreichen Oldenburger Küstengebiet, teils ohne Düngung, teils gedüngt, teils gedränt, teils nur oberflächlich entwässert, wurden in Versuchen 7 Jahre lang die Winde abgebremst und die Wirkung auf Luft – und Bodenwärme und deren Feuchtigkeit, Schneedecke, auf Ertrag nach Menge und Güte, auf Veränderungen des Bodens, der Pflanzen, teilweise auch der Bodenfauna und schließlich auf etwaige Arbeitserschwernisse und wirtschaftliche Verbesserungsmöglichkeiten beobachtet. Als Windschutz dienten 2,65 m hohe Kokosnetze von 150 m Breite mit einer Windbremsung von 50% in N-S-Richtung erstellt. Das Windfeld wurde in Abständen von je 15 m bis 100 m Entfernung untersucht. Höchsterträge fanden sich meist im Abstand der 12-fachen Zaunhöhe nach Osten und Westen, Der Einfluß war oft bis zur 25-fachen Zaunhöhe zu spüren. Die Unkosten eines natürlichen Windschutzes sind geringer als die einer üblichen Düngung. Die befürchtete Vernässung der Narbe trat nicht ein, auch keine Erschwerung der Heuernte. Der gesicherte Mehrertrag von 10% spricht für Windschutz auch in der Marsch.

SUMMARY

On plough-land of seamarsh soil and on grassland of brackish marsh soil in the windy coastal area in the north of Oldenburg experiments had been made for 7 years to brake the wind. These fields had partly not been fertilized, partly fertilized, partly drained and partly only superficially drained.

The effect of the windbreak on the temperature and moisture of air and soil, on yields in quantity and quality, on changes of the soil, the plants, partly also on the soilfauna and finally the effect of the windbreak on possible complications of work and economy inprovements were noticed. The windbreak was made by coconutnets with a heigh of 2.65 m and a length of 150 m, which broke the wind about 50%.

The windfield had been inspected in distances of 15 m up to 100 m. Top yields had mainly been found in a distance of 12-fold of the windbreak. The influence of the broken wind could be seen up to a distance of 25-times the heigh. The expenses of natural windbreak seem to be less than those of fertilizing. The grassland had not become wet as it had been suspected, neither did the heyharvest become more difficult.

The guaranteed surplus of 10% speaks in favour of windbreak even in marsh soils.

V. WESTHOFF:

Der Vortrag von Herrn Dr. FEISE hat uns ganz verschiedene Aspekte des dargestellten Problems und insbesondere den hohen Wert langjähriger Untersuchung an Hecken gezeigt. Wir haben in unserem Land dieselben Erfahrungen bei Untersuchungen über den Wert und die Wirkungen derartiger Hecken gemacht, die man länger ausdehnen muß als einen Monat oder auch ein Jahr.

G. KRAGH:

Ein Landesoberverwaltungsrat ist ganz außerordentlich beunruhigt, wenn er den ausführlichen Referaten und lebhaften Diskussionen des heutigen Tages gefolgt ist. Denn es treten an ihn etliche Anregungen und Forderungen mit pekuniären Folgen heran, wenn er sein Amt in einem Lande ausübt. Ich darf ein kleines Beispiel sagen: Ein Kreis-Medizinaldirektor einer rheinischen Kreisstadt sagt: Ihr seid bei dem Landschaftsverband schlecht beraten, denn Eure Straßen sind nicht bepflanzt. Als Kreis-Medizinaldirektor habe ich für die Gesundheit meiner Kreisbevölkerung zu sorgen, und es sieht so aus, daß in dieser Kultursteppe die katarrhalischen Erkrankungen in einem solchen Ausmaße zunehmen wie das im Nachbarkreis, der viel besser mit Baum und Strauch durchsetzt ist, nicht der Fall ist. Dort ist tatsächlich viel mehr Grünland und wir wissen, daß im Grünland die Baum- und Strauchvegetation viel häufiger und leichter zu erhalten ist als in den reinen Ackergebieten, vor allem, wenn sie mit Löß gesegnet sind. Im Hinblick auf den Vortrag von Frau Prof. STEUBING möchte ich fragen, ob es nicht möglich ist, daß man die Untersuchung einzelner Standorte ausdehnt auf die Untersuchung größerer Landschaftsräume. Das ist eine Frage des Praktikers, der wohl weiß, daß wir einen einzelnen Gärtner oder Bauern benachteiligen können, wenn wir ihn mit Windschutzanlagen, die etwa im Zuge des Straßenbaus notwendig werden, beglücken oder belasten. Können aber nicht über den einzelnen Anlieger hinaus die ökologischen Verhältnisse eines größeren Bereiches doch dazu auffordern, daß man eine bestehende weite, kahle Landschaft in irgendeiner Weise untergliedert. Wir hörten von Herrn Dr. FEISE, daß er seine Marschbauern zu glücklicheren Menschen machen will. Das gleiche will der Medizinaldirektor. Darum glaube ich, daß von der ökologischen Seite her zu irgend welchen Ergebnissen zu kommen wäre, wenn man die Untersuchungen nicht auf einzelne Standorte beschränkt, sondern größere Bereiche einbezieht.

I. S. ZONNEVELD:

Als Marschbauer habe ich mit Interesse vernommen, daß der Boden verbessert worden ist. Sie haben chemische Angaben gemacht. Ich möchte gerne über die wirklichen Ursachen mehr erfahren. Vielleicht können Sie auch noch etwas mehr sagen über den Einfluß des Windes auf unseren Charakter.

W. ERNSTING:

Ich möchte deswegen einige Worte zu den Versuchen im Grünland sagen, weil ich seiner Zeit im Auftrage der Bundesanstalt eine Reihe pflanzensoziologischer Aufnahmen an beiden Seiten dieser Windschutzzäune von Herrn Dr. FEISE gemacht habe und ebenfalls die Käfige aufgenommen habe, die auf den Weiden sind. Dabei zeigte sich, daß auf den nicht beweideten Flächen in der Vegetation auf beiden Seiten dieser Zäune keine

Unterschiede festzustellen waren. Sobald aber diese Flächen beweidet wurden, nimmt das Vieh diese Gelegenheit wahr, sich aus dem ewigen Wind etwas zurückziehen zu können, und an diesen Hecken und Zäunen entlang zu laufen, und so entsteht dort bis zu 20 m und mehr breit eine Tritt-Gesellschaft, in die Arten des Polygonion avicularis sehr stark eindringen. Diese Zone hat natürlich einen erheblich geringeren Ertrag als die übrige Fläche. In dieser Zone unmittelbar an den Windschutzzäunen stehen aber auch Käfige, in denen eine vollkommen andere Vegetation zu finden ist als in ihrer nächsten betretenen Umgebung. Es ist natürlich dennoch möglich, daß der Ertrags-Ausfall auf den betretenen Streifen durch einen höheren Ertrag auf der ganzen Fläche ausgeglichen wird.

Frau LORE STEUBING:

In der Frage der Bodenfruchtbarkeit haben wir versucht, die Boden-Aktivität zu bestimmen. Als Kriterium dafür haben wir den Faden-Reißtest benutzt. Wir haben also Fäden in den Boden eingegraben, die bakteriell angegriffen wurden. Je stärker sie zersetzt waren, bei desto geringerer Belastung sind sie gerissen. Dabei kamen wir zu einer Kurve, die zeigt, daß im Windschutz die Boden-Aktivität, d.h. die Bodenfruchtbarkeit größer war als im Gebiet ohne Windschutz. Die Boden-Aktivität steigert sich mit zunehmender Annäherung an die Hecke, geht dann steil empor um dann wieder abzusinken und steigt in der Hecke noch einmal viel stärker an. Dieser merkwürdige Verlauf ist dadurch zu erklären, daß einmal die Feuchtigkeit mit der Annäherung an den Windschutz sich steigert. Wenn wir in einem bestimmten Abstand von der Hecke das 1. Maximum finden, so ist das durch zwei Gründe bedingt. 1. Hecken mit höheren, ausladenden Kronen fangen viel Feuchtigkeit auf und die Zone vor der Hecke erhält weniger Wasser als die Träufelzone, in der mehr Wasser in den Boden kommt. Dann spielt ein weiterer Grund erhöhter Tau-Fall eine Rolle, der in einer gewissen Entfernung von der Hecke sein Maximum erreicht. Etwa 50 m vor der Hecke haben wir die maximale Boden-Aktivität.

Zur Beurteilung der Boden-Aktivität eignet sich die Saccharase verhältnismäßig wenig, weil bei einem Vergleich verschiedener Böden die Saccharase an eine gewisse Bodenstruktur stark gebunden ist, so daß die bakteriell bedingten Schwankungen gerade mit der Saccharase gegenüber anderen Methoden wenig deutlich werden. Andere Enzym-Teste, z.B. mit Urease, sind besser geeignet.

H. ELLENBERG:

Das C/N-Verhältnis ist geringer, also günstiger geworden, der pH-Wert ist um 0,1 gestiegen. Es ist sehr schwer, eine solche Steigerung festzustellen und zu sichern, weil die pH-Messungen zeitlich stark schwanken können. Wichtig wäre daher zu wissen, ob das ein zeitlicher Vergleich ist, ob also die ungünstigeren Werte vor Beginn des Versuchs geherrscht haben und nach Beendigung dieses Versuches diese besseren Werte eingetreten waren, oder ob man räumlich verschiedene Teile verglichen hat, z.B.

Teile ohne Windschutz und Teile mit Schutz. Das ist gewöhnlich der Fall und wird eine große Fehlerquelle. Denn man weiß natürlich nicht, ob diese beiden Teile von vornherein standörtlich wirklich vergleichbar waren. Darin liegt auch die besondere Schwierigkeit der Großversuche, die Herr KRAGH anregte. Solche Großversuche würden besonders schwierig, wenn man nicht standörtlich ganz homogene Flächen findet. Das wäre eine Voraussetzung. Dann wären sie allerdings besonders zu begrüßen, weil sie exakter sind.

H. BUTZKE:

Meine Frage wäre: wurde in der Beobachtungszeit der Steigerung des pH-Wertes gedüngt, was ja einen wesentlichen Einfluß auf den pH-Wert haben müßte? Es besteht ja eine jahreszeitliche Periodizität des pH-Wertes. In Waldböden, die nicht gedüngt werden, können wir das ja sehr gut beobachten. Im allgemeinen haben wir in unserem Klima die niedrigsten pH-Werte zur Zeit der höchsten biologischen Aktivität. Im Zusammenhang mit den Stoffwechselvorgängen sinkt der pH-Wert. Im Walde herrscht die höchste biologische Aktivität mit der Frühjahrserwärmung. Nachher tritt noch ein zweites Maximum kurz nach dem Laubabfall ein. Die jahreszeitliche pH-Kurve zeigt also ein Minimum im Frühjahr, einen Anstieg im Sommer, ein weiteres Minimum im Herbst und dann ein Ansteigen im Winter. Man müßte also die Frage der Verschiebung des pH einmal im Zusammenhang mit einer eventuellen Düngung und vor allen Dingen mit der jahreszeitlichen Periodizität sehen.

Es wurde gesagt, daß die biologische Aktivität erhöht wurde und der pH-Wert gestiegen ist. Es müßte eigentlich umgekehrt sein. Denn wenn die biologische Aktivität eines Bodens höher ist, sinkt der pH-Wert durch die Stoffwechsel-Vorgänge, die Produktion usw. Zum C/N-Verhältnis erhebt sich ebenfalls die Frage, ob in der Zwischenzeit gedüngt wurde. Wenn Stickstoffdünger gegeben worden ist, dann ist natürlich die Frage des C/N-Verhältnisses gar nicht zu stellen. In Wald-Böden schwankt das C/N-Verhältnis von 7 bis 100 bei Hochmoorböden, bei mineralischen Böden mit Humus-Auflagen bis 35. In Ackerböden ist die Schwankung des C/N-Verhältnisses nicht so hoch. Aber Werte unter 1 sagen noch nicht viel, und ich glaube, daraus können wir noch nicht auf eine Verbesserung der Humusverhältnisse schließen.

J. FEISE:

Es ist ja immer so, wenn die ersten Ergebnisse den Erwartungen entsprechen, dann ist die Brust von Freude geschwellt. Deshalb sagte ich ja auch, in zwei Jahren kann ich besser über diese oder jene Dinge berichten.

Daß Herr ERNSTING unser Versuchsfeld pflanzensoziologisch untersucht hat, war mir leider unbekannt geblieben.

Der Vergleich von windgeschützten zu bewindeten Flächen erfolgte zu derselben Zeit – nicht vor Anlage des Versuches und später. Doch wurden die Vergleiche alle 3 oder 4 Jahre wiederholt.

Den Saccharase-Test halte ich zur vorläufigen Beurteilung des Bakterienlebens für ausreichend. Die Probenahme und Untersuchung sind bequem und nicht zeitgebunden.

Die Veränderung des Pflanzenbestandes wurde von mir nur auf ungedüngten Weiden geschätzt (1959), was später nach normalen Jahren zu wiederholen wäre. Lagerstellen und Trittwege der stark besetzten gedüngten Infelder Flächen sind mir bekannt. Der Klimaeinfluß auf die Drahtkäfige ist bei allen Versuchsreihen wohl praktisch gleich und deshalb ein konstanter Fehler.

Die pH-Periodizität ist mir bekannt. Sie konnte ausgeschaltet werden, da jeweils zur selben Zeit Bodenproben entnommen wurden.

Die N-Düngung wurde für jeden Käfig gesondert in Tüten abgewogen und gestreut, so daß sie praktisch gleichmäßig erfolgte.

WASSERSTUFEN UND POTENTIELLER WASSERUMSATZ VON PFLANZENGESELLSCHAFTEN

von

ULRICH ESKUCHE, Stolzenau [1]

Unter Wasserstufen verstehen wir die Klassifizierung von Pflanzengesellschaften nach ihrem Wasserhaushalt. Indem wir die Vegetationskarte eines Gebietes in eine Wasserstufenkarte umwandeln, übersetzen wir sie in eine für den Wirtschafter leichter lesbare Form. Aber auch für wissenschaftliche Fragen, wie z.B. die Untersuchung des Landschaftsgefüges in seiner Abhängigkeit vom Wasser, sollte die Ausscheidung von Wasserstufen und ihre kartenmäßige Darstellung dienlich sein.

Die Ausscheidung von Wasserstufen erfolgte bisher im wesentlichen nach zwei Methoden: nach Merkmalen des Wasserhaushaltes selbst oder nach dem Ertragspotential der Pflanzengesellschaften in Abhängigkeit von ihrer Wasserversorgung.

Mit Wasserstufen-Einteilungen unter Bezug auf den Wasserhaushalt selbst wurde – so z.B. von BUCHWALD (1954) – eine verhältnismäßig feine Stufung der Gesellschaften erreicht, indem die örtlichen Faktoren des Grundwassereinflusses, des Speichervermögens und der Durchlässigkeit der Böden berücksichtigt wurden. Es blieb jedoch bei einer örtlichen Gültigkeit der Klassifizierungen; ihre allgemeine Anwendung war nicht möglich und auch wohl nicht beabsichtigt.

Demgegenüber kann die Wasserstufen-Einteilung nach dem Ertragspotential der Gesellschaften, die von TÜXEN (1952) vorgeschlagen wurde, überall angewendet werden. Besonders die landwirtschaftlich wichtigeren Pflanzengesellschaften in verschiedenen Gebieten Nordwestdeutschlands konnten einheitlich nach dieser Methode eingestuft werden, obwohl über ihren Wasserhaushalt im einzelnen teilweise noch wenig bekannt war. Tab. 1 zeigt in vereinfachter Form die 5 Wasserstufen TÜXENS für Acker, Grünland und Wald. Weil Acker und Grünland, teilweise auch die Hauptholzarten unserer Wälder, verschiedene Ansprüche an die Wasserversorgung stellen, wird ein und derselbe Standort bei verschiedener Bewirtschaftung in verschiedene Wasserstufen eingeordnet. Die nach dieser Methode hergestellten Wasserstufenkarten leiden daher an dem Schönheitsfehler, daß die Grenzen zwischen den Wasserstufen vielfach mit Bewirtschaftungsgrenzen zusammenfallen.

Diesem Mangel suchten MEISEL u. WATTENDORF (1962) dadurch abzuhelfen, daß sie die Kombination der Ertragspotentiale von Acker,

[1] Jetzt Corrientes, Argentinien, Facultad de Ciencias Exactas, Físicas y Naturales de la Universidad Nacional del Nordeste

Tab. 1.

Wasserstufen nach TÜXEN (1952)

Grünland	Acker	Wald Erle	Wald Ei, Kie
1 naß	- -	2 feucht	- -
2 feucht	1 naß	3 optimal	2 feucht
3 optimal	2 feucht	4 trocken	3 optimal
4 trocken	3 optimal	- -	3 optimal
5 dürr	4 trocken	- -	4 trocken

Grünland und Wald (Tab. 2) zum Kriterium ihrer Stufeneinteilung machten. Je vielfältiger aber die Standorte einer Landschaft sind, desto größer werden die methodischen Schwierigkeiten einer derartigen Klassifizierung, nicht nur wegen der Unterschiede im Ertragspotential verschiedener Kulturpflanzen, sondern auch, weil neben der Menge die Güte für die Höhe des Ertrages maßgebend ist.

Offenbar ist die in der Praxis so bewährte Wasserstufen-Methode TÜXENs nicht ausbaufähig, wenn ihre klare methodische Grundlage und damit ihre allgemeine Anwendbarkeit erhalten bleiben soll. Andererseits drängen ihre aufgezeigten Mängel und die in den letzten Jahren gewonnenen Ergebnisse von Wasserhaushalt-Untersuchungen an den verschiedensten Pflanzengesellschaften die Frage auf, ob nicht doch eine Möglichkeit

Tab. 2.

Wasserstufen nach MEISEL und WATTENDORFF (1962)

Stufe	Grünland	Acker	Wald Erle	Wald Ei,Kie
1	– – F	•	– F	•
2	– F	– – F	+	– F
3	+	– F/ +	– T	+
4	– T	+ /–	•	+
5	– – T	– T	•	– T

besteht, zu einer verbesserten Wasserstufen-Einteilung zu gelangen. Sie müßte den folgenden Anforderungen genügen:

1) Reproduzierbarkeit
2) Anwendbarkeit auf alle Pflanzengesellschaften eines Gebietes
3) Anwendbarkeit auf Pflanzengesellschaften verschiedener Gebiete unter Berücksichtigung von Klima-Unterschieden.

Diese Forderungen scheinen erfüllt zu sein, wenn man das Kriterium für die Ausscheidung der Stufen im Wasserhaushalt selbst sucht und vom potentiellen Wasserumsatz der Vegetation ausgeht.

Wir verstehen darunter die Grenz- und Mittelwerte für den Wasserumsatz der Pflanzengesellschaften unter Zugrundelegung der bekannten Wasserhaushalt-Gleichung

$$V = N - A - R + B.$$

Bodenwasserrücklage (R) und Bodenwasseraufbrauch (B) geben in der Gleichung die Änderung des Wasservorrates im Wurzelraum des Bodens

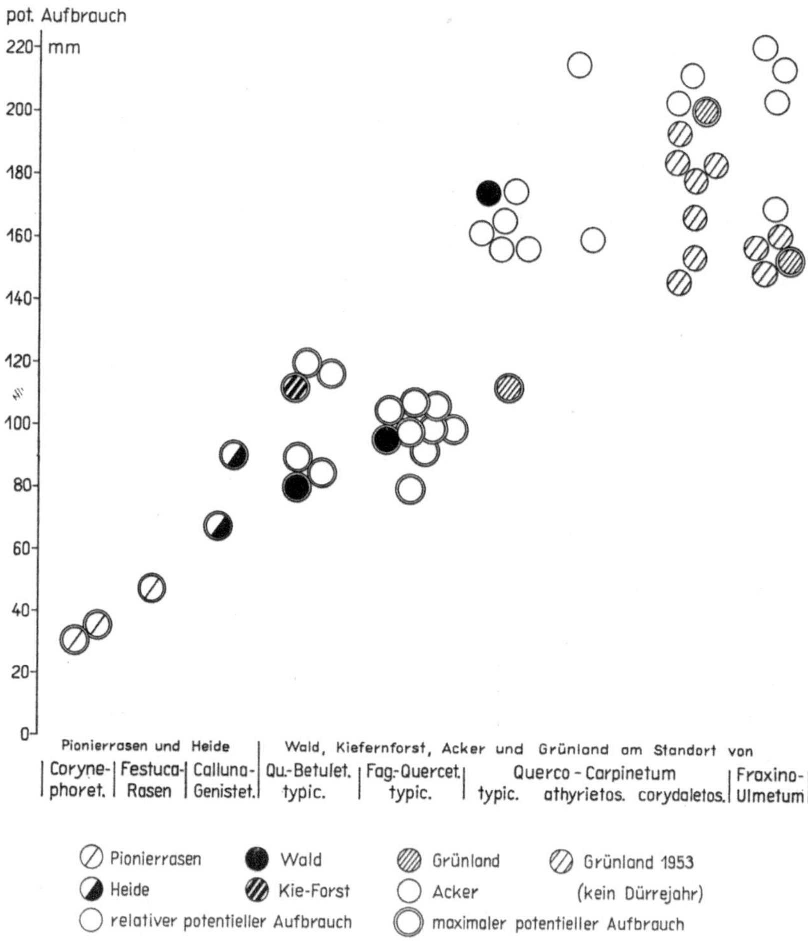

Abb. 1. Potentieller Bodenwasseraufbrauch verschiedener Pflanzengesellschaften.

an. Sie wird verursacht durch den Wasserverbrauch der Pflanzen, der bekanntlich aus dem Bodenwasser gedeckt wird, und durch die Speicherung einsickernder Niederschläge (N).

Bleiben in der Vegetationszeit die Niederschläge aus, so gibt der im Boden gespeicherte Wasservorrat den Ausschlag, ob die Pflanzen ausreichend mit Wasser versorgt werden oder nicht. Das Speichervermögen eines Bodens wird gekennzeichnet durch seinen potentiellen Bodenwasseraufbrauch, d.h. die Differenz zwischen der Wassermenge, welche er maximal entgegen der Schwerkraft zu speichern vermag (potentieller Speichervorrat), und dem Mindestwasservorrat, d.h. der Wassermenge, die noch im Boden enthalten ist, wenn Dürreerscheinungen sichtbar werden.

Lassen wir die Pflanzengesellschaften mit Grundwasserzufluß einstweilen außer Acht und vergleichen den potentiellen Aufbrauch einiger grundwasserferner Standorte, geordnet nach ihrer potentiellen natürlichen Vegetation: Die in Abb. 1 dargestellten Werte des potentiellen Aufbrauches wurden aus den Bodenfeuchte-Messungen v. MÜLLERS (1956)[1] und KLAUSINGS (1961)[1] im Wesergebiet und denen eigener Untersuchungen im Erfttal (1962) ermittelt. Die niedrigsten Werte wurden mit rund 30–40 mm im Boden des Corynephoretum gefunden. Etwas höher, bei 50 und 70 mm, liegen die Werte des potentiellen Aufbrauches für einen *Festuca*-Rasen und ein Calluno–Genistetum auf Dünensand. Am natürlichen Standort des trockenen Querco–Betuletum und des trockenen Fago–Quercetum beträgt der potentielle Aufbrauch etwa 70–120 mm. In den tiefgründigen, meist aus Löß bestehenden Böden der Querco–Carpinetum– und der Fraxino–Ulmetum–Standorte erreicht er eine Höhe von 170–200 mm, bisweilen mehr als 200 mm.

Angesichts dieser bezeichnenden Unterschiede lag es nahe, den potentiellen Bodenwasseraufbrauch der Pflanzengesellschaften als Kriterium für die Ausscheidung von Wasserstufen zu benutzen. Und zwar wurden jeweils von 40 zu 40 mm sechs Stufen ausgeschieden. Ausgehend von den Standorten mit bekanntem potentiellen Aufbrauch wurden alle wichtigeren Gesellschaften in die Stufen eingeordnet, so weit das aufgrund von Feuchtemessungen, Bodenbeschreibungen und der Kenntnis der Kontakte möglich war. Tab. 3 gibt ein Beispiel für die Einstufung der wichtigeren Gesellschaften welche den Gesellschaftskomplexen des Querco–Betuletum und des Fago–Quercetum (a) und des Querco–Carpinetum und Fraxino–Ulmetum (b) angehören. Für Stufe I–III wurden auch montane Fagetalia–Gesellschaften, das Lithospermo–Quercetum und entsprechende Rasengesellschaften in die Tabelle aufgenommen, um das Beispiel der vorgeschlagenen Methode möglichst anschaulich zu machen.

Mit zunehmendem Einfluß des Grundwassers im Boden tritt dessen Bedeutung für die Wasserversorgung der Vegetation immer mehr hinter seine Rolle als einengender Standortfaktor zurück, d.h. die Lebensbedingungen werden mit zunehmender Vernässung des Bodens immer

[1] Die Herren Dr. O. KLAUSING und Dr. A. v. MÜLLER stellten mir freundlicherweise ihre nicht veröffentlichten Listen zur Verfügung.

Tab. 3.

Übersicht :

Wasserstufe I–VI

Stufe BX	Boden: Bodenart / Bodentyp	Pflanzengesellschaften[x)]: Wald, Heide, Kiefernforst	Pionierrasen und Grünland	Acker
I 0–40	a) Rohböden auf armem Quarzsand. Silikat-Syrosem	Klimax: Querco-Betuletum typicum	Spergulo-Corynephoretum (B2)	– –
	b) Bis etwa 20cm Feinerde über festem (Kalk-) Gestein. Protorendsina Rendsina	Lithospermo-Quercetum Carici-Fagetum	Xerobrometum (S2) Mesobromion Epipactis atr.-Sesleria coer.-Ass.(S1)	– –
II 40–80	a) Podsolige, oft junge Böden auf armem Quarzsand, z.B. Dünen. Silikat-Syrosem Eisenhumuspodsol	Querco-Betuletum (typicum ?) Calluno-Genistet.cladonietos.(B1) Cladonia-Kiefernforsten (S1)	Sandtrockenrasen d.Festuco-Sedetalia (B1)	Panicum ischaemum-Ass. Teesdalio-Arnoseretum
	b) 20–40cm meist steinige Feinerde über festem (Kalk-) Gestein. Rendsina	Carici-Fagetum Querco-Carpinetum primuletosum	Mesobromion	Caucalis lappula-Adonis flammea-Ass.
III 80–120	a) Reine bis schwach lehmige Sandböden normaler Gründigkeit; z.T. mit Plaggenhorizonten von 50–100cm Mächtigkeit. Eisenhumuspodsol Graue Plaggenböden	Querco-Betuletum typicum (B1) Fago-Quercetum typicum (B1) Calluno-Genistetum typicum (B1) Trockene Ausb. von Dicranum-, Dryopteris-, Sieglingia-(B1) und Rubus-Kiefernforsten	Sandtrockenrasen d.Festuco-Sedetalia Lolio-Cynosuretum luzuletosum, Typ.Var.	Trockene Ausbildungen von: Panicum ischaemum-Ass. Panicum cr.g.-Spergula arv.-Ass.(B6) Spergula arv.-Chrysanthemum seget.-Ass., Typ.(B1) u.Subass.v.Scleranthus (B1) Teesdalio-Arnoseretum (B8) Papaveretum Alchemilla arv.-Matricaria cham.-Ass., Scleranthus-Subass. der Subass.-Gr. v. Veronica hederifolia (B4) u. der Typ. Subass.-Gr.(B1) Veronico-Fumarietum sperguletosum (B1)
	b) Lehmige bis lehmig-tonige, meist steinige Böden von etwa 40–60cm Gründigkeit über festem (Kalk-) Gestein. Braune Rendsina flachgründ. Braunerden	Melico-Fagetum	Mesobromion (S1) Lolio-Cynosuretum plantaginetosum Arrhenatheretum elatioris, Subass. von Briza media	(Caucalion ausklingend) Alchemilla arv.-Matricaria cham.-Ass. mit Euphorbia exigua Veronico-Fumarietum typicum, Var.v. Euphorbia exigua
	c) Flachgründige, mehr oder weniger sandige und kieshaltige Böden mit wechselndem Lehmanteil. Parabraunerde Braune Vega	Fago-Quercetum typicum, Var. Querco-Carpinetum typicum, Polytrichum-Var.	Lolio-Cynosuretum typicum, Typ.Var.(B1)	Spergula arv.-Chrysanthemum seget.-Ass., Typ.Subass.(S4) Alchemilla arv.-Matricaria cham.-Ass., Subass.-Gr.v.Veronica hederifolia, Typ.Subass. Veronico-Fumarietum sperguletosum u.typicum, Var.v.Lamium amplexicaule
IV 120–160	a) Schwach bis mäßig sandige Lehmböden mittlerer Gründigkeit. Parabraunerde Braune Vega	Fago-Quercetum typicum, Milium-Var. Querco-Carpinetum typicum, Polytrichum-Var. Querco-Carpinetum asperuletosum, Polytrichum-Var.	Lolio-Cynosuretum plantaginetosum (b1) u. typicum, Typ.Var. Arrhenatheretum elatioris, Subass. von Briza media (b1)	Alchemilla arv.-Matricaria cham.-Ass., Typ.Subass.-Gr., Subass.v.Thlaspi arv. u.Typ.Subass.(B1) Veronico-Fumarietum typicum, Typ.Var.(B1) u.Var.v.Lamium amplexicaule
	b) Lehm- und Tonböden mit ca.70 bis 100cm Wurzeltiefe. Gleyart. Parabraunerde Gleyart. Braune Vega Braunerde-Pseudogley Pseudogley	Querco-Carpinetum typicum Qu.-C. asperuletosum (F2) Qu.-C. corydaletosum Qu.-C. athyrietosum (F5)	wie (a), außerdem: Arrhenatheretum elatioris, Subass.von Alopecurus pratensis, Typ.Var.	wie (a), außerdem: Oxali-Chenopodietum polyspermi (F1)
V 160–200	a) Böden aus feinsandig. Lehm (Löß), seltener lehmig. Sand, in ca.100 bis 160cm Mächtigkeit; von grobkörnigen oder schwerdurchlässigen Schichten durchsetzt oder unterlagert, Wurzeltiefe deshalb nur ca.100–150cm. Parabraunerde Braune Vega	Querco-Carpinetum typicum, Typ.(S2) u.Polytrichum-Var. Qu.-C. asperuletosum Qu.-C. corydaletosum	Lolio-Cynosuretum plantaginetosum und typicum, Typ.Var.(B1,b1) Arrhenatheretum elatioris, Subass. von Briza media (b1) u.Subass.v.Alopecurus pratensis, Typ.Var.	Alchemilla arv.-Matricaria cham.-Ass., Typ.Subass.-Gr., Subass.v.Thlaspi arv. u.Typ.Subass.(b1) u.Subass.-Gr.v.Alopecurus myosuroides, Typ.Subass., Veronica-Var.(b4) Veronico-Fumarietum typicum, Typ.Var.(b1) u.Subass.v.Alopecurus, Arenaria-Var.(b4) Veronica polita-Lamium hybrid.-Ass.
	b) Tonig-lehmige Böden ähnlicher Schichtung, jedoch flachgründiger. Gleyartige Braunerde Braunerde-Pseudogley Gleyartige Braune Vega	Querco-Carpinetum asperuletosum Querco-Carpinetum athyrietosum ? Fraxino-Ulmetum	wie (a)	wie (a), außerdem: Oxali-Chenopodietum polyspermi
VI >200	a) Sehr tiefgründige Lößlehmböden, Wurzeltiefe meist >150cm; in größ. Tiefe oft schwacher Grdw.-Einfluß. Parabraunerde Gley-Parabraunerde Braune Vega	Querco-Carpinetum typicum, Typ.Var.(S1) Qu.-C. asperuletosum Qu.-C. athyrietosum Qu.-C. corydaletosum	Lolio-Cynosuretum plantaginetosum (b2) u.typicum, Typ.Var. Arrhenatheretum elatioris, Subass. von Briza media (b2) u.Subass.v.Alopecurus pratensis, Typ.Var.(b2)	Alchemilla arv.-Matricaria cham.-Ass., Typ.Subass.-Gr., Subass.v.Thlaspi arv.(b2) u.Typ.Subass.(b1) Veronico-Fumarietum typicum, Typ.Var.(b1) u.Subass.v.Alopecurus, Arenaria-Var.(b1) Veronica polita-Lamium hybrid.-Ass.(b2)
	b) Lehmig-tonige od. lehmige, v.Ton unterlagerte Auenböden, vom Grdw. nicht oder nur schwach beeinflußt; Wurzeltiefe meist >175cm. Braune Vega, vergleyt und z.T. gleyartig Gley mit abges. Grdw.	Fraxino-Ulmetum	Lolio-Cynosuretum typicum, Typ.Var. u.Cardamine-Var., z.T. mit Agropyro-Rumicion Arrhenatheretum elatioris, Subass. von Briza media (b2) u.Subass.v.Alopecurus Symphytum-Var.(b2), Var.v.Sanguisorba officinalis (b1)	wie (a), außerdem: Oxali-Chenopodietum polyspermi

Zeichen: B max. potentieller Aufbrauch ermittelt, b rel. potentieller Aufbrauch ermittelt, F Messung des Feuchteverlaufs, S Bodenbeschreibung
Die in den Klammern außerdem enthaltenen Ziffern geben die Zahl der untersuchten Bestände an. Die Pflanzengesellschaften ohne Zeichen wurden nach ihrem Kontakt oder nach der allgemeinen Kenntnis ihres Standortes eingestuft.

x) Die Aufstellung ist noch nicht in allen Teilen gleichmäßig durchgearbeitet und nur als ein B e i s p i e l aufgrund des derzeitigen Standes der Arbeiten anzusehen.

extremer. Hinzu kommt, daß es noch an Meßwerten für den potentiellen Zufluß grundwasserbeeinflußter Pflanzengesellschaften fehlt und daß solche unter unserem Klima höchstens für Standorte mit mäßigem Grundwassereinfluss zu erhoffen sind.

Es erscheint daher methodisch und praktisch gleichermaßen gerechtfertigt, die Wasserstufen der grundwasserbeeinflußten Pflanzengesellschaften nicht nach ihrer potentiellen Wasser-Reserve, sondern nach ihrem Grundwassergang auszuscheiden. Das wird sehr erleichtert dadurch, daß sich der Grundwassergang morphologisch im Bodenprofil abzeichnet, worauf bekanntlich die bodenkundliche Systematik fußt. Die Abgrenzung der Wasserstufen VII–XI folgt deshalb den durch ihre Grundwasser-

Tab. 4.

Übersicht 2

Wasserstufe VII – XI

Stufe	Boden	Pflanzengesellschaften x)		
	Bodenart / Bodentyp	Wald und Heide	Grünland, Moor- und Wassergesellschaften	Acker
VII	Grdw.-Gang: sw. 50(80)-130(160)cm			
A	Sandböden, geringes Speichervermögen des Oberbodens (Wurzeltiefe u.Durchlüftung ungenügend bekannt). Semigley: Podsol-Gley Plaggen-Gley	Querco-Betuletum molinietosum Fago-Quercetum molinietosum Calluno-Genistetum molinietosum	Lolio-Cynosuretum luzuletosum, Typ.Var. u.typicum, Cardamine-Var.(G3) Junco-Molinietum, Subass. v. Achillea millefolium, Nardus-Var.(G1) Arrhenatheretum elatioris, Subass. von Alopecurus pratensis, Typ.Var. mit Luzula campestris (G3)	Teesdalio-Arnoseretum, Mentha-Var.(G3) Panicum cr.g.-Spergula arv.-Ass., Mentha-Varianten (G1) Alchemilla arv.-Matricaria cham.-Ass., Mentha-Var. der Subassoziationen von Scleranthus (G2) Spergula arv.-Chrysanthemum seget.-Ass., Mentha-Varianten
B	Lehmig-sandige bis lehm.-tonige Böden mit größerem Speichervermögen; bis 60-80cm Tiefe gut bis ausreichd. durchlüftet, Wurzeltiefe ca.80-120cm. Semigley: Braunerde-Gley Lessive-Gley Braune Vega, vergleyt	Querco-Carpinetum athyrietosum, Lonicera-(F1) u. Arum-Var. Fago-Quercetum molinietosum, Oxalis-Var. Querco-Carpinetum asperuletosum Qu.-C. corydaletosum Fraxino-Ulmetum, Var.	Lolio-Cynosuretum typicum, Typ.Var.(G2) u.Cardamine-Var.(F1,G5) Arrhenatheretum elatioris, Subass. von Alopecurus pratensis, Typ.Var. u.Var.v. Deschampsia caespitosa (G2) Bromus racemos.-Senecio aquaticus-Ass., Subass.v.Trifolium dubium (G1)	Alchemilla arv.-Matricaria cham.-Ass., Typ.Subass.-Gr.,Typ.Subass.,Mentha-Var. u.Subass.-Gr.v.Alopecurus myosuroides, Typ.Subass.,Typ.Var.mit Mentha arv.(F1) Oxali-Chenopodietum polyspermi (F4) Veronico-Fumarietum typicum, Mentha-Var.
VIII	Bis in den Oberboden vom Grdw. beeinflußt und bes. im Winter und im Frühjahr stark vernässend. Mit Beginn der Vegetationszeit trocknen die Böden meist so weit aus, daß der Oberboden ausreichend bis gut durchlüftet wird. Wurzeltiefe etwa 70-100cm. Grdw. (20)40 – 100(130)cm Typ.Gley: Rohhumusgley Modergley Mullgley	Querco-Betuletum molinietosum Fago-Quercetum molinietosum (F3) Calluno-Genistetum molinietosum Querco-Carpinetum athyrietosum, Lonicera-Var.(F1,S1), Arum-Var. (F3,S1) Qu.-C. asperuletosum, Arum-Var. (F2) Qu.-C. filipenduletosum (S8) Pruno-Fraxinetum	Lolio-Cynosuretum lotetosum,Luzula-Var. (G2), Junco-Molinietum typicum, Nardus-(F1) u.Typ.Var.(G1) Bromus racemos.-Senecio aquaticus-Ass., Typ.Subass.(G2) Lolio-Cynosuretum typicum, Cardamine-Var.(G7) u.lotetosum,Typ.Var.(F3,G1) Arrhenatheretum elatioris, Subass. von Alopecurus pratensis, Lychnis-Var.(G6) u.Subass.v.Cirsium oleraceum (F3,G5) Cirsium olerac.-Polygonum bistorta-Ass.. Typ.Subass.	Teesdalio-Arnoseretum, Mentha-Var.(G4) Panicum cr.g.-Spergula arv.-Ass., Mentha-Varianten Alchemilla arv.-Matricaria cham.-Ass., Typ.Subass.-Gr., Typ. u. Subass. von Scleranthus, Mentha-Var. Spergula arv.-Chrysanthemum seget.-Ass., Mentha-Varianten Alchemilla arv.-Matricaria cham.-Ass., Typ.Subass.-Gr., Typ.Subass., Mentha-Var.(F1,G1) Oxali-Chenopodietum polyspermi, Bidens- u.Malachium-Var.(F1).
IX	Mineralische bis anmoorige Böden, vom Grdw. z.T. noch während der Vegetat.-Periode bis in den Humushorizont vernäßt und nach ergiebigen Regenfällen vielfach überflutet; Wurzeltiefe meist nur 50-80cm. Grdw. (0)20 – 50(90)cm Naßgley Auanmoor Torfanmoor Hanganmoor	Querco-Carpinetum filipenduletosum (F2,S2) Carici remotae-Fraxinetum (S7) Stellario-Alnetum glutinosae, Subass.v.Crepis paludosa Pruno-Fraxinetum, Var. Carici-elongatae-Alnetum (S6) Carici laevigatae-Alnetum, Subass.v.Valeriana procurr.(S10) Ericetum tetralicis (S3)	Lolio-Cynosuretum lotetosum, Typ.(F1,G5) u.Glyceria-Var.(F1,G9);typicum, Var.v. Carex fusca Arrhenatheretum elatioris, Subass. von Alopecurus pratensis, Lychnis-Var. mit Carex gracilis, Cirsium palustre (G6) oder Phalaris arundinacea (G1) u.Subass.v.Cirsium oleraceum (F3) Bromus racemos.-Senecio aquaticus-Ass., Subass.v.Carex fusca (F1,G8) und Subass.v.Phalaris arundinacea (F1,G1) Cirsium oleraceum-Polygonum bistorta-Ass., Subass.v.Carex fusca (F3,G30) u.Subass.v.Phalaris arundinacea (G1) Junco-Molinietum hydrocotyletosum (F2) u.typicum, Carex fusca-Var.(F1)	- -
X	Extrem nasse organogene Böden, in denen das Grdw. nur selten unter 20cm Tiefe absinkt. Bruchwald-Fen (Niedermoor) Carr (Übergangswaldmoor) Rasen-Fen (Niedermoor) Moss (Hochmoor)	Carici elongatae-Alnetum (F1,S12) Carici laevigatae-Alnetum,Subass. v.Sphagnum (S10) Betuletum pubescentis (S1)	Bromus racemos.-Senecio aquaticus-Ass., Subass.v.Carex fusca,Comarum-Var.(S2) Cirsium olerac.-Polygonum bistorta-Ass., Subass.v.Carex Davalliana (F1) Scheuchzerio-Caricetea fuscae (G3) Magnocaricion (G4) Sphagnion papillosi	- -
XI	Offenes Wasser. Phragmites-Fen Gyttja, Sapropel Dy, Protopedon	- -	Phragmition Glycerio-Sparganion Litorelletea Potametea	- -

Zeichen: F Feuchteverlauf gemessen, G Grundwassergang gemessen, S Bodenbeschreibung vorhanden
Die Ziffern geben die Zahl der untersuchten Bestände an. Pflanzengesellschaften ohne Zeichen wurden nach ihrem Kontakt oder nach allgemeiner Kenntnis ihres Standortes eingestuft.

x) Die Aufstellung ist noch nicht in allen Teilen gleichmäßig durchgearbeitet und nur ein Beispiel aufgrund des derzeitigen Standes der Arbeiten.

Amplitude gekennzeichneten Bodentypen. In Tab. 4 sind einige der wichtigeren Pflanzengesellschaften in der vorgeschlagenen Weise eingestuft worden.

Bewußt wurde darauf verzichtet, den Tab. 3 und 4 eine Spalte mit Angaben über das Ertragspotential der Gesellschaften oder über kulturtechnische Maßnahmen beizugeben. Folgt die Klassifizierung der Gesellschaften nach dem Wasserhaushalt dem idiographischen Prinzip, kann die Legende jeder Wasserstufenkarte mit einem erschöpfenden Kommentar über Vegetation, Ertrag und Bewirtschaftung der einzelnen Stufen versehen werden ohne die Lesbarkeit der Karte oder die Einheitlichkeit und Folgerichtigkeit der Klassifizierung zu gefährden.

Die klimatischen Komponenten im Wasserhaushalt der Pflanzengesellschaften können berücksichtigt werden, indem man das Verhältnis zwischen den Jahresmitteln von potentieller Evapotranspiration und Niederschlagshöhe in Betracht zieht. Ein noch besseres Kriterium ist das Verhältnis zwischen dem mittleren maximalen Niederschlagsdefizit und dem mittleren maximalen Niederschlagsüberschuß.

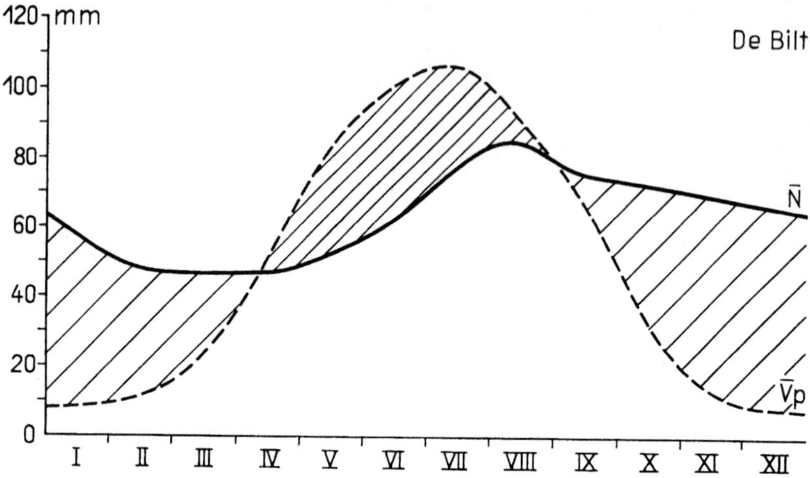

Jahresmittel		mittl. maximal.	
Niederschläge	pot. Evapotransp.	N-defizit	N-überschuß
760	594	113	279

Abb. 2. Höhe der Niederschläge und der potentiellen Evapotranspiration

Für die niederländische Station de Bilt (Abb. 2) übersteigt die mittlere Jahressumme der Niederschläge diejenige der potentiellen Verdunstung um rund 165 mm. Trotzdem ist für einen Teil des Jahres die mittlere potentielle Verdunstung größer als die mittlere Niederschlagshöhe. Etwa 115 mm müßte die Vegetation im langjährigen Mittel jährlich aus dem Wasservorrat des Bodens entnehmen, wenn ihr Wasserbedarf so hoch wäre wie die potentielle Verdunstung.

Einige Zahlen (Tab. 5), die aus der Arbeit von Mohrmann a. Kessler (1959) entnommen wurden, mögen die Zunahme des mittleren maximalen Niederschlagsdefizits bei gleichzeitiger Abnahme des mittleren maximalen Niederschlagsüberschusses in west-östlicher Richtung (Hannover-Berlin) veranschaulichen. Die Werte von Salamanca und Birr Castle geben eine Vorstellung von den Extremen einer semiariden Landschaft Spaniens und des humiden Seeklimas Irlands.

Tab. 5.

	Hannov.	Berlin	Salam.	B. Castle
Mittlere jährl. Niederschlagshöhe	644	587	284	839
Mittlere jährl. pot. Verdunstung	602	644	937	463
Mittl. max. Niederschlagsdefizit	166	246	678	30
Mittl. max. Niederschlagsüberschuss	208	189	25	406

Neben einer vertieften Aussage für den Wirtschafter scheint die idiographisch begründete, auf dem potentiellen Wasserumsatz der Vegetation fußende Wasserstufen-Einteilung auch wissenschaftlich Nutzen zu bringen. Weil die Grenzen zwischen den Stufen solcherart fundierter Karten auf Standortsgrenzen verlaufen, fügt sich die Wasserstufen-Einteilung in das Wissenschaftssystem der Biozönologie ein. Der Bezug auf den Wasserumsatz der Vegetation knüpft an hydrologisch-klimatologische Werte an, und deshalb können die Pflanzengesellschaften der verschiedensten Gebiete klassifiziert und auf ihre Wasserversorgung in Abhängigkeit vom Klima verglichen werden.

ZUSAMMENFASSUNG

Es wird eine idiographische Methode für die Klassifizierung der Pflanzengesellschaften nach ihrem Wasserhaushalt vorgeschlagen, die auf den Grenz- und Mittelwerten des Wasserumsatzes der Vegetation aufbaut.

Grundwasserferne Gesellschaften werden nach dem potentiellen Bodenwasseraufbrauch als Maß des Speichervermögens, Gesellschaften mit Grundwassereinfluß nach Bodentyp und Grundwassergang eingestuft. Es werden 11 Wasserstufen ausgeschieden, die den Vergleich von Pflanzengesellschaften auch verschiedener Klimate ermöglichen, wenn das mittlere jährliche maximale Niederschlagsdefizit und der mittlere jährliche maximale Niederschlagsüberschuß berücksichtigt werden.

RESUMEN

Para la clasificación de las comunidades vegetales según su régimen hídrico, se sugiere un método idiográfico, que se basa en los datos extremos y en los promedios del balance hídrico de la vegetación.

Las comunidades sin relación con el agua freática se clasifican según el consumo potencial de agua del suelo, y las comunidades dependientes del agua subterranea según el tipo de suelo y las variaciones del nivel freático. De esta manera se establecen 11 „grados hídricos", que facilitan la comparación también de comunidades pertenecientes a climas distintos, cuando se tengan en cuenta los promedios del deficit y del exceso máximo anual de precipitaciones.

SUMMARY

The author suggests an idiographic method for the classification of plant communities regarding their water regime, which relies on the thresholds and the averages of their turnover of water.

Communities not influenced by groundwater are classified according to their potential soil-moisture consumption, as a measure of storage capacity. Communities depending on groundwater are ranged by soil type and annual turn of groundwater level.

There are established 11 degrees of water regime, which make it possible to compare the plant communities also of different climates, if the averages of maximal annual rain deficit and maximal annual rain surplus have been taken into account.

RÉSUMÉ

Pour la classification des groupements végétaux d'après leur régime d'eau, l'auteur propose une méthode, qui se base sur les extrêmes et les moyennes de leur balance d'eau.

Les groupements végétaux non influencées par la nappe souterraine, on les classifie d'après leur consommation potential d'eau du sol, – les groupements en contact avec la nappe fréatique selon le type du sol et le cours annuel de la nappe.

Ils y ont été établi 11 échelons d'eau que rendent possible de comparer des groupements végétaux même des climats différents, en tenant compte des moyennes du déficit et du surplus annuel maximum de précipitation.

LITERATUR

BUCHWALD, K.: Wasserhaushaltsstufen und -zonen des Wassermangelgebietes Unteres Illertal. – Angew. Pflanzensoz. **8**: 37–55. Stolzenau/Weser 1954.

ESKUCHE, U.: Herkunft, Bewegung und Verbleib des Wassers in den Böden verschiedener Pflanzengesellschaften des Erfttales. – Min. Ernährg. Landw. u. Forsten Nordrhein-Westf. Düsseldorf 1962.

KLAUSING, O.: Wasserzustand und Wasserbilanz von Vegetation und Boden an Standorten bestimmter Pflanzengesellschaften des Mittelwesergebietes. – Angew. Pflanzensoz. **18**. Stolzenau/Weser 1961.

MEISEL, K.: Wasserstufenkarte des Emstales zwischen Dalum und Klein Hespe. – Angew. Pflanzensoz. **8**. Stolzenau/Weser 1954.

— Die Auswirkung der Grundwasserabsenkung auf die Pflanzengesellschaften im Gebiete um Moers (Niederrhein). – Stolzenau/Weser 1960.

— u. WATTENDORFF, J.: Über eine von der Wirtschaftsart unabhängige Wasserstufenkarte. – Mitt. florist.-soziol. Arbeitsgem. N.F. **9**: 230–238. Stolzenau/Weser 1962.

MOHRMANN, J. C. J. a. KESSLER, J.: Waterdeficiencies in European agriculture. – Int. Inst. for Land Recl. and Improv. **5**. Wageningen 1959.

MÜLLER, A. v.: Über die Bodenwasserbewegung unter einigen Grünlandgesellschaften des mittleren Wesertales und seiner Randgebiete. – Angew. Pflanzensoz. **12**. Stolzenau/Weser 1956.

TÜXEN, R.: Ein einfacher Weg zur nachträglichen Feststellung von Entwässerungsschäden. – Mitt. florist.-soz. Arbeitsgem. N. F. **3**: 128–129. Stolzenau/Weser 1952.

— Die Wasserstufenkarte und ihre Bedeutung für die nachträgliche Feststellung von Änderungen im Wasserhaushalt einer Landschaft. – Angew. Pflanzensoz. **8**: 31–35. Stolzenau/Weser 1954.

— Pflanzengesellschaften und Grundwasserganglinien. – Angew. Pflanzensoz. **8**: 64–98. Stolzenau/Weser 1954.

TÜXEN, R. u. Mitarb.: Vegetationskarten deutscher Flusstäler: Mittlere Weser bei Stolzenau. – Bundesanstalt für Vegetationskartierung. Stolzenau/Weser 1961.

WALTHER, K. u. Mitarb.: Vegetationskarten deutscher Flusstäler: Mittlere Elbe oberhalb Damnatz. – Bundesanstalt für Vegetationskartierung. Stolzenau/Weser 1957.

G. SCHWERDTFEGER:

Für welche Untersuchung ist die Verfeinerung des Maßstabes gedacht? Wenn bisher mit den Wasserstufen Beweissicherungen durchgeführt wurden, dann wurden die Ergebnisse anerkannt. Wenn aber jetzt mit dem verfeinerten Maßstab Drän-Tiefen und Drän-Abstände bestimmt werden sollten, dann würden sicher die Fachleute auf diesem Gebiete Bedenken anmelden und diesen Maßstab nicht ohne weiteres für die Drän-Anweisung übernehmen. Deshalb möchte ich gern wissen, wofür die Verfeinerung des Maßstabes gedacht ist.

G. SCHAFFER:

Herr ESKUCHE hat in seinem Manuskript in der Spalte 1 die Millimeter pflanzennutzbarer Wasserkapazität angegeben. Er ist von folgender Tatsache ausgegangen. Er hat den Bodenporen-Raum unterteilt, indem er einmal das Grundwasser weggelassen hat, den Welkepunkt und die Feldkapazität bestimmt hat und den Teil, der zwischen Feldkapazität und Welkepunkt liegt, als potentiellen Wasseraufbrauch bezeichnet. Ich würde einfach sagen, es ist die pflanzennutzbare Kapazität des Bodens.

Wenn unsere verschiedene Begriffsbestimmung sich deckt, dann würde ich dazu sagen, daß der Teil, der als pflanzenverfügbar zu bezeichnen wäre, noch nicht pflanzennutzbar zu sein braucht, weil die Durchwurzelungstiefe und die Durchwurzelungsintensität mit der Tiefe abnimmt. Es würde also bedeuten, daß ich hier von diesen gesamtpflanzenverfügbaren Wasser Abstriche machen muß. Es gibt darüber eine amerikanische Arbeit, die das einfach so gemacht hat, daß sie den gesamten durchwurzelbaren Raum unterteilt hat: das erste Viertel wird 100%ig ausgenutzt, das zweite 75, das dritte 50 und das vierte nur 25%. Diesen Raum bezeichnen wir als pflanzennutzbare Kapazität. Wenn man dies in Parallele zu den Ausführungen von Dr. ESKUCHE setzt und dann diese Stufen vergleicht, dann kommt eine weitere Schwierigkeit hinzu. Bei der Stufe 4 schreiben Sie u.a. auch Pseudogley. Beim Pseudogley ist das Problem aber nochmals komplizierter, weil sich ja hier ein Staukörper und eine Stauzone ergibt und je nach der Tiefenlage der Stauzone bzw. des Staukörpers gibt es eine andere Wasserführung und andere Wasserverhältnisse. Es muß dann also, mit anderen Worten, auch noch in diese statische Größe, die ich ja in Millimetern angebe, die „pflanzennutzbare Kapazität", auch noch die Durchlässigkeit eingehen. Also so kompliziert liegen die Verhältnisse, und ich befürchte, daß das zu sehr vereinfacht und vergewaltigt ist, was Sie hier vorhaben. Ich bitte diese vielleicht negativ erscheinende Kritik zu entschuldigen, aber ich hoffe, daß ich damit doch zu einer Klarheit der Begriffsabgrenzungen komme. Denn ich sehe nicht ganz ein, warum wir die alten Begriffe, die nun eingefahren sind, verlassen und durch irgendwelche neuen Vokabeln ersetzen.

H. ELLENBERG:

Ich möchte nur sagen, daß es an sich zu begrüßen ist, daß diese Wasserstufen objektiviert werden, und daß sie nicht jedes Mal fallweise relativ erstellt werden. Der grundsätzliche Gedanke ESKUCHES scheint mir auch durchaus gangbar. Er hat selber betont, daß es sich um einen Versuch handelt, oder um eine erste Annäherung. Ich glaube, so muß man das verstehen, und man sollte da mithelfen, auch von bodenkundlicher Seite, daß das verbessert und verfeinert wird. Ich übrigen halte ich seinen Vorschlag nicht für eine Verfeinerung gegenüber den bisherigen Stufen. Denn die Stufen, die jetzt im wesentlichen erscheinen, sind ungefähr parallel zu den Stufen, die auf den Karten bisher meistens verwendet worden sind, wenn ich es richtig verstanden habe. Ich glaube sogar, daß sie sich stellenweise verfeinern ließen. Nach meiner Erfahrung möchte ich insbesondere empfehlen, eine Verfeinerung in der ersten Stufe zu machen, denn da sind Xerobrometum und Mesobrometum zusammengefaßt. Die sind aber, wie schon die alten pflanzensoziologischen Begriffe sagen, im Wasserhaushalt außerordentlich verschieden, und m.E. darf man die beiden nicht zu einer Stufe zusammenfassen, oder man muß klar ausdrücken, daß diese Wasserhaushaltsstufen lediglich den interessieren, der nicht die Landschaft in Wasserhaushaltsstufen gliedern möchte, sondern nur an Entwässerungsproblemen interessiert ist. Und das sollte eigentlich mit dieser absoluten Skala nicht geschehen. Die absolute Skala sollte alle Möglichkeiten umfassen, die in unserer Vegetation überhaupt gegeben sind. Man muß sich darüber klar sein, daß diese ganzen Wertungen relativ sind. Denn das Allgemein-Klima spielt dabei eine große Rolle. Herr ESKUCHE hat als Skala nur den Boden benutzt. Ich stimme da vollkommen überein mit Herrn SCHAFFER, daß es synonym ist, – so habe ich es auch verstanden – mit dem alten Begriff, und der kommt ja vom Boden her. Das Klima spielt dabei aber eine große Rolle. Der gleiche Boden wird in verschieden trockenem Klima einen ganz anderen Wasserhaushalt haben. Man muß also immer noch dazu sagen, für welches Klimagebiet diese Stufung gilt, und dann wird man vielleicht manches von den Gesellschaften, die hier genannt sind, herauslassen und lieber solche Listen nach Klimagebieten getrennt aufstellen.

W. TROLL:

Die Karte von Europa, die wir schon gestern abend zu Beginn des Vortrages von Herrn TÜXEN gesehen haben, ist wohl mit einem sehr weitmaschigen Netz konstruiert. Denn es erscheinen darauf z.B. der Harz oder das Sauerland als Trockengebiete. Man müßte mit Punkten angeben, welche Stationen für die Konzeption der Karte genommen sind. Mich würde auch interessieren, wo sie zu sehen ist. Sie ist ja sicher publiziert.

R. TÜXEN:

Die Karte von MOHRMANN a. KESSLER: General climatological survey of the average annual maximum precipitation deficits in Europe wurde 1959 vom International Institute for Land-Reclamation and Improvement Wageningen (Netherlands) herausgegeben. Folgende 9 Stufen des jährlichen maximalen Niederschlags-Defizits werden unterschieden: < 25, 25–50, 50–100, 100–200, 200–300, 300–400, 400–600, 600–800, > 800 mm.

Der Harz fällt aus seiner weniger feuchten Umgebung durch höhere Feuchtigkeit (nicht als Trockengebiet) mit Stufe 4, ebenso wie das Sauerland mit Stufe 3 heraus.

E. FÖRSTER:

In Ihrer Zusammenstellung fehlt mir eine richtige Einstufung der wesentlich wechselfeuchten und auch der Überflutungsstandorte. Ich weiß nicht, ob es wirklich möglich ist, alle Standorte in eine lineal gedachte Skala hineinzubringen. Sie haben in Ihrem Vortrag auf klimatische Werte Bezug genommen. Aber es scheint mir doch sehr schwierig zu sein mit Hilfe von Stationen, die eben doch notgedrungen im Verhältnis zur räumlichen

Ausdehnung der Pflanzengesellschaften im Gelände, unendlich weit voneinander entfernt sind, brauchbare Beziehungen zu den in den Probeflächen gewonnenen bodenkundlichen Werten herzustellen.

CH. ULLRICH:
In der Übersicht 1 und 2 sind bestimmte Pflanzengesellschaften ganz bestimmten Bodentypen zugeordnet worden. Stimmt die typologische Ausprägung des Bodens mit den jetzigen Pflanzengesellschaften überein? Ober aber sind die morphologischen Daten, die zur Kennzeichnung bestimmter Bodentypen herangezogen worden sind (Oxydations- oder Reduktions-Horizonte, Rostfleckigkeit u.a.) auf ganz andere Ursachen zurückzuführen, z.B. auf Verhältnisse, die vor den Meliorationsmaßnahmen (Entwässerung u. dergl.) oder Flurbereinigungsmaßnahmen durchgeführt worden sind.

U. ESKUCHE:
Die vorgeschlagene Wasserstufeneinteilung unterscheidet sich von der bis jetzt vorwiegend benutzten Methode hauptsächlich in der methodischen Fundierung. Wasserstufenkarten, die danach hergestellt werden, dürften zwar an Aussagewert gewinnen, doch ist nicht daran gedacht worden, daß technische Details wie Dräntiefe und -abstand aus der Gruppierung der Pflanzengesellschaften nach Wasserstufen abgeleitet werden könnten oder sollten.

Herr Dr. SCHAFFER unterstellt, daß die Bezeichnung „potentieller Bodenwasseraufbrauch" synonym sei mit der „nutzbaren Wasserkapazität" älterer Autoren. Auch uns ist bekannt, daß die Vegetation bei Wassermangel nicht die gesamte Wassermenge auszunutzen vermag, die entsprechend der nutzbaren Wasserkapazität (= Feldkapazität weniger Welkpunkt) im Wurzelraum des Bodens enthalten sein mag. Deshalb wurde von der bereits durch SEKERA benutzten Methode Gebrauch gemacht, den Wasservorrat des Bodens im Zustande stärkster Austrocknung durch Bodenfeuchte-Messungen am Standort zu ermitteln.

In Terminologie und Nomenklatur brechen wir bewußt mit der bodenkundlichen Tradition. Denn angesichts der Vielzahl der in Fragen des Wasserhaushaltes uneinheitlich verwendeten bodenkundlichen Bezeichnungen schien es ratsam, an die eindeutige und auch international verständliche Begriffs- und Namenbildung der Hydrologie anzuknüpfen.

Die Einordnung der grundwasserfernen Standorte, so auch derjenigen mit dem Bodentyp Pseudogley, in das System der Wasserstufen erfolgt lediglich nach der Höhe des möglichen Bodenwasseraufbrauches. Dem besonderen Feuchteverlauf staunasser Böden wird dabei Rechnung getragen – das habe ich im Vortrag allerdings nicht erwähnt –, indem hinter die Nummer der Wasserstufe ein „g" gesetzt wird. In entsprechender Weise wird Überflutung durch ein „h" gekennzeichnet, wie es ähnlich schon bei den Wasserstufen nach TÜXEN gehandhabt worden ist.

Dem Einwand Herrn Prof. ELLENBERGS kann entgegengehalten werden, daß die Wasserstufeneinteilung nach TÜXEN nicht verfeinert, sondern durch eine methodisch anders fundierte Einteilung ersetzt werden soll. Statt der bisherigen 5 Stufen sieht mein Vorschlag 10 Stufen vor, Stufe XI = offenes Wasser abgerechnet.

Je nach den verfügbaren ökologischen Unterlagen, örtlichen Gegebenheiten und praktischen oder wissenschaftlichen Erfordernissen können Wasserstufen entweder zusammengefaßt oder unterteilt werden. Damit dürfte es möglich sein, allen im Landschaftsgefüge begründeten Möglichkeiten hinreichend gerecht zu werden.

Abgesehen davon, daß Mesobromion-Standorte zum Teil in Stufe II fallen werden, kann es durchaus sein, daß ein im Regenschatten von Eifel und Hohem Venn gelegenes Xerobrometum im Bodenprofil und damit auch in der Höhe des potentiellen Bodenwasseraufbrauches einem Mesobrometum der Beckumer Berge oder des Teutoburger Waldes gleicht.

Sinn der vorgeschlagenen Wasserstufeneinteilung ist u.a. der klare, möglichst mengenmäßige Bezug zwischen boden- und klimabedingten Standorteigenschaften. Deshalb muß die Einteilung auf dem Speichervermögen bzw. auf dem Grundwassergang des Bodens allein begründet werden, damit es möglich wird, die Wasserversorgung eines Standorts unter Zugrundelegung der Wasserhaushaltsgleichung zu beurteilen und auch Pflanzengesellschaften verschiedener Klimate zu vergleichen. Zeigt das Bodenprofil infolge Grundwasserabsenkung oder -hebung nicht den wirklichen Grundwassereinfluß an, ist der Bearbeiter einer Wasserstufenkarte gezwungen, sich zusätzlich zu den hydrologischen Unterlagen, die er in jedem Fall zu Rate ziehen sollte, auch die erforderlichen Grundwasserstands-Messungen für die Einstufung der Pflanzengesellschaften zu verschaffen.

A PHYTOSOCIOLOGICAL SURVEY OF IRISH GRASSLAND

(Preliminary results)

by

A. M. O'Sullivan, Wexford

Ireland is quite a small country measuring only 400 km by 300 km or roughly one fifth the size of Germany. It occupies a rather isolated position in that it lies at the extreme western edge of the Eurasian Continent. The topography and geology are in general related. The Central Plain covers about two thirds of the country and lies mainly on Carboniferous limestone. Around the edges of this huge plain are scattered mountain blocks composed of either metamorphic or igneous rocks. The main mountain areas are found in the south of the Counties of Cork and Kerry, but few are more than 800 m high. An extensive coastal plain stretches from Dublin 80 km northwards along the east coast and on this plain is found the main distribution area of the Irish Lolio–Cynosuretum. This coastal plain and also the Central Plain all lie below 150 m.

The Irish climate is a mild one and one which makes grass growth possible for nine or ten months of every year. Because of its Atlantic position Ireland receives the full benefit of the warm prevailing westerly and south westerly winds coming from the North Atlantic. The annual rainfall along the east coast is about 900 mm, but may be as high as 2,500 mm in the mountainous areas of the West and South. More important perhaps is the very even distribution of the rainfall throughout the year and the absence of rainless periods.

The temperature pattern is also very even. The average annual temperature is about 10°C and the range of seasonal variation generally lies between 5° (in January) and 16° (in July). So it is that Ireland has an almost ideal climate for grass growth.

The soil geology has been complicated by the Pleistocene Glaciation. In the east are mainly well drained limestone-rich soils but in parts of the midlands and west where the rocks have a more shaly composition, the soils tend to have a heavy clay texture.

During the retreat of the ice towards the end of the Pleistocene period large drumlins were formed which now occupy extensive areas of the west and midlands. In eastern Ireland we find a very different kind of glacial deposit, namely eskers. Whereas the eskers are all loose, free draining gravel ridges the drumlins have a very heavy, wet, gleyed soil. These eskers will be discussed further later when we discuss the sub-association of *Galium verum* and the drumlins also, under the heading of the sub-association of *Juncus effusus*.

In the old glacial lake beds of the Central Plain have developed huge raised bogs (or „Hochmoore") while most of the mountains are covered by blanket bogs (or „terrain-bedeckende Hochmoore").

Perhaps also worth brief mention are the large areas of karst limestone in Clare and Galway on the west coast where the top-soil has been completely removed over large areas by the passage of ice. Here is found *Dryas octopetala* and many other alpine and artic alpine plants growing almost at sea level.

Destruction of the natural woodland has been very complete in Ireland and at present only 1–2% of the total land surface is occupied by woodland.

Grassland is by far the most common community in Ireland as it occupies 75% of the total land surface. Also, whereas in Britain only 4% and in the Netherlands only 12% of the people live on the land, in Ireland 40% of the total population derive their living from Agriculture. Ireland can therefore be justly called an agricultural country and this is further emphasised by the fact that 60% of our exports are in the form of livestock or of livestock products.

The size of the farms is somewhat variable but it is a fairly general rule that the smallest farms are found on the poor soils in the west of Ireland and the largest are found on the best soils in the east. The normal size of the western farms is about 8–10 ha whereas those in the east may have from 30–100 ha.

The following account of the nature, composition and distribution of the grassland types applies only to the northern half of the Republic of Ireland. The southern half has still to be surveyed.

Most of the Irish grassland communities so far examined can be classified in the alliance of Cynosurion cristati. As we have few permanent meadows *Arrhenatherum* and Arrhenatherion species are comparatively rare in our meadows. Within the alliance of Cynosurion cristati are two clearly distinct associations – Lolio–Cynosuretum and Centaureo–Cynosuretum (Table 1). The Centaureo–Cynosuretum was first described by Professors BRAUN-BLANQUET a. TÜXEN in 1952, and while they did not see the Lolio–Cynosuretum during their short Excursion they suggested that *if it existed* it should not be very different from the Lolio–Cynosuretum of the North Sea „Marsches".

My work has shown the definite existence of an Irish Lolio–Cynosuretum which on comparison with the North West German Lolio–Cynosuretum typicum was found to be almost identical. The only points of difference are: (1) The indicators of intensive pasture such as *Plantago major, Leontodon autumnalis, Taraxacum officinalis* and *Poa annua* have a much higher constancy in the German than in the Irish Lolio–Cynosuretum, (2) The slightly more acid-loving species such as *Rumex acetosa* and *Anthoxanthum odoratum* have a much higher constancy in the Irish Lolio–Cynosuretum. Hence we may conclude that the Irish Lolio–Cynosuretum is lighter grazed and slightly more acid than the North German Lolio–Cynosuretum. The latter is not surprising in view of the fact that Ireland is still one of the lowest users of artificial fertilisers in Europe.

Table 1

Association	Lolio-Cynosuretum		Centaureo-Cynosuretum (B.B. & Tx. 1949)							
Subass.	Typicum		Typicum		Gal.ver.		Juncus effusus			
Variant	Typ.	Typ.	Lol. per.	Festuca ovina	Typ.	Pot. er.		Poa triv.	Typ.	Thuid. tam.
	(N.W.D.)						(N.W.D.)			
o. of Releves:	208	57	136	10	39	22	17	61	13	13
Trifolium repens	(V)	V	V	V	V	V	(V)	V	V	V
Cynosurus cristatus	(IV)	V	V	IV	V	V	(IV)	V	V	IV
Senecio jacobea		I	III	II	III	II			IV	II
Phleum pratense	(IV)	II	II		II	Ω	(I)	III		I
erritorial Differentials:										
Centaurea nigra		Ω	III	I	IV	IV		III	III	IV
Leontodon taraxacoides		Ω	II	III	II	III		I	II	II
Potentilla procumbens			I	II	Ω	I		I	II	I
Conopodium majus		Ω	Ω	I	Ω	Ω				
ub-Ass. Diff. species:										
Galium verum					III	V				
Briza media					III	V	(Ω)	I	Ω	II
Linum catharticum					II	III		I		
Juncus effusus	(Ω)	Ω	I				(II)	V	IV	IV
Carex ovalis (syn. leporina)	(Ω)						(III)	III	III	III
Juncus articulatus	(I)							II	II	IV
ariant Diff. species:										
Lolium perenne	(V)	V	V		V	IV	(IV)	IV		I
Poa trivialis	(IV)	III	III	Ω	II		(V)	III		
Dactylis glomerata	(III)	V	IV	Ω	V	IV		II		I
Brachythecium rutabulum	(III)	IV	IV		IV	III	(III)	III	II	III
Potentilla erecta		Ω	I	V		IV		Ω	II	V
Scleropodium purum			I	IV	II	IV		I	II	IV
Thuidium tamariscinum				II	I	I		I	I	IV
Sieglingia decumbens		Ω		III		IV			I	IV
Carex caryophyllea			I	III		IV		I	Ω	
Festuca ovina	Ω	Ω		IV	Ω	I				
Hieracium pilosella	Ω		Ω	I		III				
Galium saxatile				III	Ω	Ω			Ω	
Hylocomium splendens				III		I				III
Succisa pratensis						II		I		III
Plantago maior	(IV)						(IV)			

So far only the typical sub-association of Lolio–Cynosuretum has been seen.

The Irish Centaureo–Cynosuretum has four territorial differential-species, namely, *Centaurea nigra, Leontodon taraxacoides, Potentilla procumbens* and *Conopodium majus* (rare). These are mainly Atlantic species and they are rare or absent both in the Irish and in the North German Lolio–Cynosuretum. Also as local differential-species of the Centaureo– against the Lolio–Cynosuretum there is *Hypochaeris radicata, Luzula campestris, Rhytidiadelphus squarrosus, Senecio jacobea* and a long list of others with lower constancy.

The Irish Centaureo–Cynosuretum has three well defined subassociations, a typical subassociation, a subassociation of *Galium verum* and a subassociation of *Juncus effusus*.

Excellent differential-species for the subassociation of *Galium verum* are *Galium verum, Briza media* and *Linum catharticum*. This subassociation, because it has in high constancy such species as *Briza, Galium, Potentilla erecta, Pimpinella saxifraga* and *Ranunculus bulbosus*, can perhaps be said to be an Irish development of the North West German Festuco–Cynosuretum.

The subassociation of Juncus effusus is well defined by the high constancy here of *Juncus effusus, Carex ovalis* and *Juncus articulatus/acutiflorus*. It is physiognomically similar to the North-West German Lolio–Cynosuretum lotetosum sub-association. However, the two sub-associations differ floristically in that such species of high constancy in the lotetosum as *Cardamine pratensis, Lotus uliginosus* and *Lychnis flos-cuculi* are rather more scarce in the Irish subassociation of *Juncus effusus*.

In each of the above mentioned subassociations of the Centaureo–Cynosuretum there are two or more variants. The typical subassociation has two variants, one, the variant of *Lolium perenne* with *Lolium perenne, Poa trivialis, Dactylis glomerata* and *Brachythecium rutabulum*; the other, the variant of *Festuca ovina* with such acidophile species as *Potentilla erecta, Scleropodium purum, Sieglingia decumbens, Galium saxatile* and *Festuca ovina* as differential-species.

The subassociation of *Galium verum* also has two variants, a typical variant without differential-species and a variant of *Potentilla erecta* with *Sieglingia decumbens, Carex caryophyllea, Hieracium pilosella* and *Potentilla erecta*.

Finally, the subassociation of *Juncus effusus* has three variants. The most common is the variant of *Poa trivialis* with *Phleum pratense, Lolium perenne* and *Poa trivialis* as differential-species. There is also a typical variant and an acidophile variant of *Thuidium tamariscinum* which is characterized by the high constancy of *Sieglingia decumbens, Hylocomium splendens, Succisa pratensis* and *Thuidium tamariscinum*.

For quick comparison I have summarised some general data about the four subassociations in one table (Table 2). The main points to be noted in this table are:

(1) The Centaureo–Cynosuretum typicum would appear to be the most common „type" in the part of Ireland so far studied.

Table 2

Association	Lolio-Cynosuretum	Centaureo-Cynosuretum		
Sub-ass.	Lolio-Cyn. typicum	Cent-Cyn. typicum	G. verum Subass.	J. effusus Subass.
No. of relevés	57	136	61	87
Approx. species no. per relevé	20	26	Typ. Var. 33 P. erecta Var. 35	28
Grass cover (%)	80–95	40–90	40–90	30–70
Moss cover (%)	0–5	0–50	0–70	5–90
Altitude (m.)	30–150	30–300	50–300	50–150
Slope	mostly 0°	0–10°	0–30°	0–20°
Soil type	Brown Earths. Grey-brown Podzolics.	Acid Brown Earths Grey-brown Podzolics	Calc. Brown Earths	Gleys and reclaimed Peats.

(2) Whereas the Lolio–Cynosuretum is found almost exclusively along the east coast plain the subassociation of *Galium verum* is mainly concentrated in the east and midlands and the subassociation of *Juncus effusus* would appear to be characteristic of large areas, especially the drumlin belt, of the midlands and the west.

(3) The pastures of highest quality and reputation have the lowest number of species and those of low quality tend to have as much as 40 species, most of which lack any feeding value.

Finally, a few words about the distribution and farming of these four subassociations.

(1) Lolio–Cynosuretum typicum: It is confined to a relatively small area along the East Coast. This is the East Coast Plain which I mentioned earlier. Many of the pastures here have not been cultivated for 50 years or more. It is one of the principal cattle fattening areas of Ireland. The grazing intensity is usually low, generally 1 animal per 0.75 of a hectare, sheep may also be included in low concentrations. Due to the low grazing intensity the grass grows tall in summer and this is then eaten down during the winter as these older cattle are left out all year. Also, because of this low grazing intensity by mature cattle the nutrient loss from the soil is negligible and most of these Lolio–Cynosuretum pastures show little sign of deterioration even after 50 years without fertiliser.

(2) The Centaureo–Cynosuretum typicum on the other hand is generally heavily grazed. It is also mainly concentrated in the east especially near Dublin in the dairy farming areas. Here the principal

grazing animal is the cow. As these pastures are grazed for twelve months of the year the percentage of Dicotyledonous weeds, such as *Taraxacum, Leontodon, Bellis* and *Prunella* is generally high. However as milk prices – unlike cattle prices – are fairly staple most of the Centaureo–Cynosuretum typicum pastures receive some manure. Here the stocking rate is of the order of 2–3 animals per hectare.

(3) The subassociation of Galium verum has a somewhat scattered distribution with the optimum apparently being in an easterly direction. A significant area of the variant of *Potentilla erecta* occurs in a big sheep-grazing district in the county of Roscommon. Here because of continuous close grazing by sheep and absence of liming the soil surface has become quite acid. The typical variant is strongly developed on the eskers and gravelly moraines. Sheep, because of the generally dry soil, are the principal grazing animals of this subassociation which is also perhaps the lowest yielding of the four subassociations.

(4) The subassociation of Juncus effusus is strongly developed in the midlands of Ireland and is particularly characteristic of the „drumlin country" in counties Cavan, Monaghan and Leitrim. Because of the extreme wetness of the soil sheep are generally not reared on this subassociation. Here instead we find the main production area for young cattle which are bought and fattened by the farmers living on the Lolio–Cynosuretum. As the farms are mostly under 15 hectares the land is heavily grazed for most of the year, hence continual deterioration occurs with increase in the spread of the *Juncus* species. In this subassociation undoubtedly lies the greatest need for improvement and the very area it occupies alone merits it much more attention than it has so far received.

In conclusion I should like to thank Professor TÜXEN and all the staff of the Bundesanstalt for the help and encouragement which I have received during my stay in Stolzenau.

SUMMARY

1. The geographical location, topography, geology and climate of Ireland are described.
2. Grassland is the most widespread vegetation formation in Ireland, bog is next in importance and woodland is very scarce.
3. The grassland communities in the northern half of the Republic of Ireland are described. They belong mainly to the Cynosurion cristati and can be broken into two associations, Lolio–Cynosuretum and Centaureo–Cynosuretum. The character – and differential-species of the associations, subassociations and variants are listed.
4. The distribution, ecology and management of each subassociation are discussed.

1. Die geographische Lage, Topographie, Geologie und das Klima Irlands werden beschrieben.
2. Grünland ist die verbreitetste Vegetationsformation Irlands, Moor kommt an zweiter Stelle und Wald ist sehr selten.
3. Die Grünlandgesellschaften der nördlichen Hälfte der Republik Irlands werden beschrieben. Sie gehören hauptsächlich zum Cynosurion cristati und sind in zwei Assoziationen teilbar, Lolio-Cynosuretum und Centaureo-Cynosuretum. Die Charakter- und Differentialarten der Assoziationen, Subassoziationen und Varianten werden dargestellt.
4. Die Verteilung, Ökologie und Behandlung jeder Subassoziation wird diskutiert.

V. WESTHOFF:

Aus den Ausführungen von Mr. O'SULLIVAN geht hervor, daß das Centaureo-Cynosuretum hauptsächlich im Osten Irlands verbreitet ist. Tatsächlich beobachtete ich im Westen Irlands nur wenige Weiden der typischen Gesellschaft, also abgesehen von der Subass. von Juncus effusus, die z.B. am Fuß des Ben Bulben in Sligo weiträumig auftritt. Ich möchte daher fragen, ob das typische Centaureo-Cynosuretum im Westen Irlands überhaupt als halbnatürliche Gesellschaft vorkommt. Die andere Möglichkeit wäre nämlich, daß es sich dort nur entwickelt nach künstlicher Bodenentwässerung. Weitaus die meisten westirischen Grünländereien sind nämlich reichlich versehen mit feuchtigkeitsliebenden Moorlandarten wie *Sphagnum, Eriophorum angustifolium, Narthecium ossifragum, Carex pulicaris, Carex echinata, Pinguicula* usw.

J. S. ZONNEVELD:

Haben Sie eine Erklärung für die Vegetations- und Bodenverhältnisse auf den Eskers mit „Gray wooded soil". Ich habe dort auf starken Podsolen eine Nardo-Galion-artige Vegetation gesehen. Der Anteil an Feuchtigkeit liebenden Arten kann vielleicht dem Klima zugeschoben werden. Die relative Oligotrophie ist im Einklang mit der Profil-Morphologie, das relativ hohe pH (5.5–7) aber nicht.

R. TÜXEN:

Die pH-Frage könnte in der Tatsache, daß *Schoenus* bei uns nur auf Kalk wachsend, in den westlichen irischen Hochmooren vorkommt, eine Parallele finden. Auch das ist eine ungeklärte Frage.

Zweitens darf ich sagen, daß unser junger Freund O'SULLIVAN, ein Schüler von Pater MOORE und 22 Jahre alt ist! Ich bin über seine Arbeit und Leistung besonders glücklich im Hinblick auf die Mitteilung von Prof. ELLENBERG über die Einführung einheitlicher ökologischer Untersuchungsmethoden in den nächsten Jahren. Auch wir streben an einheitliche pflanzensoziologische Untersuchungsmethoden zu erreichen. Wir sind dankbar dafür, daß die Iren als Erste auf den Britischen Inseln jetzt begriffen haben, wie gut man nach den Methoden von BRAUN-BLANQUET arbeiten kann.

H. ELLENBERG:

Wie diese hohen pH-Werte zustande kommen, weiß ich auch nicht. Aber daß *Nardus* durchaus auch bei neutraler Reaktion sehr gut gedeihen kann, ist experimentell von verschiedenster Seite nachgewiesen worden. Das gleiche gilt für *Calluna* und für alle anderen Arten, die zu diesen Gesellschaften gehören. Es ist mehr oder weniger eine Konkurrenz-Frage, ob sie auf den sauersten und ärmsten Böden nur beschränkt vorhanden sind oder nicht. Wahrscheinlich muß besonders geringe Konkurrenz zu den Ursachen gehören. Genau so ist bei *Schoenus* bekannt, daß er weit in den sauren Bereich hinein kultiviert werden kann. Es ist also ein Beispiel, wie stark die Konkurrenz bei uns das Verhalten der Arten mit bedingt.

Im Anschluß an das, was Prof. TÜXEN sagte, möchte ich mir eine Bemerkung erlauben. Ich komme gerade von England. Ich wollte das eigentlich nicht so öffentlich erzählen. Aber da es ihn besonders freut, will ich es doch hier sagen: Ich habe dort erreichen können, daß DUNCAN POORE und seine Schüler RATCLIFFE und MCVEAN und der Nature Conservancy die BRAUN-BLANQUETsche Schätzungskala angenommen haben, und daß jetzt eine Walduntersuchung von RATCLIFFE begonnen werden soll, die ganz nach der BRAUN-BLANQUET-Methode arbeitet. DUNCAN POORE hat eingesehen, daß die DOMINsche Skala, die bei der schönen Arbeit über das Schottische Hochland von MCVEAN and RATCLIFFE verwendet wird, trotz ihrer z.T. größeren Genauigkeit sich sehr schlecht mit der BRAUN-BLANQUETschen vergleichen läßt. Wenn man nur wenige Zusatzzeichen macht, die wir gemeinsam für drei Grade erfunden haben, kann man die BRAUN-BLANQUETsche für den gleichen Zweck verwenden. Es wird auch in Zukunft auf den Britischen Inseln mehr in dieser Richtung gearbeitet. Es ist vielleicht gar nicht bekannt genug, welche große Bedeutung DUNCAN POORE für diesen Schritt hat. Er hat klar gemacht, welcher besondere Wert in der vollständigen Aufnahme und in der Tabellenarbeit liegt, die in der BRAUN-BLANQUETschen Methode üblich ist, und hat diese wirklich mit Erfolg an die jüngeren Bearbeiter herangebracht.

A. O'SULLIVAN:

Reply to Dr. WESTHOFF: In my opinion the Centaureo-Cynosuretum has developed in the West and Midlands more as a climatic substituted community than as a biotic community. Also, the extensive farming methods practised in these areas probably help to maintain this association.

Reply to Dr. ZONNEVELD: You did not state at what depth you found a pH of 6.1 on an Irish Esker, but I think that on many Eskers the pH in the top 6 cm may be quite low in comparison with a depth of 12 cm. It is quite common to find so called „calcicole" and „calcifuge" plants growing together on these Eskers.

ABHÄNGIGKEIT DER SUMPF- UND WIESENGESELLSCHAFTEN VON DER HÖHE DES GRUNDWASSERS IM TALE DER GROSSEN MORAVA

von

RAJNA JOVANOVIĆ, Beograd

Es ist eine allgemein bekannte Tatsache, daß Wasser, neben Temperatur und Licht, den größten Einfluß auf die Entwicklung der Vegetation hat. Wie WALTER (1932) hervorhob, ist für die Entwicklung der Vegetation von besonders großer Bedeutung der Wassergehalt im Boden. Nicht nur daß die Pflanzen das unumgänglich notwendige Wasser aus dem Boden nehmen, das Wasser bedingt auch eine Reihe von Veränderungen in den Bodenvorgängen, indem es auf die physikalischen und chemischen Eigenschaften des Bodens einwirkt. Von seiner Menge und Verteilung in der Vegetationszeit hängt es ab, ob die Pflanzen genügend Feuchtigkeit für ihre Entwicklung haben werden. Die Menge des Wassers im Boden, die in erster Linie durch die klimatischen Verhältnisse bestimmt wird, vor allem durch die Niederschläge, hängt in hohem Maße von den Eigenschaften des Bodens und von anderen Standortsverhältnissen ab, besonders vom Relief (Neigung, Exposition) wie auch von dem Bestockungsgrad durch Vegetation. Bei gleichen klimatischen Verhältnissen, wie WALTER (1932) schließt, zeichnen sich verschiedene Böden durch verschiedene Feuchtigkeitsmengen im Boden aus, und die Abweichungen des Wasserregimes sind in verschiedenartigen klimatischen Gebieten auch auf ganz ähnlichen Standorten groß.

Da Menge und Verteilung des Wassers im Boden im Laufe der Vegetationszeit in verschiedenartigen klimatischen Verhältnissen und in verschiedenen Bodentypen nicht gleichmäßig und immer für die Entwicklung der Vegetation eines gegeben Gebiets gesichert sind, erscheint in gewissen Gebieten das Grundwasser als Grundfaktor für die Vegetationsentwicklung. Dies gilt besonders für Gebiete mit aridem Klima, das sich durch kleine Niederschlagsmengen im Laufe der Vegetationszeit auszeichnet. Infolge geringer Wasser-Reserven im Boden während der Sommermonate, sind die Pflanzen auf die Nutzung des Grundwassers angewiesen. Selbstverständlich ist die Bewegung des Grundwassers im Boden vom Komplex der Standortsfaktoren (klimatischen, edaphischen, orographischen und von der Bestockung) abhängig. Das Grundwasser, als die wichtigste Komponente der gesamten Bodenfeuchtigkeit, eng verbunden mit dem Wasserstand der Flüße und ihrem Austreten aus den Ufern, kann einen großen Einfluß auf die Entwicklung mancher Pflanzengemeinschaften haben.

Auf die große Bedeutung des Grundwassers in der Entwicklung der Pflanzengemeinschaften weisen die Arbeiten vieler Autoren (KNAPP 1949;

Ellenberg 1952; Tüxen 1954; Meisel 1960; Balátová-Tuláčková 1957, 1959 u.a.) hin. Die Bedeutung des Grundwassers für die Entwicklung der Vegetation spiegelt sich besonders in der Entwicklung und Anordnung der Vegetation der Niederungsgebiete, wo es als bestimmender Faktor erscheint. Dies gilt besonders für die Sumpf- und Wiesenvegetation der Flußtäler, wo das Grundwasser in der komplexen Wirkung ökologischer Faktoren einer der wichtigsten ist. R. Tüxen (1954) hebt die Bedeutung des Grundwassers hervor, indem er betont, daß ohne Kenntnis des Grundwasserstandes unter verschiedenen Pflanzengemeinschaften oder ohne ein sicheres Wissen über die Abhängigkeit der Pflanzengemeinschaften von der Höhe des Grundwassers überhaupt jede mit einer Senkung des Grundwassers verbundene Melioration ein vollkommener Fehlschlag bleiben kann.

Im Tale der Großen Morava, im Klimagebiete, das dem klimatogenen Walde der Dichtfrüchtigen Eiche und der Zerreiche (Quercetum confertae-cerris Rud.) entspricht, treffen wir eine verschiedenartige und reiche Sumpf- und Wiesenvegetation. Das Regime der Bodenfeuchtigkeit, abhängig von der Höhe des Grundwassers, ist ein entscheidender Faktor, der Erscheinung, Entwicklung und Differenzierung der Sumpf- und Wiesengemeinschaften bedingt. Im Zusammenhang mit dem großen Lehmgehalt im Boden, überwiegend vom Typ der Wiesen-Pecherde, sowie auch mit der Undurchlässigkeit gewisser der Oberfläche naher Schichten, ist das Niveau des Grundwassers, besonders in den Winter- und Frühlingsmonaten, bedeutend hoch. Das Regime der Bodenfeuchtigkeit, als Ergebnis der atmosphärischen Verhältnisse und des Grundwasserstandes ist von dem Wasserstand der Flüsse, besonders von ihrem Austreten im Frühling und Herbst abhängig, und andererseits, in noch größerem Maße, von den pedologischen Verhältnissen, vor allem von der mechanischen Zusammensetzung des Bodens. Es ist im Tale der Großen Morava und ihrer Nebenflüsse ein dominanter Faktor geworden, und beherrscht die Wirkungen des hiesigen mäßig kontinentalen, fast semiariden Klimas, und stellenweise auch gewisse physikalische und chemische Eigenschaften der Böden.

Zum Zwecke der ökologischen Charakterisierung und des Verständnisses der sukzessiven Entwicklung gewisser phytozönologisch erforschter Sumpf- und Wiesengemeinschaften von der Höhe des Grundwassers wurden im Tale der Großen Morava und ihrer Nebenflüsse Messungen der Grundwasser-Bewegung in einigen Sumpf- und Wiesengemeinschaften ausgeführt. Die Messungen wurden kontinuierlich allmonatlich von April 1959–November 1960 (20 Monate) ausgeführt. Dieser Zeitraum umfaßt zwei Vegetationszeiten und eine Winterperiode. Die Grundwasser-Messungen erfolgten in zwei geographisch ziemlich entfernten Gebieten. Das erste umfaßt einige Lokalitäten im Tale des Flusses Jasenica und seiner Nebenflüsses. (Karte), das zweite befindet sich südlicher, auf dem Wiesengelände der Dörfer Bukovče und Lanište in der Umgebung der Stadt Svetozarevo unweit von Ćuprija. Die Messungen zeigten, daß sich nach den Schwankungen der Grundwasserhöhe die Standorte ein und derselben in diesen zwei Gebieten verbreiteten Gemeinschaften manchmal bedeutend unterscheiden. Gleichlaufende Untersuchungen über die

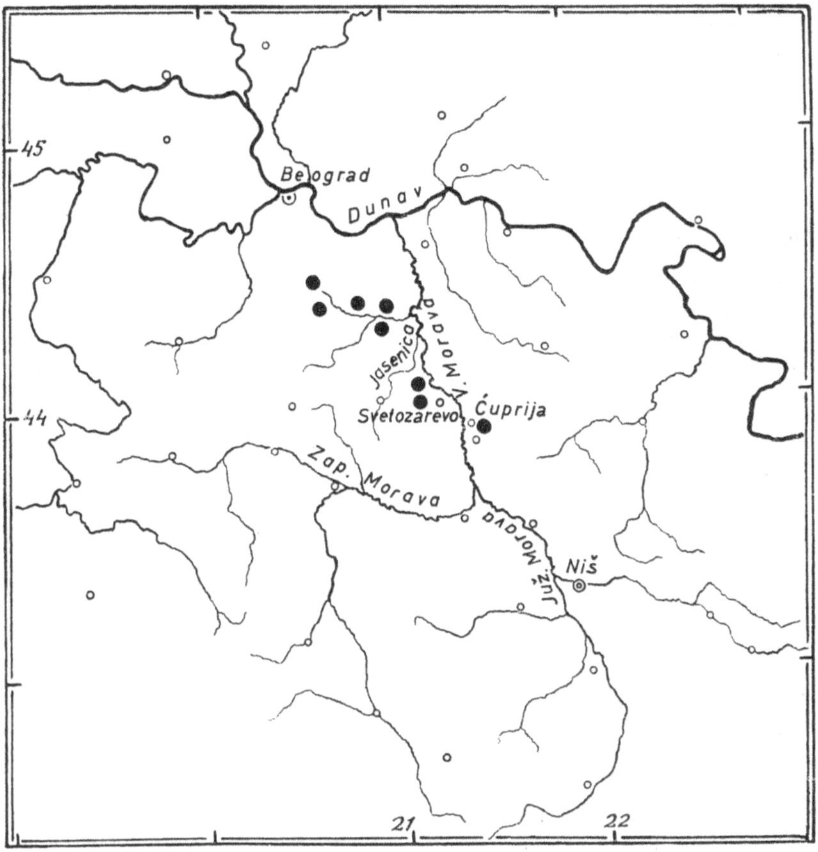

Lage der Grundwasserbrunnen im Tale der großen Morava

Schwankungen des Grundwassers unter den Sumpf- und Wiesengemeinschaften in diesen zwei Gebieten ermöglichen das Voraussehen der ökologischen Amplitude gewisser Gemeinschaften in Bezug auf diesen dominanten Faktor. Dieses Moment ist umso bedeutender, da TÜXEN (1954) zeigte, daß sich gewisse Gemeinschaften bei sehr verschiedenen Grundwasserständen entwickeln können.

Auf Grund der erhaltenen Messungsergebnisse von der Höhe des Grundwassers unter Sumpf- und Wiesengemeinschaften im Tale der Großen Morava kann festgestellt werden, daß das Grundwasser in allen Gemeinschaften im allgemeinen von den Frühlingsmonaten an, wo es verhältnismäßig hoch steht, im Laufe der Sommermonate allmählich sinkt, um in den Herbstmonaten, von Regen-Perioden abgesehen, am niedrigsten zu sein. Die Monate des niedrigsten Grundwasserstandes sind fast in allen Gemeinschaften August, September und Oktober. Mit dem November beginnt ein Ansteigen des Grundwassers bis zum höchsten Stand im Laufe der Winter- und der ersten Frühlingsmonate. Das Niveau des Grundwassers gelangt bis zur Oberfläche des Bodens und bleibt in den Sumpfgemeinschaften vom November bis April, während es sich bei den Wiesengemeinschaften im Laufe der Monate Januar und Februar auf der Oberfläche hält. Es konnten gewisse Abweichungen in der Bewegung des Grundwassers unter einzelnen Gemeinschaften im Laufe des Jahres 1959 und 1960 festgestellt werden, was mit der Menge und der Verteilung der Niederschläge im Laufe dieser Jahre (Abb. 1) in Zusammenhang gebracht werden kann. Die gesamte Niederschlagsmenge im Jahre 1959 betrug für die Lokalitäten neben Palanka 539,6 mm und für die Umgebung von Ćuprija 506,3 mm. Im Jahre 1960 betrugen diese Summen 676 mm und 547 mm. Man muß indessen hervorheben, daß nicht immer regelmäßige Wechselbeziehungen zwischen den Niederschlägen und der Bewegung des Grundwassers bestehen, was verständlich ist, wenn man das Zusammenwirken der ökologischen Faktoren, vor allem der physikalischen Eigenschaften des Bodens vor Augen hat.

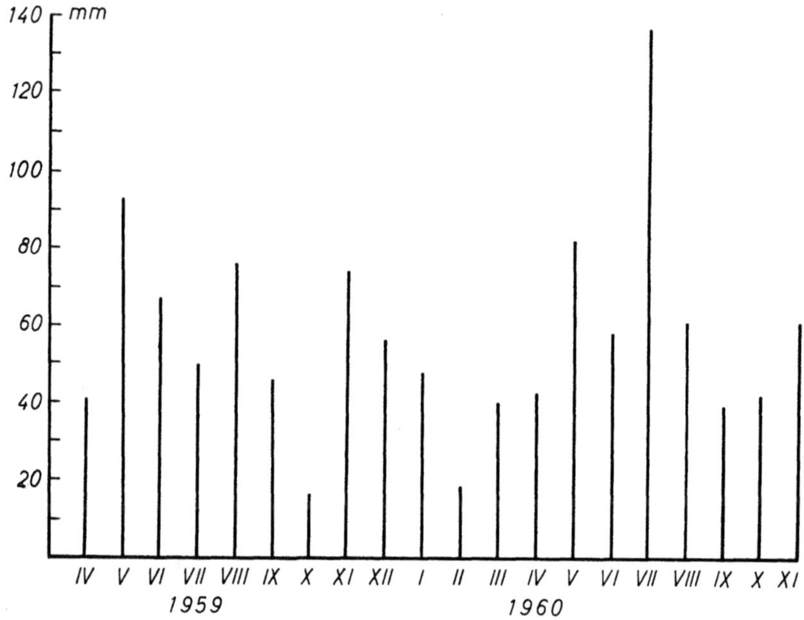

Abb. 1. Verteilung der Niederschläge im Laufe der Jahre 1959–1960.

Durch kontinuierliche Messungen der Höhe des Grundwassers im Tale der Großen Morava wurden folgende Gemeinschaften erfaßt: Scirpo-Phragmitetum Koch 1926, Glycerietum maximae Hueck 1931, Caricetum vulpinae-ripariae R. Jov. 1957, Festuco-Hordeetum secalini caricetosum distantis R. Jov. 1962, Bromo-Cynosuretum cristati H-ić 1931, Poo-Alopecuretum pratensis R. Jov. 1957, oenanthethosum fistulosae, poetosum pratensis et caricetosum praecox.

1. Scirpo-Phragmitetum Koch 1926

Beim Betrachten der Grundwasser-Bewegung unter Sumpfwiesengemeinschaften im Tale der Großen Morava soll vor allem vom ersten Glied der ökologischen Reihe ausgegangen werden, welche die durchforschten Gemeinschaften in Bezug auf den dominanten Faktor – die Bodenfeuchtigkeit – bilden, die mit den Schwankungen der Grundwasserhöhe eng verbunden ist. Das Scirpo-Phragmitetum stellt eine Gemeinschaft mit dem höchsten Grundwasser-Niveau dar, das in den Wintermonaten bis über die Oberfläche des Bodens steigt und mit dem Tagwasser zusammentritt, das nach der Schneeschmelze und nach Überschwemmungen entstanden ist. Wie aus Abb. 2 ersichtlich ist, liegt der Grundwasserstand

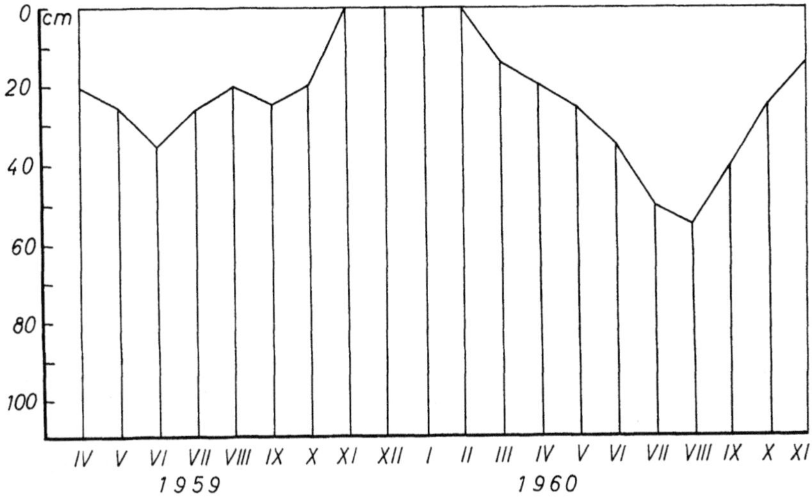

Abb. 2. Grundwasser-Ganglinien des Scirpo-Phragmitetum.

im Laufe von vier Monaten (vom November bis zum März) über der Bodenoberfläche. In den Frühlingsmonaten sinkt er im ganzen auf 30 cm Tiefe. Da das Gelände unter dieser Assoziation zu dieser Zeit Überschwemmungen ausgesetzt sind, wird die 30 cm dicke Bodenschicht bis zum Grundwasser leicht mit Wasser durchtränkt. Daher ist der Boden unter dieser Assoziation, infolge der wasserhaltigen Schicht in der Nähe der Oberfläche im größeren Teil der Vegetationszeit sehr sumpfig. Wie die Grundwasser-Ganglinien unter dieser Assoziation zeigen, sind die Schwankungen des Grundwassers im Laufe des Jahres nicht sehr groß. Im Laufe des trockensten Monats August erreicht das Grundwasser seinen niedrigsten Stand, indem es bis 55 cm unter die Bodenoberfläche sinkt. Fügt man diesem Wert das Überlaufen über die Oberfläche und sein Steigen bis ungefähr 30 cm darüber hinzu, so beträgt die Schwankung des Grundwassers etwa 85 cm. Selbstverständlich kann dieser Wert mit Rücksicht auf die Verschiedenartigkeit der Standorte im Gebiet der Großen Morava nicht als allgemeingültig für diese Gemeinschaft angesehen werden.

2. Glycerietum maximae Hueck 1931

In der sukzessiven Entwicklung der Sumpfvegetation der Flußtäler, bei der das Grundwasser bzw. das Regime der Bodenfeuchtigkeit überhaupt, die herrschende Rolle spielt, reiht sich an das Scirpo-Phragmitetum das Glycerietum maximae an. Wenngleich auch in dieser Assoziation das Grundwasser im Laufe der Winter- und der frühen Frühlingsmonate bis über die Bodenoberfläche steigt und auf diesem Niveau 4–5 Monate bleibt, sind die jährlichen Abweichungen in der Höhe des Niveaus unter dieser Assoziation bedeutend größer. Wie Abb. 3 zeigt,

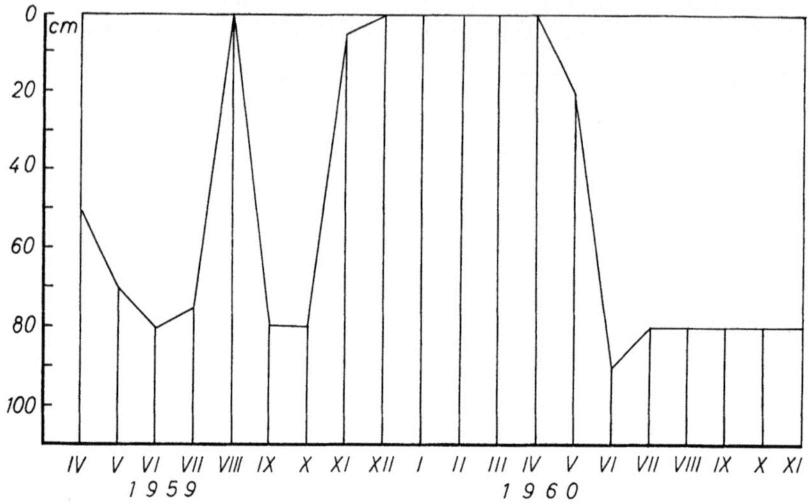

Abb. 3. Grundwasser-Ganglinien des Glycerietum maximae

schwankt das Grundwasser unter dieser Assoziation zwischen 90 cm unter bis ungefähr 20 cm über der Bodenoberfläche, also insgesamt 110 cm. Die Grundwasser-Ganglinie ist durch jähe Veränderungen charakterisiert, mit einem Frühlings-Winter-Maximum und zwei Sommer-Herbst-Minima. Im Jahre 1959 wurden diesen Minima durch ein steiles Maximum bis zur Bodenoberfläche im Laufe des August gestört, was mit dem Maximum von Niederschlägen im Laufe dieses Monats in Zusammenhang gebracht werden kann.

Mit Rücksicht auf den ziemlich langen Zeitraum (4–5 Monate) des Grundwasserstandes an und über der Bodenoberfläche und auf das rasche Sinken bis zum niedrigsten Stand kann diese Assoziation im Sinne der Feststellung von Tüxen (1954) als eine periodisch-amphibische Gemeinschaft gekennzeichnet werden, die mehrere Monate unter dem Wasser verbringt und ebenso mehrere Monate vollkommen trocken bleibt. Auf den Standorten im Tale der Großen Morava zeichnet sie sich durch gesicherte Feuchtigkeit im Laufe der Vegetationsperiode aus, weil das tiefe Wurzelsystem der meisten Pflanzen dieser Gemeinschaft, im erster Reihe der dominanten Art *Glyceria maxima*, die Verbindung mit dem Grundwasser auch im Laufe der Sommerdürre nicht verliert.

3. Caricetum vulpinae–ripariae R. Jov. 1953

Das Oszilieren der Grundwasserhöhe unter dieser Assoziation im Laufe eines zwanzigmonatlichen Beobachtungszeitraums zeigt drei ziemlich verschiedene Bewegungslinien. Wie aus Abb. 4 ersichtlich, wurden die

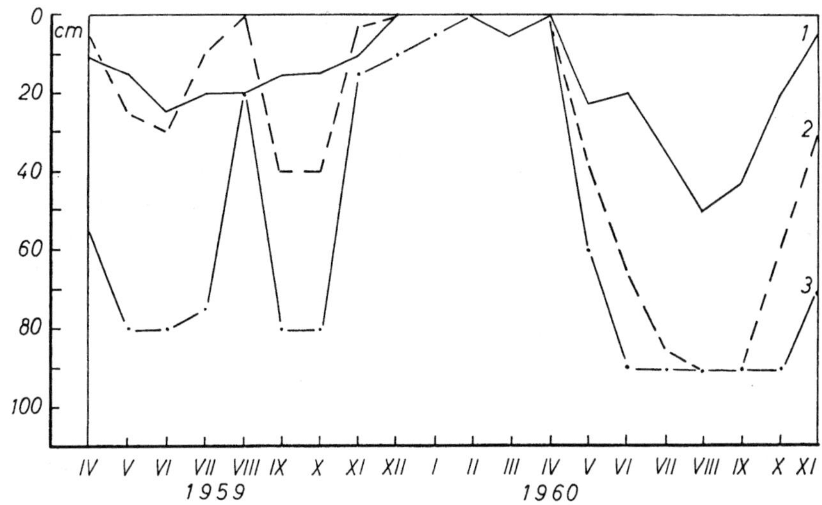

Abb. 4. Grundwasser-Ganglinien des Caricetum vulpinae-ripariae
1. Fazies mit *Carex riparia*. 2. Caricetosum acutiformis. 3. Typicum

geringsten Abweichungen in der Bewegung des Grundwassers unter der Fazies mit *Carex riparia* festgestellt. Diese reiht sich in Gestalt eines schmalen Bandes neben Tümpeln und Kanälen, an die Assoziationen des Verbandes Phragmition an. In ihr ist die Schwankung des Grundwassers vom höchsten Stand auf der Bodenoberfläche im Laufe von 5 Monaten bis zum niedrigsten auf 50 cm im Laufe des August relativ gering (im ganzen 50 cm). Die Grundwasser-Ganglinie ist eigentlich jener unter dem Scirpo-Phragmitetum ähnlich, was auf eine Beziehung dieser *Carex riparia*-Fazies mit dieser Assoziation in der sukzessiven Entwicklungsserie der Sumpfgemeinschaften hinweist. Über die Pionier-Fazies der *Carex riparia* sind die Assoziationen des Verbandes Magnocaricion mit den Gemeinschaften des Verbandes Phragmition verbunden.

Eine bedeutend größere Schwankung der Grundwasserhöhe bemerkt man unter der Subassoziation caricetosum acutiformis besonders im Laufe des Jahres 1960. Von der Bodenoberfläche, wo sich das Niveau des Grundwassers während fünf Monaten befand, sank es im Laufe der Monate August und September bis zum Minimum auf 90 cm Tiefe, was sich um 40 cm von der Fazies mit *Carex riparia* unterscheidet.

In der Typischen Subassoziation ist die Schwankung des Grundwassers vom höchsten bis zum niedrigsten Stand jener unter der vorangehenden Subassoziation gleich. Indessen zeigt die Grundwasser-Ganglinie unter der Typischen Subassoziation bedeutende Unterschiede (Abb. 4). Für sie ist charakteristisch, daß der Grundwasserstand nur während drei Monaten (Februar–April) bis an die Bodenoberfläche reichte, während das Minimum des Grundwasserstandes im Laufe von fünf Monaten (von Juni bis Oktober 1960) in der Tiefe von 90 cm verblieb. Dagegen hat das Maximum der Grundwasserhöhe in der Subass. caricetosum acutiformis einen dauerhaften Verlauf von fünf Monaten, während diese Periode in der Typischen Subass. zwei bis drei Monate dauert.

Bedeutend ist indessen, daß dank des tiefen Wurzelsystems der Sumpfpflanzen in der Typischen Subass. in der *Carex vulpina* und *Carex riparia* dominieren, die Verbindung mit dem Grundwasser auch im Laufe der langen Periode seines niedrigsten Wasserstands nicht verloren geht.

Die dargestellten Unterschiede in der Bewegung des Grundwassers unter einzelnen niedrigeren Einheiten des Caricetum vulpinae-ripariae stimmen mit den Unterschieden in der floristischen Zusammensetzung, Abundanz, Frequenz und Dispersion der bedeutenderen Arten in diesen Gemeinschaften überein. Unter ihnen zeigt sich als die wenigst feuchte die Typische Subassoziation. Dies stimmt mit der Feststellung TÜXEN's (1954) überein, daß das Caricetum vulpinae, dem die Typische Subassoziation aus dem Tale der Großen Morava ökologisch und floristisch ziemlich ähnlich ist, die am wenigsten feuchte Assoziation des Verbandes Magnocaricion ist.

4. Festuco-Hordeetum secalini R. Jov. 1957

Unter den Wiesengemeinschaften zeichnet sich durch das durchschnittlich höchste Niveau und das geringste Schwanken des Grundwassers das Festuco-Hordeetum secalini caricetosum distantis aus. Die Ergebnisse der Messungen des Grundwassers unter dieser Gemeinschaft (Abb. 5) beziehen sich auf zwei verschiedene und geographisch

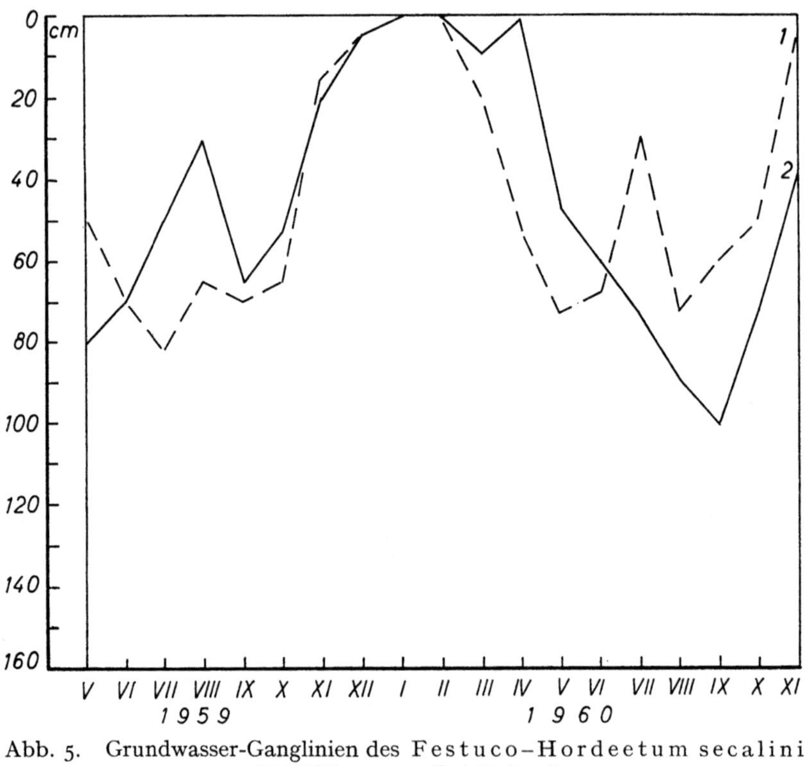

Abb. 5. Grundwasser-Ganglinien des Festuco-Hordeetum secalini 1. Bei Glibovac. 2. Bei Bukovče.

entfernte Lokalitäten (Dorf Glibovac bei Smederev, Palanka und Dorf Bukovče bei Svetozarevo). Die Saison-Schwankungen des Grundwassers an diesen beiden Lokalitäten derselben Gemeinschaft zeigen gewisse Abweichungen. Der Unterschied zwischen den niedrigsten Ständen beträgt 27 cm (für Glibovac 73 cm, für Bukovče 100 cm im Jahre 1960). Dieser Unterschied gleicht sich indessen durch die Dauer des maximalen Grundwasserstandes (an und über der Oberfläche) im Laufe von vier Monaten im Dorf Bukovče aus, woraus hervorgeht, daß das Festuco–Hordeetum secalini auf beiden Lokalitäten als eine der feuchtesten unter den Wiesengemeinschaften zu bewerten ist. Das relativ hohe Grundwasser, besonders in der Anfangsphase der Vegetationszeit, bedingt das Erscheinen zahlreicher Hygrophyten und Hygro-Mesophyten in dieser Assoziation. Das Sinken des Niveaus bis 100 cm Tiefe entspricht vielen Arten, in erster Reihe den dominanten *Festuca pratensis* und *Hordeum secalinum*. Für *Festuca pratensis* stellt ELLENBERG (1952) fest, daß sie häufig auf Gelände erscheint, wo sich das Grundwasser zwischen 50 und 100 cm bewegt; sie erträgt jedoch auch größere Schwankungen, wobei sie an Menge zurücktritt.

Ein allgemeines Bild der Grundwasser-Bewegung im Festuco–Hordeetum secalini als Ganzes kann auf Grund des instruktiven Diagramms Abb. 6 gewonnen werden, in dem außer der Subass. caricetosum distantis auch das Schwanken des Grundwassers in der ökologisch stark abweichenden Typischen Subassoziation in der Fazies mit *Clematis integrifolia* dargestellt ist. Die Grundwasser-Ganglinien unter diesen Subassoziationen beziehen sich nur auf den Zeitraum

Abb. 6. Grundwasser-Ganglinien des Festuco–Hordeetum. 1, 2. Caricetosum distantis. 3. Typicum, Fazies mit *Clematis integrifolia*.

Mai–Dezember 1959. Der Unterschied zwischen diesen beiden Subassoziationen liegt in verschiedenen Höhen des niedrigsten Grundwasserstandes. Dieses ist unter der Fazies clematosum integrifoliae 70 cm tiefer gesunken als in der Subass. caricetosum distantis. Das höchste Niveau liegt auch in jener Gemeinschaft um 48 cm niedriger als unter der Subass. caricetosum distantis. In Abhängigkeit von dem Oszillieren des Grundwassers in weiteren Grenzen unter dem Festuco–Hordeetum secalini differenzieren sich im Rahmen dieser Gemeinschaft ökologisch und floristisch definierte Einheiten, die sich mit den phytönozologisch ausgesonderten systematischen Kategorien (mit Subass. und Fazies) decken.

5. Bromo–Cynosuretum cristati H-ić, 1931

Die Ganglinie des Grundwassers unter dem Bromo–Cynosuretum (Abb. 7) zeigt Abweichungen zwischen dem höchsten Stand an der Boden-

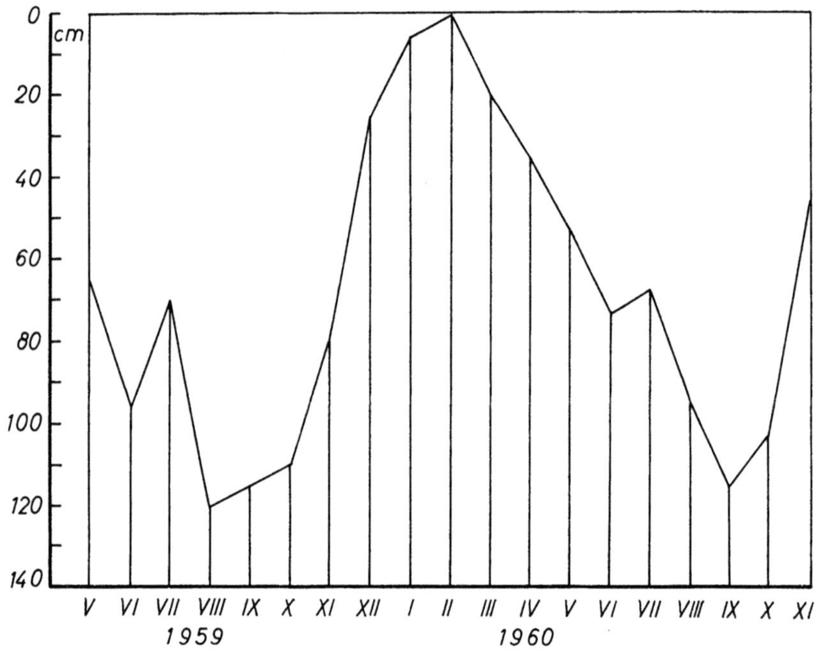

Abb. 7. Grundwasser-Ganglinien des Bromo–Cynosuretum cristati

oberfläche bis zum niedrigsten von 120 cm für das Jahr 1959 und 115 cm für das Jahr 1960. Es besteht ein offensichtlicher Unterschied gegenüber dem feuchteren Festuco–Hordeetum, der sich besonders in der Dauer des Grundwasser-Maximums im Laufe nur eines Monats (Februar und teilweise Januar, wenn es der Oberfläche nahe steht) ausdrückt, während dieses Maximum im Festuco–Hordeetum caricetosum distantis vier Monaten bestehen bleibt.

Neben der Bewegung des Grundwassers unter dem Bromo–Cynosuretum muß der große Einfluß des Bodencharakters hervorgehoben werden. Wenngleich das Grundwasser relativ hoch ist, bleibt das Regime der Bodenfeuchtigkeit unter dieser Assoziation nicht zu jeder Zeit der Vegetationsperiode ausreichend. Ein leichterer Boden mit einem bedeutenden Prozentsatz Sand bedingt ein rasches Verschwinden der Niederschläge unter die Erde. Infolge der gröberen mechanischen Zusammensetzung (Textur) dieses Bodens ist seine Wasser-Kapazität geringer als die der schweren, lehmigen Böden und die Kapillarverbindung mit dem Grundwasser schwächer. Diese leichtere Zusammensetzung des Bodens unter dem Bromo-Cynosuretum mit seinem schwächeren Regime der Bodenfeuchtigkeit ist auch auf das Mikroklima des Standortes von Einfluß. Die Temperatur der einzelnen Bodenschichten steigt bedeutend höher als bei den lehmigen, mit Feuchtigkeit getränkten Böden. Daher indizieren im Bromo-Cynosuretum eine große Zahl von Therophyten und thermophilen Arten die spezifischen Standortsverhältnisse.

6. Poo-Alopecuretum pratensis R. Jov. 1957

Die größten Schwankungen des Grundwassers unter den Wiesengemeinschaften im Tale der Großen Morava wurden unter dem Poo-Alopecuretum pratensis festgestellt. Dies ist verständlich durch die weite Verbreitung dieser Gemeinschaft auf verschiedenen Standorten hinsichtlich der Konfiguration des Geländes, der Möglichkeit der Überschwemmungen und der mechanischen Zusammensetzung des Bodens. Im Zusammenhang damit kann die Assoziation in drei ökologisch ziemlich verschiedenartige Subassoziationen in Hinsicht auf den Wasserstand differenziert werden. Die Ergebnisse der Messungen des Grundwassers in einer zwanzigmonatlichen Periode beziehen sich auf folgende drei Subassoziationen: oenanthetosum fistulosae mit zwei Lokalitäten (im Tale des Flusses Gr. Lug und im Tale des Flusses Belica bei Svetozarevo), poetosum pratensis und caricetosum praecox (von der Lokalität neben Ćuprija).

Die Ganglinien des Grundwassers, in Abb. 8 mit ausgezogenen Linien gezeichnet, stellen Schwankungen des Grundwassers unter der feuchtesten Subassoziation oenanthetosum in der Fazies mit *Trifolium resupinatum* dar. Es fällt auf, daß die Schwankungen des Grundwassers unter dieser Gemeinschaft verhältnismäßig gering sind, besonders am Standort im Tale des Gr. Lug. Die Schwankung des Grundwassers vom Maximum über der Bodenoberfläche bis zum Minimum betrug für das Jahr 1959 70 cm, und für das Jahr 1960 80 cm im Tale des Gr. Lug. Bei Svetozarevo erreichte die Schwankung 130 cm für das Jahr 1959 und 105 cm im Jahre 1960. Schon diese Angaben weisen auf bedeutende Unterschiede bei ein und derselben Gemeinschaft auf verschiedenen Wuchsorten hin. Diese Unterschiede deuten auf eine weite ökologische Amplitude dieser Gemeinschaft in Bezug auf das Grundwasser als Komponente der Bodenfeuchtigkeit überhaupt. Ein ähnlicher Verlauf der Grundwasser-Ganglinien unter dieser Assoziation und unter manchen Sumpfgemeinschaften weist sowohl auf ihre ökologische Ähnlichkeit als auch auf die sukzessive Verbundenheit dieser Gemeinschaft, vor allem der Fazies trifoliosum resupinati, mit gewissen Assoziationen des Verbandes Magnocaricion hin, über die sich der Entwicklungsweg der Talwiesen abspielt. Die Differentialarten der Subassoziation oenanthetosum: *Oenanthe fistulosa, Carex vulpina* und *Heleocharis palustris* weisen auf diese Beziehungen hin.

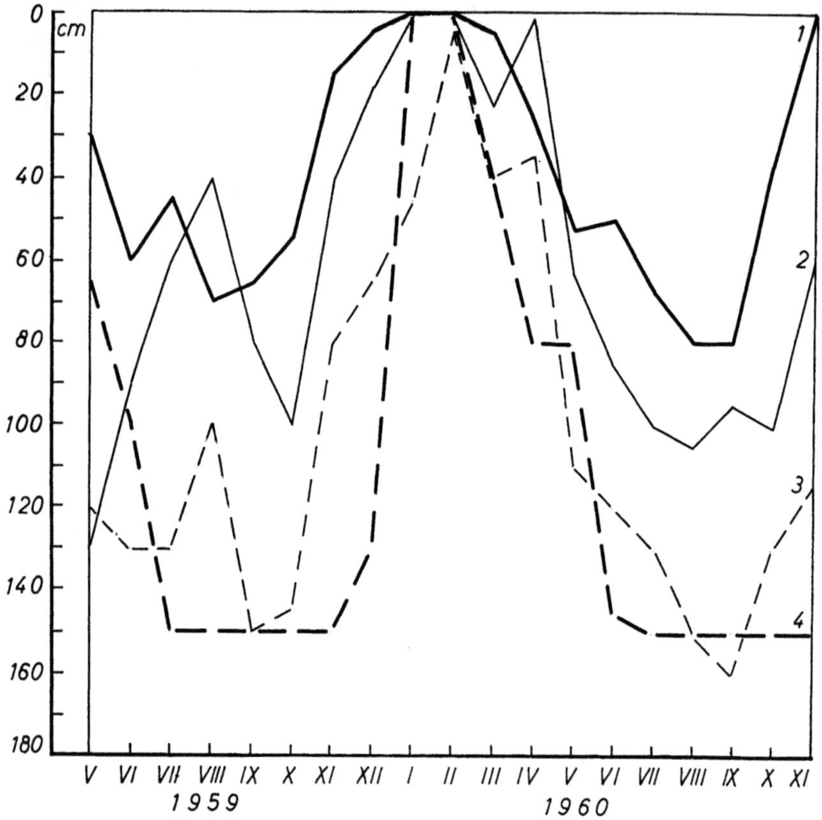

Abb. 8. Grundwasser-Ganglinien des Poo–Alopecuretum pratensis 1, 2. Oenanthetosum fistulosae, Trifoliosum resupinati. 3. Poetosum pratensis. 4. Caricetosum praecox.

Die Schwankung des Grundwassers unter den weniger feuchten Subassoziationen poetosum pratensis und caricetosum praecox (in Abb. 8 mit gestrichelter Linie dargestellt) ist größer und unvermittelter als unter der Subassoziation oenanthetosum. Für die Subassoziation poetosum pratensis beträgt das Oszillieren des Grundwassers im Laufe eines zwanzig-monatlichen Zeitraumes 155 cm (5–160), und für das caricetosum praecox 150 cm (0–150 cm). Der Unterschied vom oenanthetosum gegen das caricetosum praecox beträgt 45 cm, und gegen das poetosum pratensis 50 cm. Die Unterschiede dieser beiden Subassoziationen im niedrigsten Grundwasserstand sind dagegen gering. Während er im Jahre 1959 in beiden Subassoziationen auf gleicher Tiefe verzeichnet wurde, lag er im Jahre 1960 im poetosum pratensis nur um 10 cm tiefer. Indessen wird das caricetosum praecox, als verhältnismäßig trockener, durch die längere

Periode des niedrigsten Grundwasserstandes unterschieden. Während im poetosum pratensis der niedrigste Grundwasserstand nur einen Monat anhält, bleibt er im caricetosum praecox im Laufe von fünf Monaten (VII–XI) bestehen. Ein so langer Zeitraum bedingt eine ziemlich große Trockenheit des Bodens unter dieser Subassoziation.

Die Assoziation Poo–Alopecuretum pratensis stellt, als Ganzes betrachtet, gegenüber der Bewegung des Grundwassers, das in dieser Assoziation in weiteren Grenzen oszilliert, eine Gemeinschaft von weiterer ökologischer Amplitude dar. Daher spielen in ihrer floristischen Zusammensetzung gerade Arten von einer weiteren Amplitude im Verhältnis zur Bodenfeuchtigkeit eine bedeutende Rolle. Dies bezieht sich in erster Linie auf die dominanten Arten dieser Assoziation: *Alopecurus pratensis, Poa trivialis* und *Poa pratensis.*

Aus unseren Befunden über die Bewegung des Grundwassers unter Sumpf- und Wiesengemeinschaften im Laufe eines zwanzigmonatlichen Zeitraumes geht als allgemeine Feststellung hervor, daß eine gewisse Regelmäßigkeit im Wechsel des Grundwasser-Minimums im Laufe der Sommer- und Herbstmonate mit dem Maximum im Laufe der Winter- und der ersten Frühlingsmonate besteht. In Abhängigkeit von den physikalischen Eigenschaften des Bodens, der Konfiguration des Geländes, der Häufigkeit und Dauer von Überschwemmungen, und in erste Linie von der Menge und Verteilung der Niederschläge wird diese Regelmäßigkeit manchmal durch rasches Steigen des Grundwassers infolge erhöhter Niederschläge gestört. In den Talwiesen, die eine der Quellen für das Viehfutter sind, hat das Grundwasser-Minimum am Sommerende oder Herbstanfang keinen größeren Einfluß auf die Entwicklung der Pflanzendecke und auf den Wiesenertrag, weil es erst nach der Mahd eintritt. Von viel größerer Bedeutung ist es aber für die Entwicklung der herbstlichen Pflanzendecke (Grummet), die sich unter ungünstigen Grundwasserbedingungen vollzieht. Der Mangel an Feuchtigkeit im Boden infolge des niedrigen Grundwasserstandes wird indessen durch die verstärkten Niederschläge in Form von herbstlichem Regen kompensiert (Abb. 1).

Das Regime der Bodenfeuchtigkeit ist, in Abhängigkeit vom Komplex der Standortsfaktoren, in erster Reihe von den Niederschlägen und dem Grundwasser, unter den Wiesen in der Niederung der Großen Morava sehr günstig. Während des größeren Teils der Vegetationszeit, besonders in den Frühlings- und den ersten Sommermonaten, ist der Grundwasserstand der Bodenoberfläche nahe, was den Pflanzen genügend Feuchtigkeit zur Zeit ihrer intensiven Entwicklung sichert. In diesem Sinne ist die Feststellung Nelsons 1954 (nach Blaisdeli 1958) bedeutend, daß nämlich die Entwicklung der Wiesenpflanzen, besonders in der frühen Phase der Wachstumszeit, ein Spiegel der vorangehenden Jahresregen und der Reserven an Bodenfeuchtigkeit im Laufe des Winters ist. Die laufenden Sommerniederschläge haben keine bedeutendere Wirkung auf die Veränderungen der Pflanzendecke, außer daß sie das Höhenwachstum bestimmen und auf einen besseren Ernteertrag einwirken. In den frühen Entwicklungsphasen, zur Zeit ausgiebiger Frühlingsfeuchtigkeit im Boden, wird die Entwicklung der Wiesenpflanzen, wie der erwähnte Autor hervorhebt, hauptsächlich durch die Temperatur bestimmt.

Die Beobachtungen im Tale der Großen Morava haben gezeigt, daß in den frühen Frühlingsphasen der Entwicklung der Talwiesen Überschwemmungen und Dauer derselben von großer Bedeutung sind. Je länger das Wasser auf den Wiesen bleibt, umso später kommt es zur optimalen Entwicklung der Pflanzendecke.

ZUSAMMENFASSUNG

Im Tal der Großen Morava, im Klimagebiet, das dem klimatogenen Walde der Dichtfrüchtigen Eiche—Zerreiche (Quercetum confertae–cerris Rud.) entspricht, erscheint eine reiche und verschiedenartige Sumpf- und Wiesenvegetation. Das Regime der Bodenfeuchtigkeit in Abhängigkeit von den Schwankungen des Grundwasserspiegels, von der Menge und Verteilung der Niederschläge und von dem Wasserstand der Flüsse, sowie von der mechanischen Bodenschaffenheit ist einer der vorherrschenden Faktoren für die Entwicklung und Differenzierung der Sumpf- und Wiesenphytozönosen.

Um die ökologischen Bedingungen der Standorte der Sumpf- und Wiesengesellschaften und die Abhängigkeit ihrer floristischen und Mengen-Oszillationen von den Schwankungen des Grundwassers kennen zu lernen, wurden im Zeitraum von 1959–1960 in den Tälern der Großen Morava und ihrer Nebenflüsse kontinuierliche Beobachtungen des Grundwasserspiegels bestimmter Sumpf- und Wiesengesellschaften durchgeführt. Die Ergebnisse beziehen sich auf folgende Gesellschaften: Scirpo–Phragmitetum Koch, Glycerietum maximae Hueck, Caricetum vulpinae–ripariae R. Jov., Festuco–Hordeetum secalini caricetosum distantis R. Jov., Bromo–Cynosuretum cristati H-ić und Poo–Alopecuretum pratensis R. Jov.

Die Messungen des Grundwasserspiegels im Laufe von 20 Monaten zeigen eine gewisse Regelmäßigkeit in der Ablösung des Minimums des Grundwasserspiegels im Laufe der Sommer- und Herbstmonate und des Maximums im Laufe der Winter- und Vorfrühlingsmonate. Ebenfalls decken sich die Kurven der Schwankungen des Grundwasserspiegels einer bestimmten Gesellschaft an mehreren Lokalitäten. Die periodischen Schwankungen des Grundwassers bedingen das Auftreten des undurchlässigen „Gley"-Horizontes in den Böden der Sumpf- und Wiesen-Phytozönosen. In Abhängigkeit von der Tiefe dieses „Gley"-Horizontes unterscheiden sich die Sumpf- und Wiesen-Phytozönosen wesentlich in den Schwankungen des Grundwasserspiegels. In den Sumpf-Phytozönosen halten sich die Schwankungen in engeren Grenzen und während des größeren Teiles des Jahres nahe der Oberfläche, während bei den Wiesengesellschaften Schwankungen in größerem Ausmaß wahrgenommen werden. Dort steht der Grundwasserspiegel nur zur Zeit der Überschwemmungen nahe der Oberfläche. Es hat sich gezeigt, daß sich die Unterschiede im Grundwassergang zwischen den einzelnen Gesellschaften weitgehend decken mit den Unterschieden in der floristischen Zusammensetzung und der mengenmäßigen Vertretung der bedeutenden, vor allem der dominanten Arten der Gesellschaften.

SUMMARY

Along the valley of the river Velika Morava, in the climatic region of the Turkey oak climax forest Quercetum confertae-cerris Rud., occurs a rich and diverse marsh and meadow vegetation. Soil humidity régime, depending on the oscillations of the underground water level, distribution of the atmospheric deposits and the river water level as well as on the mechanical structure of the soil, represents one of the predominant factors for the development and differentiation of the marsh and meadow communities.

To study more closely the ecological conditions inside the habitats of the marsh and meadow communities and the dependence of their successive and syndynamic development on the oscillation of the underground water level, continuous observations of the mentioned level in some marsh and meadow communities were done in the valley of V. Morava in the course of 1959–1960. The results concern the following communities: Scirpo–Phragmitetum Koch, Glycerietum maximae Hueck, Caricetum vulpinae–ripariae R. Jov., Festuco–Hordeetum secalini caricetosum distantis R. Jov., Bromo–Cynosuretum cristati H-ić, Poo–Alopecuretum pratensis with the subassociations.

The results of the mesurements of the underground water oscillations have shown that there is pretty regular alternation between the underground water minimum during the summer and autumn months and its maximum during the winter and early spring months. Also, there is coincidence between the lines of oscillation of the underground water level in a particular type of community observed in several localities. Periodical oscillations of the underground water cause the formation of the impermeable gley-horizon in the soil of marsh and meadow communities. Depending on the depth of the gley-horizon the marsh and meadow communities differ considerably in respect to the oscillations of the underground water level. In the marsh communities the level oscillates inside more narrow limits and stays during the major part of the year close to the soil surface, whereas the oscillations in the meadow communities occured inside broader limits and the underground water level was close to the soil surface only at the period of flood. There is some evidence that the differences between some of the communities as regards the height of the underground water level coincide at some extent with the differences in the floristic composition and the quantitative occurence of the important species, in the first place of the predominant and the edificatory ones.

LITERATUR

Balátová-Tuláčková, Emilia: Příspěvek k poznání vlhkostní ekologické amplitudy a generativního cyklu lučních rostlin. – Sbornik Česk. akad. zeměd. věd. Ročnik **5** (10). Brno 1959.

Blaisdeli, J.: Seasonal development and yield of native plants on the upper Snake River plains and their relation to certain climatic factors. – Technical Bull. Nr. 1190. Washington 1958.

ELLENBERG, H.: Wiesen und Weiden und ihre standörtliche Bewertung. – Stuttgart 1952.
HORVATIĆ, ST.: Soziologische Einheiten der Niederungswiesen in Kroatien und Slavonien. – Izveš. botan. inst. Univ. u Zagrebu 1930.
JOVANOVIĆ, RAJNA: Tipovi dolinskih livada Jasenice. – Arhiv biol. nauk. **9** (1–4). Beograd 1957.
— Tipovi močvarne vegetacije u Jasenici. – Zbornik Biol. inst. NRS, knj. **2** (1). Beograd 1958.
— Tipologija, ekologija i dinamika močvarne i livadske vegetacije u dolini Vel. Morave. – (Manuscript 1962).
KNAPP, R.: Einführung in die Pflanzensoziologie. 3. Angewandte Pflanzensoziologie. – Stuttgart 1949.
MEISEL, K.: Die Auswirkung der Grundwasserabsenkung auf die Pflanzengesellschaften im Gebiete um Moers (Niederhein). – Stolzenau/Weser 1960.
TÜXEN, R.: Pflanzengesellschaften und Grundwasser-Ganglinien. – Angew. Pflanzensoziologie **8**. Stolzenau/Weser 1954.
WALTER, H.: Die Wasserverhältnisse an verschiedenen Standorten in humiden und ariden Gebieten. – B.B.C. **49**. Erg.-Bd. Dresden 1932.

Frau EMILIE BALÁTOVÁ-TULÁČKOVÁ:

Die von Frau JOVANOVIĆ angeführten Grundwasserganglinien sind ganz typisch für die Auenwiesen des kontinentalen Gebietes- auch die Grundwasserganglinien der Sumpf- und Wiesengesellschaften im Morava-Tal von S-Mähren zeigen ähnlichen Verlauf. Zu betonen wäre, daß hier der Winter-Wasserstand (Überflutungs- oder Grundwasser) in den ersten Frühjahrsmonaten eine besondere Rolle spielt. Dies kann folgendes Beispiel bestätigen. In den Jahren 1956 und 1957 wurde in Schlesien in der Opava-Aue das Caricetum vulpinae studiert. Nach den Messungen des Grundwasserstandes im Jahre 1957 hielt sich das Winter-Überflutungswasser über der Bodenoberfläche bis Ende März oder bis in die erste Hälfte April um + 10 cm. Dagegen erreichte der Wasserstand im nassen Frühjahr 1958 Ende März den Wert von ca. + 20 cm und erhielt sich über der Bodenoberfläche bis in die erste Mai-Dekade. Diese Tatsache hatte das Zurücktreten von *Carex vulpina* zu Gunsten von *Carex vesicaria* zur Folge.

Der Wintergrundwasserstand kann auch mit der Bodentemperatur im engen Zusammenhang stehen. So sind beim oben erwähnten Caricetum vulpinae, wo sich im Winter 1957/58 das Überflutungswasser um + 20 cm über der Bodenoberfläche hielt, und wo es daher zum geringeren Durchfrieren des Bodenprofils kam, zu Beginn der Vegetationsperiode auch die höchsten Bodentemperaturen von allen untersuchten Flächen gemessen worden. Auch diese Tatsache kann für die Zusammensetzung der Seggenbestände von gewisser Bedeutung sein.

EINIGE *MOLINIETALIA*-GESELLSCHAFTEN IN IHRER BEDEUTUNG FÜR DIE LANDSCHAFTSÖKOLOGIE

von

EMILIE BALÁTOVÁ-TULÁČKOVÁ, Brno

In diesem Referat möchte ich einige Zusammenhänge zwischen den Gesellschaften der Verbände Molinion und Cnidion und der Landschaftsökologie von S-Mähren und der angrenzenden SW-Slowakei besprechen. Im ersten Falle handelt es sich um eines der trockensten Gebiete der Tschechoslowakei mit jährlichen Durchschnittsniederschlägen von 516–524 mm und jährlicher Durchschnittstemperatur von 9° bis 9,2°C, im zweiten Falle um eine Landschaft, welche zwar höhere Niederschläge (590–626 mm) erhält, deren durchschnittliche Jahrestemperatur aber auch höher ist (9,5°C). Es handelt sich um das Gebiet des Morava-Flusses, wo neben Alluvial- und auch Salzböden, Tschernozem, Rendzina und Braunerde vorkommen. In der SW-Slowakei (Záhoří) sind großflächig auch Flugsande verbreitet. Das eigentliche Alluvialgebiet der Morava und Dyje ist periodisch sich wiederholenden Überschwemmungen ausgesetzt. Sie erfolgen regelmäßig mehrmals während des Jahres, meistens im März, Juni, August und September.

Die natürlichen Wiesen-Standorte sind hier die Auen der Morava, Dyje und ihrer Nebenflüsse, sowie die Niederungen und Altarme im Gebiet der Flugsande, wo es zur Verlandung und Moorbildung kam. Man kann folgende Haupttypen von Standorten unterscheiden:

1) Standorte niedermoorartigen Charakters, die durch Verlandung entstanden sind. Durch das ganze Jahr macht sich hier das Grundwasser geltend, Überschwemmungen kommen nicht vor. Dieser Standortstypus ist im Gebiet der Flugsande verbreitet.

2) Standorte, die im Alluvium der Nebenflüsse der Morava liegen und bis zu deren Regulierung alljährlich regelmäßig überschwemmt wurden. Der neutrale bis schwach alkalische Boden enthält oft $CaCO_3$. Dieser Standortstypus ist auch in der SW-Slowakei verbreitet.

3) Standorte auf erhöhten Rücken innerhalb der oft überschwemmten Lagen des Alluviums, die infolgedessen von Überschwemmungen nicht oder nur selten beeinflußt werden.

4) Standorte im Alluvium der Morava und Dyje, die mehrmals während des Jahres überschwemmt werden, wobei die Überschwemmung in der Vegetationszeit zur Beschädigung des Bestandes führen kann. Die Regeneration des Bestandes folgt jedoch in kurzer Zeit.

Die meisten der untersuchten Wiesen kann man in die Verbände Molinion W. Koch 1926 und Cnidion Bal-Tul. 1965 einreihen. Es handelt sich hauptsächlich um folgende Assoziationen: Molinietum coeruleae W. Koch 1926, Silaetum pratensis Knapp 1948, Serratulo–Festucetum commutatae Bal.-Tul. 1963 (Molinion); Gratiola officinalis – Carex praecox–suzae-Ass. Bal.-Tul. 1963 und Lathyrus paluster–Gratiola officinalis–Ass. Bal.-Tul. 1963 (Cnidion). Diese Einheiten sind immer nur an einen der angeführten Standortstypen gebunden und zwar das Molinietum coeruleae an den Standortstypus 1 (nicht überschwemmter Niedermoorboden), das Silaetum pratensis an den Typus 2 (zeitweise überschwemmte Alluvialböden oft mit $CaCO_3$), das Serratulo–Festucetum commutatae an den Typus 3 (Alluviallagen, wo Überschwemmungen nicht wesentlich eingreifen und die in der Trockenzeit an Wassermangel leiden) und endlich die übrigen Assoziationen an den Standortstypus 4 (wo die häufigen Überschwemmungen manchmal zur Zerstörung des Bestandes führen). Im letzten Falle kommt es zur weiteren Differenzierung der Gesellschaften nach ihrer Lage im Relief: auf relativ niedrig liegenden Standorten mit größter Amplitude in den Schwankungen der Wasseroberfläche kommt die Assoziation von Lathyrus paluster–Gratiola officinalis vor (1962 gemessenes Maximum des Wasserstandes + 37 cm, Minimum 167 cm), dann folgen Gratiola officinalis – Carex praecox–suzae–Ass., Subass. von Rorippa silvestris (Max. + 27 cm, Min. 169 cm) und Gratiola officinalis – Carex praecox–suzae–Ass., Subass. von Galium boreale (Max. + 17 cm, Min. 140 cm).

Die verschiedene Artenzusammensetzung der angeführten Assoziationen ist aus Tabelle 1 ersichtlich, wo sowohl die Assoziations-, Verbands-, Ordnungs- und Klassencharakterarten, als auch die wichtigsten Begleiter (hauptsächlich Agropyro–Rumicion crispi–, Magnocaricetalia– und Scheuchzerio–Cariceta fuscae–Charakterarten) angeführt sind. Diese sind gute Indikatoren für die abweichenden Standortseigenschaften, vor allem für die Häufigkeit der Überschwemmungen, für die Feuchtigkeit sowie für den Nährstoff-Zustand des Bodens, welcher hier im engen Zusammenhang mit dem Überschwemmungswasser steht.

Man kann hier zwei Gruppen der Gesellschaften unterscheiden: die erste schließt Gesellschaften ein, bei welchen der Pflanzenbestand vom Überschwemmungswasser entweder gar nicht, oder wenigstens nicht offensichtlich beschädigt wird und wo sich daher nur im kleineren Ausmaße Magnocaricetalia–Arten geltend machen. Es handelt sich um Molinietum coeruleae, Silaetum pratensis und Serratulo–Festucetum commutatae. Die zweite Gruppe der Assoziationen: Gratiola officinalis – Carex praecox–suzae–Ass. und Lathyrus paluster – Gratiola officinalis–Ass. ist an das Auengebiet gebunden, wo es regelmäßig zu länger dauernden Frühlings- oft auch Sommer- und Herbst-Überschwemmungen kommt. Sie wird durch die Anwesenheit von *Caltha palustris, Cnidium venosum, Gratiola officinalis* und Magnocaricetalia–Arten von großer Stetigkeit wie *Carex gracilis, Carex vulpina, Galium palustre, Eleocharis palustris, Poa palustris* und auch durch *Phalaris arundinacea* charakterisiert. Dagegen fehlt hier eine ganze Reihe der Arten, die größere Überschwemmungen nicht ertragen. Es handelt sich hauptsächlich um einige Klassen-

Assoziation	Molinietum coeruleae	Silaetum pratensis	Serratuleto-Festucetum commutatae	Gratiola officinalis – Carex praecox -suzae Ass.: Subass. von Galium boreale	Gratiola officinalis – Carex praecox -suzae Ass.: Subass. von Rorippa silvestris	Lathyrus paluster – Gratiola officinalis Ass.
nzahl der Aufnahmen	20	15	7	15	15	4
bergreifende Arrhenatheretalia-Charakterarten						
araxacum officinale	I	IV	V	V	IV	2
rifolium dubium	I	I	IV	I	I	1
entaurea jacea sp. angustifolia	V	V	V	III	I	.
otus corniculatus	III	II	IV	I	.	.
hrysanthemum leucanthemum	III	V	V	III	.	.
alium mollugo	.	II	III	I	.	.
eontodon hispidus	V	IV	I	.	.	.
aucus carota	I	III	V	.	.	.

Assoziation	Molinietum coeruleae	Silaetum pratensis	Serratuleto-Festucetum commutatae	Gratiola officinalis – Carex praecox -suzae Ass.: Subass. von Galium boreale	Gratiola officinalis – Carex praecox -suzae Ass.: Subass. von Rorippa silvestris	Lathyrus paluster – Gratiola officinalis Ass.
Anzahl der Aufnahmen	20	15	7	15	15	4
Scheuchzerio-Caricetea fuscae-Arten (Fortsetzung)						
+Carex flava s.l.	II	.	.	.	.	.
Parnassia palustris	I	.	.	.	.	.
c) Ubergreifende Agropyro-Rumicion crispi-Charakterarten						
Lysimachia nummularia	II	IV	V	V	V	4
Potentilla reptans	II	V	III	V	V	3
Agrostis stolonifera	III	V	IV	III	IV	2
Ranunculus repens	III	III	.	V	V	4
Carex hirta	II	III	V	III	I	.

ellis perennis	I	II	.	.	.	.
ynosurus cristatus	III	I	.	.	.	.

ichtigste Begleiter

) Im Gebiet zum Molinion neigende Mesobromion-Arten

alium verum sp. praecox	IV	V	V	.	.	.
ilipendula vulgaris	III	II	III	.	.	.
nula salicina	II	III	III	I	.	.
etonica officinalis	II	III	II	.	.	.

) Übergreifende Scheuchzerio-Caricetea fuscae-Arten

arex panicea	V	V	III	.	.	.
arex fusca	III	I	.	.	.	.
uncus articulatus	III	I	.	.	.	.
riophorum angustifolium	I	I	.	.	.	.
grostis canina	I	.	.	.	.	.
arex pulicaris	I	.	.	.	.	.
arex flacca	V	V	.	.	.	.
arex hosteana	III	III	.	.	.	.
arex davalliana	II	I	.	.	.	.
aleriana dioica	III	I	.	.	.	.
riophorum latifolium	I	I	.	.	.	.
pipactis palustris	III	.	.	.	.	.

Potentilla anserina	.	.	.	I	I	.

d) Übergreifende Magnocaricetalia-Charakterarten

Carex gracilis	I	II	.	III	V	4
Galium palustre	II	I	.	II	IV	4
Carex acutiformis	III	III	.	.	I	1
Phragmites communis	III	I	.	.	.	.
?Carex buxbaumii	III	.	.	.	.	.
Carex vulpina	.	.	.	III	V	4
Eleocharis palustris	.	.	.	III	III	4
Poa palustris	.	.	.	IV	V	4
Phalaris arundinacea	.	.	.	I	IV	4
Carex disticha	.	.	.	.	II	4
Iris pseudacorus	.	.	.	.	I	2
Oenanthe fistulosa	.	.	.	.	I	2

e) Salzliebende Arten

Juncus gerardi	I	I	.	.	.	.
Tetragonolobus siliquosus	II	.	.	.	.	.
Lotus tenuifolius	.	.	.	IV	II	.
Carex melanostachya	.	.	.	II	I	.

+incl. Carex oederi

T A B. 1. **Vergleichstabelle einiger Molinietalia-Gesellschaften der SW-Slowakei und S-Mährens**

Assoziation	Molinietum coeruleae	Silaetum pratensis	Serratuleto-Festucetum commutatae	Gratiola officinalis - Carex praecox -suzae Ass.: Subass. von Galium boreale	Gratiola officinalis - Carex praecox -suzae Ass.: Subass. von Rorippa silvestris	Lathyrus paluster - Gratiola officinalis Ass.
Anzahl der Aufnahmen	20	15	7	15	15	4
<u>Assoziations-Differentialarten</u>						
Molinia coerulea	V	I	.	.	.	.
Salix repens ssp. rosmarinifolia	III	.	.	.	.	.
Laserpitium prutenicum	I	.	.	.	.	.
Festuca rubra ssp. commutata	.	.	V	.	.	.
Carex praecox ssp. eu-praecox var. suzae	I	III	III	V	IV	.
Lathyrus paluster (reg.)	.	.	.	.	.	4
[illegible]						

Assoziation	Molinietum coeruleae	Silaetum pratensis	Serratuleto-Festucetum commutatae	Gratiola officinalis - Carex praecox -suzae Ass.: Subass. von Galium boreale	Gratiola officinalis - Carex praecox -suzae Ass.: Subass. von Rorippa silvestris	Lathyrus paluster Gratiola officinalis Ass.
Anzahl der Aufnahmen	20	15	7	15	15	4
<u>Ordnungs-Charakterarten</u> (Fortsetzung)						
Lychnis flos-cuculi	II	V	V	IV	II	.
Deschampsia caespitosa	III	IV	III	III	I	.
Symphytum officinale	.	III	III	V	V	4
Colchicum autumnale	IV	V	V	II	.	.
Lythrum salicaria	III	.	.	II	II	4
Veronica longifolia	.	I	I	II	I	.
Galium uliginosum	IV	II	III	.	.	.
?Cirsium canum	II	V	III	.	.	.
Iris sibirica	I	[illegible]	.	[illegible]	I	1

Selinum carvifolia	II	I	.	.	.	.
Dianthus superbus	I	I	.	.	.	.
Ophioglossum vulgatum (reg.)	I	I	.	.	.	.
?Gentiana pneumonanthe	I	I	.	.	.	.
b) Cnidion-Arten						
Viola pumila	.	II	V	I	.	.
Gratiola officinalis	I	.	.	III	II	4
Cnidium venosum	I	I	I	III	II	3
Allium angulosum	I	I	.	II	I	.
Lythrum virgatum	.	.	.	I	I	.
Juncus atratus	.	.	.	.	I	.
Leucoium aestivum	.	.	.	.	.	1
Übergreifende Calthion-Arten						
Caltha palustris	.	.	.	II	I	3
Senecio erraticus	.	.	I	III	V	2
Ordnungs-Charakterarten (Molinietalia)						
Serratula tinctoria	IV	V	V	V	V	4
Sanguisorba officinalis	V	V	V	V	II	3
+ Ranunculus auricomus	I	III	V	V	IV	4
Filipendula ulmaria	II	I	III	II	I	2

+ Kleinart systematisch nicht bestimmt

Orchis latifolia	III	.	.	.	.	.
Juncus conglomeratus	II	.	.	.	.	.
Angelica silvestris	I	.	.	.	.	.
Myosotis palustris	.	.	.	.	I	1
Klassen-Charakterarten						
Ranunculus acer	V	V	V	V	II	1
Cardamine pratensis	I	I	III	IV	V	3
Plantago lanceolata	V	IV	V	V	IV	.
Poa pratensis (angustifolia)	III	V	V	V	V	.
Cerastium caespitosum	I	V	V	I	II	.
Vicia cracca	IV	IV	III	III	II	.
Rumex acetosa	III	V	V	III	I	.
Lathyrus pratensis	III	V	V	III	III	.
Alopecurus pratensis	.	IV	III	V	V	4
Trifolium pratense	II	V	V	III	.	1
Festuca pratensis	III	III	V	V	.	.
Poa trivialis	.	II	.	III	II	.
Rhinanthus minor	III	IV	III	.	.	.
Festuca rubra	II	V	.	.	.	.
Holcus lanatus	III	III	.	.	.	.

und Arrhenatheretalia-Charakterarten, wie *Holcus lanatus*, *Festuca rubra* (ssp. *genuina*), *Rhinanthus minor*, *Achillea millefolium*, *Campanula patula*, *Dactylis glomerata*, *Leontodon hispidus*, *Daucus carota*, sowie *Galium uliginosum*, und um einige im Gebiet zum Molinion neigende Arten wie *Betonica officinalis*, *Filipendula vulgaris*, *Cirsium canum* und *Galium verum* ssp. *praecox*. Auch die Scheuchzerio-Caricetea fuscae-Arten kommen hier nicht vor.

Wir lassen nun eine vergleichende Analyse der angeführten Assoziationen folgen. Im Ramen der ersten Gruppe nimmt das Molinietum coeruleae eine besondere Stellung ein. Der Niedermoor-Charakter des Bodens äußert sich hier durch die Anwesenheit einer Reihe von Arten, die in den übrigen Assoziationen fehlen und zwar: *Laserpitium prutenicum*, *Salix repens* ssp. *rosmarinifolia*, *Epipactis palustris*, *Orchis latifolia*, *Carex buxbaumii* und von den Caricetalia fuscae-Arten z.B. *Carex fusca* und *Carex flava* s. l. Gegenüber den Assoziationen der überschwemmten Mineralböden fehlen hier dagegen viele Arten des Agropyro-Rumicion crispi-Verbandes oder diese haben hier eine niedrigere Stetigkeit.

Von den übrigen Gesellschaften weist das Silaetum pratensis die größte floristische Verwandtschaft mit dem Molinietum coeruleae caricetosum paniceae auf. Diese äußert sich vor allem durch die Anwesenheit einiger Molinion-Arten (*Succisa pratensis*, *Selinum carvifolia*, *Dianthus superbus*), sowie von *Molinia coerulea*, *Gentiana pneumonanthe* und *Ophioglossum vulgatum*. Mit der zweiten Gruppe der Assoziationen hat unser Silaetum dagegen *Symphytum officinale*, *Glechoma hederacea* und *Rumex crispus*, welche für den Einfluß der Überschwemmungen zeugen, gemein.

Das Serratulo-Festucetum commutatae, das im Überschwemmungsgebiet der Hauptflüsse an die höchsten Teile des Reliefs gebunden ist, stellt das trockenste Glied der ökologischen Reihe dar. Der Grundwasserstand sinkt hier relativ tief (gemessen bis 160 cm), das Bodenprofil wird von dem Überschwemmungswasser nicht regelmäßig durchfeuchtet. Es fehlen hier deshalb eine Reihe von Pflanzen, die so starkes Sinken der Bodenfeuchtigkeit nicht ertragen, wie z.B. *Holcus lanatus*, *Poa trivialis*, *Ranunculus repens*, *Rumex crispus* und die Arten der Magnocaricetalia. Phytozönologische Beziehungen zu den angeführten Assoziationen kommen in der Anwesenheit von *Serratula tinctoria*, *Galium boreale* und *Silaum silaus* zum Ausdruck.

In den Gesellschaften der zweiten Gruppe, wo sich entscheidend die Zeitdauer und die Höhe des Überschwemmungswassers geltend machen, kann man eine Reihe der Differentialarten unterscheiden. Die relativ kleinste Beeinflussung durch Oberflächenwasser kann man in der Gratiola officinalis – Carex praecox-suzae-Ass., Subass. von Galium boreale beobachten, wo das Überschwemmungswasser keine große Tiefe erreicht. Diese Tatsache wird durch die Anwesenheit jener Arten, welche in der Subass. von Rorippa silvestris und in der Lathyrus paluster – Gratiola officinalis-Ass. entweder fehlen oder eine wesentlich kleinere Stetigkeit haben, bestätigt. Es handelt sich hauptsächlich um *Festuca pratensis*, *Galium boreale*, *Colchi-*

cum autumnale, Chrysanthemum leucanthemum, Rumex acetosa, Prunella vulgaris und *Centaurea jacea* ssp. *angustifolia*. Ferner fehlen hier *Rorippa silvestris* und *Polygonum hydropiper*, die Indikatoren für eine weitere Zerstörung des Bestandes durch Überschwemmungswasser. Auch die meisten Magnocaricetalia-Arten haben hier eine geringere Stetigkeit, oder fehlen ganz wie *Carex disticha, Iris pseudacorus, Oenanthe fistulosa* und *Phalaris arundinacea*. Als Lokal-Differentialart der Gratiola officinalis – Carex praecox-suzae-Ass., Subass. von Galium boreale, kann auch *Lotus tenuifolius*, der eine höhere Konzentration der Salze im Boden anzeigt, bewertet werden.

Wenn wir endlich die Gratiola officinalis – Carex praecox-suzae-Ass., Subass. von Rorippa silvestris und die Lathyrus paluster – Gratiola officinalis-Ass. miteinander vergleichen, sehen wir, daß diese Assoziation die Standorte mit am stärksten gestörtem Wasserhaushalt indiziert. Hier haben *Caltha palustris* und viele Magnocaricetalia-Arten, vor allem *Eleocharis palustris, Carex disticha, Iris pseudacorus* und *Oenanthe fistulosa* größere Stetigkeit. Dagegen fehlen viele Arten mesophytischen, bzw. hygromesophytischen Charakters, wie z.B. *Poa pratensis-angustifolia, Vicia cracca, Rumex acetosa, Lathyrus pratensis, Plantago lanceolata, Lychnis flos-cuculi, Poa trivialis* und *Deschampsia caespitosa*. Die Assoziation ist ferner durch die Anwesenheit von *Lathyrus paluster* und von *Leucoium aestivum* charakterisiert.

Aus dem oben gesagten ergibt sich eindeutig, daß auch in trockenen Gebieten kontinentalen Charakters die Artenzusammensetzung der Pflanzengesellschaften im engen Zusammenhang mit der Landschaftsökologie steht. Hier äußert sich besonders ausgeprägt der Einfluß des Überschwemmungswassers (d.h. die Häufigkeit der Überschwemmungen, deren Zeitdauer und Höhe), welches hier zu den bedeutendsten Faktoren-Komplexen gehört. Die Überschwemmungen machen sich hier nicht nur im Einfluß auf das Verhältnis des Wassers zur Luft im Boden während der Vegetationszeit (vor allem an deren Anfang) geltend, sondern sie bestimmen auch den Nährstoffgehalt im Boden mit; während der Trockenzeit, wenn das Grundwasser tief steht, sind sie oft eine wichtigste Quelle der Bodenfeuchtigkeit. Dementsprechend spielt hier auch das Meso-Relief und der Humusgehalt im Boden eine entscheidende Rolle. Diese Zusammenhänge äußern sich im untersuchten Gebiet vor allem in der Anwesenheit mancher Magnocaricetalia- und Agropyro-Rumicion crispi-Arten in den Cnidion-Assoziationen.

ZUSAMMENFASSUNG

Das Referat behandelt die Beziehungen zwischen der Pflanzenzusammensetzung der fünf Feuchtwiesen-Assoziationen und deren Lage im Geländerelief. Die erste Gruppe, in den Molinion-Verband gehörend, ist an jene Standorte gebunden, deren Wasserregime hauptsächlich durch das Grundwasser gegeben ist, während das Überschwemmungswasser überhaupt nicht oder nur in kleinerem Maße zum Ausdruck kommt. Demgegenüber ist die Pflanzenzusammensetzung der zweiten Gruppe der

Gesellschaften (Cnidion venosi–Assoziationen, welche an die niedrigeren Stufen der überschwemmten Auenlagen gebunden sind), durch die Häufigkeit der Überschwemmungen, sowie deren Dauer und Tiefe gegeben.

Die Unterschiede in der Pflanzenzusammensetzung der untersuchten Molinion– und Cnidion–Assoziationen sind aus Tabelle 1 ersichtlich.

SUMMARY

The present paper is devoted to the relations between the species composition of five meadow plant communities of the moist character and their situation in the relief of landscape. Two basic groups of plant communities can be determined here. The first group (plant communities of the Molinion alliance) is bound to those habitats the water relations of which are influenced by the underground water for the most part, while the flood water does not apply at all or in a less measure. On the other hand, the species composition of the second group of plant communities belonging to the Cnidion alliance bound to the lower degrees of the inundated valley positions is given by the frequency, the period of duration and the depth of flood waters.

The differences in the species composition of the plant communities under study can be seen on the table 1.

DAS VEGETATIONSMOSAIK EINER FRÄNKISCHEN FLUSSAUE ALS ERGEBNIS HYDROLOGISCHER UND SEDIMENTOLOGISCHER VORGÄNGE[1]

von

HEINRICH VOLLRATH, Freising-Weihenstephan

Der Name des fränkischen Flüßchens „Itz" ist indogermanischen Ursprungs und bedeutet „Schwellbach", „Schwellwasser". Damit ist schon ein wesentliches Charakteristikum des Flusses angesprochen, das die Ursache für fast alle in seiner Aue ablaufenden Vorgänge ist und sich wie ein Ariadnefaden durch unsere Betrachtungen zieht.

Die Itz ist ein 90 km langer rechter Nebenfluß des oberen Mains. Sie entspringt auf der SSW-Abdachung des Südöstlichen Thüringer Waldes (673 m hoch am SW-Hang der 865 m hohen Bleß), quert das Südliche Vorland des Thüringer Waldes, schneidet den Ostrand des Grabgaues, empfängt Zuflüsse aus dem Sonneberger Becken, dem Obermain-Hügelland und dem Frankenwald, fließt dann (von Coburg an) durch das Itz-Baunach-Hügelland und mündet 10 km n Bamberg in den Main (235 m ü.d.M.).

Gesteinsaufbau und Bodennutzung der genannten Naturräume beantworten die Frage nach der Herkunft der mächtigen und fruchtbaren Auelehmdecke, die ja eine Hochflutfazies aus überwiegend ackerbaulich genutzten Einzugsgebieten darstellt. Die silurischen Tonschiefer des Südöstlichen Thüringer Waldes, die karbonischen dunkelgrauen Tonschiefer, die feldspatreichen Grauwacken und die Konglomerate des Frankenwaldes verleihen bereits ein Mehr an Nährstoffen gegenüber den armen Gneis- und Granitverwitterungen anderer Gebirge. Die übrigen Naturräume bestehen aus den sehr vielfältigen mesozoischen Gesteinen vom Buntsandstein bis hinauf zum Dogger. Der Grabgau z.B. liefert mit Lettenkohlenkeuper und Unterem Gipskeuper fruchtbare Mergel, schwere Tone, meist lockere Sandsteine, Gips und Dolomit, dazu diluviale Terrassenschotter und Lößlehm; er ist eine großenteils entwaldete Ackerlandschaft, die den Flüssen eine Menge feiner Tonbestandteile als Schwemmstoffe mitgibt und dürfte bald nach 730 (Bonifatius gründet das Kloster Fulda) gerodet worden sein. Im Itz-Baunach-Hügelland dürfte der Ackerbau um 800 eingesetzt haben; Großheirath, das Zentrum unserer Untersuchungen, wird im Codex Eberhardii erstmals zwischen 840 und 845 erwähnt.

[1] Inzwischen ist eine ausführliche Abhandlung über dieses Thema erschienen (VOLLRATH, H.: Das Vegetationsgefüge der Itzaue als Ausdruck hydrologischen und sedimentologischen Geschehens. Landschaftspflege und Vegetationskunde **4**, München 1965. Hrsggb. von der Bayer. Landesstelle für Gewässerkunde, München 22, Postfach).

Eine Betrachtung der Jahressummen des Niederschlags zeigt, daß in den Quellgebieten der Itz (Südöstlicher Thüringer Wald und Frankenwald) durchschnittlich mindestens 1250 mm fallen, in den Landschaften am Unterlauf die Jahressumme aber auf unter 600 mm sinkt. Großheirath hat 588 mm. Die Niederschlagsarmut dieses sog. „unteren Itzgrundes" äußert sich in einer starken Abhängigkeit der Pflanzengesellschaften von den Bodenwasserverhältnissen in der Aue.

Die unausgeglichene Wasserführung der Itz kann hier nur gestreift werden, obschon sie ein integrierender Faktor für das rasche Höherwachsen der Auelehmdecke ist. Die Mittelwerte 1937–57 am Itzpegel Coburg ($E = 364\ km^2$) betragen für das (gewässerkundliche) Winter-Halbjahr 7,1 m^3/s (= 19 l/s km^2), für das Sommer-Halbjahr 2,8 m^3/s (= 8 l/s km^2), für das Jahr 4,9 m^3/s (= 13,5 l/s km^2). Im Jahre 1941 floß jedoch am Schreibpegel Coburg 3,8 mal so viel Wasser ab wie im Jahre 1949, im Winter-Halbjahr 1937 fast 4 mal so viel wie im Winter-Halbjahr 1954, im Sommer-Halbjahr 1941 mehr als 7,2 mal so viel wie im Sommer-Halbjahr 1947. NQ sank in diesen 20 Beobachtungsjahren (1945 keine Beob.) in 17 Jahren auf weniger als 1,0 m^3/s ab (1939 auf 0,3 m^3/s), HQ_{So} lag in 16 von 20 Jahren über 10 m^3/s, bei welcher Wasserführung die Itz unterhalb Coburgs auszuufern beginnt (1941 : 32,7 m^3/s, 1946 : 32,1 m^3/s, 1956 : 31,3 m^3/s), HQ_{Wi} erreichte 1948 sogar 90 m^3/s (= 247 l/s km^2). Oberhalb Coburgs, ehe der Flußcharakter durch die Röden gemildert wird, beträgt bei Fischbach die durchschnittliche (1937–57) Wasserspende bei Sommerhochwasser (HQ_{So}) sogar 177 l/s km^2 (zum Vergleich: bei Coburg 90 l/s km^2). Die Ursachen der Winterhochwässer sind meist Taufluten im Thüringer und Frankenwald, die der Sommerhochwässer teils Landregen, teils Starkregen (Gewitterkeillagen). (Näheres bei VOLLRATH 1965).

Die Folgen dieser unausgeglichenen Wasserführung sind häufige Überschwemmungen. Im Durchschnitt tritt die Itz jährlich etwa 2 mal über die Ufer, nur alle 7 bis 10 Jahre einmal gar nicht. Maximal tritt sie jährlich etwa 6 mal in größerem Umfang über die Ufer. Meist handelt es sich um Überschwemmungen im Winterhalbjahr, doch wurden auch schon mehrere Überflutungen während eines einzigen Sommers und mehrere Vegetationsperioden hintereinander registriert. Nach einer Urkunde von 1452 litt das Itztal bereits im Mittelalter unter Überschwemmungen. Augenfälligster Ausdruck, daß die Bevölkerung „mit den Überschwemmungen leben" muß, sind die über die Aue laufenden Hochwasserstege [1], die der Aufrechterhaltung der zwischendörflichen Kommunikation im Katastrophenfall dienen.

Die Breite der Itzaue beträgt im Itz-Baunach-Hügelland, dem eigentlichen Untersuchungsgebiet, ziemlich gleichbleibend 500 bis 900 m. Talquerende Schwellen härterer Gesteinsschichten (dolomitische Keuperarkose, Burg- und Rhätsandstein) bewirken eine Einengung auf 300 bis 100 m und machen sich auch im Wasserhaushalt der Aue bemerkbar durch Sickerwasser, das besonders an den Rändern der Aue (am Hangfuß) aus der Alluvialfüllung des Talbodens an die Oberfläche steigt (Kohldistel- und Kohldistel-Glatthaferwiesen!). Der „gewachsene" Talboden der Itz

[1] VOLLRATH, H.: Hochwasserstege im mittleren Itzgrund. – Jahrbuch der Coburger Landesstiftung. Coburg 1967. p. 33–42.

ist von fluviatilen Schottern (Kiese und Grobsande) erfüllt, die, nach einigen wenigen Brunnenbohrungen zu schließen, etwa zwischen 4 und 8 m mächtig sein dürften. Darüber lagert eine zusammenhängende Auelehmschicht, die nach zahlreichen Baugrundbohrungen zwischen 3,20 und 5,00 (!) m mächtig ist.

Bei der pflanzensoziologischen Kartierung der Itzaue von Scherneck bis Schleifenhan fiel mir nun auf, daß die Pflanzengesellschaften nicht nur – wie allgemein und auch mir längst bekannt – über den Querschnitt der Flußaue eine regelmäßige Anordnung zeigen, sondern auch im *Längs*verlauf der Aue periodisch von Mühlenstau zu Mühlenstau wechseln. Aus den in anderen Gebieten gemachten Erfahrungen konnte ich auf die ungefähren Boden- und Bodenwasserverhältnisse (Korngrößen; Grundwasserflurabstand, Sicker- und Stauwasser) unter den einzelnen Vegetationseinheiten schließen. Durch Beobachtungen über das Relief besonders in Flußnähe, über die Lagerichtung von Pflanzenteilen nach einem Hochwasser, durch Studium von Urkunden und Gespräche mit interessierten Mühlenbesitzern bekam ich allmählich immer konkretere Vorstellungen von der Morphologie der Flußaue und den in ihr ablaufenden Vorgängen und konnte so die Kausalketten zum Vegetationsmosaik knüpfen. Die nach Sedimentationshöhe und Korngrößen unterschiedliche Auelehmablagerung („fraktionierte Auelehmsedimentation") konnte in der durch Mühlenstaue differenzierten Geschwindigkeit und Richtung der Hochwasserströmung erklärt werden, der eigentümliche Bau der Flußufer in den gedrosselten Mäandrierungsversuchen des Flusses. Meine zunächst durch bloße Beobachtung gewonnenen Anschauungen [1] wurden schließlich durch Nivellements, Boden- und Bodenwasser-Untersuchungen gefestigt.

Vom Gefälle der Itz sind für uns folgende Tatsachen bedeutsam: 1. Vor Anlage der Staustufen betrug das Gefälle der Itz von Coburg bis zur Einmündung der Rodach, unveränderten Lauf des Flusses vorausgesetzt, 1,20‰, heute beträgt das freie Fließgefälle 0,24‰, was einer Verringerung auf 20% des ursprünglichen Wertes entspricht. Von der Einmündung der Rodach bis Rattelsdorf (Nähe der Mündung) lauten die entsprechenden Zahlen 0,58‰ bzw. 0,14‰, d.i. eine Verringerung auf 24%. Durch die Anlage der Mühlen ist das Gefälle der Itz also wesentlich verringert worden, was Folgerungen haben mußte in Verlangsamung der Fließgeschwindigkeiten und Sedimentation feinerer Schwemmstoffe gegenüber früher. Weil sich vor den Mühlen Staukurven ausbilden, müssen diese Folgerungen periodisch sehr stark wechseln, d.h. im Unterwasser noch den ursprünglichen Verhältnissen angenähert, im Oberwasser aber viel stärker sein, als es der durchschnittlichen Gefällsverminderung entspräche. Da in der Flußaue Hindernisse angelegt wurden, muß eine analoge Veränderung auch der Hochwasserstrom erfahren; Hindernisse sind z.B. die Mühlen, besonders die zu ihnen führenden, talquerenden Straßen (oft sogar auf Dämme gelegt), Bewässerungsgräben, die Itzwasser quer über die Aue an den Fuß des Talhanges leiten, der Aushub von Entwässerungsgräben – aber auch Ablagerungen, die der Fluß selbst auswirft. 2. Das

[1] Erstmals in Grundzügen veröffentlicht in Mitt. Fränk. Geogr. Ges. **10**: 297–309. 1963.

Gefällsprofil zeigt, daß bei der Kunstmühle in Scherneck und besonders bei der Mühle Großheirath und beim Triebwerk Schleifenhan der Unterwasserspiegel tiefer liegt als die Flußsohle im Oberwasser. Dies ist nur möglich durch Aufhöhung der Oberwasserflußsohle (deren Höhenlage vor den Mühlen i.allg. durch eine Schwelle fixiert ist) oder – was unwahrscheinlich ist – durch beträchtliche Ausräumung im Unterwasser. 3. Nah beieinanderliegende Mühlenpaare – Weidenmühle und Kunstmühle Scherneck, Erlesmühle und Mühle Großheirath, Obere und Untere Rattelsdorfer Mühle –, bei denen die Staubemühungen zur Erzielung eines lohnenden Gefälles besonders groß sein müssen, heben sich nach Höhe der Flußsohle und des Wasserspiegels über die übrige Mühlentreppe heraus. 4. Die Uferhöhen machen die Treppung der Flußsohle und des Wasserspiegels in abgeschwächtem Maße mit.

Bedenkt man das rasche Versinken der Flursteine in der Aue, hat man die zentimeterhohen Sandablagerungen und mehrere Millimeter dicken Lehmkrusten nach Hochwässern gesehen, weiß man, daß in Großheirath unter der Straße alte Packlagen in 80 und 160 cm Tiefe liegen, der Stubenboden beim Anwesen Nr. 11 beim 1. Gebinde eingezogen und das Pfarrhaus 1912 um 1 m gehoben werden mußte, daß in Coburg, das erst 1868/69 hochwasserfrei gelegt wurde, dort, wo der Isselburgstich von 1620 noch Auwiesen zeigt, eine nur 1 m mächtige Auelehmdecke von 3 m hohen Auffüllungen überlagert ist, ersieht man aus Urkunden die immer schnellere Erhöhung der Eichpfähle (z.B. Erlesmühle von 1803–1914 Erhöhung um 92 cm; heute könnte bereits wieder 70 cm über den Eichpfahl gestaut werden, ehe das Profil bordvoll wäre), so kann eine deutliche Beschleunigung der Auelehmsedimentation in den letzten Dezennien angenommen werden, einer Zeit erhöhten Energiebedarfs und deshalb besonderen Hochstaus der Mühlen bzw. der aus ihnen hervorgegangenen Triebwerke (Elektrizitätswerke), einer Zeit auch vermehrter Schweb- und Schwemmstoffanlieferung durch Intensivierung des Ackerbaus. Diese vermehrte Sedimentation führte, wie noch näher ausgeführt wird, zu einer beschleunigten Sekundärmuldenbildung und Wiesenvernässung in der Aue. Die Tatsache, daß die Mühlen erst ums Jahr 1200 (erste Zeugnisse: Schernecker Mühle 1253, Erlesmühle 1303) von den Franken angelegt wurden, also 400 Jahre nach den ersten Ortsgründungen in diesem Gebiet, reizt zu der Hypothese, daß die Itz zunächst in der ganzen Aue vagabundiert habe, mit Beginn intensiverer Rodung im Einzugsgebiet und damit Sedimentation von Auelehm einigermaßen festgelegt worden sei, daß dadurch erst die Anlage von Mühlen ermöglicht wurde, die dann ihrerseits durch Abflußverlangsamung die Ablagerung tonigen Materials und die Fixierung des Itzbetts weiter förderten. Es gibt sozusagen einen Grenzzustand, wo die durch Mühlenstaue geschwächte Erosionskraft des Flusses der heftiger werdenden Auelehmsedimentation erliegt. Liegt der Fluß erst einmal fest, dann wird das Verhältnis von abgesetztem zu wieder fortgeschwemmtem Auelehm noch mehr zu Gunsten des abgesetzten verschoben und ein Ausbrechen des Flusses ganz unmöglich gemacht. Wir konnten nachweisen, daß der betrachtete Itz-Abschnitt tatsächlich ein „fixierter Flußlauf" ist, daß die Itz nur unterhalb der Mühlenstaue, wo Sand sedimentiert wird, die Möglichkeit hat, sich zeitlich begrenzt und maximal etwa eine Flußbreite von der Mittellage zu entfernen, wobei ihr Ufer in Stufen gegliedert wird, und daß sie nur ihre „Kleinmäander" abschneiden kann im Gegensatz zu ihren "fixierten Mäandern" (Näheres bei VOLLRATH 1965). Von unmittelbarer Bedeutung für das Vegetationsmosaik ist jedoch nur die „fraktionierte Auelehmsedimentation" und ein Blick auf den Bau der Rehnen, d.s. Uferwälle natürlicher Entstehung.

Die Ablagerung der einzelnen Auelehmfraktionen Mittelsand, Schluff, Rohton und feiner Rohton und damit die morphologische Ausprägung der Aue ist eine Folge der Strömungsverhältnisse des Flusses wie des Hochwasserstromes, die entscheidend von den Mühlenstauen gelenkt werden. In Abb. 1 sind die Zusammenhänge schematisiert dargestellt. Die Aue ist 600 m breit angenommen, die Entfernung der Mühlen mit 1500 m (Tallänge). Der Einfachheit halber laufe der Fluß ohne Krümmungen in der Mitte der Aue. Von Mühle zu Mühle fällt die Talsohle um gut 2 m. Im Querschnitt fällt das Gelände von den Rehnen her nach außen zunächst mäßig, dann sanft ab, insgesamt um knapp 2 m. Die tiefste Stelle der Talsohle liegt oft am Fuße des Talhanges, mitunter aber auch hundert und mehr Meter von ihm entfernt, besonders wo Lockermaterial von den Talhängen eingeschwemmt wurde, wie oberhalb Großheirath. Im Randgebiet der Talsohle ist wegen dieser Abschlämm- und Kolluvial-Massen und wegen der geringeren Intensität des Hochwasserstroms die Korngrößensortierung (Entmischung) weniger vollständig als in Flußnähe; es ist dem Rohton Sand beigemischt, es handelt sich hier wirklich um Aue-„Lehm". Hauptsächlich von gefällsstarken Seitenbächen erfolgt eine Schwebstoff- (und Geschiebe-) Nachlieferung. Deshalb „verbrauchen" sich die rascher absedimentierten gröberen Korngrößen nicht.

Strömungsgeschwindigkeit und -richtung des schwebstoffbeladenen Hochwasserstroms sind durch Pfeile unterschiedlicher Dicke und Richtung gekennzeichnet. Unterhalb eines Staues sind Querschnitt des Flußbettes, Gefälle und Abflußgeschwindigkeit am größten. Bei Hochwasser bewältigt das Flußbett hier eine große Wassermenge und ein Teil des Hochwasserstromes stürzt in das Flußbett zurück. – Flußabwärts folgt rasch eine Verengung des Flußquerschnitts, und Wasser vom Flußbett muß wieder in den Hochwasserstrom übertreten. Die rasche Wasserbewegung im Flußbett schwemmt neben feinem Material selbst Mittelsand aus. Beim Ausufern sinkt die Fließgeschwindigkeit plötzlich ab, die Schleppkraft läßt nach und der Sand wird abgesetzt. Das feinere Material kommt weiter entfernt vom Fluß aus dem Hochwasserstrom bei geringer Fließgeschwindigkeit zum Absatz. – Kommt man einem Mühlenstau näher, dann wird (Staukurve!) die Fließgeschwindigkeit im Flußbett geringer, die Ausuferung geschieht weniger heftig, das ausgeschwemmte Material ist feiner (Feinsand, Schluff, Ton) und gibt geringere Sedimentationshöhen; der Freibord ist geringer, die Ausuferung findet öfter statt bzw. setzt früher ein (oft werden auch die Schützen nicht rechtzeitig gezogen!) und hört später auf. Einer geringen Abflußmenge im Flußbett steht ein träger, wegen seines großen Querschnitts aber dennoch wasserreicher Hochwasserstrom in der Aue gegenüber. Auch hier wird das gröbere Material am Fluß sedimentiert, das feinere in den äußeren Teilen

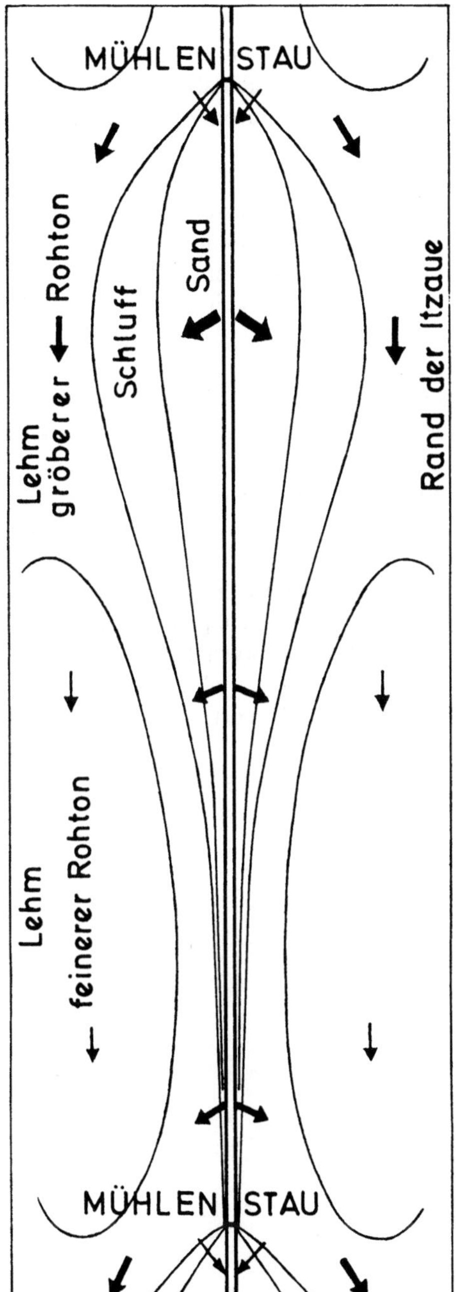

Abb. 1. Fließrichtung und relative Geschwindigkeit des Ausuferungs- und Hochwasserstroms sowie Sedimentation der hauptsächlichen Korngrößen in der Itzaue in Abhängigkeit von den Mühlenstauen. Schema. Maßstab 1:10 000

der Au. Das Material ist hier im Oberwasserbereich aber insgesamt feiner als im Unterwasserbereich.

Die feinsten Korngrößen schließlich kommen als Tontrübe in den Sekundärmulden aus stehendem Wasser gegen Ende des Hochwassers zum Absatz. Die Sekundärmulden entstehen hauptsächlich, wenn der Fluß die Aue quert, sie würden sich aber auch bei einem gestreckt in der Auemitte verlaufenden Fluß durch den Stau oberhalb der Sandausschwemmungen des nächstunteren Sedimentationszyklus ausbilden, in praxi oft noch durch talquerende Straßen unterstützt.

Bei dieser *fraktionierten Auelehmsedimentation* ergibt sich die geringere Sedimentationshöhe der Tonfraktion nicht aus einem kleineren Anteil von Ton an der Gesamtmenge des Sedimentationsgutes, sondern weil die langsam fließenden Abschnitte des Hochwasserstromes die rasch fließenden flächenmäßig weit übertreffen und der Ton damit auf eine größere Fläche verteilt abgesetzt wird.

Von der übrigen Au mehr oder weniger scharf abgesetzt sind die Rehnen, die weder beabsichtigter (Dammbau) noch unbeabsichtigter (Räumung des Flußbetts) künstlicher, sondern natürlicher (Sedimentablagerung bei Ausuferung) Entstehung sind. Das beweist u.a. das Bodenprofil. Bei Großheirath werden sie, um den Ausuferungsstrom in die gewünschte Richtung zu lenken, sogar alle paar Jahrzehnte abgehoben. Wohl zusammengehalten in einem schmalen tiefen Bett, das eine Folge der verhältnismäßig feinkörnigen Alluvialablagerungen ist, entwickelt die Itz genügend Strömungsenergie, um Lockermaterialien wie Schlamm selbst wieder fortzuschaffen. Die für überflüssig gehaltene und deshalb immer wieder vernachlässigte Räumung des Itzbetts von vorspringenden Ufergehölzen

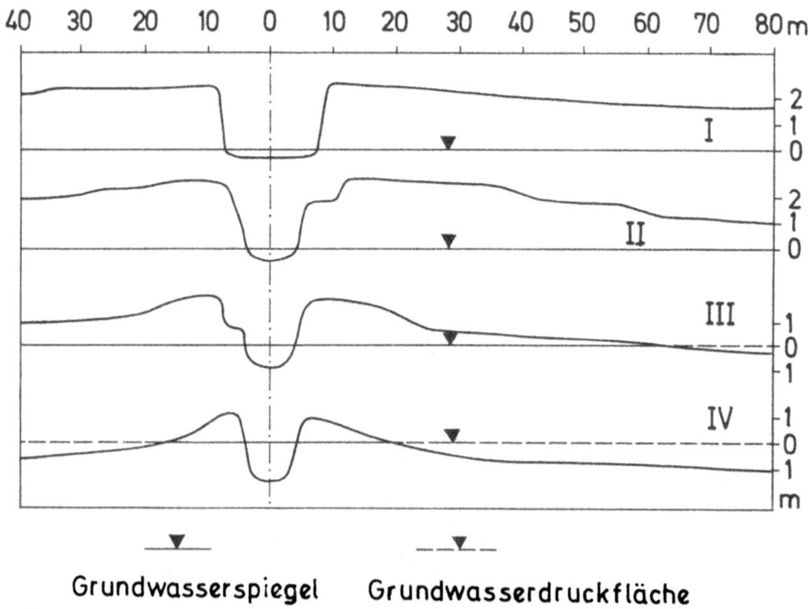

Abb. 2. Die Abwandlungen des Baues der Itz-Rehnen in Abhängigkeit von den Mühlenstauen. Profil I Unterwasser-, Profil IV Oberwasser-Abschnitt. Schema. Breitenmaßstab 1 : 1000, Höhenmaßstab 1 : 250.

wurde durch Räumungsverordnungen der Hochfürstlichen Sächsischen Kammer zu Coburg 1705, 1707, 1709 und 1755 unter Strafandrohung befohlen.

Der Bau der Rehnen wechselt von Mühlenstau zu Mühlenstau in regelmäßiger Weise. In Abb. 2 liegen die Profile I bis IV etwa an den Stellen, wo in Abb. 1 die je zwei Pfeile am Fluß eingezeichnet sind. Beim Profil I ist eine Rehne kaum ausgeprägt. Das Gelände neben dem Fluß ist weitgehend waagrecht und fällt dann nur ganz schwach zur übrigen Aue hin ab. Unterhalb des Wehrs hat das wirbelnde Wasser das Flußbett verbreitert. Bei Hochwasser unterspült der ins Flußbett zurückstürzende Wasserstrom die von der Schwarzsenf-Gesellschaft eingenommenen Steilufer, die einer Ufersicherung bedürften. Bei II wirft das quer zur Fließrichtung ausufernde Wasser Zungen gleichmäßig gekörnten Mittelsandes bis gegen 60 m weit in die Wiesen. Zwischen den Zungen sind flache Mulden. Die Verbindungslinie der Zungenspitzen dürfte die Umbiegungsstelle des Ausuferungsstromes in den talparallelen Hochwasserstrom markieren. Außerhalb der Zungenspitzen fällt das Gelände plötzlich viel langsamer und immer allmählicher bis zur tiefsten Stelle der Aue ab. Bei III ist die Breite der Rehne auf ca. 20 m gesunken. Ein feineres Material wird weniger heftig ausgeworfen, die Rehne ist gleichmäßiger entwickelt, der Abstand ihres Außenrandes vom Fluß weniger wechselnd, der Übergang zur übrigen Au gleitender, die Ausschwemmungen sind weniger lappig, Quermulden zwischen ihnen kaum vorhanden. In IV schließlich besteht die sehr gleichmäßig entwickelte, ungelappte Rehne hauptsächlich aus Schluff, der Übergang zur übrigen Au geschieht ganz allmählich.

An den Mühlen liegt zwischen der Rehnenkrone des Oberwassers (Profil IV) und dem Uferbord des Unterwassers (Profil I) eine Höhendifferenz von maximal 1 m (Erlesmühle). Weiter vom Fluß weg vermindert sich diese Differenz rasch. Man denke sich die Profile I und IV so übereinandergelegt, daß die Geländeoberflächen an der tiefsten Stelle des Talquerschnittes zusammenfallen.

Die Bodenwasserverhältnisse sind in der Itzaue ziemlich kompliziert. Durch die ungleichen Sedimentationshöhen an den verschiedenen Stellen der Aue (Abb. 1) kommt es zur Bildung von Mulden, in die der Grundwasserspiegel als Druckfläche frei ausstreicht, die aber noch freien Abfluß ins Unterwasser haben, schließlich aber zur Bildung von *geschlossenen* Hohlformen („Sekundärmulden" der Wasserbauer), die von der Grundwasserdruckfläche nicht, zeitweise oder dauernd geschnitten werden und durch Entwässerungsgräben wasserfrei gehalten werden müssen. Zur Ableitung des Vegetationsmosaiks genügt es vielleicht, sich den in Abb. 2 vereinfacht eingetragenen Grundwasserspiegel (samt Itzspiegel und Grundwasserdruckfläche) zu vergegenwärtigen. Bei Profil IV muß das Bild etwas verfeinert werden: Erstens kann sich hier im Oberwasser das Itzbett wegen des durch den Stau recht gleichmäßig gehaltenen Wasserspiegels einigermaßen abdichten; zweitens bildet sich bei den Mühlen um den Unterwasserspiegel ein Grundwasserabsenkungstrichter aus.

Die wichtigsten Wiesengesellschaften der Itzaue können in einer Stufenfolge zunehmenden Grundwasserflurabstandes („Wasserstufen") angeordnet werden; auf Grund gemessener Werte kann auch eine Spanne der Grundwasserflurabstände (niedrige Stände im Jahresgang) angegeben werden, in der die meisten der Bestände liegen:

Pflanzengesellschaft	Wasserstufe	Grundwasser-Flurabstand (cm)
Halbtrockenrasen	1 (sehr trocken)	über 120
Salbei-Glatthaferwiese	2 (trocken)	über 120
Silgen-Glatthaferwiese	3 (frisch)	80–120
Typische Silgenwiese	4 (zieml. feucht)	60– 80
Schlankseggen-Silgenwiese	5 (feucht)	45– 60
Sumpflabkraut-Silgenwiese	6 (sehr feucht)	30– 45
Silgen-Schlankseggenwiese	7 (naß)	20– 30

Dieses einfache Schema läßt sich durch die Berücksichtigung der Bewegung des Grundwassers ergänzen; insbesondere läßt sich pflanzensoziologisch nachweisen:

1) Staunässe. Sie ist erkennbar an Fuchsseggen-Ausbildungen, Kriechhahnenfuß-, Rohrglanzgras- und Quecken-Fazies von Silgenwiesen, seltener auch von Kohldistelwiesen. Unter starkem Staunässe-Einfluß bilden sich sogar besondere Senkengesellschaften, wie der Knickfuchsschwanzrasen, die Kriechhahnenfuß- und die Sumpfriet-Gesellschaft oder das Fuchsseggenried.
2) Quelliges Wasser (Sickerwasser). Es ist erkennbar am Vorkommen von Kohldistelwiesen und Kohldistel-Subassoziationen anderer Gesellschaften und tritt entweder als Hangwasser auf oder als Dränge-, Druck- oder Kuverwasser des Flusses an den Rehnenaußenböschungen oberhalb der Mühlenstaue.

Außerdem fügen wir einige weniger verbreitete Gesellschaften ein und die Unkraut-Ausbildungen der Glatthaferwiesen; letztere stehen an Ausuferungsstellen des Flusses und sind mit zahlreichen Arten der Flußufer-Unkrautgesellschaften (Chaerophylletum bulbosi, Brassicetum nigrae) bereichert. Die Wasserstufen differenzieren wir durch die Zusätze „q" und „st" für quelliges bzw. stauendes Wasser und erhalten dann ein erweitertes Wasserstufenschema; siehe Seite 261.

Gesellschaften, die quelliges Wasser anzeigen, können innerhalb der Grundwasserstufen 2 bis 7 vorkommen. Staunässe zeigende Pflanzengesellschaften treten dagegen in den nässeren Wasserstufen 4 bis 9 auf; von Stufe 7 ab verwischen sich die Unterschiede hier etwas. Bei Gesellschaften, die mehrere Wasserstufen umfassen, haben wir den ungefähren Bereich in Klammern beigefügt. Stärker oder ganz grundwasserunabhängige Gesellschaften (Gänsefingerkraut-Rasen, Rübenkälberkropf- und Schwarzsenf-Gesellschaft, Uferweidenbusch, Beifuß-Gestrüpp,Gänsemalven-Rain u.a.) haben wir hier nicht berücksichtigt. Auf eine Beschreibung all dieser Gesellschaften muß hier verzichtet werden.

Aus der Kenntnis der ökologischen, besonders Wasserhaushaltsansprüche der Vegetationseinheiten und dem Bau der Flußaue (Gestaltung, Bodenarten, Bodenwasserverhältnisse) ist es nun möglich, das aller Zu-

GW-Flurabstand (cm)	Wasserstufe	Pflanzengesellschaften
über 120	1	Halbtrockenrasen
über 120	2	Trespen-Glatthaferwiese Salbei-G., Reine u. Unkraut-Ausb. (nicht wechselfrisch) Salbei-G., Silgen-Ausb. (wechselfrisch) Typische G., Ruchgras-Ausb. (nicht wechselfeucht)
80–120	3	Silgen-Glatthaferwiese (wechselfeucht) Typische G., Unkraut-Ausb. (schwach wechselfeucht)
	3 q	Kohldistel-G., Reine u. Unkraut-Ausb. (2 q–4 q) Kohldistel-G., Sumpfseggen-Ausb.
60– 80	4	Typische Silgenwiese, Pfeifengras-, Ruchgras-, Reine Ausb. und Quecken-Fazies
	4 q	Kohldistel-S.
	4 st	Typische S., Kriechhahnenfuß-Fazies (4 st–5 st)
45– 60	5	Schlankseggen-Silgenwiese, Ruchgras- und Reine Ausb.
	5 q	Pfeifengras-Kohldistelwiese Typische K., Reine Ausb. Sumpfseggen-K.
	5 st	Schlankseggen-Silgenwiese, Fuchsseggen-Ausb.
	5 q st	Typische Kohldistelwiese, Kriechhahnenfuß-Fazies (4 q st–6 q st)
30– 45	6	Sumpflabkraut-Silgenwiese, Hirsenseggen- u. Reine Ausb.
	6 q	Typische Kohldistelwiese, Waldsimsen-Ausb. Sumpfdotterblumen-K. (6 q–7 q)
	6 st	Sumpflabkraut-Silgenwiese, Hirsenseggen-Ausb. mit Fuchssegge und Fuchsseggen-Ausb. (6 st–7 st) Sumpflabkraut-S., Kriechhahnenfuß-Fazies Knickfuchsschwanzrasen (5 st–7 st)
20– 30	7	Silgen-Schlankseggenwiese Fuchsseggenwiese Aschweidengebüsch (6–8)
	7 st	Queckenrasen (6 st–8 st)
10– 20	8	Rohrglanzgras-Röhricht Reine Schlankseggenwiese, Reine Ausb.
	8 st	(Reine) Sch., Knickfuchsschwanz-Ausb. Kriechhahnenfuß-Gesellschaft
	8 q st	Sumpfrispenwiese
0– 10	9	Wasserschwaden-Röhricht Kalmus-Röhricht Meersimsen-Röhricht Schlammling-Gesellschaft Flußknöterich-Gesellschaft
	9 st	Sumpfriet-Gesellschaft
unter 0	10	Wasserkressen-Gesellschaft (9–10) Flutsüßgrasrasen (9–10) Alle Wasserpflanzen-Gesellschaften

fälligkeiten entkleidete Mosaik der Pflanzengesellschaften für einen von einem Mühlenstau zum anderen reichenden Abschnitt der Itzaue zu entwerfen (Abb. 3) und damit schließlich in unserer deduktiven Darstellung

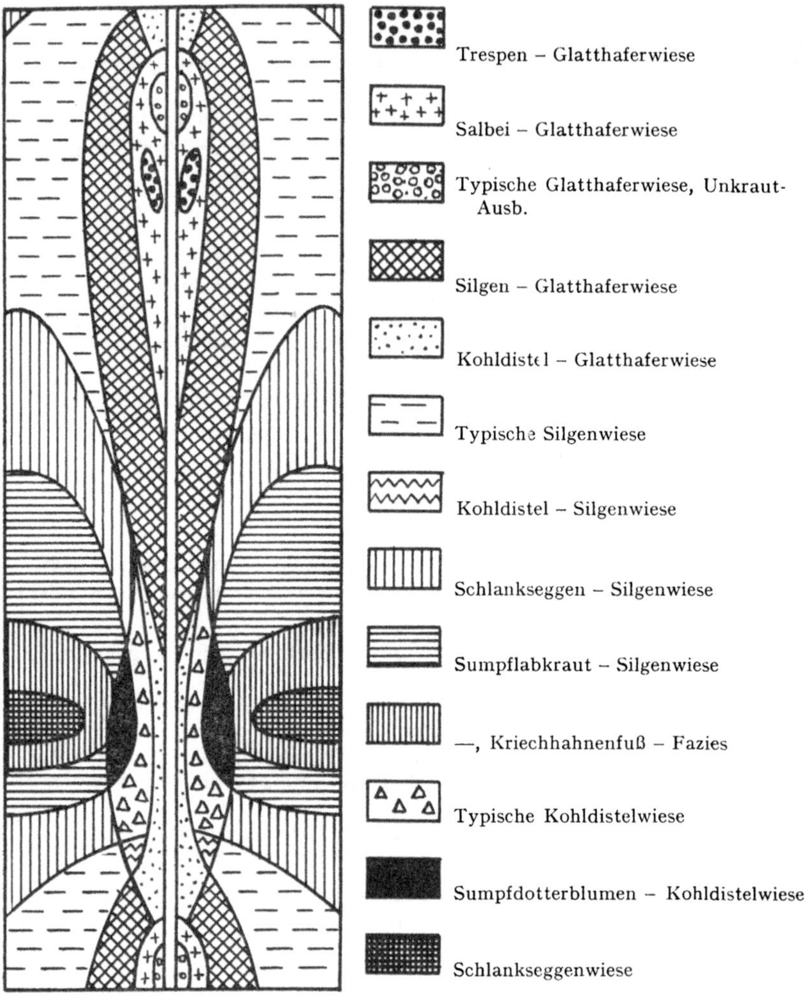

Abb. 3. Die Anordnung der wichtigeren Wiesengesellschaften in der Itzaue. Schema. Maßstab 1 : 15 000. Vgl. Abb. 1.

die Beobachtung zu begründen, von der ausgehend ich den ganzen (hier nur teilweise angesprochenen) Problemkomplex durch abwechselndes Schließen von den Folgen auf die Ursachen und von den Ursachen wieder auf (andere) Folgen aufgegriffen habe:

Die Rehnen der Unterwasserabschnitte mit ihrem tiefliegenden Grundwasser werden von der Salbei-Glatthaferwiese (Silgen-Ausbildung) eingenommen. Sie reicht eine kleine Strecke noch in den Oberwasserbereich hinein, da sich um Wehre und Mühlen Absenkungstrichter bilden; selbst das Sickerwasser, das oberhalb der Wehre aus dem Fluß austritt, bleibt eine kurze Strecke oberhalb des Wehrs ohne Wirkung, da es in den

Trichter hinabfällt, ehe es die Rehnenaußenböschung erreicht hätte. Flußabwärts wird das flußbegleitende Band der Glatthaferwiesen immer schmäler und hört schließlich auf, wenn durch den Stau der nächstunteren Mühle der Abstand zwischen Wasserspiegel [1] und Rehnenkrone kleiner als ungefähr 120 cm geworden ist. – An den Ausuferungsstellen unterhalb der Wehre (und in der Natur an den Krümmungsaußenseiten des Flusses) finden wir Unkraut-Ausbildungen. Da es sich naturgemäß um sehr sandige Stellen handelt, werden die Mengenanteile der Salbei- und der Wechselfeuchtigkeits-Gruppe gleichzeitig reduziert (Salbei-Glatthaferwiese, Unkraut-Ausb.) und verschwinden an den typischen Stellen ganz (Typische Glatthaferwiese, Unkraut-Ausbildung).

Die Trespen-Trennartengruppe verlangt noch mehr als die Salbei-Gruppe bindige Böden. Sie setzt deshalb erst ein Stück unterhalb der Mühlenstaue ein, nachdem die Unkraut-Ausbildung der Typischen Glatthaferwiese im wesentlichen aufgehört hat. Bald aber wird ihr der Grundwasser-Flurabstand zu gering und sie klingt deshalb schon lange vor der Salbei-Glatthaferwiese wieder aus. Die Trespen-Glatthaferwiese ist deshalb ganz von Salbei-Glatthaferwiesen umschlossen. Sie geht nicht auf die höchsten Stellen der Rehne, sondern hält sich mehr an die bindigeren Rehnenaußenböschungen. Weiter flußabwärts kann sie aber näher, wenn auch nicht ganz, an das Flußufer heranrücken, weil die Rehnen schmäler und auch in ihren flußnäheren Partien bindiger werden. Waren die Unkraut-Ausbildungen, von Ausnahmen abgesehen, nur an den Krümmungsaußenseiten des Flusses zu finden, so kommt die Trespen-Glatthaferwiese sowohl an den konkaven als auch an den konvexen Uferabschnitten vor, besonders an den Übergängen von einer Außen- in eine Innenseite. Die geringere Höhe der Rehnen an den Krümmungsinnenseiten wird durch das dichtere Sediment wieder kompensiert.

Um die Salbei-Glatthaferwiese legt sich die Silgen-Glatthaferwiese. Sie reicht noch weiter in den Staubereich der Mühle herab als die Salbei-Glatthaferwiese. Bei nicht sehr hoch gestauten Mühlen gewinnt sie mit schmalen Streifen entlang dem Ufer sogar Anschluß an den nächstunteren Zyklus. Meist wird sie aber – wie auf dem Schema – im ausgesprochenen Staubereich von Kohldistel-Glatthaferwiesen vertreten.

Um die Glatthaferwiesen liegen die Silgenwiesen. Zunächst die Typische Silgenwiese, die im Unterwasserbereich bis an den Rand der Aue reicht, jedenfalls in den trockeneren Abschnitten des Tales. Dann folgen Schlankseggen- und schließlich Sumpflabkraut-Silgenwiesen, die immer mehr den Charakter von Sekundärmulden-Beständen annehmen. So haben wir noch die Kriechhahnenfuß-Fazies der Sumpflabkraut-Silgenwiese ausgeschieden. Der Staunässeeinfluß kann aber auch so stark sein, daß selbst die weniger feuchten Silgenwiesen in Form von Staunässe-Varianten auftreten. Das von uns gezeichnete Schema darf gerade bezüglich der verschiedenen Staunässe-Varianten nicht als starr betrachtet werden.

Die Zentren der Sekundärmulden schließlich werden von den Schlank-

[1] Bis zum Aufhören der Glatthaferwiese fallen Wasserspiegel und Grundwasseroberfläche noch zusammen, weil das Flußbett in den Unterwasserabschnitten nicht völlig festliegt und daher kaum abgedichtet sein dürfte.

seggenwiesen eingenommen; es sind die Stellen der Aue, wo der feinere Rohton abgelagert wird, wo bei der fraktionierten Sedimentation die geringste Aufhöhung erfolgt und das Grundwasser auch im Spätsommer höher als 30 cm steht. Infolge der Grundwasser-Absenkungstrichter um die Mühlenstaue treten aber in diesen Terrainvertiefungen in der Nähe der Staustufen meist bereits wieder weniger „nasse" Gesellschaften auf.

Merkwürdig erschien folgende Tatsache: Stellenweise steht die Silgen-Glatthaferwiese direkt mit der Schlankseggen-Silgenwiese im Kontakt, stellenweise schieben sich Typische Silgenwiesen dazwischen. Wir vermuteten zunächst, daß auf sandigeren Böden eine Typische Silgenwiese vorhanden sei, bei tonigeren sie fehlen würde und die von ihr innegehaltene Wasserstufe 4 (Grundwasser-Flurabstand 60–80 cm) dann teils von der Silgen-Glatthaferwiese, teils von der Schlankseggen-Silgenwiese eingenommen würde. Es zeigte sich jedoch, daß die Typische Silgenwiese auf sommerlich stärker austrocknenden Standorten steht, wodurch Schlank- und Kammsegge ausfallen. Wir wurden vor allem durch die nachstehende Beobachtung darauf hingewiesen: 1963 herrschte um die Aufnahme 31 herum die Typische Silgenwiese vor, wo 1960 noch Schlankseggen-Silgenwiese war; der Entwässerungsgraben zwischen der genannten Fläche und der Itz war vertieft und deshalb die dauernde Durchfeuchtung von der gestauten Itz her vermindert bzw. unterbunden worden. Ein Zusammenhang mit der Bodenart besteht jedoch insofern, als die stärkere Austrocknung auf sandigen Böden mit ihrer geringen Kapillarität leichter als auf tonigen eintreten kann. Im Schema hört die Typische Silgenwiese bei Annäherung an den Sickerwasserbereich deshalb auf. Die Schlankseggen-Silgenwiese kommt besonders an den dauernd durchfeuchteten Stellen vor und lehnt sich insbesondere stark an die Kohldistelwiesen an.

Im mittleren Abschnitt zwischen zwei Mühlen hat nun aber bereits die Wirkung des durch die Rehne gedrückten Sickerwassers begonnen. Die ersten Anzeichen – vgl. Querschnitt III der Abb. 2 – treten in einer nicht zu geringen Entfernung vom Fluß auf und sind entsprechend der geringen Druckdifferenz und der relativ langen zu durchströmenden Strecken noch schwach. Der Grundwasser-Flurabstand ist dabei recht gering. An solchen Stellen stünden – ohne Sickerwasser – meist Schlankseggen-Silgenwiesen (Wasserstufe 5). Statt ihrer treten nun aber Flecken der Typischen Kohldistelwiese (Wasserstufe 5 q) auf. Stellenweise verdichten sie sich zu einem durchlaufenden Band. So haben wir die Verhältnisse auch auf dem Schema dargestellt. Kommt man noch mehr in den Staubereich einer Mühle – etwa zwischen die Querschnitte III und IV der Abb. 2 –, dann wird der Freibord geringer. Die Sickerwasserzone wird breiter und rückt näher an den Fluß; rasch erfaßt sie Stellen, an denen die Silgen-Glatthaferwiese stünde (Wasserstufe 3), die aber nun von ihrem Außenrande her aufgezehrt wird, indem die Kohldistel-Glatthaferwiese (Wasserstufe 3 q) an ihre Stelle tritt. Wenn der Freibord so klein geworden ist, daß die Wurzeln der Kohldistel das Sickerwasser erreichen können, wird schließlich auch die Rehnenkrone von der Kohldistel-Glatthaferwiese besetzt.

Weil Gräben und Absenkungstrichter meist für tiefere Grundwasserstände sorgen, kann das Sickerwasser nur selten Stellen mit noch geringeren Grundwasser-Flurabständen erreichen; so etwa Standorte der

Sumpflabkraut-Silgenwiese (Wasserstufe 6), die dann meist von der Sumpfdotterblumen-Kohldistelwiese (Wasserstufe 6 q) eingenommen werden, oder solche der Kriechhahnenfuß-Fazies der Sumpflabkraut-Silgenwiese, worauf meist die Kriechhahnenfuß-Fazies der Typischen Kohldistelwiese (hier als Wasserstufe 6 q st) steht. Im Schema haben wir diese Stellen nicht differenziert, sie wurden einheitlich als Sumpfdotterblumen-Kohldistelwiese (Schlankseggen-Fazies) dargestellt, auch wenn sie gelegentlich von anderen Typen der Kohldistelwiesen, mit *nicht* faziell vermehrter Schlanksegge, eingenommen werden. Die Alternative: Typische Kohldistelwiese/Sumpflabkraut-Kohldistelwiese (Schlankseggen-Fazies) ist ja nicht nur eine Frage des Grundwasser-Flurabstandes, sondern auch eine Bewirtschaftungsfrage und andererseits können unter starker Staunässewirkung gerade die Seggen zugunsten des Kriechhahnenfußes zurücktreten.

Bleibt noch die Kohldistel-Silgenwiese zu besprechen. Sie ist ökologisch eng umschrieben. Es muß ein Standort sein, der bei einem Grundwasserstand von 60–80 cm gelegentlich sommerlich austrocknet, aber dennoch längere Zeit unter Sickerwassereinfluß steht. Derartige Verhältnisse sind an einigen Stellen der Oberwasserrehnen gegeben. Oberhalb Erlesmühle z.B. wurde durch Tensiometerrohre festgestellt, daß die Grundwasseroberfläche (besser: Fläche mit hydrostatischem Druck Null) 70 cm unter Flur und damit wesentlich tiefer als der Flußspiegel liegt. Ein starker Unterdruck im Untergrund entspricht einer absteigenden Wasserbewegung und ist vielleicht schon eine Folge des Grundwasser-Absenkungstrichters. Das Flußwasser durchdringt die Dichtung des Flußbettes langsamer als es absinken kann, doch ist der weiche Boden mit Sickerwasser durchfeuchtet. Durch gelegentliches Öffnen der Wehrschütze tritt eine erhebliche Wasserspiegelabsenkung und eine oberflächliche Austrocknung der Rehne ein.

In der eingangs erwähnten Arbeit ist das Thema mit mehr Beweismitteln (Abbildungen, Fotos, Vegetationstabellen, mehrfarbige Vegetationskarte und Profilschnitte) dargestellt. Es werden dort auch die Altwässer, Grabensysteme, Böden und Hochwasserschäden behandelt, die Pflanzengesellschaften beschrieben und wirtschaftlich beurteilt und die Konsequenzen der Untersuchungen für die wasserbauliche Projektierung diskutiert.

ZUSAMMENFASSUNG

Im Tale des fränkischen Flüßchens Itz werden besonders in jüngster Zeit gewaltige Mengen von Sedimenten („Auelehm") abgelagert (Mächtigkeit bis 5 m). Die Richtung und Geschwindigkeit des Hochwasserstromes wechselt von Mühlenstau zu Mühlenstau in regelmäßiger Weise. Dadurch tritt eine gewisse Entmischung der Schwemm- und Schwebstoffe in Auesand, Aueschluff und Aueton ein. Diese Fraktionen haben unterschiedliche Sedimentationshöhen, so daß die flußbegleitenden Rehnen bis zu 2 m über die Sekundärmulden emporgewachsen sind. Aus dem Zusammenwirken einer derartigen Morphologie und den Bodenarten der Aue mit den Bodenwasserverhältnissen nach Grundwasserflurabstand, Sickerwasser und Staunässe ergibt sich ein gesetzmäßiges Mosaik der Wiesengesellschaften.

SUMMARY

In recent time there were enormous quantities of alluvium (to a depth of 5 m) deposited in the valley of the river Itz. The direction and speed of the sediment-laden floodwater flow alters from millweir to millweir in a regular manner. As a result a definite separation of the alluvium into a sand, silt and clay fraction occurred. These fractions also have a different thickness so that the banks along the river have grown 2 m over the secondary depressions. The interaction of such a formation by the river with the soil-water conditions, namely the ground-water level, the percolating water and waterlogging, has produced a natural mosaic of the meadow communities.

R. Tüxen:

Ranunculus repens und *Agrostis stolonifera* sind nach unseren Erfahrungen an der Weser, die wir seit 20 Jahren alltäglich gemacht haben, Agropyro–Rumicion–Arten. Diese Arten wachsen in Verbindung mit einigen anderen wie *Alopecurus geniculatus, Roripa silvestris* und verschiedenen weiteren dort, wo im Winter das Überschwemmungs-Wasser lange steht. Sie sind also ganz typische Oberflächennässe-Zeiger. Wir werden sie am besten alle unter dem Begriff Agropyro–Rumicion zusammenfassen und können darin wieder einzelne Gesellschaften unterscheiden. Damit haben wir einen synökologischen und soziologischen Begriff, der viel weiter helfen wird als einzelne Arten. Im übrigen darf ich Herrn Vollrath gratulieren zu seinem ausgezeichneten Vortrag. Wir können seine Befunde hier an der Weser besonders gut beurteilen. Was er uns mitteilte, stimmt im Prinzip ganz und gar überein mit dem, was wir hier qualitativ kennen, und was an der Itz nun quantitativ belegt und auch kausal gedeutet worden ist.

J. Schmithüsen:

Die eindrucksvolle Darstellungsweise dessen, was uns Herr Vollrath vorgetragen hat, die Form der Darstellung einer halb-schematischen und damit gut vergleichbaren Veranschaulichung halte ich für außerordentlich wertvoll. Ich glaube, daß man von der Art der Darstellung von Herrn Vollrath für ähnliche Probleme sehr viel lernen kann. Es wäre schön, wenn man neben dieser halb-schematischen Darstellung das Original der Karte sehen könnte, was aus technischen Gründen im Augenblick noch nicht möglich ist.

H. Vollrath demonstriert Teile der Vegetationskarte und verweist auf Parallelerscheinungen im Wesertal bei Stolzenau, die ihm erst jetzt, nach dem genauen Studium des Itz-Tales hier klar geworden seien, obwohl er früher längere Zeit in Stolzenau gearbeitet hat.

GEDANKEN ZUR ÖKOLOGISCHEN ERFORSCHUNG UNSERER FLUSSAUEN

von

Eva Siede, Wenzenbach

Die gegenwärtigen Zeitumstände lassen es angebracht erscheinen, die Aufmerksamkeit auf einen Problemkreis zu lenken, der noch wenig untersucht wurde. Es handelt sich dabei um unsere Fluß-Landschaften und um diejenigen Zusammenhänge zwischen dem Fluß und seinem Umland, die noch nicht erforscht sind. Es ist wahrscheinlich, daß diese noch unerforschten Zusammenhänge sehr zahlreich sind. Es ist außerdem wahrscheinlich, daß uns nicht mehr viel Zeit bleibt, den Wechselwirkungen zwischen dem fließenden Fluß und seiner Lebewelt mit der Umwelt nachzuspüren, da der Bau-Eifer, der einschneidende Veränderungen an unseren Flüssen anstrebt, in's Riesengroße gewachsen ist.

Betrachten wir die gegenwärtige wasserbauliche Zielsetzung, so stellen wir folgende drei Arbeitsbereiche fest:

1. In Zusammenarbeit mit landwirtschaftlichen Behörden die Anlage von Dränungen und der Ausbau von Vorflutern, d.h. Flußregulierungen,
2. Staustufen für Zwecke der Schiffahrt und Laufkraftwerke,
3. Rückhaltebecken zur Erzielung einer ausgeglichenen Wasserführung.

Unter diesen Projekten bringen die Rückhaltebecken und Staustufen wohl die am weitesten reichenden Veränderungen in der Flußdynamik mit sich.

Da die wasserbauliche Zielsetzung die mindestens 90 prozentige Erfassung der Fließgewässer anstrebt, bleibt für den natürlichen oder den naturnahen Fluß kaum noch Raum. Bemühen sich Kräfte des Naturschutzes, natürliche oder naturnahe Flußläufe von den Baumaßnahmen auszunehmen, so stehen kaum Argumente zur Verfügung, um die Bedeutung des natürlichen Fließgewässers für den Gesamthaushalt der Landschaft herauszustellen. Es soll hier nicht behauptet werden, daß die Fälle in denen der Naturschutz scheiterte, nur durch das Fehlen guten ökologischen Materiales begründet sind. Aber ohne gute ökologische Unterlagen über die Funktion des Flusses in der Landschaft erscheint das Bemühen um die Erhaltung einiger natürlicher oder naturnaher Fließgewässer von vornherein sehr gefährdet.

Der Landschaftspfleger hat ebenfalls kein Material in der Hand, um die Funktion des Flusses in der Kulturlandschaft zu begründen. Im Gegenteil. Dem Landschaftspfleger stehen fast ausschließlich Unterlagen über die positive Wirkung der Stauseen zur Verfügung. Die verbreitetsten Argumente in diesem Zusammenhang sind die der kleinklimatischen Wirkungen, z.B. Kaltluftbekämpfung, Verbesserung von Steppenklima, und das der Wasserspeicherung.

Als dritte Personengruppe, die bei Stauprojekten zugezogen werden, sind jene zu nennen, die vorläufig als Landschaftsgestalter bezeichnet werden mögen. Ihre Stellungnahme zu baulichen Veränderungen an Flußläufen hat vorwiegend ästhetischen Charakter, z.B. „an dieser Stelle ist von der Errichtung einer Staustufe abzuraten, da hier dem Autofahrer das Erlebnis der Wildflußlandschaft erhalten bleiben sollte."

Es ist höchst beunruhigend, daß bei solchen Gelegenheiten kein einziger Wissenschaftler, und sicherlich kein Ökologe, zugezogen wurde.

Daß es für das Landschaftsganze nicht gleichgültig ist, ob der Biotop „Fluß" verschwindet oder nicht, erkennen wir alle intuitiv. Zur Ganzheit der Landschaft gehören eben auch die Pflanzen und Tiere, die an strömendes Wasser – nicht Wasser schlechthin, sondern strömendes Wasser – gebunden sind. Wir können dazu einzelne kleine Hinweise geben, z.B. den Rückgang von Wasseramsel und Köcherfliegen. Aber wir können weder eine große Zusammenschau noch eine präzise Aufzählung von Wandlungen und Wechselwirkungen im Landschaftsgefüge geben. Es wird auch nicht mehr lange dauern, bis uns die Forschungsobjekte für die hierzu nötigen Untersuchungen genommen sind. Es kann nicht im Interesse der Forschung liegen, daß sie ihrer Forschungsgegenstände beraubt wird. Untersuchungen sollten wiederholbar, überprüfbar sein. Neue Methoden, neue Zielsetzungen sollten am gleichen Objekt wie die früheren Methoden und Ziele verwirklicht werden können. Angesichts der bestehenden Situation möchte ich dazu aufrufen, in einer gemeinsamen Untersuchungsarbeit Material zusammenzutragen, das einmal die Beziehungen zwischen fließendem Fluß und Umland, zum anderen zwischen gestautem Fluß und Umland zum Inhalt hat. Es dürfte günstig sein, wenn sich verschiedene Fachrichtungen daran beteiligen würden, z.B. Pflanzensoziologie, Tiersoziologie, Limnologie, Hydrologie, Klimatologie. Vielleicht kann schon ein Teil des Materiales aus Literaturstudien gewonnen werden, da möglicherweise vorhandene Ergebnisse nur noch nicht unter dieser Fragestellung betrachtet wurden. Auf der Basis dieser Untersuchungen sollte zu gegebener Zeit ein Vorstoß gemacht werden, um wenigstens einige, noch ungestörte, für ihr jeweiliges Umland besonders charakteristische Fließgewässer aus den Baumaßnahmen auszusparen. Es sollten dabei kleinere bis mittlere Fließgewässer von der Quelle bis zur Mündung, nicht nur Abschnitte von Flüssen und Bächen Gegenstand unseres Bemühens sein. Dies könnte ein Weg sein, der Landschaft wesentliche natürliche Bestandteile, der Forschung wichtige Beobachtungsobjekte erhalten zu helfen. Ich hoffe, für diesen wichtigen Fragenkomplex eine Lanze brechen zu können, damit wir noch in letzter Minute die genannten Probleme angreifen und auf die Erhaltung einiger Fließgewässer als lebendige Glieder der Landschaft hinwirken können.

ZUSAMMENFASSUNG

Eine Fülle von wasserbaulichen Maßnahmen, insbesondere Stauprojekte, haben echte Flüsse und Flußauen in der BRD zu Seltenheiten werden lassen. In naher Zukunft werden weitere Stauvorhaben den noch vorhandenen Bestand an echten Fließgewässern weiter dezimieren. Dabei ist zu bedenken, daß *eine* Baumaßnahme dieser Art vielfach Konsequenzen für den gesamten Flußlauf nach sich zieht und dies in um so stärkerem Maße, je größer die Dynamik des Flusses ist. Damit gehen wesentliche Biotope in der Landschaft verloren, verloren für den Landschaftshaushalt, aber auch verloren für die Forschung. Es ist daher dringend zu fordern, bei flußbaulichen Maßnahmen, insbesondere bei Stauwerken, nicht nur den Ingenieur und den Landschaftsgestalter, sondern auch den Ökologen entscheidend zu beteiligen.

SUMMARY

Because of the large number of building construction work – and especially dam construction – going on in Germany, natural rivers and river valleys are becoming scarce. In the near future additional dam projects will continue to reduce the number of naturally flowing streams. An additional problem for deliberation is that one such building project can affect the whole course of the river. The effect will be greater the more dynamic the flow of the river. In this way important biotopes can be lost from the landscape and also lost for research. It is therefore urgent, when building projects such as dam works are being planned, that not only engineers and landscape architects are actively involved but ecologists also.

J. SCHMITHÜSEN:

Wir freuen uns, daß in diesem Vortrag noch einmal die grundsätzlichen Probleme aufgezeigt worden sind.

H. ELLENBERG:

Ich möchte zunächst meiner Freude über diesen Vortrag und meiner Übereinstimmung damit Ausdruck geben. Wie notwendig solche Untersuchungen sind, mag auch daraus hervorgehen, daß ähnliche Gedanken z.B. in der Schweiz entstanden sind. Dort praktizieren wir in einem kleinen Teilausschnitt in bescheidenem Maße bereits das, was Frau SIEDE gefordert hat. Seit zwei Jahren sind Gemeinschaftsuntersuchungen der wissenschaftlichen Nationalpark-Kommission über die Auswirkungen der zu erwartenden Inn-Regulierung im gange, und zwar so lange der Inn – einer der wenigen, wenigstens im Schweizer Gebiet noch wilden Alpenflüsse – sein natürliches Verhalten hat, und dann, das läßt sich leider in diesem Fall nicht vermeiden, wie sich die späteren Veränderungen der Wasserführung auswirken werden. Dort ist eine breite Arbeitsgemeinschaft bereits an der Arbeit an vielen gemeinsam ausgewählten Probeflächen, die Querschnitte durch das Tal legen, und zwar eine Arbeitsgemeinschaft angefangen von Geologen, Bodenkundlern, Meteorologen, Mikroklimatologen (diesen Sektor vertreten wir in meinem Institut), Pflanzensoziologen, und Zoologen aller Richtungen, insbesondere auch Entomologen: eine Arbeitsgemeinschaft, die jetzt über 30 Wissenschaftler umfaßt. Das ist eine Verwirklichung einer solchen Forderung auf dem Sektor der Forschung.

Dr. LÜDI hat seit 1952 im kleineren Rahmen bereits mit ähnlichen Arbeiten im Nationalpark angefangen, als die Spöl-Frage, von der vielleicht manche im Naturschutz gehört haben, im Nationalpark so umstritten war. Dazu muß ich nun in diesem Zusammenhang wieder etwas Kritisches und Warnendes sagen. Dr. LÜDI hat im Tal des Spöl, das ist ein Wildwasser im Kalk- oder Dolomitgebiet, auch Querschnitte durch das Tal mikroklimatisch untersucht, um objektive Unterlagen zu bekommen über die Breitenauswirkung dieses Wildwassers auf das Allgemein-Klima. Er hat es getan im Kampf um den Nationalpark, um das Spöl-Problem. Der Spöl sollte auf italienischem Gebiet aufgestaut werden, um Elektrizität zu gewinnen. Durch einen Vertrag zwischen Italien und der Schweiz war die Nutzung dieses Wassers abgemacht, und dadurch wurde dieses Wildwasser im Nationalpark in seiner Wasserführung beeinträchtigt. Da erschienen in dieser Kampfzeit an zwei aufeinanderfolgenden Tagen von zwei anerkannten Wissenschaftlern in der Zeitung folgende Argumentierungen:

Der Stausee wird sich derart auf das Klima auswirken, daß diese verhältnismäßig aride Alpen-Landschaft nun humid wird und ihren Charakter völlig verliert. Unterschrift: EMIL SCHMID.

Der zweite Aufsatz, der einen Tag später erschien, sagte, es wird hier an diesen blühenden Hängen eine Steppe sich ausbreiten, weil die Wasserführung des Spöl unterhalb des Stausees derart gering wird, daß nun bis in die Höhe hinauf ärmliche Verhältnisse herrschen werden. Unterschrift: DÄNICKER.

Das waren zwei Wissenschaftler, die sich in dieser Weise äußerten. Dr. LÜDI hat in aller Stille gesagt, der Wissenschaftler kann nur messen und exakte Unterlagen liefern. Seine Messungen haben den eindeutigen Beweis ergeben, – der Stausee war ja noch nicht da, – daß der Spöl sich schon 5 m neben seinem Flußbett auf keinerlei meßbare Faktoren des Mikroklimas auswirkt. Die klimatische Auswirkung eines solchen Wildwassers ist also sehr gering. Es wurde ihm verboten, diese Sache damals zu veröffentlichen! (Zwischenruf: Das ist bei uns auch so!). Ich führe dieses Beispiel regelmäßig in meiner Vorlesung über Naturschutz an. Der Naturschutz darf nicht mit unrichtigen Argumenten streiten! Er darf nicht so allgemein daherreden! (Beifall). Das, was Frau SIEDE gefordert hat, ist das, was wir notwendig brauchen! Exakte landschaftsökologische Forschung. Mag das Ergebnis sein wie es will, es muß aber exakt sein.

Wir fürchten auch beim Inn, daß das Ergebnis als Kampfmittel für die Erhaltung negativ sein wird. Es gibt aber so viel andere Argumente, trotzdem das Wildsein eines Flusses zu erhalten, aus ganz anderen, z.B. geologischen u.a. Gründen und damit Forschungs- und Anschauungsobjekte erhalten bleiben, daß man nicht zu unlauteren, wissenschaftlich unberechtigten Mitteln greifen muß, um so etwas zu verteidigen. Das möchte ich also dringend hier herausstellen.

Ich möchte anregen, daß derartige Untersuchungen, wie Frau SIEDE sie gefordert hat, und wie wir sie im kleinen Maße in der Schweiz durch private Zusammenarbeit ohne Kosten verwirklicht haben, in möglichst breiter Form auch in anderen Ländern geschehen. Denn – um wieder auf die landschaftsökologische Grundtatsache zu kommen – das, was wir am Inn oder am Spöl gefunden haben, das muß nicht für die Weser oder für andere Gegenden gelten. Es wäre doch schön, wenn derartige Untersuchungen an mehreren Stellen in die Wege geleitet werden, damit wir endlich über die Auswirkungen von Flußveränderungen auf die angrenzenden Landschaften genügend sichere Unterlagen haben.

Frau EMILIA BALÁTOVÁ-TULÁČKOVÁ:

Alle Eingriffe in das Wasserregime der Flußaue sollen nur mit gründlicher Kenntnis der in der Landschaft herrschenden Gesetzmäßigkeiten durchgeführt werden. Die Wichtigkeit der stationären Beobachtungen, wie Frau SIEDE betont hat, ist an folgenden Beispielen gut ersichtlich. So waren vor etwa 15 Jahren im Gebiet der Flugsande des Rudava-Flusses (SW-Slowakei) auf Böden niedermoorigen Charakters optimal entwickelte Bestände vom Molinietum coeruleae vorhanden. Nach der Melioration dieses Flusses und dem Umbruch der erwähnten Wiesen kam es in dieser unter dem Einfluß des kontinentalen Klimas liegenden Landschaft zur raschen Zersetzung des Humus. Diese Verarmung des Sandbodens an organischer Substanz hatte nicht nur die Verminderung des Wasserspeichervermögens des Bodens, sondern auch Winderosion zur Folge. Auch in der nahe liegenden Morava-Aue, wo durch die Melioration die Überschwemmungen ausgeschaltet wurden (diese stellen hier auf den schweren Böden eine wichtige Quelle der Bodenfeuchtigkeit dar), kam es auf den Wiesenböden zur Verminderung des Ertragspotentials. Diese Tatsache äußerte sich im Sinken des Heuertrags vom 40 Ztn./ha auf 15–20 Ztn./ha. Der Wassermangel auf den so entwässerten Flächen der sonst nährstoffreichen Auenböden hatte nämlich die Entwicklung der ertragsreichen Gratiola officinalis – Carex praecox–suzae–Ass. (mit Dominanz von hochwertigem *Alopecurus pratensis*!) in das ertragsarme Serratulo–Festucetum commutatae zur Folge. Das eben Gesagte bestätigt die schon gestern diskutierte Tatsache, daß man die Meliorationseingriffe in den Gebieten verschiedenen Klimas nicht nach denselben Kriterien durchführen kann. Dies wurde eben im letzten Jahr in der Tschechoslowakei mit den Wasserbau-Ingenieuren ausführlich besprochen, und es gelang den Biologen durchzusetzen, daß alle wichtigen geplanten Meliorationen durch die Oponentur in der Tschechoslowakischen Akademie der Wissenschaften auch vom biologischen Gesichtspunkt besprochen werden müssen.

K. LIMPERT:

Die bisher geführten Angriffe gegen die Techniker unterliegen zweifellos einer falschen Zielsetzung. Ohne Zweifel haben die Techniker in früheren Zeiten harte Reißbrett-Mathematik in die Landschaft übertragen. Doch darf ich sagen, daß auch die Techniker sich gewandelt haben und heute versuchen, auf der von anderen Wissenschaften erarbeiteten Grundlage mit bestem Willen die Erkenntnisse bei der Arbeit in der Natur anzuwenden. Jedoch darf dabei nicht übersehen werden, daß für die tatsächliche Fortsetzung der durchzuführenden Maßnahmen andere Stellen, insbesondere politische Kräfte das endgültige Wort sprechen. Deswegen halte ich es für erforderlich, im Anschluß an den Aufruf von Frau Dr. SIEDE den Hinweis zu machen, daß zu einer Anwendung der wissenschaftlichen Kenntnisse im politischen Raum eine stärkere politische Einschaltung der Naturwissenschaftler erforderlich ist. Die Wissenschaft darf sich nicht nur im Selbstzweck der wissenschaftlichen Erkenntnis bewegen – sie liegt dann im luftleeren Raum –, sondern muß alle Anstrengungen machen ihre objektiven Erkenntnisse zum Wohle der Allgemeinheit bei den Kräften zur Geltung zu bringen, die auf Grund ihrer Exponiertheit in der Gesellschaft die Richtlinien für das gesellschaftliche Leben und ihre weitere Entwicklung bestimmen.

J. SCHMITHÜSEN:
Wir sollten uns vorsehen, hier in eine kulturpolitische Diskussion zu geraten. Wenn in verschiedenen Referaten festgestellt wird, daß die faktischen Maßnahmen in der Landesgestaltung sehr oft nicht übereinstimmen mit dem, was wir aus unseren wissenschaftlichen Einsichten heraus für sinnvoll halten, so ist das zunächst nur die Feststellung einer Tatsache, und wenn das dann in der Ausdrucksform gebracht wird, daß es heißt, die Techniker machen das so, dann dürfen wir zuerst einmal feststellen, daß jeder von uns sich darüber klar ist, daß das in jedem Fall nicht den einzelnen ausführenden Techniker trifft, sondern daß dahinter selbstverständlich der gesamte Staatsapparat steht, aus dessen Konstruktion und aus dessen Gesamtsituation eben Entscheidungen gefällt werden, die von dem Techniker ausgeführt werden. Wir dürfen in der Hinsicht Herrn LIMPERT recht geben, daß in den einzelnen als Angriffe erscheinenden Äußerungen sicher nicht die ausführenden Techniker hier persönlich angegriffen werden sollen. Der zweite Punkt ist eine Arbeitsteilung der Menschheit unserer Gesellschaft, die darin besteht, daß es einen gewissen Bereich von Betätigung gibt, den wir Wissenschaft nennen, in dem wir uns mit Erscheinungen auseinandersetzen müssen, die zum Teil eben im faktischen Bereich politischen Einflüssen unterliegen, von denen die Rede war. Die Arbeitsteilung besteht darin, das ist vom Standpunkt der wissenschaftlichen Erkenntnis notwendig, daß in dem einen Bereich man sich wirklich nur darum kümmert festzustellen, was ist, und wie sind die Zusammenhänge? Das ist echte wissenschaftliche Erforschung und ganz in diesem Sinne war ja auch das Referat von Frau SIEDE gemeint.

Daß daneben immer dann das andere Problem steht, welche Möglichkeiten haben wir jetzt als Gesamtgesellschaft, in der wir eben diesen wissenschaftlich arbeitenden Teil bilden, nun die Konsequenzen zu ziehen aus dem, was wir an wissenschaftlichen Einsichten gewinnen, das sollte man aber sauber davon abtrennen. Eine Diskussion etwa über die Frage, auf welchen Wegen kann jetzt der Teil der Gesellschaft, der die Einsichten der Wissenschaft zur Kenntnis genommen hat, und daraus praktischen Wert ziehen will, die Öffentlichkeit oder vor allem die Stellen beeinflussen, welche die Entscheidungen letzten Endes fällen, liegt in einem anderen Bereich und nicht in dem Teil der Gesellschaft, der sich in diesem Raum zu einem bestimmten Zweck versammelt hat. Wir haben ja durchaus Vertreter von jenen Organisationen oder Gruppen hier, die sich speziell dieser Aufgabe widmen. Dazu gehören natürlich alle diejenigen, die den Naturschutz auf ihre Fahnen geschrieben haben, aber nicht nur die, sondern alle, die eine vernünftige Landschaftsgestaltung erstreben. Aber diese Fragen zu diskutieren, welche Konsequenzen jetzt aus unseren wissenschaftlichen Erkenntnissen für unser politisches Verhalten für den Kampf um die Durchsetzung der gewonnenen Einsichten in der Praxis zu ziehen sind, das müßte in anderen Versammlungen geklärt werden, und etwa Resolutionen in diesem Sinne zu fassen, ist nach meiner persönlichen Auffassung ganz sicher nicht unsere Aufgabe hier. Ich möchte glauben, daß ich mit der Mehrzahl der hier anwesenden Damen und Herren voll übereinstimme und möchte deshalb bitten, daß wir diese Seite, die doch eine gewisse Klärung für unsere Zusammenkunft bekommen hat – insofern bin ich Herrn LIMPERT sehr dankbar, daß das in dieser präzisen Form einmal gesagt worden ist – aber jetzt in der weiteren Fortsetzung unserer Diskussion vollständig ausschalten. Darf ich dazu um Ihr grundsätzliches Einverständnis bitten? (Zustimmung).

Z. GRAČANIN:

Frau Dr. SIEDE hat in ihrem Vortrag das Beispiel der Stauseen in der russischen Steppe hier als Vorbild für hydrotechnische Arbeiten hingestellt. In diesem Zusammenhang möchte ich hervorheben, daß die Wohlfahrtswirkung dieser Stauseen zum Teil sehr zweifelhaft ist. Die Einrichtung dieser riesigen Stauseen hat nämlich teilweise zu sehr ernsthaften Fehlschlägen geführt. Durch die Stauung der Flüsse wurde das Niveau der salzhaltigen Grundwasser in den früheren Steppen in der Zone oberhalb des Staudammes derart erhöht, daß dieses Grundwasser Verbindung mit dem Boden bekam, und so wurden riesige Flächen von vollkommen unfruchtbaren Salz-Böden gebildet.

U. ESKUCHE:

Ich möchte anknüpfen an die angebliche Wohlfahrtswirkung von Rückhaltebecken und Stauseen. Frau Dr. SIEDE zitierte das Argument der angeblich positiven ausgleichenden klimatischen Wirkungen solcher Rückhaltebecken oder Weiher in einem Flußtal. Das ist eine Frage der Größenverhältnisse. Genau so wie das Gewässer selbst besitzt auch die Kaltluft, die in solchen Fluß-Tälern zusammenfließt oder sich in Mulden sammelt, ein Einzugsgebiet – oft von beträchtlicher Größe – und einen Abfluß. In der Wirklichkeit – in Ober-Schwaben, in Bayern, im Alpenvorland – sieht das vielfach so aus, daß ein stark eingetieftes mehr oder weniger kastenförmiges Tal sich durch die Landschaft hindurchzieht. Von beiden Seiten kommen ebenso schmale Zuflußtäler dazu, die ihren Ursprung in einem mehr oder weniger großen Einzugsgebiet haben. Jetzt ist die Frage, wie groß ist das Einzugsgebiet, und wie groß ist der Abfluß? In den meisten Fällen dürfte es so sein, daß eine so kleine Pfütze wie ein Rückhaltebecken in gar keinem Verhältnis steht zu der Größe des Einzugsgebietes. Ich konnte das in Württemberg anläßlich eines scharfen Nachtfrostes konkret beobachten, der das Kartoffelkraut auf den Äckern in Mitleidenschaft zog und ein ganz klarer Indikator für die Wirkung des

Frostes und für die Wirkung frost-verhindernder Faktoren war. Wie vorhin schon Herr Prof. ELLENBERG in ähnlicher Weise sagte, erstreckte sich die temperaturausgleichende Wirkung des Wassers nur wenige Meter seitlich von einem großen Weiher mit einem schmalen Röhrichtgürtel. Unmittelbar an das Ufer dieses Weihers grenzte ein Kartoffelacker, über den in einem Garten daneben die Kronen einiger Obstbäume ragten. Während der Temperaturausgleich der Wasserfläche für einen Frostschutz nicht die geringste Wirkung hatte, genügte aber die Schirmwirkung der Baumkronen, um die Kartoffelpflanzen, die unmittelbar darunter wuchsen, vor dem Erfrieren zu schützen. Ähnliche Wirkungen übten auch Bodeneigenschaften aus, z.B. in der Nähe von Schotterinseln der Donau, die durch die Feinerde-Auflage des Talbodens hindurchstoßen. Auf diesen Schotterinseln wurde das Kartoffelkraut durch die wärme-isolierende Wirkung des porösen lufthaltigen Bodens vor dem Erfrieren bewahrt. Unmittelbar daneben auf dem Lehmboden war das Kartoffelkraut erfroren.

R. TÜXEN:

Ich bin Frau Dr. SIEDE sehr dankbar für die aufrüttelnden Forderungen, die sie ausgesprochen hat. Sie wissen vielleicht, daß wir vor einer Reihe von Jahren bei uns schon bis fast zur Ausführung etwas Ähnliches organisieren konnten, als es dann im letzten Augenblick durch Bestrebungen, die wir nicht in der Hand hatten, verlagert wurde. Ich meine eine Gemeinschaftsarbeit, wie sie Freund ELLENBERG aus der Schweiz geschildert hat, für die Untersuchung eines Flußgebietes in der nordwestdeutschen Tiefebene: das Flußgebiet der Wümme, die am Wilseder Berg, s von Hamburg entspringt und in der Nähe von Bremen in die Weser mündet, und ihres Nebenflusses, der Hamme, eines kleinen Moor-Flusses. Diese beiden Flüsse fließen in ihrer ganzen Ausdehnung in der Altmoränen-Landschaft. Es ist dank der Mithilfe von Freund BUCHWALD gelungen, aus niedersächsischen Mitteln – es war zunächst eine Frage der deutschen Forschungsgemeinschaft – dasselbe Projekt in etwas verkleinerten Maße und auch in etwas abgewandeltem Programm wieder in Gang zu bringen. Es läuft nun seit einem Jahr. Eine ganze Reihe von Disziplinen arbeitet an diesen Fragen mit, von deren wir hoffen, daß sie für die Synthese aus naturwissenschaftlichen Erkenntnissen und technischer Bearbeitung für eine optimale Leistung der Landschaft und ihrer Gestaltung von Wert sein werden.

Frau EVA SIEDE:

Ich pflichte den Diskussionsrednern bei, daß erstens eine noch fleißigere exakte Untersuchung landschaftsökologischer Zusammenhänge erforderlich und zweitens die Publik-, ja Populärmachung landschaftsökologischer Forschungsergebnisse wichtig ist, um bei den praktizierenden Kräften des Naturschutzes und der Landschaftspflege Halbwissen und Einseitigkeiten zu verhindern und auf dem Wege über die öffentliche Meinung auch die politischen Kräfte, die bei Projekten entscheidend mitsprechen, zu gewinnen.

DIE FLUSSSCHLANGE ALS ELEMENT DER LANDSCHAFT, IHRE ERHALTUNG UND PFLEGE

von

REINHOLD WEIMANN, (Düsseldorf) Heisterbacherrott

Das Wort Flußschlange meint hier in Erinnerung an älteste Fluß-, Wasser- und Weltschlangen möglichst umfassend nicht nur echte und unechte (Tal = Zwangs = Gleitmäander u.s.w.), sondern ganz allgemein das freizügige, chaotisch nur e r s c h e i n e n d e, u n – regelmäßige, oft schäumende Umherschweifen und Fließen der Flüsse mit allen Schönheiten etwa der schroffen Prall- und sanften Gleithänge. Das alles aber gehört so elementar zur Landschaft, daß ich es von v o r n h e r e i n nicht von ihr zu trennen vermag. Landschaft läßt sich nun einmal nicht rein rational verstehen. Wenn man die Mosel in Stauteiche zerstückelt, so ist das doch ohne jede rationale Begründung eine landschaftliche Unmöglichkeit, nämlich ein Verbrechen der Zerstückelung des Flußgottes. (Im Gegenteil, das Wesen des reinen Verstandes ist ja gerade genauestens der Mosel-Kanalisierung entsprechend: wenn ich so sagen darf, die Stauregulierung der freien mäandrischen Gedankenflüsse oder deren Begradigung Verkantung und Perfektionierung). Ich kann daher von vornherein nicht verstehen, wenn sogar Landschaftsvorkämpfer wie z.B. ALWIN SEIFERT sagen, die Mosel würde schöner als sie war, oder sogar die bayerischen Staukettenkanäle würden wieder zu „echten Flüssen", – also trotz der fürchterlichen Stauwehre und -walzen. Echte Flüsse, die nicht fließen? (s. Bayerische Schiffahrtsstraßen, Sonderausgabe der Zeitschrift „Bayerland"). GEORG FRIEDRICH JÜNGER hat es in der Sliberdistelklause ganz anders, nämlich ebenfalls irrational gesagt: „Wollt ihr aber statt der Flüsse durch das Land Kanäle treiben, so gelüstets mich nicht länger, hier in diesem Land zu bleiben". (Man kann ja eine Landschaft z.B. auch durch Lärm irrational vernichten wie ein Ölbild durch Tintenkleckse).

Jenes völlige Mißverstehen der landschaftlichen Grundlagen aller grossen und kleinen Täler ist wohl zu erklären durch eine rationale, a l l z u scharfe Trennung, besser Zer-gliederung der Natur in tote und lebendige Teile, wie sie insbesondere der Sieg der exakten Naturwissenschaften mit sich brachte. Tote Stoffe lassen sich schon eher so behandeln wie jetzt die Mosel. Im Grunde kommt nämlich die Verachtung jener lebendigen Schlange einzig aus der verhältnismäßig jungen Entdämonisierung, Entgötterung der Natur, was aber doch nichts anderes war als eine Entlebendigung. (Kanal oder Fluß, das ist so viel wie tot oder lebendig, oder wie schnurgerade, saure Tugend gegen das freie Umherschweifen der „Sünde".) Die nachweisbaren Bedeutungsverwandschaften rechts, recht, gerade, gut gegenüber denen von links, link, schicf, böse mögen den Vergleich verständlicher machen. Selbst die Sprache der reinen Wissenschaft verrät immer noch erfreulich viel heimliche Wünsche und Vorstellungen. Man liest dort von freien mäandrischen Selbstdifferenzierungen der Flüsse, von Regeneration der Wunden im Uferbett, von deren Verheilung, vom Sichausleben und Umherschweifen der Flüsse, die auch als Individuen gesehen werden. Der Fluß ist nach THIENEMANN ein Organismus, Flüsse sterben, werden krank oder gemordet. Alles das offenbart noch Reste einer nur verschütteten großartigen altheidnischen Auffassung.

HENNING KAUFMANN betrachtet z.B. die Mäander sicher mit Recht als Wunder-werke der Stabilisierung, nachdem nämlich alle mechanischen Theorien im ganzen versagten – es gibt deren 40 – obwohl im einzelnen sicher manche der untersuchten Faktoren mitwirken. Falsch sind aber alle grobmechanischen Vorstellungen vom alleinigen Wirken der Gefälle, von Druck und Stoß, von der pendelnden Kugel, von den Zentrifugalkräften, falsch auch die HELMHOLZsche Wellentheorie und alle geometrisierenden Vorstellungen von Kreisen und Spiralen. Eigentlich nähert es sich ja schon dem Irrationalen, wenn das wundersam unberechenbare und chaotische Zusammenwirken von immer mehr inneren und äußeren Faktoren uns über den Kopf wächst, also über die Ratio (irrational = überrational?). Das uralte Bild der Schlange scheint mir immer noch alles zusammenzufassen in der besten Weise, den ganzen Fluß wie die ganze mäandrische Welt oder Weltschlange. Selbst wenn KAUFMANN vom Aneinandervorbeigleiten der beiden Medien Wasser und Boden spricht, die sich nicht „verkrallen oder verkrampfen" sollen, oder vom eigenen Bestreben der Flüsse nach Ausgleich der Kräfte in möglichst geringer innerer Reibung, auch da wieder paßt das Bild: buchstäblich windet sich der Fluß aus den Schwierigkeiten der inneren Reibung immer wieder heraus, eben durch die rhythmische Selbstdifferenzierung.

Nun etwas zur Praxis: warum aber werden unsere fließenden Gewässer trotzdem immer noch gestreckt, begradigt, zerschnitten? Die großen angeblichen Vorteile haben sich doch schon so oft in ihrer Kehrseite gezeigt. Man erkannte ja schon nach der Zeit des Begradigens jenes Ausrinnen der Landschaften und die verstärkten Tiefenerosionen usw. Da kehrte man aber zuerst nur rein geometrisch zum Kurvenlineal zurück. Und zu den entsprechenden Reißbrettkurven verhalten sich die rhythmischen, das sind die so ganz unberechenbaren freien Mäander, wie lebendige Wellen zum starren Wellblech. Heute arbeitet man daher schon mit der freien Hand! Wieder ein Fortschritt in der Rückkehr zur Schlange! Sie möge aber in Zukunft noch viel mehr Freiheit bekommen (Herr SEIBERT wird noch schöne Bilder bringen von ihrer Schonung durch großzügige Eindeichung), denn immer noch werden die für den Landwirt schlimmsten, das sind landschaftlich gerade die wertvollsten Mäander oder Kurven, wenn zwar mit freier Hand, so doch in ärgster Weise „ausgeschliffen", wie es jetzt heißt. Und dann muß der Teufel der Wasserbeschleunigung doch wieder mit dem Beelzebub der Zerstückelung in Staue ausgetrieben werden. Immer noch sollen diese Schlingenverkürzungen angeblich Landgewinn bringen und freie Bahn den Landmaschinen. Immer noch wird der Acker, was auch pflanzensoziologisch sicher meist verkehrt ist, bis an den Fluß herangeführt. Dabei ist der angebliche Landgewinn ohnehin schon eine Fehlrechnung, weil ja der gewonnene Teil der Schlinge neuerdings für die Fischerei erhalten bleiben muß. Bleibt also noch die Abwehr der Hochwassergefahren. Es würde hier zu weit führen, wenn ich auf die Fragwürdigkeiten der Befreiung sogar von den höchsten Hochwässern eingänge und umgekehrt auf den Wert der Überflutungen. Wer will jemals beweisen, daß es auf die Dauer gesehen nicht besser ist, wenn unser Flußgott sich besser ausdehnen kann, um einmal tief zu atmen? SCHIEMENZ stellte neuerdings noch fest, daß gerade bei Hochwässern unvorstellbare Fischmengen stromauf steigen, um sogar die Weite der Überflutungen zu suchen. Ob für oder gegen Stauregulierung, rationale Begründungen sind schwer gegeneinander abzuwägen, um so mehr, je unklarer der irrational gefestigte Standpunkt ist, den man einnimmt.

Natürlich sollen die Schwierigkeiten nicht übersehen werden, nachdem nun einmal die Täler so übermäßig verackert oder in der imposanten industriellen „Raumfüllung" so überbesiedelt wurden. Dennoch schiebt jede zu große Rücksicht darauf die Schwierigkeiten nur immer weiter hinaus in mehr oder weniger nahe Zukunft. Hydra ist längst noch nicht geköpft.

Zur pflanzensoziologischen Schlangenpflege brauche ich nun nicht mehr viel zu sagen, denn würde man die Fließgewässer besser umherschweifen lassen, so kämen sie auch nach den neueren geographischen Vorstellungen ohnehin zur Ruhe, eben in dem schon erwähnten Wunderwerk der Stabilisierung. Die Schlingen sind beste und notwendigste Ausgleiche. Es braucht nur an die amerikanischen Versuche erinnert zu werden, nach denen aus geraden Flüssen im Modell bereits nach Stunden die schönsten Schlangen werden. Das allein muß zu denken geben.

Kein Zweifel – Herr BITTMANN wird das bestätigen – die Beruhigung des oft zu wilden Umherschweifens würde durch den richtigen Pflanzenwuchs, insbesondere durch Röhricht, den besten Vermittler zwischen Wasser und Ufer, wesentlich verstärkt. Voraussetzung ist allerdings das Fernhalten des Viehs vom Ufer. Das geht aus den neuen Karten der Lippe und Ruhr, die Herr MASCHMANN soeben anfertigte, mit aller Deutlichkeit hervor. Auch bei meiner Ruhrwanderung war immer wieder zu erkennen, wie scharf die ersten Uferabbrüche mit der mangelnden Abzäunung beginnen. Herr SCHWICKERATH stellte ebenfalls und außerdem in einer noch unveröffentlichten Arbeit fest, wie z.B. die Phalarideten schon nach ein oder zwei Jahren selbst an neu regulierten Flüssen sich von selbst einstellen! Sogar an Steilufern der Außenkurven könnte aber auch das echte Röhricht, zumindest in Gemeinschaft mit Schilf, viel öfter die Grundlage der Uferbefestigung werden als bisher, – der sich dann Strauch und Baum erst anschließen! Immer wieder fand ich in letzter Zeit solche Schilf-Restbestände an den Außenkurven, z.B. an Lippe, Erft und Sieg, über die das Hochwassertreibsel glatt hinweggeht, während an den stärker ausgewachsenen und zu nahe am Wasser stehenden Weiden und Erlen oft übermannshohe Schuttberge hängen bleiben. Aber auch das mag dennoch wieder nicht allzu tragisch sein, denn es sind darin zur Hauptsache nur organische Bestandteile aus Ast und Rohr, die sich zersetzen oder wieder abgeschwemmt werden, mögen sie auch einmal das Ausufern verstärken.

Hunderte von Mittelgebirgsbächen zeigen, daß eine pflanzensoziologisch vielleicht nicht ganz richtige Bepflanzung mit Baumreihen, deren Wurzeln untereinander zu wahren Bollwerken verflechten, ebenfalls zu einem Verfahren des Wasserbaus entwickelt werden könnte. Natürlich ist dabei nicht an sture Reihen, sondern an buntesten Wechsel gedacht, der überhaupt zu einer selbstverständlichen Forderung erhoben werden müßte. Welche landschaftlichen Möglichkeiten böten die Mannigfaltigkeiten zwischen Rohr, Segge, Strauch und Baum!

Eine große Gefahr bringt das viele Geld, das der Staat zur Zeit auch für Regulierungen ausgibt. Es muß ja verplant werden. Wenn man aber die reale und irrationale, bittere Notwendigkeit der Landschaftserhaltung und -erneuerung mehr in den Vordergrund stellen könnte, weil sie genau so notwendig geworden ist wie das tägliche Brot, müßten sich Vor- und Nachteile jeweils als Augenblicksvor- oder -nachteile zu erkennen geben. Dazu allerdings darf man nicht in rationalen Erwägungen stecken bleiben, sondern muß zurückkehren zu einem (meinetwegen nicht mehr ganz wissenschaftlichen?) Standpunkt, der sich vom Wust der zuvielen Für oder Wider nur quantitativen Denkens nicht zu sehr beeinflussen läßt. Deshalb gestatten Sie bitte noch drei Minuten für einige etwas irrationale mythologische Schlußbemerkungen. Im Grunde war ja die Denkweise der ältesten Ahnen nur eine andere und sicher nicht weniger gute. Sie war einst von ungeheuerlichen Konsequenzen, und das könnte sie noch sein, auch für die Erhaltung der Flüsse! Die Verbindung ist ohne weiteres gegeben, denn auch die Wasserschlangen Hydra, Acheloos usw. sind unmittelbar verwandt mit den ältesten Weltschlangen, den unerhörten Bildern einer aus dem Chaos sich selbst herauswindenden Welt (ähnlich wieder der Selbstdifferenzierung). Sie erscheinen in den ältesten Religionen auf der ganzen Welt. Es sei nur an Midgard, an die indische Vrtra, an Tiamat, an die unbesiegbare Hydra, an den herrlichen siebenköpfigen Troll erinnert oder an chinesische und babylonische Drachen, an Chumbaba, den Hüter heiliger Zedernwälder. Immer sind diese Ungeheuer schützende heilige Tiere z.B. der unzugänglichen Wälder und Sümpfe. Aber sehr früh wurden sie zu bösen Untieren und schließlich z.B. zur listigen Schlange des alten Testaments. Ihr mußte nun der Kopf zertreten oder wie der Hydra alle Köpfe mit glühenden Baumstämmen roh ausgebrannt werden. Gilgamesch tötete den babylonischen Drachen wie Herakles die Hydra. Alles das geschah aber erst seit jener merkwürdigen Unterscheidung von gut und böse. Wen erinnert nun der gute Drache Ladon, ein Bruder der Hydra, der sich schlangenhaft um den Baum des Lebens wand, um die goldenen Äpfel des Lebens zu bewachen, nicht an die listig verführerische Schlange, die sich um den Baum der Erkenntnis wand? Jener war Hüter des Lebens (das nun einmal nicht ohne die zur Wachsamkeit auffordernden Ungeheuerlichkeiten zu denken ist, also welch schönes Bild: der Drache um den Baum!), die böse Schlange aber bietet die Äpfel der bösen Erkenntnis an. (Auf alten Darstellungen hängen zwischen den Äpfeln sogar Totenköpfe). Wahrscheinlich war sie einst eine Urschlange Eva, eine der vielen Ur- und Erdmütter, jetzt aber das Bild der „Sünde" in und außer uns, der eben der Kopf zertreten werden muß. Denn im Grunde geht es dabei um die Vergewaltigung des Chaotischen in und um uns, das sich dann aber nicht mehr aus sich selbst heraus differenzieren und überwinden kann.

Wer also zweifelt noch an der Parallele Gilgamesch-Herakles-Sankt Georg usw. bis zum, wenn man so sagen darf, christlichen Wasserbau herakleischer Bauweisen. Das ist aber nur ein Teil jener Naturvergewaltigung schlechthin, die somit immer noch als eine schwer ausrottbare Glaubens- oder Heldentat erscheint. Hydra wird immer noch vergewaltigt, perfektioniert oder getötet. „Herakles" nennt sich eine amerikanische Wasserbauzeitschrift.

Am Anfang aber steht die Entdämonisierung oder besser die Entgötterung der Natur, die man in unserer mehr wissenschaftlichen Sprache auch schlicht und einfach eine Entlebendigung der Natur nennen könnte. Das würde wiederum unmittelbar auch zu praktischen Folgerungen führen, denn irgend eine neue Form der Achtung vor allem Schlangenhaft-Chaotischen würde eher zu dessen Überwindung führen als jede weitere einst heldenhafte Naturbezwingung. Das Ganze mag etwas unchristlich klingen, meint aber eigentlich nur die alte Drachengrundlage der Welt, die gleichsam ihr Kellergewölbe bleiben sollte.

ZUSAMMENFASSUNG

Es geht um die möglichste Schonung und Uferpflege an der „Flußschlange", mit der hier jedes lebendig-wilde Umherschweifen besonders der kleinen und mittleren Bäche und Flüsse gemeint ist. Außerdem wird versucht, urälteste Vorstellungen von einer in sich selbst lebendigen Welt – dazu gehört eben auch die Flußschlange – in ihrem auch heute noch gültigen Wahrheitskern zu erfassen. Dann wird sich mehr und mehr herausstellen, daß auch unsere immer noch betriebene Begradigung und Zerstückelung der Bäche und Flüsse ihre älteste Wurzel hat in der einst heroischen Überwältigung z.B. der Lernäischen Schlange Hydra oder des Flußgottes Acheloos durch den Halbgott Herakles. Auch Mythologen bringen diese Heldentaten mit der Bezwingung der Wasserfluten – insbesondere zur Landgewinnung – in Zusammenhang. Und das hat mit „religiöser Pflanzensoziologie" natürlich nichts zu tun.

K. Limpert:

Die Angriffe, die Sie gegen uns gerichtet haben, sind mir bekannt, aber daß sie in einer solchen Schärfe hier zum Ausdruck kommen würden, habe ich nicht erwartet. Sie leben in Düsseldorf weit von jedem Hochwasser entfernt. Man sollte sich aber auch in die Empfindungen jener Menschen versetzen, die in Hochwassergebieten sich angesiedelt haben. Daß die Hochwässer heute aus witterungs- oder zivilisationsbedingten Gründen häufiger geworden sind als früher, mag dahingestellt sein. Herr Dr. Prenk wird wohl eine gegenteilige Auffassung vertreten. Ihre Hauptkritik ist, daß Sie uns Technikern die größte Schuld zuschieben und vielleicht gar nicht wissen, wie wir uns bemühen, Ihren Gedankengängen zu folgen. Die Hauptschwierigkeiten sind dadurch gegeben, daß wir sozusagen „an der

Front" stehen. Wir müssen darum dauernd mit Kompromissen kämpfen, die entstehen durch Forderungen, die von oben kommen und durch Forderungen der Leute, die vom Hochwasser betroffen sind. Die politischen Instanzen könnten vielleicht eher eine Renaissance bewirken, als der kleine Mann an der Front.

Die Politiker wirken auf den Ausbau der Flüsse hin, werben aber nur selten bei den betroffenen Grundstückseigentümern um Verständnis für die im Sinne der Landschaftspflege anzulegenden Maßstäbe. Im Grundsatz erkennen die Techniker die gewundene Form eines Wasserlaufes auch aus physikalischen Überlegungen als die technisch zweckmäßige an. Wenn ich heute als Techniker im Kreise von Naturkundlern an der Tagung teilnehme, so deswegen, um mir fundierte Grundsätze der Landschaftspflege zu eigen zu machen.

C. TROLL:

Wir haben in der Geographie seit zwei Jahrzehnten einen Zweig, der heißt Religions-Geographie. Dabei dreht es sich aber um den Einfluß der Religion auf menschliche Gesellschaft, auf Kultur-Landschaft und dergleichen. Heute haben wir etwas Neues gehört, nämlich eine Art religiöse Pflanzensoziologie: es gibt also heidnische und christliche Pflanzensoziologie, aber das ist doch etwas ganz anderes. Es ist mehr die mythologische Begründung von unserer Einstellung zur gesamten Natur.

Es ist nicht ganz so einfach, nur von gewundenen und geraden Flüssen zu sprechen. Es gibt freie Schlangen in der Ebene und eingesenkte Schlangen oder Mäander. Das sind zwei ganz verschiedene Dinge, Herr Dr. WEIMANN behandelte nur die freien, nicht die eingesenkten Mäander. Die wenigen Fälle, wo man tief eingesenkte Mäander abkürzte – ich kenne drei oder vier Fälle auf der ganzen Welt – sind noch nicht das schlimmste. Die Landschaftsgestalter und die Naturschützler gehen gewiß mit Recht gegen gewisse schematische Eingriffe der Technik bei Bachtälern und kleinen Flüssen vor. Aber neben den Mäandern gibt es ja auch noch die sogenannten „verwilderten" Flüsse. Die sind ein ganz anderes Problem. Wenn unsere Erde nicht so dicht bevölkert wäre, würden wir natürlich die Natur so lassen, wie sie ist. Sie wäre nicht schöner! Die Kulturlandschaft hat die Welt schöner gemacht als die Naturlandschaft. Ein monoton von Eichen-Hainbuchenwald überzogenes Niedersachsen, von einigen Mooren unterbrochen, wäre zweifellos nicht so schön wie die jetzige Kulturlandschaft. Aber unter den heutigen Bevölkerungsverhältnissen muß etwas geschehen. Man schimpft gewöhnlich gegen die großen Rhein-Mäander von Karlsruhe bis Oppenheim, die durch die THULLAsche Korrektion abgeschnitten wurden. So ganz schlimm finde ich das gar nicht. Das sind die wunderbaren Auen mit herrlichen Biozönosen. Die Lampertheimer Aue u.a. sind ja doch übrig geblieben. Man kann es nicht der Menschheit zumuten, daß auf dem am stärksten befahrenen Strom der ganzen Welt alle Schleppzüge endlos diese Mäander ausfahren, die sich dann noch ständig verändern würden.

Entweder richten wir die Welt so ein, wie es nun einmal sein muß aus einem Kompromiß zwischen Naturliebe und Lebensnotwendigkeit – auf das kommt es ja letzten Endes hinaus – oder aber wir lassen sie, wie sie ist. Denn das man die Mäander künstlich bepflanzt mit *Phalaris* und anderen Pflanzen, um sie stabil zu machen, das halte ich für noch verkehrter. Die Mäander sind in der Dynamik der Natur mit Seitenerosion und seitlicher Akkumulation vorhanden. Dann soll man sie schon so lassen, wie sie sind. Aber bloß weil sie Mäander sind und weil auch Hippokrates im Asklepieion Schlangen hält, deswegen sollen wir diese Mäander nicht stabilisieren in dem momentanen Zustand, in dem sie sich jetzt befinden. Man soll sie sich ruhig weiter entwickeln lassen. Auf der einen Seite nehmen sie weg, auf der anderen fügen sie etwas hinzu. Diese Dynamik gehört nun einmal zu unserem Leben und zur ganzen Weltgeschichte.

P. Seibert:

Als Angehöriger der Bayerischen Wasserwirtschafts-Verwaltung, die von Herrn Weimann zitiert worden ist, möchte ich zunächst mich mit ihm übereinstimmend erklären. Als Landschaftspfleger und Vegetationskundler, der täglich mit diesen Dingen zu tun hat, sehe ich viel mehr, was mich ärgert als was mich erfreut. Ich möchte an einigen Bildern zeigen, wie man sich mit der „Schlange" einrichten kann. Hier sehen Sie ein symmetrisches Profil, wie es heute überall verwendet wird. Dies nennt sich naturnaher Wasserbau, obwohl es damit nichts zu tun hat. Es ist eine reine Dekoration. Denn die Bäume können nicht die Funktion der Ufersicherung übernehmen, weil sie mit ihrem Wurzel-System gar nicht in die gefährliche Zone oberhalb des Mittelwasserstandes reichen. Wenn wir uns einen natürlichen Fluß, eine „Schlange" ansehen, bemerken wir, daß sie einen unsymmetrischen Querschnitt hat: am Prallufer steiler, am Gleitufer flacher, am Prallufer Weidenbusch und darüber eine Hartholzzone, am Gleitufer vielfach Röhricht, in diesem Spezialfall auch noch den Pionierwald der Weiden-Aue. Wir haben uns dieses Beispiel zum Vorbild genommen, um bei manchen Regulierungen ein solches unsymmetrisches Profil vorzuschlagen: Mit einem Steinwurf unter der Wasseroberfläche sichern wir zunächst das Ufer. Darüber kommt Röhricht oder Weidengebüsch je nach Fließgeschwindigkeit und standörtlichen Verhältnissen. Wir richten uns da ganz nach der natürlichen Zonation. Dann folgt die Hartholz-Aue. Das Gleitufer bleibt vollkommen frei, wird sehr flach ausgeformt und mit Röhricht gesichert, mit *Glyceria maxima* und etwas *Iris*. In Drahtrollen mit einem Kies-Kern werden die Wurzelballen dieser Röhricht-Arten befestigt. Das gegenüberliegende Prall-Ufer ist zunächst mit Steinen gesichert, dann folgen die Weiden-Stecklinge und darüber ist die Hartholz-Aue als Uferstauden-Gehölz angepflanzt.

In einem anderen Falle hatten wir die Möglichkeit die „Schlange" vollkommen am Leben zu erhalten. Vor der Regulierung der Ilm waren die Wiesen in dem breiten Flußtal ständig überschwemmt. Obwohl teilweise auch die Ortschaften bedroht waren, hat man sich doch entschlossen, die „Schlange" am Leben zu lassen und ihre unerwünschten Auswirkungen in der Breite durch Dämme einzuengen, die einen Abstand von 100–120 m Breite haben. Die landwirtschaftliche Nutzung des Geländes zwischen den Dämmen ist aufgegeben worden. Nur einige Wiesen sind darin erhalten geblieben. An tieferen Stellen findet man Schilf-Röhrichte. Außerdem sind hier Gehölzpflanzungen vorgesehen, nicht nur am Ufer, sondern auch in den Zwischenräumen. Außerdem sind die Dämme vollständig mit Gehölzen bepflanzt worden. Man hat den Humus und Mutterboden zur Bedeckung der Dämme, die aus ortsfremdem Material aufgeschüttet worden sind, aus dem Zwischenraum gewonnen. Auf diese Weise sind kleine Fischweiher entstanden, die mit dem Fluß in Verbindung stehen. Der obere Teil dieser Strecke zeigt zunächst noch die normale Regulierung mit einer pendelnden Linienführung, die unsymmetrisch bepflanzt ist. Unterhalb eines Dorfes geht die Regulierung in die Dammstrecke über. Der Damm ist ein Bauwerk, das an sich schwerfälliger ist als etwa ein Weg, den man ja freier gestalten kann, weil längst nicht so viele Erdbewegungen nötig sind. Trotzdem ist dieser Weg, den die Flurbereinigung angelegt hat, ein viel härteres Objekt in der Landschaft als der Hochwasser-Damm, der auf der anderen Seite von dem Damm, der jetzt vom Dorf seinen Ausgang nimmt, parallel begleitet wird. In der Dammstrecke sieht man den unregulierten Fluß. Nur an wenigen Stellen wurden allzu weit ausholende Flußschlingen abgekürzt, um nicht zu viel landwirtschaftliche Fläche verlieren zu müssen. Aber hier lebt die Schlange noch. Sie hat zwar ein paar Geschwüre bekommen durch die Weiher, die uns aber deswegen nicht unsympathisch sind. Sie hat durch die beiden Dämme eine Begleitung bekommen, die jetzt noch etwas hart aussehen, die aber vollständig bepflanzt sind, so daß sie eines Tages als Gebüschstreifen da sein werden. Die Ackerlandschaft des Eichen-Hainbuchenwaldes ragt zungenartig in die Talaue des Pruno-Fraxinetum hinein. Da es sich um eine Aue handelt, haben wir bei der Bepflanzung in einigen Fällen auch einmal zur Bastard-Pappel gegriffen. Im übrigen sind Schwarzerle, Esche und andere dort bodenständige Arten verwendet worden. Erhalten geblieben sind auch die natürlichen Ufer-Gebüsche und die Röhrichte, die niemand gestört haben. Die verschiedenen Vegetationstypen ergeben ein recht abwechslungsreiches Bild zwischen diesen Dämmen, einen ganz neuen Lebensraum, in den wohl auch Wasservögel und andere Tiere einwandern werden.

J. Luchterhandt:

Da ich angesprochen wurde, möchte ich Herrn Dr. Weimann in einigen Punkten beispringen. Herr Dr. Weimann hat in diesem Kreise den Versuch unternommen, unter Rückgriff auf mythologische Vorstellungen den Zielen wieder zuzustreben, denen sich wohl auch die Gemeinschaft der Pflanzensoziologen mehr oder weniger verschrieben hat. Ich möchte glauben, daß er eigentlich vor dem falschen Forum gesprochen hat. Denn er rennt bei Ihnen, glaube ich, offene Türen ein, wie wir aus den Worten der Diskussionsredner schon gehört haben. Aber der Kampf mit der „Schlange" spielt sich ganz wo anders ab, nämlich unter den Menschen! In diesem Kampf mit dem Drachen stehe ich auch als Ingenieur. Das ist der Kampf gegen die Unnatur.

Denn wie die Natur eigentlich aussehen soll, wie wir sie gestalten sollen, damit sie möglichst natürlich bleibt und trotzdem mit den Belangen der Menschheit, die größer wird und ernährt werden soll, übereinstimmt, ist nicht so leicht zu verwirklichen. Das zu erfahren bin ich eigentlich hierher gekommen. Der Kampf, den Herr Weimann meinte, der Kampf mit dem

Drachen, spielt sich tatsächlich mit der Mehrzahl der Ingenieure ab, und von dem kann ich hier ein bitteres Lied singen. Herr SEIBERT hat darauf verzichtet, seine Sorgen hier auszupacken, aber er hat uns dankenswerterweise seine Grundsätze hier vorgetragen, und diesen möchte ich mich voll und ganz anschließen. Sie zeigen, daß es möglich ist die Forderungen der Natur mit den Interessen des wirtschaftenden Menschen, auf die Herr Prof. TROLL hingewiesen hat, in Einklang zu bringen. Ich glaube, Herr Dr. WEIMANN ist wohl der Erste, der sich auch zu diesen Grundsätzen bekennen könnte.

V. WESTHOFF:

Ich komme aus den Niederlanden, einem Lande, wo man wahrscheinlich noch viel rationalistischer und mehr beengt ist, als die glücklichen Deutschen es sind. Die Holländer sind ja ganz hart, und was sie mit ihren Flüssen machen, ist stellenweise viel schlimmer als das, was Sie in Deutschland gemacht haben. Herr SEIBERT hat uns in bewundernswerter Weise gezeigt, was er hier schaffen kann, um eine positive Lösung zu finden, die den Anforderungen entgegenkommt. Solche Bestrebungen hat es bei uns auch gegeben und erfreulicherweise kann ich sagen, daß sie auch teilweise gelungen sind.

Die Dinkel, eine Schlange in der Provinz Overijssel, nahe Nordhorn, ist einer der schönsten Flüsse des Landes, hart an der niedersächsischen Grenze, pflanzensoziologisch und aus Naturschutzgründen besonders wichtig. Die Schwierigkeit an diesem Fluß liegt darin, daß unser freundliches Nachbarland Niedersachsen infolge der Flurbereinigung so viel Wasser in unser Land hineinfließen läßt, daß die Dinkel es nicht mehr fassen kann und begradigt werden mußte. Hier hat sich nicht die Lösung ergeben, eine Eindämmung vorzunehmen, die an sich gut, aber in diesem Fall nicht geeignet wäre. Sondern ein Seitenkanal wurde gebaut, der 20 km weiter in die Dinkel einmündet. Das Hochwasser wird durch diesen Kanal abgeführt, so daß Überschwemmungen, durch welche die Bevölkerung Schaden leiden könnten, abgelenkt werden. Dadurch ist dieses schöne Gebiet, das wegen seines Reichtums an Naturerscheinungen besonders wichtig ist, erhalten geblieben. Ich meine, daß derartige Lösungen, die genau auf der Linie von Herrn Dr. SEIBERT liegen, auch Herrn Prof. TROLL befriedigen können. Man kann manchmal also eine Lösung der Gegensätze finden. Eine derartige Lösung ist auch im Süden des Landes, im kempisch-brabantischen Gebiet, also in einer ganz anderen Landschaft bei der Rettung des letzten lebendigen Baches, der Beerse, gelungen. Es muß betont werden, daß es sich in beiden Fällen darum handelte, nicht nur die „Schlangen" selbst, sondern auch besonders das von ihnen bedingte differenzierte Landschaftsgefüge mit seinen verschiedenen wertvollen Biozönosen zu erhalten, und daß dieser Grund wesentlich dazu mitgeholfen hat, die Techniker von der Berechtigung unseres Standpunktes zu überzeugen.

U. ESKUCHE:

Ich möchte an den Diskussionsbeitrag von Herrn Dr. WESTHOFF anknüpfen und berichten, daß das kleine Tal der Dinkel auch diesseits der holländisch-deutschen Grenze eine Naturschönheit ist oder vielmehr gewesen ist. Denn im vergangenen Jahr fiel das Flüßchen, das sich, von Erlen gesäumt, durch die Wiesen eines schmalen Kastentals schlängelte, der „Korrektur" zum Opfer.

Der finanzielle Aufwand hierfür betrug, wie ich in Erfahrung brachte, etwa 1,3 Millionen DM. Man fragt sich, in welchem Verhältnis dieser Betrag zu dem wirtschaftlichen Nutzen steht, der mit dieser Verwüstung einer der schönsten Landschaften Westfalens erreicht werden soll.

R. WEIMANN:

Um der Sache willen, und um Mißverständnissen vorzubeugen, sei auf die beiden Einwände von Herrn Kreisbaumeister LIMPERT und Herrn Prof. TROLL noch einmal eingegangen. Die Ausführungen der übrigen Diskussionsredner sind mir dagegen nur als bestätigend in Erinnerung.

„Schimpfen" wollte ich wirklich nicht. Es ist aber so eine Sache, wenn man – teils in antiker Sprache – verdeutlichen, d.h. in anschaulichen Bildern auf die immer noch sehr drohenden Gefahren hinweisen möchte. Der Wasserbau ist doch nur ein Teil, allerdings ein wesentlicher, der allgemeinen, perfektionierenden Naturüberwältigung.

Der Hinweis (LIMPERT), daß man doch Kompromißlösungen finden müsse, ist selbstverständlich richtig. Wer sollte, zumal es daran immer noch sehr mangelt, dagegen sein? Nun ist aber auch der Streit darüber, wieviel in der Wasser- oder Flurbereinigung immer noch unnötigerweise gegen Natur und Landschaft gehandelt wird, müßig. Was aber sollte denn werden, wenn niemand mehr etwas dagegen sagen würde, und wenn wir alle zufrieden wären?

Wo gibt es z.B. noch solche großzügigen, weiträumigen Eindeichungen, in denen der Fluß dann immer noch fast ungezwungen mäandern kann? Herr Dr. SEIBERT hat sie in seinen schönen Bildern noch gezeigt – meiner Erinnerung nach auch als Ausnahmen, die aber wirklich als Musterbeispiele gelten sollten. – Wird denn nicht immer noch viel zu viel an Baum und Strauch mit Baggern ausgerissen, selbst wenn grundsätzlich keine Schlingen mehr abgeschnitten werden? Wo wird ernsthaft der Versuch gemacht, wenigstens nur Wunden zu verheilen, etwa durch behutsames Abschrägen und Bepflanzen der schlimmen Steilwände an Außen-Ufern, die sich tatsächlich oft zu weit ins Land fressen? Das muß wieder kein Vorwurf sein, aber die lebendigeren, natur-verhafteten Wasserbauweisen haben doch selbst noch so viele Kinderkrankheiten zu überstehen. In Nordrhein-Westfalen mangelt es fast ganz an biologischen Fachkräften, die sich hiermit befassen. Als Begründung für besonders radikale Vernichtung von Baumwuchs an Ufern höre ich: „Die Maschine verlangt das!". Aber sollen wir denn vor der Maschine vollständig kapitulieren?

Man kann aber unmöglich heute noch die zweifellos schönen Altwässer und Auen des Oberrheines zum Vergleich heranziehen (Prof. TROLL), um zu sagen, daß auch Flußregulierungen die Landschaft gestalten und verschönern. Sondern letzte „Wildnisse" sind zu erhalten! Es geht doch darum, die letzten schönen Flußschlingen als wahre Naturdenkmale (von denen sonst so viel geschrieben wird) zu schützen, gleichsam als letzte Mohikaner in möglichst jeder kleinen und größeren Landschaft. Aber unzählige Regulierungen und Stau-Regulierungen sind noch im Gange, obwohl selbst volkswirtschaftliche und andere Bedenken sich melden. Andererseits spielen auch Wirtschaftsankurbelungen gefährlich mit. Zu viel Geld war immer schon gefährlich, im kleinen wie im großen Haushalt.

Und selbst bei unseren gerühmten „Ausschleifungen" bleiben meist und günstigenfalls nur kleine *Teile* der abgeschliffenen Altwässer übrig, die nicht verackert werden oder anders verlanden. Viele Altwasser dienen als dringend gesuchte Abfallgruben. – Älteste Ausgleiche zwischen Fluß, Landschaft und Landwirtschaft werden durch das Abschneiden gestört. Der Wert solcher Ausgleiche ist doch gar nicht mehr zu übersehen, Vergleiche sind nicht mehr möglich. Landgewinn und Maschine sind die angeblichen Hauptgründe wirtschaftlicher Art, vor denen man heute allzu leicht kapituliert.

Zwar kenne ich nicht Afrika usw., um so besser seit über 30 Jahren die immer noch im Gang befindliche Verödung, Verschandelung und Verschmutzung der rheinischen und westfälischen Gewässer. Außer bei Schnee wurden sie immer wieder in jeder Woche bewandert und die Probleme mit den Praktikern besprochen. Dies nur wegen der Anregung, Herr LIMPERT, daß die „Herren im hohen Ministerium" die Schwierigkeiten draußen nicht genügend ahnen. Das kann höchstens dem einen oder anderen gelten. Die Schwierigkeiten wurden doch auch zugegeben. Sie bleiben jedoch grundsätzlich sekundärer Art, weil aus der Praxis von Jahrhunderten gewachsen. Wirkliche Überwindung ist erst dann möglich, wenn langsam die Grundvorstellung gefestigter würde, daß Landschaft zumindest so real-lebenswichtig ist wie z.B. Landwirtschaft. Das war nicht immer so. Kompromisse zwischen Landschafts- und Hochwasserschutz sind nicht leicht zu finden.

Natürlich kann man den Schiffen nicht allzuviele Schleifen zumuten (TROLL). Aber wo gilt das ohnehin heute noch? Die schrecklichen Planungen beziehen sich fast ausnahmslos auf einzelne Kanäle über Land und vor allem auf die Stau-Regulierungen besonders in Süddeutschland. Dagegen sollte alles unternommen werden. – Aber ich hatte doch vor allem das Fluß- und Bachausschleifen im Zuge der Flurbereinigungen und Umsiedlungen gemeint.

Soll man die Wasserläufe denn wirklich überall ruhig ausschweifen lassen? (TROLL). Oder habe ich mißverstanden? Nichts wäre naturhafter. Aber bei den zahllosen Ausbrüchen ins Wiesen- und Weideland muß man doch wohl oft Kompromisse mit den Landwirten schließen. Und da ist nun einmal das Röhricht ein besonders schönes und gutes, aber noch kaum angewandtes Beruhigungsmittel. Das braucht wohl kaum noch bewiesen zu werden. Im Wechsel mit Baum und Strauch dahinter, oder auch ohne es, ließe sich in unerschöpflicher Mannigfaltigkeit auch die Landschaft gestalten. Gut bewachsene Bäche und Flüsse sind auf Jahrzehnte beruhigt. Was würde nicht schon von selbst wachsen, wenn das Vieh wegbliebe!

Die ganze Mäander-Terminologie (TROLL: freie oder eingesenkte Mäander usw.) hatte doch mit der Flußschlange nichts zu tun. Diese meinte im uralten Bild, wie im Einleitungssatz gesagt, das ganze freizügige Fließen der Flüsse, all deren schöne Verwilderungen an Prall- und Gleithängen, aber auch an kleinsten Steil- und Flachufern.

„Religiöse Pflanzensoziologie" (TROLL)

Das sollte wohl ein scherzhafter Einspruch gegen einige mythologische Schlußbemerkungen sein, die zunächst nur locker angefügt waren. Vielleicht hätte ich also den Zusammenhang oder den Gegensatz von irrational-mythischem Denken der Alten und unseren rational-wissenschaftlichen Verfahren noch deutlicher betonen müssen? Das geschieht doch ohnehin so selten. Was heißt überhaupt Zusammenhang oder Gegensatz? Was hindert eigentlich, beide Denkweisen wenigstens einmal gegenüberzustellen? Vielleicht käme zuletzt noch eine neue „Harmonie der Gegensätze" dabei heraus. – „Religiöse Pflanzensoziologie" klingt im Ernst zu feierlich und sentimental, aber wörtlich und streng bedacht hieße selbst dies *nichts* anderes als lebens- und naturverbundene Pflanzensoziologie. Doch die mythologischen Parallelen bezogen sich nur auf Erhaltung oder Zerstörung der Flüsse und der Natur. Und das hat nun wirklich viel mit altreligiösen Vorstellungen zu tun. Der Sprung von der altehrwürdigen Fluß- zur Weltschlange war fast logisch und unvermeidlich, auch schrecklich naheliegend. Dies besonders heute, wo es wie nie zuvor um beider Zerstörung geht! Es würde viele Menschen beruhigen, wenn jemand davon überzeugen könnte, daß diese einst verehrten guten und zugleich grausamen Ungeheuer nicht auch in den Naturreservaten aussterben. Die Parallelen: Urmutter Tiamat, Urschlange Eva oder: Drache Ladon um den Baum des Lebens gewunden, Schlange des Paradieses um den Baum der bösen Erkenntnis, alles das mag kritisiert werden, dann aber auch richtig! Dann muß erst bewiesen werden, daß jene *realen* Weltungeheuer einst *nicht* als Hüter der Urwildnisse oder ähnlicher Schauder verehrt wurden. Die Taten des Herakles sind schon längst mit den Kulturtaten auch das Wasserbaus (Bewältigung der Hydra, des Flußgottes Acheloos usw.) in Zusammenhang gebracht worden, aber auch mit den schon vorchristlichen Taten der Schlangen- und Drachentötungen! Alles das war erst möglich nach einer sicher schwer zu begreifenden Abwertung des Chaotischen ins Böse. Um so berechtigter war der etwas scherzhaft klingende Vergleich zwischen Herakles, Gilgamesch, Sankt Georg und dem „christlichen" Wasserbau. Alles das sollte doch nur den einen Gedanken anregen: es gab einmal eine uralte Achtung vor dem in sich *selbst* sensiblen (sich selbst differenzierenden?) Chaos zum Beispiel auch der Flußschlange. Alles das *erscheint* nur als Unordnung. In Wirklichkeit ist auch die böse Flußschlange ein „Wunderwerk der Selbstdifferenzierung", wie H. KAUFMANN das nannte. Aber eine mehr als dreitausendjährige Mißachtung, die mit heroischer Natur- und Sündenüberwindung begann, artet zuletzt und zumal heute in groteske Vergewaltigungen aus, innen wie außen.

Man sollte also auch die Kräfte der rhythmischen, noch völlig unberechenbaren Selbstdifferenzierungen neu respektieren und auch bei allen schwierigen Kompromissen z.B. zwischen Landschafts- oder Hochwasserschutz *über* anscheinend große rationale Vor- oder Nachteile stellen, die sich so oft schon nur als Augenblicks-Vor- oder -Nachteile hinterher herausstellten. Es gehört dazu nur ein Umdenken in der *Bewertung*.

Man kann die besonders seit BACHOFEN, KLAGES u.a. herausgeschälten Wahrheitskerne urältester Denkweisen nicht einfach ablehnen, indem man sagt, das habe zur Wissenschaft keine Beziehung. Zumal mit den Erscheinungswissenschaften, zu denen doch zumindest ein großer Teil auch der Pflanzensoziologie gehört, wird sich vielleicht noch manche fruchtbare Verbindung ermöglichen lassen.

Prof. SCHWICKERATH brachte so schöne Zusammenhänge zwischen Malerei und Landschaft, die sich bis in die Pflanzensoziologie verfolgen ließen. Ähnlich versuchte ich unerhört wirklichkeitsnahe Bilder unserer ältesten Ahnen zwar nicht mit der Pflanzensoziologie zu verbinden, wohl aber mit Fluß- und Naturzerstörung (beides heute ein ganz besonderes Anliegen auch der Pflanzensoziologie). Man muß nur lernen, die Urbilder als *Wirklichkeiten* aufzufassen.

WASSERBAU UND HOCHWASSERABFLUSS

von

J. Prenk, Münster/Westf.

Über das Ersuchen des Herrn Sekretärs Ihrer Vereinigung, heute zu Ihnen über den Einfluß das Wasserbaus auf den Ablauf von Hochwasserwellen zu sprechen, habe ich mich sehr gefreut. Allein deshalb, weil ich glauben möchte, daß möglicherweise das, was ich vorzutragen habe, geeignet sein könnte, das bereits bestehende gute Einvernehmen zwischen der Vegetationskunde und der Wasserwirtschaft noch weiter zu festigen und zu vertiefen.

Der Einfluß flußbautechnischer und landeskultureller Maßnahmen auf den Ablauf der Hochwasserwellen wird auch heute noch sehr unterschiedlich beurteilt. Die überwiegende Meinung, selbst in Fachkreisen war bisher, daß diese Maßnahmen einschließlich der Dränungen landwirtschaftlich genutzter Flächen den Wasserabfluß beschleunigen würden. Die zunehmende Bodenkultur würde, so sagt man, die Hochwasseranschwellungen vieler Flüße größer und bedrohlicher machen. Die Anzahl der Hochwasser wäre gestiegen. Zu diesen doch im wesentlichen nur auf rein gefühlsmäßigen Annahmen bzw. auf rein subjektiven, auf das Erinnerungsvermögen gestützten Maßstäben beruhenden Behauptungen, habe ich bereits gelegentlich der gewässerkundlichen Tagung in Trier im Herbst vorigen Jahres ausführlicher Stellung genommen. Ich möchte glauben, daß es mir gelingen wird, auch Ihnen überzeugend darzulegen, daß diese wasserwirtschaftlichen Eingriffe in die Landschaft, sofern diese – und das setze ich auch im Sinne der Ausführungen von Herrn Dr. Weimann voraus – richtig bedacht und sachgemäß angesetzt werden, sich im Gegenteil nicht nur hinsichtlich des Ablaufs der Hochwasserwellen, sondern auch in bezug auf den gesamten Wasserhaushalt schlechthin eher günstig als ungünstig auswirken müssen. Zwar habe ich gelegentlich des Vortrages in Trier noch die Einschränkung gemacht, daß unsere neueren Erkenntnisse und Erfahrungen sich im Grundsatz möglicherweise nur auf Gebiete des Norddeutschen Flachlandes oder ähnliche anwenden lassen, wo diese Erkenntnisse gewonnen wurden. Nachdem sich aber in Trier nur zwei Diskussionsredner zu Worte gemeldet haben, die die Auffassung vertraten, daß man die in Norddeutschland gemachten Erfahrungen wohl nicht ohne weiteres auf gebirgige Lagen übertragen dürfte, bin ich heute der Überzeugung, daß diese neuen Beobachtungen im Grundsatz auch für höhere Lagen zutreffen werden.

Nach allgemeinen Vorstellungen gehören Regen und Hochwasser zusammen. Aber bereits hier läßt uns die Statistik im Stich und liefert uns keinen Beweis für diese Ansicht. Der Januar ist im norddeutschen Flachland nicht der regenreichste, der Februar sogar der regenärmste Monat des Jahres. Den meisten Niederschlag haben wir vielmehr im Juli, aber gerade in diesem Monat haben wir die geringste Hochwasserhäufigkeit. Von 87 Hochfluten die in 60 Jahren an der Ems am Pegel Greven beobachtet wurden, traten 72 Fluten = 83% im Winter und nur 15 Fluten = 17% im Sommer auf, während die Verteilung der Regenmengen auf Winter und Sommer 46 zu 54% betrug.

Neben dem Regen, der bei der Entstehung eines Hochwassers gewiß eine entscheidende Rolle spielt, sind also noch andere Faktoren am Werk, so offenbar zunächst rein jahreszeitliche. Allgemein dürfte der Beginn einer Hochwasserwelle zusammenfallen mit dem Augenblick, in dem bei starken und anhaltenden Niederschlägen die Gewässer nicht mehr in der Lage sind, das gesamte zusickernde Wasser ohne Ausuferung abzuführen. Das hat zwei Gründe, entweder ist der Gewässerquerschnitt zu klein oder die Böden sind mit Wasser gesättigt oder auch gefroren, so daß sie keine Niederschläge aufnehmen können. Im Winter werden beide Ursachen oft zusammenwirken. So war es bei dem größten Hochwasser, das wir bisher im Münsterland erlebten, bei der Februarflut 1946. Dieses Hochwasser hätte im Münsterland niemals die Katastrophenausmaße angenommen, wenn damals die Böden nicht zum großen Teil gefroren gewesen wären. Da letzteres nicht in der Hand des Menschen liegt, können sich Winterhochwasser wie 1946 immer wiederholen. Sommerhochwasser dagegen lassen sich, günstige geohydrologische Verhältnisse vorausgesetzt, durch entsprechende Maßnahmen auf jedes notwendige oder gewünschte Maß verringern, selbst bis zur völlig schadlosen Abführung dieser Hochwasser. Dabei braucht man gar nicht gleich an oberirdische Talsperren, Hochwasserrückhaltebecken oder überdimensionierte Wasserläufe zu denken. Unterirdische Speicherung scheint nicht weniger geeignet und auch nicht viel kostspieliger zu sein. Als Beispiel dafür, daß das schon durch eine Absenkung des Grundwasserspiegels grundsätzlich möglich ist, kann der Münsterische Kiessandzug angeführt werden. Dieser Kiessandzug gehört zu den ergiebigsten Grundwasservorkommen des Münsterlandes. Er ist in einer tiefen, von Nordwesten nach Südosten mitten durch das Münsterland verlaufenden Rinne des Emschers, der der Kreideformation zugehört, eingebettet und besteht aus eiszeitlichen Ablagerungen, meist groben Sanden und Kiesen. Eine ganze Reihe Wasserwerke werden hier betrieben. Bevor dort die Wasserwerke standen, hat es unmittelbar am Fuße und parallel zum Kiessandrücken verlaufende und gelegentlich diesen auch kreuzende Bäche und Vorfluter gegeben. Diese führten früher, wie alle Wasserläufe, bei starken Niederschlägen mehr und in niederschlagsarmen Zeiten weniger Wasser. Die Absenkung des Grundwasserspiegels in den Entnahmegebieten der Wasserwerke hat die Abflußverhältnisse aber hier inzwischen so grundlegend verändert, daß an diesen Stellen heute überhaupt kein Oberflächenabfluß mehr stattfindet. Durch die Absenkung des Grundwasserspiegels wurde der nutzbare Hohlraum der Böden so vergrößert, daß nunmehr die gesamten nicht verdunsteten Niederschläge unmittelbar zum Grundwasser wandern und diese sind recht erheblich. Sie wurden für den Raum Ahlintel von Oberregierungsbaurat ROENSPIESS und Dipl.-Ing. HARBARTH, Münster, zu 420 mm/Jahr ermittelt. Ähnliche hydrologische Verhältnisse, nur von Natur aus, finden wir in zwei Bereichen des rund 900 km² großen Verbreitungsgebietes der Halterner Sande, des größten zum Niederschlagsgebiet der Lippe gehörenden Grundwasservorkommens in Westfalen. Diese beiden Teilgebiete, bekannt unter dem Namen „Hohe Mark" und „Die Haard", das erstere zur Hälfte etwa in landwirtschaftlicher Nutzung und zur anderen Hälfte bewaldet, die Haard in der Hauptsache mit Wald bestanden, umfassen eine Fläche von zusammen rund 170 km² und verfügen trotzdem, und das ist das Bemerkenswerte an diesen Gebieten, nicht über einen einzigen Bach oder Vorfluter. Mindestens trifft letzteres ohne Einschränkung für die Hohe Mark zu. Die Grundwasserstände liegen in den genannten Gebieten von Natur aus so tief und die Böden, selbst die bis zu 10 m mächtigen Geschiebelehme, von denen die der Kreide angehörenden, untersenonen Halterner Sande zum größten Teil überdeckt werden, sind so wasserdurchlässig, daß es dort selbst bei lang andauerndem Regen von hoher Intensität zu keinem Oberflächenabfluß kommt. Das Fehlen jeglicher Vorfluter und die ganze morphologische und ökologische Gestaltung dieser Gebiete ließen vermuten, daß die Grundwasserleistung hier erheblich sein müßte. Die von der Wasserwirtschaftsverwaltung des Landes Nordrhein-Westfalen eingerichteten Lysimeter bestätigen diese Vermutung im vollen Umfange. So wurde für das Jahr 1961 in Decksanden bei Hamm-Bossendorf (Haard) unter Nadelwald bei 1.032 mm Niederschlag eine Zusickerung von 535 mm gemessen. In Lavesum (Hohe Mark) waren es im verlehmten Sandlöß über Geschiebelehm bei 991 mm Niederschlag 580 mm, in Eppendorf (Hohe Mark) im sandigen Geschiebelehm bei 923 mm Niederschlag 501 mm und in Strünkede (Hohe Mark) in echten Halterner Sanden bei 1.227 mm Niederschlag 740 mm. Nebenbei sei bemerkt, daß die laufenden Zusickerungen, insbesondere in der Hohen Mark, eine großflächige, zusammenhängende Grundwasserkalotte speisen, die im wesentlichen von ihrem Sattel her ihr Wasser unterirdisch über mehr als 10 km der südlich verlaufenden Lippe zuführt.

Derartige unterirdische Talsperren gibt es aber auch in anders gearteten Gesteinen, so z.B. in dem etwa 1000 m mächtigen, zum Devon gehörenden Briloner Kalkmassiv im nordöstlichen Sauerland. Seine Bodenauflage besteht in der Hauptsache aus tiefgründigen, schweren Böden ortsfremden Materials, während das Gebirge selbst von Spalten und Klüften durchsetzt und mit vielen Hohlräumen ausgefüllt ist. Auch hier gibt es keinen Oberflächenabfluß, und die mittlere Grundwasserspende beträgt 16 l/s km², das sind rund 500 mm/Jahr. Die vielfach vertretene Auffassung, daß eine Grundwasservorratsbildung unbedingt an Überschwemmungen gebunden ist bzw. dem Umfang nach von der Anzahl der Überschwemmungen abhängt, kann daher nach dem Vorgesagten nicht zutreffen. Im Gegenteil – es gibt, wie wir gesehen haben, Gebiete, wo es überhaupt zu keinem Oberflächenabfluß, geschweige denn zu einem Hochwasser kommt und wo trotzdem Beiträge zur Grundwasserspeisung in einer Höhe geleistet werden, die noch vor wenigen Jahren außerhalb jeder Vorstellung lagen. (Die Grundwasserleistung der Halterner Sande wurde noch vor 5 Jahren auf 82 mm im Mittel geschätzt). Damit, so meine ich, wären zugleich stichhaltige Hinweise dafür gewonnen, daß jede Vergrößerung des natürlichen Speichervorkommens eines Bodens bzw. einer grundwasserführenden Bodenschicht eher zu einer Dämpfung als zu einer Hochwasseranschwellung führen wird.

Im Folgenden wird darzulegen sein, daß die Auswirkungen des Wasserbaus sich in gleicher Richtung bewegen. Die soeben behandelten Räume des Münsterlandes sind im Relief unserer Landschaft in Jahrhunderttausenden während der jüngeren geologischen Erdgeschichte unserer Heimat entstanden. Wir haben sie als natürliche Gegebenheiten zu betrachten und stehen nicht an, sie ihrer Wirkweise auf unseren Wasserhaushalt wegen den Erdschätzen gleichzusetzen. Aber auch in den weiten Gebieten der Münsterschen Heide-Sand-Ebene bieten sich uns natürlich entstandene unterirdische Wasserspeicher – wenn auch nicht von gleicher Bedeutung – dar, sofern bestimmte Voraussetzungen erfüllt sind – das sind: tiefe Grundwasserstände, nicht gefrorener Boden. Hier drängt sich die Frage auf, ob solche Speicherräume nicht durch Menschenhand geschaffen werden können.

Bei solcher Betrachtung stellen wir fest, daß eine derartige Umwandlung unserer Landschaft, von der Tacitus vor fast 2000 Jahren sagte, sie sei eine ausgedehnte Sumpflandschaft, in dem Augenblick einsetzte, als der erste Mensch sie betrat und begann, den Boden zu bearbeiten. Von einem sicheren Hort aus, d.h. an einer hochgelegenen, trockenen Stelle in dieser Landschaft begann er sein Werk, das immer ein Kampf mit dem Wasser war. So schuf er durch Bodenbearbeitung, dabei das störende Wasser immer weiter zurückdrängend, Lebensraum für sich, für seine Nachkommen, die wieder neuen, weiteren Lebensraum beanspruchten und darauf bedacht waren, durch bessere Methoden der Bodenbearbeitung, durch Herstellung von Geräten das begonnene Werk auszuweiten. In Generationen wurde der Sumpflandschaft immer neues Kulturland abgerungen, das doch nichts anderes war, als ein vom überschüssigen, störenden Wasser befreiter und in der Bodenstruktur verbesserter Teil der Urlandschaft. Neue Erkenntnisse, rationelle Wirtschaftsmethoden, geeignete Landmaschinen, zweckmäßige Feld- und Flureinteilungen und nicht zuletzt die planende und ordnende Hand des Wasserbauers und Kulturtechnikers verhalfen diesem Ringen um die Ausweitung des Kulturlandes zu dem heute sichtbaren Erfolg. Aus der Urlandschaft wurde unser Münsterland. Vor Zeiten, als Sumpflandschaft, glich es einem von Wasser gesättigten Schwamm. Heute ist es ein blühendes, fruchtbares Land. In ihm ist die Landwirtschaft gegenüber der vordringenden Industrie immer noch die tragende Grundschicht. Angepaßt an die natürlichen Gegebenheiten formt sie dieses Land und seine Landschaft. Der Wasserhaushalt der Böden und der Gewässer ist auf ihre immer weiter um sich greifenden Bedürfnisse durch Maßnahmen der Entwässerung und Bodenkultur eingespielt. In dem Maße, in dem solches geschehen ist, wurde die Wasseraufnahmefähigkeit dieser Landschaft vergrößert. Durch die mühselige Arbeit von Generationen wurde, und nun kommen wir zur Beantwortung unserer oben gestellten Frage, ein Wasserspeicher im erweiterten Boden-Poren-Raum in unserer Landschaft weithin durch den Menschen geschaffen, mit allen seinen segensreichen Wirkungen, von denen hier nur die Regelung des Wasserhaushaltes und die Verminderung der Hochfluten genannt sein sollen. Diese Entwicklung scheint nicht abgeschlossen zu sein, solange die Landwirtschaft des Münsterlandes immer wieder erneut zum Wettbewerb aufgerufen wird und zwangsläufig auf stete Verbesserung ihrer Ertragsgrundlage, und hier ist es in erster Linie der Boden, sinnen muß.

Alle, die an dieser Entwicklung mitwirken, sollten darum besorgt sein, daß dabei die Substanz der natürlichen Gegebenheiten unserer Landschaft nicht angegriffen sondern verbessert wird.

Wir haben nun einen weiteren der Faktoren kennen gelernt, die den Wasserhaushalt unserer Landschaft verbessern und für einen jahreszeitlichen Ausgleich im Wasserabfluß unserer Gewässer sorgen. Im gleichen Sinne mirken auch Wald und Flur. Werfen wir einen Blick zu Winterszeit auf die verschneiten Felder und die entlaubten Wälder, dann wird uns klar, daß dann auf die Erde fallender Regen faßt ungehemmt über die Fluren hinweg den Gewässern zufließt und so in den Niederungen Überschwemmungen hervorruft. Anders ist es mit dem „Warmen Sommerregen". Er ist ein Segen für das ganze Land! Wieviel Wasser kann allein ein Getreidefeld, kann das Kronendach eines einzigen Laubbaumes aufnehmen! Wir sehen also, Regen von gleicher Stärke wirkt sich in unserer Landschaft, und hier meine ich insbesondere auf das Gewässernetz, winter- oder sommertags ganz verschieden aus. Es kommen noch andere Kräfte hinzu, die dieses Geschehen beeinflussen. Ich nenne von diesen Kräften nur die sinnfälligste: die zehrenden Strahlen der Sonne mit ihrer enormen Verdunstungskraft. Alle diese Kräfte zusammen genommen bewirken, daß die Regenmengen eines normalen Sommers, es sind über 400 mm, in unserer Landschaft für das Leben von Baum und Pflanze, durch die Verdunstung oder Versickerung fast vollständig aufgezehrt werden. Zur Auffüllung der Gewässer bleibt nicht viel übrig. Die Landschaft mithin ist also für den Wasserhaushalt ein Regulator. Sie ist es auch dann, wenn Regen außerhalb der Vegetationszeit, also zu einer in unserer Betrachtungsweise ungünstigen Zeit im Übermaß fällt. So geschah es im Dezember 1960. In 35 Stunden fielen damals im Münsterland bis zu 80 mm Regen. Von diesem Niederschlag floß an 6 dem Unwetter folgenden Tagen knapp die Hälfte in einer Hochwasserwelle der Ems zu Tal, während die andere Hälfte im Gebiet aufgefangen und zurückgehalten wurde. Ein ungewöhnlicher Vorgang für den Monat Dezember, der seinen Grund in der 18 Monate dauernden Trockenheit der Jahre 1959/60 und in der Tatsache hatte, daß der Boden – noch nicht gefroren – für solche Wassermengen aufnahmefähig war.

Ändern nun Flußregulierungen den Hochwasserabfluß? Wir müssen die Frage noch umfassender stellen. Haben Flußregulierungen die oben dargelegte Gesetzmäßigkeit aufgehoben? Beschleunigen sie den Hochwasserablauf? Werden die Hochwasserwellen höher? Treten Hochfluten jetzt im Sommer häufiger auf als früher? Werden jetzt Ländereien vom Hochwasser erreicht, die früher nicht überschwemmt wurden? Um es vorweg zu sagen, das scheint uns kaum möglich zu sein angesichts der bisher durchgeführten Betrachtungen und der dabei gewonnenen Erkenntnisse, nach denen alle Kräfte einer Landschaft – im positiven und negativen

Sinne – an der Verhinderung, Dämpfung oder Entstehung eines Hochwassers aktiv mitwirken. Die Gewässer selbst scheinen uns im Spiel dieser Kräfte nur ein verschwindend kleiner Teil, und zwar ein passiver Teil, zu sein. Aber lassen wir uns auch hier durch das belehren, was 67-jährige Beobachtungen und Aufzeichnungen am Ems-Pegel Greven zu sagen haben. Es sind Beobachtungen aus den Jahren 1896–1929 bzw. 1930–1962. Diese etwa gleich großen (34 bzw. 33 Jahre) Zeitabschnitte wurden gewählt, weil das durchgreifende Regulierungswerk an der Ems oberhalb Greven nach 1930 begonnen und etwa bis 1960 zu einem gewissen Abschluß gebracht wurde. Vor der Regulierung von 1896–1929 wurde eine bestimmte Markierung am Pegel in Greven (sie bezeichnet die Höhe, von der ab Anschwellungen des Flusses als „Hochwasser" bezeichnet werden) insgesamt 41mal, und zwar an 205 Tagen überschritten, im Winter 37-mal an 190 Tagen, im Sommer 4mal an 15 Tagen. Für den Zeitraum nach der Regulierung von 1930–1962 wurden die Zahlen dagegen wie folgt ermittelt: 28mal, und zwar an 117 Tagen Hochwasser, im Winter 26mal an 108 Tagen, im Sommer 2mal an 9 Tagen. Im Abschnitt vor der Regulierung wurden 6 Jahre, im Abschnitt nach der Regulierung sogar 11 Jahre *ohne* Hochwasser beobachtet. Zählt man die Maße, um welche die einzelnen Hochfluten die Markierungen jeweils überschritten, zusammen, so erhält man für den Abschnitt 1896–1929 eine Gesamthöhe von rd. 18 m, für 1930–1962 die Summe von nur rd. 14 m. Der Gesamtniederschlag für beide Zeitabschnitte war etwa gleich. Er betrug, umgerechnet auf ein Jahr, für den ersten Abschnitt 764 mm, für den zweiten Abschnitt 757 mm. Der Niederschlag pendelte also um den für unseren Bereich maßgebenden Mittelwert von 760 mm. Weder der Höhe noch der Dauer nach haben also die nach der Regulierung beobachteten Hochfluten in der Ems die früher beobachteten übertroffen. Die Werte blieben vielmehr weit darunter. Es konnte auch keineswegs festgestellt werden, daß die Hochwasser-Häufigkeit im zweiten Zeitabschnitt zugenommen oder daß eine Verschiebung des Eintritts von Hochfluten innerhalb der Jahreszeiten eingetreten wäre. Als Kronzeugen dafür, daß gleiche Beobachtungen auch in anderen Teilen der Bundes-Republik gemacht wurden, möchte ich nur den Kollegen SCHWICHTENBERG anführen. Dieser hat unter Auswertung von über hunderjährigen zuverlässigen Wasserstandsbeobachtungen an mehreren Pegeln am Unterlauf der Leine, des größten Nebenflusses der Aller, nachgewiesen, daß die Häufung von Hochwassertagen keineswegs als eine spezifische Erscheinung der letzten Jahre anzusehen sei und daß bei einem Vergleich längerer Zeitabschnitte die Hochwassertage bei annähernd gleichen Niederschlägen nicht zu sondern auch dort abgenommen haben. Einzelheiten sind aus den hierzu von Dr. SCHWICHTENBERG (in Wasser und Boden, Heft 8 u 10. des vergangenen Jahres) veröffentlichten Aufsätzen nachzulesen.

Diese durch gewissenhafte gewässerkundliche Statistik verbürgten Daten beweisen im Grunde nur das, was ich zur Frage der Schaffung zusätzlichen Speicherraumes ausgeführt habe. Und daß wir uns mit dieser Auffassung in guter Gesellschaft befinden, dafür darf ich abschließend noch Prof. UHDEN zitieren, der in einem an den inzwischen verstorbenen Prof. THIENEMANN gerichteten Brief zur Frage des Einflusses des landwirtschaftlichen Wasserbaues auf den Wasserhaushalt folgende Worte fand:

„Wenn im Quellgebiet und am Oberlauf der Bäche und Flüsse, Wiesen und Weiden gedränt und entwässert werden, so werden sie dadurch erst zu Speichern gemacht. Speicher sind nur solche Räume, die leerlaufen und dann wieder gefüllt werden können. Versumpfte Äcker und unberührte Moore werden aber nicht von Wasser befreit, sie sind fast immer voll gesättigt und können deshalb keine Speicher im wasserwirtschaftlichen Sinne sein. Der größte Teil des Niederschlagswassers muß hier wegen der Sättigung des Bodens oberirdisch schnell abfließen. Nach der Dränung dagegen fließt das Wasser nach jedem Regen allmählich ab und so wird der Boden immer wieder zu einem Speicher. Die Dränung ändert den Wasserabfluß im günstigen Sinne, sie bringt eine Vergleichsmäßigung des offenen Abflusses. Sie schafft Speicherräume, die vorher nicht da waren."

Dem wäre nur noch hinzuzufügen, daß sich eine Grabenentwässerung auf die anliegenden Böden hinsichtlich der Wasserspeicherung genauso verhalten wird wie die Dränung. Jede Entwässerung, jede damit verbundene und gewollte Absenkung des Grundwasserspiegels schafft neuen Speicherraum, führt zu einer Abbremsung des Abflusses beim Durchfluß durch den Boden anstelle rascher oberirdischer Abflüsse. Damit meine ich, hat letztlich auch der Widerspruch zwischen den vermeintlichen hochwasserfördernden menschlichen Maßnahmen und der nachgewiesenen Abnahme der Hochwassertage seine eigentliche Erklärung gefunden. Ich könnte natürlich noch weitere hydrologische und mehr technische Beweise dafür beibringen, daß sich die wasserwirtschaftlichen Maßnahmen nicht in dem Maße hochwasserfördernd auswirken, wie bisher landläufig angenommen wurde. Ein Eingehen auf diese würde jedoch den Rahmen dieses Kurzvortrages sprengen. Ich hege jedoch die Hoffnung, daß Sie mir bereits auf Grund der Überlegungen, die ich Ihnen vortragen durfte, glauben werden, daß die hochwasserhemmenden Folgeerscheinungen die vermeintlichen hochwasserfördernden menschlichen Maßnahmen weitgehend ausgleichen.

ZUSAMMENFASSUNG

Als Folgeerscheinungen flußbautechnischer und landeskultureller Maßnahmen werden oft Zunahme der Hochwassertage so wie schnelleres und steileres Auflaufen der Hochwasserwellen genannt. Von der Gewässerkunde her gesehen sind solche meist auf subjektiven oder rein gefühlsmäßigen Annahmen beruhenden Behauptungen als irrig zu bezeichnen, wie Auszählungen von Hochwässern ergeben. Es gibt aber noch viele andere Argumente, die gegen diese Behauptungen sprechen.

SUMMARY

An increase of height and duration of high-waters in rivers is often said to be a consequence of regulations and drainage. Counting out frequencies of high-waters however and other arguments prove on the contrary a decreasing effect.

H. ELLENBERG:

Ich zweifle nicht daran, daß die Verhältniss für die Flüsse, die Herr PRENK in seinem Vortrag erwähnte, voll zutreffen, und daß auch seine Folgerungen dort richtig sind. Aber ich möchte vor einer zu weitgehenden Verallgemeinerung warnen. Im Alpenvorland sind die größten Hochwässer dank der Schneeschmelze immer im Sommer. Die Wasserstände wachsen an; deshalb haben wir dort auch keine Wiesen im Auegebiet, sondern Wälder, weil die Existenzfähigkeit für Wiesen zu unsicher ist. Es sind also gänzlich umgekehrte Verhältnisse. Je mehr der Fluß vom Alpenraum in seiner Wasserführung beeinflußt ist, desto extremer ist dieser Charakter. Der Rhein zeigt alle Übergänge. An verschiedenen Stationen oberhalb des Bodensees hat er Sommerhochwasser. Je weiter wir ihn nach unten verfolgen, desto mehr verschieben sich die Hochwässer auf die kühlere Jahreszeit. Die Ems und die Leine, die Sie erwähnten, sind kurze Flüsse, deren Zuflüsse ganz außerhalb der großen schneereichen Gebirge liegen. Deshalb ist das Regime dort völlig anders.

Auch hinsichtlich der Abflußverhältnisse von regulierten Gebieten muß man wohl vorsichtig sein. Denn es ist doch eine Tatsache, wenn ich Herrn WESTHOFF da aufrufen darf, daß durch Moor-Entwässerungen großen Stiles im Oberlauf die kleineren Flüsse, wie z.B. die Dinkel, wasserreicher geworden sind, oder daß Teile der Marschgebiete stärkeren Wasserzufluß erhalten haben, seit man die höher liegenden Hochmoor-Gebiete entwässert hat. Mit diesen Andeutungen möchte ich nur davor warnen zu verallgemeinern. Ich glaube, keine Warnung muß so oft wiederholt werden. Wir sprechen hier über Landschaftsökologie. Die ökologischen Bedingungen sind überall andere. Es sollte ein Hauptanliegen des Landschaftsökologen im weitesten Sinne sein, dafür zu sorgen, daß alle Maßnahmen und alle Folgerungen ökologisch richtig bezogen werden. Was hier gilt, ist dort falsch, was dort gilt, ist hier falsch.

U. BERGER-LANDEFELDT:

Herr PRENK hat für die Zeiträume 1896–1929 und 1930–1962 die Häufigkeit der Hochwässer verglichen unter der Voraussetzung, daß die Niederschlagsmengen, die in diesen Zeiten gefallen sind, gleich waren. Mir scheint das nicht ganz korrekt. Denn bekanntlich sind die Niederschläge „Stoßgeschäfte".

Man muß, wenn man einen statistischen Vergleich zieht, daran denken, daß ja diese Stoßgeschäfte gezählt werden müssen, und man nicht die Summe der Niederschläge vergleichen darf. Wenn Sie die Summen der Stoßgeschäfte zusammenzählen, ist es noch sehr die Frage, ob dann die gleiche Anzahl herauskommt.

P. SEIBERT:

Die Warnung von Herrn Prof. ELLENBERG noch ergänzend und auch auf das Gebiet von Herrn PRENK selbst ausdehnend, möchte ich zu bedenken geben, daß, wenn wir seine Anregungen bis zur letzten Konsequenz verfolgen, wir ja überall zu grundwasserunabhängigen Standorten kämen. Das würde zu einer Nivellierung der Landschaft führen, zu einer Ausrottung einer ganzen Reihe von Biotopen. Die Vielseitigkeit der Lebensbedingungen in der Landschaft ist aber letzten Endes die Voraussetzung für ihre Gesunderhaltung.

G. SCHWERDTFEGER:

Ich möchte Herrn Dr. SEIBERT widersprechen. Es ist unmöglich, daß bloß um die Vielseitigkeit der Landschaft zu erhalten weniger entwässert wird. Wir haben eine Reihe von Beispielen gehört, wo durch technische Maßnahmen die Wasserverhältnisse verschlechtert worden sind. Ich denke z.B. an Straßenbaumaßnahmen, wobei neben den Straßen durch Erdaushub mehr oder weniger große Gewässer entstanden. Herr Prof. SCHWICKERATH hat uns aus den Braunkohlengebieten eine Reihe künstlicher Gewässer angeführt. Kürzlich wurde von der Anstalt für Bodennutzungsschutz in Bochum mitgeteilt, daß im Ruhrgebiet durch Bergsenkungen über ein Viertel der Fläche heute durch Pumpen künstlich entwässert werden muß. Ich glaube, wir haben umgekehrt Mühe, das Gleichgewicht zu halten, daß dort das Wasser nicht überall hinkommt. Wenn der Landwirt rationell erzeugen soll, auf immer weniger Fläche immer mehr, dann muß diese abnehmende Nutzfläche unter allen Umständen immer besser entwässert werden.

Frau EVA SIEDE:

Herr PRENK hat den Vergleich des Moores mit dem Schwamm gebraucht. Ein Schwamm kann nur dann Wasser aufnehmen, wenn er trocken ist. Wenn ich darauf drücke, kann ich ihn entwässern, und dann kann er sich wieder voll Wasser saugen. Wenn das Moor voll Wasser ist, kann ich laut Herrn PRENK Gräben ziehen und kann es entwässern. Dann ist es trocken und ist wieder fähig, neues Wasser aufzunehmen. Wenn ich aber den Schwamm unter Druck halte, d.h. ihn ständig entwässere, kann er kein Wasser speichern. Deswegen ist zu bedenken, ob nicht das Moor, wenn die Entwässerungsgräben gezogen sind, dann auch vielleicht zu rasch wieder ausrinnt, als daß es noch als Speicher dienen kann. Diese Auffassung wurden von einigen noch jungen Moorforschern in Bayern vertreten.

Dann möchte ich noch zu überlegen geben, ob das Moor tatsächlich wassergesättigt ist. Wenn es im Sommer eine zeitlang trocken war, ist es zwar naß. Aber ob es gesättigt ist, möchte ich sehr bezweifeln. Ich habe viele Moore in den Alpen auch im Hochsommer aufgesucht, wenn dort sehr starke Niederschläge fallen. (In der Jachenau 1400 — 2500 mm, im Wetterstein 2500 und im Allgäu an manchen Stellen bis zu 3600 mm im Jahr). Wenn ich dann in diese Moore hineingegangen bin, sind sie bei trockenem Wetter zwar naß gewesen, aber das Wasser ist noch nicht einmal in meine Bergschuhe gelaufen. Hatte es dann geregnet, war immer noch kein Oberflächen-Wasser darauf. Das Wasser ist mir zwar in die Bergschuhe hineingelaufen durch den Druck, aber es passiert gar nicht, daß etwas Wasser von der Oberfläche abfließt.

D. RODI:

Ich wollte kurz etwas über das Abfangen von Hochwasserwellen im Gebiet des Welsheimer Waldes sagen, weil das für Süd-Deutschland eine

Art Musterbeispiel darstellt. Dort wurde eine dritte Möglichkeit gefunden, die Fluß-Schlangen zu erhalten, die sich dort durchführen läßt, wo man tiefer eingeschnittene Täler hat. Man legt dort sogenannte Rückhalte-Becken an, die zur Zeit der Hochwässer das Wasser abfangen, so daß man es dann langsam wieder abfließen lassen kann.

V. Westhoff:

Ich möchte im Anschluß an die Darlegung von Frau Siede davor warnen, ein Moorgebiet als einen Schwamm zu betrachten, den man beliebig entwässern und sich wieder vollsaugen lassen, also als Wasserspeicher verwenden könnte. So hat es sich im Westen der Niederlande gezeigt, daß die dortige ausgedehnte Moorlandschaft – die genetisch als abgesunkenes und „ertrunkenes" Hochmoor zu betrachten ist – eine Entwässerung überhaupt nicht erträgt, weil der Torf dann irreversibel austrocknet, also nicht aufs Neue Wasser aufnehmen kann. Damit werden diese Moore – verglichen mit der bisherigen Grünlandnutzung – relativ wertlos. Man achtet jetzt deshalb von kulturtechnischer Seite sorgfältig darauf, diese Moorlandschaft *nicht* zu entwässern.

H. Ellenberg:

Ich möchte zu der Speicherfrage im Boden und im Torf noch etwas hinzufügen. Man muß dabei auch den Zeitmaßstab sehen. Natürlich speichert ein entwässerter Boden potentiell mehr Wasser als ein nicht entwässerter. Aber tut er das auch innerhalb der drei Stunden, in denen ein starker Gewitterregen niedergeht? Das tut er nicht. Sondern in ausgetrockneten Boden – ich habe das besonders in den Halbwüstengebieten und Trockenlandschaften der Tropen, z.B. in Peru gesehen – dringt der Regen nicht mehr als 1 oder 2 cm tief ein. Dann saust die Hochwasserwelle herunter. So passiert es mit den zu stark entwässerten Mooren auch, von denen Herr Westhoff gesprochen hat. So wie die Oberfläche nicht absolut horizontal ist, und das ist sie nirgends, bleibt das Wasser nicht, sondern es geht den Weg, auf dem es am schnellsten fließen kann, ohne in dieser kurzen Zeit in die Speicher überhaupt einzudringen. Das ist das Problem.

I. S. Zonneveld:

Über die Speicherfähigkeit der Moore hat man in Connemara in Irland auf den „blanked bogs" seit vielen Jahren Versuche mit dränierten Mooren und nicht dränierten Mooren gemacht. Man hat dabei keine signifikanten Unterschiede gefunden. Ich habe dort viele Leute über die Hochmoore befragt. Man hat gesagt, daß in 20 Jahren die Moore verschwunden sein würden. Darin soll keine Gefahr liegen, denn die entstehenden Böden sollen bessere Wasserspeicher sein als die jetzigen Moore. Man meint, daß gleiche Umstände auch für die „raised bogs" gelten, deren Torf sehr wichtig ist für die Kraftwerke in Shannon. Es ist aber doch vielleicht fraglich, ob keine Schäden zu befürchten sind.

R. Tüxen:

Die Überschwemmungen unserer Flußtäler sind im allgemeinen zweifellos weniger geworden. Für die Leine hat nach frdl. Mitteilung von Herrn Prof. UHDEN in der Zeit von 1851–1950 SCHWICHTENBERG eine Abnahme der Ausuferungstage von 22% festgestellt (Mitt. Institut f. Wasserwirtschaft. 3. Hannover). Wir haben in den 20 Jahren unseres Hierseins nur zwei Weser-Hochwässer erlebt, bei denen das ganze Tal unter Wasser stand.

Aber ebenso sicher ist es, daß der gewiegte Kulturtechniker, wenn er einen Wasserverband gründen will, im Oberlauf anfängt. Das war schon vor 40 Jahren so und hat mich damals erregt, und das ist heute noch so an unseren mittleren und kleineren Flüssen. Sie werden von oben her kanalisiert und reguliert. Dann müssen die Unterlieger, wenn sie 10 Jahre lang unter Wasser gesetzt wurden, ob sie wollen oder nicht, auch dem Entwässerungsverband beitreten. Unsere hier in der Nähe fließende Aue, die vom Fuße des Wiehengebirges kommt, hatte kürzlich in einem Jahr etwa 17 Hochwässer im Unterlauf. Dann begann die Regulierung. Ich wurde zufällig im Winter Zeuge eines Gespräches über diese Regulierung zwischen einem Deutschen und einem Türken bei Liebenau. Der Deutsche erklärte dem Türken voller Stolz: „Man hat die Aue reguliert, aber man hat die Altwässer ausgespart. Man muß ja auch etwas für die Fische tun. Hier in diesem Altwasser können sie sich prächtig vermehren." Vier Wochen später taute der Schnee weg, und in der Zeitung stand: „Großes Fischsterben in Liebenau an der Aue". Sämtliche Fische waren in diesem für sie hergerichteten „Vermehrungsbecken" eingegangen!

Ich glaube, daß Herr PRENK im ganzen recht hat. Ich glaube aber, daß im einzelnen noch außerordentlich viel gesündigt und ganz einseitig ohne Rücksicht auf das Ganze gearbeitet wird. Hier sollte gerade die Sorge für die Ausbildung der Landespfleger einsetzen, um die Beziehungen innerhalb des Wirkungsgefüges der ganzen Landschaft aufzuzeigen und auch dafür zu sorgen, daß sie endlich berücksichtigt werden. Selbst die gutwilligsten Wasserbauer können oftmals diese Zusammenhänge nicht sehen, und sie glauben, wenn sie die Hochwässer weggeschafft haben, wenn sie den Speicherraum erhöht haben (wozu eigentlich?), dann hätten sie alles getan. Aber damit ist doch nur ein Symptom und eine Ursache beseitigt. Sie sollten aber vielmehr tun und vielmehr das Ganze im Auge haben. Das Ganze muß aber von der Seite des Lebens her gesteuert werden, von der Seite der Biologie, um nicht zu sagen von der Seite der Vegetation – denn diese ist der erste betroffene Patient – und von der Seite des Menschen her! Aber nicht von der Seite der Mathematik, von der reinen Physik und der reinen Technik! (Beifall).

U. BERGER-LANDEFELDT:

Ich möchte nochmals auf die bereits von mir angeführten Untersuchungen von HOMÉN hinweisen, der den engen Zusammenhang zwischen der Wärmeleitfähigkeit und den täglichen Temperaturextremen eines Bodens herausgestellt hat. Bei Entwässerung von Moorböden wird deren Wärmeleitfähigkeit so verschlechtert, daß die täglich eingestrahlte Energiemenge nur wenig tief in den Boden eindringen kann und durch die Energieballung in den obersten Schichten tags hohe Temperaturen erreicht werden. Nachts dagegen wird die nur oberflächlich eingedrungene Wärme, ohne daß eine nachhaltige Zufuhr von unten erfolgt, bald verausgabt, so daß derartige Böden extrem auskühlen. Bekannt ist das Beispiel von den entwässerten Teilen des Dachauer Mooses, in denen Kartoffeln durch weit in die Sommermonate hineinreichende Spätfröste geschädigt wurden.

U. ESKUCHE:

In der Diskussion des Vortrags von Herrn Dr. PRENK sollte unterschieden werden zwischen Prinzip und Konsequenz seiner Ergebnisse. Grundsätzlich besteht wohl kein Zweifel, daß die Entwässerung eines Bodens durch Drainage oder Grundwasserabsenkung dessen Speichervermögen für Sommerniederschläge erhöht. Das beweisen u.a. die bekanntgewordenen Werte der Wasservorratsänderung in grundwassernahen und in grundwasserfernen Böden.

Die Allgemeingültigkeit des *Prinzips* wird dadurch nicht beeinträchtigt, daß unter bestimmten Bedingungen – es wurden die klimatischen Extreme des Voralpenlandes mit mehr als 2000 mm mittlerem Jahresniederschlag und subtropischer Gebiete mit gelegentlichen Schichtfluten angeführt – ganz andere Gesichtspunkte im Vordergrund stehen können.

J. PRENK:

Ich möchte an einer Verallgemeinerung meiner Beobachtungen festhalten. Es kann mir jedenfalls keiner der verehrten Diskussionsredner das Gegenteil beweisen, nämlich, daß die Hochwasser zugenommen haben. Da sie nicht zugenommen haben, vielmehr kleiner geworden sind, so kann das nur in dem größeren Speichervermögen der Böden durch die Grundwasserabsenkungen seine Ursache haben.

EIN BEITRAG ZUR KENNTNIS DER BÖDEN DER NATÜRLICHEN FICHTENWÄLDER [PICEA EXCELSA (LAM.) LK.] IN KROATIEN

von

ZLATKO GRAČANIN, Freiburg i. Br.

In kroatischen Gebirgen, im Gegensatz zu den Alpen, baut die Fichte [*Picea excelsa* (Lam). Lk.] keinen eigenen Höhengürtel auf (vgl. I. HORVAT 1938, 1962). Der Grund dafür mag einerseits in der geringeren Erhebung der kroatischen Gebirge liegen, andererseits aber auch darin, daß dort die Fichte mit ihrem großen Lichtbedarf an normalen Standorten der Konkurrenz der schneller wachsenden Buche und auch der eine Beschattung gut vertragenden Tanne nicht genug gewachsen ist, um diese Arten zu verdrängen und eigene reine Bestände zu bilden. So kommt sie meistens nur vereinzelt eingestreut in den Buchenwäldern, und zwar besonders in dem Buchen-Tannenwald (Fagetum silvaticae croaticum abietetosum Horv.) vor.

Doch finden sich innerhalb des Buchenwaldgürtels auch reine natürliche Fichtenbestände und außerdem noch solche, in denen die Fichte vorherrschend ist (vgl. auch Z. VAJDA 1933). Wie die eingehenden Untersuchungen von I. HORVAT (1938, 1950, 1950a, 1951, 1953a, 1955, 1957, 1961, 1962a) zeigen, gehören hierzu zwei eigene Fichten-Assoziationen und zwei Subassoziationen der Tannenwälder, und zwar:

1) Piceetum croaticum montanum Horv.,
2) Piceetum croaticum subalpinum Horv.,
3) Blechno-Abietum piceetosum Horv. und
4) Calamagrosti-Abietum piceetosum Horv.

Standorte dieser Pflanzengesellschaften scheinen auf den ersten Blick ziemlich unterschiedlich zu sein, doch eins haben sie gemeinsam: wegen ihrer extremen Eigenschaften, und insbesondere der starken Schädigung der Buche und der Tanne durch Spätfröste, schließen sie die Konkurrenz dieser Arten aus.

Das Piceetum croaticum montanum und das Blechno-Abietum piceetosum finden sich in den Poljen, breiten Ponikven und Tälern innerhalb des Buchen-Tannenwald - Gürtels, die beiden übrigen Gesellschaften besiedeln dagegen in erster Linie die tiefen Ponikven innerhalb der Zone des subalpinen Buchenwaldes (Fagetum silvaticae croaticum subalpinum Horv.) und im oberen Teil des Buchen-Tannenwald-Gürtels.

Wenn ich hier von den „Ponikven" (Einzahl: „Ponikva") spreche, dann bedarf dies, glaube ich, einer besonderen Erklärung. Für diese trichterförmigen Eintiefungen im Karst wird bekanntlich seit langem im internationalen

Schrifttum der Ausdruck „Dolinen" verwendet. Wie aber I. HORVAT (1961, S. 268) hervorhob, entspricht das Wort „dolina" in slawischen Sprachen den Begriffen Tal, Bodensenke oder Niederung und wird vornehmlich für ein breiteres Flußtal (z.B. Donau-Tal, Save-Tal) verwendet. Für die bewußten Karstgebilde gibt es aber im Kroatischen zwei Ausdrücke: „ponikva" und „vrtača". Während sich das Wort „vrtača" bloß auf die praktische Verwendung vieler dieser Eintiefungen bezieht, (es kommt von „vrt" = Garten), bedeutet „ponikva" den Talkessel. Es ist aus dem Zeitwort „poniknuti" = versinken entstanden. Als das treffendste und dem eigentlichen Sinn des Begriffes (einer geschlossenen, durch Senkung entstandenen Eintiefung am besten entsprechend soll nach – meiner Meinung nach durchaus berechtigtem– Vorschlag von I. HORVAT (1961, S. 268) das Wort „ponikva" bevorzugt werden. Ich hebe es hier deshalb besonders hervor, weil auch mir selbst leider diese neueste Entwicklung in der Terminologie der Karstmorphologie erst nach Abschluß der Manuskripte einiger meiner neueren Veröffentlichungen (Z. GRAČANIN 1962, 1962a, 1962b) bekanntgeworden ist, so daß man dort den schon überholten Ausdruck „Doline" vorfindet.

Im Laufe der typologischen Untersuchungen, die unter Leitung von I. HORVAT im Gorski Kotar, dem Bereich des Hohen Karstes Südwest-Kroatiens, insbesondere im Gebiet des Nationalparks Risnjak durchgeführt wurden, hatte ich Gelegenheit die Böden der erwähnten Pflanzengesellschaften mit Fichten näher zu untersuchen, worüber im weiteren berichtet sei.

Bei dieser Gelegenheit möchte ich meinen herzlichsten Dank sagen: Herrn Prof. Dr. W. L. KUBIENA für die Ermöglichung der mikromorphologischen Untersuchungen, Frau Prof. Dr. L. STEUBING für das Bild Nr. 6 und Herrn Ing. Z. MATAN für das Bild Nr. 2. Dankbar möchte ich auch gedenken der kurz nach diesem Symposium verstorbenen Herren Professoren Dr. IVO HORVAT († 23.4.1963) wegen der Unterstützung bei den Geländearbeiten und Dr.-Ing. H. KURON († 30.7.1963), dem ich die freundliche Durchsicht des Manuskriptes verdanke.

KURZER ÜBERBLICK DER BODENBILDENDEN FAKTOREN IM GORSKI KOTAR

Das untersuchte Gebiet ist ein morphologisch reich gegliedertes Gebirgsland mit der höchstens Erhebung am Risnjak: 1528 m. Es ist vorwiegend aus mesozoischen (Jura, Trias) Kalken und Dolomiten, sowie deren Übergängen, Dolomitkalken und Kalkdolomiten, aufgebaut, was die Ausbildung aller typischen Karsterscheinungen ermöglicht hat. Im Gegensatz aber zu dem degradierten Karst, ist dieser Hohe Karst nicht kahl, sondern größtenteils noch gut bewaldet. Die Zusammensetzung der Wälder wurde meistens durch die Bewirtschaftung nur wenig beeinflußt, und manche Gegenden weisen fast noch Urwald-Charakter auf, wo man die Waldgesellschaften in ihrer ursprünglichen Form studieren kann. Dies war einer der Beweggründe für die Errichtung des kroatischen Nationalparkes Risnjak (vgl. I. HORVAT 1953). Weniger verbreitet sind im Gorski Kotar kalkfreie Gesteine. Unter ihnen sind besonders Sandsteine und Schiefer des Permokarbon zu erwähnen. Manche Hochebenen sind durch pleistozäne fluvioglaziale Ablagerungen bedeckt (F. KOCH 1933).

Obwohl sich der Gorski Kotar in unmittelbarer Nähe des Adriatischen Meeres erhebt (Risnjak ist nur etwa 18 km von der Adria entfernt), ist dies an den Temperaturen nicht zu erkennen. Vom Meere (Kraljevica 14,2°C) fällt mit der Höhe die mittlere jährliche Temperatur um etwa 0,9°C je 100 m, so daß bereits die 793 m hoch gelegene Station Ravna Gora eine mittlere Jahrestemperatur von nur 6,9°C hat. Unter der Voraussetzung, daß der Temperaturgradient auch in den höheren Lagen gleich ist, würde die mittlere Jahrestemperatur in den Höhenlagen, wo unsere Fichtenbestände vorkommen, betragen (Z. GRAČANIN 1957):

Höhe m über N.N.	°C
800	7,0
900	6,1
1000	5,2
1100	4,3
1200	3,4
1300	2,5
1400	1,6

und bei 1500 m im Bereich des Pinetum mughi croaticum Horv. 0,7°C. Wie wir aber noch sehen werden, bestehen – dank der Reliefformen – in der gleichen Höhe große Temperatur-Unterschiede an benachbarten Standorten; sie haben die Ausbildung und Erhaltung der Fichtengesellschaften innerhalb des Buchenwaldgürtels ermöglicht.

Bei den Niederschlägen ist dagegen die Nähe des Meeres sehr zu spüren. Die vom Meere plötzlich aufsteigende und dadurch kälter werdende feuchte Meeresluft scheidet über Gorski Kotar große Mengen ihrer Feuchtigkeit aus, so daß dies das niederschlagsreichste Gebiet Kroatiens ist (vgl. auch Karte 5 in Z. GRAČANIN 1962). Die mittleren jährlichen Niederschläge betragen im Bereich der Fichtenwälder etwa 2000 bis über 3600 mm.

Die Analyse der monatlichen Regenfaktoren zeigt, daß bereits die Lagen zwischen 700 und 800 m über N.N. nebst drei nivalen, 6–7 perhumide und 2–3 humide Monate haben. Mit der Höhe steigt die Humidität des Klimas noch weiterhin an. Wie zum Teil bereits berichtet wurde (Z. GRAČANIN 1962a, 1962b), ermöglichte dieses stark perhumide Klima die Entwicklung einiger sonderbarer Bodenbildungen, wie sie sonst aus dem Bereich der Kalksteine und Dolomite Kroatiens nicht bekannt sind.

I. DIE BÖDEN DER ASS. PICEETUM CROATICUM MONTANUM HORV.

Das Piceetum croaticum montanum, der montane Fichtenwald, bewohnt, wie bereits erwähnt, ebene oder leicht geneigte Sohlen der breiten Ponikven, Uvalas und Poljen. Da diese Lagen eine verhältnismäßig mächtige Bodendecke aufweisen, wurde von ihnen der Fichtenwald vielfach verdrängt um Platz für Wiesen und Äcker zu machen. Das letztere lohnt allerdings wegen der Frostgefahr nicht, so daß die Wiesen bei weitem vorherrschen. In solchen Fällen nimmt die Fichte meist nur noch die Ränder der Ebenen ein (wie z.B. auf dem Lazac, Abb. 1). Die untersuchten Bodenprofile befinden sich zwar im Bereich der Kalksteine, an ihrem Aufbau nehmen aber nicht nur „in situ" entstandenes Verwitterungsmaterial, sondern auch kolluviale und fluvioglaziale Ablagerungen teil. Sie sind vielfach karbonatfrei.

Abb. 1. Piceetum croaticum montanum Horv. auf dem Lazac.

Profil Nr. 7. Široka Draga unter dem Bitoraj bei Mrkopalj. Plateau östlich und oberhalb von der Straße, etwa 1000 m über d. Meer. In der Baumschicht ist die Fichte vorherrschend. Profil geöffnet unter *Lycopodium annotinum, Listera cordata, Polygonatum verticillatum, Streptopus amplexifolius, Vaccinium myrtillus, Polytrichum attenuatum* usw. weist folgende Morphologie auf:

An Moose anschließend folgt

A_0'' [1] (0–2 cm) dunkler, schwarz-brauner, stark humoser Horizont mit vielen Wurzeln und halbzersetzten organischen Resten; er reicht nur bis zu einer Tiefe von 2 cm, wonach er scharf übergeht in

A_1A_2 (3–10 cm) gebleichten, hellgrauen, skeletthaltigen, kiesigen bis kleinsteinigen, tonig-sandigen Lehm.[2]

Allmählicher Übergang in

A_3B_1 (Bodenprobe aus 30–55 cm) ockerbrauner, skeletthaltiger, kiesiger bis kleinsteiniger toniger Lehm. Beim Öffnen des Profils feucht und in diesem Zustand ist die Struktur schwach ausgeprägt, fragmentar. Ab 70 cm Übergang in

B_2C (95–140 cm) kleinsteinigen, skelettreichen Horizont mit tonigem Lehm etwas heller, gelblichbraun, gleicher Struktur. Reicht bis zur tiefsten Stelle des Profils (140 cm).

Die Reaktion auf $CaCO_3$ ist im ganzen Profil negativ, sowohl im Feinboden, wie auch im Skelett.

Nach Z. Vajda (1933, S. 59) weist auch der Boden des reinen Fichtenwaldes der Matić Poljana ähnliche morphologische Eigenschaften auf; dieser Wald ist aber leider nicht pflanzensoziologisch untersucht worden.

Bei dem Profil Nr. 4 Široka Draga–Mali Obješnjak, das in der Höhe von 950 m, auf karbonatfreiem Kolluvium der grauen Kalke des oberen Jura unter *Vaccinium myrtillus, Oxalis acetosella, Listera cordata, Luzula luzulina, L. silvatica, L. nemorosa, Hylocomium loreum, H. splendens, Plagiothecium undulatum, Polytrichum attenuatum* usw. angelegt wurde, ist der hellgraue Bleichhorizont nicht entwickelt. Dies mag in erster Linie mit dem wesentlich geringerem Sandgehalt zusammenhängen (Tabelle 1).

Tabelle 1

Textur der Böden der Ass. Piceetum croaticum montanum Horv.

Nr. des Profils und Lokalität	Boden aus der Tiefe in cm	Horizont	Feinerde enthält in % <0,01 mm	0,01–0,05 mm	0,05–0,1 mm	0,1–2,0 mm	<0,002 mm in H_2O	<0,002 mm in n/10 NH_4OH
7. Široka Draga	3– 10	A_1A_2	39,08	15,56	7,80	37,56	4,35	8,95
	30– 55	A_3B_1	43,16	20,52	6,44	29,88	9,15	13,89
	95–140	B_2C	48,92	18,56	6,96	25,56	5,38	19,69
4. Široka Draga-Mali Obešnjak	10– 25	A_1	68,16	28,12	4,40	9,32	7,44	13,67

[1] A_0' und A_0'' bezeichnen in dieser Arbeit – nach dem seinerzeitigen Vorschlag des Verfassers (Z. Gračanin 1952, p. 228) – den oberen (Laubstreu) und den unteren Teil des organischen Auflagehorizontes. Inzwischen wurden für diese Horizonte auch Bezeichnungen A_{00} und A_0 und viele andere verwendet; in neuerer Zeit spricht man vielfach von O-Horizonten. Da aber bisher noch keine Einigung über eine einheitliche Horizontbezeichnung erzielt wurde, werden hier die ursprünglich gegebenen Horizont-Symbole beibehalten.

[2] Textur-Bezeichnungen werden hier im Sinne der in Kroatien gebräuchlichen Klassifikation nach M. Gračanin (1938) verwendet.

Dasselbe gilt auch für Profil Nr. 54 Lazac, das in 1060 m Höhe, auf dunklen Kalken des Lias und pleistozänen Ablagerungen, unter einem gelichteten Fichtenwald mit dichtem Unterwuchs von *Vaccinium myrtillus* entwickelt ist.

In der Morphologie aller untersuchten Profile dieser Assoziation ist gemeinsam und sehr charakteristisch, daß bei ihnen – im Gegensatz zu den auf ungeeigneten Standorten angebauten Fichtenforsten – der Rohhumus fehlt. Die Auflage der unzersetzten und schwach zersetzten Fichtennadeln ist bei diesen Profilen meist gering, und im darunter liegenden Humus-Horizont ist die organische Substanz schon so weit zersetzt, daß sie als Moder bis Grobmoder anzusprechen ist.

Trotzdem ist dieser A_0''-Horizont am sauersten im ganzen Profil. Er hat pH-Werte in H_2O von 4,20–5,05, in n-KCl von 3,32–3,39 (Tabelle 2). Mit der Tiefe steigen die pH-Werte etwas an, aber nur in untersten Horizonten in der Nähe des Kalksteins werden bisweilen die alkalischen Werte erreicht. Die Wurzeln der Fichte und der übrigen Pflanzen dieser Assoziation entwickeln sich größtenteils in stark saueren A_0''- und A_1-Horizonten.

Auch Humus- und Stickstoff-Gehalte und besonders die nicht allzu hohen C : N-Werte deuten darauf hin, daß wir es hier nicht mit einem Rohhumus zu tun haben.

Der Sorptionskomplex zeichnet sich durch folgende Eigenschaften aus:

1) den niedrigen Gehalt an austauschbaren Basen (S); verhältnismäßig größte Werte wurden im oberen humosen Horizont (A_0'') und in der Nähe des Kalksteins in B_2C des Profils 4 verzeichnet;
2) große Ungesättigtheit (T-S); ihre Verteilung im Profil ist eng verknüpft mit dem Humusgehalt, so daß die größten Werte im A_0''-Horizont verzeichnet wurden;
3) große Sorptionskapazität (T) im A_0''-Horizont und wesentlich kleinere in humusärmeren Teilen des Profils;
4) einen sehr niedrigen Sättigungsgrad (V); in allen eluvialen Horizonten liegt er in Grenzen, die charakteristisch für stark podsolierte Böden sind. Ein größerer Wert wurde nur in B_2C-Horizont des Profils Nr. 4, in der Nähe des Kalksteins verzeichnet.

Das Piceetum croaticum montanum wächst demnach entweder auf morphologisch gut ausgeprägten Podsolen oder aber auf den nahe verwandten Böden, bei denen die Podsolierung morphologisch zwar nicht so gut ausgeprägt ist, die sich aber durch einen ebenso niedrigen Sättigungsgrad auszeichnen, wie er den stark podsolierten Böden entspricht.

2. DIE BÖDEN DES BLECHNO–ABIETUM PICEETOSUM HORV.

Das Blechno–Abietum Horv., der Rippenfarn-Tannenwald ist im Gorski Kotar im Höhengürtel des Buchen-Tannenwaldes stark verbreitet (vgl. I. HORVAT 1950, S. 106, I. HORVAT und Mitarbeiter 1954a, 1954b), im Gegensatz aber zu diesem, bewohnt das Blechno–Abietum die extrem sauren Standorte. Der größte Teil der Böden dieser Assoziation

Tabelle 2

Chemische Eigenschaften der Böden der Ass. Piceetum croaticum montanum Horv.[1]

Nr. d. Profils u. Lokalität	Boden aus d. Tiefe in cm	Horizont	pH (H_2O)	pH (n-KCl)	Hydrolytische Acidität (y_1)	Humus %	C %	N %	C : N	$CaCO_3$ %	S	T-S mval	T	V %
7. Široka Draga	0– 2	A_0''	5,05	3,39	231,53	49,05	28,42	1,60	17,76	0,0	18,60	150,50	169,10	11,00
	3– 10	A_1A_2	5,21	3,24	30,48	4,55	2,64	0,14	18,86	0,0	0,89	19,81	20,70	4,30
	30– 55	A_3B_1	5,75	3,90	29,01	1,75	1,02	0,10	10,20	0,0	1,63	18,86	20,49	7,96
	95–140	B_2C	5,91	4,18	16,23	0.97	0,26	–	—	0,0	2,09	10,55	12,64	16,53
4. Široka Draga-Mali Obešnjak	0– 5	A_0''	4,88	3,34	93,96	26,28	15,23	0,72	21,15	0,0	7,26	64,33	71,59	10,14
	10– 25	A_1	5,44	3,84	38,22	4,26	2,47	0,21	11,76	0,0	4,47	24,84	29,31	15,41
	60– 90	A_2B_1	6,03	3,99	20,68	1,43	0,66	—	—	0,0	3,50	13,44	16,94	20,66
	100–145	B_2C	7,60	—	5,98	—	—	—	—	+ (in Gesteinsnähe)	27,29	3,89	31,18	87,52
54. Lazac	2– 8	A_0''	4,20	3,32	140,77	42,91	24,89	1,20	20,74	0,0	8,97	90,09	99,06	9,06
	15– 40	A_1	5,14	3,94	49,66	4,53	2,63	0,18	14,61	0,0	3,25	32,28	35,53	9,15
	50– 70	A_2B_1	5,42	4,21	29,61	3,90	2,26	0,15	15,07	0,0	2,42	19,24	21,66	11,17

[1] Hier, sowie in folgenden Tabellen, wurden bestimmt: pH elektrometrisch, hydrolytische Acidität mit Ca-Acetat nach KAPPEN, Humus titrimetrisch nach WALKLEY-BLACK (Modifikation NOVAK-PELIŠEK), Gesamtstickstoff im Makro-Mikro-Verfahren, $CaCO_3$ mit SCHEIBLER's Kalzimeter, S und T-S nach KAPPEN, T indirekt nach HISSINK und der Sättigungsgrad aus der Gleichung $V = \frac{100 . S}{T}$.

ist auf kalkfreien Sandsteinen und Schiefern des Permokarbon entwickelt, nur ab und zu findet man sie auf tieferen kalkfreien Böden über Kalksteinen oder Dolomiten. Nach den bisherigen Untersuchungen (I. HORVAT 1957, S. 581) umfaßt das Blechno–Abietum zwei Subassoziationen, von denen das Blechno–Abietum piceetosum, der Tannen-Fichtenwald mit Rippenfarn, die feuchteren und kälteren Standorte einnimmt. Die beiden untersuchten Profile dieser Subassoziation liegen etwas tiefer als die Profile des Piceetum croaticum montanum.

Profil Nr. 5 Sungerski Lug, 800 m über dem Meer, Gelände im allgemeinen eben, doch voll kleiner Erhebungen als Folge von Windwürfen. Tannenwald mit etwas Fichte. Am Boden sind Moose vorherrschend, in einigen tieferen Stellen kommt auch *Sphagnum sp.* vor.

Unter einer dichten Moosdecke befinden sich folgende Horizonte:

A_0' (0–2 cm) schwach zersetzte organische Reste;

A_0'' (2–10 cm) dunkler, stark humoser Horizont staubiger Struktur, stark durchwurzelt;

A_1 (12–20 cm) gelblichbrauner toniger Lehm, etwas weniger durchwurzelt. Ab etwa 20 cm beginnt

A_2 (22–34 cm) gelblich-hellgrauer Ton, feucht und in diesem Zustand schwach ausgeprägter Struktur. Unter 36 cm allmählicher Übergang in

A_3B_1 (Bodenprobe: 50–75 cm) gelblich-grauer Ton, in welchem sich mit der Tiefe immer mehr rostige Flecken befinden. Unter 100 cm beginnt

B_2 (110–130 cm) gelblich-rostig-brauner, kiesiger, skeletthaltiger Horizont. Ab etwa 140 beginnt

B_3 (140–150 cm) mit ausgesprochen rostiger Farbe. Unter 150 Übergang in

C_1 (152–165 cm) skelettreicher, kiesiger Horizont.

Es ist sehr charakteristisch, daß die meisten Wurzeln nur bis zu einer Tiefe von 20 cm reichen, einzelne noch bis 35 cm vordringen und tiefer keine mehr vorgefunden wurden. Die Reaktion auf $CaCO_3$ ist im ganzen Profil negativ.

Die Korngruppenverteilung zeigt die Tabelle 3.

Tabelle 3

Textur des Profils 5 Sungerski Lug unter Blechno–Abietum piceetosum

Nr. des Profils und Lokalität	Boden aus der Tiefe in cm	Horizont	Feinerde enthält in % <0,01 mm	0,01–0,05 mm	0,05–0,1 mm	0,1–2,0 mm	<0,002 mm in H_2O	in n/10 NH_4OH
5. Sungerski Lug	12–20	A_1	43,36	35,76	15,04	5,84	7,49	16,22
	22–34	A_2	64,60	27,20	3,20	5,00	9,89	19,69
	50–75	A_3B_1	64,60	29,20	2,84	3,36	9,12	17,55
	110–130	B_2	48,40	34,32	7,20	10,08	6,70	17,28
	140–150	B_3	—	—	—	—	0,97	17,36
	152–165	C_1	—	—	—	—	15,11	17,22

Profil Nr. 25 Belevina bei Kupjak. Schwach geneigtes Plateau in einem Tälchen südlich der Waldstraße. Meereshöhe 820 m. N 4°. Muttergestein: Sandstein des Karbons mit etwas karbonatfreien Kolluvium. Am Boden dominieren azidophile Moose, und neben ihnen sind hier auch *Vaccinium myrtillus*, *Rubus* sp., *Goodyera repens*, *Oxalis acetosella*, *Blechnum spicant* u.a. vorhanden.

Unter einer Moosschicht befinden sich folgende Horizonte:

$A_0''A_1$ (0–10 cm) dunkler, humoser Horizont, stark durchwurzelt; scharfer Übergang in

A_2 (13–26 cm) gebleichter eluvialer Horizont. Ab 26 cm sehr allmählicher Übergang in

A_3B_1 (40–70 cm); auf gräulicher Unterlage erscheinen manche rostfarbene Streifen. Ab 75 beginnt

G_1 (Bodenprobe 75–81 cm) bläulich-grauer Ton. Ab 86 cm folgt

G_2 (86–106 cm) bläulich-grauer, skeletthaltiger, kiesiger Horizont.

Die Wurzeln befinden sich größtenteils im Horizont $A_0''A_1$. Reaktion auf $CaCO_3$ ist negativ im ganzen Profil.

Chemische Eigenschaften (Tabelle 4) ähneln denen in den Böden des Piceetum croaticum montanum, doch sind hier sowohl die pH-Werte (besonders in n-KCl), wie auch die Gehalte an sorbierten Basen und die Sättigungsgrade des Sorptionskomplexes etwas niedriger.

Auch diese Böden sind daher in die Gruppe der stark podsoligen, zum Teil aber auch mehr oder weniger vernäßten Böden (Gley-Podsole) zu rechnen.

3. DIE BÖDEN DES PICEETUM CROATICUM SUBALPINUM HORV.

Diese Böden stellen wohl das interessanteste Phänomen im Bereich der natürlichen Fichtenwälder in Kroatien dar. Sie sind entwickelt in kalten

Abb. 2. Piceetum croaticum subalpinum Horv. in einer Ponikva unter dem Jelenac.

Tabelle 4

Chemische Eigenschaften der Böden des Blechno-Abietum piceetosum Horv.

Nr. d. Profils u. Lokalität	Boden aus d. Tiefe in cm	Horizont	pH (H_2O)	pH (n-KCl)	Hydrolytische Acidität (y_1)	Humus %	C %	N %	C : N	$CaCO_3$ %	S	T-S	T	V %
												mval		
5. Sungerski Lug	2– 10	A_0''	4,53	2,86	305,40	60,21	34,91	1,63	21,42	0,0	5,87	198,51	204,38	2,87
	12– 20	A_1	5,22	3,27	105,70	15,06	8,73	0,57	15,32	0,0	0,38	68,70	69,08	0,55
	22– 34	A_2	5,90	3,87	29,96	0,85	0,49	0,10	4,90	0,0	1,23	19,47	20,70	5,94
	50– 75	A_3B_1	5,89	4,01	27,41	1,60	0,93	0,10	9,30	0,0	0,38	17,82	18,20	2,09
	110–130	B_2	5,95	3,94	21,89	0,20	0,12	0,07	1,71	0,0	1,21	14,23	15,44	7,87
	140–150	B_3	5,97	3,94	19,40	—	—	—	—	0,0	1,89	12,61	14,50	13,03
	152–165	C_1	6,01	3,92	19,52	0,27	0,16	—	—	0,0	1,65	12,69	14,34	11,51
25. Belevina bei Kupjak	0– 10	$A_0''A_1$	4,14	2,77	88,09	16,43	9,53	—	—	0,0	3,72	57,26	60,98	6,10
	13– 26	A_2	4,40	3,22	27,14	0,98	0,57	—	—	0,0	0,59	17,64	18,23	3,24
	40– 70	A_3B_1	5,07	3,90	16,74	0,78	0,54	—	—	0,0	0,56	10,88	11,44	4,90
	75– 81	G_1	4,98	3,78	25,38	0,98	0,57	—	—	0,0	1,75	16,50	18,25	9,59
	86–106	G_2	5,14	3,87	8,10	0,33	0,19	—	—	0,0	0,76	5,27	6,03	12,60

Ponikven (Abb. 2) und schattigen Schluchten im Höhengürtel des subalpinen Buchenwaldes und im oberen Teil der Buchen-Tannenwald-Zone, und zwar im Gebiet des Risnjak und Hrvatski Snježnik bei etwa 1000–1300 m über dem Meeresspiegel.

Im Gegensatz zu den Buchen- und Buchen-Tannenwäldern, die man im allgemeinen auf allen Expositionen vorfindet, nimmt das Piceetum croaticum subalpinum meist zum Norden und Nordosten, seltener auch zum Nordwesten exponierte steile Hänge der tieferen Ponikven und Rinnen ein. Nur ausnahmsweise befindet sich diese Assoziation auf südexponierten Hängen, und zwar dann, wenn das Gelände vom Süden durch ein größeres Massiv beschattet wird.

Nach der geologischen Karte von F. KOCH (1933) bilden das Muttergestein dunkle Kalke und Dolomite des Jura. An der Bodenoberfläche befinden sich oft große Felsblöcke dieser Gesteine, und zwar zum Teil als anstehender Fels, zum Teil als große lose Steine und Blöcke.

Wie I. HORVAT (1950, S. 53–54) hervorhebt, unterscheidet sich das Piceetum croaticum subalpinum von dem Piceetum croaticum montanum sowohl durch die floristische Zusammensetzung, wie auch durch die Ökologie und die forstwirtschaftliche Bedeutung. Dieser Wald wird vornehmlich durch Fichte aufgebaut, die Tanne ist seltener. Beide Arten erreichen hier weder die Höhe noch die Dicke wie im montanen Fichtenwald. Von Sträuchern sind hier regelmäßig *Salix grandifolia, Lonicera nigra* und *Lonicera borbasiana*, oft auch *Sorbus aucuparia glabrata* anwesend. Charakteristisch ist der große Deckungsgrad der Moose, unter denen an gewissen Flächen auch das Torfmoos (*Sphagnum*) vorkommt.

Es bestehen leider keine längeren stationären meteorologischen Messungen, doch mit Hinsicht auf die Lagen, die diese Assoziation einnimmt, kann man schließen, daß hier die Insolation wesentlich kürzer ist, als in den benachbarten Gesellschaften der Buche und der Tanne. Damit verbunden ist auch die längere Dauer der Schneedecke, kürzere Vegetationsperiode, verminderte Evaporation, niedrigere Bodentemperaturen usw. Das letztere illustrieren schön die Angaben der meteorologischen Messungen, die unter Leitung von Prof. B. MAKSIĆ im Juli 1948 durchgeführt wurden. In der Ponikva vom Smrekovac betrugen zur selben Zeit bei gleicher Meereshöhe die Bodentemperaturen in der Tiefe von 0,1 m im Piceetum croaticum subalpinum 5–6,5, im Fagetum abietetosum 11–12 und im Calamagrosti–Abietum 14–15°C (vgl. I. HORVAT 1950a, S. 111).

Das feuchte und kühle Klima ermöglicht eine üppige Entwicklung der Moose, was auch für die Bodenbildung von großer Bedeutung ist.

Das Profil dieser Böden zeichnet sich durch einen stark humosen, etwa 15–50 cm mächtigen A-Horizont und einen C-Horizont aus, der vorwiegend aus großen Steinen und Felsblöcken des dunklen Jura-Kalkes besteht, wobei die Zwischenräume meist nicht von Feinerde gefüllt sind.

Profil Nr. 46 Risnjak, Rinne unter dem Kalkofen. Meereshöhe etwa 1200 m. ONO 30°. In der Baumschicht fast ausschließlich *Picea excelsa*. Sträucher: *Salix grandifolia, Sorbus aucuparia glabrata, Lonicera nigra* u.a. In der Krautschicht herrschen *Vaccinium myrtillus* und *Vaccinium vitis-idaea* vor, anwesend sind u.a. auch *Nephrodium phegopteris, Lycopodium annotinum, L. selago* und zahlreiche Moose. Die Bodenoberfläche bedeckt

A_0 etwa 3 cm mächtiger Horizont halbzersetzter Nadeln und anderer Pflanzenreste, stark durchwachsen mit Myzelien. Es folgt

A_1 (3–10 cm) schwarzer, stark humoser, sehr durchwurzelter Horizont. Humusform: Grobmoder. Allmählicher Übergang in

A_2 (15–40 cm) dunkler, braunschwarzer, skelettreicher, weniger durchwurzelter Horizont. Humusform: mullartiger Moder. Darunter ist der Boden noch skelettreicher und geht allmählich über in

C_1 den schwach zersetzten Kalkstein.

Das ganze Profil beim Öffnen stark feucht. Reaktion auf $CaCO_3$ nur im Skelett positiv.

Profil Nr. 47. Smrekovac. Ponikva unter dem Sattel, über welchen der Steig Crni Lug-Risnjak führt. Meereshöhe etwa 1190 m. NNW etwa 30°. Große Steinblöcke bedecken etwa 20% der Bodenoberfläche. In der Baumschicht (Kronenschluß 0,7–0,8), dominiert die Fichte, aber auch die Tanne ist ziemlich vertreten. Strauchschicht: *Picea excelsa* (Jungwuchs), *Rosa pendulina, Salix grandifolia, Abies alba.* Krautschicht: *Lycopodium annotinum, L. selago, Vaccinium vitis-idaea, Vaccinium myrtillus, Listera cordata, Homogyne silvestris, Nephrodium phegopteris, Maianthemum bifolium* u.a. Von Moosen zeichnen sich *Hylocomium loreum, H. triquetrum, H. splendens, Dicranum scoparium* und *Hypnum molluscum* durch den größten Deckungsgrad aus. Das Gelände ist stark gegliedert; zur Entwicklung einer geschlossenen Bodendecke kam es nicht. Feinboden findet sich zwischen und nur zum Teil auch auf den Felsblöcken. Unter den Moosen befindet sich

A_0 etwa 3–4 cm mächtiger Horizont der halbzersetzten Pflanzenreste, stark durchwachsen mit Wurzeln und Myzelien. Es folgt

A_1 (4–30 cm) schwarzer, humoser, stark feuchter Horizont krümeliger Struktur, stark durchwurzelt. In etwa 30 cm Tiefe befinden sich Reste eines stark verrotteten Baumstammes, worauf der Boden übergeht in

C kompakte Steinblöcke. Die Hohlräume zwischen einzelnen Blöcken sind nicht mit Feinerde gefüllt.

Die Reaktion auf $CaCO_3$ ist nur im Skelett positiv.

Profil Nr. 67. Smrekovac. Dieselbe Ponikva wie Profil 47. Meereshöhe etwa 1150 m. NNO, etwa 30°. Stark humoser A_1 ist dünner als bei Profil 47, daher aber die Hohlräume zwischen dem Skelett mit etwas Feinerde gefüllt.

Profil Nr. 68. Smrekovac. Meereshöhe etwa 1155 m. N 30°. Dieselbe Ponikva wie beide vorhergehenden Profile. Morphologie stimmt weitgehend mit der des Profils Nr. 47 überein, doch dieses Profil befindet sich schon an der Grenze mit dem Buchen-Tannenwald, dessen Einfluß in größeren pH- und S-Werten zum Ausdruck kommt.

Profil Nr. 59. Große Ponikva unter dem Bukovac. 1060 m über N.N. NO 35–40°. Die Baumschicht besteht ausschließlich aus Fichte (Brusthöhendurchmesser bis 70 cm, Höhe bis 32 m, Kronenschluß 0,7–0,8. Krautschicht und Moose (*Hylocomium loreum, H. splendens, Polytrichum attenuatum* u.a.) bedecken vollständig die Bodenoberfläche.

A_0 (0–5 cm) dunkle, schwach zersetzte untere Teile der Moose;

A_1 (5–15 cm) schwarzer, humoser, skeletthaltiger, vorwiegend kleinsteiniger Horizont krümeliger Struktur, stark durchwurzelt. Reaktion auf $CaCO_3$ nur im Skelett positiv; deutlicher Übergang in

A_2C (25–70 cm) dunkelgrauer, klein- bis grobsteiniger Horizont nicht ausgeprägter Struktur. Reaktion auf $CaCO_3$ intensiv, was in den untersuchten Profilen dieser Assoziation eine Ausnahme ist, da die Kalksteine physikalisch in der Regel wenig verwittern. Ab etwa 70 cm folgt

CD extrem skelettreicher, grobsteiniger Horizont mit etwas fossiler Roterde. Die Reaktion auf $CaCO_3$ ist zwar positiv, aber nicht so stark wie im A_2C.

Profil Nr. 57. Kleine Ponikva unter dem Bukovac. 1100 m über N.N., N etwa 60°. Kleinere Flächen des vertorften Fichtenwaldes. *Sphagnum* sp. bewächst vollkommen das Gelände. Humoser, schwarzer A_1 Horizont befindet sich erst unter einer etwa 10 cm mächtigen Schicht der abgestorbenen, hellen Reste des Torfmooses, die noch weitgehend ihre ursprüngliche Form behalten haben. Die Verjüngung der Fichte ist weitgehend erschwert.

Profil Nr. 53. Oberhalb von Lazac, etwa 1100 m über N.N. N 4–5°. Kleine Fläche des Piceetum croaticum subalpinum innerhalb der ausgedehnten Wälder von Fagetum abietetosum, dessen Einfluß u.a. in etwas größeren pH-Werten zum Ausdruck kommt.

Profil Nr. 79. Srebrna Vrata, unterhalb des Steges Lazac-Snježnik. 1230 m. SSO. Das Gelände fällt in Richtung der Ponikva mit etwa 35–40°, doch ist das Gefälle unterbrochen durch zahlreiche Felsblöcke und Stufen geringerer Neigung. In der Baumschicht kommt neben der Fichte auch Tanne vor. Das Profil auf einem schwach geneigten Plateau unter *Vaccinium myrtillus, V. vitis-idaea, Lycopodium annotinum, Atragene alpina, Valeriana tripteris, Hylocomium triquetrum* u.a. hat folgende Horizonte:

A_0 (0–5 cm) schwach zersetzte organische Reste, vornehmlich von Moosen;
A_1 (5–15 cm) dunkelbrauner stark humoser Horizont;
A_2 (25–40 cm) dunkler stark humoser Horizont; ab 40–50 cm beginnt
C große Steine und Felsblöcke, zwischen denen die Hohlräume nicht mit Feinerde gefüllt sind.

Reaktion auf $CaCO_3$ nur im Skelett positiv.

Im A_1-Horizont beträgt der Humusgehalt 61,2–86,8% (Tabelle 5). Immerhin ist dies kein Rohhumus, sondern gewöhnlich ein Grobmoder (Abb. 3), und zum Teil auch Moder (Abb. 4). Im untersten Teil des A-Horizontes befindet sich manchmal sogar ein mullartiger Moder (Abb. 5).

Die Bodenreaktion ist in der Regel stark sauer bis sauer, der Sättigungsgrad des Sorptionskomplexes vorwiegend niedrig, der Gehalt an austauschbaren Basen aber hoch (34,35 bis 97,85 mekv).

Nach ihren physiographischen Eigenschaften nehmen diese Böden eine besondere Stellung zwischen Böden des Kroatischen Karstes ein. Durch ihr Muttergestein und den beträchtlichen Humus-Horizont, der im oberen Teil schwach zersetzt ist, erinnern sie an die Tangelrendsina von W. L. Kubiena (1948, 1953). Sie unterscheiden sich aber von dieser durch die starke Versauerung des oberen Horizontes, die verhältnismäßig geringe Mächtigkeit des oberen Horizontes mit unzersetzten und schwach zersetzten Pflanzenresten sowie durch das Fehlen eines Kalkanreicherungshorizontes. Wegen der Durchlässigkeit des Muttergesteins und der beträchtlichen Wassermengen, die durch den Boden durchsickern, wird das einmal gelöste $CaCO_3$ nicht mehr in dem seichten Profil festgehalten, sondern verschwindet mit dem Sickerwasser aus dem Boden.

Mit Rücksicht auf den großen Basengehalt bei starker Versauerung und die sehr großen Humusmengen können wir diese Böden als eutrophe saure subalpine Humusböden bezeichnen. Dank der langsamen Verwitterung des Muttergesteins und der besonderen Relief- und mikroklimatischen Verhältnisse, stellen diese Humusböden ein Dauerstadium dar, das sich nur örtlich in Richtung stärkerer Vertorfung entwickelt (Z. Gračanin 1957, 1962a).

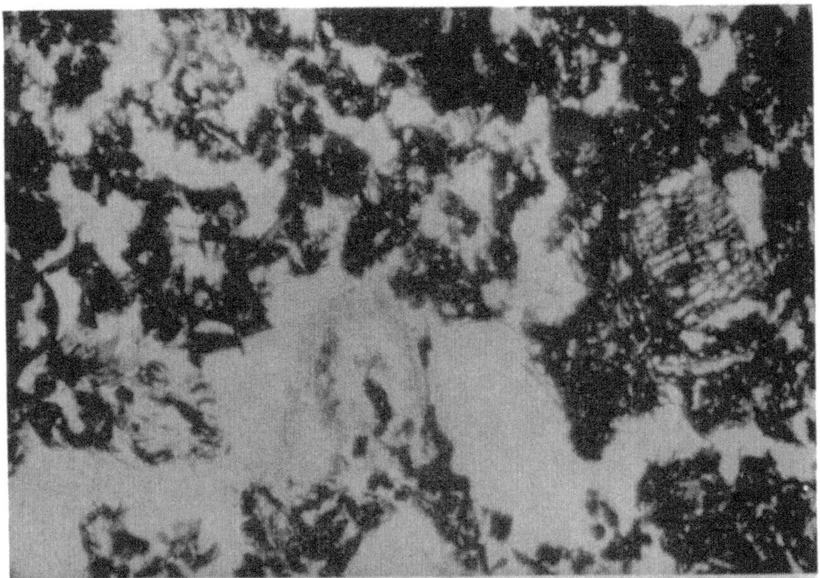

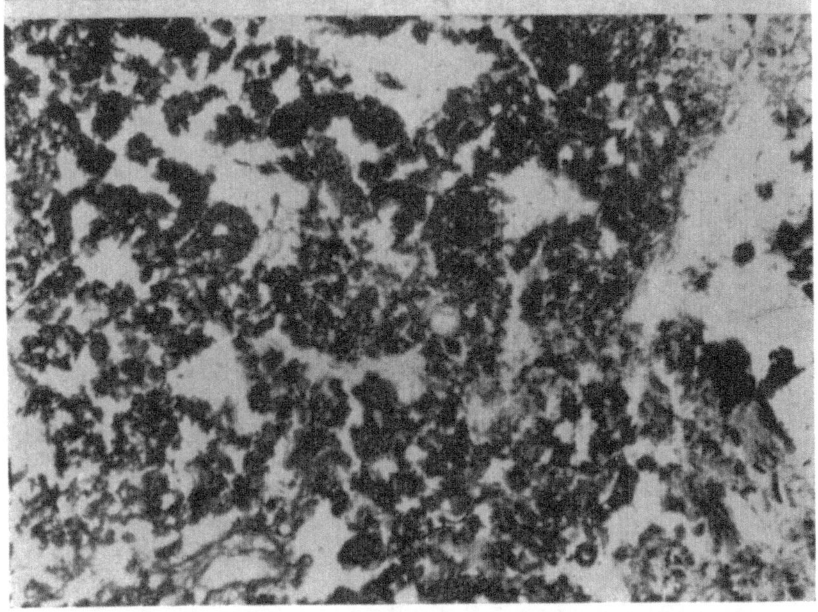

Abb. 3. Grobmoder aus dem A_1 Horizont des eutrophen subalpinen Humusbodens (Profil Nr. 53, Oberhalb von Lazac) unter Piceetum croaticum subalpinum Horv. im Dünnschliff. Vergrößerung 57 ×. Die organische Substanz ist zerkleinert, die primären Strukturen der Pflanzenreste meist nicht mehr sichtbar. Mineralkörner fehlen.

Abb. 4. Moder aus dem A_1-Horizont des eutrophen subalpinen Humusbodens (Profil 47. Smrekovac) unter Piceetum croaticum subalpinum Horv. Die Zerkleinerung der organischen Reste ist noch weiter fortgeschritten als im Bild 3, Mineralkörner fehlen aber auch hier. Vergrößerung 57 ×.

Tabelle 5

Chemische Eigenschaften der Böden des *Piceetum croaticum subalpinum* Horv.

Nr. d. Profils u. Lokalität	Boden aus.d. Tiefe in cm	Hori-zont	pH (H_2O)	pH (n-KCl)	Hydro-lytische Acidität (y_1)	Humus %	C %	N %	C : N	$CaCO_3$ %	S	T-S mval	T	V %
46. Risnjak unterhalb des Kalkofens	3– 10	A_1	4,30	3,56	277,70	86,78	50,34	1,68	29,96	0,0	38,24	180,51	218,75	17,48
	15– 40	A_2	6,86	5,74	22,11	31,53	18,29	0,95	19,25	0,0	84,90	14,37	99,27	85,52
47. Smrekovac	4– 30	A_1	4,05	3,36	287,92	80,71	46,82	1,92	24,39	0,0	34,35	215,94	250,29	13,72
67. Smrekovac	1– 10	A_1	4,39	3,90	286,00	76,77	44,53	1,88	23,69	0,0	37,43	185,90	223,33	16,76
	12– 25	A_2	5,07	3,96	73,21	6,06	3,52	0,25	14,08	0,0	16,29	47,58	63,87	25,50
68. Smrekovac (am Rande des *Fagetum abietetosum*)	5– 25	A_1	6,22	5,71	69,99	67,23	39,00	1,70	22,01	0,0	97,85	45,49	143,34	68,26
59. Grosse Ponikva unter dem Bukovac	5– 15	A_1	5,80	5,33	132,02	66,77	38,73	1,62	23,91	0,0	86,70	85,82	172,52	50,26
	25– 70	A_2C	7,90	6,82	—	15,34	8,90	0,45	19,78	63,80	—	—	—	—
	70–100	CD	7,60	7,24	—	2,12	1,23	0,10	12,30	7,31	—	—	—	—
57. Kleine Ponikva unter dem Bukovac	10– 35	A_1	4,94	4,45	176,90	76,90	44,61	1,57	28,41	0,0	68,25	114,98	183,23	37,25
53. Oberhalb von Lazac	5– 30	A_1	5,32	4,32	139,31	61,16	35,47	1,54	23,03	0,0	67,02	90,55	167,57	40,00
79. Srebrna Vrata	5– 15	A_1	4,46	4,24	344,91	79,67	46,21	2,05	22,54	0,0	45,19	224,19	269,38	16,78
	25– 40	A_2	6,44	5,90	53,23	50,07	29,04	1,37	21,20	0,0	88,05	34,60	122,65	71,79

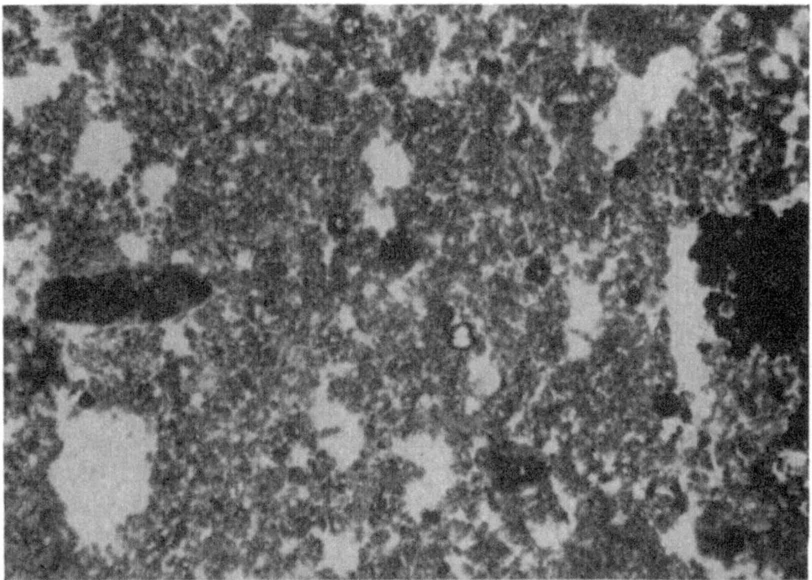

Abb. 5. Mullartiger Moder aus dem A_2C-Horizont eines eutrophen subalpinen Humusbodens (Profil 46, Risnjak, Rinne unter dem Kalkofen) unter Piceetum croaticum subalpinum Horv. im Dünnschliff bei 57 facher Vergrößerung. Die organische Substanz ist stärker zersetzt, doch Mineralkörner sind selten. Im Dünnschliff sind einige Sklerotien sichtbar.

Abb. 6. Ein verhältnismäßig wenig geneigter, doch sehr steiniger Standort des Calamagrosti–Abietum piceetosum. Im Hintergrund auf tieferem Boden Buchenwald.

4. DIE BÖDEN DES CALAMAGROSTI–ABIETUM PICEETOSUM HORV.

Die vierte Gesellschaft mit Fichte, der Reitgras- oder Blockfelsen-Tannenwald (Calamagrosti–Abietum piceetosum Horv.) besiedelt die steinigsten (Abb. 6) und steilsten Hänge, meist südlicher Expositionen, im Bereich des Buchen-Tannenwaldes und des subalpinen Buchenwaldes. Der Kronenschluß ist meist unterbrochen, das Gelände stark zerrissen und nur hier und da ist etwas Boden entwickelt. Trotz der beträchtlichen Niederschläge ist deshalb der Standort des Reitgras-Tannenwaldes ziemlich trocken.

Der Boden ist so steinig, daß er sehr schwierig war, Bodenprofile zu öffnen und aus diesen die nötige Bodenmenge für die Analyse zusammenzukratzen. Die Bodeneigenschaften schwanken stark auf kurzen Entfernungen (vgl. in Tabelle 6 Profile 51, 64 und 65 aus dem Gebiet Smrekovac und 56 und 60/48 aus der großen Ponikva unter dem Bukovac). Dies spiegelt sich auch in der Vegetationsdecke wider. Die charakteristischen Elemente des Piceion sind hier nicht so stark vorherrschend wie in den übrigen Pflanzengesellschaften mit Fichte. Neben ihnen treten auch verschiedene thermophile (*Melitis albida*) und basiphil-neutrophile Elemente auf. Andererseits findet man hier schon auf einer dünnen Humusschicht über dem Kalkstein das extrem azidophile Moos *Leucobryum glaucum*. Von Sträuchern ist besonders charakteristisch *Juniperus intermedia*. In großen Mengen treten *Calamagrostis arundinacea* und *C. varia* auf (vgl. auch I. HORVAT 1950, S. 56, 1957, S. 577–578).

Profil Nr. 51. Smrekovac. Offener Hang. 1220 m über N.N. WSW 15–30°. Muttergestein: dunkle Kalke und Dolomite des Lias. Das Gelände ist voll von Felsblöcken, etwas Feinerde befindet sich nur in Spalten. Wald der Fichte und Tanne, Kronenschluß zerrissen. In der Strauchschicht ist reichlich *Juniperus intermedia* vertreten, vereinzelt auch Fichte und *Rosa pendulina*. Krautschicht: *Calamagrostis arundinacea, C. varia, Cirsium erisithales, Adenostyles glabra, Lilium martagon, Valeriana tripteris, Polygonatum verticillatum, Omphalodes verna* u.a. Moose: *Dicranum scoparium, Rhytidiadelphus triquetius, Fissidens taxifolius* u.a.

An der Bodenoberfläche befindet sich

A_0' nicht durchgehend ausgebildeter dünner, bis zu einem cm mächtiger Horizont der halbzersetzten Laubstreu; folgt

A_0'' (1–3 cm) schwarzer humoser Horizont mit unvollständig zersetzten organischen Resten; unvermittelter Übergang in

A_1 (5–30 cm) extrem skelettreicher Horizont, in welchem sich zwischen großen Steinen etwas brauner humoser Ton krümeliger Struktur befindet. Wegen Anstehens von grobem Skelett konnte nicht tiefer gegraben werden.

Reaktion auf $CaCO_3$ negativ in der Feinerde, positiv im Skelett.

Profil Nr. 56. Östlicher Rand der großen Ponikva unter dem Bukovac. 1120 m. über N.N. SW 15–20°. Muttergestein: dunkler Kalkstein des Lias. Offener Wald von Fichte und Tanne. Das Gelände ist sehr steinig. Es überwiegen Steine von 30–70 cm Durchmesser, zwischen denen zahlreiche Hohlräume schon von der Oberfläche aus sichtbar sind. In diesen Spalten und zum Teil auch auf den Steinen ist unter Einwirkung der Vegetation entstanden:

$A_0''A_1$ sehr humoser Horizont krümeliger Struktur, stark durchwurzelt, besonders von *Calamagrostis*. Dieser Horizont hat eine Mächtigkeit von

Tabelle 6

Chemische Eigenschaften der Böden des Calamagrosti–Abietum piceetosum Horv.

Nr. d. Profils u. Lokalität	Boden aus d. Tiefe in cm	Horizont	pH (H_2O)	pH (n-KCl)	Hydrolytische Acidität (y_1)	Humus %	C %	N %	C : N	$CaCO_3$ %	S	T-S mval	T	V %
51. Smrekovac	1– 3	A_0''	5,41	5,11	97,12	66,65	38,66	1,44	26,85	0,0	66,67	63,13	129,90	51,40
	5–30	A_1	6,26	5,29	17,05	11,95	6,94	0,38	18,26	0,0	36,04	11,08	47,12	76,49
56. Östlicher Rand der großen Ponikva unter dem Bukovac	0–10	$A_0''A_1$	5,06	4,87	161,42	70,15	40,69	1,68	24,22	0,0	68,40	104,92	173,32	39,46
60/48. Große Ponikva unter dem Bukovac	2–25	$A_0''A_1$	6,95	6,40	27,36	57,46	33,33	1,69	19,72	0,0	101,55	17,78	119,33	85,10
	40–70	A_2	7,64	7,00	—	5,22	3,03	0,25	12,12	0,33	—	—	—	—
64. Smrekovac	0– 5	A_0''	7,40	6,42	—	18,16	10,53	0,60	17,55	0,26	—	—	—	—
	10–20	A_1	7,08	6,13	—	4,21	2,44	0,19	12,84	0,11	—	—	—	—
	30–50	BC	7,13	6,16	—	2,14	1,24	0,11	11,27	0,10	—	—	—	—
65. Smrekovac	0–25	$A_0''A_1$	7,80	6,92	—	13,98	8,11	0,50	16,22	1,76	—	—	—	—

5–10 cm. Hohlräume zwischen den darunterliegenden Steinen sind nicht mit Feinerde gefüllt. Reaktion auf $CaCO_3$ ist in der Feinerde negativ.

Ebenso extrem skelettreich sind auch die übrigen untersuchten Profile dieser Pflanzengesellschaft; in ihren Spalten wurde aber auch etwas toniger Boden gefunden, zum Teil mit kleinen Mengen $CaCO_3$. Muttergestein: dunkle Kalke des Lias. Lage der Profile:

Profil Nr. 60/48. Große Ponikva unter dem Bukovac. 1100 m über N.N. SW 15° und mehr.

Profil Nr. 64. Smrekovac, Ponikva. Etwa 1170 m über N.N. WSW 40°.

Profil Nr. 65. Smrekovac, Ponikva. Gleicher Bestand wie Profil Nr. 64.

Mit Rücksicht darauf, daß es sich hier um ganz seichte, absolute Skelettböden auf Kalksteinen handelt, dürfte man eine schwach alkalische Reaktion erwarten, doch wurde in den oberen Horizonten mitunter auch eine nicht unerhebliche Acidität festgestellt. So schwankten die pH-Werte vom sauren bis zum schwach alkalischen Bereich: pH (H_2O) 5,06–7,80, pH (n-KCl) 4,87–7,00. Hierbei erscheint es noch möglich, daß die extremen Werte im sauren Bereich (wie sie etwa unter *Leucobryum glaucum* vorkommen dürften) noch nicht mit erfaßt wurden. Diese Versauerung ist eine Folge der schwachen physikalischen Verwitterung und langsamen Mobilisierung der Basen aus dem Muttergestein, der intensiven Karbonatauswaschung und Eluviation, sowie der Bildung des sauren Humus.

Auch andere Bodeneigenschaften weisen eine große Variabilität auf (Tabelle 6), doch muß man sich vor Augen halten, daß es sich bei Standorten des Calamagrosti–Abietum piceetosum nur um die zerstreuten Ansätze einer Bodenbildung handelt, die noch nicht zu einer zusammenhängenden Bodendecke geführt hat. Diese Böden können demnach keinem Bodentyp zugeordnet werden; sie gehören – im Sinne der Bodenklassifikation nach M. Gračanin (1951) – der Klasse der eluvialen residualen Skelettböden an. Ihre weitere Entwicklung kann in zwei Richtungen gehen:

1) Bei Ansammlung von Mineralboden gehen sie in schwach bis mäßig podsolige Mineral-Karbonat-Böden über, wobei sich auf ihnen Elemente des Fagetum ansiedeln; da die Kalksteine sehr rein sind und physikalisch nur wenig verwittern, wobei noch ein Teil der Verwitterungsprodukte durch Felsspalten weggeschwemmt wird, geht diese Entwicklung sehr langsam vor sich;
2) wo die mikroklimatischen Verhältnisse eine größere Ansammlung von organischer Substanz ermöglichen, und das ist nur im Kontakt dieser Gesellschaft mit dem Piceetum croaticum subalpinum auf östlichen und westlichen Expositionen der Fall, gehen sie in eutrophe saure subalpine Humusböden über. Diese Entwicklung ist nur ganz örtlich von Bedeutung.

Im allgemeinen stellt also diese Gesellschaft ein Dauerstadium und einen wichtigen Schutzwald in Gebirgen West-Kroatiens dar.

* * *

Die untersuchten Böden der Fichtenwälder in Gebirgen des westlichen Kroatiens sind ein schönes Beispiel dafür, wie eine und dieselbe Art, auch wenn sie den Standort noch so stark beeinflußt wie die Fichte, in geomorphologisch, geologisch und mikroklimatisch unterschiedlichen Teilen der Landschaft nicht einen einheitlichen eigenen Standort zu bilden vermag, sondern innerhalb verschiedener Pflanzengesellschaften an der Entwicklung unterschiedlicher Bodenbildungen teilnimmt.

Wie immer wieder, so kam es auch hier klar zum Ausdruck: nicht die Pflanzen-Art, sondern die Pflanzen-Gesellschaft kann als Indikator der Bodeneigenschaften und der Standortsökologie bewertet werden.

ZUSAMMENFASSUNG

Bodenkundliche Untersuchungen in natürlichen Fichtenwäldern Süd-west-Kroatiens haben gezeigt, daß verschiedenen Pflanzengesellschaften mit Fichte auch unterschiedliche Bodentypen entsprechen:

1) Das Piceetum croaticum montanum Horv., der montane Fichtenwald, wächst entweder auf morphologisch gut ausgeprägten Podsolen oder auf ökologisch nahe verwandten Böden, die sich durch stark saure Reaktion und einen ebenso niedrigen Sättigungsgrad des Sorptionskomplexes wie stark podsolierte Böden auszeichnen. Die untersuchten Böden dieser Assoziation befinden sich 950–1060 m über N.N. in ebenen oder leicht geneigten Sohlen der breiten Ponikven, Uvalas und Poljen zwar im Bereich der Kalksteine und Dolomite, doch an ihrem Aufbau nehmen nicht nur das „in situ" entstandene Verwitterungsmaterial, sondern auch kolluviale und fluvioglaziale, vielfach karbonatfreie Ablagerungen teil.

2) Die Böden des Blechno-Abietum piceetosum Horv. (untersucht in zwei Profilen bei 800 und 820 m über N.N.) liegen in Tälern im Bereich der karbonatfreien Sandsteine und Schiefer des Permokarbons und gehören auch in die Gruppe der stark podsoligen, zugleich aber auch mehr oder weniger vernäßten Böden: Gley-Podsole.

3) Das Piceetum croaticum subalpinum Horv. ist in kalten Ponikven und schattigen Schluchten bei 1000–1300 m über N.N. auf eutrophen, sauren subalpinen Humusböden entwickelt, die sich durch organische Horizonte über Blockschutt und Felsen aus harten Kalken und Dolomiten auszeichnen. Durch ihr Muttergestein und ihre beträchtlichen organischen Horizonte erinnern diese Böden an die Tangelrendzina. Von der typischen Tangelrendzina, wie sie W. L. Kubiena (1948, 1953) beschrieben hat, unterscheiden sie sich aber durch die starke Versauerung der oberen Horizonte, durch verhältnismäßig geringe Mächtigkeit der oberen Horizonte mit unzersetzten und schwach zersetzten Pflanzenresten, durch einen höheren Humifizierungsgrad im größten Teil der organischen Horizonte (Grobmoder, Moder bis mullartiger Moder) sowie durch das Fehlen der kalkreichen Regenwurmlosung in organischen Horizonten und das Fehlen eines Kalkanreicherungshorizontes. Die saure Reaktion spricht eher für die Zugehörigkeit dieser Böden zu der von Kubiena zwar erwähnten aber leider nicht näher beschriebenen dystrophen Tangelrendzina; dem steht aber der hohe Zerkleinerungs- und Zerset-

zungsgrad der organischen Substanz entgegen. Weitere Untersuchungen über Verbreitung, Eigenschaften und Systematik solcher Böden sind im Gange.

4) Das Calamagrosti–Abietum piceetosum Horv. besiedelt eluviale residuale Skelettböden auf steilen Hängen, meist in südlichen Expositionen. Die untersuchten Flächen liegen 1100–1220 m über N.N. Sie sind extrem skelettreich, mit Felsblöcken übersät. Die Feinerde ist nur stellenweise entwickelt, doch die kleinsten Ansammlungen der organischen Substanz sind bereits vielfach stark sauer.

SUMMARY

Soil studies in the natural norway spruce forests of Southwest-Croatia show, that to the different plant associations with spruce also different soil types correspond:

1) The Piceetum croaticum montanum Horv. (montane spruce forest) grows either on the morphologically well developed podzol soils or on ecologically closely related strongly acid soils with the same low saturation degree as the strongly podzolized soils. Nevertheless their soils are not built only from „in situ" produced weathering products of calcareous and dolomitic rocks, but also from the colluvial and fluvioglacial, often carbonate-free deposits.

2) The soils of the Blechno–Abietum piceetosum Horv. (fir/spruce forest with hardfern), studied in two profiles in 800 and 820 m above sea level, lie in valleys in the region of the carbonate-free sandstones and slates of Permocarbon. They belong also to the group of strongly podsolised, but in the same time more or less excessively wet soils: gley-podzolic.

3) The Piceetum croaticum subalpinum Horv. (subalpine spruce forest) is developed in cold ponikvas and shady gorges in 1000–1300 m above sea level on eutrophic acid subalpine humic soils. For these soils organic horizons above hard calcareous and dolomitic blocks and rocks are characteristic. The parent material and the organic horizons of these soils remind us of the Tangelrendzina. But they differ from the typical Tangelrendzina, such as described by W. L. Kubiena (1948, 1953), by the strong acidification of the upper horizons, by relatively low thickness of the upper horizons with undecomposed and slightly decomposed organic rests, by a higher degree of humification in the greatest part of organic horizons („Grobmoder", „Moder", mull-like Moder) and by the absence of carbonate-rich earthworm-excrements in organic horizons and the absence of a horizon with accumulation of calcium carbonate. The acid soil reaction suggests rather the belonging of these soils to the distrophic Tangelrendzina (mentioned but not fully described by Kubiena); the high degree of the reduction to small pieces and of the decomposition of the organic matter speaks against that. Further studies on the distribution, properties and classification of these soils are in course.

4) The Calamagrosti–Abietum piceetosum Horv. (fir/spruce forest with smallreed, *Calamagrostis arundinacea*) colonizes eluvial residual skeletal soils on steep slopes, mostly in southern expositions. The

studied areas lie 1100–1220 m above sea level. They are extremely rich in skeleton, their surface is full with blocks and rock-outcrops. The fine earth is developed only here and there; nevertheless in many cases the smallest accumulations of organic matter are already strongly acid.

LITERATUR

GRAČANIN, M.: Klasifikacija tala po teksturi. (Die Bodenklassifikation nach der Textur). Glasnik za šumske pokuse. – Annales pro experimentis foresticis **6**: 390–404, Zagreb 1938.

— Pedologija, III. dio, Sistematika tala. – Školska Knjiga. Zagreb 1951 Bodenkunde, III. Teil, Bodensystematik (kroatisch);.

GRAČANIN, Z.: Pedološka studija arboretuma Trsteno (Étude pédologique de l'arboretum Trsteno). – Prirodoslovna Istraživanja **25**: 227–267. Zagreb 1952.

— Tla biljnih zajednica Gorskog Kotara. (Die Böden der Pflanzengesellschaften von Gorski Kotar). – (Manuskript). Zagreb 1957.

— Verbreitung und Wirkung der Bodenerosion in Kroatien (Distribution and effect of soil erosion in Croatia. Répartition et action de l'érosion du sol en Croatie. Raširenje i djelovanje erozije tla u Hrvatskoj). – Osteuropastudien der Hochschulen des Landes Hessen, Reihe 1. Giessener Abhandlungen zur Agrar- und Wirtschaftsforschung des europäischen Ostens **21**. Giessen 1962.

— Zur Genese, Morphologie und Mikromorphologie der Hangtorfbildung auf Kalksteinen in Kroatien. (On the Formation, Morphology and Micromorphology of the Hill-side Peat Soils on the Limestones in Croatia). – Z. Pflanzenernähr., Düng., Bodenkunde **98** (143): 264–272. Weinheim/Bergstr. 1962a.

— I suoli della regione carsica croata (Les sols de la région karstique de la Croatie). – Annali Accad. Italiana Scienze Forestali, **11**: 371–396. Firenze 1962b.

HORVAT, I.: Biljnosociološka instraživanja šuma u Hrvatskoj. (Pflanzensoziologische Walduntersuchungen in Kroatien). Glasnik za šumske pokuse. – Annales pro experimentis foresticis **6**: 127–279. Zagreb 1938.

— Šumske zajednice Jugoslavije. (Les associations forestières en Yougoslavie). 2. Aufl. – Nakladni Zavod Hrvatske. Zagreb 1950.

— Istraživanje i kartiranje vegetacije planinskog skupa Risnjaka i Snježnika (Prethodni izvještaj). (Exploration et représentation cartographique de la végétation du massif montagneux de Risnjak et de Snježnik). – Šumarski List **74**: 97–118. Zagreb 1950a.

— Istraživanje i kartiranje vegetacije primorskih obronaka zapadne Hrvatske i područja izvora Kupe. (Prethodni izvještaj) (Exploration et dressage des cartes de la végétation des versants méridionaux de la Croatie occidentale et de la contrée de la source de la Kupa). – Šumarski List **75**: 221–235. Zagreb 1951.

— Obrazloženje prijedloga za proglašenje Risnjaka narodnim parkom. (Proposition concernant la déclaration du Risnjak comme parc national). – Glasnik Biološke Sekcije Hrvatskog Prirodoslovnog Društva. Zagreb 1953.

— Vegetacija ponikava. Prilog biljnoj geografiji krša. (Die Vegetation der Karstdolinen. Ein Beitrag zur Pflanzengeographie des Karstes). – Geografski Glasnik **14–15** (1952–1953): 1–25. Zagreb 1953.

— Osam godina istraživanja i kartiranja vegetacije Gorskog Kotara i Hrvatskog Primorja. (Durchforschung und Kartierung der Vegetation Südwestkroatiens durch acht Jahre). – Šumarski List **79**: 412–422. Zagreb 1955.

— Die Tannenwälder Kroatiens im pflanzensoziologischen und forstlichen Zusammenhang. – Schweiz. Z. f. Forstwesen. **108**: 570–596. Zürich 1957.

— Die Pflanzenwelt der Karst-Ponikven – eine besondere Vegetationserscheinung. – Phyton **9**: 268–283. Horn (N.-Ö.) und Graz 1961.

— Die Vegetation Südosteuropas in klimatischen und bodenkundlichem Zusammenhang. – Mitteilungen Österr. Geogr. Ges. **104**: 136–160. Wien 1962.
— Vegetacija planina zapadne Hrvatske. Sa 4 karte biljnih zajednica sekcije Sušak. (La végétation des montagnes de la Croatie d'Ouest. Avec 4 cartes des groupements végétaux de la section Sušak). – Prirodoslovna Istraživanja **30** (= Acta Biologica **2**): 3–179. Zagreb 1962a.
— u. Mitarbeiter: Karta biljnih zajednica jugozapadne Hrvatske. (Carte des groupements vegetaux de la Croatie du sud-ouest). – Sekcija (Section) Sušak 2-a, 2-c. Zagreb 1954a, 1954b.
Koch, F.: Tumač geološkim kartama „Sušak-Delnice" i „Ogulin-Stari Trg". (Erläuterungen zu den geologischen Karten „Sušak-Delnice" und „Ogulin-stari Trg"). 1 : 75 000. – Povremena izdanja Geol. Inst. Kralj. Jugoslavije, Beograd 1933.
Kubiena, W. L.: Entwicklungslehre des Bodens. – Wien 1948.
— Bestimmungsbuch und Systematik der Böden Europas. – Stuttgart 1953.
Vajda, Z.: Studija o prirodnom rasprostranjenju smreke u sastojinama Gorskog Kotara. (L'étendue naturelle et la croissance de l'épicéa dans le Gorski Kotar). – Šumarski List 57. Zagreb 1933.

Während des Druckes ist noch folgende wichtige Arbeit über die hier behandelten Fichtenwälder erschienen, auf deren Ergebnisse jedoch aus technischen Gründen nicht mehr näher eingegangen werden kann:

Cestar, D.: Prirast smreke u šumama gorskog i pretplaninskog područja Hrvatske. (Increment of norway spruce in the forests of the montane and subalpine areas of Croatia. Zuwachs der Fichte in den Wäldern des montanen und subalpinen Gebiets Kroatiens). – Tipološko istraživanje i kartiranje šuma i šumskih staništa SR Hrvatske – Typological Study and Mapping of Forests and Forest Sites in S. R. Croatia **3**: 1–90. Zagreb 1967.

K. Höll:

Ist etwas über den Stickstoffgehalt der Böden im kroatischen Fichtenwald oder über die biogene Zone des A-Horizontes in bakteriologischer oder chemischer Hinsicht bekannt?

I. S. Zonneveld:

Es hat sich in den Niederlanden gezeigt, daß der Phosphor-Haushalt im Profil ärmerer Wald- (Forst-)böden wahrscheinlich eine wichtige ja oft bestimmende Rolle spielt. D.h. der Faktor P ist oft im Minimum. Eine Koinzidenz zwischen Unterwuchs, Baum-Bonität und speziell entwickelten Analysen des relativ löslichen P liegt vor. Die P-Bestimmung ist aber sehr schwierig. Haben Sie Erfahrungen mit P-Bestimmung in Waldböden.

Z. Gračanin:

Wir haben die Stickstoffmengen untersucht. Sie liegen im oberen Horizont meist über 1% (1,7, 1,9, 1,7, 1,5 und bei einem Profil sogar 2%). Das kommt auch in den meist verhältnismäßig niedrigen C:N-Werten zum Ausdruck, die etwa zwischen 22 und 30 liegen. Das ist für Fichten-Humus noch ziemlich gut.

Die Bestimmung der aufnehmbaren Phosphorsäure wurde bei diesen Untersuchungen nicht durchgeführt. In den landwirtschaftlich genutzten Böden erfaßt man auf solche Weise den momentanen Nährstoffzustand, um einen Anhaltspunkt für die Düngung zu haben. Bei den Waldböden, die normalerweise nicht regelmäßig gedüngt werden, hat eine Bestimmung der aufnehmbaren Phosphorsäure keinen Zweck. Man müßte vielmehr den Gesamtgehalt an Phosphorsäure und ihre verschiedenen Formen im Boden, sowie die ganze Dynamik ihrer Mobilisierung und ihres Verbrauchs im Boden erfassen, was über den Rahmen dieser Arbeit hinausgeht und Gegenstand einer besonderen Untersuchung bilden würde.

DIE VEGETATIONSKARTE ALS HILFSMITTEL ZUR KENNZEICHNUNG RUTSCHGEFÄHRDETER HÄNGE

von

PAUL SEIBERT, München

In den Jahren 1957–59 führte Frau Dr. SIEDE auf meine Veranlassung hin im oberbayerischen Flyschgebiet zwischen Inn und Lech pflanzensoziologische Untersuchungen durch, die vor allem Anhaltspunkte für die erfolgreiche Wiederbegrünung von Bergrutschen und Wildbachrunsen liefern sollten (SIEDE 1960). Bei dieser Fragestellung stand die Erforschung der natürlichen Sukzession im Vordergrund. Noch während dieser Zeit wurden wir auf Hangrutschungen am Teisenberg-Nordhang aufmerksam gemacht, die bei Wegebauarbeiten, an anderen Stellen aber auch ohne jede erkennbare menschliche Einflußnahme, eingetreten sind. Auch der zwischen Chiemsee und Bad Reichenhall gelegene Teisenberg gehört zur bayerischen Flyschkette. Der Flysch stellt eine Randmeer-Fazies der Kreide und des Alttertiärs dar und ist aus charakteristischen Gesteinsserien aufgebaut, die sich jedoch aus petrographisch sehr unterschiedlichen Komponenten zusammensetzen. Sandsteine sind am Teisenberg nur in geringem Umfang vorhanden, vielmehr überwiegen Mergel- und Schieferlagen, die außerordentlich rasch zu plattigem Feinschutt verwittern und außerdem stark wasserstauende Eigenschaften besitzen, so daß bei den hohen Niederschlagsmengen des Alpenrandes (am Teisenberg bis 1800 mm/Jahr) vielfach die Gefahr von Bergrutschen gegeben ist.

Da die erwähnten Rutschungen für die dort wirtschaftenden Forstleute vollkommen überraschend eingetreten waren, tauchte die Frage auf, ob es möglich ist, im Gelände eine Rutschgefahr vorher zu erkennen. Unter Umständen wäre es dann möglich, bei der Wegtrassierung gefährdete Stellen zu meiden und bei der forstlichen Bewirtschaftung in Holzartenwahl und Hiebsführung auf die Rutschgefahr Rücksicht zu nehmen. Dem Plan, für die Lösung der hier auftauchenden Fragen pflanzensoziologische Untersuchungsmethoden anzuwenden, lag die Überlegung zugrunde, daß Hangrutsche bei tonigem oder lehmigem Untergrund und Vorhandensein von Wasser auftreten. Da es sich bei Bodenart und Wasser um Standortsfaktoren handelt, die Pflanzengesellschaften aber als die umfassendsten Standortsindikatoren gelten, müßte es möglich sein, an Hand der Vegetation Aussagen über die Rutschgefährdung zu machen.

Die eine Rutschung verursachenden Faktoren – in den meisten Fällen wohl Hangwasserzüge – können freilich so tief unter der Bodenoberfläche liegen, daß sie für die Vegetation nicht wirksam sind und von dieser daher auch nicht angezeigt werden. In solchen Fällen wird aber das Wasser am gleichen Hang entweder weiter oben oder unten der Bodenoberfläche näher und an der Vegetation erkennbar sein, so daß bei der Gesamtbeurteilung eines solchen Hanges die rutschgefährdeten Partien doch abgegrenzt werden können.

Bei der pflanzensoziologischen Kartierung wurden eine Reihe von Pflanzengesellschaften und Untereinheiten unterschieden, von denen die wichtigen in der beigefügten „Gekürzten Übersicht der Pflanzengesellschaften" zusammengestellt sind.

Die Vegetationskarte zeigt sehr deutlich eine Zonation der tonangebenden Waldgesellschaften nach Höhenstufen. Die unteren Höhenlagen zwischen 700 und 900 m bedeckt der Tannen-Buchenwald (Abieti–Fagetum). Darüber liegt die Stufe des Fichten-Tannenwaldes (Galio–Abietetum), der von 800 bis 1000 m über dem Meere reicht. Die oberen Lagen von 900 bis 1300 m schließlich werden vom reinen Fichtenwald (Bazzanio–Piceetum) eingenommen.

Zwischen Vegetation und Boden besteht ein deutlicher Zusammenhang. Der Basengehalt nimmt vom Tannen-Buchenwald mit pH-Werten zwischen 5 und 6 (in der steil gelegenen *Daphne*-Ausbildung sogar 7) über den Fichten-Tannenwald, dessen Werte bei 4,5 bis 5,0 liegen, bis zum Fichtenwald mit pH 4,0–4,5 deutlich ab.

Eine unterschiedliche Wasserversorgung in den einzelnen Assoziationen zwang zur Ausscheidung von frischen oder feuchten Subassoziationen oder Varianten, die nicht wie die typischen Ausbildungen auf Braunerden, sondern auf Pseudogley-Braunerden stocken. Beim Abieti–Fagetum wurde der Waldziest-Tannen-Buchenwald (Abieti–Fagetum stachyetosum) vom Echten Tannen-Buchenwald abgetrennt. Beim Fichten-Tannenwald (Galio–Abietetum) ist die *Veronica montana*-Ausbildung und beim Fichtenwald (Bazzanio–Piceetum) die *Deschampsia caespitosa*-Ausbildung jeweils die frische Variante. Als Sonderausbildung steiler Lagen wurden *Adenostyles alliariae*-Ausbildungen bei Tannen-Buchen- und Fichtenwald ausgeschieden. Hier und in dem nur an einer Stelle wachsenden Waldgeißbart-Ahornwald (Arunco–Aceretum) hat der Bergahorn (*Acer pseudoplatanus*) seine natürlichen Standorte. Die trockensten Böden besiedeln die *Leucobryum*-Ausbildung des Fichten-Tannenwaldes (nur lokal in unteren Lagen auf Moränenresten) und die Trockene Ausbildung des Fichtenwaldes, die ganz offensichtlich auf eine Sandstein-Fazies des Flysch hinweist. Sie ist die einzige Waldgesellschaft am Teisenberg, in der kein Sauerklee (*Oxalis acetosella*) wächst.

Eine wichtige Rolle spielt der Bach-Grauerlenwald (Carici remotae–Fraxinetum), der die Bäche begleitet und vor allem auf den ausgedehnten, in hohem Grade rutschgefährdeten Quellhorizonten in 1000–1300 m Höhe, oft in kleinflächigem Wechsel mit den übrigen Waldgesellschaften, verbreitet ist. Freilich ist die Gesellschaft meist fragmentarisch ausgebildet. Infolge der Beschattung durch die benachbarten Waldbestände vermag sich nur selten eine Baumschicht aus Grauerle zu entwickeln. Die Esche steigt nicht über 750 m hinauf.

Über das ganze Gebiet zerstreut sind schließlich Huflattichflur (Staticifolio–Tussilaginetum) und deren Folgegesellschaft, der Grauerlen-Hangwald, in Beständen mit begrenzter Ausdehnung verbreitet.

Bie Berücksichtigung der angetroffenen Artenkombinationen und des bodenkundlichen Befundes lassen sich die verschiedenen Gesellschaftseinheiten zwanglos auf 4 Rutschgefährdungsstufen verteilen.

Zur Stufe 1 (= stark gefährdet) gehören

a) alle von oberflächennahem Hangwasserzug abhängigen Pflanzengesellschaften, nämlich der Bach-Grauerlen-(Eschen-)Wald (Carici remotae–Fraxinetum), das seltene Torfseggen-Quellmoor (Caricetum davallianae) und die *Equisetum maximum*-Ausbildung des Waldziest-Tannen-Buchenwaldes (Abieti–Fagetum stachyetosum) einschließlich der am gleichen Hang darüber und darunter liegenden Flächen;
b) alle Pioniergesellschaften, die auf Hangbewegung in jüngerer und jüngster Zeit hinweisen, nämlich Huflattichflur (Staticifolio–Tussilaginetum) und Hang-Grauerlenwald;

Die Stufe 2 (= gefährdet) umfaßt
diejenigen Waldgesellschaften, die auf frischen, im unteren Wurzelraum durchsickerten Standorten vorkommen, nämlich den Waldziest-Tannen-Buchenwald (Abieti–Fagetum stachyetosum) ohne seine *Equisetum maximum*-Ausbildung und die *Veronica montana*-Ausbildung des Fichten-Tannenwaldes (Galio–Abietetum). Bodentyp dieser Einheiten sind die Pseudogley-Braunerden. In einigen Beständen weist auch Säbelwuchs der Waldbäume auf Hangbewegung hin.

Zur Stufe 3 (= mäßig gefährdet) wurden
alle Gesellschaften gerechnet, in denen Lehm oder Ton anzeigende Arten vorkommen, soweit sie nicht schon zur Stufe 1 oder 2 gehören. Lehm- und Tonböden neigen infolge ihrer größeren wasserhaltenden Kraft und ihres Quellvermögens mehr zu Rutschungen als die durchlässigeren Sandböden. Die zu dieser Stufe gehörenden Gesellschaften sind

a) Echter Tannen-Buchenwald (Abieti–Fagetum typicum) und Reine Ausbildung des Fichten-Tannenwaldes (Galio–Abietetum) mit den Lehm anzeigenden Arten *Carex silvatica* und *Lysimachia nemorum*;
b) *Deschampsia caespitosa*- und *Adenostyles*-Ausbildung des Fichtenwaldes (Bazzanio–Piceetum) mit *Deschampsia caespitosa* und *Athyrium filix-femina*.

Zur Stufe 4 (= nicht gefährdet) schließlich gehören
die auf durchlässigeren und trockeneren Böden stockenden Gesellschaftseinheiten: *Leucobryum*-Ausbildung des Fichten-Tannenwaldes (Galio–Abietetum) und Reine und Trockene Ausbildung des Fichtenwaldes (Bazzanio–Piceetum).

Die nach dieser Einteilung abgeleitete Karte der Rutschgefährdungsstufen gibt einen klaren Überblick über die Situation am Teisenberg-Nordhang. Auffallend sind die großen Gefahrenherde an den Quellhorizonten vor allem der oberen Lagen. Das größte zusammenhängende Gefahrengebiet im nordwestlichen Ausläufer des Teisenberg-Nordhanges gehört nicht mehr dem Flysch, sondern dem Helveticum an, dessen Ab-

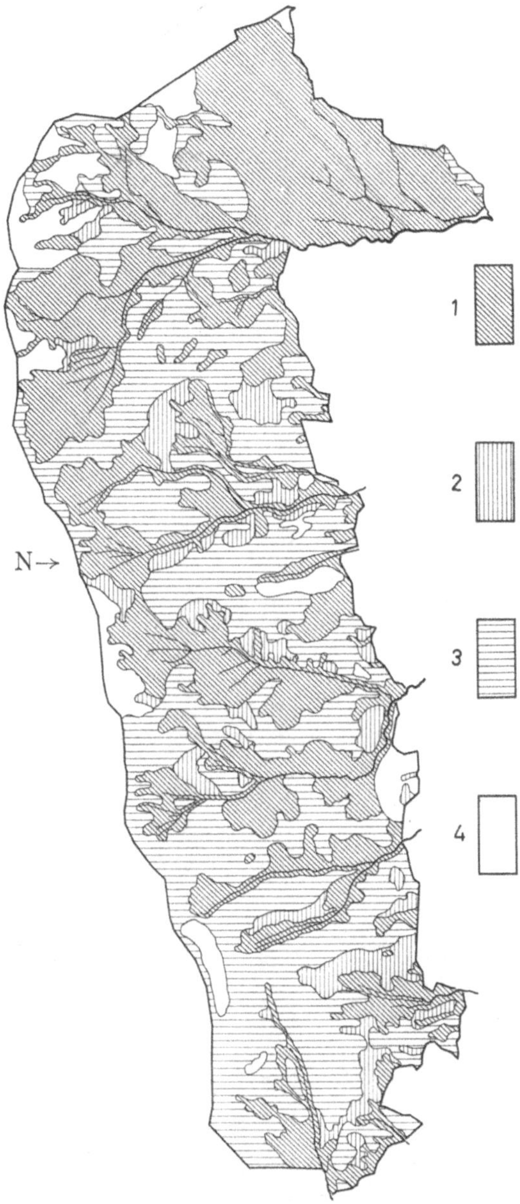

Karte der Rutschgefährdungsstufen vom Teisenberg-Nordhang
(Maßstab des Originals 1 : 10 000)

Rutschgefährdungsstufen

1. Stark gefährdet: Huflattichflur; Grauerlen-Hangwald; Waldziest-Tannen-Buchenwald, *Equisetum maximum*-Ausbildung; Waldgeißbart-Ahornwald; Bach-Grauerlen-(Eschen-)Wald; Torfseggen-Quellmoor
2. Gefährdet: Fichten-Tannenwald, *Veronica montana*-Ausbildungen; Waldziest-Tannen-Buchenwald (ohne *Equisetum maximum*-Ausbildung)
3. Mäßig gefährdet: Buntreitgrasflur; Fichten-Tannenwald, Reine und *Dryopteris linnaeana*-Ausbildung; Echter Tannen-Buchenwald; Fichtenwald, *Deschampsia caespitosa*- und *Adenostyles*-Ausbildung
4. Nicht gefährdet: Fichten-Tannenwald, *Leucobryum*-Ausbildung; Fichtenwald, Trockene und Reine Ausbildung

Pflanzengesellschaft	Lage	Boden a) Bodenart, pH-Wert b) Bodentyp	Rutschgefährdungsstufe 1 = stark gefährdet 2 = gefährdet 3 = mäßig gefährdet 4 = nicht gefährdet	Baumarten der natürlichen Waldgesellschaft	Vorschläge für die Holzartenwahl kursiv = vorherrschend ( ) = einzeln
Buntreitgrasflur	Selten (Abt. Brandgräben und Plaike)	a) Lehm, pH 7,5–8 b) Pararendzina (?)	3	—	—
Huflattichflur (Staticifolio-Tussilaginetum)	Meist kleinflächig auf offenen Böden (Rutschungen, Anbrüche, Weganschnitte) im ganzen Gebiet	a) Lehm bis toniger Lehm, pH 5–6 b) Mergelsyrosem	1	Grauerle, Großbl. Weide	Grauerle
Grauerlen-Hangwald	Selten und kleinflächig auf älteren Rutschungen und Anbrüchen	a) Lehm, pH 4,5–6 b) Ranker	1	Grauerle, Fichte, Eberesche, Tanne, Bergahorn, Großbl. Weide	*Grauerle*, *Fichte*, Bergahorn
Fichten-Tannenwald (Galio-Abietetum) *Leucobryum*-Ausbildung	Nur an der unteren Grenze des Gebietes auf Moränen	a) Lehmiger Sand bis Lehm, pH (4)–4,5 b) Podsolige Braunerde und podsolige Pseudogley-Braunerde	4	Fichte, Tanne, Buche	*Fichte*, *Tanne*, Buche, (Lärche), in der *Adenostyles*-Ausbildung auch Bergahorn
Reine Ausbildung	Großflächig mit Verbreitungsschwerpunkt in Höhenlagen zwischen 800 und 1000 (1100) m	a) wie vorige b) wie vorige	3	desgl.	desgl.
Veronica montana-Ausbildung	Lokal verbreitet auf frischen, durchsickerten Böden	a) Lehm, pH 5 b) Podsolige Pseudogley-Braunerde	2	Tanne, Fichte, Buche, Bergahorn	*Tanne*, *Fichte*, Buche,

Echter Tannen-Buchenwald (Abieti-Fagetum typicum) *Daphne*-Ausbildung	Vorwiegend sonnseitige (SW-)Hänge in steiler Lage	a) Ton. Lehm, pH 6–7 b) Mergelrendzina, -pararendzina und Braunerde mit hohem Basengehalt	3	Tanne, Buche, Fichte, Bergahorn, Lärche	*Tanne*, *Fichte*, *Buche*, Bergahorn
Reine Ausbildung	Großflächig mit Verbreitungsschwerpunkt in Höhenlagen zwischen 700 und 900 (1000) m	a) Lehm bis ton. Lehm, pH 5–6 b) Braunerde bis Pseudogley-Braunerde mit mittlerem Basengehalt	3	desgl.	desgl.
Adenostyles-Ausbildung	In steilen meist schattigen Bacheinhängen und Einzugsgebieten auf frischen durchsickerten Böden	a) wie vorige b) wie vorige	3	Bergahorn, Tanne, Buche, Fichte	*Tanne*, *Bergahorn*, Buche, Fichte
Waldziest-Tannen-Buchenwald (Abieti-Fagetum stachyetosum) Reine Ausbildung	Lokal verbreitet, vorwiegend in unteren Hanglagen auf frischen durchsickerten Böden	a) Lehm bis ton. Lehm, pH (4,5) 5–6 (7) b) Pseudogley-Braunerde, seltener Braunerde mit mittlerem Basengehalt	2	Tanne, Buche, Fichte, Bergahorn	*Tanne*, *Fichte*, *Buche*, Bergahorn
Adenostyles-Ausbildung	In steilen, meist schattigen Bacheinhängen und Einzugsgebieten auf frischen, durchsickerten Böden	a) Lehm (teilw. mit Felsbänken), pH 6–8 b) Mergelrendzina, -pararendzina, Braunerde und Pseudogley-Braunerde mit hohem Basengehalt	2	Bergahorn, Tanne, Buche, Fichte	*Tanne*, Bergahorn, Buche, Fichte

Pflanzengesellschaft	Lage	Boden a) Bodenart, pH-Wert b) Bodentyp	Rutschgefährdungsstufe 1 = stark gefährdet 2 = gefährdet 3 = mäßig gefährdet 4 = nicht gefährdet	Baumarten der natürlichen Waldgesellschaft	Vorschläge für die Holzartenwahl kursiv = vorherrschend ( ) = einzeln
Equisetum maximum-Ausbildung	In nassen, durchsickerten Hangrunsen	a) Lehm bis toniger Lehm, pH 4,5–6 b) Braunerde-(Hang-)Gley bis Hanggley	1	Tanne, Buche, Bergahorn	*Tanne*, Bergahorn, Buche
Waldgeißbart-Ahornwald (Arunco-Aceretum)	Schattiger Bacheinhang in Abt. Mittermais	a) Lehm b) Mäßig entwickelte Braunerde mit hohem Basengehalt	1	Bergahorn, Buche, Tanne	Bergahorn, Buche, Tanne
Bach-Grauerlen-(Eschen-) Wald (Carici remotae Fraxinetum) Schwarzerlen-Eschen-Ausbildung	Nur bis 750 m hoch auf nassen, quelligen Böden (Abt. Käferschlag)	a) Sand. bis ton. Lehm, pH 6–7 b) Gley bis Naßgley	1	Grauerle, Esche, Schwarzerle	Grauerle, (Esche), (Schwarzerle)
Reine Ausbildung	Meist fragmentarisch in Bachtälern, nassen Hangrunsen und auf quelligen Böden, oft in kleinflächigem Wechsel mit anderen Waldgesellschaften	a) wie vorige b) wie vorige	1	Grauerle	Grauerle
Grünerlen-Ausbildung	Nur in einer feuchten Hangrunse oberhalb Willberger Stube	a) wie vorige b) wie vorige	1	Grauerle, Grünerle	*Grauerle*, Grünerle

Fichtenwald (Bazzanio-Piceetum) Trockene Ausbildung	Lokal verbreitet auf trockenen (Sandstein-) Böden in Höhenlagen zwischen 800 und 1100 m	a) Sand bis sand. Lehm, pH 4–4,5 b) Podsolige Braunerde	4	Fichte, Eberesche, Lärche, Tanne, Buche	*Fichte*, ***Tanne***, Buche, Lärche
Reine Ausbildung	Großflächig mit Verbreitungsschwerpunkt in Höhenlagen zwischen 950 und 1300 m	a) Lehm. Sand bis Lehm pH 4–4,2 b) Podsolige Braunerde	4	Fichte, Eberesche	Fichte
Deschampsia caespitosa-Ausbildung	Großflächig mit Verbreitungsschwerpunkt in Höhenlagen zwischen 900 und 1300 m	a) Sand. Lehm bis Lehm, pH 4–4,5 b) Podsolige Braunerde bis podsolige Pseudogley-Braunerde	3	Fichte, Tanne, Eberesche, Buche	*Fichte*, *Tanne*, (Buche)
Adenostyles-Ausbildung	In schattigen Bacheinhängen und Einzugsgebieten der höheren Lagen (1000–1300 m) vor allem in Abt. Mittermais	a) Lehm, pH 4,2–4,5 b) wie vorige	3	Fichte, Tanne, Bergahorn, Buche	*Fichte*, *Tanne*, Bergahorn, (Buche)
Torfseggen-Quellmoor (Caricetum davallianae)	Selten auf quelligen waldfreien Verebnungsflächen	a) Anmoor bis Torf über Lehm, pH 6,5–7 b) Niedermoor	1	—	—

lagerungen offenbar noch wasserhaltender als die des Flysch sind. Nicht gefährdete Flächen sind leider selten.

Es mag dem aufmerksamen Zuhörer aufgefallen sein, daß bisher noch nicht von der Hangneigung die Rede war, obschon ein steiler Hang doch eher zu Rutschungen neigt als ein flacher. Wir haben aber ganz bewußt darauf verzichtet, in der Karte auf die Hangneigung Rücksicht zu nehmen. Denn 1. kann diese leicht aus einer Höhenschichtlinienkarte abgelesen werden und 2. können – und das ist entscheidender – auch in einem nur wenig geneigten Gelände etwa durch Wegeeinschnitte steile Böschungen entstehen, die dann im Bereich der Stufen 1 und 2 rutschgefährdet sind. Die Karte gibt also für die steileren Lagen die reale, für die flacheren die potentielle Rutschgefährdung an.

Mit der hier ausschließlich behandelten Rutschgefahr darf nicht die Anbruchgefahr verwechselt werden. Anbrüche entstehen in sehr steilen Lagen, wenn der Boden oder das anstehende Gestein einfach herabstürzen, ohne auf einer schmierigen Schicht zu gleiten.

An einer Stelle erhielt unsere Karte recht bald eine unfreiwillige Bestätigung ihrer Richtigkeit. Die Enden zweier Waldstraßen sollten über den Haunsberggraben miteinander verbunden werden. Die von mir wegen der Rutschgefahr vorgeschlagene weitspannende Brücke schied wegen der hohen Kosten und der äußerst schwierigen Gründungsarbeiten aus. Man trassierte die Straße an den beiden Talhängen entlang zum Bach hinunter, der über einen großen Rohrdurchlaß überquert wurde. Wenige Wochen später war die Straße fast auf den Meter genau überall dort abgerutscht, wo in der Karte die Stufe 1 (= stark gefährdet) verzeichnet ist.

Das Beispiel zeigt, daß eine solche Karte der Rutschgefährdungsstufen für die Praxis von eminenter Bedeutung ist. Wenn auch in dem genannten Beispiel eine Zwangslage gegeben war, und als Verbindung zwischen den beiden Wegenden keine andere Trasse mehr gewählt werden konnte, so läßt sich doch bei weiteren Forstwegebauten in manchen Fällen die Trasse so variieren, daß rutschgefährdete Hangpartien gemieden oder wenigstens nur an schmalen Stellen überquert werden. Wo sich eine Trassierung über rutschgefährdete Flächen nicht vermeiden läßt, sollte durch bodenmechanische Untersuchungen festgestellt werden, was ihnen bautechnisch hinsichtlich Böschungsneigung, Belastung usw. zugemutet werden kann. Die Karte der Rutschgefährdungsstufen läßt erkennen, wo überall und wie dringlich solche Untersuchungen sind; gleichzeitig gibt sie auch an, wieweit an solchen Baustellen Hangentwässerungen ausgedehnt werden müssen.

Auch der Waldbauer kann der Karte Hinweise für seine Arbeit entnehmen. Er lernt die besonders gefährdeten Revierteile kennen, die als Schutzwald zu bewirtschaften sind und unbedingt vom Kahlschlag verschont bleiben müssen. Auch bei der Holzartenwahl kann auf die Rutschgefahr Rücksicht genommen werden. Es ist keineswegs ausgeschlossen, daß die „spontanen" Rutschungen auf den übermäßigen Fichtenanbau und das starke Zurückdrängen der Tanne zurückzuführen sind. Es ist eine allgemeine forstliche Erfahrung, daß die Tanne auch auf schweren Böden mit ihren Wurzeln in die Tiefe geht, den Boden festhält und auch aus tieferen Schichten Wasser verbraucht, während die Fichte als der klassische Flachwurzler bekannt ist. Wir haben deshalb bei den Vorschlägen für die Holzartenwahl, die sich freilich nicht auf die Gefährdungsstufen sondern auf die Pflanzengesellschaften beziehen, hierauf Rücksicht genommen und bei den gefährdeten Gesellschaften die Tanne an die erste Stelle gesetzt. Vergleichende Untersuchungen der Wurzelsysteme von Fichte und Tanne in den verschiedenen Gesellschaftseinheiten bzw. auf den verschiedenen Bodentypen wären zur Verfeinerung oder Korrektur unserer Vorschläge sehr erwünscht.

Die Rohböden der Huflattichflur sollten möglichst bald durch eine Grünverbauung gesichert werden. Hierbei kann man den Vorschlägen von Frau Dr. SIEDE folgen, die den Einbau von Grauerlen in Buschlagenbauweise vorsehen und sich am Hörnle bereits bestens bewährt haben.

Bei allem darf nicht übersehen werden, daß die Rutschgefahr nur einer von mehreren wichtigen Faktoren ist, die bei Wegebau und Forstwirtschaft zu beachten sind. Der verantwortliche Bauingenieur oder Forstmann muß abwägen, wie er im Einzelfall zu verfahren hat.

Für uns Pflanzensoziologen bedeutet dieses Beispiel, daß aus der Verbreitung von Pflanzengesellschaften nicht nur die Ausdehnung der sie bedingenden Standortsfaktoren abgeleitet werden kann, sondern in manchen Fällen auch bestimmte Geländeeigenschaften, die auf diese Standortsfaktoren zurückzuführen sind, wie in unserem Falle die Rutschgefährdung.

ZUSAMMENFASSUNG

An dem zwischen Chiemsee und Bad Reichenhall gelegenen Teisenberg, der geologisch zur bayerischen Flyschkette gehört, ist wegen der tonreichen Böden mit stark wasserstauenden Eigenschaften und der hohen Niederschläge die Gefahr von Bergrutschen gegeben. Auf Grund der Überlegung, daß Hangrutschungen bei tonigem und lehmigem Untergrund und bei Wassersättigung des Bodens auftreten, diese Bodeneigenschaften zugleich aber auch die Verteilung der Pflanzengesellschaften bestimmen, wurde aus der Vegetationkarte eine Karte der Rutschgefährdung abgeleitet.

Es werden 4 Stufen der Rutschgefährdung unterschieden:

Zur Stufe 1 (= stark gefährdet) gehören alle von oberflächennahem Hangwasser abhängigen Pflanzengesellschaften und alle Pioniergesellschaften, die auf Hangbewegung in jüngerer oder jüngster Zeit hinweisen.

Die Sufe 2 (= gefährdet) umfaßt die auf frischen, im unteren Wurzelraum durchsickerten Standorten vorkommenden Waldgesellschaften.

Zur Stufe 3 (= mäßig gefährdet) wurden alle Gesellschaften gerechnet, in denen Lehm und Ton anzeigende Arten vorkommen.

Zur Stufe 4 (= nicht gefährdet) gehören die auf durchlässigeren und trockeneren Böden stockenden Gesellschaftseinheiten.

Die Karte der Rutschgefährdung läßt deutlich die Gefahrenherde erkennen und ist daher eine wertvolle Hilfe für Wegebau- und Waldbauplanungen.

SUMMARY

The vegetation map as an aid for indication of slopes endangered by sliding.

At the Teisenberg, geographically between the Chiemsee and Bad Reichenhall, geologically a part of the Bavarian zone of flysch, there is much danger of sliding of slopes (slopesliding), because the soils are rich in clay with extraordinary water retending properties and because of the high level of rainfall. As slopesliding is occurring in soils with clayey and loamy subsoil and during watersaturation of soil, and as these properties of soil also are codeterminating the distribution of plant communities, a map of endangered slopesliding was derived from the map of plant communities.

There are 4 degrees of endangered slopesliding:

To degree 1 (= strongly endangered) belong all plant communities depending on running water in the soil near the surface, and also all pioneering plant communities indicating a movement of slope in last or recent time.

Degree 2 (= endangered) includes the fresh wood communities, growing on sides percolated in the lower space of the roots.

Degree 3 (= moderately endangered) was applied to those plant communities containing species indicating loam and clay.

Degree 4 (= not endangered) contains the plant communities growing on more permeable and dryer soils.

The map of endangered slopesliding clearly indicates the locations of sources of danger, and therefore is a valuable aid for plannings of roadmaking and plannings of forestry.

LITERATUR

SIEDE, EVA: Untersuchungen über die Pflanzengesellschaften im Flyschgebiet Oberbayerns. Vegetationskundliche Grundlagen für Maßnahmen der Wasserwirtschaft und Landschaftspflege. – Landschaftspfl. u. Vegetationsk. 2. München 1960.

K. LIMPERT:

Zur Karte der Rutschgefährdung möchte ich sagen, daß hier m.E. die Grenzen der Vegetationskartierung erreicht sind. Ich möchte die vorgeschlagenen Stufen nicht als absolute, sondern als relative betrachten. So ist z.B. der als schwach gefährdet bezeichnete Tonboden aus bodenmechanischen Gründen (Porenwasser-Überdruck) gegebenenfalls als stark gefährdet anzusehen. Ebenso können Schicht-Rutschungen durch zwischengelagerte Feinbestandteile entstehen, wenn das vorgelagerte Erosionsmaterial, das als Filter und als Stützkörper wirkt, beseitigt wird.

P. SEIBERT:

Es gibt noch weitere Bedenken gegen unsere Methode.

Wir haben hier 4 Rutschgefährdungsstufen. Bei Prof. TÜXEN habe ich gelernt, daß man Gesellschaften eicht. Deshalb dachte ich, man könnte doch versuchen, diese Stufen nun bodenmechanisch zu eichen, damit man vielleicht erfährt, was man den einzelnen Stufen an Belastungen und an Böschungsneigung zumuten kann. Ein Bodenmechaniker beim Geologischen Landesamt in München sagte mir aber, daß das nicht geht. Denn gerade, wenn man größere Straßen anlegt, kommt es nicht auf den Oberboden an, den die Vegetation anzeigt, sondern auf das Gestein, das weiter unten liegt. Wie diese tieferen Schichten liegen, sehe ich aber nicht aus meiner Karte. Er sagte auch noch, daß für die meisten Forst- und Ziehwege, die im Gebirge angelegt werden, die Karte ausreicht, weil diese Wege doch nur im Bereich des Oberbodens liegen und den Unterboden nicht so stark belasten. Er sagte, letzten Endes machen wir es ja auch nicht anders wie Sie. Wir gehen durchs Gelände und sehen, wo es naß und wo es lehmig ist. Wenn Sie uns mit der Vegetation so eine Karte liefern können, dann haben wir die Sache im Zusammenhang viel billiger und rascher, als wir das machen können, und erst auf Grund einer Karte kann man nun sehen, wie man eine Trasse einen Hang hinaufbringen kann. Man wird an den beiden Karten auch sehen, daß die Karte der Stufen gröber ist als die Vegetationskarte und daß die als rutschgefährdet bezeichneten Flächen über die eigentlich rutschgefährdeten Gesellschaften hinausgreifen. Wir wollen mit der Vegetationskarte oder mit der Rutschgefährungskarte gar nicht bodenmechanische Untersuchungen ersetzen, sondern wir wollen nur darauf hinweisen, wo man sie in erster Linie ansetzen muß. Das sind eben die feuchten Stellen.

DER KÜNSTLICHE STANDORT UND DER PFLANZENBESTAND DER FUSSBALLPLÄTZE IM BUNDESGEBIET

von

RUDOLF PIETSCH, Gießen

Das Wissen um Zier- und Sportrasen ist in Deutschland, im Gegensatz zu dem klimatisch begünstigten England mit Spezialinstituten für Rasenforschung, noch sehr lückenhaft, sowohl in pflanzensoziologischer Beziehung als auch hinsichtlich der Zusammenstellung von Rasenmischungen.

Wir haben diese Arbeit aufgegriffen, weil mehr als die Hälfte des im Bundesgebiet gehandelten Gräsersaatgutes für nicht-landwirtschaftliche Zwecke verwendet wird, und weil die Züchtung von geeigneten Arten und Sorten noch in bescheidenen Anfängen liegt.

Einen neuen Auftrieb in dieser Richtung darf der Samenhandel durch den „Goldenen Plan" der Deutschen Olympischen Gesellschaft erwarten, wenn nach diesem auf 124 Mill. m^2 neue Spielplätze angelegt werden sollen.

Die Arbeit fußt auf Untersuchungen von bereits benutzten Anlagen und soll zur Klärung der Kardinalfrage beitragen, warum unsere Fußballplätze in nur so ungenügender Form den spielerischen Anforderungen auf eine dichte, federnde Rasennarbe gerecht werden. Die Arbeit gibt eine Analyse der Beziehungen zwischen Standort und Pflanzenbestand unter Berücksichtigung der verschiedenen biotischen Faktoren, in Sonderheit der Trittwirkung, die in der Bespielungsintensität eine meßbare Größe findet.

Mit Sicherheit betreten wir mit dieser Arbeit ein Grenzgebiet der Pflanzensoziologie, wobei allerdings ein Faktor, der Tritt, so stark ist, daß er fast alle anderen Standortsfaktoren überdeckt und eine exakte Differenzierung in Frage stellt.

Das Rückgrat der Arbeit bilden Untersuchungen auf 177 Sportplätzen von Schleswig-Holstein bis Bayern, mit einer schwerpunktmäßigen Verteilung im Lande Hessen und Nordrhein-Westfalen sowie mit zahlreichen Untersuchungen in den Fußballhochburgen von Kiel bis München.

Bei der Aufnahmemethode erschien es uns vorteilhaft von einer wahllosen Verteilung der Aufnahmeflächen abzusehen und diese nach einem straffen Schema zu verteilen, das nach den Spielregeln des Fußballsports aufgestellt wurde. Damit erfaßten wir die schon oberflächlich auffallende, weil fast übergangslose Zonierung der Spielflächen. (Abb. 1).

Die Lageskizze zeigt ein Fußballfeld mit der räumlichen Verteilung der Aufnahmequadrate in den Torräumen, im 16 m-Raum, im Mittelfeld sowie in den Spielecken und den Seitenfeldern, d.h. es wurden bei 4 Wiederholungen je Spielzone auf jedem Platz 20 Aufnahmen gemacht.

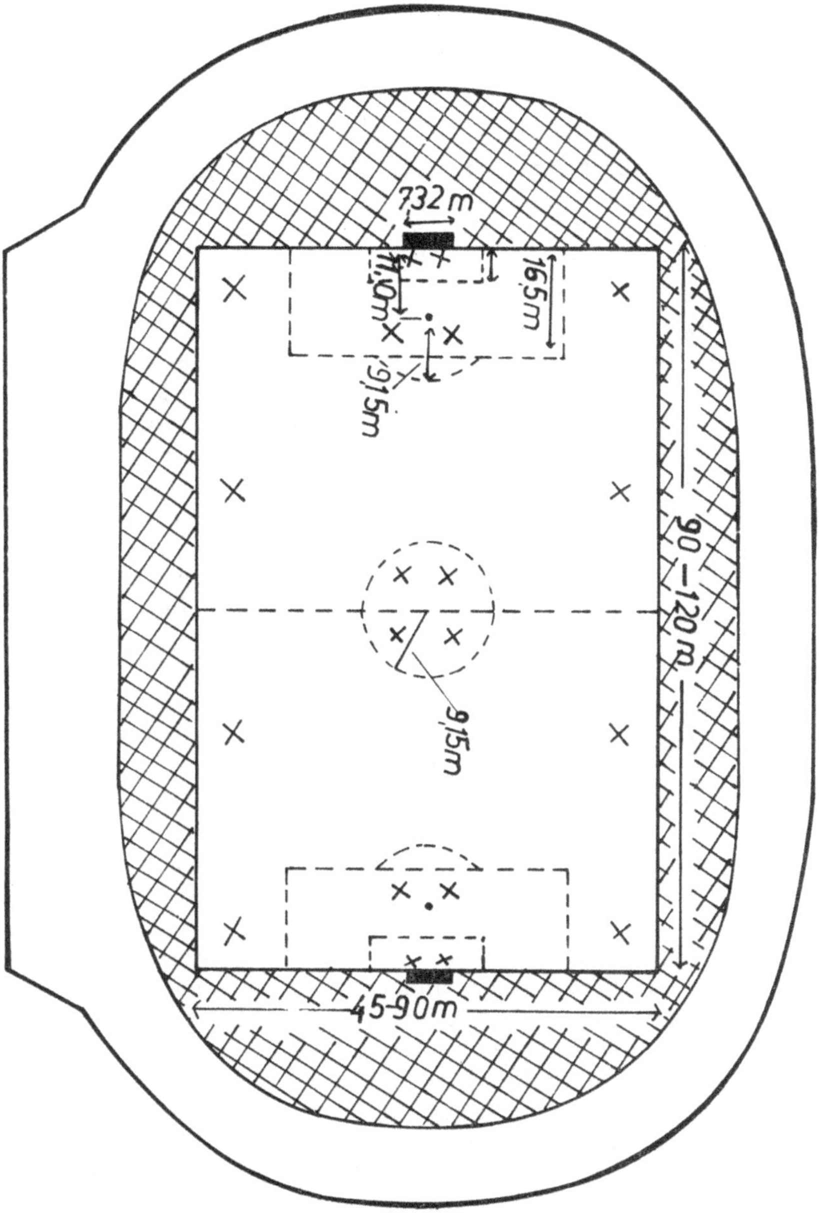

Abb. 1

Grundsätzlich ist festzustellen, daß die Schätzung des Ertragsanteils nach Klapp-Stählin in dieser Arbeit unbrauchbar ist; denn nicht der prozentuale Gewichtsanteil der einzelnen Art, sondern die Narbendichte respektive ihre Lückigkeit sind das entscheidende Kriterium. Deswegen wurde jede Art in ihrer projektiven Deckung, also bei senkrechter Draufsicht auf den Boden geschätzt, und zwar mittels einer 100%igen Skala.

Unbedeckter Boden + Deckung des Pflanzenbestandes, beides in Flächenprozenten geschätzt, ergibt in jedem Falle 100%, gleichgültig ob die Narbe geschlossen oder lückig ist. In der Fassung des Deckungsgrades in Prozenten sahen wir einen Vorteil gegenüber den Aufnahmeskalen von BRAUN-BLANQUET und HULT-SERNANDER, weil wir nicht wie diese in Gruppen mit relativ großer Spannweite von 1–5 geschätzt haben. Für unseren Zweck mußten wir nämlich Wert legen auf eine möglichst genaue Erfassung der Arten, die weniger als 10% deckten. Eine Übersetzung unserer Prozentwerte in die Skala von BRAUN-BLANQUET oder HULT-SERNANDER ist ohne weiteres möglich, während dies umgekehrt nicht gelingt. Die Pflanzenbestände der Fußballplätze gehören unweigerlich zur Trittpflanzengesellschaft von *Plantago maior* und *Lolium perenne*. Aber es fehlt uns ein Vergleich mit den anderen Pflanzengesellschaften der Trittrasen, den berasten Wegen, den Koppeleingängen oder Melkständen und den Wildwechseln. Deshalb soll bei der Einteilung der Aufnahmen nicht von einer Subassoziation gesprochen werden, sondern von Bestandesgruppen. Vielleicht stecken in ihnen egalisierte Fragmente verschiedener Subassoziationen, ohne das diese herausgeholt werden können. Diese Gruppen sind wohl als Varianten oder Fazies zu bezeichnen. Diese unterscheiden sich sehr deutlich voneinander durch ihre steigende Artenzahl, aber auch durch die fallende Dominanz der Trittpflanzen, d.h. durch einen allmählichen Übergang vom Trittrasen zu mehr oder weniger gepflegten Zierrasen.

Als erstes die Herkunft und die Entwicklung der Bestände. Auf allen Standorten läßt sich die Tendenz erkennen, daß die Bestände nach der Ansaat sehr rasch ihre Entwicklungsstadien durchlaufen, noch schneller, als wir es auf angesäten oder aus einer Wiese umgelegten Intensivweiden kennen. Die Bestände der Fußballplätze pendeln in spätestens 3–4 Jahren zu dem Endstadium ein, so daß sich junge Ansaaten in ihrem Artengefüge durch nichts von einer 50-jährigen Anlage unterscheiden.

Fragen wir nach den ökologischen Faktoren, so unterscheiden wir zwischen einem mehr statischen und einem dynamischen Faktorenkomplex. Ersterer spiegelt den Einfluß der Faktoren Klima und Boden auf den Pflanzenbestand wider. Beides sind Größen, die weitgehend konstant sind und viel weniger der zum Teil gezielten, bewußten oder ungewollten Einwirkung durch den Menschen unterliegen als Faktoren wie Pflege und Nutzung, die in ihrer Intensität sehr starken Unregelmäßigkeiten von Jahr zu Jahr unterworfen sind.

Die Arbeit läßt keine klaren Beziehungen zwischen der Klimalage und dem Pflanzenbestand erkennen, auch nicht zwischen dem stärker kontinental beeinflußten Klima Frankens und dem in vorherrschend maritimer Wetterlage liegenden Ruhrgebiet. Dabei kann nicht von dem egalisierenden Einfluß eines überall gleichen Stadtklimas gesprochen werden; denn die meisten Fußballplätze liegen ohne Einengung durch Häuserfronten relativ frei im Gelände. So wird der Einfluß der klimatischen Faktoren, wenn auch vielleicht nicht ganz, so doch fast vollständig überdeckt.

Anscheinend spielt der Boden mit seinen physikalischen Eigenschaften als Standortfaktor eine ebenso geringe Rolle. In der Regel handelt es sich bei Fußballplätzen um sehr stark gestörte Bodenprofile, zum großen Teil um geradezu künstlich zu nennende Standorte. Deshalb möchten wir lieber von der Bodenart, der fraktionellen Zusammensetzung des Bodens, sprechen und nicht vom Bodentyp.

Von den wichtigsten Rasengräsern lassen lediglich die Arten *Agrostis tenuis*, *Poa pratensis* und *Festuca rubra* eine gewisse Beziehung zur Bodenart vermuten. Alle drei tendieren zu einem mehr leichten, lockeren Boden, wie überhaupt nach unseren physikalischen Untersuchungen ein grobsandiger Lehm mit nur ca. 10% Ton, aber 50–60% Grobsand als optimaler Standort für Sportrasen angesehen werden muß. Mit anderen Worten, der Boden bedingt nur eine unklare Verschiebung im Artengefüge. Anderseits muß er im Interesse einer höchstmöglichen Auslastung und gleichmäßigen Benutzung des Platzes jederzeit bespielbar sein. Auf jeden Fall kommt ihm nach unseren Untersuchungen in seiner Bedeutung für den Pflanzenbestand mehr die „Rolle eines Mittlers als die eines unmittelbaren Bestimmungsgrundes" zu.

In starkem Maße gilt das gleiche für den Humusgehalt des Bodens. Ihm ist nach unseren Untersuchungen anscheinend keine große Bedeutung beizumessen, solange er nicht unter 3% absinkt oder über 15% ansteigt. Er dürfte nur auf leichten Böden eine steigende Bedeutung erlangen, weil er dann in seinem Wasser- und Nährstoffhaushalt Ton und Schluff chemisch ersetzen kann.

Zur Frage der Bodenreaktion und ihres Einflusses auf den Pflanzenbestand von Sportrasen ist zu sagen, daß vor allem die Arten *Agrostis tenuis* und *Festuca rubra* sehr deutliche Unterschiede zeigen, während sich bei anderen Arten nur sehr schwache Tendenzen ergeben. Dabei bleibt die Frage offen, ob diese eine alleinige Funktion der ohnehin komplexen Bodenreaktion sind. Im Rahmen dieser Kurzfassung muß sich die Besprechung des Einflusses biotischer Faktoren hauptsächlich auf die Trittwirkung beschränken. Diese hebt sich im Verein mit den Bewirtschaftungs- und Pflegemaßnahmen zu einem die statischen Kräfte Klima und Boden stark überdeckenden Faktorenkomplex heraus. In diesem wird es nicht immer möglich sein, vom Artengefüge auf einen Einzelfaktor rückzuschließen; denn alle Faktoren wirken grundsätzlich zusammen und fördern im komplexen Einfluß eine Gruppe typischer Arten, die unter den gegebenen Bedingungen besonders konkurrenzfähig ist. Wir wollen deshalb hier den ganzen ineinander verzahnten Komplex des Einflusses von Bespielung, Pflege und Düngung als Einheit betrachten.

Nach den Angaben der Platzwarte über ihre Wartungsmaßnahmen und unter Berücksichtigung des allgemeinen Zustandes der Spielflächen erfolgte eine Gliederung in 5 Bespielungsgruppen, von I = sehr gut bis V = ungenügend gepflegte Plätze. Die pflanzensoziologische Feineinteilung wurde auf diese Gruppen bezogen, in die sich die 177 Plätze aufteilen ließen.

Wegen einer teilweise sehr verschiedenen zonalen Bespielung erschien es zweckmäßig, daß statt der gesamten Platzfläche nur die Spielzonen als Einheit angesprochen wurden. Dabei mußten extreme Bestände, vor allem bei dem Vorherrschen von einzelnen Gräserarten, herausgestellt werden. Obwohl die verwendete Ansaatmischung nur in den wenigsten Fällen bekannt war, wobei die Richtigkeit der Angaben über ihre Zusammensetzung oft bezweifelt werden mußte, trugen diese Extreme entweder den

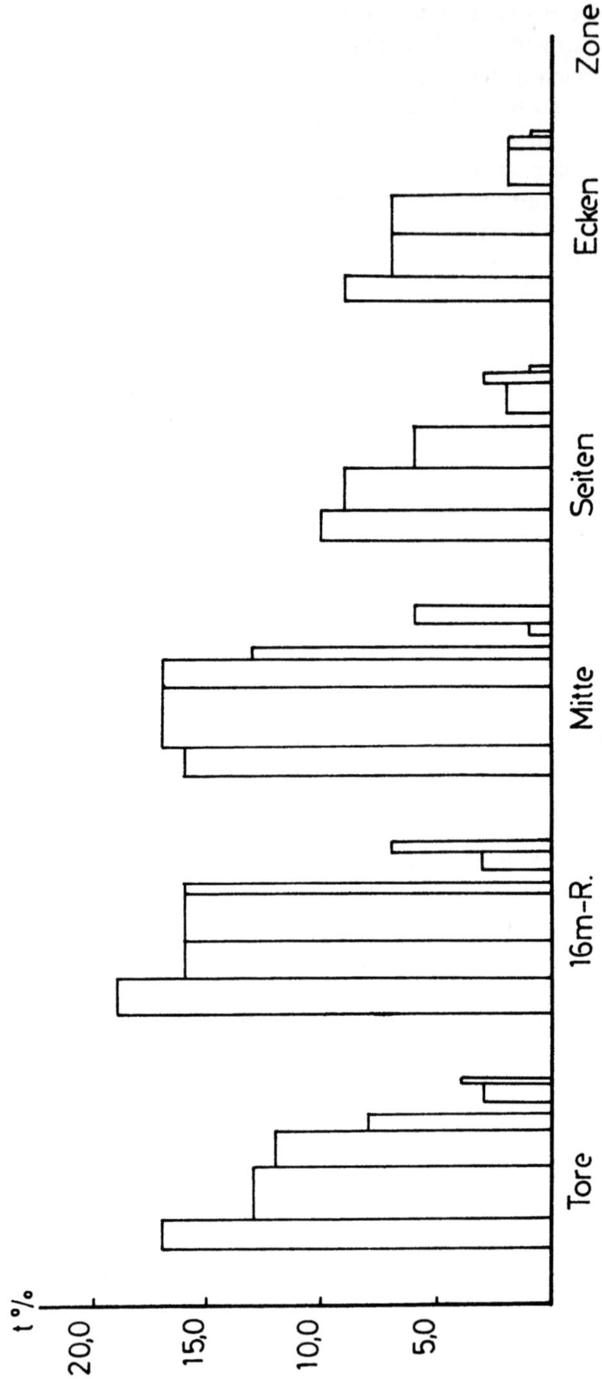

Abb. 2

Charakter einer kürzlich erfolgten Ansaat oder den eines ausgesprochenen Zierrasens, wohl weil sie in beiden Fällen unterbespielt waren. Diese Bestände machten 20–30% aller Aufnahmen aus. Sie dürften von zu großem Interesse sein, als daß man sie als untypisch ganz verwerfen dürfte.

Am Beispiel der Bespielungsgruppe I (Abb. 2) ist ersichtlich, wie sich auf Grund unseres Ordnungsprinzips im 16 m-Raum und im Eckenfeld je drei Varianten abgrenzen lassen, die durch ein Ansteigen der mittleren Artenzahl gekennzeichnet sind. Dabei stechen innerhalb der Varianten einzelne Aufnahmen mit auffallend geringer Artenzahl ins Auge. Wahrscheinlich wurden hier chemische Unkrautbekämpfungsmittel erfolgreich angewandt. Dieser Schluß erscheint berechtigt, weil gleichzeitig mit der Verringerung der Artenzahl eine starke Dezimierung der Zweikeimblättrigen festzustellen ist. Obwohl die Zuordnung zu einer Variante erschwert ist, wird von dem Auftreten einer sicheren Trenn- oder Begleitartengruppe die Berechtigung zur Eingliederung in die betreffende Variante abgeleitet.

Ausgehend von der Überlegung, daß die rasenbildenden Arten mit zunehmendem Tritt zu Gunsten der Trittpflanzen und der Lückigkeit dezimiert und im umgekehrten Falle stark gefördert werden, kann die Trittwirkung (t) im Extremen 100 oder 0% betragen. Mit der Berechnung des Faktors

$$t \sim \frac{T + L + 1}{R + 1}$$

wird eine Relation zur Erfassung der Bespielungintensität gegeben. Dabei bedeutet T = Trittpflanze, L = Lückigkeit, R = Rasenbildner.

Der Kurvenverlauf der Abb. 3 zeigt eine Steigerung der Trittwirkung vom Tor zum 16 m Raum, dann einen Abfall über das Mittel- und Seitenfeld zu den Ecken. Das Maximum im 16 m-Raum ist allen 5 Gruppen der Bespielungsintensität gemeinsam, wenngleich die errechnete Trittwirkung in diesem Raum zwischen 14% in der Gruppe I und 96% in der Gruppe V schwankt. Während sich die Bespielungsintensität im Tor und im Mittelfeld in Gruppe I bis III in annähernd gleichen Grenzen bewegt, fällt sie im Mittelfeld der Gruppen IV und V relativ stark ab, d.h. die Bespielung konzentriert sich auf den Plätzen dieser Gruppen vor allem auf die Zonen im Tor und 16 m-Raum, weil sich hier Übungs- und Jugendspiele besonders stark auswirken. Zunehmend interessant wird der Verlauf im Seitenfeld, besonders aber in den Ecken, wo die Kurven der Gruppen I bis IV beinahe in einen Punkt zusammenlaufen. Hier geht die Bespielungsintensität so weit zurück, daß das Artengefüge auf allen Plätzen in seinem Charakter mehr und mehr zum oft gemähten Zierrasen hin tendiert.

Am Beispiel der Gruppe I (Abb. 4) soll das Verhalten einiger Arten mit einem durchschnittlichen Deckungsgrad über 1%, und zwar der Verlauf ihrer Stetigkeit und Dominanz im Mittel von 28 Standorten = 560 Aufnahmen in allen 5 Spielzonen, dargestellt werden. Der untere Teil der Darstellung zeigt das Stetigkeitsdiagramm, der obere das der Dominanz. Obwohl die Arten *Poa annua* und *Lolium perenne* in allen Zonen eine Stetigkeit von 100% erreichen, fallen beide Arten in ihrer Dominanz mit

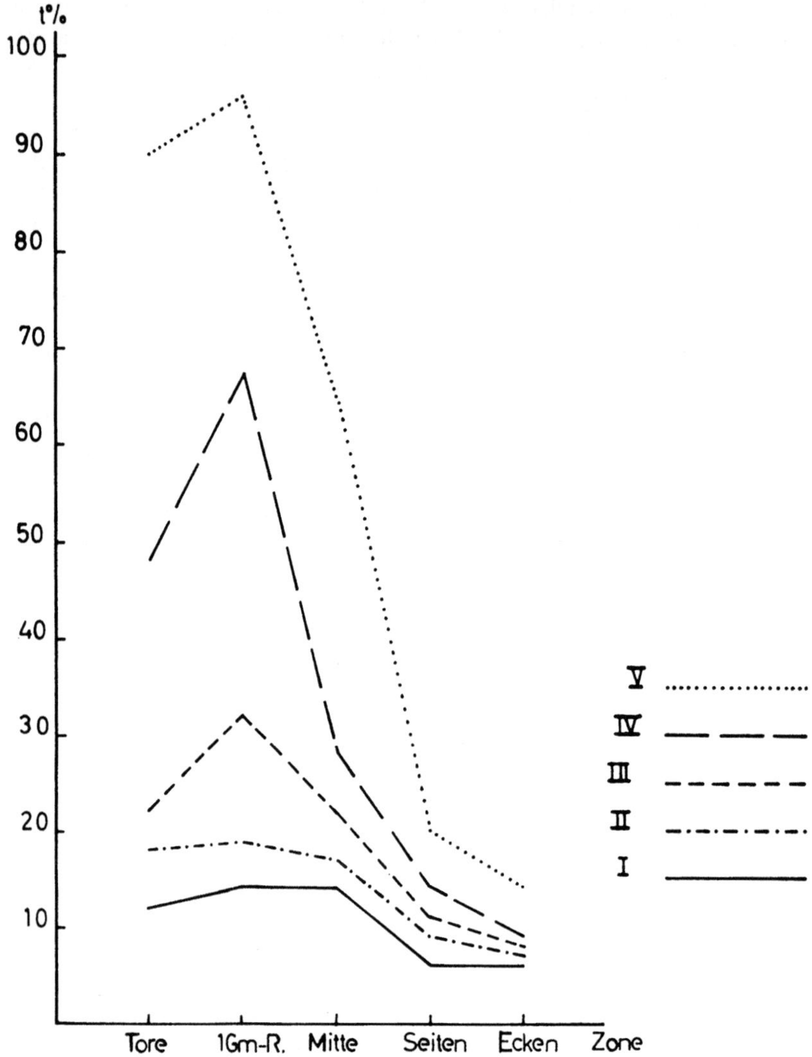

Abb. 3

abnehmender Trittwirkung im Seiten- und Eckenfeld vornehmlich der Konkurrenz von *Agrostis alba* als Sammelart und *Poa trivialis* anheim. Diese beiden Arten erhöhen mit schwächer werdender Bespielungstärke ihre Dominanz und Stetigkeit. In ähnlicher Weise zeigen *Plantago maior* und *Bellis perennis* einen entgegengesetzten Kurvenverlauf, nämlich das Bild einer geöffneten Schere. Der erstere unterliegt als relativ sehr trittverträglicher Lückenbüßer ähnlich wie *Lolium perenne* und *Poa annua* bei geringer Bespielung und dichter Narbe der Konkurrenz von *Agrostis alba* und *Poa trivialis*, während *Bellis perennis* in einem immer kurz gehaltenen Rasen anscheinend sehr gut Stand zu halten, ja seine Stetigkeit und Dominanz zu erhöhen vermag.

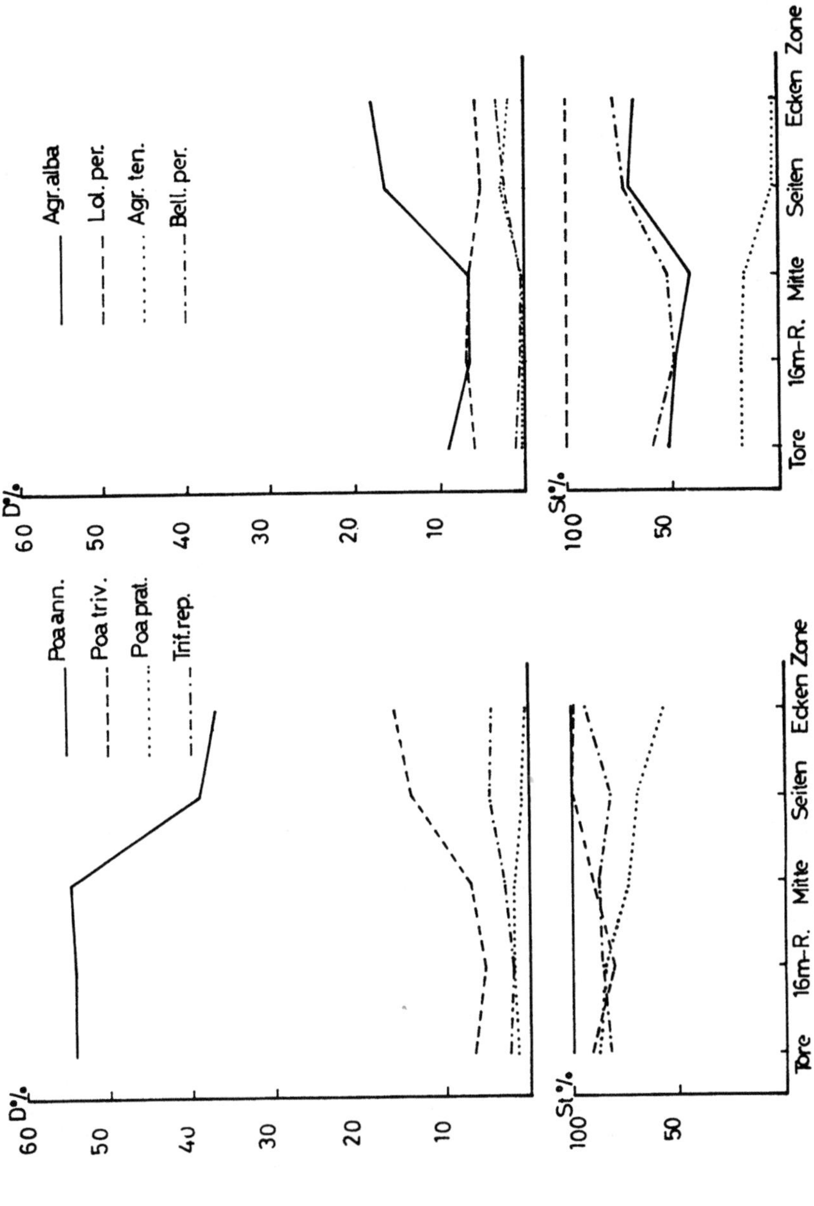

Abb. 4

ZUSAMMENFASSUNG

Neben Pflege und Düngung stellt den wirksamsten Faktorenkomplex auf Sportplätzen der Tritt dar, d.h. die Bespielungsintensität. Deswegen zählen die Pflanzenbestände der Fußballplätze mit vollem Recht zur Trittpflanzengesellschaft, der Plantago maior–Lolium perenne–Assoziation. Zwischen der Artenzahl und der Bespielungsintensität bestehen nur undeutliche Beziehungen, die jedoch vielleicht immerhin in Varianten zum Ausdruck kommen. Deutlicher ist der Rückgang der Dominanz von ausgesprochenen Trittpflanzen bei geringer werdender Bespielungsintensität, sowohl auf dem einzelnen Fußballplatz in den verschiedenen Zonen als auch von Platz zu Platz. Zuletzt gleichen die Bestände mehr oder weniger gepflegten Zierrasen. Immer kann nur von Varianten und Fazies gesprochen werden, da die Trittwirkung in ihrem überragenden Einfluß nur Fragmente der Trittpflanzengesellschaft bestehen läßt.

SUMMARY

Together with cultivation and fertilization, the most operative factor complex of sport-fields is the Tread, i.e. the playing intensity. Therefore the plant stock of Football (Soccer) pitches belongs rightly to the Tread Plant Community the Plantago maior—Lolium perenne—Association. Between the number of species and the playing intensity there exist only indefinite relationships which are perhaps expressed in the variants. More distinct is the decline in dominance of marked Tread plants with decreasing playing intensity, just the same with single Football (Soccer) pitches in various areas as from pitch to pitch. In the end the stocks resemble more or less cultivated lawns. It is only possible to discuss Variants and Facies, because Tread-action with its overpowering effect allows only fragments of the Tread Plant Community to survive.

J. Schmithüsen:

Für mich persönlich war dieser Vortrag einer der interessantesten, die überhaupt auf dieser Tagung bisher gehalten worden sind und einer der für den „grauen Theoretiker" aufschlußreichsten. Generell war dieser Vortrag zunächst einmal ein Vorbild für die Anpassung der Methode an das Objekt und an die Fragestellung (Beifall). Aber auch für die Erkenntnis unserer Grundproblematik war der Vortrag erstaunlich aufschlußreich. In den mehr oder weniger theoretischen Vorträgen am Anfang, entstand die ganz grundlegende Frage, die Herr Troll in seinem Vortrag angeschnitten hatte; was ist eigentlich Landschaftsökologie? Herr Troll hatte festgestellt, Landschaftsökologie sollte man in der Kulturlandschaft auf die Naturzusammenhänge oder auf die Zusammenhänge von Naturvorgängen in der Landschaft beziehen. Es wurden also gewisse Phänomene und gewisse Bereiche, die in der Kulturlandschaft immer vorhanden sind, davon abstrahiert und ausgeschaltet. Es blieb aber unklar, wo eigentlich die Grenze dabei liegt.

Dieser Vortrag ist m.E. geeignet um klar festzustellen, wo diese Grenze liegt, und inwiefern die Formulierung von Troll vielleicht doch nicht ganz der Sachlage gerecht wird. Der Vortrag war ein echt ökologischer Vortrag. Er handelte von Wirkungszusammenhängen, die im einzelnen kausalanalytisch faßbar sind. Entsprechende Methoden wurden ja auch angewandt. Aber dieser Vortrag konnte auch zeigen, wo dabei das Menschliche, also das Geistige in der Landschaft bleibt, bezw. wo es in die ökologische Fragestellung eintritt. Es ist nämlich in diesem Fall wie mit den Spielregeln des Fußballspiels. Da liegt ein geistiger Plan vor, der als solcher das Wirken des Menschen in diesem Raum regelt. Was jetzt untersucht wurde, das ist wirklich das Ökologische, wie nämlich das von diesem Plan aus geregelte Wirken des Menschen nun unter den Naturgesetzen abläuft und welche Folgerungen sich daraus ergeben, zunächst nur mit der Sicht auf das Ergebnis im Objekt der Pflanzengesellschaften, die dabei entstehen. Man könnte dann – damit wäre die ökologische Fragestellung vollständig – noch die umgekehrte Frage daran anschliessen, welche Folgerungen die Entstehung der verschiedenen Pflanzengesellschaften aus dem Plan heraus, die dabei sich durchsetzenden Naturfaktoren, für zusätzliche Maßnahmen des Menschen zur Pflege des Platzes noch hätten. Das wäre noch das Gegenspiel im Wirkungsgefüge. Dann haben wir das vollständige ökologische Untersuchungsprogramm: einmal die unmittelbaren Wirkungen dessen, was der Mensch tut in der Abwandlung, die sie erfahren durch die vorgegebenen Naturbedingungen, und zweitens das Wiedereinrichten zusätzlicher Planungsmaßnahmen des Menschen, um evtl. jetzt noch die ungeeigneten Flächen, die dabei entstehen, so zu machen, daß sie auf den Plan direkt wieder passen unter Anpassung wiederum an die erkannten natürlichen Voraussetzungen. Das ist eigentlich das Gesamt-Programm einer vollständigen landschaftsökologischen Untersuchung in der Kulturlandschaft. Damit ist das Wirkungsgefüge in diesem naturwissenschaftlichen Sinne unter Rücksicht auf den geistigen Plan erforscht. Dann bleibt für die Kulturlandschaft natürlich noch ein ganzer Bereich. Sie ist erst dann vollständig erfaßt, wenn wir den geistigen Gestaltplan hinzunehmen. Das liegt dann aber nicht mehr im Bereich des Ökologischen, sondern im Bereich des vom Geist des Menschen gestalteten Plans, womit wir in der Kulturlandschaftsforschung außerdem noch zu tun haben.

Ich habe bisher noch nie ein so schönes Beispiel gefunden, an dem man dieses Grundsätzliche aufzeigen kann, was uns ja, wie die erste Sitzung gezeigt hat, noch gewisse Schwierigkeiten gemacht hat, es klar zu formulieren, obwohl wir im großen und ganzen durchaus sehen, wie die Problematik liegt, wie ich Ihnen jetzt hier zu zeigen versucht habe.

U. Berger-Landefeldt:

Es müßte jetzt noch gefragt werden, warum bildet sich eine solche Trittpflanzen-Gesellschaft an der Stelle so und an jener Stelle so aus. Die Erkenntnis dieser Faktoren ist nämlich wichtig, für die Möglichkeiten, die der Landschaftsökologe in dieser „Landschaft" Fußballplatz oder einer anderen hat. Deswegen meine ich, sollte man diese Frage nicht vernachlässigen. Es könnte sein, daß zwei Faktoren hier sehr maßgebend sind; nämlich einmal, wie wir immer sagen, der Tritt. Aber ich glaube, daß es hier nicht der Tritt, sondern vielmehr die Bodenverdichtung ist, die hier eine wesentliche Veränderung schafft. Diese Bodenverdichtung sollte man eigentlich hier auch noch messend verfolgen.

H. Grupe:

Im Raum Lüneburg spielt auf den sandigen Plätzen im Tor-Bereich und in der Mitte *Polygonum aviculare* (Kriechform) eine auffällige Rolle, die Triebe „nähen" geradezu den Boden zu. Welche ökologische Rolle spielt *Polygonum aviculare*?

A. O'SULLIVAN:

In Mr. PIETSCH's lecture I presume he was only dealing with Soccer pitches; however, in the British Isles one also finds many Rugby pitches. Rugby players do not remain in appointed places in the field as in Soccer but instead move up and down the field as a team. Hence the treading action is much more extensive than in the case of Soccer. The spikes on football-shoes are undoubtedly of very great importance because of the manner in which they crush the plants into the ground. To reduce the plant destroying action of these spikes, an excellent drainage system is necessary, particularly as Soccer and Rugby are both played during the wettest period of the year.

H. LOHMEYER:

Ist bei den Untersuchungen auch die Form der Fußballplätze berücksichtigt worden (Stadionform mit hohen Tribünen, ebene Anlagen in der freien Landschaft)? Kleinklimatische Verhältnisse dürften ebenfalls eine, wenn auch keine überragende Rolle spielen. Spielt die Art der Anlage (Wannenform des Stadiums) nicht auch bei der natürlichen Ansamung von außen her eine Rolle?

P. BRAHE:

Für die Anlagetechnik interessiert die Frage: kann man die Endzusammensetzung der Spielplatz-Gesellschaft unter Berücksichtigung der verschiedenen Spielintensitäts-Bereiche qualitativ wie auch quantitativ bereits bei der Aussaat festlegen, oder muß sich diese Endgesellschaft in jedem Fall erst über bestimmte Zwischenstadien im Zusammenhang mit der einsetzenden Bespielung der Plätze herausbilden? Kann man durch entsprechende Verdichtung des Platzes bei der Anlage bereits die Bedingungen schaffen, die sich durch das Bespielen in etwa 3–4 Jahren ergeben würden?

R. PIETSCH:

Zur Frage von Herrn Prof. BERGER-LANDEFELDT möchte ich sagen, daß die Trittwirkung als solche, d.h. die Bodenverdichtung nur 0,3–0,5 kg cm^2 beträgt, also sehr gering ist. Selbst in den Räumen, die stärker bespielt werden, dürfte die Bodenverdichtung so gering bleiben, daß die alles überragende Trittwirkung mit der Tritt-Verletzung der Narbe der entscheidende Faktor bleibt.

Sicherlich gehört *Polygonum aviculare* in die Trittpflanzen-Gesellschaft hinein. Als Bestandesbildner tritt er aber kaum, höchstens auf ganz verwahrlosten Plätzen auf. Denn auf den meisten Plätzen wird das Unkraut bekämpft. Diese Art reagiert sicherlich in ihrem Keim-Stadium sehr empfindlich darauf. Zudem ist die Vegetationszeit dieser Art ja auch außerordentlich gering. Sie kommt erst im Juni und geht schon bei den ersten Frühfrösten im September, manchmal schon im August, bestimmt zurück. Wenn sie auftritt, dann nur in den am stärksten betretenen Flächen. Sonst wird sie verdrängt.

Die kleinklimatischen Wirkungen zu fassen, dürfte neben der alles überragenden Trittwirkung sehr schwer sein. Ihre Folgen dürften gewiß nur gering sein.

H. LOHMEYER:

Welche Rolle spielt die natürliche Besamung von außen her?

R. PIETSCH:

In diesem Zusammenhang müßten wir auch fragen, wo in den Stadien und auf den sehr gut gepflegten Plätzen der hohe Prozentsatz von *Poa annua* herkommt, die durchaus bis 80–90% ausmachen kann. Andere Arten, wie *Festuca rubra*, die bis zu 70–80% in der Ansaatmischung vorhanden sind, erlangen keine Bedeutung, selbst auf Plätzen, die erst ein Vierteljahr unter Bespielung standen. Sie wuchsen nur noch im Seitenfeld.

Die endgültige Zusammensetzung der Rasennarbe sollte wohl bei der Ansaatmischung berücksichtigt werden. Aber wo sind alle diese Arten, die ich gefunden habe, und hier besonders wieder *Poa annua* im Handel überhaupt vorhanden? Vielleicht ließe sich bei dieser Art auch durch Züchtung etwas erreichen. Ich glaube nicht, daß diese Art streng einjährig, sondern daß sie überjährig ist, und daß wir vielleicht auch Formen finden werden, die oberirdisch, vielleicht sogar unterirdisch Ausläufer treiben und für die Weiterzüchtung von Bedeutung werden könnten.

P. BRAHE:

Wenn gewisse Arten nicht im Handel sind, so möchte ich vermuten, daß der Handel nur auf eine Anregung wartet.

VEGETATIONSGESTALTUNG IM SIEDLUNGSRAUM DES WESTENS DER VEREINIGTEN STAATEN

von

DIETER BOMMER, Giessen (jetzt Braunschweig-Völkenrode)

Wenn wir von Landschaftsökologie sprechen, werden wir zwangsläufig mit den Forderungen konfrontiert, die der Mensch an seinen Lebensraum, die Landschaft, stellt und mit den Einflüssen und Veränderungen, die von diesen Forderungen auf die Landschaft ausgehen. Aus Europa wissen wir, wie durch diese Einflüsse die natürliche Vegetation zugunsten anthropogen bestimmter Pflanzengesellschaften verändert wird und je nach der wirtschaftlichen Eignung einzelne Pflanzengesellschaften in der Kulturlandschaft fast vollkommen von Wirtschaftsformen verdrängt werden können.

Die Kulturlandschaft selbst unterliegt je nach den wirtschaftlichen und gesellschaftlichen Forderungen der in ihr lebenden Menschen einem ständigen Wandel. Wir sind heute in unserem engeren Lebensraum Zeuge solchen Wandels, der sich mit der Zunahme bebauten Landes und infolge überregional wirtschaftlicher Zusammenschlüsse vollzieht. Das Zurückweichen land- und forstwirtschaftlicher Nutzung zugunsten von Verkehrsbauten, Stadt- und Industriesiedlungen, die Umwandlung unrentabler Ackerflächen zu Grünland und die Aufforstung ertragsarmen Acker- und Grünlandes sind nur einige Beispiele dafür.

Zum Vergleich mit der Kulturlandschaft im alten Siedlungsraum Europas ist es aufschlußreich in jüngeren Siedlungsgebieten mit extremeren Klimabedingungen die in relativ kurzer Zeit entstandene und entstehende Kulturlandschaft und die Forderungen kennenzulernen, die eine rasch sich entwickelnde Zivilisation an sie stellt.

Es soll hier von Erfahrungen berichtet werden, die während eines Studienaufenthaltes im Westen der Vereinigten Staaten gesammelt wurden. Die Ausführungen beschränken sich im wesentlichen auf Kalifornien, das von verschiedenen Gesichtspunkten aus als ein extremes Beispiel eines solch jungen Siedlungsraumes angesehen werden kann.

KALIFORNIEN. KLIMA, VEGETATION, BESIEDLUNG

Kalifornien erstreckt sich als südwestlichster Staat der Vereinigten Staaten von $32\frac{1}{2}$ bis 42° nördl. Breite an der pazifischen Küste und wird im wesentlichen von einem Etesien-Klima mit Winterregen und Sommertrockenheit beherrscht. Von Norden nach Süden extrem abnehmende Niederschläge und zunehmende Temperaturen geben dem Gebiet zusammen mit einer wechselvollen Topographie eine vielgestaltige Vegetation und gleichzeitig die Bedingungen für den Anbau von etwa 300 verschiedenen Kulturpflanzenarten aus den gemäßigten und subtropischen Gebieten.

Die ursprüngliche Vegetation ist noch heute relativ gut zu erkennen. Mit der angegebenen Niederschlagsverteilung stoßen die Nadelhochwälder des Nordteiles in den Gebirgskämmen der Sierra Nevada und des Küstengebirges weiter nach Süden vor und werden mit abnehmendem Jahresniederschlag und höheren Temperaturen von Hartlaubgehölzen der Eichen- und Eichenmischwälder sowie der Trockenbuschgesellschaften des Chaparral abgelöst. Das von Sierra und Küstengebirge umschlossene Zentraltal war ursprünglich von einer Horstgras-Prärie bedeckt, die sich bis in die seitlichen Gebirgstäler und auf die unteren Hanglagen der Randgebirge erstreckte. Das Halbwüsten- und Wüstengebiet Südostkaliforniens wird dagegen von Baum-Yucca-, Wüsten- und Salzbusch-Gesellschaften beherrscht (für ausführlichere Angaben vergleiche KNAPP 1957).

Neben der vielgestaltigen Vegetation liegt eine weitere Besonderheit diese Staates in der Geschichte und Art seiner Besiedlung. Kalifornien war und ist der Schauplatz einer der vielleicht größten Massenwanderungen, die jemals stattgefunden haben. Noch kommen täglich etwa 1000 Menschen über seine Grenzen, eine Bewegung, die mit dem Goldrush um 1849 einsetzte, aber erst mit der zunehmenden Industrialisierung in diesem Jahrhundert und vornehmlich in den letzten 20 bis 30 Jahren diese Heftigkeit annahm. Die Bevölkerung umfaßte 1940 7 Millionen Menschen, 1950 11 Millionen und hatte 1962 17 Millionen überschritten. Für 1970 wird eine Zunahme auf über 22 Millionen angenommen.

Die rasch wachsende Bevölkerung konzentriert sich im wesentlichen auf 2 Ballungszentren, die Gebiete der San Francisco Bay und von Los Angeles, wobei Los Angeles weitaus dominiert. So sind es $\frac{2}{3}$ der Bevölkerung, die sich nur auf 1% der Gesamtlandfläche zusammendrängen. Durch die schon von der ersten spanischen Besiedlung eingeleitete Bevorzugung des trockenen Südwestens als Siedlungsraum zeigt die gegenwärtige Verteilung der Bevölkerung ein geradezu umgekehrtes Verhältnis zur Niederschlagsverteilung.

Von den vielen Problemen, die sich aus der Besonderheit der Besiedlung auf die Gestaltung der Vegetation und der Landschaft ergeben, können hier nur einige angeschnitten werden.

WANDEL DER LANDWIRTSCHAFTLICHEN NUTZUNG

Die im 18. Jahrhundert errichteten Missionen der spanischen Franziskanermönche brachten in das bis dahin nur von sammelnden und jagenden Indianern genutzte Land den Anbau von Kulturpflanzen und die erste Entwicklung von Bewässerungssystemen. Der dominierende Einfluß auf die Vegetation aber ging zunächst von der gleichzeitig begonnenen Weidewirtschaft aus, die sich auf das vorhandene Prärie-Grasland stützte. Die rasch zunehmende Tierzahl an Rindern, Schafen, Pferden und Ziegen führte zusammen mit ganzjährigem, ungeregeltem Weidegang in einigen Jahrzehnten zu einem fast völligen Verschwinden des ausdauernden

Graslandes. Als Unkräuter eingeschleppte einjährige Gras-, Leguminosen- und Kräuterarten ersetzten die ursprüngliche Vegetation. Dieser Einfluß erstreckt sich bis in die Hartlaubgehölze der Hanglagen hinein. Bemerkenswert ist, daß das heutige einjährige Grasland Kaliforniens offensichtlich einen höheren Ertrag an nutzbarem Futter zu liefern vermag als die ursprüngliche ausdauernde Grasvegetation. Die sehr labile Pflanzengesellschaft des einjährigen Graslandes bietet ständig die Gefahr des Eindringens und Überhandnehmens unerwünschter Arten, wie sie sich z.B. mit *Elymus caput-medusae* im Laufe der letzten 30 Jahre entwickelt hat, andererseits aber auch die Möglichkeit der raschen Vegetationslenkung zur Verbesserung von Ertrag und Futter-Qualität, um den Bedarf der rasch wachsenden Bevölkerung an tierischen Produkten zu decken. Der Versuch der Einführung neuer, besserer Futterpflanzenarten und die Schaffung eines entsprechenden Samenvorrates im Boden stehen hier neben der beginnenden Düngung und Nutzungslenkung im Vordergrund der Bemühungen, die Vegetation der Dauerweideflächen auf eine gewünschte Leistungshöhe zu bringen.

Die letzten Ausführungen beziehen sich auf das annuelle Grasland der unteren Hanglagen von Sierra Nevada und Küstengebirge. Aus den Tallagen wurde die Naturweide zu Ausgang des letzten Jahrhunderts mit der Erkenntnis der Fruchtbarkeit der Böden, der Entwicklung moderner Bodenbearbeitungstechnik und vor allem eines ausgedehnten Bewässerungssystems verdrängt. Die zunehmende Wassererschließung aus Tiefbrunnen und durch ein bewundernswertes Wasserspeicherungs- und Wassertransportsystem haben zusammen mit dem Besiedlungsdruck im Südwesten in den letzten Jahrzehnten zu einer zunehmenden Verlagerung des intensiven Ackerbaues in die wärmeren aber auch trockeneren Gebiete des Südens geführt, die außerdem für die Bewässerung günstigere Bodenarten aufweisen. So sind die Schwerpunkte der Intensivlandwirtschaft im südlichen Zentraltal und in den Wüstengebieten des Südostens entstanden. Die mit den technischen Aufwendungen verbundenen höheren Wasserkosten bestimmen die Auswahl der Kulturpflanzen, die sich auf hochwertige Intensivkulturen wie Gemüse, Baumwolle und *Citrus*-Früchte beschränken muß.

Die landwirtschaftliche Bodennutzung aber ist heute auf ständigem Rückzug vor den sich rapide ausdehnenden Siedlungsgebieten der Städte und den Straßenbauten begriffen. Bisher waren es vorwiegend fruchtbarste Flächen der tiefgelegenen Küstenteile und Täler, die der Bebauung zum Opfer fielen. In dem an Los Angeles südlich angrenzenden Orange County werden so täglich 150 ha ehemaliger *Citrus*- und Gemüse-Farmen für den Hausbau planiert. Damit entwickelt sich eine zunehmende Gefahr für einen der wesentlichsten Pfeiler des Wohlstandes in Kalifornien, das ja eines der führenden landwirtschaftlichen Produktionsgebiete der Erde ist.

FEUER, VEGETATION, SIEDLUNG UND LANDNUTZUNG

Außer dem Verlust fruchtbarster Teile der landwirtschaftlichen Nutzfläche und der Vertreibung von Farmern in andere Teile des Staates wirft die Ausweitung der städtischen Besiedlung weitere Probleme auf, die mit der vorhandenen Vegetation in engem Zusammenhang stehen. In den beiden großen Ballungszentren der Bevölkerung stößt die bisher vorwiegend in der Ebene erfolgte Ausbreitung des Siedlungsraumes an die Gebirgsketten des Küstengebirges an. Dieser südlichere Teil des Küstengebirges aber ist vorwiegend von Pflanzengesellschaften bedeckt, die während des trockenen Sommerhalbjahres unter extremer Feuersgefahr stehen. Die potentielle Brandgefahr besteht für alle der unter dem Begriff der ,,Wildlands" zusammengefaßten Vegetationseinheiten Kaliforniens, vor allem für die Gelbkiefernwälder, Hartlaubgehölze und das Grasland. Der als Chaparral bezeichnete Trockenbusch wird vielfach sogar als Feuerklimax-Vegetation angesehen.

Die dichte Berührung von Besiedlung und leicht entzündlicher Vegetationsdecke erhöht auf der einen Seite die Möglichkeiten der Brandentstehung außerordentlich, auf der anderen Seite ist die Erschließung dieser Gebiete wenigstens in Tal- und unteren Hanglagen für Wohn- oder Wochenendhäuser durch die Feuergefahr erheblich erschwert. Ein bekanntes Beispiel ist die Zerstörung der Hollywood-Villen durch ein Wildfeuer 1961 im Chaparral der Los Angeles Berge.

Eine ausgedehnte Feuerkontrolle in allen gefährdeten Vegetationstypen ist bisher das wichtigste Mittel zur Eindämmung der großen jährlichen Verluste an Nutzholz, durch Erosionschäden nach Vegetationsvernichtung an gefährdeten Hängen und an Gut und Leben der in diesen Gebieten lebenden Menschen. Die Brandbekämpfung kostet im Durchschnitt je Hektar 250 Dollar, eine hohe Belastung für den Steuerzahler bei einer jährlichen Brandfläche von etwa 80 000 ha. Die Anstrengungen gehen heute darauf hinaus zur Verminderung der Kosten und der Abwendung der Gefahren neben den reinen Kontrollmaßnahmen die Vegetation nach Feuergesichtspunkten zu bewirtschaften und schließlich zu verbessern. Hier ist u.a. das ,,Aufbrechen" geschlossener Gehölze besonders des Chaparral durch Kontrollbrände und nachträgliche Einsaat von Grasland zu nennen. Wuchsstoffartige Unkrautbekämpfungsmittel sind dabei ein wichtiges Hilfsmittel den Wiederausschlag der Holzpflanzen und den Sämlingsaufgang zu vernichten. Zusammen mit Weidenutzung wird so eine stärkere Ansammlung brennbaren Materials verhindert und die Feuerbekämpfung erleichtert. Gleichzeitig wird der wirtschaftliche Wert dieser Flächen, die unter der alten Vegetationsdecke kaum eine Nutzung abwerfen, um ein Vielfaches erhöht.

Für den Schutz von Wohnsiedlungen wird neben dem Freihalten von brennbarer Vegetation in größerem Umkreis die Anpflanzung von schlecht brennenden Pflanzenarten angestrebt, die unter den gegebenen Bedingungen auch eine entsprechende Dürreresistenz aufweisen müssen. Unter den empfohlenen Pflanzen finden sich *Mesembryanthemum*-Arten, *Oleander*, *Cistus*-Arten u.a.m.

VEGETATION UND WASSERERTRAG

Die zentrale Frage in Kalifornien wie in allen Trockengebieten ist die Wasserversorgung für den Menschen und seine Industrien wie für die landwirtschaftlichen Kulturen. Die hohen Niederschläge als Schnee und Regen im Norden und in der hohen Sierra Nevada begünstigen Kalifornien vor anderen Staaten des Südwestens der USA. Bisher beträgt der Verbrauch etwa ein Drittel der durchschnittlichen Jahreswasserernte. Die gegensätzliche Verteilung von Besiedlung und Niederschlag bedingt jedoch, daß 70% des zur Verfügung stehenden Wasserabflusses im Nordteil des Staates liegen während der Verbrauch zu 80% auf den Südteil konzentriert ist.

Großartige technische Leistungen mit zahlreichen Staubecken und unter- wie überirdischen Kanalsystemen haben es möglich gemacht, die Winterwasserreserven der nördlichen Teile und der Gebirge zu speichern und in die Gebiete des Hauptbedarfes zu leiten; eine Entwicklung, die mit erheblichen Kostenaufwendungen heute noch anhält und in der Zukunft immer größere Bedeutung haben wird.

Die Beziehungen der Vegetation zur Wasserergiebigkeit im Einzugsgebiet eines Bach- oder Flußsystems gehören zur zentralen Fragestellung in der Landschaftsökologie der Trockengebiete. Unter dem Begriff des „Watershed Management" sind in allen Weststaaten der USA Untersuchungen darüber im Gange, wie durch Veränderung oder Manipulation der Vegetationsdecke neben dem Schutz vor Erosion und Flutkatastrophen die Wasserausbeute an Menge und Qualität verbessert werden kann.

Vielfach gelingt es hier durch Beseitigung tiefwurzelnder Arten und Förderung einer flachwurzelnden Pflanzendecke bei Erhaltung von Erosionsschutz und Infiltrationsfähigkeit die Wasserausbeute nachhaltig zu erhöhen. Oft können damit erhebliche Verbesserungen des Nutzertrages der Vegetationsdecke einhergehen. So wurde z.B. in einer Watershed-Untersuchung im nördlichen Teil des Küstengebirges in einem Mischbestand von Blaueiche (*Quercus douglasii*) und einjährigem Grasland allein durch Abtötung der Eichen mit Wuchsstoffen der sonst nur im Frühjahr wasserführende Bachlauf zu ganzjährigem Wasserfluß gebracht und gleichzeitig der Futterertrag der Grasdecke verzehnfacht. Eine weitere Umwandlung des annuellen Graslandes durch die Einsaat eingeführter ausdauernder Gräserarten verminderte bei gleichem Futterertrag den Bodenverlust in diesem Watershed auf $^1/_3$ der ursprünglichen Menge. Zahlreiche ähnliche Beispiele, wenn auch durchaus nicht immer mit demselben Erfolg, könnten aus verschiedenen anderen Vegetationstypen angeführt werden.

„MULTIPLE USE"-KONZEPT

Die als „Wildlands" gekennzeichneten Gebiete Kaliforniens umfassen mit 65% einen Großteil der Landfläche. Neben ihrer Bedeutung als Weide, Holzlieferant und Wasserspeicher wächst mit der Zunahme der Stadtbevölkerung ihre Beanspruchung als Jagd- und Erholungsgebiete. Z.Zt. beträgt die Zahl der jährlichen Besuchertage in den Kalifornischen Gebirgen 70 Millionen. Der Erholungssuchende, der Camper und Wanderer wird zum ökologischen Faktor der Vegetation, der bei der Erhaltung von Naturschönheiten und Naturschutzparks in Rechnung gestellt werden muß.

Im „Multiple Use"-Konzept der Nutzung des unter der Verwaltung der Bundes- und Staatsforstbehörden stehenden Landes haben die Nutzungsrichtungen Holz, Wasser, Weide, Erholung und Jagd gleiches Recht nebeneinander. Die Reihenfolge ihrer Bedeutung wird je nach den Standorts- und Vegetationsverhältnissen und den Bedürfnissen der Bevölkerung festgelegt und kann so von Standort zu Standort wechseln.

Für jede Nutzungsrichtung aber zeichnen sich Bestrebungen einer bewußten Vegetationsgestaltung ab, deren Grundlage durch eine Vegetations- und Bodenkartierung geschaffen wird. In zielbewußter Arbeit und in voller Erkenntnis der aus dem raschen Bevölkerungsanstieg resultierenden Forderungen an die Gestalt der Landschaft und die Nutzung der Vegetationsreserven hat die Universität von Kalifornien alle wissenschaftlichen Disziplinen, die an diesen Problemen arbeiten, in einem Wildland Research Center zusammengefaßt.

An diesen wenigen Beispielen sollten einige Entwicklungen der Kulturlandschaft in dem jungen Siedlungsraum Kalifornien aufgezeigt werden. Die anfängliche land- und forstwirtschaftliche Nutzung beschränkte sich überwiegend auf die vorhandene natürliche Vegetation. Steigende Bedürfnisse der Menschen zusammen mit der Entwicklung technischer Mittel aber führten zu einer zunehmend intensiveren Bodennutzung und damit der Schaffung von Standortsbedingungen für den Anbau von Kulturpflanzen, die zwar der ursprünglichen Vegetation fremd, dem Menschen aber nutzbringend waren. So wurden schließlich Landschaftsräume der Kultur erschlossen, die der menschlichen Besiedlung von Natur aus feindlich waren. Heute greift dieser gestaltende Einfluß des Menschen auch auf die extensiv genutzten Weideflächen, die holzliefernden Waldbestände und die seither nur zur Jagd genutzten Hartlaubgehölze über. Immer ist das Ziel der Bemühungen, die für die wachsenden Bedürfnisse des Menschen günstigste Vegetation zu schaffen. Diese Formulierung mag manchem schrecklich klingen, wenn man nicht weiß, in welch vorbildlicher Weise in den Vereinigten Staaten Naturschutzgebiete eingerichtet worden sind. Die biologischen Wissenschaften einschließlich Vegetationskunde, Bodenkunde, Landwirtschaft und Kulturtechnik sind hier aufgerufen Grundlagen für Erhaltung und für Neugestaltung der Vegetation in gleicher Weise zu liefern.

ZUSAMMENFASSUNG

Es wird über einige Beispiele der Vegetationsgestaltung in dem jungen Siedlungsraum Kaliforniens berichtet. Die Besonderheiten dieses Staates liegen in der extremen Niederschlagsverteilung mit ausgeprägten Trockenperioden und Trockengebieten und einer sehr rasch wachsenden Bevölkerung, die sich auf die Trockengebiete konzentriert. Es werden Probleme erörtert, die sich aus der Intensivierung der Boden- und Weidenutzung, dem Vordringen der Besiedlung in den Trockenbusch, der Beziehungen der Pflanzendecke zur Ergiebigkeit von Wasserläufen und der zunehmenden Beanspruchung der Gebirge für Erholungszwecke für eine bewußte Vegetationsgestaltung ergeben.

SUMMARY

California, a region of relative young human settlement, is characterized by an extreme distribution of rainfall with a long summer drought period and a rapid growing population concentrated in the dry parts of the state. Problems of a planned manipulation and management of the vegetation are discussed related to the increasing intensity of croping and grazing, to the penetration of human settlement into the dry brush areas, to watershed management and to the increasing use of the mountain areas for recreation.

LITERATUR

GREGOR, H. F.: Spatial disharmonies in California population growth. – Geograph. Rev. **53**: 100–122. 1963.
HUMPHREY, R. R.: Forage and Water. – J. Range Mgmt. **12**: 164–170. 1959.
KNAPP, R.: Über die Gliederung der Vegetation von Nordamerika. – Geobot. Mitttlg. **11**. Köln 1957.
LOVE, R. M.: Man, Agriculture and Natural Resources. – Vortrag, Natural Resource Conference, Calif. Farm Bur. Fed. Los Angeles 1959.
MAIRE, R. G.: Landscape to prevent fire. – Univ. Calif. Agric. Ext. Service, Pub. AXT-64. 1962.
POULTON, C. E.: Soil-Vegetation research and surveys in multiple use management of western ranges. – In A.A.A. Sci.: Grasslands: 359–370. 1959.
RUTHERFORD, D. M., u. K. R. FARREL: Some facts about California agriculture. – Univ. Calif. Agric. Ext. Service 1961.
SCHMITHÜSEN, J.: Allgemeine Vegetationsgeographie. – Berlin 1959.
SMITH, S. C. a. M. F. BREWER: California's man-made rivers. – Univ. Calif., Agric. Exp. Sta. Ext. Service. 1961.
University of California Agric. Exp. Sta.: Conserving Wildland resources through research. – Berkeley 1959.

J. SCHMITHÜSEN:

Dieses Referat hat gezeigt, wie weit die Zusammenarbeit, die wir ja anstreben, in diesem Fall besonders zwischen Grünlandwirtschaft und Geographie schon vorhanden ist. Hier begegnen wir uns, genau so wie wir das generall möchten.

R. TÜXEN:

Im Anschluß an den Internationalen Botaniker-Kongreß im Montreal hatte ich das Glück, von Prof. KÜCHLER mit dem Wagen nach New York gefahren zu werden und einen flüchtigen Eindruck von dem durchfahrenen Gebiet gewinnen zu können. Dabei hat mich besonders das Aussehen der sehr großen Weideflächen mit schwarz-weißen friesischen Rindern beeindruckt. Sie liegen in Mischwäldern, die etwa unseren Fagetalia entsprechen oder in nördlicher angrenzenden Nadelwaldgebieten mit *Tsuga, Abies* usw. Sie bestehen fast ausschließlich aus drei Arten: *Poa pratensis, Agrostis gigantea* und *Phleum pratense*: drei hervorragende Weidepflanzen. Diese Weideflächen degenerieren aber nach zwei bis drei Jahren so vollkommen, daß dann eine einjährige Pflanze, *Ambrosia artimisiifolia,* anstelle der Gräser tritt, zunächst in kleineren Flächen und dann alles weiß bedeckend. Diese *Ambrosia* ist in der Gegend von Montreal und südlich davon eines der häufigsten Unkräuter, sowohl in den Städten als auch im freien Gelände und würde etwa bei uns *Erigeron canadense* entsprechen. Sie kann vollständig dominieren. Die Tatsache, daß diese angesäten Grasflächen degenerieren, ist mir ein eindrucksvolles Beispiel dafür, daß es nicht allein die exogenen Faktoren und ihr Zusammenspiel sind, die eine Pflanzengesellschaft ermöglichen und erhalten, sondern daß auch bestimmte endogene, d.h. innerhalb der Gesellschaft liegende Wirkungen vorhanden sein müssen, damit sich eine Gesellschaft bilden und erhalten kann. Wenn H. WALTER geschrieben hat, es sei mir gelungen, im Pflanzensoziologischen Garten in Hannover aus einzelnen Arten Pflanzengesellschaften aufzubauen, dann ist dieses Lob leider viel zu groß, denn es ist mir jedenfalls nicht in dieser Weise gelungen. Nur dort, wo auch die endogenen Bedingungen gegeben waren, d.h. wo die *richtigen* Pflanzenarten miteinander zusammengebracht waren, hat sich die jeweils standortsbedingte Pflanzengesellschaft eingestellt und weiter entwickelt. Wir sollten also mehr als bisher neben den exogenen, kausal wirkenden Faktoren auch die endogenen Faktoren, die innerhalb der Gesellschaft das eigentliche Wirkungsgefüge darstellen, studieren. Sie gehen weit über das, was wir unter Konkurrenz verstehen, hinaus. Sie werden bis jetzt allerdings kaum erst ihrem Wesen nach erkannt.

H. PFEIFFER:

Die von Prof. TÜXEN als „endogen" bezeichneten Faktoren halte ich für synonym mit sogen. „soziologischen" Faktoren, auch wenn wir sie im einzelnen noch nicht kennen. Ihre Existenz belegt zugleich die Berechtigung der Benennung „Pflanzen-*soziologie*" für unsere scientia amabilis.

V. WESTHOFF:

Indem ich mich den Ausführungen von Prof. TÜXEN anschließe, darf ich bemerken, daß wir im niederländischen Institut für Grundlagenforschung des Naturschutzes untersucht haben, welche Pflanzengesellschaften in den Niederlanden im Bereich der Landschaftsgestaltung überhaupt künstlich geschaffen werden können und welche sich dagegen in keinem Fall von dem Menschen schaffen lassen. Es hat sich herausgestellt, daß nur Gesellschaften auf jungen, relativ homogenen oder gestörten Böden sich schaffen lassen, darunter sowohl Pionier- wie Dauergesellschaften: z.B. aus dem Bereich der Potametalia, Phragmitetalia, Plantaginetalia, Artemisietalia vulgaris, Alno-Padion, ein Teil der Prunetalia usw. Nicht von Menschen zu schaffen sind dagegen Gesellschaften der hochspezialisierten Standorte, in erster Linie solche der heterogenisierten Böden mit entwickeltem Profil, wie Carpinion, Quercion robori-petraeae, Arrhenatherion, Bromion erecti, Nardo-Callunetea, Oxycocco-Sphagnetea und die älteren Flachmoorstadien aus dem Caricion lasiocarpae und Caricion davallianae, obwohl manche sich unter günstigen Umständen nach Teilzerstörung ihres Standortes *spontan* regenerieren können, insoweit die ursprüngliche Vegetation noch in der Nähe vorhanden ist und der Wasserhaushalt nicht gestört ist (Z.B. bei Querco-Carpinetum und Calluno-Genistetum). Hierunter sind also sowohl natürliche als auch halbnatürliche Gesellschaften; in letzteren besteht ein jahrhunderte-altes Gleichgewicht zwischen Mensch und Vegetation, das sich nicht auf einmal darstellen läßt. Derartige Untersuchungen und eine derartige Einteilung könnten im Prinzip in jedem Lande ausgeführt werden, wozu ich gerne anregen möchte.

J. Feise:

Bei aller Bewunderung für den Mut der amerikanischen Landschaftsgestalter sollte man erst zu Wuchsstoffmitteln greifen, wenn man nicht nach Unterbau von Leguminosen etwa in dem unwillkommenen Wald den Bestand durch gewünschte Hölzer verbessern konnte. In Deutschland führen Wuchsstoffmittel, wie sie bei Verwendung des arbeitssparenden Mähdreschers im Getreide schon vielfach gebraucht werden, zu einer Verarmung an tiefwurzelnden Zweikeimblättlern und damit zur Verflachung der Ackerkrume. Man muß dann mehr düngen und mit größeren Ertragsschwankungen rechnen, vermehrt gleichzeitig ungewollt die Ungräser (Flughafer, Ackerfuchsschwanz, Ackerruchgras), die viel schwieriger und nur mit Schädigung des Getreides selbst zu bekämpfen sind. Außerdem wird das Bodenleben zum Schaden der Ackergare stark gestört.

Die Wuchsstoffmittel sind ungeheuer schwierig anzuwenden. Mir wurde ein Mittel zur Bekämpfung der Disteln auf den Weiden angeboten. Ich fragte: „Kann ein höherer Ertrag der Weide nach der Bekämpfung garantiert werden?" Die Antwort war: „Nein." Ich verzichtete darauf. Die Disteln machen mich nicht arm, aber arm macht mich das Abtöten der Regenwürmer! Die Regenwürmer leben von den Ausscheidungen und Wurzeln der zweikeimblättrigen Pflanzen und diese werden sehr häufig zerstört. Ich habe in Südschweden gesehen, daß man da Wuchsstoffmittel verwendet hat, verwenden muß. In dieser amerikanisierten Landwirtschaft, wo man mit den Mähdreschern arbeiten muß, kann man kein Unkraut gebrauchen, man vernichtet all die Unkräuter, die harmlos sind. Man züchtet aber solche, die man nicht mehr vertilgen kann. Ich habe gesehen, wie in Schweden ein 60 PS-Trecker einen anderen 60 PS-Trecker ziehen mußte, um eine einzige Furche ziehen zu können, weil das Land in der Gare vollkommen ruiniert war.

J. Schmithüsen:

In Übereinstimmung mit dem, was Herr Ellenberg gestern gesagt hat, daß eben das, was in dem einen Fall richtig ist, in einem anderen falsch sein kann und umgekehrt, müssen wir, wenn wir dieses Problem weltweit sehen, zugestehen, daß es sicher Erdräume gibt, wo man ohne diese Methoden nicht auskommt. Ich darf als extremes Beispiel vielleicht an die kanadische Forstwirtschaft erinnern und als weiteres Beispiel Neuseeland anführen, wo wir zwar von der Bedeutung der Regenwürmer gehört haben, von wo ich Ihnen aber gestern abend sagte, daß die ganzen Nutzflächen nur auf solchem Wege aus der Luft hergestellt werden und wirtschaftlich bestens sind und daß gar keine Gefahr und Problematik in dem

Sinne überhaupt besteht und es auch keine andere andere Möglichkeit gibt, bei dieser geringen Bevölkerung auf dieser Fläche überhaupt anders zu wirtschaften. Man wird also zugestehen müssen, daß es Räume gibt, wo man ohne etwas Derartiges nicht auskommt. Man wird aber sicher auch Herrn FEISE zustimmen müssen, daß in unserem dicht bevölkerten und so intensiv bewirtschafteten Raum, wo es letzten Endes auf jede kleinste Fläche ankommt, sicherlich alle anderen Möglichkeiten geprüft werden sollen, ehe man mit derartigen Mitteln arbeitet, die zweifellos in diesem Rahmen gefährlich sind.

Frau EVA SIEDE:

Wir hörten während unseres Studiums bei Prof. WIEPKING von der Aufforstung eines Berges bei Florenz, durch die das Fließen von Quellen, die dort schon lange versiegt waren, wieder in Gang gebracht worden sein soll. Ich habe mir gedacht, daß das wohl auf eine Verschiebung zurückzuführen ist in dem Verhältnis der Anteile der Niederschläge, die oberflächlich abfließen, die versickern und die verdunsten.

Wie steht es bei der Abtötung tiefwurzelnder Baumarten in californischen Weidegebieten zur Vergrößerung der Quellschüttung mit der Verteilung von versickerndem Wasser, oberflächlich abfließendem Wasser und verdunstendem Wasser an den Niederschlägen?

D. BOMMER:

Die Frage des Ertragsabfalles bei angesätem Grünland ist eine Kernfrage unserer speziellen Wissenschaft, die uns viele Gedanken macht. Im neuseeländischen Grünland wird die Frage gestellt: Sind die Futterpflanzenarten wirklich die unter diesen Bedingungen optimalen? Oder gibt es bessere in der Welt? Wir sind hier in Europa in diesem Punkte in einer ganz glücklichen Lage. Denn die wesentlichsten Futterpflanzen wachsen ja spontan in unserem Gebiet. Wir haben also diese Sorge zumindest nur in geringem Maße. Aber wenn Sie sehen, wie z.B. die USA einen riesigen Apparat aufbaut, der sich plant introduction nennt, und tausende und abertausende von Pflanzen prüft, die brauchbar sind, dann bekommt man einen Begriff von der Bedeutung dieser Frage. Der durchschlagendste Erfolg auf der ganzen Welt ist bestimmt in Neuseeland erreicht worden, wo nur die eingeführten Arten die Produktion bringen. Darauf basiert die ganze berühmte Grünlandwirtschaft Neuseelands. Das sind europäische Arten, keine neuseeländischen. Diese Gedanken muß man sich heute besonders machen, wenn wir aufgerufen sind, andere Völker zu beraten, die in extremeren Räumen wohnen. Wenn wir wüßten, wie die endogenen Verhältnisse innerhalb einer Gesellschaft sind, wüßten wir auch in unserem Fache mehr, wobei man natürlich sehr unterscheiden muß zwischen den lang- und den kurzlebigen Gemischen. Auf der anderen Seite muß man immer wieder betonen, daß die Begrenzungen, die ja die Vegetation durch die natürlichen Standortsfaktoren erfährt, und das war mein Eindruck vor zwei Tagen, gerade durch unser Arbeitsgebiet überwunden werden sollen. Wir versuchen ja in jeder Kultur Bedingungen zu schaffen, die eben nicht die natürlichen Standortsbedingungen sind. Sonst wären keine Gerste, kein Weizen, keine Zuckerrüben, keine Kartoffeln da. Kulturpflanzen sind ja nicht Pflanzen unserer Flora.

Der Einwurf wegen der Unkrautbekämpfung ist ein endloses Thema. Ich kann hier nur sagen, wer die Arbeiten der Deutschen Grünlandwirtschaft kennt, weiß mit welcher Vorsicht zu diesem Problem Stellung genommen wird. Wir wissen, daß uns die Kräuter auf dem Grünland lieber sind. Wir machen sogar heute Anstrengungen mehr davon zu erhalten, jedenfalls von der wertvollen. Wir stehen also dieser Frage mit großer Vorsicht gegenüber.

Wir dürfen aber nicht verkennen, daß es Grasländer in der Welt gibt, die tausende und abertausende von Hektaren groß sind, und in die Holzarten eindringen und den Futterwuchs praktisch vollkommen vernichten oder auf ein Minimum herunterdrücken. Dann bleiben eben nur solche Mittel als die einzigmöglichen übrig. Ihre Auswirkungen darf man auf der anderen Seite auch nicht überschätzen. Wenn Sie die Amerikaner angreifen und sagen „typisch amerikanisch" usw., möchte ich sagen, die Amerikaner beschäftigen sich in einem Residue-Laboratorium gerade in Kalifornien, intensiv mit den Rückstandsfragen, den Veränderungen des Bodens usw. Wer tut das bei uns? Einige!

Zur Wasserfrage habe ich mit Vorsicht diesen Anhangssatz gebracht. Ich könnte andere Beispiele zeigen, wo es durchaus nicht so günstig aussieht. In diesem Fall war der gesamte Wassergewinn infiltriertes Wasser, also unterirdischer Zufluß, kein oberirdischer Abfluß, nur das frei gegebene unterirdische Wasser, das dann als Quellwasser in Erscheinung tritt. In anderen Fällen wird der oberirdische Abfluß vermehrt, z.B. wenn man den Chaparral vernichtet und die Vegetationsdecke nicht schnell genug wieder herstellt. Dann bekommt man durch die sehr starke Zunahme des oberflächigen Abflusses Erosionsgefahr. Man muß hier also außerordentlich vorsichtig sein, so etwas zu machen. Andererseits gibt es ähnliche Fragen nach dem Wassergewinn, z.B. in den Gelbkiefern-Wäldern. Es gibt eine Reihe von Standorten in den weitverbreiteten Gelbkiefern-Wäldern Nordamerikas, z.B. in den Rocky-Mountains, wo man durch entsprechende Manipulation der Vegetation, wie Herausschlagen von Streifen, Ausdünnen und Ähnliches einen deutlichen Wassergewinn erzielt. Hier bestehen also enge Zusammenhänge, und es sind uns Einwirkungsmöglichkeiten gegeben, die wir vom geologischen, bodenkundlichen und kulturtechnischen Standpunkt aus verstehen müssen, um sie anzuwenden. Man sollte niemals irgendwelcher freien oder willkürlichen Anwendung solcher Methoden das Wort reden. Es ist ja unser aller Ziel, diese Zusammenhänge kennenzulernen.

LANDSCHAFTSÖKOLOGISCHE FORSCHUNG ALS GRUNDLAGE UND VORAUSSETZUNG DER LANDSCHAFTSPLANUNG

von

KONRAD BUCHWALD, Hannover

VORBEMERKUNG

Auf dem Symposion 1963 in Stolzenau/Weser hielt der Verfasser ein Referat mit obigem Thema. Damals wurde am Beispiel einer Flurbereinigung auf der Schwäbischen Alb die Auswertung landschaftsökologischer Untersuchungen für die Landschaftsplanung als Beitrag zum Flurbereinigungsplan dargestellt und daraus Grundsätzliches zur landschaftspflegerischen Arbeitsmethodik abgeleitet. Diese Grundsatzfragen wurden in der allgemeinen Diskussion sowie einer anschließenden sehr fruchtbaren Aussprache mit Prof. SCHMITHÜSEN vertieft. Da das Verständnis des damals gewählten Beispiels ohne Lichtbilder nur schwer möglich ist, beschränken wir uns hier auf die grundsätzlichen Ausführungen, die durch neueres Material ergänzt wurden.

Angesichts der wachsenden Bedeutung der modernen Landschaftspflege auf ökologischer Grundlage erscheint die eingehende Darstellung der Landschaftsplanung im Rahmen der landschaftspflegerischen Arbeitsmethodik von besonderer Bedeutung.

I. DIE HEUTIGE LANDSCHAFTLICHE SITUATION UND DIE AUFGABE-STELLUNG VON RAUMORDNUNG UND LANDESPFLEGE

Seit der industriellen Revolution erfolgt ein beschleunigt ablaufender Strukturwandel der Gesellschaft, der sich über einen Wandel der Flächennutzungen in einem Strukturwandel der Landschaft sowie auf deren Haushalt auswirkt. Wenn wir hier von „Landschaft" sprechen, so wird aufbauend auf dem Landschaftsbegriff HUMBOLDTS der wissenschaftliche Landschaftsbegriff (SCHMITHÜSEN 1963) zugrunde gelegt, wonach wir unter „Landschaft" den „Totalcharakter" eines Teilraumes der Erdoberfläche verstehen, d.h. die Landschaftsstruktur einschließlich der Landschaftsgliederung, den Landschaftshaushalt als das Wirkungsgefüge der Landschaftsfaktoren, das optisch wahrnehmbare Landschaftsbild und schließlich das geschichtliche Werden, das zu dem gegenwärtigen Wirkungsgefüge und Bild geführt hat. Unter „Landschaftsraum" verstehen wir einen Teilraum der Erdoberfläche, der sich nach seinem Totalcharakter von den umgebenden Teilräumen unterscheidet.

Mensch und Gesellschaft sind Teile des Wirkungsgefüges der Kulturlandschaft, wirkender Landschaftsfaktor und zugleich den Einflüssen der biotischen und abiotischen Faktoren ausgesetzt und von ihnen abhängig. Während sich die Landesnatur, das Gefüge der natürlichen Elemente, bzw. Faktoren der Landschaft ohne menschliche Eingriffe nur säkular wandelt, in ihrer natürlichen Leistungsfähigkeit begrenzt ist, nur begrenzt belastbar ist und als ökologisches System auf Eingriffe häufig empfindlich reagiert, wandelt sich der andere Teil dieses Systems: die Gesellschaft mit noch zunehmender Geschwindigkeit nach Zahl und Struktur und stellt häufig sich ändernde und wachsende Ansprüche an die Nutzung der Landschaft in ihren Pflanzenbeständen, in ihrer Tierwelt, an Boden, Gestein und Mineralien, Wasser, Luft, kurzum also an das, was wir die „natürlichen Hilfsquellen" nennen. Damit ergibt sich aber die Aufgabe des Ausgleiches zwischen dem qualitativ und quantitativ begrenzten, lokal und regional sehr unterschiedlichem natürlichen Potential der Landschaften und dem nach Umfang und Art wechselnden, insgesamt schnell wachsenden Bedarf der Gesellschaft. Dieser Ausgleich muß in erster Linie in einer räumlichen Ordnung der Beziehungen zwischen der Gesellschaft und der Landesnatur als deren Lebensgrundlage und Lebensraum bestehen, in einer Beschränkung mancher Nutzungen, in Schutz- und Pflegemaßnahmen. Es ergibt sich daraus die Aufgabe der Raumordnung im weitesten Sinne eineschließlich der Landespflege. Wenn wir mit J. Umlauf „Raumordnung als die optimale Zuordnung von Raum und Bevölkerung entsprechend den wirtschaftlichen, sozialen und kulturellen Bedürfnissen der Gesellschaft" fassen, so steckt zwangsläufig, allein in dem Wort „optimal", wenn auch nicht ausgesprochen, eine starke und bisher nicht deutlich genug erkannte, in Forschung, Planung und Gestaltung unserer Erdoberfläche wenig berücksichtigte ökologische Komponente der Raumforschung und Raumordnung, die wir heute als Landespflege bezeichnen. Ihre Aufgabe ist die Bewältigung des Mensch-Umwelt-Problemes auf einer enger werdenden Erdoberfläche, in einer weiterhin technisierten und verstädternden Gesellschaft. Die Landespflege bringt damit die heute nötig gewordene Ergänzung der bisher noch überwiegend die ökonomischen und soziologischen Belange berücksichtigenden Raumforschung und Raumordnung.

2. Begriff, Gliederung und Arbeitsmethode der Landespflege

Die Landespflege mit ihren Teilgebieten Landschaftspflege und Naturschutz sowie der Grünordnung hat die Aufgabe des Schutzes, der Pflege und der Entwicklung aller natürlichen Grundlagen der menschlichen Existenz. Sie erstrebt hierzu den Ausgleich zwischen dem natürlichen Potential des Landes als natürliche Lebensgrundlage und Lebensumwelt und den Erfordernissen der Gesellschaft.

Die 3 Teilgebiete der Landespflege haben unterschiedliche Aufgabenstellungen und räumliche Geltungsbereiche:

Die Landschaftspflege mit dem Schwerpunkt auf Pflege, Neugestaltung und Neuaufbau in der freien Landschaft;

der Naturschutz mit dem Schwerpunkt auf Schutz und Bewahren in der freien Landschaft wie im Siedlungsbereich;

die Grünordnung mit dem Schwerpunkt auf Neugestaltung und Sicherung im Siedlungsbereich.

Die Spanne der Aufgaben der Landespflege geht damit u.a. vom Arten- und Biotop-Schutz der Naturschutzarbeit über den völligen Neuaufbau einer gepflegten Kulturlandschaft im Braunkohlentagebaugebiet des Niederrheins als landschaftspflegerischer Aufgabe bis hin zur Schaffung von Kinderspielplätzen und Grünverbindungen im städtischen Bereich als Aufgabe der Grünordnung.

Einen Überblick über die Gliederung der Landespflege gibt die folgende Übersicht:

LANDESPFLEGE

Wirkungsbereich:

Freie Landschaft (Außenbereich)[1]	Siedlungsbereich (Baubereich)

Teilgebiete:

Landschaftspflege	*Grünordnung*
Untersuchungen und Planungen: Grundlagenuntersuchungen, Landschaftsanalyse, Landschaftsdiagnose, Aufstellung des Landschaftsprogrammes und des Landschaftsplanes	Grundlagenuntersuchungen, Grünanalyse und -diagnose, Grünplanung

Maßnahmen:

Landschaftsbau = Landespflegerische Maßnahmen zur Gestaltung der freien Landschaft in ihrer Formenwelt und Pflanzendecke mit den Baustoffen Pflanze, Boden, Stein und Wasser. Baumethoden sind: Lebendbau und kombinierte Verfahren, Bauen mit „toten" Stoffen.	*Schutz der Landschaft und ihrer Bestandteile:* *Naturschutz* (im Sinne des RNG): Schutz durch: Allgemeinen Landschaftsschutz, Landschaftsschutzgebiete [3], Naturschutzgebiete, Geschützte Landschaftsbestandteile, Naturdenkmale und Artenschutz. Pflege der Schutzgebiete	*Grünflächenbau und -pflege*
	Schutz von Landschaftsbereichen aus landschaftsökologischen Gründen: Bannwälder, Quell- und Wasserschutzgebiete, Flächen mit Schutzpflanzungen verschiedener Zweckbestimmung usw.	
Pflegliche Nutzung der Landschaft und einzelner Landschaftsfaktoren wie Boden, Wasser, Luft, Pflanzen-	*Schutz von Grünflächen und Erholungsgebieten:* Örtliche Grün- und Erholungsflächen	

decke und Tierwelt (= „natürliche Hilfsquellen"), d.h. Anwendung von Bewirtschaftungsmethoden, die nachhaltigen Ertrag in Land-, Forst-, Wasser- und Energiewirtschaft, bei Jagd- und Fischereinutzung sichern, bzw. Landschaftsschäden vermeiden. Hierher u.a.: Reinhaltung von Luft, Wasser, Boden, Schutz vor Erosion durch Wind und Wasser, vor kleinklimatischen Schäden usw.[2]

Ortsnahe Erholungsgebiete
Erholungsräume von überörtlicher Bedeutung (u.a. Naturparke)

Landespflegerischer Beitrag zur Kulturdenkmalpflege:
Schutz und Pflege der Boden- und Baudenkmale sowie ihrer Umgebung

Landespflegerischer Beitrag zur Baupflege:
Pflege des Ortsbildes und Baubestandes,
Gestaltung und landschaftliche Einfügung neuer Bauwerke

[1] im Sinne des BBauG.
[2] diese landespflegerische Aufgabe erstreckt sich zugleich auf den Siedlungsbereich
[3] hier wären die Nationalparke einiger europäischer und außereuropäischer Länder einzufügen.

Wir sahen aus dem oben Dargestellten: Für den Bereich der freien Landschaft einschließlich kleinerer und insbesondere der ländlichen Siedlungen und des Stadtumlandes ist die ökologische Ausgleichsfunktion zwischen natürlichem Landschaftspotential und Erfordernissen der Gesellschaft der Landschaftspflege und dem Naturschutz als Aufgabe gestellt.

Die Landschaftspflege umfaßt alle Untersuchungen, Planungen und Maßnahmen zur Pflege und Neugestaltung von Gebieten mit dem Ziel einer für den Menschen gesunden und nachhaltig leistungsfähigen Landschaft. Der Naturschutz dient der Erhaltung schutzwürdiger Landschaften und Landschaftsbestandteile einschließlich seltener und gefährdeter Tier- und Pflanzenarten sowie von deren Biotopen aus kulturellen, wissenschaftlichen, sozialen und wirtschaftlichen Gründen.

Die Aufgaben des Naturschutzes und verwandter Schutzmaßnahmen, der Kulturdenkmalspflege und der Baupflege sind mit denen der Landschaftspflege und der Grünordnung eng verbunden und überschneiden sich häufig im Stadtumland.

Die Arbeitsmethodik der Landschaftspflege einschließlich des Naturschutzes umfaßt 6 Teilbereiche, bzw. Phasen des Arbeitsablaufes:

1. Die Landschaftsanalyse als Bestandsaufnahme der Landesnatur sowie der derzeitigen Flächennutzung durch die Gesellschaft;
2. Die Landschaftsdiagnose als Auswertung und Beurteilung dieser Bestandesaufnahme aus landschaftspflegerischer Sicht;
3. Aufbauend auf der Diagnose die Landschaftsplanung als landschafts-

pflegerischer Beitrag zur künftigen Flächennutzung, für Schutz-, Pflege- und Neugestaltungsmaßnahmen (Karte und Text);

4. Abstimmung und Koordinierung der landschaftspflegerischen Vorschläge mit den sozio-ökonomischen Erfordernissen und Planungen. Einfügung der Landschaftsplanung als Ganzes oder in Teilen in die Raumplanung der Länder, die Bauleitplanung der Gemeinden und die Fachplanungen. Teilnahme an deren Rechtswirksamkeit.
5. Durchführung bestimmter Ordnungsmaßnahmen als Voraussetzung der Verwirklichung der Landschaftsplanung wie Umlegungen, Enteignungen, Nutzungsbeschränkungen einschließlich der Gewährung von Entschädigungen.
6. Ausführung der in die Gesamtplanung übernommenen Teile der Landschaftsplanung. Vom Landschaftspfleger sind auszuführen u.a. Maßnahmen des Schutzes, der Pflege, der Neugestaltung wie Landschaftsbau, bzw. Lebendbau.

Im Abschnitt 4 wird eine eingehende Erläuterung der Landschaftsplanung im Rahmen der landschaftspflegerischen Arbeitsmethodik gegeben werden.

Unter dem Landschaftsplan verstehen wir die Darstellung der landschaftspflegerischen Vorschläge für Ordnung, Schutz, Pflege und Entwicklung eines Gebietes in Karte und erläuterndem Text. Der Landschaftsplan ist Teil eines landschaftspflegerischen Planwerks, bestehend aus einem Grundlagenteil und einem Entwicklungsteil.

Zentrale Aufgabe des Landschaftsplanes ist die Darstellung der Vorschläge für den Ausgleich zwischen der nur begrenzt steigerbaren natürlichen Leistungsfähigkeit der Landschaft und den Erfordernissen der menschlichen Gesellschaft, bzw. eine Darstellung der Vorschläge zur Entwicklung der natürlichen Grundlagen der menschlichen Existenz bei Sicherung ihrer Nachhaltigkeit.

Eine solche Aufgabe setzt eine eingehende Kenntnis der Landesnatur wie der derzeitigen und künftig erforderlichen Flächennutzung voraus. Sie erfordert in besonderem Maße eine möglichst exakte Erfassung der Gliederung des Gebietes in natürliche Landschaftsräume, der Standortsqualität dieser Räume, ihrer Nutzungseignung sowie der Grenzen der Belastbarkeit durch Nutzungen.

3. DIE ÖKOLOGISCHE FRAGESTELLUNG IN DER LANDSCHAFTSPFLEGE BEDINGT DEN AUSBAU DER LANDSCHAFTSÖKOLOGISCHEN FORSCHUNG

Eine bewußte Ordnung des Verhältnisses der Gesellschaft zu ihrer Umwelt, in der freien Landschaft wie im Siedlungsbereich, bedeutet, daß wir die beiden Partner in ihren gegenseitigen Beziehungen, d.h. ihre Ökologie eingehend kennen. Das erfordert den planmäßigen Ausbau der Wissenschaft von Landschaftshaushalt oder der Landschaftsökologie, wie sie Carl Troll genannt hat, zum andern aber den Ausbau einer Wissenschaft von den ökologischen Ansprüchen und Bindungen des Menschen, einer Human-Ökologie, wozu Umwelthygiene, Psycho- und Sozialhygiene sowie die Bioklimatologie bereits wertvolle Bausteine geliefert haben. Für die Landschaftspflege und insbesondere die Landschaftsplanung sind folgende Aufgabenbereiche und Fragestellungen der Landschaftsökologie und ihrer Kontaktdisziplinen von besonderer Bedeutung:

1. Gliederung des Planungsgebietes in natürliche Landschaftsräume (Naturräume).
2. Quantitative Fassung der entscheidenden natürlichen Landschaftsfaktoren dieser Landschaftsräume.
3. Untersuchung des Wirkungsgefüges dieser Faktoren
   a) innerhalb eines natürlichen Landschaftsraumes
   b) zwischen mehreren natürlichen Landschaftsräumen.
4. Quantitative Fassung der Produktivität der untersuchten Räume.
5. Beurteilung der natürlichen Nutzungseignung dieser Landschaftsräume und der Belastbarkeit ihres Naturhaushaltes durch Nutzungen.
6. Möglichkeiten der Sicherung (Nachhaltigkeit) bzw. Steigerung des natürlichen Landschaftspotentials durch landschaftspflegerisch-meliorative Maßnahmen.

Die Bedeutung der Landschaftsökologie für die zentrale Fragestellung der Landschaftspflege hat kürzlich H. LANGER (1966) in einer grundsätzlichen Untersuchung behandelt und sehr klar dargestellt. Es sei deshalb auf diese Arbeit verwiesen.

Hier soll im folgenden zunächst an zwei Beispielen die Notwendigkeit landschaftsökologischer Forschung als Grundlage der Landschaftsplanung dargelegt werden. Als Schwerpunkt dieser Arbeit wird im Abschnitt 4 eine Darstellung der Landschaftsplanung im Rahmen der landespflegerischen Arbeitsmethodik, sowie ein Arbeitsrahmen für das landschaftspflegerischer Planwerk gegeben. Aus diesem Arbeitsrahmen soll u.a. die zentrale Stellung der ökologischen Problematik und Forschung für die Landschaftspflege deutlich werden.

Beispiel 1:

Seit 5 Jahren bearbeitet eine Forschungsgruppe aus neun Bundesanstalten, Hochschulinstituten und staatlichen Dienststellen unter Federführung meines Institutes das rd. 2000 qkm große Einzugsgebiet der beiden Flüßchen Hamme und Wümme, dessen Längsachse etwa auf der Linie Wilseder Berg-Bremen liegt.

Zwischen langgestreckten, niedrigen Geestrücken ziehen sich breite, zum großen Teil mit Hoch- und Niedermooren erfüllte Talsenken hin. Seit der ersten bäuerlichen Besiedlung der nassen Moorniederungen lastet auf diesen schwer die Wasserhypothek und macht sie – von einem Sanierungsprogramm zum anderen – zu Sorgenkindern des Landes. Dieses landwirtschaftliche Problemgebiet ist mit seinen herben Landschaften durch Worpswede, seine Maler und Dichter wie PAULA MODERSOHN-BECKER, HEINRICH VOGELER, RILKE und MANFRED HAUSMANN bekannt geworden. Heute drängt der Erholungsverkehr aus dem nahen Bremen stark in diesem Raum und stellt neue Ansprüche an ihn. Sehr hart prallten hier die Gegensätze zwischen den Verteidigern der überkommenen, vorindustriellen Landschaft und der auf intensive Meliorierung bedachten

Kräfte aufeinander. Unser Plan ging dahin, aufbauend auf einer gründlichen Untersuchung der Landesnatur und einer Orientierung über die soziale und wirtschaftliche Struktur sowie die voraussichtlichen künftigen gesellschaftlichen Ansprüche an diesen Raum einen Landschaftsrahmenplan mit Angaben zur optimalen Nutzungseignung für Land- und Forstwirtschaft, Erholungsverkehr, Pflegemaßnahmen sowie über die erforderlichen Schutzgebiete zu erarbeiten. Dieser Landschaftsrahmenplan soll als Grundlage und Beitrag zur gemeinsamen Landesplanung Bremen-Niedersachsen, zur Bauleitplanung der Gemeinden und für agrarstrukturelle Rahmenplanungen dienen. Schon bald stellte unsere hydrologisch-wasserwirtschaftliche Arbeitsgruppe fest, daß infolge des in den Niederungen von Hamme und Wümme nicht erwarteten gespannten Grundwassers in erheblichen Teilräumen eine Melioration mit den traditionellen Methoden nicht zum Erfolg führen kann. Davon, ob eine Melioration hier mit wirtschaftlich vertretbaren neuen Mitteln möglich wird, wird es abhängen, wie sich Wasserhaushalt, landwirtschaftliche Nutzung und Landschaftsbild dieser heute vom Grünland in Nass- und Feuchtwirtschaft beherrschten Talniederungen entwickeln werden. *Die Klärung einer zentralen Frage des Landschaftshaushaltes ist also entscheidend für jegliche weitere Planungsarbeit.* Eine regionalplanerische Entscheidung über die Zukunft dieses Raumes ist nicht möglich, wenn nicht *vorher* der ökologische Grundlagenteil des Landschaftsplanes erarbeitet ist.

Landschaftsökologisch von besonderem Interesse ist dabei die gegenseitige Beeinflussung mehrerer in Kontakt liegender Landschaftsräume und ihrer Ökotop-Gefüge (Geestrücken und Niedermoorniederungen) hinsichtlich des Landschaftsfaktors Wasser sowie von ihm beeinflußter weiterer Landschaftsfaktoren (Mesoklima, Nährstoffhaushalt). Zur Klärung der künftigen Nutzungseignung weitverbreiteter Ökotope der Niederung wird nicht nur die Untersuchung des Wirkungsgefüges innerhalb eines Ökotops, sondern auch die Wirkungsbeziehungen zwischen verschiedenen Ökotopen nötig.

Beispiel 2:

Unsere größeren, durch landschaftliche Schönheit hervorragenden Seen sind landschaftsökologisch, landespflegerisch und raumordnerisch seit Jahrzehnten neuralgische Punkte unseres Landes geworden. Bis vor wenigen Jahrzehnten war der Dümmer, ein 16 qkm großer, flacher, von der Hunte durchflossener See im Westteil des niedersächsischen Kreises Grafschaft Diepholz ein See der Fischer, Jäger und Naturfreunde, berühmt durch den Vogelreichtum des Naturschutzgebietes an seinem Westufer. Nach dem zweiten Weltkrieg wurde zur Verringerung der Überschwemmungsgefahr im Interesse der Landwirtschaft der See eingedeicht, um so eine zeitweise Rückhaltung des Huntewassers zu erzielen. Ausreichende landschaftsökologische und vor allem limnologische Untersuchungen zur Beurteilung der voraussichtlichen Auswirkungen dieses Eingriffes auf den Seehaushalt wurden nicht durchgeführt. Der neue Deich trennte den See von seiner Randzone. Die biologische Selbstreinigungskraft wurde stark reduziert, die Wasserstände, die Fauna des Seebodens, Plankton und höhere Pflanzenwelt verändert.

Der See ist aber heute Erholungsgebiet für Tausende, die aus dem Raum Bielefeld und dem Ruhrgebiet kommen. Wilde, ungenügend gesteuerte, baulich und hinsichtlich der Einfügung in die Landschaft unbefriedigende Wochenendsiedlungen und Campingplätze waren die Folge. Industrieansiedlungen im weiteren Einzugsbereich der Hunte wie am See selbst mit starker Abwasserbelastung führten zu einem solchen Ansteigen der Coli-zahlen im Seewasser, daß immer wieder Badeverbote nötig wurden. Man kann nicht in einer begrenzt tragfähigen Seelandschaft gleichzeitig, ohne ausreichende Grundlagenuntersuchungen, ohne Koordinierung und Planung ein Naturschutzgebiet von hohem Wert intakt erhalten, Fischerei und Jagd betreiben, den gleichen Raum als Erholungsgebiet nutzen, eine intensive Landwirtschaft anstreben und Industrie ansiedeln. Die Kreisverwaltung des zuständigen Kreises beauftragte deshalb mein Institut mit der Erarbeitung eines Landschaftsplanes zur Ordnung der divergierenden und sich z.T. ausschließenden Nutzungen am Ostufer des Sees, um diesen Plan dann zur Grundlage der Flächennutzungspläne der Gemeinden zu machen. Der Plan ist fertig, aber der See selbst spielt nicht mehr mit. Die Fortsetzung des Erholungsverkehrs mit Bademöglichkeit und die Bedeutung des Sees als Naturschutzgebiet sind abhängig von der Sanierung des Seehaushaltes. In dieser Notlage wird es nun hoffentlich zu den bereits *vor* den Eingriffen erforderlichen limnologischen und abwasserbiologischen Untersuchungen kommen, um darauf einen Sanierungsplan aufzubauen. Wirkungsvolle Raumordnung ist nur bei gründlicher Kenntnis der Landschaftsräume, ihres Potentials und dessen Grenzen möglich.

4. DIE LANDSCHAFTSPLANUNG IM RAHMEN DER ARBEITSMETHODIK DER LANDSCHAFTSPFLEGE UND DES NATURSCHUTZES

4.1 Erläuterung der Arbeitsmethodik

1. In der Landschaftsanalyse erfolgt die Bestandsaufnahme des zu untersuchenden Gebietes in seiner Landesnatur und seiner Nutzung durch die Gesellschaft.

Aufgabe der Bestandesaufnahme der Landesnatur ist:

a) Die Erfassung der Landschaftselemente als Landschaftsbildner, bzw. als wirkender Landschaftsfaktoren (Oberflächenformen, Gesteinsaufbau, Böden, Klima, Gewässer, Pflanzendecke, Tierwelt), deren wichtigster Einzelkomponenten und deren Wirkungsgefüge;
b) Die Gliederung des Gebietes in natürliche Landschaftsräume verschiedener Größenkategorien (je nach Größe des Untersuchungsgebietes und des hierfür erforderlichen Planungsmaßstabes), falls nötig, bis zur Feingliederung in natürliche Standortsraumgefüge (Gefüge von Landschaftszellen, bzw. Naturökochoren) und Standortsräume (Landschaftszellen, Naturökotope);
c) Wünschenswert ist in Zukunft die Erfassung des natürlichen Potentials der nach Ziffer b) erfaßten Landschaftsräume in qualitativer und quantitativer Hinsicht (u.a. mögliche Produktivität an Biomasse,

Eiweißwerten, Stärkewerten, Wasserschüttung und Wasserqualität usw.);
d) Erfassung von Beeinträchtigungen des natürlichen Landschaftspotentials durch menschliche Eingriffe in den Landschaftshaushalt (Landschaftsschäden) wie der Entstehung von Wassermangelgebieten nach Grundwasserabsenkung, Schäden durch Deflation, Denudation, Kaltluftfluß usw. als anthropogen bedingter Funktionsstörungen des Landschaftshaushaltes;
e) Erfassung der Entwicklung der Natur- und Kulturlandschaft (Landschaftsgeschichte) einschließlich der Siedlungsgeschichte (hiermit Überleitung zur Erfassung der Nutzung durch die Gesellschaft).

Zur Bestandsaufnahme der Nutzungsformen durch die Gesellschaft wird nötig:
a) die Erfassung der heutigen Flächennutzung des Gebietes, wenn nötig, auch der Besitzverhältnisse
b) Erfassung bestehender Schutz- und Vorrangflächen
c) Erfassung sich anbahnender und notwendiger Nutzungs- und Strukturänderungen sowie hierauf bezogener Planungen.

Die Arbeit der Landschaftsanalyse, insbesondere die Erarbeitung der vielfältigen Unterlagen, ist nur als Gemeinschaftsarbeit verschiedenster Fachgebiete zu bewältigen.

2. In der Landschaftsdiagnose wird das Ergebnis dieser Bestandsaufnahme aus landschaftspflegerischer Sicht ausgewertet, d.h.
a) die Möglichkeiten und Grenzen der Nutzung, ihre Sicherung und Steigerungsmöglichkeit im Verhältnis zur natürlichen Leistungskraft (Potential) der Landschaftsräume und bereits aufgetretener oder möglicher Landschaftsschäden beurteilt (auch bei dieser Beurteilung der Nutzungseignung für Land-, Forst-, Wasser- und Energiewirtschaft, Bebauung und Erholung, bzw. deren Überlagerung bedarf es meist einer Berater-Gemeinschaft);
b) zu Fehlentwicklungen der Nutzung und Gestaltung der Landschaft, wie u.a. Zersiedelung, nicht eingebundenen technischen Anlagen, Müllplätzen, Kiesgruben, Aufforstungen, Änderungen der Bestockung, Entwertung von Erholungsgebieten usw. Stellung genommen.

3. Aufbauend auf der Diagnose wird in der Landschaftsplanung in Karte und Text ein Vorschlag für eine künftige Flächennutzung der Landschaft sowie für Schutz- und Pflegemaßnahmen aus landschaftspflegerischer Sicht unter Berücksichtigung der sozial-ökonomischen, sozial-hygienischen, kulturellen und wissenschaftlichen Erfordernisse und vorliegender Planungen entwickelt. Diese Darstellung wurde früher „Landschaftspflegeplan", heute in Angleichung an das niederländische Wort „landschapsplan" und das englische „landscape-plan" „Landschaftsplan" genannt. Der Landschaftsplan, bzw. der Landschaftsrahmenplan ist der Beitrag des Landschaftspflegers zur Raumordnungsplanung der Länder, der Bauleitplanung der Gemeinden und zu den Fachplanungen.

4. Einbeziehung der Landschaftsplanung in die Raumplanung der Länder, die Baulastplanung der Gemeinden und die Fachplanungen.

Wird der Landschaftsplan in diese Planungen als Ganzes oder in Teilen einbezogen, so nimmt er an deren Rechtswirksamkeit teil. Dasselbe gilt für den Grünordnungsplan im Rahmen der Bauleitplanung. Die Entscheidung darüber, welche landschaftspflegerischen Vorschläge, Stellungnahmen und Kritiken nunmehr z.B. im Regionalplan, in Bauleitplänen oder in Fachplänen berücksichtigt werden, ist wiederum das Ergebnis einer Gemeinschaftsarbeit des Landschaftspflegers und der Vertreter der technischen, wirtschaftlichen oder baulichen Interessen, bzw. der Leiter der betreffenden Planungen, im Siedlungsbereich zwischen Städteplaner und Grünplaner.

5. Durchführung bestimmter Ordnungsmaßnahmen in der Landschaft wie Umlegungen, Enteignungen, Nutzungsbeschränkungen einschließlich der Gewährung von Entschädigungen als Voraussetzung der Verwirklichung der Landschaftsplanung.

6. Die Ausführung der landschaftspflegerischen Planungen als Teil der Gesamtplanung erfolgt durch die verschiedensten Behörden und Fachstellen oder wird von ihnen veranlaßt. Der vom Landschaftspfleger selbst ausgeführte oder veranlaßte Teil umfaßt u.a.:

Maßnahmen des Schutzes durch Ausweisung von Natur- und Landschaftsschutzgebieten, Sicherung als Naturdenkmale usw., Pflegemaßnahmen, Maßnahmen der Neugestaltung (Landschaftsbau und hierunter insbesondere Maßnahmen des Lebendbaues).

4.2 *Arbeitsrahmen für das landschaftspflegerische Planwerk*

Die Landschaftspflege bedient sich für die Landschaftsplanung eines Planwerkes, bestehend aus einem *Grundlagenteil* und einem *Entwicklungsteil.* Der Grundlagenteil enthält die Untersuchungsergebnisse: die Landschaftsanalyse und -diagnose. Dieser *Grundlagenteil,* in dem das Potential der Landschaft, seine Belastbarkeit, seine Verbesserungsmöglichkeiten, aber auch sein Pflegebedarf erfaßt sind, ist bei jeder künftigen Änderung der Flächennutzung, bzw. bei Eingriffen in Haushalt und Bild der Landschaft zu Rate zu ziehen. Im Entwicklungsteil des Planwerkes sind die landschaftspflegerischen Vorschläge zum Schutze, zur pfleglichen Nutzung und zur Neugestaltung der Landschaft enthalten, d.h. Vorschläge für den Aufbau einer Kulturlandschaft mit optimaler nachhaltiger Leistungsfähigkeit für die Gesellschaft.

4.2.1. Grundlagenteil

1. Darstellung der einzelnen natürlichen Landschaftsfaktoren in Karten mit Erläuterungen
   - 1.1 Geologischer Aufbau, Oberflächenformen, Lagerstätten
   - 1.2 Böden
   - 1.2.0 Bodenarten und Bodentypen
   - 1.2.1 Bodenschätzung
   - 1.3 Hydrologische Verhältnisse

1.3.0 Oberflächengewässer
1.3.1 Grundwasservorkommen
1.3.2 Wassergüte
1.4 Klimatische Verhältnisse
1.4.0 Niederschläge
1.4.1 Temperaturen
1.4.2 Windrichtungen und -stärken
1.4.3 Kleinklimatische Verhältnisse von planerisch wichtigen Teil- oder Testgebieten
1.4.4 Phänologische Verhältnisse
1.5 Pflanzendecke
1.5.0. Potentielle natürliche Vegetation von heute (Vegetation der Naturlandschaft von heute)
1.5.1 Reale Vegetation (Vegetation der Kulturlandschaft von heute)
1.5.2 Vorkommen geschützter und schützenswerter Arten und Gesellschaften
1.6 Tierwelt
1.6.0 Fauna und Tiergesellschaften
1.6.1 Vorkommen geschützter und schützenswerter Arten

2. Darstellung der ökologischen Gliederung des Gebietes in natürliche Landschaftsräume verschiedener Größenordnung in Karte und Erläuterung, evtl. Feingliederung bis zu natürlichen Standortsräumen (Naturökotope). Bei Vorhandensein ausreichender Unterlagen wird diese Karte als eine Synthese aus Karten der Höhenschichten, der Hangneigung, der geologischen Karte, der Karte der Bodentypen und -arten, der hydrologischen Karte, einer kleinklimatischen Kartierung und der Karte der potentiellen natürlichen Vegetation erarbeitet. Die auf einer solchen Karte ausgeschiedenen kleinsten räumlichen Einheiten, die natürlichen Standortsräume, sind zugleich: Räume gleicher natürlicher Nutzungseignung, gleicher Belastbarkeit und gleicher Entwicklungsmöglichkeiten, gleichen Pflegebedarfs, d.h. gleichen Bedarfs an Maßnahmen zur Sicherung der Nachhaltigkeit oder sogar Steigerung der Leistungsfähigkeit. Eine solche Karte stellt also das natürliche Potential der Landschaft dar.

3. Spezielle Untersuchungen einzelner für das Gebiet und seine Nutzung besonders wichtiger Landschaftsfaktoren oder Komponenten von ihnen, wie Kaltluftbildung, örtliche Windrichtungen in Abhängigkeit vom Relief, Auftreten von gespanntem Grundwasser usw.

4. Darstellung der derzeitigen Flächennutzung
4.1 Landwirtschaftlich genutzte Flächen:
4.1.0 Acker
4.1.1 Grünland
4.1.2 Weinberge und Obstgärten
4.1.3 Sonderkulturen
4.1.4 Besitzverhältnisse und Besitzgrößen
4.2 Forstwirtschaftlich genutzte Flächen:
4.2.0 Waldverteilung, Bewaldungsprozent

4.2.1 Holzartenzusammensetzung
4.2.2 Besitzverhältnisse
4.3 Gartenbaulich genutzte Flächen, einschl. Dauerkleingärten
4.4 Wohngebiete
4.5 Industrieflächen
4.6 Bergbauflächen usw.
4.7 Verkehrsflächen
4.8 Sonstige Nutzungen

5. Darstellung von bestehenden Vorrang- und Schutzflächen
5.1 Wirtschaftliche Vorrangflächen
5.1.0 Landwirtschaftliche Vorrangflächen (Flächen, die der landwirtschaftlichen Nutzung vorbehalten bleiben sollen, z.B. auf hochwertigen Böden)
5.1.1 Forstwirtschaftliche Vorrangflächen (z.B. Edellaubholzstandorte)
5.1.2 Sonstige Vorrangflächen (z.B. Bergbau, Verkehr)
5.2 Landespflegerische Vorrangflächen („Landespflegebereiche")
5.2.0 Landschaftsschutzgebiete, Naturschutzgebiete, Naturdenkmäler
5.2.1 Bodendenkmäler, Baudenkmäler
5.2.2 Schutzgebiete aus ökologischen Gründen (Flächen mit Schutzpflanzungen verschiedener Zweckbestimmung, Bannwälder, Dünenschutzgebiete, Quell- und Grundwasserschutzgebiete, sonstige Flächen mit Nutzungsbeschränkungen und Pflegeauflagen)
5.3 Vorrangflächen für die Erholung
5.3.0 Örtliche Grün- und Erholungsgebiete
5.3.1 Ortsnahe Erholungsgebiete
5.3.2 Erholungsgebiete von überörtlicher Bedeutung (u.a. Naturparke)
5.3.3 Erfassung der Erholungseinrichtungen

6. Darstellung der natürlichen Nutzungseignung der Standorte in Karte, Tabelle, Text für die Nutzungsformen Acker, Wiese, Weide, Wald bei bestmöglicher Sicherung des gegenwärtigen Standortpotentials, d.h. bei Wahrung der Nachhaltigkeit der Produktion. Grenzen der Nutzung, Gefährdung des Standortspotentials bei bestimmten Nutzungen, Katalog nötiger Maßnahmen zur Erhaltung und Steigerung des Potentials (wie: Kulturfurchen parallel den Höhenlinien, Gürtelwege mit Fanggräben, Stoppelmulchen, Schutzpflanzungen in Verbindung mit Beregnung, Dränung usw.).

7. Kritische Stellungnahme zu Eingriffen in Haushalt und Bild der Landschaft, die zu Schädigungen, bzw. Beeinträchtigungen der Leistungsfähigkeit der Kulturlandschaft führten oder führen können, Darstellung der Schäden in Karte und Text.
7.1.0 Schäden durch Wassererosion (Denudation und Rinnenerosion)
7.1.1 Schäden durch Winderosion (Deflation)

7.2 Kleinklimatische Schäden (Frostschäden, Dürreschäden)
7.3.0 Schäden durch Grundwasserabsenkung bzw. Vernässung
7.3.1 Hochwasserschäden, Uferabbrüche
7.3.2 Gewässerverschmutzung
7.4 Schäden durch Abgase, Rauch und Staub
7.5.0 Kiesgruben, sonstige Materialentnahmestellen, Halden
7.5.1 Müllplätze, sonstige Ablagerungen
7.5.2 Kläranlagen, Klärteiche
7.6 Zonen der Lärmbelästigung
7.7.0 Kahle, ungeschützte Feldfluren
7.7.1 Aufforstungen (u.a. in Wiesentälern), Kahlschläge, Änderungen der Bestockung
7.7.2 Sozialbrache
7.8 Siedlungsfehlentwicklungen, Zersiedlung, Wochenendhäuser u.a.
7.9.0 Nichteingebundene technische Anlagen
7.9.1 Fehlentwicklungen in der Trassierung von Leitungen jeder Art (Hochspannungsleitungen, Pipelines usw.)

8. Kurze Darstellung sich anbahnender und notwendiger Nutzungs- und Strukturänderungen, hierzu vorliegende Planungen (hierzu gehören u.a. alle Maßnahmen zur Verbesserung der Agrarstruktur, zur Erhaltung und Verbesserung der Bodenfruchtbarkeit sowie zur Neugewinnung von Kulturland, zur Verbesserung der öffentlichen Grundausrüstung (Infrastruktur), zur Industrieansiedlung und zur Förderung des Erholungs- und Fremdenverkehrs).

Die Bestandsaufnahme der Landschaftsanalyse wird in Karten, Tabellen und Text dargestellt. Hierbei ist die Erfassung vorhandenen sowie neu erarbeiteten Materials über die Landesnatur (Ziffern 1–3), dessen Auswertung und Beurteilung (Ziffern 6, 7, Landschaftsdiagnose) vorwiegend Aufgabe des Landschaftspflegers. Die Bestandsaufnahme der Flächennutzung sowie die Erfassung sonstiger für Diagnose und Planung wichtiger Angaben über die sozioökonomischen Verhältnisse (Ziffern 4, 5) wird häufig ganz oder teilweise von den Planungspartnern des Landschaftspflegers (Stellen der Landesplanung, Bauleitplanung oder Fachplanung) zur Verfügung gestellt. Kritische Stellungnahmen zur derzeitigen Nutzung der Landschaft (Ziffer 7) sind Aufgabe des Landschaftspflegers.

4.2.2. Entwicklungsteil

1. Stellungnahme und Vorschläge zur künftigen Flächennutzung des Gebietes
1.0 Grundsätzliche Stellungnahme zur künftigen Nutzung und Pflege des Gebietes als Agrar-, Erholungs-, Wohn- und Industriegebiet, Überlagerung von Nutzungen (u.a. landwirtschaftliche und Erholungsnutzung) und voraussichtliche Grenzen der Belastbarkeit des Raumes oder von Teilräumen. Darlegung der Zielsetzungen aus landespflegerischer Sicht und ihre Auswirkung auf Landes-, Regional- und Bauleitplanung.

1.1 Darstellung der Vorschläge zur künftigen Flächennutzung und Neuordnung der Gemeindegebiete (Beiträge zum Flächennutzungs- und Bebauungsplan, Wege- und Gewässerplan, Flurbereinigungsplan etc.).
Die Vorschläge zur künftigen Flächennutzung und Nutzungsänderung oder Nutzungsbeschränkungen aus landschaftspflegerischer Sicht auf Grund der Untersuchungen zur Nutzungseignung und der sozio-ökonomischen Erfordernisse umfassen Beiträge zur Ortsentwicklung und -gestaltung, sowie zur künftigen Nutzung und Gestaltung des Außenbereichs einschließlich der Aussiedlungen.

1.1.0 Landwirtschaftliche Nutzflächen (vgl. Ziff. 2: Vorrangflächen):
Acker
Grünland (Wiese, Weide)
Weinberge und Obstgärten
Sonderkulturen

1.1.1 Forstwirtschaftlich genutzte Flächen: künftige Waldverteilung, Holzartenzusammensetzung, Aufforstungen (vgl. auch Ziffer 2 über Vorrangflächen)

1.1.2 Gartenbaulich genutzte Flächen einschließlich Dauerkleingärten

1.1.3 Wohngebiete

1.1.4 Industrieflächen

1.1.5 Bergbauflächen usw.

1.1.6 Verkehrsflächen usw.

1.1.7 Schutzgebiete und Erholungsflächen (vgl. Ziffer 2)

2. Darstellung künftig erforderlicher Vorrang- und Schutzflächen

2.1 Wirtschaftliche Vorrangflächen

2.1.0 Landwirtschaftliche Vorrangflächen (Flächen, die der landwirtschaftlichen Nutzung vorbehalten bleiben sollen)

2.1.1 Forstwirtschaftliche Vorrangflächen

2.1.2 Sonstige Vorrangflächen (z.B. für Bergbau, für Verkehr)

2.2 Landespflegerische Vorrangflächen („Landespflegebereiche"); Bestehende Gebiete, Löschungen, Neuvorschläge, Schutz- und Pflegemaßnahmen

2.2.0 Landschaftsschutzgebiete, Naturschutzgebiete, Naturdenkmäler

2.2.2 Schutzgebiete aus ökologischen Gründen (Flächen mit Schutzpflanzungen verschiedener Zweckbestimmung, Bannwälder, Dünenschutzgebiete, Quell- und Grundwasserschutzgebiete, Hochwasserschutzgebiete, sonstige Flächen mit Nutzungsbeschränkungen und Pflegeauflagen).

2.3 Vorrangflächen für die Erholung

2.3.0 Örtliche Grün- und Erholungsgebiete (Ruhezonen, Fußgängerbereiche, öffentliche Grünflächen, Gebrauchsgrünanlagen, Friedhöfe, Erholungswälder, Grünverbindungen und Grüngürtel zur Auflockerung und Trennung von Stadteilen in Verdichtungsgebieten)

2.3.1 Ortsnahe Erholungsgebiete (vgl. hierzu auch Ziffer 2.3.0)
2.3.2 Erholungsgebiete von überörtlicher Bedeutung (u.a. Naturparke)
2.3.3 Erholungseinrichtungen (zu Ziffer 2.3.0–2.3.2) wie
Parkplätze
Zeltplätze
Campingplätze
Sport- und Spielplätze
Liegewiesen
Bademöglichkeiten
Feriendörfer
Jugendherbergen
Schutzhütten
Wander- und Reitwege
Aussichtspunkte
motorfreie Zonen

3. Landschaftspflegerische Maßnahmen zur Sicherung, bzw. Verbesserung des natürlichen Potentials und zur Gestaltung der Landschaft
3.1 Empfehlungen zur standortsgemäßen, pfleglichen Nutzung der land- und forstwirtschaftlichen Nutzflächen, zur Wiederherstellung, Sicherung (Nachhaltigkeit) und Steigerung der natürlichen Leistungsfähigkeit (Potential) der Landschaft durch landschaftspflegerische und meliorative Maßnahmen wie
Denudations- und Deflationsschutz,
Kleinklimameliorationen,
Schutzpflanzungen,
Be- und Entwässerung,
Sohlschwellen, Wehre usw.
3.2 Maßnahmen zur Reinhaltung von Luft, Wasser, Boden
3.3 Schutzpflanzungen, Lebendverbauung und Begrünung, Sichtkulissen
3.3.1 Schutzpflanzungen gegen Wind, Kaltluftfluß, Lärm, Staub
3.3.2 Sichtkulissen
3.3.3 Gestaltung und Begrünung von Müllflächen und von
3.3.4 Halden,
3.3.5 Materialentnahmestellen (Kiesgruben, Tongruben, Steinbrüchen)
3.3.6 Bodenwunden etc.
3.4 Gewässergestaltung und Bepflanzung, Ufersicherung durch Lebendbaumaßnahmen an Still- und Fließgewässern (Bäche, Flüsse, Teiche, Baggerseen, Kanäle usw.)
3.5 Pflanzung von Flurbäumen, Feld- und Vogelschutzgehölzen, Flurholzanbau
3.6 Vorschläge zum Bestockungswandel, Aufforstungen, Waldrandgestaltung
3.7 Straßengestaltung und Bepflanzung, Hangsicherung durch Lebendbaumaßnahmen
3.8 Gestaltung einschließlich Bepflanzung von Ortsrändern, insbes.

Neubaugebieten, Dorfrändern, Aussiedlungen und sonstige Anlagen im Außenbereich wie Wochenendsiedlungen, technischen Anlagen jeder Art

4. Hinweise auf Ordnungs- und Schutzmaßnahmen, die sich aus den Vorschlägen zu 1–3 ergeben können:
Grunderwerb, Entschädigungen,
Flächenzusammenlegung und -tausch (Umlegungen)
Enteignung, Nutzungsbeschränkungen,
Erlaß von Schutzverordnungen usw.

5. Stellungnahme zu den verschiedensten, in Haushalt und Bild der Landschaft eingreifenden Planungen und Maßnahmen wie Straßen- und Kanalbauten, Trassen von Strom- und Telefonleitungen, pipelines usw., Gewässerkorrektionen, Kiesentnahmen, Meliorationen, Siedlungsvorhaben, Waldausstockungen.

ZUSAMMENFASSUNG

Der Strukturwandel von Wirtschaft und Gesellschaft wirkt sich über einen Wandel der Flächennutzung in einem Strukturwandel der Landschaft und auf deren Haushalt und Bild aus. Aus den häufig wechselnden und wachsenden Ansprüchen der Gesellschaft an die Nutzung des natürlichen Potentials der Landschaft, das nur begrenzt belastbar ist, ergibt sich die *Aufgabe eines Ausgleiches* zwischen beiden. Dieser Ausgleich muß in erster Linie in einer räumlichen Ordnung der Beziehungen zwischen der Gesellschaft und der Landesnatur als deren Lebensgrundlage, in einer Beschränkung mancher Nutzungen, in Schutz- und Pflegemaßnahmen bestehen. Es ist damit Aufgabe der *Raumordnung* und ihrer ökologischen Komponente der *Landespflege mit deren Teilgebieten Landschaftspflege, Naturschutz und Grünordnung*. Bei der Darstellung der *Arbeitsmethodik der Landschaftspflege* einschl. des Naturschutzes wird deutlich, daß für die Landschaftsanalyse und -diagnose als Grundlage der Landschaftsplanung landschaftsökologische Fragestellungen von ausschlaggebender Bedeutung sind und zwar: 1) Gliederung der Planungsgebiete in natürliche Landschaftsräume (Naturräume), 2) quantitative Fassung der entscheidenden natürlichen Landschaftsfaktoren dieser Landschaftsräume, 3) Untersuchung des Wirkungsgefüges dieser Faktoren a) innerhalb eines natürlichen Landschaftsraumes, b) zwischen mehreren natürlichen Landschaftsräumen, 4) quantative Fassung der Produktivität der untersuchten Räume, 5) Beurteilung der natürlichen Nutzungseignung dieser Landschaftsräume und der Belastbarkeit ihres Naturhaushaltes durch Nutzungen, 6) Möglichkeiten der Sicherung (Nachhaltigkeit) bzw. Steigerung des natürlichen Landschaftspotentials durch landschaftspflegerisch-meliorative Maßnahmen.

An zwei Beispielen aus Nordwestdeutschland wird gezeigt, welche zentrale Stellung häufig landschaftsökologische Untersuchungen als Voraussetzung landschaftsplanerischer Entscheidungen haben können.

Die Arbeitsmethodik der Landschaftspflege einschl. des Naturschutzes wie insbesondere der Landschaftsplanung wird dargestellt und ein Arbeitsrahmen für das gesamte landschaftspflegerische Planwerk (Grundlagenteil und Entwicklungsteil) gegeben. Hieraus wird die heutige Stellung der *Landschaftspflege als planende und gestaltende Disziplin auf ökologischer Grundlage deutlich. Landschaftsökologische Forschung wird damit zur Voraussetzung wirkungsvoller Landschaftspflege- und Naturschutzarbeit.*

SUMMARY

The structural change of economy and society results in a structural change of the landscape by means of a change in the utilization of space. At the same time, a transformation of the ecological system and the picture of the landscape occurs. By the multifarious and ever growing demands of the society for the utilization of the landscape, an arrangement between demands and natural potential seems to be necessary, especially as the natural potential can only be stressed in a very limited way. This arrangement requires a spatial order of the population and its natural environment by means of limitation of certain utilizations and special protection measures. This is the task of the ,,optimal arrangement of space and population in consideration of the economic, cultural and social demands of the society'' (Raumordnung), with its ecological section ,,environment management'' (Landespflege) which consists of ,,landscape management'' (Landschaftspflege), ,,nature conservation'' (Naturschutz) and ,,verdure arrangement'' (Grünordnung). The demonstration of the working methods of ,,landscape management'' and ,,nature conservation'' made clear that the analysis and the diagnosis of the landscape are basic to ,,landscape planning'' and are mainly ecologically determined. Generally, six problems have to be investigated:

1. the pattern of areas with the same ecological consistence,
2. the investigation of the main structural factors of those areas,
3. the determination of the ecological functions of those factors,
4. the research of the quantity of production in those areas,
5. the measuring of the utilization ability and the possibility of stressing the ecological system by utilization,
6. the securing of the natural potential or even its increasement by means of landscape management activities.

Two examples in Northwest Germany demonstrate the importance of landscape-ecological research as a basis for decisions in landscape planning. The working methods which are used in those two particular areas are explained, and general directions for further research are layed down.

LITERATUR

Buchwald, K.: Landschaft und moderne Industriegesellschaft. – Bull. Presse- u. Informationsamtes d. Bundesregierung **124**. Bonn 1962.

— Der Landschaftsplan als Planungsmittel des Landespflegers. In: Bericht über die Arbeits- und Informationstagung ,,Landschaftsplanung – Landesplanung – Bauleitplanung vom 28.–30.10.1964. Hannover 1964.

— Landespflege. In: Handwörterbuch für Raumforschung und Raumordnung, herausgegeben von der Akademie für Raumforschung und Landesplanung. Hannover 1966.
DITTRICH, E.: Das Leitbild der Raumordnung und die Ordnung der Landschaft. – Das Naturpark-Programm und seine Probleme. – Schr. Reihe Ver. Naturschutzpark e.V. **1–8**. Stuttgart-Hamburg, o.J.
ELLENBERG, H.: Naturgemäße Anbauplanung, Melioration und Landespflege. – Landwirtschaftliche Pflanzensoziologie **3**. Stuttgart 1954.
LANGER, H.: Die ökologische Gliederung der Landschaft in ihrer Bedeutung für die Fragestellung der Landschaftspflege. Habilitationsschrift Technische Hochschule Hannover 1966.
LUCHTERHANDT, J.: Der Vegetationsbau bei der Deutschen Bundesbahn. – Eisners Taschenbuch **33**. Frankfurt/Main 1961.
LUTZ, J. L.: Landschaftsökologie als Grundlage der Landschaftspflege. – Das Gartenamt (4). 1960.
MÄDING, E.: Aufgaben der Landespflege. – Neues Archiv für Niedersachsen **9**. 1949.
PAFFEN, K. H.: Die natürliche Landschaft und ihre räumliche Gliederung. – Forschungen zur deutschen Landeskunde **68**. Bad Godesberg 1953.
PFLUG, W.: Die Landschaftspflege in Rheinland-Pfalz. – Natur u. Landschaft **10–11**. Mainz 1962.
SCHMITHÜSEN, J.: Der wissenschaftliche Landschaftsbegriff. – Dieser Bericht: p. 23.
TRAUTMANN, W.: Erläuterungen zur Karte der potentiellen natürlichen Vegetation der Bundesrepublik Deutschland 1 : 200 000, Bl. 85 Minden. – Schriftenreihe f. Vegetationskunde **1**. Bad Godesberg 1966.
TROLL, C.: Luftbildplan und ökologische Bodenforschung. Ihr zweckmässiger Einsatz für die wissenschaftliche Erforschung und praktische Erschließung wenig bekannter Länder. – Z. Ges. Erdkunde. Berlin 1939.
TÜXEN, R.: Pflanzensoziologie als unentbehrliche Grundlage der Landeswirtschaft. – Studium generale **3** (8). Berlin 1950.
— Die heutige potentielle natürliche Vegetation als Gegenstand der Vegetationskartierung. – Angew. Pflanzensoziologe **13**. Stolzenau/Weser. 1956. (Erweiterte Fassung: Ber. dt. Landeskde **19** (2). Remagen 1957).
—, LOHMEYER, W.: Kritische Untersuchung der Ansaatergebnisse von Rasen an den Autobahnen der Bundesrepublik. – Stolzenau/Weser. Mskr. vervielfältigt.

J. SCHMITHÜSEN:

Es ist ganz sicher richtig, daß nicht alle Karten der natürlichen Gliederung in Bezug auf das, was wir wünschen, dieselbe Leistung bringen. Denn wie überall gibt es gute und schlechte Produkte, gute und schlechte Arbeiter, und es gibt auch sicherlich unter den Karten der naturräumlichen Gliederung bessere und schlechtere. Es gibt auch in unseren großen Gesamtwerken, die manchmal unter Zeitdruck entstanden sind, unterschiedliche Teile. Sicher sind nicht alle Teile der Bundesrepublik in der gleichen Qualität bearbeitet. In einer neuen Auflage wäre eine Verbesserung und eine Vervollständigung der Karte zu erreichen. Zunächst wollte man erst einmal das Ganze überblicken und nahm gewisse Schwächen in Kauf.

Vielleicht ist es aber wichtiger auf noch etwas anderes hinzuweisen. Nicht alles was sich naturräumliche Gliederung nennt, was in der Literatur als Karten unter diesem Namen vorgelegt wird, ist wirklich naturräumliche Gliederung. Eine geomorphologische Gliederung ist keine naturräumliche Gliederung, sondern hier wurde ein falscher Name verwendet. Als naturräumliche Gliederung bezeichnen wir nur das, was alle Naturfaktoren wirklich in einem komplexen Gesamtbild zusammenfaßt als das Gesamt-Potential der Landesnatur.

Ich glaube, das was Sie uns als Grundidee und allgemeinen Plan Ihrer Bestrebungen vorgelegt haben, werden wir mehr oder weniger alle in großen Zügen bejahen. Ich würde aber glauben, daß das noch viel besser erreichbar wäre, wenn man an einem Punkt noch eine Klärung herbeiführen würde und dabei auch die notwendigen Konsequenzen für die Begriff-Fassung und Terminologie ziehen würde. Mir scheint das kein unwesentlicher Punkt zu sein. Sie haben uns eine Liste gegeben der einzelnen Punkte, die bei dem endgültigen Plan zugrunde zu legen sind und haben dabei eingeteilt in das Landschafts-Potential mit den einzelnen untergeordneten Punkten, die Ansprüche der Gesellschaft und die praktischen Konsequenzen daraus. Ich bin der Meinung, daß die erste Hälfte nicht das Landschafts-Potential, sondern das naturräumliche Potential in der Landschaft oder das Potential der Landesnatur in der Landschaft ist. Das Landschafts-Potential, d.h. die optimale Gestalt der Landschaft selbst in ihrem Total-Charakter ergibt sich erst aus dem geplanten oder aus dem freien Zusammenspiel des Landesnatur-Potentials und den Ansprüchen der Gesellschaft. Nur aus diesem Zusammenspiel ergibt sich das Potential der Landschaft in ihrer möglichen, endgültigen Gestalt. Von da aus kommt man zu der Möglichkeit, von einer optimalen Landschafts-Gestalt zu sprechen. Das ist in Ihrem Sinne das erwünschte Potential. Es erwächst aber erst aus dem Ausgleich zwischen der von der Landesnatur hergegebenen Möglichkeit, dem naturräumlichen Potential und den gesellschaftlichen Ansprüchen und schon traditionell bestehenden Einrichtungen, die ihrerseits die andere Seite sind für das Zusammenspiel, das erst die Landschaft ergibt und damit erst die Möglichkeit der Klärung, was die optimale Landschaft ist, oder wie das Landschafts-Potential ist. Wenn das möglich wäre, daß Sie sich auf diese – terminologische – Umstellung einlassen könnten, glaube ich, daß wir für das Ganze noch ein wesentliches Stück weiter kommen. Damit tritt auch nach außen der Anspruch, der an die Gesamtgestaltung der Landschaft mit Recht gestellt wird, viel deutlicher und klarer heraus, als wenn Sie bloß die Landesnatur als Landschaft bezeichnen in diesem Teil Ihres Exposés. Das würde als weitere Konsequenz noch haben, daß man also auch nicht die Naturfaktoren als die Landschaftsfaktoren den gesellschaftlichen gegenüberstellt. Die Landschaftsfaktoren sind sowohl die Naturfaktoren als die gesellschaftlichen Faktoren. Es würde also die Unterteilung m.E. heißen Faktoren der Landesnatur, Faktoren der Gesellschaft. Sie alle zusammen sind die landschaftlichen Faktoren. Dann ist also die Sicht auf den Totalcharakter in allen Teilen dieses Aufbaues hergestellt. Es ist also, wie gesagt, mehr eine terminologische Angelegenheit, und ich meine, es dürfte eigentlich nicht schwer fallen, diesen Gesichtspunkten zu folgen, denn ich glaube, meine Argumente dafür sind doch außerordentlich gewichtig.

U. Berger-Landefeldt:

Ich möchte fragen, aus wieviel Stationen oder in welcher technischen

Form die Klima-Daten in der Test-Gemarkung gewonnen worden sind.

Sie haben gezeigt, wie gering heute erst die Unterlagen sind, auf denen Sie fußen müssen. Denn Vegetations- und Klimakarten sind ja nur in ganz beschränktem Umfange vorhanden. Sie müssen also auf diesen wenigen Unterlagen fußen, um diesen Landschaftsplan zu entwickeln. Sie sprachen davon, daß dieser Landschaftsplan Rechtskraft erhalten sollte. Da besteht doch die große Gefahr, daß man infolge ungenügender Unterlagen und Erfahrungen Fehler begeht, die dann als Gesetz verankert würden.

H. Ellenberg:

In der Schweiz sind nicht einmal solche Beispiele vorhanden, wie sie hier geschildert wurden. Aber wenn innerhalb der nächsten zwei Jahre nicht etwas geschieht, um einige Ordnung in die Entwicklung zu bringen, dann ist die Landschaft in manchen der Kantone verhunzt. Und dann ist es besser, auf schlechten Unterlagen oder aus den aus Erfahrung kommenden Gefühl beruhenden Maßnahmen einen Plan zu machen als gar keinen zu haben. Ich vergleiche diese Lage gern mit der eines Arztes, der vor einem Kranken steht, dessen Krankheit er nicht genau kennt. Es ist aber unter Umständen besser, wenn dieser Arzt etwas rät aus der Erfahrung eines langen Ärztelebens, als wenn er das ganze dem Apotheker überläßt, der teure Medikamente an den Kranken verkauft und ihm damit vielleicht viel mehr schadet. Also man muß hier wohl die praktische Konsequenz sehen.

H. Lohmeyer:

Ich möchte zunächst noch einmal betonen, für wie außerordentlich wichtig ich die Bemerkung von Herrn Prof. Ellenberg halte, daß wir dieser Planung, die hier von Herrn Prof. Buchwald aufgeführt ist, dringend bedürfen, selbst auf die Gefahr hin, daß einmal gewisse Pannen passieren, die nicht auszuschalten sind, was aber immer noch besser ist, als wenn wir die Dinge weiter anstehen lassen.

So notwendig es nach Herrn Prof. Buchwald ist, Teilgebiete, Testmarkierungen sowohl in der Landschaftsplanung als auch in der zu erarbeitenden Grundlagenplanung in Form von Karten der potentiellen Vegetation, von geologischen und anderen Karten zu betreiben, so sollten wir doch nicht vergessen, daß es ebenso wichtig ist, daran zu denken, gewisse Gebiete nach den wissenschaftlichen Voraussetzungen, als auch nachher im Landschaftsplan in den Vordergrund zu stellen. Ich denke da z.B. an den Großraum Hannover, wo es also sicher notwendig ist, vorrangig nicht nur Teilgebiete zu erfassen und zu kartieren, sondern auch einen entsprechenden Landschaftsplan zu erstellen, und das Gleiche gilt im Augenblick vom Großraum Bonn.

Dann möchte ich auch das sehr unterstützen, was Herr Prof. Buchwald sagte, daß wir neben den Karten der potentiellen Vegetation in gleicher Weise auch die Karten der realen Vegetation brauchen. Es tut mir sehr leid, daß Herr Prof. Troll heute nicht mehr da ist, ich hätte ihn gern in diesem Zusammenhang etwas provoziert. Ich erinnere mich an ein

Humboldt-Kolloquium, das im Jahre 1961 im Geographischen Institut der Universitat Bonn stattfand, über landwirtschaftliche und forstliche Karten. Mir fiel dabei auf, daß man sich über die Maßstäbe nicht so recht einig werden konnte, und daß man den Forst-Gesellschaften in der Legende immerhin 7–9 Signaturen einräumte, den Agrarflächen aber nur 3 oder 4, wobei man die Kennzeichnung dieser Agrarflächen so bonitiert hat, daß man nach Roggen-Kartoffeln- und Weizen-Rüben-Flächen unterschied. Ich glaube, das Grünland war überhaupt nur mit einer Schraffur gekennzeichnet. Ich habe damals den Standpunkt vertreten, hier müßte doch eine wesentlich feinere Differenzierung getroffen werden. Ich meine bei der Erstellung solcher Real-Karten wäre doch eine Zusammenarbeit oder ein Meinungsaustausch mit den Bearbeitern der Karten der potentiellen Vegetation unbedingt notwendig, eben weil wir beide für eine umfassende Landschaftsplanung benötigen.

G. SCHWERDTFEGER:

Gibt es bereits Institute oder Stellen, die für dieses Gebiet eine geschlossene Zusammenschau der Unterlagen für die Beanspruchung durch die Gesellschaft herausstellen und erarbeiten.

K. BUCHWALD:

Darf ich zunächst auf Ihre mir wichtigen Bemerkungen, Herr SCHMITHÜSEN, eingehen? Es geht um das Potential. Sie haben vielleicht übersehen, daß ich bei der Darstellung der ganzen Gruppe Landschafts-Potential auch eine Unter-Rubrik „Landschaftsschäden" hatte. Das will also sagen, daß ich damit das heutige Potential meine einschließlich der verbessernden oder verringernden anthropogenen Einflüsse. Ich könnte also die Frage völlig klären, indem ich darübersetzte: „heutiges (anthropogen beeinflußtes) Potential der Landschaft". Wären Sie damit einverstanden oder wie würden Sie es formulieren?

J. SCHMITHÜSEN:

Ich bin nicht damit einverstanden. Denn ja auch die ganze Struktur der Gesellschaft und das ganze Wirtschafts-System sind Bestandteile des Potentials, des natürlichen Potentials.

K. BUCHWALD:

Ja, das hängt mit Ihrem Landschaftsbegriff zusammen, über den wir doch noch speziell diskutieren müssen.

Messungen der Agrarmeteorologischen Forschungs- und Beratungsstelle in Stuttgart-Hohenheim erfolgten durch eine sehr gut ausgerüstete Basis-Station mit selbst-registrierenden Geräten und dazu auf mehreren Meßprofilen durch das gesamte Gebiet, die mit einem mit Meßgeräten ausgerüsteten Volkswagen abgefahren wurden, zugleich aber auch mit festen Meßstationen geringerer Ausrüstung ausgestattet waren. Die Messungen sind damals von Herrn Dr. AICHELE durchgeführt worden. Die Dauer der Messungen erstreckte sich über 14 Tage während der

Vegetationsperiode etwa 4 Wochen vor der Getreide-Ernte. Bei der starken Beanspruchung dieser Stellen ließ sich nicht mehr herausholen.

Besser wäre es sicher, einmal ein ganzes Jahr dort zu messen.

Ihre zweite Frage, Herr BERGER-LANDEFELDT war, ob wir es verantworten können, mit zum Teil provisorischen Untersuchungen und Messungen, die nur annäherungsweise dem Sachverhalt gerecht werden, in jedem Fall einen Plan aufzustellen. Ich möchte mich da der Antwort von Herrn ELLENBERG anschließen. Vom Großraum Hannover wird – ich hoffe noch in diesem Jahre – von der Bundesanstalt für Vegetationskunde, Naturschutz und Landschaftspflege eine Karte der potentiellen natürlichen Vegetation von heute erstellt werden als Planungsunterlage.[1] Gleichzeitig hat der Regierungspräsident einen Auftrag für eine Entwicklungsplanung zunächst der gesamten Erholungsgebiete um Hannover gegeben, die vorwiegend darauf basieren wird. Also für den Großraum Hannover laufen solche Planungen, und wir hoffen in diesem Jahre diese wichtigste Planungsgrundlage zu haben, die dann auch für alle anderen Planungen mit ausgewertet werden kann.

Eine letzte Frage bezog sich darauf, wer für die Landschaftsplanungen nun die gesellschaftliche Beanspruchung von heute und von morgen, etwa bis zum Zieljahr 1970 oder 1975 aufstellen wird. Das ist sehr unterschiedlich. Wenn wir einen Fall der Flurbereinigung wie hier annehmen, dann wird uns das im allgemeinen von einem speziellen Sachbearbeiter, der für mehrere Landwirtschaftsämter zuständig ist und der die betriebswirtschaftlichen, arbeitstechnischen und soziologischen Veränderungen der Dörfer kennt, beigesteuert. Bei größeren Planungen, wie etwa im Hamme-Wümme-Projekt, befassen sich einige Institute mit diesen Dingen besonders. Die agrarsoziologischen und agrarstrukturellen Wandlungen werden in unserer Gemeinschaftsarbeit im Hamme-Wümme-Gebiet vom Institut für Landbau und Landesplanung an der Technischen Hochschule Hannover besonders erarbeitet. Das geht über unsere Kräfte. Das muß ein spezieller Partner aus diesem Gebiet uns dazu liefern.

[1] Diese Karte konnte nicht von der Bundesanstalt hergestellt werden, sondern wurde erst 1965 von der inzwischen neu eingerichteten Arbeitsstelle für Theoretische und Angewandte Pflanzensoziologie in Todenmann durch Dr. H. DIERSCHKE und Dipl. Gärtner H. ROEMER aufgenommen.

LANDSCHAFTSÖKOLOGIE IN DER FLURBEREINIGUNG[1]

von

WOLFGANG HABER, Münster (jetzt Weihenstephan)

In fast allen europäischen Ländern wird die Landwirtschaft heute durch eine staatliche Verbesserung der Agrarstruktur wirksam unterstützt und von historischen und traditionellen Bindungen befreit, die einer modernen Entwicklung im Wege stehen. Ein wichtiges Instrument dieser Maßnahmen ist die Flurbereinigung, die zwar schon seit zwei Jahrhunderten üblich ist (KEIL 1966), aber nach dem II. Weltkriege überall durch neue Gesetze geregelt und vereinheitlicht wurde. Ihr Ziel ist u.a. die „Förderung der allgemeinen Landeskultur", oder, wie das deutsche Flurbereinigungsgesetz vom Jahre 1953 es ausdrückt, „die Herbeiführung und Erhaltung eines Zustandes unserer Kulturlandschaft, der es ermöglicht, aus dem Boden die denkbar günstigsten Erträge zu gewinnen und gleichzeitig die Bodenfruchtbarkeit zu erhalten". Damit ist eine tiefgreifende Neuordnung des ländlichen Raumes verbunden, bei der landeskulturelle, agrarstrukturelle und sogar soziologische Aufgaben ineinander übergehen (vgl. BERGMEIER, SEYBERTH u. VIDAL 1966).

Wir können hier nicht die vielfältigen Voraussetzungen untersuchen, die für eine höchste und dauerhafte Produktivität der neu zu formenden Kulturlandschaft erforderlich sind. Doch dürfte kaum ein Zweifel daran bestehen, daß die Erhaltung einer solchen Produktivität in einer *biologisch gesunden* Kulturlandschaft am leichtesten ist. Der Bauer wünscht einen beständigen hohen Ertrag an Pflanzen, Tieren und Produkten, er wünscht gleichmäßig gutes Wachstum und gleichmäßig hohe Ernten. Der Kreislauf der Stoffe und die Energietransformationen, die dies ermöglichen, sind biologische Prozesse. Sie können nur in einer *gesunden* Landschaft unter möglichst *natürlichen* Bedingungen sicher und gleichmäßig verlaufen.

Um dieses Ziel zu erreichen, sollen die Maßnahmen der Flurbereinigung nicht nur nach Grundsätzen und Erkenntnissen der Kulturtechnik, sondern auch nach Gesichtspunkten der Landschaftsökologie geplant und ausgeführt werden. Landschaftsökologie ist die noch junge Lehre vom Gesamthaushalt der Naturkräfte, vom Wechselspiel physikalischer und chemischer Faktoren und Prozesse sowie pflanzlichen und tierischen Lebens, die zwischen fördernden und hemmenden (vom Menschen her gesehen nützlichen und schädlichen) Zuständen ständig hin und her pendeln.

[1] Die 1963–1967 erschienene Literatur über dieses Thema wurde teilweise noch in den Text des 1963 gehaltenen Vortrages eingefügt. Es sei besonders hingewiesen auf das Buch von W. TISCHLER „Agrarökologie" (1965).

Im ursprünglichen Landschaftszustand, bevor die Menschen die Natur in Anspruch nahmen, spielten sich diese Kräfte immer wieder auf ein Gleichgewicht ein, das in der heutigen Kulturlandschaft verständlicherweise mehr oder weniger stark gestört ist. Das Streben der Landschaftsökologie geht dahin, einen diesem natürlichen Gleichgewicht möglichst *nahen* Zustand zu erreichen und zu erhalten. Wenn das gelingt, kann die Produktivität unserer Landschaft mit einem *Minimum* an äußerem Aufwand erhalten werden, – ein Gesichtspunkt, dessen volkswirtschaftliche Bedeutung von großer Tragweite ist.

Bekannt ist das Beispiel der Folgen eines gestörten biologischen Gleichgewichtes in den Monokulturen (Fichten- und Kiefernforsten) der Forstwirtschaft, wo ein einziger Schädling wie die Nonne (*Lymantria monacha*) katastrophale Schäden hervorrief. Die Forstwirtschaft bemüht sich in Erkenntnis dieser Gefahren, die Monokulturen auf das notwendigste Ausmaß zu beschränken. Die Landwirtschaft dagegen ist weiterhin zu Monokulturen gezwungen, da ja eine andere Wirtschaftsform in diesem Bereich nicht möglich ist, und muß sich auf andere Weise gegen Kalamitäten sichern. Die Schaffung einer biologisch gesunden Kulturlandschaft leistet einen sehr wesentlichen, wenn auch nicht immer sehr augenfälligen Beitrag zu dieser Sicherung. In der Praxis bedeutet das, die Kulturlandschaft mit Gebieten (Flächen, Räumen, Lebensstätten) eines möglichst vollkommenen biologischen Gleichgewichtes zu durchsetzen, um eine Störung lebenswichtiger Zusammenhänge zu verhüten.

Die vielfältig gegliederte Landschaft des Münsterlandes, des nördlich des Flusses Lippe liegenden Teiles von Westfalen, kann als Beispiel für diese Zielsetzung gelten. Sie ist trotz vieler Flurbereinigungen noch immer reich an Lebensstätten mit biologischem Gleichgewicht. Dazu gehören Hecken, insbesondere Wallhecken, eine Vielzahl kleiner Bauernwälder, Ödlandstreifen und Raine mit Dornsträuchern, kleine oder größere Tümpel sowie die natürlichen Uferzonen stehender und fließender Gewässer. Oft sind es gerade Stellen, die man auf den ersten Blick als verwahrlost und ordnungsbedürftig empfindet. Hier aber bestehen noch ziemlich intakte Lebensgemeinschaften aus nützlichen und schädlichen Tieren, hier brüten Vögel und pflanzen sich nützliche Kleintiere fort. Bedeutsam ist aber, daß diese Tiere von hier in das umliegende Kulturland ausstrahlen und z.T. eine Rolle in der biologischen Schädlingsbekämpfung innehaben, die als *mitwirkende* Kraft keineswegs zu unterschätzen ist. Damit tragen sie immer wieder einen biologischen Ausgleich in die Kulturlandschaft hinein, dadurch wird den Schädlingen ein *Höchstmaß* an *natürlichen* Gegenkräften entgegengesetzt. Der so erzielte Nutzen ist auf die *Dauer* weit größer, als er durch völlige Kultivierung solcher „Ödlandflächen" in Form von Landgewinn sein würde.

Die Erhaltung einer solchen biologisch gesunden Landschaftsstruktur ist die wichtigste Aufgabe der im landschaftsökologischen Sinne arbeitenden Landschaftspflege. Sie stellt daher an die Flurbereinigung, deren Notwendigkeit ausdrücklich bejaht wird, als wichtigste Forderung, die bäuerliche Besitzlage in einer Form zu verbessern, bei der der *Bestand* der vorhandenen Landschaftsgliederung *soweit wie möglich* erhalten bleibt.

Die „Flur" – im biologischen Sinne diese Begriffes – sollte also nicht

„bereinigt" werden in der Weise, daß zunächst alle Landschaftselemente wie Hecken, Bauernwälder, Ödländer und Tümpel beseitigt werden und eine angebliche „Ordnung" geschaffen wird –, auch wenn man hinterher durch großzügige Neupflanzungen wieder eine äußerlich gleiche oder ähnliche Landschaftsstruktur herzustellen beabsichtigt. Eine solche Art von „Bereinigung", wie sie stellenweise zu beklagen war und ist, geht aber weniger auf die Arbeit der Flurbereinigungsbehörden selbst zurück, sondern weit mehr auf die von der Flurbereinigung betroffenen Bauern, die *vor* Einleitung des Verfahrens eine Anzahl wichtiger Landschaftselemente, vor allem Einzelbäume, Alleen an Feldwegen, Gebüschgruppen u.a. beseitigen, obwohl das deutsche Flurbereinigungsgesetz solche selbständigen Eingriffe verbietet. Seitens der Landschaftsökologie muß immer wieder betont werden, daß wo irgend möglich der *vorhandene Bestand* erhalten bleiben und als Ausgangspunkt der Neuplanung dienen sollte. Denn in diesem Bestand ruhen die Kräfte, die die Landschaft dem biologischen Gleichgewicht und damit ihrer gesunden Produktivität nahebringen. Wird der vorhandene Bestand beseitigt, so werden die Lebensgemeinschaften vernichtet und können, wenn überhaupt, erst nach langer Zeit wiederentstehen. Eine Erhaltung des Vorhandenen ist daher immer einer völligen Neugestaltung vorzuziehen, so verlockend diese auch für die schöpferische Kraft des Menschen sein mag.

Eine restlos in Kulturfläche umgewandelte Landschaft mag in der Bewirtschaftung und den Bearbeitungskosten Vorteile bieten, ist aber nur scheinbar produktiver. Die biologische Verarmung, verursacht durch völlige Ausschaltung des natürlichen Gleichgewichtes, hat schwerwiegende Folgen, die auf längere Sicht die scheinbar größere Wirtschaftlichkeit ins Gegenteil umkehren. Bodenerosion durch Wasser und Wind, Grundwasserabsenkungen, Schädlingskalamitäten sind nur *Endstadien* einer Entwicklung, die bei Berücksichtigung biologischer Gesichtspunkte bereits viel früher und ohne große Kosten vermieden werden kann.

Der Gesundheit der Landschaft wird also der größte Dienst erwiesen, wenn man in ihr eine den Gegebenheiten angemessene Zahl von natürlichen Lebensstätten erhält und neu schafft, die gleichzeitig als biologische Reserven und Regenerationsflächen dienen. Produktionsunsichere Flächen (z.B. Überschwemmungsgebiete, mindere Böden) sollten von vornherein für diese Zwecke vorbehalten, unter Landschaftsschutz gestellt und nur extensiv bewirtschaftet werden. Den Besitzern sollte neben einer Herabsetzung der Bonitierung eine Entschädigung gewährt werden. Nach Möglichkeit aber sollten solche Flächen durch die öffentliche Hand erworben werden, wozu bei allen Flurbereinigungsvorhaben reichliche Mittel bereitgestellt werden müßten.

Keineswegs wird aber seitens der Landschaftsökologie einer bedingungslosen und restlosen Erhaltung des Bestandes landschaftlicher Strukturen das Wort geredet, auch wenn bestimmte biologische Kreise, vor allem im Bereich des Naturschutzes, die These von der Unantastbarkeit der Landschaft ins Feld führen. Die Landschaftsökologie ist sich bewußt, daß die heutige Landschaft, seit Jahrhunderten vom Menschen umgeformt, weniger in ihrer Struktur als in ihrem biologischen Gleichgewicht und in ihrer biologischen Leistungskraft, d.h. in ihrer *Funktion*, gesund zu erhalten ist. Diese Konzeption ermöglicht eine Anpassung an die jeweiligen Erfordernisse. Wo Neugestaltungen unvermeidlich sind, ist auch nicht die Wiederherstellung des vorherigen Zustandes um jeden Preis, sondern die Schaffung eines *biologisch gesunden* Neuzustandes zu fordern, so schwierig dieser auch im Einzelfall zu erreichen sein könnte.

Es ist seitens der Flurbereinigung immer wieder betont worden, daß alle Interessen ohne Ausnahme wohl abwägend zu koordinieren sind. Der Anteil der Landschaftsökologie trägt dazu bei, daß die erheblichen Aufwendungen *sinnvoll* für die Gesunderhaltung der produktiven Landschaft eingesetzt werden.

Betrachten wir einige der naturnahen Landschaftselemente des Münsterlandes, die bis heute Sitz artenreicher, relativ stabiler Lebensgemeinschaften blieben, deren günstige Wirkung auf das umliegende Kulturland zwar wenig ins Auge fällt, doch wissenschaftlich zu erhärten ist. Hier leben zahlreiche Tiere, die sich im freien Gelände nicht halten können, aber zur Nahrungssuche darauf angewiesen sind.

Die zahlreichen, meist sehr kleinflächigen Wälder, die man meist als *Feldgehölze* bezeichnet, die im Münsterland aber *Bauernwäldchen* genannt werden, sind für die Landschaft sehr charakteristisch und lassen das Gebiet viel waldreicher erscheinen, als es tatsächlich ist. Das Bestreben, durch eine Flurbereinigung die vielen Kleinwäldchen zu wenigen großen Waldstücken zusammenzulegen, wie es auch von Landesplanern immer wieder vorgeschlagen wird (vgl. Rossow u. Mitarb. 1967), wäre vom landschaftsökologischen Standpunkt aus höchst bedenklich.

Mit einer solchen Maßnahme würde vor allem der Vogelbestand der Landschaft empfindlich getroffen. Die Forschungen über die Siedlungsdichte der Vögel, die in den letzten 13 Jahren durchgeführt wurden, haben die Regeln ergeben: „Je kleiner der Wald, um so dichter die Besiedlung" und „Je kleiner der Wald, um so größer der Artenreichtum je Flächeneinheit" (Peitzmeier 1950). Die Bestandsdichte der Vögel ist in den kleinen Wäldchen oft um ein Vielfaches größer als in großen Wäldern gleicher Zusammensetzung und gleichen Alters. So wurden in großen Wäldern durchschnittlich 4 (maximal 12–15), in kleinen Wäldchen im Münsterland aber durchschnittlich 14 (maximal bis 24) Vogelpaare je Hektar festgestellt; dabei handelt es sich im wesentlichen um nützliche Insektenvertilger. Wegen dieser hohen Siedlungsdichte sind die Kleinwäldchen auch Vermehrungszentren für Vögel, von denen der Überschuß an andere Räume abgegeben wird.

Diese überraschenden Tatsachen erklären sich aus der geringen Flächenausdehnung dieser Kleingehölze und -wälder: sie werden völlig durchsonnt und zeichnen sich daher durch ein weit günstigeres Innenklima aus als großflächigere Waldstücke, die im Innern – vor allem auf schweren Böden – relativ kühl und feucht bleiben und daher weniger besiedelt werden. Außerdem ist die offene Landschaft als Nahrungsraum von jedem Punkt sofort erreichbar. In größeren Wäldern weisen nur die *Waldränder* eine entsprechende kleinklimatische Bevorzugung und dichte Besiedlung auf.

Was für die Vögel gilt, nehmen auch die Raubinsekten in Anspruch (Raubkäfer, Ameisen), die in den durchsonnten Kleinwäldchen günstige

Lebensbedingungen finden und von hier in die Monokulturen der benachbarten Felder eindringen (Raubkäfer bis zu 50 m!), wo sie sich sonst nicht halten können.

Der Niederwildreichtum des Münsterlandes, der wegen seiner gleichmäßig hohen Erträge als „jagdliche Produktivität" des Landes in seiner wirtschaftlichen Bedeutung nicht unterschätzt werden darf, beruht ebenfalls auf der *Viel*zahl der kleinen Wäldchen. Für den Fasan sind sie der optimale Biotop. (Vgl. E. SCHÄFER in diesem Symposiumsbericht sowie ARFSTEN 1964).

Aus diesen Angaben geht bereits hervor, daß die landschaftsökologische Beurteilung dieser Lebensstätten auf ihrer *biozönotischen* Betrachtung beruht. Der Zugang zur Biozönose erfolgt jedoch in fast allen Fällen und in bewährter Weise über die Pflanzensoziologie (vgl. Bericht über das Internat. Symposion „Biosoziologie" in Stolzenau 1960. Den Haag 1965). Pflanzensoziologische Untersuchungen erweisen die landschaftsökologisch-biozönotisch wertvollen Wälder im Münsterland als feuchte Eichen-Hainbuchen- oder feuchte Eichen-Birken-Wälder, bei denen infolge starker Durchlichtung die zugehörigen Wald*mantel*-Gesellschaften, erkennbar am Strauchreichtum, mehr oder weniger tief in den Wald eingedrungen sind.

So ist die Erhaltung einer möglichst großen Zahl kleiner Bauernwäldchen dringend notwendig. Darüber hinaus müßte Sorge getragen werden, daß sie *als solche*, d.h. in ihrer örtlich gegebenen pflanzensoziologischen Zusammensetzung, erhalten und nicht sämtlich in Fichten- oder Pappel-Monokulturen umgewandelt werden, die keine wertvollen Lebensgemeinschaften beherbergen können. Wo der Anbau von Fichten und Pappeln nicht abzuwenden ist, sollte wenigstens versucht werden, Teile der naturnahen Waldmäntel, z.B. an den Süd- und Westrändern, zu schonen, oder aber die Fichten- und Pappelbestände mit naturnahen Waldmänteln zu umpflanzen. Die zumeist sehr lichten Pappelpflanzungen lassen sich recht leicht mit Gebüsch durchsetzen und in ihrem landschaftsökologischen Wert steigern. Bestimmte Kleinwäldchen sollten in öffentlichen Besitz übernommen und zu Schutzwäldern (z.B. für Vogelschutz) erklärt werden, wodurch ihr Bestand und ihre Zusammensetzung gewährleistet bleiben. Bei Neuanlagen von Kleinwäldchen (z.B. auf Splißparzellen in Wege- und Gewässerdreiecken, an Steilhängen) sollte neben der pflanzensoziologisch richtigen Zusammensetzung ebenfalls die Anlage eines Wald*mantels* aus Sträuchern, darunter Beeren- und Dornsträuchern vorgesehen werden. Erst dieser Waldmantel, der auch bei den vorhandenen Wäldchen erhalten werden muß, schafft den geschlossenen Lebensraum.

Die landschaftsökologische Bedeutung der *Hecken*, vor allem der Wallhecken, übertrifft vielfach noch diejenige der Kleinwäldchen. Gerade in Gebieten mit schweren Böden sind Hecken lichter und trockener als Wälder und stellen daher besonders bevorzugte Lebensstätten dar. Im Fall der *Wallhecken* werden sogar verschiedene Lebensansprüche befriedigt: an sonnseitigen Wallhängen können wärmeliebende, an Schattenhängen Kühle und Feuchtigkeit bevorzugende Tiere leben; auf dem Wallrücken dagegen herrschen günstige ausgeglichene Temperatur- und Feuchtigkeitszustände (TISCHLER 1948).

Hecken dienen neben Vögeln ganz besonders nützlichen Insekten als Wohnstätte. So wurden in Holstein unter 24 000 Insektenfängen an Waldrand und Feldhecke 40% Laufkäfer und 20% Spinnen – also zumeist Raubinsekten – festgestellt, die von dort in die Äcker und Wiesen streifen (TISCHLER 1958). Bei mitteldeutschen Untersuchungen waren unter 24 804 Käfern nicht weniger als 18 936 Laufkäfer (GEILER 1956/57). Auch Raubfliegen, Schmarotzerfliegen, Schlupf-, Gold- und Grabwespen, Marienkäfer und Ameisen, von höheren Tieren Eidechsen, Ringelnattern, Spitzmäuse, Igel und Wiesel zeigen eine starke Bindung an Wallhecken, die ihnen auch im Sommer Schutzmöglichkeiten vor Feinden und schlechter Witterung bieten. Im Winter sind die Wallhecken, auf deren Hänge die Sonnenstrahlen senkrecht auftreffen, infolge ihres günstigen Wärmehaushaltes ein Winterquartier auch für viele Feld- und Wiesentiere. Bei einer Winteruntersuchung der Käfer wurden 61 verschiedene Arten festgestellt! Größere Tiere verkriechen sich in älteren, hohlen Stämmen, z.B. Kopfstämmen, die im Sommer wiederum höhlenbrütenden Vögeln Niststätten bieten (vgl. RENKEN 1956). In mehreren nord- und westdeutschen Bezirken stehen die Wallhecken (die in Schleswig-Holstein „Knicks" heißen, vgl. CHRISTIANSEN 1941) unter Naturschutz, und zwar auf Grund einer besonderen, das Reichsnaturschutzgesetz ergänzenden Verordnung von 1935. Diese Schutzverordnung, die seitens der Landwirtschaft stark angegriffen wird, ging von der Bedeutung der Wallhecken für das Landschafts*bild* aus, erfährt aber durch die neueren Untersuchungsergebnisse über ihre wichtige *Funktion* im Landschaftshaushalt eine neue Rechtfertigung, wenn nicht Grundlage.

Auch die Hecken sind damit Sitz artenreicher und relativ stabiler Lebensgemeinschaften von hohem Regenerationswert. So erfolgt der Nachschub von Regenwürmern nur von Hecke und Waldrand aus (TISCHLER 1958). Die Mithilfe dieser Tierwelt in der Schädlingsbekämpfung ist, wenn auch schwer erfaßbar, nicht zu unterschätzen. Insektenfressende Vögel, die ungern weite Strecken offenen Geländes überfliegen, finden in Hecken immer wieder Deckung und Aufenthalt; ebenso können hier Greifvögel aufblocken, die zusammen mit den in jeder Hecke lebenden Wieseln eifrig den Mäusen nachstellen. Ein Hermelin-Weibchen, das seine 4–7 Jungen zu versorgen hat, bejagt eine Fläche von 8–12 ha, ein Mauswiesel für seine Nachkommen 4–6 ha. (BRÜLL 1965). Bereits HERMANN LÖNS machte darauf aufmerksam, wie selten in Heckenlandschaften Mäuseplagen auftreten (HEROLD 1949a). Neuerdings hat FRANK (1956) nachgewiesen, daß chronische Feldmausplagen nur in Landschaften ohne Wald- und Heckengliederung (natürliche Verbauung) auftreten, z.B. in Börden, meliorierten Mooren und entwässerten Überschwemmungsgebieten. Mit der Soester Börde und den kultivierten Emslandmooren grenzen solche ausgeräumten Gebiete im Süden und Norden unmittelbar an das Münsterland an und lassen die biologische Gesundheit dieser Kulturlandschaft um so deutlicher hervortreten.

Nicht zu vergessen ist die kleinklimatisch günstige Wirkung der Hecken, die für zu Trockenheit oder starker Abkühlung neigende Böden gilt. Diese Wirkung beruht auf einer Bremsung des Windes, der z.B. 15 m hinter einer Wallhecke oder in einer Entfernung der 20-fachen Heckenhöhe noch nicht wieder seine alte Stärke erreicht hat. Die Spaltöffnungen der Blätter, die für den Luft- und Wasseraustausch lebenswichtig sind, schließen sich oft bereits bei Windstärke 4, wodurch die Assimilation (Stoffbildung) der Pflanzen herabgesetzt wird. Eine Windbremsung begünstigt das Wachstum also unmittelbar; ein höherer Wuchs des Getreides ohne randliche Wachstumsminderungen ist ihre sichtbare Wirkung.

In windgeschützten Flächen ist der Boden im allgemeinen feuchter und wärmer als auf freien; auch die Luftfeuchtigkeit in Bodennähe bleibt hoch und begünstigt einen starken Tauniederschlag, der nur in ruhiger Luft entstehen kann. Daher hemmen Hecken die unproduktive Verdunstung von Böden und Pflanzen. Wenn der Wind frei über die Felder streifen kann, so verbraucht er mehr Wasser, als jede Feldfrucht benötigt, auch lähmen austrocknende Winde die Wurzeltätigkeit der Pflanzen. Dagegen ist in windgeschützten, daher wärmeren und feuchteren Böden die Düngerwirksamkeit höher (im Grünland bis 25%!) als im ungeschützten Gelände, und ferner können eine Zunahme der Humusbestandteile und ein Ansteigen der pH-Werte erzielt werden. Am günstigsten wirken dafür Hecken, die quer zur Hauptwindrichtung, in Norddeutschland also ungefähr in Nord-Süd-Richtung verlaufen; bei ihnen bleiben auch die in unmittelbarer Nachbarschaft der Hecke auftretenden Schattenschäden (liegendes oder verpilztes Getreide) auf ein geringes Maß beschränkt (vgl. GUYOT 1963, HILF 1951, KAISER 1960, KREUTZ 1952, MARTIN 1963, RAABE 1957, STEUBING 1952/53, 1962, 1964, WENTH 1951).

An Viehweiden schützen Wallhecken das Vieh vor starker Sonnenstrahlung, aber auch vor kalten Winden, Regen und Blitzschlägen. Von Wallhecken umhegte Weideflächen gestatten die Verlängerung der jährlichen Weidezeit um durchschnittlich einen Monat gegenüber ungeschützten Flächen. Auch das Wild findet hier Schutz vor Witterungsumbilden sowie Nahrung, vor allem wenn die Hecken Weichhölzer enthalten. Rehe benötigen z.B. im Winter als Kraftnahrung Eichen- und Eschenknospen, die ihnen meist nur in Hecken zugänglich sind.

Pflanzensoziologisch stehen die Hecken den schon erwähnten Waldmantel-Gesellschaften nahe und werden meist mit diesen sowie mit den Gebüsch-Gesellschaften zu einer eigenen Gruppe vereinigt, die als Ordnung Prunetalia der Klasse Querco-Fagetea angeschlossen ist (TÜXEN 1952); doch können sie auch zusammen mit den Kahlschlag- und Vorwald-Gesellschaften als höhere Einheit (Klasse Rhamno-Prunetea) aufgefaßt werden. Im Gelände werden sie bei der Kartierung der realen Vegetation erfaßt. Leider fehlen in vielen der vorhandenen pflanzensoziologischen Hecken-Aufnahmen landschaftsökologisch erwünschte Angaben über die Struktur der Heckengehölze, ihre Beschaffenheit und Eignung für tierische Lebensstätten, ihre Bewirtschaftungsart, und auch das Vorhandensein eines Walles wird oft nicht vermerkt. Gerade Heckenaufnahmen sollten reich an Information und nicht nur auf eine spätere syntaxonomische Einordnung ausgerichtet sein.

Da Hecken und Gebüschgruppen nicht den Schutz vielerorts vorhandener Waldschutzgesetze genießen, werden sie bei Flurbereinigungen häufig besonders stark betroffen und großenteils beseitigt; andererseits konzentriert sich ein wesentlicher Teil der mit den Flurbereinigungen verbundenen landschaftspflegenden und -gestaltenden Maßnahmen (vorbildlich z.B. in den Niederlanden, in Westfalen und Bayern) auf die Neuanlage und Pflanzung von Hecken (OLSCHOWY 1959). Es ist auch hier wieder zu fordern, daß möglichst viele vorhandene Hecken, insbesondere die wertvollen Wallhecken, erhalten und in die Planungen einbezogen werden. Freilich bedarf das meist zu dichte Heckennetz in ausgesprochenen Heckenlandschaften (vgl. SEIFERT 1944, BARTEL 1967) einer Auflichtung. Der landschaftsökologisch günstigste Heckenabstand richtet sich nach den gegebenen Boden- und Klimaverhältnissen, der Verteilung der Wälder (falls vorhanden) und den landwirtschaftlichen Kulturen. Nach schleswig-holsteinischen Erfahrungen darf ein heckenumhegtes Feld nicht kleiner als 1 ha sein.

Bei der Neuanlage von Hecken (PFLUG 1959) kann wiederum nicht auf die Hilfe der Pflanzensoziologie verzichtet werden. Um eine wirklich standortgerechte Gehölzauswahl für die Hecke zu treffen, die ihr bestes Gedeihen ermöglicht, sollte man die potentiell natürliche Vegetation (TÜXEN 1958) zugrundelegen; doch muß die Artengarnitur beschränkt werden, weil Gehölze mit weitstreichenden flachen Wurzeln (STEUBING 1955), mit Wurzelbrut oder Zwischenwirte oder Förderer von Schädlingen und Krankheiten in der Kulturlandschaft nicht erwünscht sind (z.B. *Prunus spinosa, Berberis vulgaris* u.a.). Diese werden von nicht wenigen Landwirten, die von der landschaftsökologischen Bedeutung der Hecken ohnehin schwer zu überzeugen sind, gern als Argument gegen jeglichen Heckenbestand ins Feld geführt.

Oft wird seitens der Landwirtschaft auch behauptet, daß Hecken als Brutstätten für Unkräuter und Schädlinge zu betrachten seien (vgl. LEIB u. OLSCHOWY 1955). Eigene Beobachtungen im Münsterland haben dagegen ergeben, daß eine Verunkrautung von Hecken nur dann eintritt, wenn sie sowohl pflegemäßig stark vernachlässigt als auch in ihrer pflanzensoziologischen Zusammensetzung sichtbar degradiert waren. In geschlossenen, älteren, artenmäßig richtig aufgebauten Hecken finden sich in der Krautschicht Elemente der Waldvegetation und an den Rändern fragmentarische Waldsaum-Gesellschaften; ausgesprochene Ackerunkräuter sind selten. Überdies hemmen Hecken auch die Samenverbreitung von Ackerunkräutern, soweit sie anemochor sind. Schädlinge sind in den Hecken selbstverständlich wie in anderen naturnahen Pflanzengesellschaften bzw. Biozönosen vorhanden, aber ebenso auch ihre natürlichen Feinde, die eine Massenvermehrung verhindern. Feldmäuse wie Feldsperlinge nisten sich wiederum fast ausschließlich in degradierenden, lückigen, ungepflegten Hecken ein. Der Landwirt hat es also mit einer gewissen, arbeitsmäßig wenig belastenden Heckenpflege selbst in der Hand, ob sich seine Hecken zu Unkraut- und Schädlingsbrutstätten entwickeln oder nicht, was ja genau so für seine Äcker und Wiesen gilt. (Vgl. PFEIFFER 1942a und b, HEROLD 1949b).

Es besteht eine gewisse Gefahr des Schematismus in der Erhaltung und Neuanlage von Gehölzpflanzungen bzw. – beständen in Flurbereinigungsgebieten. So wird die Wichtigkeit einer *linienhaften* Gehölzpflanzung nicht selten übertrieben und dann auch zu sorglos mit nicht zutreffenden Argumenten belegt; man spricht z.B. von Windschutzanlagen dort, wo ein Windschutz sogar schädlich wäre, und macht dadurch die bei den Bauern oft gar nicht beliebten Hecken in ihrer Notwendigkeit unglaubwürdig. Gehölzbestände in richtiger Verteilung sind überall nützlich und notwendig, doch muß eine genaue Landschaftsanalyse und -diagnose feststellen, welche ihrer Funktionen jeweils vorrangig ist, und danach sind sie zu erhalten, zu ergänzen oder neu anzulegen. Es wird sich zeigen, daß die biozönotische Funktion keineswegs nur von linienhaften Gehölzbeständen wahrgenommen werden kann, sondern ebenso gut von flächigen, d.h. von Gehölzgruppen oder Kleinwäldchen, die häufiger als bisher berücksichtigt werden sollten. Dies ist vor allem dort zweckmäßig, wo auf schwer trocknenden Böden, die zur Verdichtung oder oberflächlichem Wasserstau neigen, oder in Kaltluftgebieten die Hecke nicht angebracht ist.

Wo man aber Hecken neu anlegt, sollte dies, wo immer möglich, in Form der biologisch so wertvollen Wallhecke geschehen, die nur an Wirtschaftswegen und an Wasserläufen (wegen Abflußverhinderung) unzweckmäßig ist. Bei der Aufwallung, die mit Hilfe von Schieberaupen nicht schwierig ist, können Stubben und Rodungsreste verwendet werden, die den Tieren später willkommene Versteckmöglichkeiten bieten. Die Höhe der Wälle sollte etwa 1 m betragen, die Kronenbreite möglichst 1,20 m (da sonst der Wall zu stark austrocknet), die Sohlenbreite mindestens 2,50 m. Zur Bepflanzung ist eine Mutterbodenschicht in Pflanztiefe aufzubringen. Die Anlage von Seitengräben, wie sie bei allen alten Wallhecken zu finden sind, ist zweckmäßig, da sie die Wurzelkonkurrenz mit dem benachbarten Kulturland einschränken, und kann mit der Aufwallung verbunden werden. Wo Viehweiden angrenzen, ist eine Einfriedung ca. 1,50 m vom Böschungsfuß anzubringen. Von großem Nutzen sind Wallhecken auch als Lärmschutz an stark befahrenen Straßen und an Flughäfen.

(Wall-)Hecken und Kleinwäldchen sollten also eine waldarme Kulturlandschaft gleichmäßig durchsetzen, um ihre biologische Gesundheit und damit ihre dauerhafte Produktivität zu sichern. Ein Rezept für jeden Landschaftstyp gibt es dabei nicht, wohl aber einige allgemeine Regeln. So sollen auf den landwirtschaftlich genutzten Böden Mitteleuropas, die durch Dränung oder Bewässerung heute allgemein auf einen mittleren Feuchtigkeitszustand gebracht worden sind oder werden, Äcker und Wiesen möglichst wenig verdunsten, Wälder und Hecken dagegen möglichst viel. Dann wird die Boden- wie auch die Luftfeuchtigkeit gleichmäßig erhalten, durch letztere aber auch die Kaltluftgefahr verringert und die Luftelektrizität geschwächt. Für den biologischen Gesundheitszustand ist wichtig, den *Altbestand* an Wäldchen und Hecken wenigstens zu 40–60% zu erhalten (Haber 1966a).

Nicht unerwähnt sollen die vielen *Feld-*, *Weg-* und *Wiesenraine* bleiben, die nicht mit Gehölzen bewachsen und daher nicht so auffällig sind, aber ebenso wie diese die Kulturlandschaft gliedern und mit relativ wenig gestörten, wenn auch oft fragmentarischen Lebensgemeinschaften durchsetzen. Als Stufenraine in bergigem Gelände leisten sie einen wichtigen, unentbehrlichen Beitrag zur Verhütung der Bodenabspülung und bleiben hier auch meist erhalten, während sie sonst vielfach durch die Vergrößerung der Acker- und Grünlandschläge, die Einziehung oder Asphaltierung von Feldwegen verschwinden. Pflanzensoziologisch handelt es sich um – häufig fragmentarische – Grünland- und Trittrasen-Gesellschaften in gegenseitiger Durchdringung, nicht selten durch Viehdünger oder Ablagerung landwirtschaftlicher Abfälle ruderal beeinflußt.

Ein weiteres Landschaftselement, das von den Flurbereinigungen oft sehr stark umgeformt wird und dessen Umformung besonders heftig umstritten ist, sind die *Gewässer*. Von ihnen seien hier aber nur die kleineren Bäche, Teiche und Tümpel betrachtet, die dem sogenannten „landwirtschaftlichen Wasserbau" innerhalb der Flurbereinigung zufallen, während die größeren Gewässer, die von den Wasserbau- und Wasserwirtschaftsämtern betreut werden, in anderen Vorträgen dieses Symposions behandelt werden. Die landschaftsökologische Rolle der Gewässer – unabhängig von ihrer Größe – übertrifft wesentlich die der kleinen Wälder, Waldmäntel und Hecken. Naturnahe Gewässer sind zwar auch wie diese wertvollste Lebensstätten, deren biologisches Gleichgewicht günstig auf die benachbarte Kulturlandschaft wirkt, aber das in ihnen enthaltene Wasser ist darüber hinaus ein Haupt-Standortsfaktor, ja ein Lebenselement und damit auch ein Element der Raumwirtschaft. Mit um so größerer Sorgfalt müssen daher auch die kleinsten Gewässer erhalten und gepflegt werden.

Kleine Tümpel und Teiche, sogar Sumpfstellen, oft unabsichtlich oder als ländliche Wasserspeicher, Mühl- oder Fischteiche vom Menschen geschaffen und dann durch Vernachlässigung einer naturnahen Entwicklung überlassen, sind außergewöhnlich artenreiche Lebensstätten, vor allem wenn sie an Waldrändern liegen (Tischler 1950). Ihr naturnaher Zustand wird vom Pflanzensoziologen am Vorhandensein des vollständigen Zonationskomplexes der Verlandungsgesellschaften leicht erkannt, von denen gewöhnlich nur der Erlenbruchwald fehlt. Für den Landschaftshaushalt wichtig sind – als Helfer in der Schädlingsbekämpfung – vor allem amphibische Tiere wie Frösche, Kröten, Molche und Libellen; gerade die erst- und letztgenannten streifen auf Beutesuche weit in benachbarte Felder und Wiesen hinein. Die Pflanzengesellschaften dieser nassen Standorte, vor allem in nährstoffarmen Gebieten (z.B. in der Querco-Betuletum-Landschaft) besitzen z.T. Seltenheitswert. Auch aus diesem Grunde verdienen diese kleinen Stillgewässer bei Flurbereinigungen unbedingten Schutz; sie sind in Trockenjahren überdies willkommene Wasserreservoire, und manche von ihnen können auf Grund ihrer Lage sogar eine Zweckbestimmung als Feuerlöschbecken erhalten, wozu lediglich ein Ufer als Entnahmestelle ausgebaut werden und eine gelegentliche Entkrautung durchgeführt werden muß. Besonders beklagenswert ist, daß viele dieser Kleingewässer heute als Müllabladestellen dienen – was zwar verboten ist, ohne aber die Einhaltung des Verbotes gewährleisten zu können.

Die kleinen *fließenden* Gewässer sind in ihren naturnahen Uferzonen ebenfalls wertvolle Lebensstätten, aber darüber hinaus für den Wasserhaushalt ihres Einzugs- und Durchflußgebietes von großer Bedeutung. Auch sie sind dem ordnenden und planenden menschlichen Geist oft genug lästig, und wenn sie sich nicht so leicht beseitigen lassen wie

Hecken und Raine, so werden sie zumindest in eine „Zwangsjacke gesteckt" (WEIMANN). Das zeigt sich bereits im Namen: aus einem Bach wird ein „Gerinne" oder ein „Vorfluter", also ein einseitig auf einen wasserwirtschaftlichen Zweck ausgerichtetes Gebilde. Dieser Zweck besteht in Niederungen mit hohem Grundwasserstand in dessen Senkung und in einer Abflußbeschleunigung, die den Wert des Kulturlandes erhöht und darin gerechtfertigt ist. Sie erfordern zumeist eine Regulierung vorhandener Bäche und ihre Ergänzung durch Gräben oder unterirdische Röhren. Ob der genannte Zweck optimal erreicht wird, kann wiederum zuerst die Pflanzensoziologie entscheiden. In Dränungs- und Regulierungsgebieten sollten *vor* Ausführung der Maßnahmen pflanzensoziologische Kartierungen durchgeführt werden, die dank der Eichung bestimmter Pflanzengesellschaften auf Grundwasser-Ganglinien (TÜXEN 1954) eine grundsätzlichen Hinweis darauf geben, ob eine Dränung überhaupt nützt; und auch die Wirkung der durchgeführten Maßnahme läßt sich durch Vergleich der Kartierung mit einer zweiten, einige Jahre nach der Dränung wiederholten Kartierung mit großer Sicherheit beurteilen (vgl. KLAUSING 1962).

In vielen Flurbereinigungsgebieten sind naturnahe Bäche mit einer Perfektion technisch ausgebaut worden, die in gar keinem Vergleich zu ihrer Wirkung steht, darüber hinaus aber nicht selten eine biologische Verarmung und eine ebenso unerwünschte, oft unerwartete Abflußbeschleunigung zur Folge hatten, die oft erst nach Jahren sichtbar wurde. Inzwischen setzt sich bei den Flurbereinigungs- und Wasserbauämtern die Erkenntnis durch, daß das Wasser nicht nur möglichst lange in der Landschaft gehalten werden, sondern daß dies auch in naturnahen Gewässern geschehen muß (vgl. MESSMER 1956, OLSCHOWY 1958, KLEINE 1963). Zwingende Forderungen der Grundwassererhaltung und der biologischen Selbstreinigungsfunktion der Gewässer wirken ebenfalls in diese Richtung.

Wiederum bedarf es pflanzensoziologischer Schulung, den naturnahen Charakter eines Gewässers zu beurteilen und optimal zu gestalten. Das gilt besonders auch dann, wenn eine Kombination einer Hecke oder eines schmalen Waldstreifens mit einem Bach zweckmäßig und erwünscht ist – eine landschaftsökologisch sehr glückliche Lösung. Die Gehölze erhöhen den Wert des Baches als Lebensstätte, was eine biozönotische Bereicherung bedeutet, sie verbrauchen auf biologische Weise überschüssiges Wasser, verhindern durch Schattenwurf eine Verkrautung des Baches, schützen das Kleinklima des benachbarten Kulturlandes und können auf guten Böden dank der Wasserversorgung sogar zur Nutzholzerziehung herangezogen werden, etwa durch Anbau von Pappeln, die manchem Landwirt das Einverständnis mit einer Hecke erleichtern.

Zu den meisten dieser landschaftsökologischen Probleme bietet die Pflanzensoziologie den leichtesten und sichersten Zugang. Das System der Pflanzengesellschaften, ihr räumliches Mosaik, die Kenntnis von Phasen, Stufen, Varianten und Subassoziationen einer Assoziation bilden ein Instrument, das dem Kundigen die vielfältigsten Aussagen ermöglicht, dem Kulturtechniker den Weg weist und wertvolle Auskünfte vermittelt. Alle landschaftsökologischen Vorstellungen sollten ein „pflanzensoziologisches Sieb" passieren, um unzulässige Verallgemeinerungen auszuschließen.

Allgemein gesprochen betrifft der pflanzensoziologische Beitrag zur Landschaftsökologie in der Flurbereinigung vor allem die Kontaktzonen zwischen dem Kulturland (Acker- und Grünland) und der naturnahen oder halbnatürlichen Vegetation. Es ist sehr erfreulich, daß die Pflanzengesellschaften dieser Grenzzonen immer deutlicher und häufiger als eigene Einheiten erkannt und beschrieben werden, wofür die kürzliche Herausarbeitung der Trifolio–Geranietea durch Th. Müller (1962) ein Beispiel ist. Noch aber sind viele dieser Kontaktzonen-Gesellschaften nicht oder ungenügend bekannt, so z.B. die Mantel- und Saumgesellschaften von Auen- und Bruchwäldern, z.T. auch der Eichen-Birken-Wälder (Quercetea robori–petraeae), aber auch die Grenzzonen-Gesellschaften von Zwergstrauchheiden und Mooren. Genau so unentbehrlich sind dem Landschaftsökologen die Vegetationskarten, und zwar sowohl der realen wie der potentiell natürlichen Vegetation, die wertvollste Zeiger der Gegebenheiten wie auch Grundlage von Planungen, Pflanzungen und Gestaltungen sind und sein müssen (vgl. Trautmann 1966).

Die landschaftsökologisch ausgerichtete Flurbereinigung stellt eine einzigartige Gelegenheit dar, unsere Kulturlandschaft auch unter biologischen Gesichtspunkten optimal zu gestalten. Nur hier, wo durch staatliche Gesetze eine so flächenwirksame Veränderung der Landschaft möglich ist, können jahrhundertealte Fehler, Unterlassungen oder Übertreibungen im Gefüge der Landschaft beseitigt oder gemildert werden. Daß diese Gelegenheit nicht überall genutzt wird, liegt oft weniger an den Flurbereinigungsbehörden als an den Bauern, denen zuliebe die Flur überhaupt neugestaltet wird. Das deutsche Flurbereinigungsgesetz verzichtet weitgehend auf Zwangsmaßnahmen; die Teilnehmer einer Flurbereinigung sollen nach gründlicher Aufklärung aus eigener Einsicht und eigenem Antrieb der Erhaltung, Pflege und Neuanlage landschaftsökologisch wertvoller Wäldchen, Hecken, Raine und Gewässer zustimmen, doch oft genug haben sie jeden derartigen Vorschlag abgelehnt. Es scheint so, als ob die Handhabung des Flurbereinigungsgesetzes den Teilnehmern mehr Rechte zugesteht als das Gesetz vorsieht. Daher sollen der Landschaftsökologe und der Pflanzensoziologe nicht nachlassen, die vielen noch bevorstehenden Flurbereinigungen sorgfältig zu verfolgen, um ihre Auswirkungen auf Landschaft und Vegetation so günstig wie möglich beeinflussen zu können. Das Endziel sollte sein, nicht nur Naturschutz und Landschaftspflege, sondern jegliche Art von Landnutzung außerhalb der Siedlungs- und Industriegebiete als angewandte Landschaftsökologie aufzufassen und zu betreiben (Haber 1966b).

SUMMARY

Landscape ecology in farm consolidation schemes.

In several European countries, where agriculture is in need of public help and improvement measures, extensive farm consolidation schemes (in

French: remembrements agricoles; in Dutch: ruilverkavelingen) are being executed. They comprise an adaptation of rural land to intensively mechanized agriculture, thus bringing about sensible changes in landscape structure. An entirely man-made landscape, however, is apt to a high degree of instability, favouring the spread of disease calamities, soil erosion, drought, etc., which in their turn have to be overcome by expensive additional measures. Such a state of things can be prevented by assigning an agricultural landscape a certain degree of biological stability supported by a fair number of natural biocoenoses. These are located in small woods rich in edge effects, hedgerows, shrubs, field banks, ponds and streams. They afford biological control to agricultural pests and diseases, and improve, on certain soils and sites, microclimatic conditions for agricultural crops. Moreover they ensure a good game productivity which contributes to agricultural income. From the viewpoint of landscape ecology it is required that a maximum of such natural communities be preserved in farm consolidations, and that new ones be created by planting hedges, shrubs and small woods where necessary. Phytosociological guidance will help to ascertain the communities most valuable for preservation, to effect their management, and to find out the suitable floristic composition for new plantations.

LITERATUR

ARFSTEN, R.: Flurbereinigung und Niederwildhege. – Wild und Hund **67** (2): 48. 1964.

BARTEL, J.: Baum und Strauch in der rheinischen Agrarlandschaft. – Kölner Geograph. Arbeiten **18**. Köln 1966. 116 p.

BERGMEIER, H., SEYBERT, M. u. VIDAL, H.: Landeskulturelle Aufgaben und ihre Durchführung in Bayern. – Z. Kulturtechnik u. Flurber. **7**: 129–146. Berlin u. Hamburg 1966.

BRÜLL, H.: Jäger und Naturfreund. – Natur u. Landschaft **40**: 11–12. Köln 1965.

CHRISTIANSEN, W.: Die Zusammensetzung der Knicks in Schleswig-Holstein. – Die Heimat **51**: 52–55. Neumünster 1941.

FRANK, F.: Grundlagen, Möglichkeiten und Methoden der Sanierung von Feldmausplagegebieten. – Nachr.-Bl. Dt. Pflanzenschutzdienst **8**: 147–158. Stuttgart 1956.

GEILER, H.: Zur Ökologie und Phänologie der auf mitteldeutschen Feldern lebenden Carabiden. – Die Evertebratenfauna mitteldeutscher Feldkulturen I. – Wiss. Z. Univ. Leipzig, Math.-Naturw. Reihe **6**: 35–53 bzw. 411–424. Leipzig 1956/57.

GUYOT, G.: Les brise-vent. Modification des microclimats et amélioration de la production agricole. – Ann. agron. **14**: 429–488. Paris 1963.

HABER, W.: Um die Erhaltung der westfälischen Wallhecken. – Wild und Hund **69** (6): 138–140. 1966 (a).

— Naturschutz und Landnutzung als angewandte Landschaftsökologie. – Natur und Heimat **26**: 166–172. Münster 1966 (b).

HEROLD, W.: Heckenlandschaft und Feldmausschäden. – Z. Pflanzenkrankh. **56**: 270–284. 1949 (a).

— Die Bedeutung der Feldhecke für landwirtschaftliche Schädlinge. – Forschungen u. Fortschritte. Berlin 1949. p. 116–117. (1949 b).

HILF, H. H.: Windschutz durch Flurholzanbau. – Forstarchiv **22**: 106–109. Hannover 1951.

KAISER, H.: Untersuchungen über die Auswirkungen von Windschutzstreifen auf das Bodenklima. – Z. Acker- u. Pflanzenbau **111**: 46–72. Berlin u. Hamburg 1960.

KEIL, K.: Die Praxis der Flurbereinigung. – Natur u. Heimat **26**: 141–154. Münster 1966.

KLAUSING, O.: Wasserzustand und Wasserbilanz von Vegetation und Boden an Standorten bestimmter Pflanzengesellschaften des Mittelwesergebietes. – Angewandte Pflanzensoziologie **18**. Stolzenau/Weser 1962. 256 p.

KLEINE, H.-D.: Naturnaher Wasserbau bei Bächen und kleinen Flüssen. – Natur u. Landschaft **38**: 145–151. Köln 1963.

KREUTZ, W.: Der Windschutz. – Dortmund 1952. 167 p.

LEIB, E. u. OLSCHOWY, G.: Landschaftspflege und landwirtschaftliche Schädlingsbekämpfung. – Anz. f. Schädlingskunde **28**: 145–150. Berlin 1955.

MARTIN, K. H.: Untersuchungen über die Wirkungen des Windschutzes auf Dauergrünland. – Z. Acker- u. Pflanzenbau **117**: 196–207. Berlin u. Hamburg 1963.

MESSMER, F.: Das Beispiel eines naturnahen Bachausbaues. – Veröff. Landesstelle f. Natursch. u. Landschaftspflege Baden-Württ. **24**: 128–138. Ludwigsburg. 1956.

MÜLLER, T.: Die Saumgesellschaften der Klasse Trifolio-Geranietea sanguinei – Mitt. flor.-soz. Arbeitsgem. N.F. **9**: 95–140. Stolzenau/Weser 1962.

OLSCHOWY, G.: Gedanken zum Ausbau kleiner Wasserläufe. – Hilfe durch Grün **6**: 26–28. 1958.

— (Hrsg.): Landschaftspflege und Flurbereinigung. – Schriftenreihe f. Flurbereinigung. **22**. Stuttgart 1959. 132 p.

PEITZMEIER, J.: Untersuchungen über die Siedlungsdichte der Vogelwelt in kleinen Gehölzen in Westfalen. – Natur u. Heimat **9**: 30–37. Münster 1950.

PFEIFFER, H.: Beiträge zur Kenntnis der Wall- und Feldhecken (Knicks). – Nordelbingen **17/18**: 345–385. 1942 (a).

— Vom Lichtgenuß des Krautwuchses unter Feld- und Wallhecken. – Aus der Heimat **55**: 106–110. Neumünster 1942 (b).

PFLUG, W.: Landschaftspflege, Schutzpflanzungen, Flurholzanbau. – Neuwied 1959. 191 p.

RAABE, E.-W.: Vegetationskundliche Untersuchungen zum Windschutzproblem in der Umgebung der Jägersburger Heide bei Meldorf. – Schr. Naturw. Ver. Schlesw.-Holst. **28**: 143–162. Kiel 1957.

RENKEN, W.: Untersuchungen über Winterlager von Insekten. – Z. Morph. Ökol. Tiere **45**: 34–106. Berlin, Göttingen, Heidelberg 1956.

ROSSOW, W., u. Mitarb.: Land + Wasser = Goldener Boden. – Garten u. Landschaft **77** (6): 183–202. 1967.

SEIFERT, A.: Die Heckenlandschaft. – Potsdam 1944. 88 p.

STEUBING, L.: Experimentelle Untersuchungen über die Veränderungen der Standortsfaktoren durch Windschutzanlagen. – Oikos **4**: 118. Kopenhagen 1952/53.

— Untersuchungen über die Konkurrenzwirkung von Gehölzwurzeln auf Ackerkulturen: Der Einfluß von Eichen als Standbäumen in Hecken. – Plant and Soil **7**: 1–25. Den Haag 1955.

— Untersuchungen zum Wasserhaushalt windgeschützter und windexponierter Pflanzen am natürlichen Standort. – Biol. Zbl. **81**: 585–596. Leipzig 1962.

— Windschutz als botanisches Problem. – Umschau **64** (3): 84–87. Frankfurt/M. 1964.

TISCHLER, W.: Biocönotische Untersuchungen an Wallhecken. – Zool. Jb., Abt. Syst. Ökol., Geogr. **77**: 283–400. Jena 1948.

— Vergleichend-biozönotische Untersuchungen an Waldrand und Feldhecke. – Zool. Anz. Suppl.-Bd. **145** (Klatt-Festschrift): 1000–1015. Leipzig 1950.

— Synökologische Untersuchungen an der Fauna der Felder und Feldgehölze. – Z. Morph. Ökol. Tiere **47**: 54–114. Berlin, Göttingen, Heidelberg 1958.

— Agrarökologie. – Jena 1965. 499 p.

TRAUTMANN, W.: Erläuterungen zur Karte der potentiellen natürlichen Vegetation der Bundesrepublik Deutschland 1 : 200 000, Blatt 85 Minden. – Schriftenr. f. Vegetationskd. **1**. Bad Godesberg 1966.

TÜXEN, R.: Hecken und Gebüsche. – Mitt. Geogr. Ges. Hamburg **50**: 85–117. Hamburg 1952.

— Pflanzengesellschaften und Grundwasser-Ganglinien. – Angew. Pflanzensoziologie **8**: 64–98. Stolzenau/Weser 1954.

— Die heutige potentielle natürliche Vegetation als Gegenstand der Vegetationskartierung. – Ber. dt. Landeskunde **19**: 200–246. Bad Godesberg 1958.

WEIMANN, R.: Regulierungen und Kanalisierungen unserer Flüsse, biologisch gesehen. Selbstverlag Heisterbacherrott. Ohne Jahr. 100 p.

WENDT, H.: Der Einfluß von Hecken auf den landwirtschaftlichen Ertrag. – Erdkunde **5**, 115. Bonn 1951.

K. LIMPERT:

Ergänzend möchte ich sagen, daß die Forstleute am geschlossenen Waldbestand hängen, u.a. um ihren Eigenjagdbezirk zu erhalten, der gesetzlich m.W. auf 75 ha festgelegt ist. Aus Gründen des biologischen Gleichgewichtes sollten aber auch die Kleinbestände durch sie beachtet werden. Zwar sollen nach dem Gesetz Rodungsflächen durch Neu-Pflanzungen ersetzt werden. Dies führt aber aus wirtschaftlichen Gründen meist zur Anlage von Monokulturen (Pappeln).

A. VOISIN:

Dieser Vortrag hat mir eine große Befriedigung gegeben aus zwei Gründen. Der Redner hat das Wort biologisches Gleichgewicht gesagt. Ich glaube, daß dies das Wichtigste ist. Er hat die Hecke und die Vögel, die darin wohnen, erwähnt. Ich werde Ihnen etwas sagen, was Sie wahrscheinlich nicht kennen, weil Sie Ökologen sind und keine Fachleute für Tierfragen. Mein Großvater war Schäfer, und er sagte mir, wenn Du gesunde Schafe haben willst, mußt Du Vögel auf ihrem Rücken sehen. Sie kennen diese Stare. Wir sind so intelligent, daß wir jetzt keinen Vogel mehr auf dem Rücken der Schafe sehen. Wo sollten sie herkommen? Es gibt keine Hecken mehr, und wir haben entwaldet. Aber was ist das Ergebnis? Selbstverständlich kannten das mein Großvater und die Schäfer nicht. Aber die See-Vögel fraßen die Würmer, aber die gefährlichen Würmer, die wir Parasiten-Würmer nennen. Und wir haben mehr und mehr Wurm-Infektionen in den Schafen. Wir müssen mehr und mehr chemische Produkte durch das Maul oder zur Spritzung brauchen. Wir spritzen unaufhaltsam, um unsere Schafe gegen diese Würmer zu verteidigen. Zur Zeit meines Großvaters war das nicht nötig, weil unsere Großväter klug genug waren, um noch Vögel überall in den Hecken zu haben.

Der zweite Punkt, den Sie sicher auch nicht kennen, ist der folgende: In einer Hecken-Landschaft haben die Agronomen gesagt, man müsse die Weiden umpflügen und neu einsäen. Es gab eine Katastrophe. Viele Tiere sind krepiert. Die Tiere wollten nicht in dieses neue junge Gras. Sie suchten immer wieder auf den alten Rasenplätzen zu fressen und nahmen nicht die neue Weide, weil sie fanden, daß diese „schlechten" alten Gräser – aus Gründen, die wir nicht ganz verstehen – für ihre Gesundheit absolut notwendig seien. Sie sehen, wie wichtig diese Fragen des Gleichgewichtes in der Natur sind und besonders die Hecken. Ich gratuliere dem Redner zu seinem Vortrag über biologisches Gleichgewicht.

G. SCHWERTFEGER:

Ich möchte die Ausführungen nur unterstreichen und keineswegs etwas dagegen sagen. In der jetzigen Wohngemeinde, in der ich lebe, ist vor 8 Jahren eine Flurbereinigung durchgeführt worden. Dort war zum Schluß die Frage des Feuerteiches akut. Es war noch genügend Geld übrig, und die Landwirte konnten in Eigenleistung nun einen Teich von 40 × 50 m Oberfläche ausfahren, der diesem Zweck dienen sollte. Er war aber infolge der starken Eutrophierung nach drei Jahren so stark verlandet, daß er höchstens noch für 10 Minuten Wasser hergab. Wenn Sie erfahren, daß der leitende Beamte der Flurbereinigung den Namen KUMMER hatte, liegt es nahe, daß der Teich in der Gemeinde nur noch „Kummer-Teich" hieß. Inzwischen hat er dadurch, daß ich ihn von der Gemeinde als billigen Bauplatz kaufen konnte, eine zweckentsprechende Verwendung gefunden und ist nun dem vollen biologischen Gleichgewicht zugeführt worden.

ZUR LANDSCHAFTSPFLEGE IN DEN NIEDERLANDEN

von

A. J. van der Poel, Zwolle

Die Lage der Niederlande im Deltagebiet des Rheines, das für eine Überbauung und den Landwirtschaftsbetrieb außerordentlich geeignete Flachland und das milde, von Extremen weitgehend verschonte atlantische Klima waren und sind weitgehend bestimmend für die Entwicklungsgeschichte der niederländischen Kulturlandschaft.

Als zu Ende des Mittelalters der damals tiefe Stand der Technik die Kultivierung der Urlandschaft zum Stehen brachte, hatte sich eine natürliche Ordnung in der Landschaft eingestellt, indem in starkem Wechsel in die Kultur genommene Gebiete mit vielen Relikten aus der Urlandschaft abwechselten.

Dieses Bild der naturgemäßen Kulturlandschaften ist somit ohne eine geplante Landschaftspflege entstanden. Die mittelalterliche Bevölkerung hat demnach unbeabsichtigt in der Pflanzensoziologie die Grundlage gefunden für ihre planlose Landschaftspflege.

Die konservative Einstellung der Bauern und ihre extensiven, durch eine mangelhafte Agrartechnik bedingten Kulturmethoden brachten es mit sich, daß die mittelalterliche Landschaft bis gegen Ende des 19. Jahrhunderts fortbestehen blieb. Seither nahm und nimmt die sich entwickelnde Technik die weitere Landschaftsbildung in ihren Griff.

Die Erfindung von Kunstdüngern hatte eine ungehemmte Bodenverbesserungswut zur Folge und war der erste Schritt auf dem Wege zur weitverbreiteten Gleichschaltung der Biosphäre. Heide, Moore und sonstige landschaftlich wertvolle Naturgebiete fielen diesem Drang zur Bodenverbesserung zum Opfer. Die Steigerung der Erträge durch Vermehrung der Kulturfläche galt als höchstes Gut.

Inzwischen hat aber die rasch fortschreitende Entwicklung der Technik, verbunden mit der intensiven Zunahme der Bevölkerung, in den landschaftlichen Verhältnissen der Niederlande innert wenigen Jahrzehnten zu einer vollständigen Wendung geführt.

Der ständige Rückgang der Agrar-Bevölkerung von 44% im Jahre 1849 auf 13% im Jahre 1959, in Verbindung mit der Mechanisierung der landwirtschaftlichen Arbeit, und der zunehmende Konkurrenzkampf auf dem freier werdenden internationalen Markt gaben Anlaß zu einem tief in die Landschaft eingreifenden Wandel in der Agrarpolitik.

Als höchstes Gut wird nicht mehr die Vergrößerung der landwirtschaftlichen Anbaufläche betrachtet, sondern die Senkung der Preise der landwirtschaftlichen Erzeugnisse durch Erhöhung der Arbeitsproduktivität bei gleichbleibender Erzeugung.

Dies bedeutet notwendigerweise eine Neueinteilung der Flur, wobei von den 2 300 000 ha der gesamten Agrarfläche heute etwa 1 450 000 ha zusammenlegungsbedürftig sind.

Im Jahre 1961 befanden sich Projekte für Güterzusammenlegungen für eine Fläche von 307 490 ha in Ausführung; abgeschlossen bis 1961 wurden Projekte für 153 290 ha, also nur für einen Bruchteil der gesamten zusammenlegungsbedürftigen Agrarfläche.

Für die zweckmäßige Durchführung eines so umfassenden Programms für Güterzusammenlegungen wurde neu als Ausführungsziel eine Fläche von jährlich 40 000 ha festgelegt.

Ein tiefer Eingriff in das Landschaftsgefüge ist die unmittelbare Folge dieser Umstellung im Agrarsektor, vor allem für jene Gebiete, die zu den ältesten Kulturlandschaften gehören, die sich ihrer Natur nach am wenigsten für eine moderne landwirtschaftliche Betriebsführung eignen.

Was nun die Beeinflussung der technischen Projekte durch den Naturschutz und die Landschaftspflege anbelangt, so hat sie im Laufe der Jahre ständig zugenommen.

Anfänglich war es nur möglich, Bedingungen auf Grund des Naturschutzabkommens von 1940 zu stellen, sofern die Arbeiten mit Subventionen des Staates ausgeführt wurden. Im Zeitraum zwischen 1945 und 1955 war aber der Einfluß der Landwirtschaft derart mächtig, daß die vom Naturschutz auferlegten Bedingungen höchstens geduldet wurden, wenn sie die Ansprüche der landwirtschaftlichen Zielsetzungen nicht störten.

Im Jahre 1954 trat jedoch ein wichtiger Wendepunkt ein: Im Gesetz für Güterzusammenlegungen, das in diesem Jahre durch die Regierung in revidierter Form erlassen wurde, wird in den Artikeln 34 und 79 der Landschaftsplan sichergestellt. Es heißt dort, daß bei der Genehmigung eines Güterzusammenlegungsplanes durch die Provinzbehörden der Landschaftsplan einen verbindlichen Bestandteil bildet, der durch die aus den Grundeigentümern zusammengesetzte Kommission zu verwirklichen ist.

Im Landschaftsplan werden die Naturgebiete bestimmt, die aus Naturschutzgründen, besonders naturwissenschaftlicher Art, erhalten bleiben sollen. Außerdem werden darin alle Maßnahmen der Landschaftspflege festgehalten, die für die Wiederherstellung oder Neugestaltung der Landschaft aus biologischen, historischen, ökologischen und ästhetischen Gründen notwendig sind. Dabei werden auch immer mehr diejenigen Maßnahmen in Betracht gezogen, die der Landschaft als Erholungsraum zugute kommen.

Die bei der Flurbereinigung unumgängliche Vergrößerung des Maßstabs führt einerseits im Bereich der herkömmlichen Kulturlandschaft zwangsläufig zu einer Verarmung, die nur durch sorgfältige Maßnahmen der Landschaftspflege in engen Grenzen gehalten werden kann. Anderseits bietet die Güterzusammenlegung heute in Gebieten, die in den Zeiten der Meliorationswut entstanden sind und füglich als Kultursteppen bezeichnet werden können, die Möglichkeit, die Fehler unserer Vorfahren wieder gutzumachen.

Der Landschaftsplan schließt somit in sich alle Möglichkeiten, eine *neue* Landschaft zu gestalten, die in technischer, biologischer und ökologischer Hinsicht eine große Verbesserung bedeutet.

Allmählich setzt sich nun auch bei den Kulturingenieuren die Einsicht durch, daß viele für die Landwirtschaft unproduktive Böden, z.B. submarginale Böden, besser dem Feldbau entzogen und dem weniger anspruchsvollen Waldbau zugeführt werden.

Bei der Aufstellung der Landschaftspläne wird so weit als möglich auf die natürlichen Landschaftselemente abgestellt, die in den betreffenden Gebieten noch vorhanden sind bzw. von Natur aus vorkommen könnten.

Vorausgesetzt, daß im erwähnten Sinne einer angewandten Vegetationskunde vorgegangen wird, so verwischt sich der Gegensatz zwischen Kultur und Natur von selbst und wird eine Entwicklung eingeleitet, die auf die Dauer zu einer Wiederherstellung der natürlichen Ordnung in der Landschaft führen wird.

In sehr enger Beziehung zu der dargestellten Entwicklung im Bereich des herkömmlichen Festlandes steht die Geschichte der Planung für das trockengelegte Zuiderseegebiet (IJsselmeer-Gebiet). In den Jahren 1930 bis 1940 bestand das Hauptziel noch darin, durch Poldern neues Kulturland zu schaffen. So wurde der Wieringmeer-Polder im nordwestlichen Teil des Seegebietes nur für die Bedürfnisse der Landwirtschaft gestaltet. Die dort getroffenen Maßnahmen der Landschaftspflege beschränkten sich auf ein Mindestmaß.

Im Bereich des zweiten Polders, des Nordostpolders, der in den Jahren nach 1945 besiedelt wurde, ist die Besiedelung vermehrt berücksichtigt. Bei den Dörfern wurden kleine Waldparzellen geschaffen, die Straßen wurden vermehrt bepflanzt und weniger ertragsreiche Stellen wurden sogar aufgeforstet (ca. 4% Waldfläche).

Im Bereich des jetzt in Ausführung stehenden Polders, Ost-Flevoland, wurde noch mehr Fläche eingeräumt für die Aufforstung. Am Randsee, der zwischen ihm und dem herkömmlichen Festland liegt, wurden Gebiete ausgeschieden, die für Erholungszwecke eingerichtet werden.

Die Zweckbestimmung der beiden noch zu schaffenden Polder, Süd-Flevoland und Markerwaard, wird bestimmt nicht nur eine landwirtschaftliche sein. Was Süd-Flevoland betrifft, so werden darin heute vorab Möglichkeiten zur Entlastung des Bodenmangels von Amsterdam erblickt.

Eine voraussehbare Verstädterung des Gebietes stellt zwangsläufig höhere Ansprüche an das Hinterland als Erholungsraum.

Die Anregungen zu großzügigen Aufforstungen im nördlich gelegenen Polder Markerwaard gewinnen zusehends an Feld und decken sich mit dieser Entwicklung.

Das Problem der Erholungsräume stellt sich aber nicht nur für Amsterdam, sondern für den gesamten Ballungsraum der Städte längs der Westküste. Die Hochkonjunktur, die Fünftagewoche und die zunehmende Motorisierung haben die Erholungsbedürfnisse für die städtische Bevölkerung des Westens zum dringlichen Problem gemacht. Das Problem spitzt sich umso mehr zu, als das hinterliegende Polderland wegen seiner Vernässung für die Massenerholung wenig geeignet ist.

Neue Möglichkeiten für die Erholung, wenigstens für Rotterdam, zeichnen sich in den gigantischen Deltawerken ab, bei denen durch Abschließung der Flußmündungen ins Meer Süßwasserbecken geschaffen werden sollen, die sich für Wassersport eignen.

Die Beurteilung der gesamten landschaftlichen Entwicklung der letzten Jahre in den Niederlanden führt zu folgender Prognose:

- Die Sanierung des Agrar-Areals ist eine unbedingte wirtschaftliche Notwendigkeit;
- der Landschaftspflege wird dabei auf Grund des Gesetzes für Güterzusammenlegungen von 1954 Rechnung getragen und die Interessen des Naturschutzes werden durch den Landschaftsplan gewahrt;
- die weitere Trockenlegung im Zuidersee-Gebiet kommt der erwähnten Sanierung zugute; dabei wird aber zusehends auch mehr Platz eingeräumt für andere Zweckbestimmungen wie Städtebau, Erholungsräume und Wald;
- die europäische Integration beschleunigt zusehends die Industrialisierung und die damit zusammenhängende Verstädterung;
- das Netz der Straßen und Wasserläufe wird verbessert und verdichtet;
- in Zusammenhang mit der Bevölkerungszunahme, dem erhöhten Wohlstand und den verbesserten sozialen Bedingungen sind heute und in Zukunft großzügige Maßnahmen zu treffen für die Erholung (außerhalb der Ballungsräume). Dabei wird die Natur das Leitprinzip bilden.

Die Landschaftspflege in den Niederlanden sieht sich bei den geschilderten Entwicklungstendenzen vor eine große Aufgabe gestellt. Wenn diese Aufgabe mit vorausschauendem Blick, Ausdauer und Begeisterung erfüllt wird, so wartet unserer Landschaft eine reiche Zukunft.

ZUSAMMENFASSUNG

Die zunehmende Urbanisierung hat in den Niederlanden große Auswirkungen für die Landschaft. Die Erhöhung der Arbeitsproduktivität in der Landwirtschaft hat zur Neueinteilung von Feld und Flur geführt. Vor allem in den alten Kulturlandschaften haben die Güterzusammenlegungen weitreichende Veränderungen mit sich gebracht. Im Landschaftsplan werden alle Maßnahmen der Landschaftspflege und des Naturschutzes festgelegt. Die Entwicklungen in dem Zuiderseegebiet führen zu großzügigen Aufforstungen und zur Schaffung von großen Erholungsräumen.

SUMMARY

The increasing urbanisation of the Netherlands influences the landscape in many facts. The raising of productivity in agriculture leads up to land consolidation of almost the total agricultural area, involving radical reformations especially in the old landscape. All measures of landscape, reconstruction and nature conservation are fixed in the landscapeplan. Large afforestations and the development of recreation areas characterize the new plans in the Zuidersea area.

H. Ellenberg:

Ich möchte in aller Namen zunächst Herrn van der Poel herzlich danken für diesen Vortrag, der gezeigt hat, wie weit in mancher Beziehung die Niederlande bereits voran sind auf dem Wege, den wir alle erstreben. Für uns alle waren die Niederlande immer ein Vorbild dafür, daß auch Werke des Menschen schöne Landschaften schaffen können, und daß nicht unbedingt nur die Naturlandschaft schön sein muß. Wenn sie in die rechten Menschenhände gerät, dann wird aus jeder Landschaft etwas, was gesund bleiben kann. Der Vortrag hat zwar gezeigt, daß auch da eine Periode des Unverstandes gewirkt hat, aber andererseits in sehr schöner und klarer, knapper Weise dargetan, wie jetzt die neue Entwicklung vorbildlich voranschreitet.

K. Limpert:

Welche Holzarten werden in den niederländischen Polder-Gebieten für die Aufforstung verwandt? Es herrschen dort ganz besondere Bodenverhältnisse, die uns im Laufe der bisherigen Tagung noch nicht begegnet sind.

K. Buchwald:

Welche gesetzlichen Grundlagen bestehen für die Aufstellung des Landschaftsplanes?

A. J. van der Poel:

Wenn ein Polder-Gebiet trocken wird, haben wir einen biologisch völlig unreifen Boden. Um diese Polder aufzuforsten, müssen wir zu Pionier-Arten greifen. Das sind hauptsächlich Weide, Erle und auch Pappeln. Wir haben noch überhaupt kein Laub und wir müssen so schnell wie möglich einen Wald bilden oder zumindest ein Waldklima, um einen Dauerwald mit Eiche und Esche zu machen. Über die Verwendung der Birke als biologische Grundlage Wald zu bauen, ist das letzte Wort noch nicht gesprochen.

Bei den gesetzlichen Grundlagen des Landschaftsschutzes hat Prof. Buchwald das Güterzusammenlegungsgesetz aus dem Jahre 1954 erwähnt. Das war eine revidierte Form des gleichen Gesetzes aus dem Jahre 1924. Durch die Bemühungen der Landschaftspflege und des Naturschutzes bei dieser Güterzusammenlegung ist es gelungen, dem Landschaftsplan im Güterzusammenlegungsgesetz eine rechtliche Grundlage zu geben. Darin wird festgelegt, daß zu jedem Güterzusammenlegungsplan ein Landschaftsplan gehört, der zugleich mit dem Plan für Wege und Wasserläufe durch den Eigentümer abgestimmt wird. Wenn die Eigentümer dem Plan zugestimmt haben, sind sie gebunden, den Landschaftsplan auszuführen. Wenn sie der Güterzusammenlegung nicht zustimmen, wird auch der Landschaftsplan nicht ausgeführt. Beides gehört zusammen.

ZUM ÖKOLOGISCHEN UND SOZIOLOGISCHEN VERHALTEN DER ROBINIE (ROBINIA PSEUDO-ACACIA L.) IN DEUTSCHLAND

von

A. KOHLER, Freising-Weihenstephan

Unter den neophytischen Holzarten hat die aus Nordamerika stammende Robinie (*Robinia pseudo-acacia* L.) in Deutschland eine weite Verbreitung. Diese Tatsache erlaubt ihre Standortansprüche und ihre Eingliederung in die heimische Vegetation gut zu verfolgen.

So nehmen bei uns Robinien-Forsten eine Fläche von 6 000 ha ein (BLÜMKE 1955/56). Daneben findet sie vielfach als Straßen- und Parkbaum Verwendung (GÜNTHER 1959 und KÜHN 1961). Auch als Bodenbefestiger wird sie häufig auf Aufschüttungshalden, in Kiesgruben, an Straßen- und Bahndämmen gepflanzt. An geeigneten Standorten vermag sich die Robinie zu ganzen Beständen auszudehnen und mit der einheimischen Baumvegetation vorübergehend oder dauernd zu konkurrieren.

Ihre große Verbreitung verdankt sie neben der verhältnismäßig weiten Amplitude ihrer Standortansprüche folgenden Eigenschaften:

1. Sie zeigt in der Jugend eine ungewöhnliche Raschwüchsigkeit. Von BLÜMKE (1955/56) wurde z.B. an einjährigen Ausschlägen ein Jahreszuwachs von 4–4,5 m Höhe gemessen.

2. Entsprechend dem intensiven Wachstum der oberirdischen Teile vollzieht sich in den ersten Jahren eine schnelle Entwicklung eines weitverzweigten Wurzelsystems mit zahlreichen Feinwurzeln. Dieses ist in seiner Ausbildung stark vom Standort abhängig und zeigt eine hohe Plastizität. Eine in der Jugend vorhandene Pfahlwurzel ist bei älteren Robinien bei uns selten entwickelt.

Von der meist flachstreichenden Hauptwurzelmasse dringen einzelne Wurzeln mehrere Meter in die Tiefe, mit deren Hilfe der Baum die Nährstoff- und Wasservorräte dieser Bodenschichten zu erschließen vermag (BLÜMKE 1955/56 und SCAMONI in GÖHRE 1952).

Wie alle Leguminosen ist die Robinie in der Lage, durch ihre Bakterienwurzelknöllchen Luftstickstoff zu binden (HOFFMANN 1961).

3. Unvergleichlich ist ihre Eigenschaft, sich außer durch Samenverbreitung durch zahlreiche an den Seitenwurzeln entstehende, schnellwüchsige Wurzelbrut sowie aus Stockausschlägen zu verjüngen.

Ohne auf die neuerdings diskutierte Rassenfrage der Robinie einzugehen, sollen nun die Standortansprüche der sog. „gewöhnlichen Robinie" (BLÜMKE 1955/56) besprochen werden.

Von den klimatischen Faktoren ist für das gute Gedeihen der Robinie eine lange Vegetationsperiode verbunden mit hoher Sommerwärme Voraussetzung (DRĂCEA 1926). Gegen Winterkälte und Spätfröste zeigt sich unsere Holzart verhältnismäßig unempfindlich, dagegen ist sie außerordentlich frühfrostgefährdet. Auf diese Klimaansprüche weisen u.a. einige Tatsachen ihrer Verbreitung und Ausbreitungsfähigkeit hin:

1. Ihre forstliche Hauptverbreitung hat sie in Deutschland in Gebieten mit subkontinentalem bis submediterranem Klima: in der Mark Brandenburg allein mit 2 200 ha Fläche, ferner im südöstlichen Sachsen-Anhalt (ERTELD in GÖHRE 1952), im Oberrhein- und Saargebiet.

2. Auf Trockenwaldstandorten zeigt sich die Robinie gegenüber der einheimischen Baumvegetation in der Konkurrenz deutlich überlegen. Dabei kommen ihr ihre hohe Dürreresistenz, ihre intensive Bodenerschließung durch ihre Wurzeln und ihre vegetative Ausbreitungsfähigkeit zugute.

Aus dem Burgenland berichtet WENDELBERGER (1955) von einer Zerstörung der natürlichen Waldvegetation durch die Robinie und sagt u.a.: "So bietet der Mönchhofer Gemeindewald das ergreifende Bild eines unter unseren Augen sterbenden Waldes, der Zurndorfer Eichenwald ist von mehreren Robiniennestern bedroht, die gleich Seuchenzentren seine Widerstandskraft von innen her aushöhlen, der Potzneusiedler Wald ist in seiner noch gesunden Struktur gefährdet, selbst in dem künstlich angelegten Karlwald muß ein geradezu aussichtsloser Kampf gegen die Zerstörung seiner Substanz durch die Robinie geführt werden."

Ähnliche Erscheinungen sind mir an mehreren Stellen Südwestdeutschlands bekannt, z.B. im Keupergebiet bei Tübingen, wo sich Robinien-Bestände in aufgelassenen Weinbergen stark ausbreiten, von da in Trokkenhanggesträuche und Buschwaldgesellschaften eindringen und diese abbauen (KOHLER 1963).

Aus der Mark Brandenburg berichtet KRAUSCH (1961) von der Überlegenheit der Robinie gegenüber einheimischen Holzarten auf Steppenrasen-Standorten der Oderhänge.

3. Auf Trümmerflächen kriegszerstörter Städte traten Robinien nur in subkontinental bis submediterran getönten Klimagebieten Mitteleuropas stärker in Erscheinung, z.B. in Berlin (SCHOLZ 1956), in Magdeburg, Leipzig, Karl-Marx-Stadt (Chemnitz), Dresden, Bautzen (MILITZER in litt.) Stuttgart (KREH 1950), München (CHUDACZEK 1951) u.a. In Trümmerstädten, wo die genannten Klimabedingungen nicht erfüllt sind, z.B. in Kiel, Lübeck, Braunschweig (MÖLLER 1949), Münster (ENGEL 1949), Dortmund (NEIDHARDT 1951), in Darmstadt (SCHREIER 1955) u.a.m., kam es zu keiner nennenswerten Ausbreitung der Robinie auf Ruinengelände. *Salix caprea*- und *Sambucus nigra*-Gebüsche beherrschten hier allein das Bild (KOHLER u. SUKOPP 1964a).

Ziemlich hohe Ansprüche stellt sie an das Licht. Bei ungenügender Lichtstellung wird ihre Substanz-Produktion und Stickstoff-Assimilation und somit ihre Konkurrenzkraft beeinträchtigt (HOFFMANN 1961).

Bezüglich des Wasserfaktors hat die Holzart eine weite Amplitude von extrem trockenen bis zeitweilig nassen Standorten. Nur auf dauernd vernässten Böden, die ihre Wurzelatmung während der Vegetationszeit empfindlich stören, kann sie nicht gedeihen.

Auch hinsichtlich der chemischen Bodeneigenschaften ist die Robinie ziemlich anspruchslos. Verhältnismäßig gute Wuchsleistungen zeigt sie sogar noch auf armen Sandböden, die sie aber, wie aus Ungarn bekannt (FÉHÉR 1933), so an Nährstoffen zu erschöpfen vermag, daß nach einigen Umtrieben Wuchsstockungen auftreten können.

Die Robinie vermag auch feinerdearme Kies-, Schotter- und Trümmerböden zu besiedeln, die sie in kurzer Zeit durch ihr sich rasch entwickelndes Wurzelsystem durchsetzt.

Es gibt bei uns keine Holzart, die einen größeren Einfluß auf den von ihr besiedelten Standort ausübt, als die Robinie. Sie ist imstande, die chemischen, physikalischen und biologischen Eigenschaften des Bodens nach wenigen Jahren so zu verändern, daß sich immer eine für sie charakteristische Begleitflora einstellt. So konnte GEMEINHARDT (1959 u. 1960) auf armen Kiefernstandorten in der Mark Brandenburg nachweisen, daß durch die stickstoffreiche Laubstreu der Robinie – deren C/N-Verhältnis 14 beträgt, das der Kiefernstreu 66 (LAATSCH 1957) – eine starke Belebung der biologischen Aktivität erfolgt. Das äußert sich in wesentlich erhöhten Bakterien- und Actinomyceten-Zahlen, in einer intensivierten Boden-Atmung, einer verstärkten Ferment-Aktivität und einer Veränderung der Humusform von Moder und Rohhumus zu Mull bzw. mullartigem Moder. Dadurch und durch die Wurzelaktivität der Robinie kommt es auch zu einer deutlichen Auflockerung des Bodens, die ALBERT u. PENSCHUCK (1926) durch vergleichende Bodensondierungen gemessen haben.

Allen Robinien-Beständen gemeinsam ist das Auftreten einer Anzahl nitrophiler Arten, die ihren Verbreitungsschwerpunkt in Ruderal-, Unkraut-, Schlag- und Auwaldgesellschaften besitzen. Das Vorkommen dieser Elemente ist ohne weiteres aus dem durch Robinien-Einfluß erhöhten Stickstoffgehalt des Bodens zu verstehen.

Über die soziologische Struktur von Robinien-Forstgesellschaften liegen bisher nur aus Berlin und der Mark Brandenburg Untersuchungen vor, wo drei Einheiten beschrieben wurden (SCAMONI in GÖHRE 1952 und SCAMONI 1960), und zwar ein Schöllkraut-Robinienforst, ein Straußgras- und ein Waldzwenken-Typ.

Der Schöllkraut-Robinienforst ist gekennzeichnet durch hohe Artmächtigkeit von *Chelidonium majus* und *Galium aparine*.

Im Straußgras-Typ herrschen einige Gräser vor, vor allem *Agrostis tenuis*. Bei diesen beiden Forstgesellschaften handelt es sich wohl um zwei verschiedene Standortseinheiten, von denen der Straußgras-Typ auf trockeneren und etwas ärmeren Böden stockt als der Schöllkraut-Typ.

Im Gegensatz zu diesen beiden Forstgesellschaften ärmerer Standorte besiedelt der Waldzwenken-Typ reiche Lehmstandorte in Hanglagen und zeichnet sich durch eine reiche Strauchschicht sowie durch wärmeliebende Arten aus.

Obwohl das aus Deutschland bisher vorliegende vegetationskundliche Material noch gering ist, zeichnen sich doch bereits bei einem Vergleich mit ungarischen und österreichischen Arbeiten (FELFÖLDY 1947, SIMON 1957 u. WENDELBERGER 1955) floristische und soziologische Gemeinsamkeiten der Robinien-Forstgesellschaften von überregionalem Charakter ab. Als bezeichnendster Robinienforst-Begleiter ist *Veronica hederifolia* zu nennen, die im Frühjahr vor Beginn der Laubentfaltung häufig aspektbildend auftritt. Von den übrigen für Robinien-Forsten typischen Arten seien nur die meist verbreiteten genannt: *Galium aparine, Chelidonium maius, Urtica dioica, Geranium robertianum, Impatiens parviflora, Galeopsis tetrahit, G. bifida* und *G. pubescens.* Dazu kommt eine größere Anzahl von Gräsern: *Bromus sterilis, Agrostis tenuis, Poa nemoralis, Agropyrum caninum* u.a. In der Strauchschicht tritt am häufigsten *Sambucus nigra* auf; aber auch *Crataegus-* und *Rubus*-Arten (z.B. *Rubus idaeus* und *R. caesius*), sowie *Ribes uva-crispa* sind nicht selten (KOHLER u. SUKOPP 1964b).

Außer den schon besprochenen drei Robinien-Forstgesellschaften gibt es eine große Anzahl weitere, noch zu untersuchende Einheiten.

Interessante Beobachtungen konnten im Stadtgebiet von Berlin über Artenverschiebungen in der ursprünglichen Bodenvegetation auf Eichen-Kiefernwald-Standorten unter Robinien-Einfluß gemacht werden. Die meisten Arten weichen der neu auftretenden nitrophilen Bodenvegetation. Besonders augenfällig ist dies bei dem Rohhumuszehrer *Deschampsia flexuosa,* der auf Grund der veränderten Humusform stark an Deckungsgrad verliert und schließlich ganz verschwindet. Nur wenige Wald-Arten von weiter soziologischer Amplitude erfahren eine Förderung, von denen vor allem *Moehringia trinervia* und *Poa nemoralis* zu nennen sind. Während sich die Robinie gegenüber einer Reihe von einheimischen Baumarten, z.B. der Birke und Buche, als unverträglich erwiesen hat, was von verschiedenen Autoren entweder auf Wurzelkonkurrenz oder auf toxische Einflüsse zurückgeführt wird, ist in den Robinien-Forsten verschiedener Gebiete immer wieder festzustellen, daß Ahorne, in erster Linie *Acer platanoides* aber auch *Acer pseudoplatanus,* sich aus Samen zahlreich vermehren und auch hochkommen. Dadurch deutet sich eine Weiterentwicklung der Robinien-Forsten zu heimischen Gehölzen an.

Einige Worte seien noch gesagt zu den bereits erwähnten Robinien-Beständen auf Trockenwald-Standorten, wozu Beispiele aus dem Keupergebiet bei Tübingen dienen sollen. Es kommt dort an den warmen südexponierten Hängen nicht nur zu einer Verdrängung von standorteigenen Gehölzen durch die Robinie, sondern es vollziehen sich auch in der Bodenvegetation starke Veränderungen, die in erster Linie auf die chemisch veränderten Bodeneigenschaften zurückzuführen sind. Der Großteil der seltenen xerothermen Elemente wird vernichtet und an ihre Stelle tritt ebenfalls wieder eine Anzahl nitrophiler Unkräuter, unter denen *Galium aparine* die Hauptrolle spielt. Nur *Brachypodium pinnatum* und *Bromus erectus* verlieren von den Trockenrasen-Arten in der Bodenvegetation nicht an Artmächtigkeit. Außerdem erfahren hier zwei seltene Arten eine ausgesprochene Förderung durch den Einfluß der Robinie: *Lactuca perennis* und *Melica transsilvanica.*

Die Pflanzung dieser Holzart ist aus Naturschutzgründen in der Nähe derartiger Standorte unter allen Umständen zu vermeiden, weil die Gefahr besteht, daß durch die Robinie Relikt-Gesellschaften mit ihrer seltenen Flora vernichtet werden, zumal da die Robinie von solchen Standorten wegen ihrer hohen Regenerationsfähigkeit nicht mehr auszurotten ist.

Während das Auftreten von nitrophilen Arten in Robinien-Gesellschaften aus der Nitrat-Anreicherung des Bodens zu verstehen ist, kann für die

Massenentfaltung mancher *Gramineen* auf trockeneren Standorten diese nicht als Erklärung herangezogen werden. Orientierende Untersuchungen verstärkten die Annahme, daß möglicherweise durch Toxine der Streu eine Reihe dikotyler Kräuter unterdrückt werden, wogegen Gräser unbeeinflußt bleiben.

Zum Schluß soll noch kurz auf die Robiniengehölz-Stadien auf Trümmern eingegangen werden, die wir in Berlin untersucht haben. Auf den heute noch vorhandenen Trümmerflächen Berlins spielen Robinien-Gehölze eine beherrschende Rolle. Dagegen sind hier die in den meisten westdeutschen Städten dominierenden Salweiden- und Holundergebüsche von untergeordneter Bedeutung. Robinien-Bestände besiedeln vorwiegend trockenere und warme Trümmerstandorte, wogegen die Holunder- und Salweiden-Bestände von feuchteren und oft etwas beschatteten Ruinengelände Besitz ergreifen.

Häufig gehen hier Robinien-Gehölzstadien aus Onopordion-Gesellschaften hervor, von deren Arten sich vor allem *Oenothera*-Arten in den Beständen halten. Daneben treten u.a. sehr häufig *Artemisia vulgaris*, *Poa compressa*, *P. palustris*, *Solidago gigantea* und *S. canadensis* auf. Die beiden genannten *Solidago*-Arten zeigen in älteren, seit dem Kriege unberührten Robinien-Beständen eine Massenentfaltung. Wie in den Robinien-Forsten kommen dort allmählich *Acer platanoides* und *A. pseudoplatanus* hoch und leiten die Entwicklung zu einheimischen Gehölzen ein.

ZUSAMMENFASSUNG

Die weite Verbreitung der nordamerikanischen *Robinia pseudo-acacia* L. in Deutschland erlaubt es, wichtige Aussagen über ihr Verhalten in verschiedenen Gebieten und auf verschiedenen Standorten zu machen.

1. Pflanzensoziologische Untersuchungen an Robinien-Forstgesellschaften in Berlin lassen die Unterscheidung einer *Chelidonium*- und einer *Agrostis-Robinia*-Forstgesellschaft zu. An einer Daueruntersuchungsfläche wurde gezeigt, daß sich auf armen Böden infolge einer Stickstoffanreicherung unter dem Einfluß der Robinie nitrophile Arten ausbreiten.
2. Auf xerothemen Standorten Deutschlands ist die Robinie allen einheimischen Holzarten überlegen. Sie baut dort seltene wärmeliebende Rasen- und Strauchgesellschaften ab und führt zuweilen zu einer Zerstörung der autochthonen Buschwälder.
3. Auf Trümmerstandorten kriegszerstörter Städte bildete die Robinie vor allem im subkontinentalen Bereich spontan Gehölzgesellschaften, während in subatlantischer getönten Gebieten andere Gehölzstadien (von *Salix caprea* und *Sambucus nigra*) auf Trümmern vorherrschten.

Im ganzen gesehen, liegt der Schwerpunkt ihrer Verbreitung und Ausbreitungstendenz in Gebieten subkontinentaler bis submediterraner Klimatönung.

SUMMARY

Robinia pseudo-acacia L. is distributed throughout many parts of Germany. This allows investigations into its environmental responses in various regions and at various habitats.

1. Phytosociological studies in *Robinia* forest-communities in the Berlin area resulted in recognizing two subassociations of *Chelidonium majus* and of *Agrostis tenuis* respectively. A permanent plot investigation showed that nitrogen accumulation by *Robinia* promotes nitrophilous species, resulting in changes of the floristic composition.
2. *Robinia pseudo-acacia* definitely proves superior to all indigenous tree species on xerothermic habitats. It degrades, and sometimes even destroys, rare autochthonous xerotherm grassland and shrub communities.
3. In ruined quarters and on rubble fields of war-bombed cities, *Robinia* spontaneously built up wood communities, especially in subcontinental regions of Central Europe, while in subatlantic regions different species (*Salix caprea* and *Sambucus nigra*) dominated on such habitats.

Generally, the distribution and tendency of dispersal of *Robinia pseudo-acacia* centers in regions with subcontinental to submediterranean climatic influences.

LITERATUR

ALBERT, R. u. PENSCHUCK, H.: Über den Einfluß verschiedener Holzarten auf den Lockerheitsgrad des Waldbodens. – Z. Forst- u. Jagdw. **58**: 181–187. Berlin 1926.

BLÜMKE, S.: Beiträge zur Kenntnis der Robinie. – Mitt. dtsch. dendrol. Ges. **59**: 38–65. Bonn-Poppelsdorf 1955/56.

CHUDACZEK, E.: Die Schuttflora Münchens und ihre Beziehungen zur Umwelt. – Diss. München 1951.

DRĂCEA, M. D.: Beiträge zur Kenntnis der Robinie in Rumänien. – Diss. Bukarest 1926.

ERNYEY, J.: Die Wanderwege der Robinie und ihre Ansiedlung in Ungarn. – Magy. Botan. Lapok. **25**: 161–191. (Ung. m. dtsch. Zusammenfassung). Budapest 1927.

ENGEL, H.: Die Trümmerpflanzen von Münster. – Natur und Heimat **9**: 1–12. Münster 1949.

FEHÉR, D.: Untersuchungen über den P_2O_5-Gehalt einiger Sandböden auf der ungarischen Tiefebene. – Die Phosphorsäure **3** (7–8). Essen-Bredeney 1933.

FELFÖLDY, L.: Étude phytosociologique et écologique d'une forêt des robiniers dans les environs de Nyirsség en Hongrie. – Erd. Kis. **47**: 59–86. Budapest 1947.

FREUDENBERG, K. u. HARTMANN, L.: Inhaltsstoffe der Robinia pseudacacia – Liebigs Ann. **587**: 207ff 1954.

FUNK, D. T. u. ROACH, B. A.: Black Locust – a bibliography. – U.S. Department of Agriculture Forest Service. 1961.

GEMEINHARDT, H.: Bodenmikrobiologische Beiträge zum Robinienproblem. 1. Mitt. – Arch. f. Forstw. **8**: 1078–1116, 2. Mitt. – Ibid. **9**: 1082–1104. Berlin 1959/1960.

GÖHRE, K.: Die Robinie und ihr Holz. – Berlin 1952.

GÜNTHER, H.: Über das Verhalten von Gehölzen unter großstädtischen Be-

dingungen untersucht an einigen Gehölzarten in Berlin. – Diss. Nr. 968 Humboldt-Univ. Berlin 1959.
HEGI, G.: Illustrierte Flora von Mitteleuropa **4** (3). München 1923.
HOFFMANN, G.: Untersuchungen über die symbiontische Stickstoffbindung der Robinie (Robinia pseudoacacia). – Diss. Eberswalde 1961.
KOHLER, A.: Zum pflanzengeographischen Verhalten der Robinie in Deutschland. – Beitr. naturk. Forsch. SW.-Deutschlands **22** (1): 1–18. Karlsruhe 1963.
KOHLER, A. u. SUKOPP, H.: Über die Gehölzentwicklung auf Berliner Trümmerstandorten. – Ber. dt. bot. Ges. **76** (10): 389–406. 1964a.
KOHLER, A. u. SUKOPP, H.: Über die soziologische Struktur einiger Robinienbestände im Stadtgebiet von Berlin. – Sitzungsber. Ges. Naturforsch. Freunde Berlin (N.F.) **4** (2); 74–88. 1964b.
KRAUSCH, H. D.: Die kontinentalen Steppenrasen (Festucetalia vallesiacae) in Brandenburg. – Beitr. z. Vegetationskde **4**. Feddes Repertorium Beih. 139: 167–227. Berlin 1961.
KREH, W.: Verlust und Gewinn der Stuttgarter Flora im letzten Jahrhundert. – Jahresh. Ver. vaterl. Naturkde. Württ. **106**: 69–124. Stuttgart 1950.
KÜHN, R.: Die Straßenbäume. – Hannover-Berlin-Sarstedt. 1961.
LAATSCH, W.: Dynamik der mitteleuropäischen Mineralböden. 4. Aufl. Dresden u. Leipzig 1957.
MÖLLER, I.: Die Entwicklung der Pflanzengesellschaften auf den Trümmern und Auffüllplätzen. – Diss. Kiel 1949.
NEGRI, G.: La Vegetazione del Bosco Lucedio. – Mem. R. Acc. Sc. Torino Ser. II. **58**. 1911.
NEIDHARDT, H.: Die Trümmerflora von Dortmund. – Natur u. Heimat **11**: 17–25. Münster 1951.
RUBNER, K.: Die pflanzengeographischen Grundlagen des Waldbaues. – Radebeul u. Berlin 1953.
SCAMONI, A.: Waldgesellschaften und Waldstandorte. – Berlin 1960.
SCHENCK, K. A.: Fremdländische Wald- und Parkbäume. **3**. Berlin 1939.
SCHOLZ, H.: Die Ruderalvegetation Berlins. – Diss. Freie Univ. Berlin 1956.
SCHREIER, K.: Die Vegetation auf Trümmer-Schutt zerstörter Stadtteile in Darmstadt und ihre Entwicklung in pflanzensoziologischer Betrachtung. – Schriftenreihe d. Naturschutzstelle Darmstadt. **3** (1): 5–49. Darmstadt 1955.
SIMON, T.: Die Wälder des nördlichen Alföld. – (Die Vegetation ungarischer Landschaften **1**). – Budapest 1957.
SUKOPP, H.: Neophyten in natürlichen Pflanzengesellschaften Mitteleuropas. – Ber. dt. Bot. Ges. **75** (6): 193–205. Stuttgart 1962.
WAKS, CH.: The influence of extract from Robinia pseudacacia on the growth of barley. – Publ. Fac. Sci. Univ. Prague **150**. Prag 1926.
WENDELBERGER, G.: Die Restwälder der Parndorfer Platte im Nordburgenland. – Burgenländische Forschungen **29**. Eisenstadt 1955.

F. MATTICK:

Wenn Sie den Botanischen Garten in Paris besuchen, was durchaus auch für Soziologen empfehlenswert ist, sehen Sie dort einen ehrwürdigen alten Baum. Das ist die erste Robinie, die durch den damaligen Hofgärtner

Robin im Jahre 1601 aus Amerika dort eingeführt worden ist. Es wäre aufschlugsreich zu erfahren, in welcher Vergesellschaftung die Robinie in ihrer amerikanischen Heimat auftritt. Das ist sicher eine Gesellschaft, die zu denen, die hier erwähnt wurden, Parallelen zeigt.

R. TÜXEN:

Die Robinie wird bei uns als Pionier verwendet. Ein Pionier in einer Pflanzengesellschaft muß zwei Eigenschaften haben. Er muß sich sehr leicht einstellen, aber er muß auch sehr schnell wieder verschwinden können. Das ist das Wesen des Pioniers. Sobald er seine funktionelle d.h. seine dynamische Aufgabe erfüllt hat, muß er sich wieder verdrängen lassen. Die Robinie stellt sich überaus leicht auf vielen Böden ein, aber sie verschwindet nie wieder. Darum ist sie ein ganz schlechter Pionier! Sie ist nicht auszurotten. Dazu kommt, ich zitiere meinen verstorbenen Freund Prof. KLIKA, Prag, der den Südosten Europas gut kannte und der mir nicht nur einmal gesagt hat: Die Ungarn und Tschechoslowaken haben die Böden vieler Aufforstungen mit der Robinie „vergiftet", d.h. mit Stickstoff übersättigt.

Wir kennen keine mit der heimischen vikariierende Robinien-Gesellschaft bei uns, in der sie sich benehmen würde, wie es andere Vikarianten tun. Sie baut ja keinen Wald auf. Das ging sehr deutlich auch aus den Ausführungen von Herrn KOHLER hervor. Die Robinie wächst entweder in *Agrostis*-Rasen oder sie wächst in einer nitrophilen Saumgesellschaft mit *Urtica dioica, Galium aparine, Chelidonium maius,* u.a. „die sie selbst bedingt". Diese Arten gehören einer Gruppe von noch unbeschriebenen Saumgesellschaften an, zu denen auch *Aegopodium podagraria* zu rechnen ist. Wir können sie überall finden. Sie sind bisher aber merkwürdigerweise übersehen worden.[1] Bestenfalls duldet sie unter sich ein Prunetalia-Gebüsch, in dem *Sambucus nigra* dominiert. Aber weiter bringt sie es nicht als Pionier. Ich sehe die Robinie nicht gern in unserer Landschaft, weil sie ihre Harmonie entstellt und weil sie die normale Dynamik der Waldgesellschaften und die Böden – jedenfalls im westlichen Deutschland – stark gestört hat.

G. KRAGH:

In einem Vortrage berichtete Prof. RUGE etwa 1953, daß die Robinie aus ihren Wurzeln Stoffe aussondert, denen nur wenige Begleitpflanzen wie *Sambucus, Agropyron repens, Urtica dioica, Galium aparine* und *Chelidonium maius* gewachsen sind. Diese Stoffe seien wirksamer als das Nitrat. Sind diese Untersuchungen seit 1953 weiterverfolgt worden?

H. BUTZKE:

Zur forstlichen Ehrenrettung der Robinie möchte ich sagen, daß die Robinie in dem mittel- und südbrandenburgischen Kieferwald-Gebiet, das

[1] Vergl. TÜXEN, R. Ausdauernde nitrophile Saumgesellschaften Mitteleuropas. – Contributii Botanice. Cluj 1967: 431–453.

sehr stark streugenutzt wurde, gern gesehen ist. Vielleicht kennt der eine oder andere von Ihnen das forstliche Mekka Sauen, das dem alten Geheimrat BIER gehörte, der dieses völlig heruntergewirtschaftete Kiefernrevier am Anfang des Jahrhunderts übernommen hatte. Dort war Jahrhunderte lang Streu genutzt worden. Er fand daher nur Kiefernbestände mit Flechten-Vegetation vor. In diesem Revier waren die Schneisen und Wege mit einzelnen Robinien bestanden. BIER hat gesehen, daß die Boden-Vegetation unter diesen Robinien besser war und hat systematisch die Robinie im ganzen Revier verbreitet, indem er mit dem Pflug die Wurzeln zerreißen ließ. Damit wurde die Robinie systematisch in die völlig degradierten Bestände hineingezogen. Außerdem wurden noch andere Maßnahmen eingeleitet. Es ist wissenschaftlich erwiesen, daß die Robinie hier auf diese Kiefernbestände sehr günstig gewirkt hat.

Im mittelbrandenburgischen Raum wird die Kiefer auf diesen geschundenen Böden in der üblichen Weise kultiviert, und dazwischen werden Robinien gesetzt. Die Robinie ist also in Mittelbrandenburg eine Holzart zur biologischen Melioration und in Sauen ist sie das schon sehr lange. Es sind mit unseren Methoden keine Nachteile im Boden festzustellen. Die Kiefer fühlt sich ausgesprochen wohl, wenn sie von Robinien umfüttert ist.

R. TÜXEN:

Ich bezweifele nicht Ihre Beobachtungen, aber meine lagen in etwas anderer Richtung, als ich das Glück hatte, von Geheimrat BIER durch sein Revier geführt zu werden. Auf Lehm der Grundmoräne standen Kiefern und Robinien gut, auf dem Sande daneben gediehen die Kiefern und Robinien erheblich schlechter. Mir schienen damals die Wirkungen des Bodens gegenüber denjenigen der Robinie ausschlaggebend zu sein.

L. FENAROLI:

In Italien brauchen wir die Robinie für die Befestigung armer Böden. Aber der Erfolg war nicht immer sehr gut. Es gibt Gebiete, wo diese Pflanze ein lästiges Gebüsch geworden ist, besonders auf den Hochebenen der Lombardei, südlich der Alpen, wo wir sehr ausgedehnte Heiden mit Föhrenwäldern hatten (über 30 000 ha). Die Föhrenwälder haben stark gelitten durch die zwei Weltkriege und nun hat die Robinie alles bedeckt, und man kann sie nicht mehr ausrotten. Einige Jahre hatte man etwas Nutzen davon. Das Holz wurde für die Öfen in den Bäckereien gebraucht. Aber jetzt gibt es keine Holz-Bäckereien mehr. Man hat elektrische Öfen, und so ist die Robinie, die sehr große Gebiete bedeckt, nutzlos geworden. Prof. WINTERBERG in Wien wird bestätigen, daß Robinie den Wald verdrängt. Aber es ist nicht überall gleich. Z.B. wird in Ungarn die Robinie noch viel angepflanzt. Man hat dem Einführer dieses Baumes dort ein Denkmal gesetzt!

H. ELLENBERG:

Negative Beobachtungen über den Wert der Robinie liegen auch aus dem Tessin in der Schweiz vor.

R. LINDER:

Auch mir ist die Robinie unsympathisch, da ich in meinen jungen Jahren oft bei der Jagd als Treiber durch das dornige Gestrüpp gehen mußte. Aber deshalb will ich sagen, daß sie heutzutage unentbehrlich für den Jäger und für den Winzer ist.

A. KOHLER:

Nach ERNYEY (1927) stammen die europäischen Robinien nicht alle von dem viel zitierten „Urbaum" im Pariser Botanischen Garten. Auf verschiedenen Wegen sei diese Art gleichzeitig von Engländern, Holländern und Franzosen nach Europa eingeführt worden.

Über die Vergesellschaftung der Robinie in der nordamerikanischen Urheimat liegen von SCHENCK (1939) Angaben vor. Danach tritt sie in den Urwäldern der Appalachen in wind- und schneebruchgefährdeten Gebieten in Gesellschaft von *Castanea dentata, Quercus alba, Qu. montana, Carya ovata, C. glabra* und *Liriondendron tulipifera* auf. Im westlichen Teil ihrer Heimat folgt sie den Flußläufen unter Vermeidung der Überschwemmungsgebiete und ist mit *Juglans nigra, Prunus serotina, Fraxinus americana, Liriodendron tulipifera* und *Quercus alba* vergesellschaftet. Nach KNAPP (1957 zit. nach OBERDORFER, Exkursionsflora 1962) tritt sie im Heimatgebiet als Pionierholz in Kiefern-Mischwäldern auf.

Als unverträglich und wohl teilweise dauernd überlegen gegenüber einheimischen Gehölzen erweist sich die Robinie besonders unter warmtrockenen Klimabedingungen. Auf Standorten mesophiler Waldgesellschaften Mitteleuropas dürften Robinien-Forste ohne Eingriff des Menschen nach langer Zeit durch einheimische Gehölze abgelöst werden. Wie immer wieder zu beobachten ist, wird die Sukzession hier durch Ahorne eingeleitet.

In der Literatur findet man eine Menge von Angaben über fördernde Wirkungen der Robinie auf das Wachstum verschiedener Holzarten. Über diesen unbestreitbaren Tatsachen dürfen aber zwei Punkte nicht übersehen werden: 1. Manche Holzarten erleiden in Gesellschaft mit Robinie Schäden und können sogar absterben, wie das z.B. von Birken mehrfach berichtet wird. 2. Wenn auch eine N-Anreicherung des Bodens durch die Robinie erfolgt, so werden diesem andererseits hohe Mineralmengen entzogen, was sich besonders auf armen Böden auf die Dauer verheerend auswirken kann.

Die Ursachen der selektiven Wirkung der Robinie auf die Vegetation des von ihr besiedelten Standortes sind von komplexer Natur. Hier spielen wohl neben den veränderten Nährstoffverhältnissen und der Wurzelkonkurrenz toxische Einflüsse eine Rolle: Möglicherweise sind glykosidische Verbindungen aus der Laubstreu (FREUDENBERG u. HARTMANN 1954) daran beteiligt. Die vorliegenden Befunde müssen jedoch noch durch Gefäß- und Feldversuche gesichert werden. Es hat sich gezeigt, daß hundertjährige Robinienpfähle im Boden steckten und fast gar nicht verwittert sind. Auch als Grubenholz hat sie sich bewährt. Aber auch das ist doch wohl kaum ein wesentlicher Grund für ihren Anbau, zumal sie im allgemeinen in unserem Klima schlechte Wuchsformen hat.

H. Ellenberg:

Wir begrüßen, daß Herr Dr. Kohler in so objektiver Weise sich mit dem Problem beschäftigt und zu einem Anwalt beider Ansichten wird. Dann wird auch das Für und Wider durch seine Arbeit richtig entschieden werden.

W. Barz:

Die Ausführungen meines Herrn Vorredners bewegen mich zu einem Geständnis, nämlich dem, daß ich selbst einmal einen Hymnus zu Ehren der Robinie geschrieben habe, und zwar als Nachklang von vielen Begehungen, die ich unter der Führung des unvergessenen August Bier in Sauen machen durfte. Und da war es ganz besonders das Licht-Experiment, das August Bier mit der Wurzel machte, indem er von einem im Licht stehenden Mutterbaum gewissermaßen die Wurzelbrut hinauszog unter die notleidenden Kieferbestände. Aber als Fazit des Ganzen darf ich als Kronzeugen dafür, daß auch August Bier in seinem letzten Lebensjahr von der Robinie abgerückt ist, Prof. Alwin Seifert zitieren. Er sagt, daß Bier mit einer gewissen Sorge und auch mit Kummer die Endeffekte und die ungerechtfertigten Hoffnungen zum Schluß registriert habe, die er ursprünglich in einer etwas verallgemeinernden Weise der Robinie zugedacht hat.

ERFAHRUNGEN UND FRAGEN AUS DER PRAXIS DES VEGETATIONSBAUES

von

WALTER BARZ, Köln

Die Angewandte Pflanzensoziologie gewinnt von Jahr zu Jahr neue Freunde und Nutznießer. Wer mit Pflanzen in der freien Landschaft zu tun hat, kann an den Forschungsergebnissen der Pflanzensoziologie kaum noch vorbeigehen. Sie sind überzeugend und vielfach bestätigt. Die Natur selbst bezeugt die ihr abgelauschte Lehre auf Schritt und Tritt.

Zu den Nutznießern der „Angewandten" gehört seit einer Reihe von Jahren die Deutsche Bundesbahn. Sie hat die Bundesanstalt für Vegetationskartierung beauftragt, die potentielle natürliche Vegetation an den Randgebieten ihres rund 30 000 km langen Streckennetzes zu kartieren. Die Vegetationskarten der Stolzenauer Schule sind wegen ihrer vielseitigen Auswertungsmöglichkeiten weit bekannt geworden. An diesen Vegetationskarten ist die DB nicht deswegen interessiert, weil sie einen jungen Wissenschaftszweig fördern möchte – das soll den zuständigen Regierungsstellen unbenommen bleiben – sondern weil sie dadurch Geld spart.

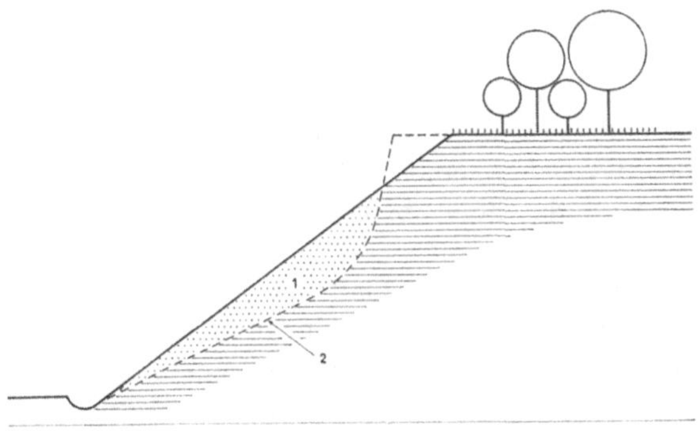

1. lockere Anschüttung auf unverwittertem Untergrund.
2. Schürflinie des Löffelbaggers.

Vorbeugende Erosionsbekämpfung an Dämmen und Einschnitten ist eine der vordringlichsten bautechnischen Aufgaben für die nahe Zukunft. Sie würde Unsummen an Geld verschlingen und die Landschaft endgültig verschandeln, wollte man dem toten Baustoff Stein, Beton einen Vorrang vor der natürlichen Pflanzendecke zuerkennen. Ein Höchstmaß an Erosionsabwehr und Rutschungshalt leisten die Pflanzen aber erst dann, wenn sie nicht in willkürlichen Artenkombinationen zusammengezwungen, sondern in ihrer natürlichen Gesellschaftsordnung angebaut werden.

So gewinnt die DB durch die Karten der potentiellen natürlichen Vegetation – mit übersichtlichen Erläuterungen für den Landschaftsgärtner versehen – ein auf hundert Jahre und länger gültiges Anbauprogramm für das „helfende Grün" entlang dem Schienenstrang. Aus triftigem Grunde faßt die DB alle Arbeiten an der Vegetation (Saat, Pflanzung, Läuterung, Astung, Lichthiebe, Ernteentnahme) unter dem Begriff „Vegetationsbau" zusammen. Darin liegt ein Bekenntnis. Nicht aus Büchern zusammengelesene Arten sind Objekt des Bauens und Hegens, sondern die natürliche, pflanzensoziologisch erfaßte Vegetation des Wuchsraumes. Der Begriff Vegetationsbau ist erstmalig 1957 in solchem Zusammenhang veröffentlicht worden.

Wollte man die gesamten Grünflächen im Besitz der Deutschen Bundesbahn nach Bedeutung und Zweck aufgliedern, so müßte man dem weitaus größten Teil dieser bewaldeten Flächen den Charakter einer „Schutzpflanzung" zuerkennen. Diese vorrangige Schutzbestimmung bleibt auch dann unbeeinträchtigt, wenn Teilgebiete daraus, im Gesamtumfang von rund 10 000 ha, die Voraussetzungen eines Wirtschaftswaldes im Sinne strenger forstwirtschaftlicher Begriffsbestimmung erfüllen. Geneigten, waldbestandenen Flächen am Schienenweg ist der Schutzcharakter also auch dann zuzusprechen, wenn sie etwa in der Betriebsform des Hochwaldes oder plenterwaldähnlich bewirtschaftet werden. Bei künftig ausgeglichener Altersklassenstufung hat die DB aus diesen wirtschaftswaldfähigen Beständen eine immerhin lohnende Nebeneinnahme durch die jährliche Holzernte von 25 000 bis 30 000 fm zu erwarten.

Noch vor nicht allzu langer Zeit pflegte man bei der Behandlung aktueller Landschaftsfragen von „Kulturlandschaft" zu sprechen. Das Wort hat – nicht zu Unrecht – in kulturell interessierten Kreisen einiges Befremden ausgelöst. Inzwischen vermag selbst der Laie immer deutlicher einzusehen, daß bei allem, was man der Landschaft angetan hat, kaum noch von „Kultur" gesprochen werden kann. Wir sind bescheidener geworden und sprechen von „Zivilisationslandschaft" oder noch deutlicher von „Wirtschaftslandschaft", genauer noch von „Industrielandschaft". Am Ende dieses beschämenden anthropogenen Gefälles steht der Verfall in Gestalt einer „Ausbeutungslandschaft", wobei man schon im Aussprechen bemerkt, daß der mit Definitionen kaum erschöpfend zu fassende Begriff Landschaft gar nicht mehr zu Ausbeutungsresten paßt. Es kann also höchstens heißen: Ausbeutungsgelände.

Bei solchen gewiß bitteren, aber wie uns scheint realistischen Erwägungen ist man gerne gewillt neue Hoffnungen zu beleben, wenn man, angeregt durch die Ausführungen des zuständigen „Instituts für Raumforschung", den Begriff „Ordnung der Landschaft" durchdenkt.

Den verdienstvollen Planungsgedanken von Dr. DITTRICH ist nun zu entnehmen, daß die progressiven Entwicklungstendenzen der Wirtschaft, des Verkehrs, der Landesverteidigung und anderer landschaftsverbrauchender Triebe unserer Zivilisation durchaus berücksichtigt werden. Andererseits hat es den Anschein, als ob die gegenwärtigen, landschaftsbildenden Elemente als gleichbleibende, d.h. o h n e die innewohnende biotische Entwicklungsrichtung veranschlagt werden. Schließlich hat aber jeder Forst sein wissenschaftlich zu bestimmendes meist degressives

Entwicklungsgefälle. Die „Vernadelung" – um mit Forstmeister PFLUG zu reden – unserer Landschaft macht trotz allen Warnungen weitere Fortschritte. Unsere oberirdischen und unterirdischen Gewässer haben sich in zunehmendem Maße mit Gift und Öl abzufinden. Viele der zerstörenden Einflüsse unseres unbekümmerten zivilisatorischen Treibens sind genügend angeprangert worden. Aber das ganze Ausmaß dessen, was an der Landschaft zu ordnen ist, wird erst dann unverhüllt und unverschönt offenbar, wenn innerhalb der Ordnungsplanung die Vegetationsbereiche der Landschaft nach „willkürlich" und „natürlich" unterschieden werden und die Entwicklungsrichtung des Potentials aufgedeckt wird. Erst wenn man den einzelnen Elementen den jeweils zugehörigen Minus-Strich oder das Plus-Zeichen ergänzend zuerkennt, wird das Bild realistisch. Bis jetzt scheint sich nur allzu oft bei vorgreifenden Erwägungen der Trugschluß einer verewigten Gegenwartsleistung einzuschleichen. Nicht als ob jemand das Wachstum der Jungbestände ins Baumholz vergäße. Aber wird, indem man im Rahmen der Ertragstafeln denkt, das schwindende Erzeugungspotential nicht selten übersehen? Oft bürdet man stillschweigend einer nachfolgenden Generation die Sorge um einen Ausgleich auf. – Der „Mangel an Zielstrebigkeit in der Verwaltung", den Dr. DITTRICH rückblickend in vergangene Jahrzehnte rügt, ist heute keineswegs behoben. Erst in unseren Tagen hat man den Biologie-Unterricht aus den Oberklassen unserer höheren Schulen verbannt. Damit droht die beklagte Mangelerscheinung chronisch zu werden. Es geht dabei nicht nur um grobe Wissenslücken, sondern ebenso um die Frage, wie es sich später in der Urteilsfähigkeit des heranwachsenden Verwaltungsjuristen oder Ingenieurs auswirken muß, wenn ihm als Primaner so gründlich die Nebensächlichkeit der Lebensordnung eingeprägt wurde.

Man beklagt oft die Verödung unserer Landschaft aus wirtschaftlichem Anlaß. Es gibt aber auch weniger offenkundige jedoch nicht minder folgenschwere Verzerrungen der natürlichen Vegetation aus anderen als wirtschaftlichen Gründen. Einer ist die eingefleischte Hast unserer Zeit. Überall, wo Bauvorhaben die Landschaft verändern, kann man die Erfahrung machen, daß die geldgebenden Stellen größten Wert darauf legen, schnell und in repräsentativer Gestaltung eine kunstvolle Begrünung zu sehen. Der Fachmann weiß um die Zeitspannen, die das biotische Potential einer Fläche zur Entwicklung der Vegetation gebraucht. Aber darauf möchte der Geldgeber keinesfalls warten. Dem Unternehmer bleibt kaum etwas anderes übrig als sich danach zu richten. Er zaubert dem Auftraggeber eine optisch wirksame Begrünung hin, die oft genug einer POTEMKIN'schen Kulisse ähnelt. Die geglückten Pflanzungen lassen sich wohlgefällig fotografieren, und es wird manches Lob eingeheimst. Wenig verschlägt es, wenn die Begrünung nach kurzer Zeit zu kümmern anfängt. Eine gewisse Berichtigung der Artenwahl bringt die Natur durch Wind und Wasser, durch Insekten, Vögel und Säuger selbst zustande. Die Ungunst der Witterung oder andere vom Geldgeber meist nicht zu durchschauende Gründe müssen später herhalten, um gewichtige Nachbesserungen durchzuführen. Was verschämt als Nachbesserung deklariert wird, kommt vielfach einer völligen Umwandlung gleich. Im Einfachen und Natürlichen stecken geringere Profit- und Renommierchancen als im

Komplizierten. Wer das Geld hat, entscheidet – aber Geldbesitz bedeutet nicht immer Urteilssicherheit.

Um die Jahrhundertwende wurde die *Robinie* der Baum des Bauingenieurs der Eisenbahn. Man war tief beeindruckt von der Stickstoffproduktion dieser Baumart. In stofflichen Zusammenhängen ließ sich bequem und modern denken. So kam es, daß von Königsberg bis Aachen und von Kiel bis Konstanz die *Robinie* als Eisenbahnbaum angesiedelt wurde. Noch heute bereitet es Schwierigkeiten, dem Glaubenssatz vom Allheilmittel *Robinie* entgegenzutreten. Fast ist die Mühe der Aufklärung so schwer wie unsere Anstrengungen, die fatalen *Robinien*-Bestände in pflanzensoziologisch gerechtfertigte Schlußgesellschaften umzuwandeln. Dem Denken des Ingenieurs, wohlgeschult an mechanisch-kausalen Zusammenhängen, war es einleuchtend, daß von der Stickstoffproduktion der *Robinie* nur Gutes für eine Böschungsbegrünung ausgehen könne. Wenn überalterte Bäume vom Wind geworfen wurden, förderte die Wurzelbrut immer neue Jungbestände herauf. Man glaubte, daß der Boden immer „besser" werde. Man vertraute der *Robinie* so lange, bis sich z.B. im Eichenhainbuchen-Gesellschaftsgebiet Rutschungen einstellten, die den Betrieb oft für geraume Zeit unterbanden und kostspielige Behebungsmaßnahmen erdbautechnischer Art verursachten. Zum Glück gibt es unter den Bauingenieuren viele aufgeschlossene Persönlichkeiten, die dem angelernten 08/15-Prinzip vom Allzweckbaum Robinie wachen Sinnes gegenüberstehen. Solche Persönlichkeiten haben an den Rutschungsstellen die Wurzeltiefe der abgerutschten *Robinien*-Bestände nachgemessen. Das erstaunliche Ergebnis war, daß diese zehn- bis fünfzehn Meter hohen Bäume (3. Generation) ihre Wurzeln nur 30–40 cm tief in die „verbesserten", stickstoffüberladenen oberen Bodenhorizonte hinuntersenkten. Wo sich solche Tatbestände herumgesprochen haben oder wo unsere Veröffentlichungen in den Fachblättern der Bundesbahn interessierte Leser gefunden haben, ist man natürlich von der Überbewertung der *Robinie* abgerückt. Trotzdem trifft man bei Bereisungen immer noch auf Persönlichkeiten, die beflissen Wundstellen der Böschungen mit *Robinien* bepflanzen möchten.

Der einem technisch geschulten Denken so suggestiv einleuchtende Vorteil der Stickstoff-Produktion durch Wurzel-Symbionten hat in Verbindung mit einer rührigen Reklame dazu geführt, daß nach der *Robinie* die Erle als „bodenverbessernder" Baum in Bereiche gebracht wurde, in denen sie nur Schaden anrichtet und Mehrarbeit auslöst. So geht es mit vielen Modebaumarten, die mit Überzeugungskraft als längst erwartete Bringer höchster Ertragswerte angepriesen und angebaut werden. Wie fragwürdig die Überlegungen sind, die zu solchen Empfehlungen führen, beweist z.B. die Bankskiefer, von der auf Bundesbahngelände noch immer einige Relikte aus der Anbauzeit vor 60 Jahren zu finden sind. Die Exemplare sind vier bis fünf Meter hoch, krummschäftig. Sie fruktifizieren in häßlich anmutender Überfülle. Als ungünstig hat sich die schematische und bedingslose Einteilung unserer Baumarten in Flachwurzler und Tiefwurzler im Bereich der Erdbautechnik erwiesen. Die optimale Leistung sowohl des oberirdischen als auch unterirdischen Waldes kann ja auf die Dauer nur im natürlichen Gesellschaftsbereich erwartet werden.

Indem wir uns bemühen, unsere Begrünungspläne der immanenten Dynamik der natürlichen Vegetationsentwicklung anzupassen, stoßen wir auf den – meist verhehlten und unbewußten – Widerstand eingefleischter Bequemlichkeit. Werden die ausübenden Kräfte genötigt ein anderes Begrünungsprogramm durchzuführen, als sie es seit ihrer Lehrzeit gewohnt sind, so ist eine besonders sorgfältige Kontrolle der praktischen Pflanzungsmaßnahmen unerläßlich. Konservativ gestimmte Gemüter können sich nur schwer für neue Erkenntnisse erwärmen. Das kann sich—unbewußt—bis in die Pflanzarbeit hinein auswirken. Während das Allerweltskind Fichte die geringste Sorgfalt erwartet und sich daher für Akkord-Arbeiten bequem anbietet, erfordert die Hainbuche als drei- bis vierjährige Pflanze in der sog. Lochhügel-Lochpflanzung ein erheblich größeres Maß an Handfertigkeit und gutem Willen. Wird aber das Wurzelsystem der Hainbuche nicht innig durch federnden Handdruck mit dem umgebenden Boden verbunden, so entstehen unvermeidlich Hohlräume mit ihrem gefährlichen Einfluß auf die Unversehrtheit der Wurzeln. Der Mißerfolg solcher mangelnden Sorgfalt wird nur zu häufig dem unbequemeren Bepflanzungsplan und seiner vom üblichen Nadelwaldrezept abweichenden Artenwahl zugeschrieben. Verwaltungsstellen, die nicht immer über fachliche Beurteilungsmöglichkeiten verfügen, lassen sich dann nur zu leicht durch den Augenschein zu voreiligen Rückschlüssen über die geringere Brauchbarkeit einer pflanzensoziologisch begründeten Artenwahl verleiten. So können undurchschaute psychische Ursachen dazu führen, daß die Empfehlungen der Angewandten Pflanzensoziologie in Mißkredit geraten und vermeintlich bewährte Rezepte der angedeuteten Art mit kurzem Scheinerfolg eingemeuchelt werden.

Bei der Begrünung von Rohbodenflächen ergibt sich für den Praktiker häufig die Frage nach dem Pflanzverband, d.h. also der Anzahl von Pflanzen, die zweckmäßig eingebracht werden. Der Unternehmer hat die begreifliche Neigung, den Verband in Pflanzen- und Reihenabstand verhältnismäßig eng zu wählen. Die Kultur „sieht nach was aus", und der Umsatz wird ebenfalls ansehnlicher. Bei der Abnahme durch den Geldgeber wird die Anlage wohlgefälliger beurteilt als wenn man dem Potential der Fläche entsprechend eine lockere Begrünung aufgebaut hätte. Alle naturgemäßen Neubegrünungen sehen ja zunächst schütter aus. Damit ist aber keineswegs gesagt, daß ihre innere Festigkeit gegen Erosion geringer wäre als die einer mit allen Mitteln der Kunst eutrophierten Fläche. So wäre es der Praxis sicherlich willkommen, wissenschaftliche Ergebnisse über das Verhalten verschieden dichter Pflanzenverbände auf vergleichbaren Rohbodenflächen verschiedener Art und Exposition an die Hand zu bekommen. Danach bleibt es dem Landschaftsarchitekten immer noch überlassen, durch eingegrubberte, wuchsorteigene Krumegaben – ggf. auch durch vorsichtige Düngung – das kommende Grün so verhalten zu fördern, daß eine tiefgreifende aber nur kurzfristige Standortveränderung mit unvermeidlichen Rückschlägen vermieden bleibt.

Ein anderes Problem ist zwar zunächst und vornehmlich ein erdbautechnisches, hat aber unvermeidbar ökologische und vielleicht auch pflanzensoziologische Auswirkungen: Beim Bau eines Einschnitts oder Anschnitts hat der Löffelbagger mit dem Greifer den Untergrund nahezu

„kehlförmig" in der Linie des Segments abgehoben. Später wird durch Anschüttung wieder eine gerade geneigte Fläche hergestellt, die nun entgegen dem optischen Anschein in kurzen Zonen verschieden wirkende Bodenfaktoren aufweisen kann. Unterhalb der Grenzlinie zwischen den schräg angeschnittenen C-Horizont des „Original"-Bodens und dem an der Kehle aufgeschütteten Erdreich verläuft eine Zone, die beim Zusammenwirken ungünstiger Umstände immer wieder abrutschen kann. Es scheint nun, daß die Gefahr der Rutschung größer wird, je mehr wuchsortfremde Erdmassen „Mutterboden" angeschüttet und je mehr gesellschaftsfremde Arten angesiedelt wurden.

Der berechtigte Wunsch nach einem möglichst schnellen Halt und Erosionsschutz für Böschungen führt oft dazu, daß die Standortfaktoren durch Fremdboden-Auflagen und mineralische Düngung für die Anwuchszeit völlig verändert werden. Das vor dem 1. Weltkrieg von Kammerherrn v. Kalisch und Geheimrat Bier entwickelte Verfahren, notleidenden Beständen durch eine dem Naturwald nachempfundene Reiserschichtung zu fördern, ist in abgewandelter Form unter dem Begriff Mulchen von Nordamerika wieder zu uns zurückgekommen. Die Spitze einer solchen Hilfe ist wohl dann gegeben, wenn eine Böschungsfläche anschließend an die Pflanzung mit langen, gebundenen Strohmatten bedeckt und mit erheblichen Mineraldüngergaben gesättigt, schließlich auch noch mit einer bindenden Masse überspritzt wird, die bei der Mineralölverarbeitung als Nebenprodukt anfällt. Es muß eingeräumt werden, daß Sonderverhältnisse einmal einen solchen Begrünungsversuch rechtfertigen. Man fragt sich jedoch, welche verfahrenen Zustände eintreten werden, wenn nach Jahren diese vielfältige Eutrophierung abklingt und die bis dahin gewiß strotzende Grünentfaltung auf die mehr oder minder gestörten natürlichen Lebensgrundlagen angewiesen ist. Zweifellos erzielt man zunächst eine wirksame Optik. Bei der Vegetation kommt es aber mehr „auf lange Sicht" an. Vermeintliche Starthilfen können nur zu leicht eine Kettenreaktion immer neuer Flickmaßnahmen und Umwandlungsversuche auslösen. Je enger wir uns an die natürlichen Sukzessionsstufen halten, desto sicherer und wirtschaftlich billiger werden die Auswirkungen sein. Zusammengefaßt kann gesagt werden, daß die Pflanzensoziologie ohne Versuche „ins Blaue" die direkten und einfachsten Begrünungswege aufzeigt.

Es gibt eine Reihe von fördernden Maßnahmen, die gewiß auch einen Grad menschlicher Willkür darstellen, aber in ihrem Ausmaß eine bewußte Begrenzung enthalten. Dazu gehört die schon erwähnte Reiserschichtung, die nur zögernd vom Forstfach anerkannt und übernommen worden ist. Eine Reiserschichtung, vor allem wenn sie von Holzarten stammt, die als Zugehörige oder Begleiter in der potentiellen natürlichen Schlußgesellschaft eine Rolle spielen, hat sofort eine tiefgreifende Wirkung auf das Mikroklima, das Edaphon und den Wasserhaushalt des Bodens.

Als eine verkleinerte Form in der Anwendung des gleichen Prinzips könnte man die Nutzung von Steinplatten zur Abdeckung der Baumscheibe eines Lodens oder Heisters auffassen. Namentlich in brandgefährdeten Böschungen hat es sich als wirksamer Schutz erwiesen, wenn man an den Wurzelhals der Baumpflanzen zwei oder mehrere Steinplatten im

Durchmesser von ein bis zwei Spannen legt. Ein Lauffeuer, das kurz über die Böschung huscht, kann die Rinde des Bäumchens nicht erreichen. Überdies finden sich alsbald unter dem Stein viele Kleinlebewesen ein, die insgesamt fressen, düngen, gefressen werden, verenden und dadurch zu einer natürlichen Verbesserung des Rohbodens beitragen. Gleichzeitig wird auch die Feuchte im Wurzelbereich des Stämmchens erhalten.

Vielleicht darf ein solcher Kunstgriff der Praxis als ein Kleinstbeispiel für eine zwar physikalisch veranlagte, aber doch auch ökologisch wirksame Förderung aus der Lebensgemeinschaft gewertet werden.

Eine physikalisch weitreichendere Förderung stellen z.B. durchnäßte Torfziegel dar, die man bei der Aufwaldung im Kiefernwaldbereich mit gutem Erfolg verwendet. Einem degradierten und allzu wasserdurchlässigen Sandboden werden durch zwischen den Reihen tief eingegrabene Torfziegel Feuchtigkeitsreserven vermittelt, die von der Wurzelfühligkeit der Bäume alsbald erfaßt und genutzt werden. Das Schwergewicht eines solchen Kunstgriffes liegt in der Hilfe für den Wasserhaushalt.

Eine bemerkenswerte Erscheinung ist zu beobachten beim Bau von Naturhecken als Ablösung der häßlichen und kostspieligen Zäune zur Einfriedung von Eisenbahnstrecken. Die Arten einer natürlichen Hecke ergeben sich zwangsläufig aus den zur Schlußgesellschaft des Gebietes gehörenden Straucharten. Die Straucharten, die den natürlichen Waldmantel bilden, dienen auch zum Aufbau der Hecke. Die Lage des Landschaftsgärtners scheint dann kritisch zu werden, wenn die Strecke z.B. durch das Gebiet des Trockenen Eichen-Birkenwaldes führt. In diesem Bereich übernehmen ja die Bäume selbst die Traufbildung. Eine Hecke aus Eichen und Birken zu bilden, ist jedoch wenig angängig. Die Praxis hat nun gezeigt, daß man mit der Artenwahl gar nicht so engherzig zu sein braucht, wie dies etwa die fehlende Straucharten-Vegetation in der Eichen-Birkenwald-Gesellschaft vermuten läßt. Es ist kein besonderes Wagnis, der zu bauenden Hecke auch Arten einer Gesellschaft reicheren Potentials zuzugesellen. Man kann die Hainbuche aus klimatisch ähnlicher Anzucht, aber auch den Weißdorn und je nach Lage, Bodenfeuchtigkeit und Exposition auch andere Straucharten mitverwenden. Sie können selbstverständlich keine besonders hervorragenden Vertreter ihrer Art werden, jedoch im Lebensbereich der Hecke ihre Förderung erlangen. Als ein maßgebender Grund für diese erfreuliche Möglichkeit darf wohl die Auswirkung der Lebensgemeinschaft erkannt werden. Die schattenspendende Hecke mit ihrem Saum wirkt bald nach der Errichtung anziehend für eine mannigfaltige Kleintierwelt. Die Fauna des Edaphons wird reicher. Im Laub finden Insekten ihr Versteck, sie locken Kleinsäuger und Vögel an. Es entwickelt sich in der sonst armen Landschaft entlang unserer zwei- oder dreizeiligen Hecke eine vielfältige Regsamkeit, die durch stetes Düngen, durch „Stirb und Werde" allen Pflanzen der Hecke eine zunächst wohl homöopatische aber wirkungsvolle und dauernde Förderung zuteil werden läßt.

Bei der Festigung von Böschungen leistet uns die Salweide (*Salix caprea*) hervorragende Dienste. Voraussetzung ist natürlich, daß die Salweide der Gesellschaft als „Begleiter" zugeordnet ist oder von ihr geduldet wird. Diese Bedingung ist aber wohl in vielen Gegenden unseres Landes erfüllt. Das Verfahren ist von mir unter dem Begriff „Gelegte Heisterpflanzung" nach praktischer Erprobung vor der Arbeitsgemeinschaft Vegetationsbau geschildert worden. Die Handhabung ist einfach und bereitet den ausführenden Kräften keine Schwierigkeiten: Ein mehrstämmiger Salweidenstrauch wird – ohne zeitraubende Sorgfaltsmaßnahmen – ausgegraben. Dann teilt ein Gärtner vorsichtig den Strauch derart in seine Einzelstämme, daß jedem Stamm ein Anteil der Wurzelmasse verbleibt. Inzwischen haben andere Kräfte in den Rohboden der Böschung vertiefte, schräg nach oben verlaufende Rinnen gezogen. Die Salweiden-Einzelheister werden mit der Schere von ihren Seitenzweigen befreit, ebenso verletzte Wurzelstücke sorgfältig abgeschnitten. Nunmehr werden die Heister mit dem bewurzelten Ende nach unten in den vertieften Teil der Rinne gelegt und wieder mit Erde fest zugedeckt. Nach kurzer Zeit schon treibt dieser gelegte Heister Wurzeln nach unten und buschartige Sprossen nach oben. Auf diese Weise vermehrt man zeitraffend *einen* Altstrauch in etwa 25 wurzelkräftige Jungsträucher. Zusammen mit den eingesäten Grasarten und gepflanzten Gliedern der Schlußgesellschaft bietet die Salweide der gesellschaftsgerechten Böschungsvegetation pionierartig einen Halt ohne etwa gesellschaftsfremd oder gar störend – wie *Robinie* oder Erle – zu wirken. Es ist uns natürlich wohl bekannt, daß man den Standpunkt vertreten kann mit Stecklingen der schmalblättrigen Weidenarten einen bequemeren, optisch wirksamen Begrünungserfolg erzielen zu können. Die optische Wirksamkeit gegenüber gelddisponierenden Stellen wird auch nicht bezweifelt. Wohl aber die aufbauende Mitwirkung stecklingsfähiger Weiden in der Trocknis eines bald waldbeschatteten Dammes oder Einschnitts. Für das Hochgebirge mit seinen sickerfeuchten, lichtexponierten Steilhängen gelten andere Voraussetzungen. Dort gleichen die Faktoren Feuchte und Licht die vielleicht nicht im strengen Sinne gegebene Gesellschaftzugehörigkeit aus.

Selbstverständlich lassen sich auch andere Arten, z.B. die Aspe, die Hasel in „Gelegter Heisterpflanzung" gesellschaftsaufbauend innerhalb ihres Gesellschaftsbereichs verwenden.

Im Laufe einer langjährigen Tätigkeit im Landschaftsgefüge der Verkehrswege werden mancherlei Erfahrungen über die rutschungshemmende Wurzelkraft der verschiedensten Pflanzenarten gesammelt. Wo in der Kriegs- und Kriegsfolgezeit der Baumbestand an Dämmen und Einschnitten durch wilde Holzentnahme lückig geworden oder auf breiter Fläche ganz vernichtet wurde, entstehen meist kleinere Rutschungen, Abrisse und Erosionsstellen. An solchen Stellen läßt sich in Ermangelung ausgereifter wissenschaftlicher Studien manches beobachten, das erwähnenswert erscheint. Über Grasarten eingehender zu berichten erübrigt sich durch die so wertvollen Untersuchungsarbeiten der Bundesanstalt für Vegetationskartierung an den Autobahnen. („Kritische Untersuchungen der Ansaatergebnisse von Rasen an den Autobahnen der Bundesrepublik" von R. TÜXEN und W. LOHMEYER).

Namentlich die so gerne eingesäten Arten unserer Ertragswiesen leisten an allen sich selbst überlassenen, mageren Böschungsflächen nichts. Stets bewährt haben sich aber an unseren wind- und sonnexponierten Dämmen Schafschwingel (*Festuca ovina vulgaris*), Rotschwingel (*Festuca rubra ge-*

nuina), Rotes Straußgras (*Agrostis tenuis*), also Arten, die im Sämereihandel ständig zu haben sind. Hoch zu rühmen sind auch die Dienste der Drahtschmiele (*Deschampsia flexuosa*). Mit ihrer manchmal metertiefen Wurzel erweist sie uns die Freude, auch noch in lückigen Wäldern unter Hinnahme einer leichten Beschattung zu bleiben und dort ihre Aufgabe zu erfüllen, wo die Wurzeln des allzu lockeren Baumbestandes nicht mehr hinreichen. Die Untersuchungen an Abrißstellen weisen nun einige Krautarten als bemerkenswert festhaltend aus. Wenn auch die Samen dieser Arten im Handel begreiflicherweise nicht zu beschaffen sind, weil niemand sie planmäßig beernet und keinem Unternehmer das kaufmännische Risiko zugemutet werden kann, so sind diese hilfreichen Pflanzen doch erwähnenswert. Übereinstimmend gilt für alle Beobachtungsgebiete der folgenden Arten, daß die Eiche in der Schlußgesellschaft eine Rolle spielt – sei es als mitbauende, sei es als begleitende Art. Außerdem handelte es sich um baumlose Blößen in solchen Gesellschaftsbereichen. Erstaunlich war z.B., daß Kahles Bruchkraut (*Herniaria glabra*) auf Felsbändern das gefährliche Abrollen von aufgelagertem Gesteinsgrus zu unterbinden vermag. Das Wurzelwerk ist nicht einmal besonders tief in den grobkörnigen, kargen „Boden" eingedrungen. Aber durch die üppige, rasenähnliche Dichte des Krautwuchses, durch die Vielzahl der fadenartigen und verhältnismäßig festen Wurzelfasern wurde das Geröll gehalten.

In überzeugender Weise bewiesen ihre Haltekraft an frischen Abrissen z.B. die Wucherblume (*Chrysanthemum leucanthemum*), Salbei-Gamander (*Teucrium scorodonia*), Geflecktes Johanniskraut (*Hypericum maculatum*), Feld-Beifuß (*Artemisia campestris*). Ganz besondere Würdigung schulden wir an erosionsbedrohten Stellen der Haltekraft unserer schlichten Golddistel (*Carlina vulgaris*). Unter ihrer festanliegenden Rosette schickt sie eine drahtige, zähe Wurzel bis 40 cm senkrecht in den Boden. Wenn der Vergleich erlaubt ist, hält die verstreut wachsende Golddistel in der Art eines Polsternagels nicht nur die oberen Horizonte der eigenen, begrenzten Reichweite, sondern gewährt noch manchem Quadratmeter Böschungsfläche oberhalb des Wuchsortes den willkommenen Halt.

So manche Pflanze, die nicht im BAEDECKER steht, d.h. nicht in erdbautechnischen Rezept-Sammlungen angeführt ist, wäre noch wegen ihrer erstaunlichen Wurzelleistung zu rühmen. Aber die meisten solcher speziellen Erfahrungen sind nur innerhalb der jeweiligen Gesellschaftsgrenzen und unter den besonderen Gegebenheiten des Wuchsortes gültig. Sie vertragen eben keine Verallgemeinerung und entziehen sich einer schablonenartigen Anwendung.

Für den Städter aus seinen Betonschluchten wird auch der eintönige Fichtenforst oder die Standard-Kiefernplantage einen Erholungswert haben. Er mag auch nicht empfinden können, daß ein Hain aus *Thuja plicata* ein schriller Fremdton im Wohlklang des natürlichen Eichen-Hainbuchenwaldes ist. Wahrscheinlich würden sich die gleichen Kreise, die ahnungslos eine grobe Verzerrung des Landschaftsbildes hinnehmen, gegen ein Gemälde verwahren, das ihnen die menschliche Gestalt mit einem Auge auf dem Knie und den Ohren an der Schulter darstellen wollte. Es wartet unser aller noch eine riesige Aufklärungsarbeit, die nachhaltig und volkstümlich anzupacken wäre. Denn weder Forschung und

Lehre noch die Anwendung können sich dieser in die Breite wirkenden Aufklärungsarbeit entziehen, wollen sie nicht die eigene Existenz gefährden. Letzten Endes entscheiden Mehrheitsverhältnisse auch über Wohl und Wehe wissenschaftlicher Arbeit. Stimmrecht und Sachverständnis sind aber nicht immer „unter einen Hut" zu bringen.

Im Bereich der Verkehrswege spricht man gerne davon, daß man die Wunden, die unvermeidbar der Landschaft zugefügt werden müßten, auch „heilen" wolle. Es ist ein guter Impuls, der sich so ausspricht. Wir wissen aber, daß nur selten eine vollkommene Heilung erzielt werden kann und sind schon zufrieden, wenn wir die Narbenbildung durch gesellschaftsgerechte Vegetation fördern, wenn wir aufwalden können. Aber die willkürliche Transplantation einer naturlandschaftsfremden Artenkombination wird eher als eine störende Wucherung denn als Gesundung empfunden werden müssen.

Man betont heute auch gerne und berechtigt die Notwendigkeit, „Oasen der Stille" und „Naturparke" zu schaffen. Wenn die Deutsche Bundesbahn nun im Laufe des nächsten Jahrzehnts die Ordnung des Grün auf ihrem Gelände weiterhin nach pflanzensoziologischen Gesichtspunkten betreibt, verfährt sie nicht nur naturgemäß und wirtschaftlich kostensparend, sondern sie wirkt gesundend auf die weitere Umgebung. Den „Oasen der Stille", den Naturparken könnte sich in dieser Weise nach und nach ein Netz – besser: ein lebendiges Geäder natürlicher Wohlordnung hinzugesellen.

Wer im Bauen mit der natürlichen Vegetation den destruktiven Tendenzen unseres modernen Treibens entgegenwirken will, kann in der Pflanzensoziologie das Leitbild finden für eine echte Landschaftstherapie.

ZUSAMMENFASSUNG

Für Anbaumaßnahmen zur Holzerzeugung, Erosionsverhütung und zum Böschungsschutz stehen dem planenden Praktiker vielerlei Rezepte zur Verfügung. Eine Generation schreibt sie von der anderen ab und kluger Geschäftsgeist sorgt für immer neue totsichere Anpreisungen. In einer fachkundigen pflanzensoziologischen Untersuchung des Wuchsraumes erblickt der Verf. die Möglichkeit von den kostspieligen und zeitraubenden Kulturexperimenten abzukommen und den soziologischen Aufbaukräften des Standorts besser zu entsprechen. Der Beitrag stützt sich auf langjährige Erfahrung im Waldbau und Vegetationsbau, insbesondere auch für die Festigung von Dämmen und Einschnitten der Eisenbahn. Der Vortrag wünschte sich Hörer und Leser mit illusionsfreien, nachhaltigem Beobachtungswillen.

H. Ellenberg:

Ich habe mich gefreut, daß dieser letzte Vortrag von einem bewährten Praktiker und einem alten Freund der Pflanzensoziologie gehalten worden ist. Der Beifall hat gezeigt, daß wohl niemand besser den Schluß-Vortrag halten konnte. Ich habe bewundert, mit welchem Feingefühl Sie das ökologische Verhalten gewisser Arten beobachtet haben.

H. Ellenberg:

Wir sind an einem kleinen historischen Moment angelangt, am Ende dieser sehr gefüllten, ereignisreichen und harmonischen Tagung, der 7. hier in ihrer Art. Es war ein Symposion über Landschaftsökologie, also über ein Gebiet, das mehr eine Betrachtungsweise, wie wir gesehen haben, als ein besonderer Wissenszweig ist, eine sehr komplexe und vielseitige Betrachtungsweise, wie es ja auch in der Beteiligung der verschiedensten Wissenschaften zum Ausdruck kam: der Geographie, der Bodenkunde, der Pflanzensoziologie in allen Ausprägungen, der Zoologie, der Ökologie, der Land- und Forstwirtschaft, des Kultur- und Wasserbaus, nicht zuletzt aber auch der Landschaftspflege und Gestaltung und des Naturschutzes und anderer Wissenszweige. Aus dem Ausland und Inland sind wir hier zahlreich zusammen gekommen und, was hoch erfreulich ist, von Ost und West. Ganz besonders danken müssen wir den Rednern, die vom Ausland, und vom Osten unter größeren Schwierigkeiten zu uns kamen.

Alle, die wir hier sitzen und auch die Kollegen die aus verschiedensten Gründen uns schon verlassen mußten, sind hierher freiwillig gekommen. Wir sind hierher gekommen, weil uns das Thema anzog und die Möglichkeit, frei über diese Dinge zu diskutieren, also aus wissenschaftlichen und persönlichen Gründen. Das Stolzenauer Klima hat uns hierher gezogen. So etwas kann man durch Verwaltungsmaßnahmen nicht erreichen. Auch die bestgemeinte und hervorragend funktionierende Verwaltung kann dieses persönliche Klima, dieses besondere, das hier nun zufällig zunächst, aber dann eben gewachsen auf diesem zufälligen Grunde hier in Stolzenau entstand, ersetzen. Und es ist zu wünschen, daß dieses Klima erhalten bleibt und nicht durch Verwaltungsmaßnahmen zunichte gemacht werde; mögen sie nun gut gemeint sein oder nicht. Ich glaube, dieser Wunsch hat in uns allen mitgeklungen, wenn wir in diesem Raum saßen und diese Vorträge hörten.

Ich möchte zum Schluß Dank aussprechen im Namen der Halbtagspräsidenten und aller Teilnehmer, den Dank zunächst an die Redner und Diskussionsredner, die uns so viel geboten haben. Ganz besonders möchte ich diesen Dank aussprechen an die jungen Redner. Es hat mir einen besonderen Eindruck gemacht, daß jetzt eine Generation da ist, die ich persönlich nicht gekannt habe, das muß ich gestehen, und die mir viel Neues gebracht hat. Es steht gut um unseren Wissenszweig, daß so viel Junge am Werke sind. Man kann nur wünschen, daß sie in objektiver und zugleich begeisterter Weise weiterarbeiten, wie sie hier an den Beispielen gezeigt haben. Ich will keine Namen nennen, es gilt für alle.

Ich möchte aber auch danken dem Personal der Bundesanstalt hier in Stolzenau. Denn ohne deren wochenlange Vorbereitung und ständige Bereitschaft während der Tagung, wäre nicht alles so harmonisch verlaufen, wie wir es beinahe als Selbstverständlichkeit jetzt hier erleben. Ich möchte hier nur wenige Namen für viele nennen. Ich glaube ganz besonderen Dank gebührt Frau Milbradt für die Vorbereitung. Besonders danken möchte ich auch denen, die sich geopfert haben, durch ständige Bandaufnahmen die Vorträge und Diskussionen festzuhalten und trotz ihres Interesses an dem wissenschaftlich Dargebotenen vielfach darauf verzichten mußten, zuzuhören und zuzusehen, insbesondere WERNER JAHNS. Und im gleichen Sinne denen, die es auf sich nahmen, was manchmal nicht ganz einfach war, die Projektion hier durchzuführen, insbesondere Herrn ESKUCHE. Viele Dienste persönlicher Art haben uns diejenigen geleistet, die uns von der Bahn holten, immer wieder unermüdlich und uns wieder wegbringen werden, ich nenne nur Herrn ERNSTING oder Herrn WENZEL, aber ich meine alle. Aber, und damit werden Sie alle mit mir übereinstimmen, der größte Dank gebührt Herrn Prof. TÜXEN, dem wir letzten Endes ja überhaupt das verdanken, was hier entstanden ist in diesem Symposion, und was uns hierher gebracht hat. Und so gilt ihm auch unser herzlichster Wunsch, daß er ungehindert weiter auf seinem Wege arbeiten kann, daß er die Gesundheit behalten möchte, und daß er noch viele Jahre der Kern eines fruchtbaren Austausches aller Wissenschaften sein und bleiben möchte, die hier in Stolzenau eine Heimat gefunden haben.

R. TÜXEN:

Lieber Freund ELLENBERG! Es ist mir eine besondere Genugtuung, daß wir uns vor nicht langer Zeit hier wiedergefunden haben. Meine lieben Freunde, auch damals haben Sie uns Beifall gezollt. Ich nehme die guten Wünsche gern an. Ich wurde dabei daran erinnert an eine Fahrt nach Deblinghausen, etwa 10 km von hier. Dort wollte ich einen Hund, einen Spitz kaufen, einen „gebrauchten". Eine alte Oma sagte, sie habe wohl einen solchen Spitz, der sei wohl nicht mehr ganz jung, aber „der ist noch ganz gut, der soll noch nicht weg." – Ich fühle mich auch noch „ganz gut" und will auch „noch nicht weg". So möge es also weitergehen mit der Arbeit!

Ich habe, meine lieben Freunde, Ihnen zu danken. Unser Symposion ist zu Ende, und es ist wie jedes Mal, für mich ein großes Erlebnis gewesen, wie sich ganz von selbst so eine Vielzahl von Meldungen zu Vorträgen, Referaten, Führungen, Demonstrationen und Diskussionen zu einem Ganzen, Runden, gefügt hat. Man braucht nur ein klein wenig das Programm zu ordnen, dann kann es sogar gewisse Umstellungen vertragen, ohne daß nachher das Ganze gestört oder unkenntlich würde. Und so ist es uns auch dieses Mal wieder gelungen. Meinen Dank habe ich an alle Jene auszusprechen, die hierhergekommen sind mit all den Anregungen, die Sie sich und uns gegenseitig vermittelt haben. Mein Dank gilt besonders den Rednern und auch den Tagespräsidenten. Es ist ja gar nicht so leicht, eine Versammlung, besonders in einer fremden Sprache oder fremden Sprachen, zu leiten. Und so haben sie alle dazu beigetragen, daß auch dieses Symposion wieder zu einem Erlebnis für uns alle geworden ist, aus dem wir alle reichen Gewinn gezogen haben. Ich danke Ihnen aber ganz besonders persönlich für Ihre Treue, die Sie immer wieder uns hier in Stolzenau erwiesen haben, unseren Landsleuten, noch mehr aber unseren Freunden aus fremden Ländern, die uns hier besucht haben. Wenn Sie es erlauben, will ich gern diese Treue mit Treue vergelten. Das habe ich schon manchmal versprochen und, wie ich glaube, auch gehalten, und so hoffe ich auch weiterhin für unsere unersetzliche Internationale Vereinigung für Vegetationskunde wirken zu dürfen, soweit es meine Kräfte erlauben. Sie mögen mir glauben, daß gerade diese Tätigkeit seit langem zu der tiefsten Befriedigung meines Lebens gehört hat.

Unser Symposion ist zu Ende: wir haben Begriffe und Theorie studiert, wir haben Grundlagen kennen gelernt und haben ihre Anwendung betrachtet und diskutiert. Es ist bezeichnend und befriedigend, daß wir niemals zu weit ins Theoretische und auch niemals in Streitigkeiten abgeglitten sind. Denn unsere Probleme wurden uns vorgeschrieben von dem täglichen Leben, von der Gegenwart, und sie waren alle lebenswichtig, was überhaupt ja so bezeichnend ist für unsere Wissenschaft, nennen wir sie nun Pflanzensoziologie, Phytocoenologie, Landschaftsökologie oder wie Sie wollen. Es hat sich auch herausgestellt, daß in allen Ländern Europas und darüber hinaus die gleichen Probleme ebenso wichtig und so drängend sind wie bei uns. Ich weiß, seit ich die denkwürdigen Vorträge von ORTEGA in Hannover gehört habe, daß es für den Menschen nicht möglich sein wird, sich der Technik zu entziehen, und daß es vielleicht auch gar nicht notwendig ist. Ich glaube, daß uns gerade die Vorträge, die uns mit den Verhältnissen in Kalifornien oder in Neuseeland vertraut gemacht haben, doch vielleicht einen Weg haben zeigen können, der für uns zunächst fremd oder neuartig ist. So könnte es doch gelingen Wege zu finden, auch das menschliche Leben nicht nur in jenen fernen Ländern durch diese Synthese technischer Maßnahmen mit lebendigen Vorgängen und Lebens-Gesetzen zu fördern, sondern diese Synthese eines Tages auch in unseren Ländern anzuwenden und durchzuführen, die jetzt vielleicht sogar hinter jenen zurückstehen in der Entwicklung.

Ich bin glücklich und ein wenig stolz und noch mehr dankbar, Herr VOISIN, daß Sie auf einer anstrengenden Reise, zu uns gekommen sind, um uns mit Ihren eigenen Worten und Ihrer eigener Dynamik, die wir aus Ihren Werken, aber nicht persönlich kannten, einzuführen in Ihre Lehren. Sie sprachen nicht als Botaniker, Sie sprachen als Biochemiker, als ein Arzt der Landschaft, als einer der bedeutendsten Franzosen, ja einer der bedeutendsten Europäer dieser Richtung. Dafür, daß Sie sich aus Ihrem reichen und belasteten Arbeitsbereich hierher in unser kleines, stilles Stolzenau begeben haben, darf ich Ihnen – und ich bin sicher im Namen Aller zu sprechen, – von ganzem Herzen danken, und ich darf die Hoffnung daran knüpfen, daß es nicht das letzte Mal gewesen sein möge!

Wir haben viel gelernt und gesehen an Problemen, auf weite Sicht und über die ganze Erde hinweg. Von den verschiedensten Seiten sind diese Probleme beleuchtet worden und Fragen über Fragen und Aufgaben über Aufgaben sind vor uns aufgetaucht. Wie sollen wir sie lösen? Wie sollen wir diese Wünsche, die wir als Biologen und der Erforscher dieser Lebensgesetze an die Technik und an die Praktiker zu stellen haben, mit deren Zielen und Aufgaben vereinigen? Da habe ich eine ganz große Hoffnung, daß sich mehr und mehr entwickeln möge, was wir als Landschaftspflege und Landespflege bezeichnen, und was sich so vielversprechend in mehreren Ländern zu entwickeln begonnen hat. Auch ich bin über die Jugend froh und glücklich, die sich an vielen Orten diesen Zielen mit Begeisterung widmet. Möge die menschliche Harmonie, die wir immer wieder hier erleben, sich auch in unseren Arbeiten in bleibende Werte umsetzen. Möge auch dieses Symposion – es wird sicher nicht das letzte sein – und die folgenden dazu helfen und unsere Arbeit fördern in dem eben angedeuteten Sinne und unsere schöne internationale, ehrliche und tragfähige und nie gebrochene Freundschaft weiter zu pflegen. Es geht ja nicht um ein Land, es geht um die Landschaft und es geht um den Menschen.

Ich danke Ihnen und schließe das 7. Internationale Symposion.

Als Abendveranstaltungen fanden statt:

8.4. R. TÜXEN: Führung durch die Sammlung nordwestdeutscher Bodenprofile.

Farbbilder-Vorträge:

9.4. R. TÜXEN: Westeuropäische Festlands-Küsten als Kampf- und Lebensraum der Pflanzenwelt.

10.4. F. MATTICK, Berlin: Waldtypen Nordamerikas.
J. SCHMITHÜSEN, Saarbrücken: Vergleichende Vegetationsstudien in der Südhemisphäre.

Acknowledgments:

For translating some german synopses, we wish to express our sincere thanks to Dr. A. O' SULLIVAN, Wexford, Ireland.

R. Tx.

BERICHT ÜBER DAS INTERNATIONALE SYMPOSION PFLANZENSOZIOLOGIE UND LANDSCHAFTSÖKOLOGIE 1963

BARKMANN, J. J. en TOUW, A. – 1964 – Indrukken van het Symposion „Pflanzensoziologie und Landschaftsökologie" – Belmontia **6** (7): 91–100. Wageningen.

GPSR Compliance

The European Union's (EU) General Product Safety Regulation (GPSR) is a set of rules that requires consumer products to be safe and our obligations to ensure this.

If you have any concerns about our products, you can contact us on ProductSafety@springernature.com

In case Publisher is established outside the EU, the EU authorized representative is:

Springer Nature Customer Service Center GmbH
Europaplatz 3
69115 Heidelberg, Germany

Batch number: 10607220

Printed by Printforce, the Netherlands